国家科学技术学术著作出版基金资助出版

中核集团核科学与技术研究生规划教材

黑龙江省优秀学术著作出版资助项目

核分析技术及其应用

朱升云◎著

U0200412

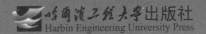

哈尔滨工程大学出版社

Harbin Engineering University Press

内容简介

本书系统阐述了现代核分析技术的原理、基础理论、实验测量技术和应用。全书分为四篇，包括核技术应用概论、活化分析、离子束分析、核效应分析，涵盖了核分析技术及其应用的国内外发展现状和最新动态。

本书内容丰富、独具特色，可作为核专业研究生的教科书、研究院所与高等学校核科学领域科研人员和教师的参考书，也可作为其他科技与工程领域科技人员和教师的自学参考书。

图书在版编目（CIP）数据

核分析技术及其应用/朱升云著.—哈尔滨：哈尔滨工程大学出版社，2022.9
ISBN 978 – 7 – 5661 – 2630 – 6

Ⅰ.①核…　Ⅱ.①朱…　Ⅲ.①核反应分析　Ⅳ.①TL271

中国版本图书馆 CIP 数据核字（2022）第 172588 号

核分析技术及其应用
HE FENXI JISHU JI QI YIGNYONG

选题策划　石　岭
责任编辑　石　岭　张　昕
封面设计　李海波

出版发行	哈尔滨工程大学出版社
社　　址	哈尔滨市南岗区南通大街 145 号
邮政编码	150001
发行电话	0451 – 82519328
传　　真	0451 – 82519699
经　　销	新华书店
印　　刷	哈尔滨市石桥印务有限公司
开　　本	787 mm×1 092 mm　1/16
印　　张	32.25
字　　数	765 千字
版　　次	2022 年 9 月第 1 版
印　　次	2022 年 9 月第 1 次印刷
定　　价	128.00 元

http://www.hrbeupress.com
E-mail：heupress@ hrbeu.edu.cn

序

从 19 世纪末德国科学家伦琴发现 X 射线和法国科学家贝可勒尔发现铀的天然放射性开始,核技术应用已经有 100 多年的历史。我国于 20 世纪 50 年代中期制定了核技术应用发展规划;1958 年,在苏联的帮助下我国第一座重水反应堆和回旋加速器在原子能研究所(现为中国原子能科学研究院)建成并投入运行,奠定了我国核技术应用的基础。核分析技术是基于原子核物理学、核辐射源、核辐射探测等发展和建立起来的一门学科,在核技术应用和核科学与技术领域中发挥了巨大的作用,并应用到国民经济发展的许多方面。我国核分析技术和应用从 20 世纪 60 年代起得到了迅速发展。

核分析技术及其应用研究与教学需要一本内容相对全面完整的参考工具书或教材,作者正是以此为宗旨撰写了本书。作者长期在国内外从事核分析技术及其应用研究工作,并在中国原子能科学研究院核工业研究生部讲授“核分析技术及其应用”课程近 30 年,具有丰富的工作和教学经验,十分了解相关领域的国内外发展动态。本书介绍的加速器在线扰动角关联谱仪、数字化六探测器扰动角关联谱仪、强放射性样品四探测器高效正电子湮没测量谱仪都是作者首先在国际上提出和建立的;基于加速器的放射性核的核磁和核电共振谱仪则是作者首先在国内提出和建立的。

根据实际应用的需要,本书涵盖了核技术应用概论、活化分析、离子束分析和核效应分析四个篇章。本书详细阐述了核分析技术的基础理论、原理和方法,充分介绍了核分析技术在核科学与技术研究、工农业生产、材料科学与固体物理学、环境科学、生物和医学、国家安全等领域的应用,涵盖了国内外核分析技术的发展现状和最新动态。

本书内容丰富、独具特色,是一本值得推荐的“核分析技术及其应用”参考书和教科书。希望本书能对我国核分析技术领域人才培养、进一步推动我国核分析技术的发展有所贡献。

张焕乔

2022 年 6 月于北京

前　言

核分析技术及其应用是核技术应用极为重要的组成部分,是核技术应用中的核分析测量基础。核分析技术是基于原子核物理学、核辐射源、核辐射探测等发展和建立起来的一门学科,依据分析技术的特点,主要分为活化分析、离子束分析、核效应分析等三类核分析技术。核分析技术探测粒子、离子、辐射等核探针与物质相互作用产生的物理现象和效应,不同核探针与同一物质的相互作用、同一探针与不同物质的相互作用产生的物理现象和效应不同。原子核物理学系统地描述核探针与物质相互作用产生的物理现象和效应;核辐射源是产生核分析技术用的核探针,例如原子核、缪子、电子与正电子、中子、带电粒子、γ 辐射等的放射源或加速器和反应堆等大型核设施;核辐射探测采用不同的核物理方法探测这些现象和效应,进行物质微量和痕量元素含量或浓度及其在物质中深度分布测量、原子尺度物质微观结构和晶体损伤等研究。

活化分析主要用于材料元素含量分析和测量。根据引起活化的核探针,可以分为中子活化分析、带电粒子活化分析、γ 光子活化分析等。根据引起活化的中子能量,中子活化分析可以分为慢中子活化分析和快中子活化分析;根据引起活化的带电粒子质量,带电粒子活化分析可以分为轻带电粒子活化分析和重带电粒子活化分析;根据探测的 γ 射线,可以分为延迟或缓发 γ 射线中子活化分析和瞬发 γ 射线中子活化分析。

离子束分析几乎都是采用加速器进行的,包括核反应分析、卢瑟福背散射分析、沟道效应分析、粒子激发 X 荧光分析、加速器质谱分析等。核反应分析、卢瑟福背散射分析除了用于元素含量测量,还可以无损地测量元素含量深度分布;沟道效应分析除了用于元素含量及其深度分布测量,还是原子定位分析、物质微观损伤缺陷及其深度分布测量的重要方法;加速器质谱分析是集加速器、核探测、质谱分析为一体的、具有极高分析灵敏度的一种元素含量分析方法。

核效应分析主要用于材料原子尺度的微观结构分析,包括基于原子核超精细相互作用的穆斯堡尔谱学、扰动角关联和扰动角分布谱学、缪子自旋转动谱学、核磁共振和核电四极共振谱学、低温核定向谱学,基于质能转换的正电子湮没谱学。

核分析技术是核科学和技术领域的基础探测和分析手段,既可进行核技术应用研究,也可进行核科学的前沿基础研究。核分析技术已经广泛应用于国民经济、国防军事、国家安全、固体物理学、材料科学、生命科学、考古学和核医学、环境科学、核物理等领域,在这些领域发挥了不可或缺的作用。

著者长期在中国原子能科学研究院和国外从事核分析技术及其应用研究,工作中深感需要一本全面、完整地介绍核分析技术及其应用的书。因此著者根据多年工作和研究生教学经验撰写了本书,旨在为核分析技术及其应用的科技工作者提供系统和实用的参考书。

  全书分为四篇。第一篇核技术应用概论,简要介绍核技术应用发展和现状、核分析方法在核技术应用中的作用和地位;第二篇活化分析,介绍中子活化分析、带电粒子活化分析和 γ 光子活化分析;第三篇离子束分析,介绍核反应分析、卢瑟福背散射分析、沟道效应分析、粒子激发 X 荧光分析和加速器质谱分析;第四篇核效应分析,先用两章简要介绍作为核效应分析基础的原子核电磁性质、核衰变和原子核的核矩与核外电磁场超精细相互作用,然后介绍穆斯堡尔谱学、扰动角关联和扰动角分布谱学、缪子自旋转动谱学、核磁共振和核电四极共振谱学、低温核定向谱学、正电子湮没谱学。本书既介绍了各种核分析技术的原理、实验测量技术和实际应用例子,又涵盖了著者和国内外新发展的核分析技术与设备、核分析技术的前沿应用。中子散射分析和固体核径迹探测分析是两个重要的核分析技术,相关的专著和文献已有很多,所以本书未对其进行介绍。

  希望本书能够为核专业高年级学生和研究生提供一本教科书、为核科学领域和其他相关领域的科技人员和教师提供一本有用的参考书、为我国核分析技术的发展起一点促进作用。由于著者水平的限制,书中难免有疏漏之处,敬请读者批评指正。

著 者

2022 年 5 月

于中国原子能科学研究院

目　录

第一篇　核技术应用概论

第二篇　活化分析

第三篇　离子束分析

第四篇　核效应分析

第一篇　核技术应用概论

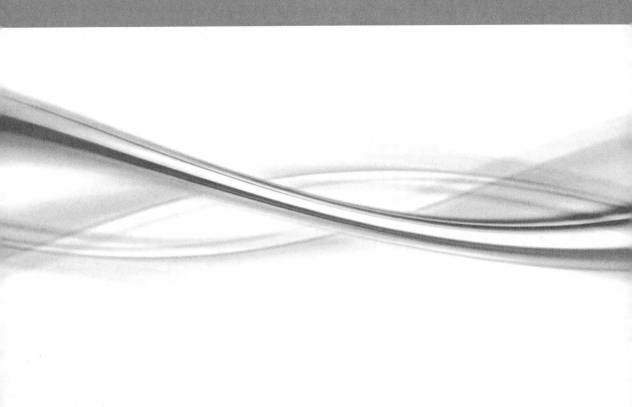

第1章 核技术应用绪论

核技术是科学技术的一个重要组成部分,也是一个国家经济发展与社会现代化的标志。本章主要介绍核技术发展简史、核技术在国民经济中的作用、核技术与基础学科的关系、核技术研究现状和发展、核分析技术在核技术应用中的作用等。

1.1 核技术应用

1.1.1 核技术发展简史

从1896年铀的天然放射性被发现至今,核技术应用已经有100多年的历史。1896年法国贝可勒尔(A. H. Becqueral)发现铀的天然放射性,这是人类第一次在实验室观察到原子核现象,开辟了核科学技术领域。贝可勒尔发现了天然放射性铀,法国皮埃尔·居里(P. Curie)和玛丽·居里(M. Curie)夫妇发现了放射性元素钋和镭,他们三人共同获得了1903年诺贝尔物理学奖。英国卢瑟福(E. Rutherford)由于在揭示原子奥秘方面做出了卓越贡献,获得了1908年诺贝尔化学奖,在1911年他提出了"原子由处于中心的原子核及围绕其运动的电子组成"的原子模型,在这个模型基础上发展和建立了研究原子核外电子运动规律的原子物理学、研究原子核内质子和中子运动规律与原子核结构的原子核物理学。1919年卢瑟福用 α 粒子轰击氮,由 $^{14}N(\alpha,p)^{17}O$ 反应探测到产生的质子,这是人类历史上首次实现的人工核反应。1930年美国劳伦斯(E. O. Lawrence)提出用加速器加速粒子。1931年劳伦斯和他的学生利文古德(M. Stanley Livingood)建立了世界上第一台质子回旋加速器,将质子加速到80 keV 的能量。1932年劳伦斯建成了第二台回旋加速器,将质子加速到了足以引起核反应的1.22 MeV 的能量。在这台回旋加速器上,通过 $^{98}Mo(d,n)^{99}Tc$ 核反应产生了第一个人造元素锝(Tc)。因发明了加速粒子的回旋加速器,劳伦斯获得了1939年诺贝尔物理学奖。1932年英国考可饶夫(J. D. Cockcroft)和瓦尔顿(E. T. S. Walton)建造了世界上第一台800 kV 的高压倍加器,即考可饶夫 – 瓦尔顿加速器。建成后一个月,用它提供的400 keV 质子轰击锂的核反应产生了 α 粒子,他们因此共同获得了1951年诺贝尔物理学奖。1932年英国查得威克(J. Chadwick)发现了中子,并因此获得了1935年诺贝尔物理学奖。1934年卢瑟福与澳大利亚奥利芬特(M. Oliphant)、奥地利哈尔特克(P. Harteck),利用加速器产生的氘轰击氘获得了氚,实现了世界上第一次核聚变反应。1938年德国哈恩(O. Hahn)等发现铀裂变现象。1939年法国约里奥 – 居里(J. F. Joliot – Curie)等发现铀裂变的链式反应。1942年美国费米(E. Fermi)等在美国建成世界上第一座原子核反应堆。1945年美国第一颗原子弹试爆成功。原子弹的爆炸对世界经济、政治产生了巨大影响,也进一步促进了原子核技术的发展,形成了核技术科学学科。第二次世界大战结束(1945年)

后,核技术开始向应用方向发展,特别是向国民经济转移。美国在战争期间建立的橡树岭(ORNL)、阿贡(ANL)、布鲁克海文(BNL)等国家实验室,开始利用核技术方法研究和解决环境、海水淡化、水质评价、癌症诊断和治疗、生物医学、核能源等诸多问题。1952 年美国氢弹试验成功,1954 年苏联建成了世界上第一座核电站,1955 年美国建造了世界上第一艘核潜艇,1959 年美苏核动力船先后下水。20 世纪 60 年代核技术在民用领域取得了重大成果。例如,美国阿贡实验室发展并建立了中子照相,用于飞机零部件、登月舱起爆器、雷管、导火索等器部件检测;美国布鲁克海文实验室在反应堆上产生了 $^{99}Mo - ^{99m}Tc$ 母牛,这是当代核医学最重要的一种显像示踪剂。20 世纪 70 年代是核技术及其应用的"成长阶段",发达国家核技术已经用于国民经济各领域,核技术成为一个新兴的产业。20 世纪七八十年代,计算机技术与 X 射线检测技术结合,发展了 X 射线计算机断层扫描(X – ray computed tomography,X – CT)成像技术。1971 年英国亨斯菲尔德(G. N. Hounsfirtld)和美国科马克(A. M. Cormack)建成第一台头部 X – CT,他们因此获得了 1979 年诺贝尔医学奖。1974 年美国莱德利(R. S. Ledley)建成了第一台全身 X – CT 机,这是放射诊断领域的一项重大突破。20 世纪 80 年代是核技术及其应用的"成熟发展阶段",微电子学、计算机及各种新型仪器设备的发展,极大地推动了核技术的发展。20 世纪 90 年代核技术及其应用进入了"产业化阶段",取得了十分显著的经济效益。

1.1.2 中国核技术发展

新中国成立不久,在我国科技和经济基础还相当薄弱的情况下,国家和政府就做出大力发展核技术的决策。20 世纪 50 年代中期我国制定了核技术应用发展的规划,建立了相关机构,进行了人员培训等。许多高等院校设置了核科学专业课程。1958 年,在苏联援助下,我国第一座重水反应堆和回旋加速器在原子能研究所(现为中国原子能科学研究院)建成并投入运行,标志着我国跨进原子能时代;1969 年我国开始采用重水反应堆生产和供应放射性同位素。

20 世纪六七十年代我国发展和建立了各种核技术方法,致力开展核技术应用研究。20 世纪 80 年代核技术广泛应用于工业。例如,工业同位素仪表的应用、辐射加工技术的工业化、核测井技术用于油田和煤田勘探等。

1.1.3 核技术应用

核技术是一种军民两用技术,应用领域十分广泛(国家自然科学基金委员会,1991)。核技术可以分为射线技术、同位素技术、核技术支撑技术等三类。射线技术有辐射加工技术、离子束加工技术、核分析技术、核成像技术等;同位素技术有放射性和稳定同位素生产与制备技术、放射性和稳定同位素标记化合物制备技术、放射性药物制备技术、同位素核能技术、同位素示踪技术等;核技术支撑技术主要是加速器技术、核反应堆技术、各种核辐射源技术、核辐射探测器和电子学技术、核辐射医学和辐射防护技术等。射线技术中的核分析技术是一种重要的核技术应用基础技术,包括活化分析(AA)、离子束分析(IBA)、核效应分析(NEA)、中子散射分析(NSA)、固体核径迹探测(SSNTD)等。

1.2　核技术应用产生的经济和社会效益

核技术的应用价值及产生的经济和社会效益,确立了其在国民经济和现代科学技术中的重要地位(国家自然科学基金委员会,1991)。世界上几乎所有国家都在开展核技术应用。经过一个多世纪的发展,核技术在国民经济、人民生活和健康、社会稳定中的作用越来越明显,许多国家尤其是发达国家的核技术应用取得了很大的经济和社会效益。

1.2.1　核技术应用的经济效益

核技术应用的经济效益是巨大的。例如,20 世纪 60 年代先进国家核技术应用收入达到国内生产总值(GDP)的 0.1% ~0.3%。20 世纪 90 年代以来,美国核技术应用产业的年产值长期占 GDP 的 4% ~5%;日本和欧洲国家占 GDP 的 2% ~3%。2001 年我国核技术应用年总产值达到 150 亿元。2003 年我国核技术应用的经济规模达到 400 亿元,占 GDP 的 0.4%。

1960—1985 年,全世界同位素和辐射技术工业应用的经济效益累计达到了 800 亿美元,2009 年经济效益达到了 6 000 亿美元。20 世纪 90 年代初核技术已经发展成为一种巨大的生产力。例如,国际上 80% 的电缆经过辐照处理,美国电线和电缆辐照年销售额超过 10 亿美元,其次是日本,年销售额超过 30 亿日元。我国 1992 年辐照交联电线电缆年产值 3 000 多万元,现已增加到近 20 亿元。全世界核测井年营业收入达到上百亿美元,2018 年世界石油勘探中有 1/3 采用了核测井。

核技术应用的效益与成本比逐年提高,1985 年达到 14.5。1980 年世界各类同位素仪表近 80 万台,假定均价每台 1.2 万美元,总价值高达近百亿美元,如果效益/成本 =10 ~30,经济效益是 1 000 ~3 000 亿美元。

核医学诊断仪器是产值最大的一类同位素仪器,1983—1985 年,X 射线计算机断层扫描(X - CT)、同位素发射单光子计算机断层扫描(SPE - CT)、正电子发射断层扫描(PET)和配有 X - CT 的 PET(PET - CT)、磁共振成像(MRI)和配有 X - CT 的 MRI(MRI - CT)等核医学诊断仪器的销售总额约达 60 亿美元,平均年增长约 12%。2021 年全球计算机断层照相(CT)和 PET 的收入大约 7 300 万美元,2020 年全球 MRI 市场规模达到 93 亿美元。

离子注入或辐照材料改性和提高电子元器件性能、食品保鲜与保藏、灭菌与消毒及核测井在发达国家已成为一种产业,经济效益可观。2020 年全球离子注入机的市场规模达到 18 亿美元,2017 年全球辐射加工市场规模近 900 亿美元,2017 年底我国的辐射加工市场规模约 1 100 亿元。

20 世纪 80 年代世界上有反应堆 320 多座,假定每座造价 5 亿美元,合计达 1 600 多亿美元;加速器 140 台,价值 2 亿美元,辐射加工和消毒用加速器 400 多台价值 1 亿多美元,医用电子直线加速器 2 000 多台价值 20 亿美元。反应堆和加速器生产的 ^{60}Co 和 ^{137}Cs 放射性 γ 辐射源的收益相当可观,^{60}Co 辐照源 120 座(容量 10^8 Ci)价值 10 亿美元,^{60}Co 治疗机 4 000 台和 ^{137}Cs 治疗机 200 台价值 20 亿美元。

中国在粮食、棉花、油料作物辐射育种方面取得了显著的增产效果,年经济效益超过 40 亿元。墨西哥通过昆虫的辐射不育技术减少虫害,每年避免了至少 15 亿美元的经济损失。

1.2.2 核技术应用的社会效益

核技术应用除产生可观的经济效益外,还可产生巨大的社会效益(国家自然科学基金委员会,1991)。核技术应用产生的社会效益是多方面的,具体如下。

1. 核医学和辐射消毒:延长寿命和保护生命健康

例如,核医学的应用挽救和延长了成千上万人的生命,现在大多数就诊者都接受核医学诊断或治疗;^{60}Co 放射源和加速器在癌症治疗中拯救了患者或帮助患者延长了寿命;核 – CT 对心脑血病和癌症等的早期诊断,为患者能够及时得到救治争取了时间;医疗用品通过核辐射消毒,极大程度上避免了交叉感染。

2. 自然灾害预报和防止:生命安全和财产保护

例如,我国放射性同位素火灾报警器、电子湿度火灾报警器等在获得经济效益的同时,在防止火灾、保护人民的生命和财产安全等方面产生了很大的社会效益。又如,放射性示踪监测病险水库和水坝,使病险水库得到及时处理,保证了人民的生命和财产安全。例如,安徽龙河口水库和新疆乌拉泊水库一直被认为是"重点危险水库",^{131}I 放射性示踪测试结果,使安徽龙河口水库摘掉了"重点危险水库"的帽子;新疆乌拉泊水库经过基岩灌浆消除了险情,既节约了大量资金,又使人民能够生活安定。我国黄河干流水文站采用同位素测定水流的含沙量,成功预报了黄河下游水情和沙情的日期,保护了人民的生命和财产安全。

3. 废物处理:变废为宝

污泥、废水、生物废物的辐射处理替代了传统的填埋、投海和焚烧等处理方法,既消除环境二次污染,又变废为用。美国建造了许多辐照废水处理工厂,苏联、匈牙利、加拿大、日本均有辐照废水处理工厂。德国和美国都建立了污泥辐射处理工厂,费用比传统焚烧法低很多,处理后的污泥保持原养分可用作肥料。电子辐照处理工业烟气,不仅可除去烟气中的 SO_2 和 NO_x,防止酸雨产生,净化大气,而且硝胺和硫胺等副产品可以用作肥料。我国自行设计和建造了电子束辐照烟气脱硫脱硝工业化装置并已成功投入运行。

4. 文物鉴定和考古:非破坏性,被检物品都能完好无损地保存下来

湖北省荆州市江陵县望山楚墓群出土的越王勾践剑经质子激发荧光分析后没有受到丝毫损坏。1988 年法国卢浮宫博物馆地下室建立了 2×1.7 MV 串列加速器的离子束分析实验室,使名画等珍贵文物在馆内就能进行真伪鉴别和精确的年代测量。

5. 刑事犯罪侦断和法医鉴定:准确无误的侦断

拿破仑、牛顿、光绪皇帝的死因一直是个谜,研究人员将他们的头发经中子活化分析,确定拿破仑和光绪皇帝死于 As 中毒,牛顿死于 Hg、Pb、Sb 中毒。无论是文物鉴定和考古,还是刑事侦断和法医鉴定,核技术应用产生的社会效益是无法评估的。

1.3　核技术应用衍生的新交叉学科

核技术是在基础学科上发展起来的一门综合性的现代科学技术。核技术在应用中得到了不断的发展,同时促进了基础学科的发展,与基础学科的结合又衍生了许多新的交叉学科,例如核生命科学和核医学、核材料科学或核固体物理学、核冶金学、核天文学、核考古学、核地质学等。

1.3.1　核生命科学和核医学

核技术与生命科学和医学的结合衍生了核生命科学和核医学。例如,正电子湮没断层扫描(PET)[图 1.1(a)]是基于核分析技术的"正电子湮没"谱学二维角关联测量技术发展起来的,它已经成为医学上疾病诊断尤其是早期脑功能分析的重要手段。PET 可以测定人脑活动过程,图 1.1(b)和图 1.1(c)是人上肢运动的脑功能活动过程图。1985 日本将 PET 探索脑功能列为三大重要课题之一,美国也将 PET 列为当代高科技发展中一门重要技术。PET 和 X-CT 结合形成的 PET-CT 具有较高的空间分辨率,故其诊断图像清晰,结果可靠。

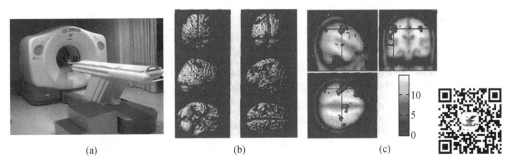

(a)　　　　　　　　(b)　　　　　　　　(c)

图 1.1　PET 与脑功能图

扰动角关联和扰动角分布(PAC 和 PAD)谱学、穆斯堡尔谱学(MS)、核磁共振和核电四极共振谱学(NMR 和 NQR)、质子荧光分析谱学等核分析技术和同步辐射技术,也是核生命科学和核医学重要的分析手段。

1.3.2　核材料科学或核固体物理学

核技术在材料科学中的作用是不可替代的,它与固体物理或材料科学结合,发展了核材料科学或核固体物理学,这是本书重点介绍的内容。

1.3.3　核冶金学

离子可以注入任何材料,不受材料相容性限制。离子注入可以制备常规冶金方法难于制备的合金。中子嬗变掺杂单晶硅,可以在大块单晶硅中均匀和可控地掺入磷。核冶金学是核技术与冶金学结合形成的一门交叉学科。

1.3.4　核天文学、核考古学、核地质学

核天文学、核考古学、核地质学都是核技术与相关学科融合而衍生的交叉学科。核技术与天体物理学、地质学、考古学交叉取得了重要成果。例如,采用固体核径迹探测器测定了周口店猿人的年代,加速器质谱(AMS)鉴定了珍藏在梵蒂冈的圣物耶稣裹尸布的真伪等。

1.4 核技术应用的基础技术

核技术应用的基础技术主要包括核分析技术、同步辐射技术、辐射加工技术、放射性核素和放射性药物技术、离子束加工技术、核成像技术、核辐射工业检测技术、核农业应用技术、加速器支撑技术、核安全检测技术等。

1.4.1 核分析技术

1.核效应分析

核效应分析是一种原子尺度材料结构微观分析技术,可以测量原子核及其周围近邻环境的电磁场,获得常规方法不能或很难提供的材料结构的微观数据,了解材料微观性质与宏观性质的关联性。常用的核效应分析方法有基于原子核核矩与核外电场的超精细相互作用的穆斯堡尔谱学、扰动角关联和扰动角分布谱学、核磁共振和核电四极共振谱学、缪子自旋转动谱学(μSR)、低温核定向谱学(LTNO)、基于质-能转换的正电子湮没谱学(PAS)等。

(1)穆斯堡尔谱学

1958 年德国穆斯堡尔(R. L. Mössbauer)发现了穆斯堡尔效应,他因此获得了 1961 年诺贝尔物理学奖。基于穆斯堡尔效应发展起来的谱学称为穆斯堡尔谱学(Mössbauer Spectroscopy,MS)。穆斯堡尔谱学可以测定晶格结构和晶格有序度、缺陷和辐射损伤、离子阶态、材料磁性、超导电性等,已经广泛用于核物理学、固体物理学、化学、生物学、地质学、冶金学、材料科学、天体物理学、考古学等领域。关于穆斯堡尔谱学的系列会议有两个:国际穆斯堡尔谱学应用会议和国际穆斯堡尔效应工业应用会议,都是每两年召开一次。2018 年起国际穆斯堡尔谱学应用会议和国际超精细相互作用及其应用会议筹划合并为一个,即国际超精细相互作用及其应用会议,该会议也是每两年召开一次。合并后的第一次会议,即第三届国际超精细相互作用及其应用会议(HYPERFINE 2021),于 2021 年在罗马尼亚举行。

我国穆斯堡尔谱学研究从 20 世纪 60 年代开始,70 年代中期得到了迅速发展,当时有各种穆斯堡尔测量谱仪一百多台,遍及 25 个省市。1992 年,第 21 届国际穆斯堡尔谱学应用会议在南京举行;2019 年第 35 届国际穆斯堡尔谱学应用会议在大连举行。

(2)扰动角关联和扰动角分布谱学

扰动角关联和扰动角分布(perturbed angular correlation,PAC)(perturbed angular distribution,PAD)谱学通过测量原子核核矩和核外电磁场的超精细相互作用测量,获得材料微观结构信息。其由美国布雷迪(E. L. Brady)和多伊奇(M. Deutsch)于 20 世纪 50 年代初提出,70 年代后期有了离子注入扰动角关联(IMPAC)谱学、瞬态场离子注入扰动角分布(TMF-IMPAD)谱学、频闪观察扰动角分布(SOPAD)谱学、核磁共振-扰动角关联(NMR-PAC)谱学和穆斯堡尔-扰动角关联(MOS-PAC)谱学。21 世纪初我国发展了在线扰动角关联谱学和放射性核束的在线扰动角关联谱学。扰动角关联和扰动角分布谱学早期主要用于原子核的核矩测量和核结构研究,20 世纪 70 年代末 80 年代初,开始用于固体物理学、材料科学、生物学、化学和原子物理学研究,随着加速器和放射性核束技术的发展,现在又开始用于远离稳定线、高自旋态、超形变等极端条件下原子核的核矩测量和核结构研究。

扰动角关联和扰动角分布谱学主要用于材料微观晶格结构、结构相变、结构有序度、缺陷和辐射损伤、材料磁性、离子阶态、表面和界面、超导电性、核物理等研究。扰动角关联和扰动角分布是每两年举行的超精细相互作用和核四极相互作用国际会议（HFI/NQR）的主要内容之一（该会议前身是每三年举行一次的国际超精细相互作用会议，从 2016 年起该会议又改为国际超精细相互作用及其应用会议）。国内，中国原子能科学研究院建立了四探测器扰动角关联谱仪、串列加速器扰动角分布谱仪和瞬态场离子注入扰动角分布（TMF‑IMPAD）谱仪，开展了极端条件下原子核核矩测量和核结构研究；建立了国际上第一台加速器在线扰动角关联谱仪、放射性核束在线扰动角关联谱仪和六个 $LaBr_3$ 探测器的数字化扰动角关联谱仪，开展材料和生命科学研究。2012 年在北京举行了第四届超精细相互作用和核四极相互作用国际会议（HFI/NQR 2012）。

（3）核磁共振和核电四极共振谱学

核磁共振和核电四极共振（nuclear magnetic resonace，NMR 和 nuclear quadraple resonace，NQR）谱学也是基于超精细相互作用。核磁共振现象是 1945 年由美国布洛赫（F. Bloch）小组和珀塞尔（E. M. Purcell）小组独立发现的，布洛赫和珀塞尔因此获得了 1952 年诺贝尔物理学奖。

核磁共振和核电四极共振应用十分广泛，主要用于材料分子的电子云分布、化学结构、传导电子态、材料结构和相变、材料杂质及其扩散、材料磁性、材料缺陷和辐射损伤，以及液体分子构型和原子、分子的热运动等的研究。核电共振在国家安全等方面已经用于爆炸物、毒品、地雷等的检测，（核）磁共振成像现在已经成为医学上疾病诊断的一个不可或缺的重要手段。图 1.2 所示是一台医用磁共振成像仪。2003 年诺贝尔医学奖授予美国劳特布尔（P. C. Lauterbur）和英国曼斯菲尔德（P. Mansfield），以表彰他们在磁共振成像方面的贡献。国内目前有各种类型的核磁共振谱仪 100 多台，爆炸物、毒品、地雷检测仪器的研发取得了

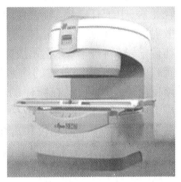

图 1.2　医用磁共振成像仪

实质性进展。核磁共振的国际社团（International Society of Magnetic Resonance，ISMAR）每两年举行一次 ISMAR 国际系列会议（ISMAR conference）；核电四极共振每两年举行一次核电四极相互作用国际系列会议（International Symposium on Nuclear Quadrupole Interactions，NQI），2006 年开始与国际超精细相互作用会议合并为超精细相互作用和核四极相互作用国际会议（这个会议从 2021 年起，又与国际穆斯堡尔谱学应用会议合并为一个大型国际会议）。我国 20 世纪 50 年代末开始核磁共振研究，许多高等院校和研究所建立了核磁共振谱仪，开展核磁共振在材料、生物和医学、工业、地质勘探、物理和化学等领域的研究；1987 年底我国首台 MRI 建成，其后随着 MRI 产品化，在许多医院得到了应用；2005 年与国外有关机构合作研制了固定和移动式 NQR 爆炸物检测装置，并得到了应用。

（4）正电子湮没谱学

正电子湮没谱学（positron annihilation spectroscopy，PAS）是一种应用很广的核效应分析技术。1932 年美国安德森（C. D. Anderson）发现了正电子，其因此获得 1936 年诺贝尔物理学奖。正电子遇到电子发生湮没发射一对 0.511 MeV γ 射线，这是一种质量转变为能量的核效应。正电子湮没谱学已经广泛用于材料缺陷和辐射损伤、相变、形变、自由体积、材料表面和界面、能带结构研究和费米面测量。国际正电子湮没会议每三年召开一次，此外还有正电子束、慢正电子束流等国际会议。

正电子湮没技术发展很快，除了传统的寿命、多普勒展宽、角关联测量，现在又发展了

符合多普勒展宽、能量－动量符合测量、^{22}Na 放射源与加速器和反应堆正电子源的慢正电子束流技术和装置。正电子湮灭在核医学中的一个重要应用是正电子发射断层扫描成像。

我国自 20 世纪 70 年代开始正电子湮没研究,许多研究院所和高等院校都建立了寿命谱仪、多普勒展宽谱仪、长缝型角一维关联谱仪、符合多普勒展宽谱仪、能量－动量符合谱仪和慢正电子束装置等,研制成了 BGO 探测器的四环 PET 样机,并已经进入临床试验。第十届国际正电子湮没会议和第十七届国际正电子湮没会议分别于 1994 年在北京和 2015 年在武汉举行。

2. 中子散射

1932 年查得威克发现中子后,发展了中子散射(neutron scattering,NS)分析技术(丁大钊 等,2001)。根据中子能量,中子散射可以分为热中子、冷中子和烫(高温)中子散射。中子散射分析主要是在反应堆和散裂中子源上进行的。

热中子散射主要利用反应堆和散裂中子源产生的热中子实现。热中子平均动能为 0.025 eV,波长为 0.1 ~ 1.0 nm,能量和波长接近物质原子运动能量和原子间距,因而可以很好地用于物质静、动态结构和性能研究。中子穿透力强,可以进行材料体效应的分析;中子通过与核的相互作用研究物质,与物质的作用不依赖物质原子序数,可以检测物质中的轻元素;中子有磁矩,与磁性原子发生磁散射,所以中子散射可以用于材料磁性研究。中子散射已经广泛应用于晶体学、磁学、超导电性、有机高分子、分子生物学、表面物理学、固体物理学、材料科学、工业无损探伤和照相等研究。原子能研究所(现为中国原子能科学研究院)1958 年在我国首建的重水反应堆上建立了一系列中子散射谱仪,开展了中子散射研究。该反应堆退役后,又在新建的中国先进实验堆(CARR)上建立了高分辨中子散射谱仪、残余应力中子衍射谱仪、中子织构谱仪、中子四圆谱仪、中子三轴谱仪、中子反射谱仪、中子小角散射谱仪、热中子照相仪和冷中子照相仪。

冷中子散射是采用能量低于 1 meV 的冷中子进行的。冷中子源有基于反应堆和基于加速器散裂中子源的冷中子源,法国、日本、美国、俄罗斯等国家都有冷中子源。中国原子能科学研究院在中国先进实验堆上建立了冷中子源。

烫(高温)中子散射是采用能量为 0.1 ~ 0.5 eV 的烫中子进行的。烫中子源的研究比冷中子源晚。1965 年英国建成了世界上第一个烫中子源。目前,德国、法国等都有烫中子源。中国原子能科学研究院也将在中国先进实验堆上建立烫中子源。

除中子散射外,中子的应用还有中子照相、中子测井、中子治癌等(丁大钊 等,2001)。

3. 离子束分析

离子束分析是在 20 世纪 60 年代发展起来的一种无损核分析技术,主要用于测定物质中杂质含量及其深度分布等。19 世纪六七十年代人们主要研究离子束分析方法,卢瑟福背散射分析、核反应分析(nuclear reaction analysis,NRA)、粒子激发 X 荧光分析、带电粒子沟道效应(channeling effect,CE)等方法相继问世;70 年代末以后是离子束分析应用阶段,在这个阶段又出现了加速器质谱、超高真空离子束分析、低能离子散射、散射－反冲符合测量、微探针离子束分析、扫描隧道显微等新方法。

离子束分析已经广泛应用于核物理学、固体物理学、材料科学、生命科学、化学等领域。国际离子束分析会议每两年举行一次,此外还有"小型加速器应用""离子束材料改性""粒子激发荧光分析""核微探针"等专业化的离子束分析系列会议。我国离子束分析概况可以参考文献(Zhu,1988)。2017 年,第十八届国际离子束分析会议(IBA 2017)在上海举行。

4. 活化分析

活化分析是一种高灵敏度、高精度、非破坏性的元素含量分析方法。根据引起活化的粒子,活化分析分为 γ 光子活化分析、中子活化分析和带电粒子活化分析。1934 年英国查德威克和戈德哈伯(M. Goldhaber)进行了第一次 γ 光子活化分析;1936 年匈牙利化学家赫维西 (G. de Hevesy)和莱维(H. Levi)进行了首次中子活化分析;1938 年美国化学家西博格(G. T. Seaborg)和利文古德(J. J. Livingood)在回旋加速器上实现了第一次带电粒子活化分析。

中子活化分析根据引起活化的中子能量,可以分为慢中子活化分析和快中子活化分析;根据探测的 γ 射线,又可以分为延迟或缓发 γ 射线中子活化分析、瞬发 γ 射线中子活化分析。根据带电粒子质量,带电粒子活化分析分为轻带电粒子活化分析和重带电粒子活化分析。

活化分析已经有 80 多年的历史,但仍充满活力,在环境科学、地学、宇宙学、生命科学、材料科学、考古学、法学、化学、物理学等领域得到广泛应用。

5. 固体核径迹探测分析

固体核径迹探测(solid-state nuclear track detection, SSNTD)分析,或蚀刻径迹探测(etched track detection, ETD)分析或绝缘体径迹探测(dielectric track detection, DTD)分析是20 世纪 60 年代发展起来的。固体核径迹探测分析中,荷能带电粒子穿过绝缘介质,在经过路径上产生亚纳米尺度损伤径迹,经过一定化学处理和蚀刻后,损伤径迹变为可以用显微镜观察和测量的径迹。从测量的径迹长度、形状和数量,可以得到入射带电粒子的质量、电荷、能量、运动方向和入射粒子数,这种探测器称为固体核径迹探测器。用作固体核径迹探测器的绝缘介质有核乳胶、云母、石英、玻璃、陶瓷和聚碳酸酯、硝酸纤维、醋酸纤维、聚酯等聚合物塑料。固体核径迹探测器中产生的损伤径迹或潜伏径迹是稳定不变的,这样可以进行需要极长时间才能探测的事件的测量,例如稀有重带电粒子的测量等。固体核径迹探测器具有较高的空间分辨率,它的结构简单、牢靠,价格低。固体核径迹探测器记录中子时,虽然中性粒子不能直接产生径迹,但是它们可以通过产生次级带电粒子产生径迹。例如,中子与核乳胶中的氢核散射产生的质子,中子与掺入核乳胶中的 ^{6}Li 或 ^{10}B 发生 ^{6}Li(n, α)^{3}H 或 ^{10}B(n, α)^{7}Li 反应,产生的带电粒子。

固体核径迹探测分析在宇宙射线物理学、天体物理学、核物理学、生物物理学、地球物理学和化学、地质学、考古学、环境科学、辐射剂量测量等领域得到广泛应用,在长寿命放射性核素、环境氡浓度、地质样品年代等的测量中,固体核径迹探测分析已经成为一种不可或缺的手段。

1.4.2　同步辐射技术

电子以接近光速的速度做曲线运动时,沿切线方向会发射很强的电磁辐射,这种电磁辐射是在同步加速器上发现的,因此称为同步辐射。

同步辐射有很多优良的特性:频谱范围宽,从远红外、可见光、紫外光到 X 射线范围的连续光谱;准直性好,辐射光集中在电子运动的切线方向;偏振度高,同步辐射光是 100% 线偏振光;亮度高,比 X 光机高上亿倍;时间结构的脉冲光,宽度在 $10^{-11} \sim 10^{-8}$ s 可调,脉冲间隔在 $10^{-8} \sim 10^{-6}$ s 可调;高纯净度、高稳定性、微束斑、准相干等。

目前全世界建成及正在建造的同步辐射装置近 50 台。我国有北京正负电子对撞机国家实验室的同步辐射装置(Beijing synchrotron radiation facility, BSRF)、中国科技大学国家同步辐射实验室的合肥光源(Hefei light source, HLS)和中国科学院上海高等研究院的上海同步辐射装置(Shanghai synchrotron radiation facility, SSRF)等三个同步辐射装置。上海同步辐射装置是先进的第三代同步辐射光源,其电子储存环电子束能量为 3.5 GeV,居世界第四。

同步辐射装置建有许多光束线和实验站。上海同步辐射装置将建 30 ~ 40 条束流线和50 多个实验站。例如,硬 X 射线生物大分子晶体学、硬 X 射线吸收精细结构(XAFS)、硬 X

射线高分辨衍射与散射、硬 X 射线微聚焦及医学应用、软 X 射线相干显微学、LIGA(德文制版术 Lithographie、电铸成形 Galvanoformung 和注塑 Abformung 的缩写)及光刻、红外等束线或实验站。

同步辐射亮度或注量率极高,许多过去要长时间才能分析或不能做的工作,在同步辐射装置上很快就能完成。例如生物大分子结构测量、生物体系实时动态过程测量、微区分析、微米级样品和自然界、生物学中无法长大的微晶材料测量等。有时间结构的脉冲光,可以用于以往不能研究的化学反应和生命、材料结构变化等微观过程的研究。同步辐射技术的实验方法很多,例如真空紫外线、软 X 射线谱学方法和 X 射线吸收、衍射和散射方法等。同步辐射技术可以用于表面和界面物理学、原子分子物理学、表面化学和化学动力学、材料电子结构、高温超导等研究。利用同步辐射脉冲光可以研究 X 射线发光材料、真空紫外发光材料、有机电致发光材料、闪烁体、红外探测材料等新型功能材料和器件的快时间响应测量。采用同步辐射光源的集成组合技术,可以制备材料芯片,并用微束光源进行性能检测。利用 X 射线衍射、散射,可以进行高效、高精度的生物大分子晶体结构与功能关系、物质结构的长程、短程有序性等研究。软 X 射线显微成像技术和 X 射线全息技术,可以对活体生物、医学样品进行分子、原子水平上的直接观察和显微成像,分辨率可达 5 ~ 10 nm。X 射线深度光刻和 LIGA 技术,可以制造三维微器,是超大规模集成电路(IC)工艺和超微细机械、光学元件加工等方面不可或缺的手段。

1.4.3　辐射加工技术

辐射加工技术是利用 γ 射线或加速器产生的电子、质子和重离子等的辐照,改善材料或物体品质与性能的技术。辐射加工技术开始于 20 世纪 50 年代,到 80 年代末世界辐射加工年总产值已达到国民经济总产值的千分之一左右。80 年代初辐射加工用 ^{60}Co γ 源最大源量达几百万居里量级,1982 年全世界用于辐射加工的大型钴源装置约 110 台,大功率电子束装置约 300 台。我国辐射加工年均增速超过 15%,2010 年底我国辐射加工产业规模达到 350 亿元,运行中的 160 台(套)电子加速器的总功率达 9 000 kW,150 座 γ 辐照源总装源量达 4 500 万 Ci[①]。

辐射加工射线的能量一般为 0.15 ~ 10 MeV,能够进行辐射加工,但不会引起核反应和产生放射性。辐射加工射线能量损失是多次传递过程,因而穿透性强,可深入物质内部,不引起物质温度升高,加工在常温下进行,例如 1 kGy 剂量辐照温升只有几至十几摄氏度。辐射加工射线能量损失是一个多次转移过程,不产生感生放射性。辐射加工是由射线本身或由它产生的高活性中间产物实现的,不是分子热运动,所以耗能低、无残毒及废物。辐射加工条件易于控制。

辐射加工可以用于辐射聚合、辐射接技、涂层固化、辐射降解、辐射交联、医用器具辐射消毒、食品辐射保鲜、三废处理等。

1.4.4　放射性核素和放射性药物技术

放射性核素(放射性同位素)是核技术应用的一个重要基础,广泛用于工业、农业、医疗卫生、勘探、科学研究等。放射性药物是反应堆和加速器生产的放射性核素,经过分离、纯化后制成的放射性核素化合物制剂及其标记药物,可以用于医学诊断和治疗,也可以用于探索人体生命活体代谢过程,例如 ^{32}P 标记的 Na_2HPO_4 化合物用于人体 P(磷)代谢研究。

---

① 　1 Ci = 3.7×10^{10} Bq。

1945 年以前放射性核素主要由加速器生产,之后反应堆成为生产放射性核素的主要设施;随着加速器技术的发展,20 世纪 60 年代起加速器又成为生产短寿命、缺中子医用放射性核素的主要设施。在放射性核素生产中,加速器和反应堆具有很强的互补性。

生产放射性核素的加速器有静电加速器、串列加速器、直线加速器和回旋加速器等,其中尤以生产医用短寿命放射性核素的回旋加速器为主。加速器加速粒子多、能量可变,产生放射性核素的核反应多。加速器生产的放射性核素主要有^{203}Pb、^{201}Tl、^{123}I、^{111}In、^{103}Pd、^{82}Sr、^{81}Rb – ^{81m}Kr、^{67}Ga、^{57}Co、^{52}Fe、^{18}F、^{15}O、^{13}N、^{11}C 等。医用短寿命放射性核素,由于寿命短,例如 PET 用放射性核素,很多医院建立了小型回旋加速器就地生产。加速器生产的放射性核素的缺点是产额较低,但是可以生产无 β^- 衰变的缺中子、短寿命放射性核素,可以生产比活度很高的无载体放射性核素,例如^{10}B(d,n)^{11}C 反应生产的^{11}C。有些医用放射性核素只能用加速器生产,如^{67}Ga、^{111}In、^{123}I、^{201}Tl 等。加速器散裂中子源还可以生产一般情况下较难制备的^{82}Se、^{52}Fe 等放射性核素。

热中子反应堆的中子注量或注量率高,热中核反应截面大,因此放射性核素的产额很高。热中子反应堆生产放射性核素的反应有(n,γ)、(n,f)、(n,α)、(n,p)等,但主要是反应截面很大的(n,γ)反应。反应堆产生的第一个医用放射性发生器是^{99}Mo – ^{99m}Tc 发生器,Mo 由慢中子^{98}Mo(n,γ)^{99}Mo 核反应和 U(n,f)^{99}Mo 铀裂变反应产生。反应堆生产的放射性核素有^{203}Hg、^{192}Ir、^{191}Os、^{186}Re、^{188}Re、^{198}Au、^{177}Lu、^{170}Tm、^{169}Yb、^{165}Dy、^{166}Ho、^{153}Sm、^{153}Gd、^{152}Eu、^{137}Cs、^{133}Xe、^{125}I、^{131}I、^{113}In、^{125}Sb、^{113}Sn、^{117m}Sn、^{99}Mo(子体^{99m}Tc)、^{89}Sr、^{90}Sr、^{90}Y、^{85}Kr、^{75}Se、^{63}Ni、^{64}Cu、^{58}Co、^{60}Co、^{55}Fe、^{59}Fe、^{51}Cr、^{47}Sc、^{45}Ca、^{35}S、^{32}P、^{24}Na、^{14}C、^{3}H 等,其中医学上用得最多的是^{99}Mo、^{131}I、^{125}I 和^{89}Sr 等。快中子反应堆可以生产^{89}Sr、^{60}Co、^{35}S、^{32}P、^{33}P、^{14}C 等放射性核素。

国内中国原子能科学研究院、中国工程物理研究院、中国科学院上海应用物理研究所、中国科学院兰州近代物理研究所、中国核动力研究设计院、中国医学科学院等单位及许多医院,均利用反应堆或加速器开展放射性核素生产和放射性药物研究与制备。

1.4.5　离子束加工技术

离子束加工技术始于 20 世纪 30 年代后期,早期主要用反应堆生产的 keV 级能量反冲原子和裂变碎片进行加工;20 世纪五六十年代加速器和离子注入器开始用于离子束加工技术;70 年代半导体与集成电路的发展,促进了离子束注入技术的发展,利用加速器或离子注入器进行的离子束加工获得了商业应用;80 年代,离子注入已经成为一种成熟的离子束加工技术。

离子注入技术广泛用于超大规模集成电路制备、常规合金方法难以制备的合金制备、材料表面改性、绝缘材料折射和光学性能改进、影像存储材料存储能力改进、聚合物材料改性、高温超导材料超导性能提高、大分子材料解吸、离子成膜等。

1.4.6　核成像技术

核成像技术的主要原理是射线通过成像物体后强度衰减,如图 1.3 所示。强度为 I_0 的射线通过厚度 D 的物体后,其强度衰减为

$$I = I_0 e^{-\mu_m \rho D} \qquad (1.1)$$

$$I = I_0 e^{-D \int \mu_m(x) \rho(x) dx} \qquad (1.2)$$

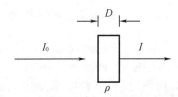

图 1.3　核成像技术的主要原理示意图

式中,μ_m 是质量吸收系数。式(1.1)用于密度为 ρ 的均匀的物体,式(1.2)用于密度为 $\rho(x)$ 的不均匀的物体。

射线束通过物体后入射到探测器阵列,如果物体各处密度不同,入射到相应位置阵列探测器的射线强度不同,从探测器阵列的电子学数据读出系统和计算机数据获取系统采集的数据,建立物体的图像。

图 1.4 是计算机断层照相原理示意图,包括射线放射源,成像探测器及其转动或扫描系统,计算机控制系统、数据获取、图像处理和显示、图像重建系统等三部分。用射线对待检部位一定厚度的层面进行扫描,探测器记录穿过这个层面的射线,输入计算机记录并转变为图像。CT 成像需要从多个方向对待检部位一定厚度的层面进行扫描,需要待检物转动或射线源 – 探测器绕待检物转动。射线源 – 探测器沿层面的轴向前后移动,以实现对不同层面的扫描。射线源 – 探测器通过某一角度的成像物体横断层后由探测器记录,得到该角度横断面射线透射图像,各个角度透射图像形成一个密度投影矩阵,求解此矩阵得到物体各点的密度。计算机收集所有层面所有角度的数据,借助计算机图像重建技术,获得待检物二维(2D)和三维(3D)图像。实际的断层扫描成像系统,转动功能用一个由许多探测器构成的探测器环实现,前后平移功能由移动轴方向多个探测器环实现。

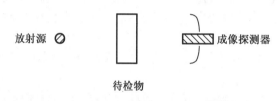

放射源   成像探测器

待检物

图 1.4　计算机断层照相原理示意图

断层扫描成像在医疗诊断、工业产品无损检测和安全检测等方面得到了广泛应用。医用上发展了 X 射线计算机断层扫描、同位素发射单光子计算机断层扫描、正电子发射断层扫描、磁共振成像和配有 X – CT 的 PET – CT 和 MRI – CT 等。工业 CT 有 X – CT、康普顿散射断层扫描 CT(CS – CT),穆斯堡尔断层扫描 CT(MS – CT)等。MRI 与 PET 结合的 PET/MRI 双模式同机融合成像系统正在研发,其同时利用了 MRI 解剖结构图像与软组织密度对比成像的功能和 PET 功能显像与分子成像的功能,诊断灵敏度高、准确性好,对肿瘤和心脑疾病等早期发现和诊断有非常重要的作用。

我国从 20 世纪 70 年代末开始引进医用 X – CT,1982 研制国产第一台 X – CT;1987 年建成国产第一台低场 MRI 谱仪,到现在已能制备 ~10 T 高场 MRI 谱仪。BGO 探测器的四环 PET 与 7 层 X – CT 结合的 PET – CT 正在临床试验,32 环 BGO 探测器的 PET 与 63 层 X – CT 结合的 PET – CT 正在研发。医疗诊断系统目前主要还是依靠进口,国家正在大力扶持各种核医学诊断仪器设备和工业 CT 的研发。

1.4.7　核辐射工业检测技术

核辐射工业检测技术主要利用辐射通过物体后的强度变化。核辐射工业检测仪种类很多,有厚度计、密度计、料位计、湿度计、成分分析仪、泄漏检测仪、流量计、灰分计、火灾报警器、探伤仪、核测井仪等,其中许多用于产品的在线密度测量、厚度测量、料位测量、成分分析等。核测井主要用于地质探测和矿藏勘探。例如,石油测井仪主要用于地质油层勘探和油层品质评估。油层勘探基于油与水的碳和氧组分不同,油主要成分是碳(C),水主要成分是氧(O),因此根据地层的碳氧比,可以判断地层是油层还是水层,碳氧比越高油层品质越好。

核辐射工业检测仪表投资少、效益高、见效快,世界各国都十分重视发展核辐射工业检测仪表。各行业的工业仪表效益系数不同。1981 年国际原子能机构(IAEA)发布了几种仪表的效益系数:塑料薄膜厚度计 1:3、纸张厚度与湿度计 1:9、锌镀层测厚仪 1:30、脱硫车间硫分析仪 1:10、高温焦炭温度计 1:20、家用供热系统泄漏检测仪 1:7。

我国在 20 世纪 50 年代中期开始研制核辐射工业仪表,1988 年有工业核仪表 6 000 多台,1995 年有工业仪表 40 000 多台。在数量、品种和水平等方面,我国与美国和日本等发达国家相比仍有较大差距。

1.4.8　核农业应用技术

核农业应用技术主要有辐照育种技术和土壤微量元素监测技术等。

辐照育种技术是通过辐照去除农作物或植物的不良基因,保持优良基因,获得优良品种,提高农作物产量。中国首先开始低能重离子辐射育种研究,已获得可观的效益。

农作物从土壤中摄取需要的微量元素,时间长了会导致土壤中这些微量元素的缺乏。使用化肥,元素拮抗效应等会导致土壤微量元素短缺。土壤中农作物必要的 Zn、Cu、Fe、Mn、Co、Se、Cr、Mo、V、Ti 等微量元素的减少,会导致农作物产量下降和品质退化。采用核分析技术等可以测定和监测土壤中各种微量元素,从而可以有目标地施以不同的肥料,保证土壤中农作物需要的微量元素。采用同位素示踪技术还可测量微量元素在农作物中的分布、迁移、转化规律等。

1.4.9　加速器支撑技术

1932 年美国建成 1.22 MeV 回旋加速器、英国建成 800 kV 高压倍加器后,加速器很快就用于核物理研究、工业和医学等领域,例如 1938 年开始采用加速器产生的快中子治癌(由于技术原因和第二次世界大战等,中止了很长时间,直到 1966 年又重新开始);同年问世的电子静电加速器很快就应用于医学和工业领域。20 世纪 50 年代初低能加速器开始大规模应用于国民经济许多方面;60 年代开发了许多用于医学、辐射加工、离子注入和核分析用的加速器;70 年代形成了加速器工业,低能加速器成为生命科学和医学、材料科学、固体物理学、环境科学和核物理基础和应用研究的重要工具。80 年代中期世界上有近 8 000 台低能加速器,其中电子加速器占 65%。核技术应用常用的低能加速器有高压倍加器、静电加速器、串列静电加速器、离子注入器、高频高压电子加速器、缘芯电子高压倍加器、电子感应加速器、回旋加速器、中子发生器、强脉冲电子发生器等。

原子能研究所(现为中国原子能科学研究院)在苏联的援助下,于 1958 年建成了我国第一台 1.2 m 回旋加速器,1963 年建成了 2.5 MV 静电加速器,1964 年建成了电子直线加速器(谢家麟因此获 2011 年国家最高科学奖)。我国自制和用于核技术应用的加速器,在 20 世纪五六十年代有 1.2 m 回旋加速器、1.6 MeV 电子静电加速器、高压倍加器、2.5 MV 静电加速器、10 ~ 30 MeV 电子直线加速器、工业探伤电子感应加速器等;70 年代有医用电子感应加速器、绝缘芯高压倍加器、医学和工业电子直线加速器、离子注入器等;80 年代有高频高压加速器、电子帘加速器、强脉冲电子发生器、电子回旋加速器、串列静电加速器、正负电子对撞机、分离扇重离子回旋加速器、电子同步辐射加速器等。20 世纪 80 年代我国有近 400 台各种类型的加速器和离子注入器用于材料和器件离子注入,回旋加速器、静电加速器、串列静电加速器、高压倍加器、中子发生器等用于核分析技术和核物理基础与应用研究,电子直线加速器、电子感应加速器、电子回旋加速器用于工业等无损探伤。

1.4.10 核安全检测技术

随着反恐和反走私的需要,核安全检测技术在维护国家安全和保卫人民生命和财产安全中发挥了越来越重要的作用。核安全检测技术已经广泛用于集装箱检测、邮件灭菌和杀毒、毒品和爆炸品检测方面,并有很好的发展前景。图 1.5 所示是一个集装箱安检系统,图 1.6 所示是一个移动式核四极共振爆炸物安检系统,图 1.7 所示是放射性安全检测系统。

图 1.5　集装箱安检系统

图 1.6　移动式核四极共振爆炸物安检系统

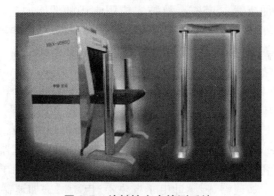

图 1.7　放射性安全检测系统

第二篇　活化分析

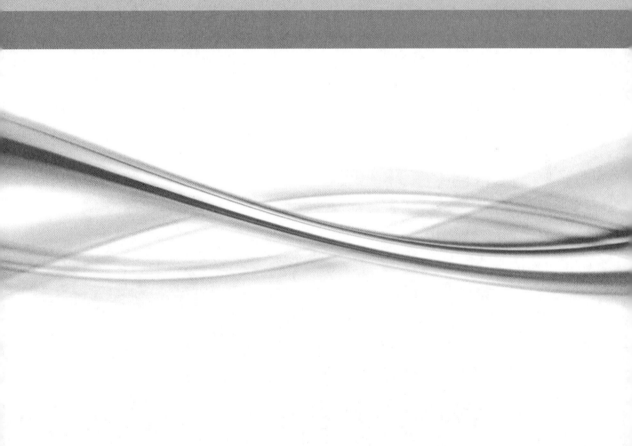

活化分析是一种高灵敏度、高精度、非破坏性的元素含量分析方法。根据引起活化的粒子，活化分析分为 γ 光子活化分析、中子活化分析和带电粒子活化分析。本篇主要介绍这三种活化分析及其应用。

第2章 中子活化分析

中子活化分析是 1936 年由匈牙利化学家赫维西最先提出,他因将同位素示踪用于化学研究,获得了 1943 年诺贝尔化学奖。赫维西等采用 Ra – Be 中子源,利用^{164}Dy(n,γ)^{165}Dy反应,分析了 Y_2O_3 材料中含量为 0.1% 的 Dy 杂质含量。这是世界上第一次中子活化分析,开辟了中子活化分析领域。此后,随着反应堆和加速器技术、核辐射探测技术、核电子学、计算机技术的发展,中子活化分析得到了迅速发展,已成为活化分析的主流分析方法。

中子活化分析方法广泛用于生命科学、环境科学、地球和天体物理学、材料科学、考古学、法医学、冶金学、核物理学等领域,以及工业、农业、半导体和电子工业、地质和矿业等方面。

20 世纪 80 年代初已有 40 多个国家的 170 多座反应堆建立了中子活化分析装置,我国有 20 多座反应堆开展中子活化分析,如中国原子能科学研究院 15 MW 重水反应堆(现已退役,由新建的 60 MW 中子先进研究堆替代)、3.5 MW 游泳池堆、微型中子源反应堆,清华大学游泳池式屏蔽试验反应堆,中国工程物理研究院的研究堆、中国核动力研究设计院的高通量堆,西北核技术研究所的脉冲堆等。

中子活化分析得到广泛应用并成为一种基准的元素含量分析方法,主要在于其分析灵敏度高,可达微量(10^{-6},ppm)和痕量(10^{-9},ppb);可进行多元素分析,一次能同时分析 30 ~ 40 个核素或同位素;非破坏性分析,取样量少;快、慢中子分析结合,几乎能分析元素周期表中所有的轻、重核素,还可以测量放射性核素的含量。慢中子活化分析已经成为一种其他分析方法不可替代的元素含量测量方法。

本章主要介绍延迟 γ 射线中子活化分析和瞬发 γ 射线中子活化分析。

2.1 中子活化分析原理及基本公式

2.1.1 中子活化分析原理

图 2.1 所示是中子活化分析原理图。中子辐照样品,样品中待分析稳定核素活化为放射性核素,测量放射性核素释放的特征 γ 射线能量或衰变时间,可实现元素鉴定和元素含量或浓度测量。

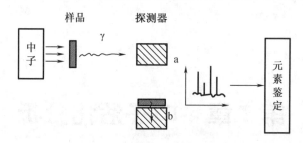

图 2.1　中子活化分析原理图

中子辐照样品,通过(n,γ)、(n,α)、(n,p)、$(n,2n)$等反应将样品中待分析稳定核素活化为放射性核素。例如,热中子辐照^{197}Au,由(n,γ)反应产生^{198}Au。图 2.2 所示是^{197}Au 中子活化产生的瞬发 γ 射线和延迟 γ 射线过程。中子轰击^{197}Au,核反应产生的复合核处于激发态^{198}Au*,激发态的复合核在 $10^{-18} \sim 10^{-12}$ s 发射 γ 射线,退激到基态^{198}Au。从激发态到基态,退激过程中发射的 γ 射线称为瞬发 γ 射线。^{198}Au 是一个不稳定核,其半衰期为 2.69 d,通过 β^- 衰变到^{198}Hg 的激发态,激发态释放 γ 射线跃迁到^{198}Hg 基态。^{198}Hg 发射的退激 γ 射线称为延迟 γ 射线。通过复合核退激发射的 γ 射线(瞬发 γ 射线)或生成的放射性核素衰变的 γ 射线(延迟 γ 射线)探测,实现样品元素成分鉴定和含量测量。通过瞬发 γ 射线测量的活化分析,称为瞬发 γ 射线中子活化分析;通过延迟 γ 射线测量的活化分析,称为延迟 γ 射线中子活化分析。现在通常所说的中子活化一般是延迟 γ 射线中子活化分析。图 2.1 中 a 是核反应瞬发 γ 射线测量,b 是将辐照后样品转移到实验室的延迟 γ 射线测量。

由中子活化分析原理可知,中子活化分析包括中子辐照样品、辐照样品中产生的放射性测量、数据分析处理和获得元素含量或浓度等几个过程,分析过程中利用特征 γ 射线能量或/与半衰期确定元素成分,利用特征 γ 射线强度确定元素含量。

2.1.2　中子活化分析基本公式

从中子辐照到测量结束,样品中放射性核素的数目或放射性活度(或强度)是随时间变化的。图 2.3 所示是样品中放射性活度随时间的变化,图中时间是以"半衰期 $T_{1/2}$"为单位。从中子辐照开始到测量结束,可以分为三个阶段:第一阶段是 $0 \sim t_0$ 的辐照阶段,由图可见辐照一个半衰期 $T_{1/2}$ 时间,活度达到饱和值的 50%,辐照两个半衰期时间,活度达到饱和值的 75%,其后活度随辐照时间增长很慢,辐照时间 t_0 由测量需要的放射性活度决定,一般地,活度满足测量统计精度即可;第二阶段是冷却阶段,冷却时间是 $t_1 - t_0$,它由放射性同位素的半衰期或寿命确定,待分析放射性核素寿命长冷却时间可长一点,冷却的目的是让其他短寿命放射性核素衰变掉,以减少测量本底;第三阶段是测量阶段,测量时间是 $t_2 - t_1$,它由生成的放射性活度和测量统计要求决定。

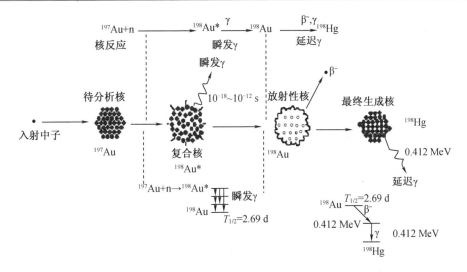

图 2.2　^{197}Au 中子活化产生的瞬发 γ 射线和延迟 γ 射线过程

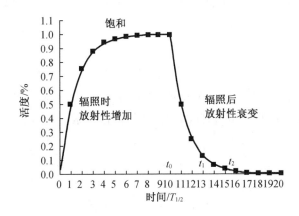

图 2.3　样品中放射性活度随时间的变化

图 2.4 所示是中子辐照示意图。样品原子总数为 N_t，在能量为 E 的单能中子场中辐照，辐照中子注量率为 ϕ，σ 是中子与样品中原子核发生反应的截面，即活化截面。常用截面单位是靶恩（b），$1\ b = 10^{-24}\ cm^2 = 10^{-28}\ m^2$。

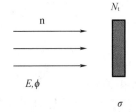

图 2.4　中子辐照示意图

下面推导中子活化的基本公式（赵国庆 等，1989；Soete et al.，1972）。辐照时样品中放射性核素的产生率为

$$P = N_t\sigma\phi \tag{2.1}$$

辐照过程中，放射性核素在生成的同时也发生衰变，放射性衰变率（活度）为

$$A = \lambda N = \lambda P = \lambda N_t\sigma\phi \tag{2.2}$$

式中　N——生成的放射性核素数；

　　　λ——衰变常数。

λ 与生成的放射性核素半衰期 $T_{1/2}$ 的关系为 $\lambda = 0.693/T_{1/2}$。辐照过程中某一时刻放射性核素数增加率为

$$\mathrm{d}N/\mathrm{d}t = P - \lambda N = N_{\mathrm{t}}\sigma\phi - \lambda N \tag{2.3}$$

利用辐照开始 $t = 0$ 时 $N = 0$ 的初始条件,解式(2.3)得到

$$N(t) = N_{\mathrm{t}}\sigma\phi(1 - \mathrm{e}^{-\lambda t})/\lambda \tag{2.4}$$

式中,$N(t)$ 是辐照过程中某时刻 t 的放射性核素数。辐照停止时刻 t_0,样品中生成的放射性核素数为

$$N(t_0) = P(1 - \mathrm{e}^{-\lambda t_0})/\lambda = N_{\mathrm{t}}\sigma\phi S/\lambda \tag{2.5}$$

或 t_0 时刻放射性活度:

$$A(t_0) = \lambda N(t_0) = P(1 - \mathrm{e}^{-\lambda t_0}) = N_{\mathrm{t}}\sigma\phi S \tag{2.6}$$

式中,$S = 1 - \mathrm{e}^{-\lambda t_0}$ 是饱和因子,描述了图2.3辐照过程中放射性核素数或放射性活度的增长过程。照射7个半衰期时间,产生的放射性达到饱和值的99.2%。辐照时间足够长,$A(t_0)$ 达到其饱和值 $A(\infty) = N_{\mathrm{t}}\sigma\phi$。上面公式中 S 是无量纲的,$N(t_0)$ 是核素数,放射性活度 $A(t_0)$ 的量纲是 s^{-1},辐照中子注量率 ϕ 的量纲是 $\mathrm{cm}^{-2} \cdot \mathrm{s}^{-1}$,$\sigma$ 的量纲是 cm^2,λ 的量纲是 s^{-1}。

为了消除辐照过程中同时在样品中产生的短寿命放射性本底,辐照后样品要经过一定时间的冷却,使短寿命的放射性核素衰变掉,然后再进行测量。冷却时间 $(t_1 - t_0)$ 内放射性核素只发生衰变。冷却停止时刻 t_1,样品中存在放射性核素数从 $N(t_0)$ 衰变到 $N(t_1)$ [衰变掉的核素数 $N = N(t_0) - N(t_1)$]:

$$N(t_1) = N(t_0)\mathrm{e}^{-\lambda(t_1 - t_0)} = N(t_0)D \tag{2.7}$$

或放射性活度:

$$A(t_1) = A(t_0)\mathrm{e}^{-\lambda(t_1 - t_0)} = A(t_0)D \tag{2.8}$$

式中,$D = \mathrm{e}^{-\lambda(t_1 - t_0)}$ 是衰变因子,它描述了图2.3冷却过程中放射性活度的衰减过程。

γ 射线探测器测量放射性核素放出的 γ 射线能量和计数。由能量鉴定元素种类,由计数测定元素含量。测量时间间隔 $t_2 - t_1$ 内,样品放射性衰变总数:

$$A_{\mathrm{t}} = \int_{t_1}^{t_2} A(t)\mathrm{d}t \tag{2.9}$$

式中,A_{t} 是衰变总数(不是单位时间的)。记录到的计数是入射到探测器的 γ 射线数与探测器探测效率的乘积,即探测器记录的 γ 射线计数。假定生成的放射性核素只有一种衰变方式和一个激发态,即只发射一种能量 γ 射线衰变(图2.2右下),在 $t_2 - t_1$ 测量时间间隔中,记录的 γ 射线总计数为

$$N_0 = \frac{N_{\mathrm{t}}\sigma\phi}{\lambda}\varepsilon_{\mathrm{t}}(1 - \mathrm{e}^{-\lambda t_0})\mathrm{e}^{-\lambda(t_1 - t_0)}[1 - \mathrm{e}^{-\lambda(t_2 - t_1)}] = \frac{N_{\mathrm{t}}\sigma\phi}{\lambda}\varepsilon_{\mathrm{t}}(1 - \mathrm{e}^{-\lambda t_0})\mathrm{e}^{-\lambda(t_1 - t_0)}C \tag{2.10}$$

式中　C——积分因子,$C = 1 - \mathrm{e}^{-\lambda(t_2 - t_1)}$,表示测量时间内放射性衰变计数随测量时间增加的程度;

ε_{t}——γ 射线探测器的探测效率,且

$$\varepsilon_{\mathrm{t}} = \varepsilon\Omega/(4\pi) \tag{2.11}$$

其中　ε——探测器对一定能量 γ 射线的本征探测效率,放射性核在 4π 立体角范围发射 γ
　　　射线;

　　　Ω——探测器对样品所张的立体角,$\Omega/(4\pi)$ 是探测器接收到 γ 射线的概率,探测器
　　　的探测效率是本征探测效率与接收的 γ 射线概率的乘积。

从式(2.8)出发可以得到停照后某一时刻 t 单位时间记录的 γ 射线计数:

$$n(t) = \varepsilon_t A(t) = N_t \sigma \phi \varepsilon_t (1 - e^{-\lambda t_0}) e^{-\lambda(t-t_0)} \tag{2.12}$$

如图 2.5 所示,生成核不是单一衰变,除了通过发射
γ 光子或发射 β⁻(或 β⁺)衰变,还可以通过其他衰变方
式,如发射内转换电子,α 是发射内转换电子概率与发射
γ 射线(或 β⁻ 或 β⁺)概率之比,即 $\alpha = \lambda_e / \lambda_\gamma$。一般给出
的发射 γ 射线概率是 $1/(1+\alpha) = \lambda_\gamma / (\lambda_\gamma + \lambda_e)$;如果生
成核的衰变核有几个激发态,可以通过不同发射路径跃
迁到基态。图 2.5 中能级 A 可以通过发射 γ_1 和 γ_2 两个路

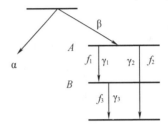

图 2.5　一般的核衰变方式

径退激到基态,它们的概率或分支比分别为 f_1 和 f_2,总概率 $f_1 + f_2 = 1$;发射 γ_1 衰变到能级
B,它只发射 γ_3 退激到基态的一个路径,因此其分支比为 $f_3 = 1$。

考虑到发射 γ 射线概率为 $1/(1+\alpha)$ 和分支比 f_γ 后,式(2.10)和式(2.12)分别变为

$$N_0 = \frac{N_t \sigma \phi}{\lambda} \varepsilon_t (1 - e^{-\lambda t_0}) e^{-\lambda(t_1-t_0)} [1 - e^{-\lambda(t_2-t_1)}] f_\gamma / (1+\alpha) \tag{2.13}$$

$$n(t) = \varepsilon_t A(t) = N_t \sigma \phi \varepsilon_t (1 - e^{-\lambda t_0}) e^{-\lambda(t-t_0)} f_\gamma / (1+\alpha) \tag{2.14}$$

式(2.13)中的 N_0 是总计数,式(2.14)中的 $n(t)$ 是单位时间的计数。若用样品质量 w 来表
示待测元素的含量,由于 $N_t = w N_A \eta / M$,式(2.13)和式(2.14)分别变为

$$N_0 = \frac{w N_A \eta \sigma \phi}{M\lambda} \varepsilon_t (1 - e^{-\lambda t_0}) e^{-\lambda(t_1-t_0)} [1 - e^{-\lambda(t_2-t_1)}] f_\gamma / (1+\alpha) \tag{2.15}$$

$$n(t) = \frac{w N_A \eta \sigma \phi}{M} \varepsilon_t (1 - e^{-\lambda t_0}) e^{-\lambda(t-t_0)} f_\gamma / (1+\alpha) \tag{2.16}$$

式中　M——待测核素原子量;

　　　N_A——阿伏伽德罗常数;

　　　η——待测元素核素丰度。

式(2.13)~式(2.16)是中子活化分析的基本公式。

上面讨论中,辐照样品的中子是单能中子。如果辐照样品的中子不是单能中子,而是
连续能谱分布的中子,这时中子活化截面不是单值的,需要考虑中子活化截面 $\sigma(E)$ 随能量
的变化(图 2.6)。

连续能谱入射中子的注量密度 $\phi(E)$ 是能量相关的,中子活化截面 $\sigma(E)$ 不是单值而是
随能量变化的,计算中需要对中子能量积分。连续能谱中子辐照,放射性核产生率是中子
注量密度 $\phi(E)$ 和中子活化截面 $\sigma(E)$ 的积分:

$$P = N_t \int_0^\infty \sigma(E) \phi(E) \, dE \tag{2.17}$$

或

$$P = N_t \int_{E_{th}}^{\infty} \sigma(E)\phi(E)\,\mathrm{d}E \tag{2.18}$$

由图 2.6 可见,核反应分为无阈核反应和有阈核反应,图 2.6 曲线 a 是无阈核反应,图 2.6 曲线 b 是有阈核反应。E_{th} 是有阈核反应的反应阈能,即能够产生反应的入射粒子的最低能量(图 2.6 曲线 b)。式(2.17)是对无阈核反应的,积分是从零开始的,式(2.18)是对有阈核反应的,积分是从阈能 E_{th} 开始的。

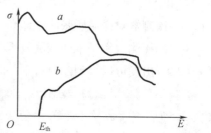

图 2.6　截面随能量变化与有阈核反应和无阈核反应

2.2　中　子　源

中子活化分析用的中子源有反应堆中子源、加速器中子源和同位素中子源等三种,其中反应堆中子源是中子活化分析最主要的中子源。

各种中子源产生的中子能量不同。按能量中子可以分为热中子、慢中子、中能中子、快中子和高能中子。热中子是能量低于 0.55 eV 的中子,慢中子是能量低于 5 keV 的中子,中能中子是能量为 5~100 keV 的中子,快中子是能量为 0.1~几十 MeV 的中子,高能中子是能量大于几十 MeV 的中子。

2.2.1　反应堆中子源

图 2.7 是中国原子能科学研究院的中国先进研究堆和微型中子源反应堆。反应堆中子源产生的中子能谱覆盖了慢中子和快中子能区。慢中子能区又分为热中子能区和中能中子能区。热中子注量率越高,中子活化分析灵敏度越高,这对痕量元素分析很重要。

反应堆一般有多个中子辐照孔道,辐照孔道又分为垂直辐照孔道和水平辐照孔道。图 2.8 是中国原子能科学研究院的中国先进实验堆(CARR)堆本体示意图和实验孔道分布水平截面图(王玉林 等,2020),从图中可以看到各种用途的实验孔道。反应堆中子源产生的热中子注量率一般为 $10^8 \sim 10^{14}$ cm$^{-2} \cdot$ s^{-1},中国先进实验堆功率是 60 MW,最大热中子注量率可达 10^{15} cm$^{-2} \cdot$ s^{-1}。

(a)中国先进研究堆

（b）微型中子源反应堆

图 2.7　中国先进研究堆和微型中子源反应堆

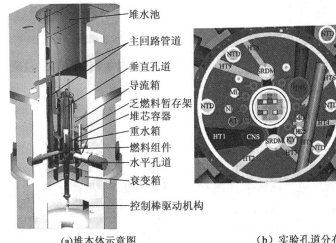

(a)堆本体示意图　　　　　　　（b）实验孔道分布水平截面图

图 2.8　CARR 堆本体示意图和实验孔道分布水平截面图

1. 热中子

1942 年费米（E. Fermi）在美国阿贡国家实验室（Argon National Laboratory，ANL）建造了世界上第一座基于铀链式反应的裂变反应堆。中子轰击^{235}U 引起裂变，每次裂变放出两个以上的中子，产生的中子又引起铀的裂变，产生链式反应（图 2.9）。裂变中子的平均能量约为 1.5 MeV。

反应堆有慢化剂，中子与慢化剂原子不断碰撞损失能量而慢化。慢化达到平衡状态时，中子能量分布是麦克斯韦（Maxwell）分布，这个能量分布区域称为热中子能区（或热区）（图 2.10）。20 ℃时麦克斯韦分布的最可几中子能量 $E_n = 0.025$ eV 或最可几中子速度 $v_0 = 2\ 200$ m·s^{-1}。$E_n = 0.025$ eV 的中子通常称为热中子。

Cd 的热中子吸收截面很大，中子通过 Cd 时，能量 E_n 小于中子截止能（$E_{Cd} = 0.55$ eV）的中子全被吸收（图 2.10）。因而根据能量，中子又可以分为镉下中子和镉上中子。能量低于 E_{Cd} 的中子称为镉下中子，能量高于 E_{Cd} 的中子称为镉上中子，$E_{Cd} = 0.55$ eV 是热区和中能区中子的分界能量（图 2.10），相应于这个能量的中子速度是 v_{Cd}，通常采用加 Cd 吸收片的方法，得到能量大于 0.55 eV 的镉上中子。

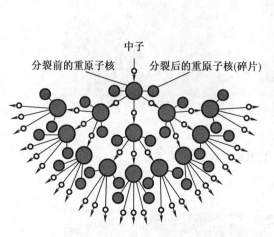

图 2.9　铀中子链式反应

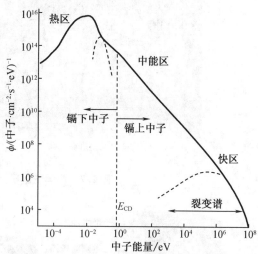

图 2.10　热中子堆中子注量密度的能量分布

热中子密度为

$$n_0 = \int_0^\infty n(v)\,\mathrm{d}v \tag{2.19}$$

式中,$n(v)$ 是单位能量或速度间隔的热中子密度。

热中子一般通过中子俘获反应生成放射性核素。中子俘获反应表示为 $^A X(n,\gamma)^{A+1}X$ 或 $^A X + n = {}^{A+1}X + \gamma$,例如 $^{23}Na + n = {}^{24}Na + \gamma$,产生的 ^{24}Na 是放射性核素,通过 β^- 衰变到 ^{24}Mg,后者退激发射能量为 1.368 MeV 和 2.754 MeV 的 γ 射线。(n,γ) 反应是无阈的,即任何能量的中子都能引起反应。中子 (n,γ) 反应的截面随能量增大而减小,遵循 $1/v$ 定律:

$$\sigma(v) = \sigma_0 v_0 / v \tag{2.20}$$

式中,v 是中子速度;v_0 是热中子速度;σ_0 是热中子 (n,γ) 反应截面。由式(2.17)、式(2.19)和式(2.20),得到反应堆热区中子辐照、中子活化样品放射性核产生率:

$$P = N_t \int_0^\infty n(v)v\sigma(v)\,\mathrm{d}v = N_t\sigma_0 v_0 \int_0^\infty n(v)\,\mathrm{d}v = N_t\sigma_0\phi_0 \tag{2.21}$$

式中　n_0——热中子密度,$n_0 = \int n(v)\mathrm{d}v$;

ϕ_0——热中子注量率,$\phi_0 = n_0 v_0$,速度为 v 的中子注量率 $\phi(v) = n(v)v$。

2. 中能中子

如图 2.10 所示,反应堆产生的中子能量覆盖热区、中能区和快区。镉上中子或超热中子,即能量大于 E_d 的中子是中能区中子。能量大于 0.55 eV 的慢中子就是中能区中子或镉上中子。对于理想的反应堆慢化介质,镉上中子的分布为 $1/E$ 分布:

$$\phi_e(E) = \phi_e / E \tag{2.22}$$

式中,ϕ_e 是单位能量间隔的镉上中子注量率。

慢中子俘获反应的截面是随能量减小而逐渐增大的,即是随中子速度的倒数($1/v$)变化的。中能区的中子除了俘获反应,还发生共振核反应,与原子核的反应截面是俘获反应截面和共振核反应截面两部分的贡献。中能区核反应截面随能量的变化是共振截面叠加在随 $1/v$ 变化的俘获反应截面上的变化（图 2.11）。所以中能区也常称为共振能区，共振区或中能区的核反应截面 $\sigma(v)$ 是共振截面 $\sigma_R(v)$ 和俘获截面 $\sigma_{1/v}(v)$ 之和：

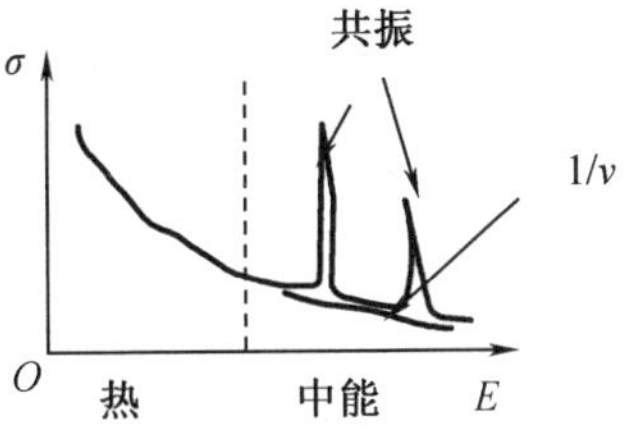

图 2.11　中能或共振能区核反应截面的能量变化

$$\sigma(v) = \sigma_R(v) + \sigma_{1/v}(v) \qquad (2.23)$$

热区和中能区统称为慢区。慢区中子活化分析时，样品放射性核产生率是由 (n,γ) 俘获反应和共振核反应产生的：

$$P = N_t \int_0^\infty n(v)v\sigma(v)\,\mathrm{d}v = N_t \int_0^{v_{Cd}} n(v)v\sigma(v)\,\mathrm{d}v + N_t \int_{v_{Cd}}^\infty n(v)v\sigma(v)\,\mathrm{d}v \qquad (2.24)$$

式中右边第一项和第二项分别是镉下和镉上中子的贡献。镉下中子的贡献是

$$N_t \int_0^{v_{Cd}} n(v)v\sigma(v)\,\mathrm{d}v = N_t\sigma_0 v_0 \int_0^{v_{Cd}} n(v)\,\mathrm{d}v = N_t\sigma_0\phi_{th} \qquad (2.25)$$

式中　ϕ_{th}——镉下热中子注量率，$\phi_{th} = v_0 n_{th}$。

其中　n_{th}——热中子密度；

　　　v_0——热中子速度。

镉上中子的贡献是：

$$N_t \int_{v_{Cd}}^\infty n(v)v\sigma(v)\,\mathrm{d}v = N_t \int_{E_{Cd}}^\infty \sigma(E)\phi_e(E)\,\mathrm{d}E$$

$$= N_t\phi_e \left[\int_{E_{Cd}}^\infty \sigma_{1/v}(E)\,\mathrm{d}E/E + \int_{E_{Cd}}^\infty \sigma_R(E)\,\mathrm{d}E/E \right]$$

$$= N_t\phi_e [I_{1/v} + I_R] \qquad (2.26)$$

$$I_0 = I_{1/v} + I_R = \int_{E_{cd}}^\infty \sigma(E)\,\mathrm{d}E/E \qquad (2.27)$$

式中，$\sigma(E)$ 由式（2.23）给出；I_0 为共振积分截面。I_0 是 $1/v$ 变化的俘获截面积分和共振截面积分之和。对 1 mm 厚 Cd 片，$I_{1/v} = 0.45\sigma_0$。将式（2.25）和式（2.26）代入式（2.24），得到慢区样品放射性核产生率：

$$P = N_t(\sigma_0\phi_{th} + I_0\phi_e) = N_t\sigma_0\phi_e(\phi_{th}/\phi_e + I_0/\sigma_0) = N_t\sigma_0\phi_e(f + Q_0) \qquad (2.28)$$

式中，$f = \phi_{th}/\phi_e$ 是镉下和镉上中子注量率之比；$Q = I_0/\sigma_0$ 是共振积分截面与热中子截面之比。这样与前述相同，可以得到慢中子活化分析停照后时刻 t 单位时间 γ 射线计数为

$$n(t) = \frac{wN_A\eta\sigma_0\phi}{M}\varepsilon_t(f + Q_0)(1 - \mathrm{e}^{-\lambda t_0})\mathrm{e}^{-\lambda(t-t_0)}f_\gamma/(1+\alpha) \qquad (2.29)$$

堆中子活化分析时，辐照时样品包镉，这时镉下中子贡献为零，只要考虑镉上中子贡献。

3. 快中子

快区的快中子能谱是裂变中子能谱（图 2.10）。热中子反应堆快中子只占总注量率的百分之几。快中子通过 (n,p)、(n,α)、(n,n')、$(n,2n)$、(n,γ) 等反应活化样品：

$$(n,p): {}_Z^A X + n = {}_{Z-1}^A Y + p$$

$$(n,\alpha): {}_Z^A X + n = {}_{Z-2}^{A-3} Y + \alpha$$

$$(n,2n): {}_Z^A X + n = {}_Z^{A-1} X + 2n$$

$$(n,\gamma): {}_Z^A X + n = {}_Z^{A+1} X + \gamma$$

快中子核反应一般都是有阈的,快中子的(n,γ)反应截面比热中子小很多。快中子活化分析时,样品放射性核产生率由式(2.17)或式(2.18)给出。

中子活化分析需要知道辐照孔道中子注量率及其分布均匀性。根据孔道中子注量率分布均匀性及辐照样品大小,可以确定样品辐照中子注量率的不均匀性,一般不均匀性应在2%~6%。

镉上中子活化分析,如果反应堆慢化介质不是理想无限大和完全均匀的,镉上中子能谱会稍微偏离$1/E$分布,由$\varphi_e(E) = \varphi_e/E$分布变为$\varphi_e(E) = \varphi_e/E^{1+\alpha_0}$分布,其中$\alpha_0$是能谱修正因子。

选用已知含量的不同元素样品进行镉上中子辐照,可以测定辐照孔道的中子能谱修正因子α_0。

2.2.2 加速器中子源

用于活化分析产生中子的加速器有高压倍加器、静电加速器、串列静电加速器、回旋加速器、电子直线加速器等。图2.12是中国原子能科学研究院600 kV高压倍加器、30 MeV质子回旋加速器和2×13 MV串列静电加速器。

(a)高压倍加器　　　　(b)质子回旋加速器　　　　(c)串列静电加速器

图2.12　中国原子能科学研究院高压倍加器、质子回旋加速器和串列静电加速器

加速器能够产生各种能量和质量的带电粒子,带电粒子轰击靶通过核反应产生中子。加速器中子源产生中子的能量范围在几keV到40 MeV,但中子注量率比反应堆热中子注量率低很多。常用加速器产生中子的带电粒子核反应有${}^7Li(p,n){}^7Be$、$T(p,n){}^3He$、$T(d,n){}^4He$、${}^9Be(\alpha,n){}^{12}C$、${}^9Be(\gamma,n){}^8Be$反应等。快中子活化分析常用中子源是产生14 MeV中子的$T(d,n){}^4He(T + d = {}^4He + n + 17.6\ MeV)$和产生~2.6 MeV中子的$D(d,n){}^3He(D + d = {}^3He + n + 3.27\ MeV)$中子源。

1. $T(d,n){}^4He$中子源

快中子活化分析中用得最多的是$T(d,n){}^4He$核反应产生的~14 MeV的中子源。核反

应中子产生靶是 T[氚(^{3}H)]靶,入射粒子是 d[氘(^{2}H)]粒子束。常用的 T 靶是氚气体靶或氚 – 钛固体靶。图 2.13 所示是加速器产生中子简化装置和固体中子产生靶示意图。

100~600 kV 高压倍加器 T(d,n)^{4}He 核反应产生的 14 MeV 中子强度(单位时间发射中子数)一般是 10^8~10^{11} s^{-1}。加速器核反应产生的中子能量和强度在空间是随角度变化的,即中子的发射是呈一定角度分布的。表 2.1 列出了入射氘能量分别为 100 keV、150 keV、200 keV 时的 T(d,n)^{4}He 反应产生的中子能量和微分截面(各角度的强度正比于微分截面)随出射角度的变化。由表可以看出,产生的中子能量和强度随中子出射角度变化很小,几乎是各向同性,在不同角度可以获得不同能量和强度的单能快中子,中子辐照样品时,控制样品尺度,使入射到样品中子能量、强度都是单值的。

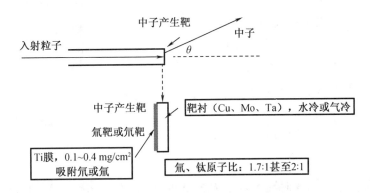

图 2.13　加速器产生中子简化装置和固体中子产生靶示意图

表 2.1　T(d,n)^{4}He 反应产生的中子能量和微分截面的角分布

入射氘能量 E_d/keV	出射中子能量 E_n/MeV;产生中子微分截面 $(d\sigma/d\Omega)/(10^{-31}$ m^2 · sr$^{-1})$						
	中子出射角度	0°	20°	30°	60°	90°	120°
100	出射中子能量	14.780 0	14.737 4	14.685 4	14.430 1	14.088 4	13.754 8
	中子产生微分截面	413	412	410	403	393	384
150	出射中子能量	14.965 0	14.907 6	14.843 4	14.528 1	14.108 2	13.700 5
	中子产生微分截面	336	334	333	326	316	307
200	出射中子能量	15.117 3	15.055 7	14.980 9	14.614 4	14.128 1	13.658 0
	中子产生微分截面	212	211	210	205	198	192

14 MeV 中子辐照样品,样品中放射性产生率由式(2.1)给出,其中 σ 是 14 MeV 中子活化反应截面,ϕ 是 14 MeV 中子注量率(单位时间发射到单位面积中子数)。加速器的中子注量率常随时间变化,反应堆的中子注量率不随时间变化。实验测量中需要监测入射粒子束流或中子注量率随辐照时间的变化,在数据处理过程中进行修正。

2. D(d,n)^{3}He 中子源

加速器快中子活化分析也常用 D(d,n)^{3}He 反应产生的 ~2.6 MeV 的中子源。中子产生靶是氘(D)气体靶或氘 – 钛固体靶,简化装置与 T(d,n)^{4}He 相仿(图 2.13)。

D(d,n)^{3}He 中子源的强度或产额较 T(d,n) 中子源小两个量级。与 14 MeV 中子活化分析相比,2.6 MeV 的活化分析由于中子能量低于很多反应的阈能,因而干扰反应的本底相对较小,但是(n,γ)反应本底的贡献相对较大。

样品中放射性产生率也由式(2.1)计算得到,其中 σ 是 2.6 MeV 中子活化反应截面,φ 是 2.6 MeV 中子注量率。

3. ^{9}Be(α,n)^{12}C 中子源

采用加速器产生的 α(^{4}He)带电粒子轰击 Be 靶,由^{9}Be(α,n)^{12}C 反应产生中子。这个反应产生的中子不是单能中子,是 1~6 MeV 连续能谱的中子。

4. 电子直线加速器中子源

电子直线加速器产生的电子也可以产生中子。图 2.14 是电子直线加速器产生中子的过程示意图。电子直线加速器产生的几至几十 MeV 电子轰击重金属靶产生轫致辐射 γ 射线,发射的 γ 射线通过(γ,n)反应产生中子。产生的中子不是单能中子,而是一个连续能谱中子。常用产生中子的(γ,n)反应有^{9}Be(γ,n)^{8}Be、D(γ,n)H 等。

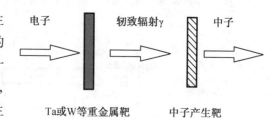

图 2.14 电子直线加速器产生中子的过程示意图

连续能谱中子的放射性产生率 $P = N_t \int_0^\infty \sigma(E)\phi(E)\mathrm{d}E = N_t \bar{\sigma} \int_0^\infty \phi(E)\mathrm{d}E$,其中,$\bar{\sigma} = \int_{E_{th}}^\infty \phi(E)\sigma(E)\mathrm{d}E / \int_0^\infty \phi(E)\mathrm{d}E$ 是平均截面,$\phi(E)$ 是中子能谱。

加速器产生的快中子可以慢化为热中子,进行热中子活化分析,但是热中子注量率是很低的。

5. 加速器产生中子的注量率测量

反应堆产生的中子进行中子活化分析,入射中子注量率是不随时间变化的,采用加速器中子源活化分析时,由于加速器束流有涨落,产生的中子注量率会随时间变化,尤其是较长时间的辐照。在辐照过程中需要对中子注量率或入射带电粒子束流随时间变化进行监测,以做修正,在短寿命放射性核素的测量中,这个修正尤为重要。在元素含量活化分析绝对测量中,需要绝对测量中子注量率,它是快中子活化分析的一个重要环节。

加速器中子源的中子注量或注量率测量有伴随粒子法和中子监测片法两种方法。

(1)伴随粒子法

T(d,n)^{4}He 和 D(d,n)^{3}He 反应产生中子的同时,分别产生 α(^{4}He)粒子和^{3}He 粒子,它们与中子是一一对应的,因此可以通过测量与中子伴随产生的 α 或^{3}He 粒子,测定中子注量率及其随时间的变化,这种方法称为伴随粒子法(图 2.15)。实验测量中,一般采用 Au – Si 面垒型半导体探测器记录 α 粒子或^{3}He 粒子,通过记录的粒子数测定中子注量率并由粒子数随时间的变化测定入射粒子束流随时间的变化。

(2)中子监测片法

加速器产生的中子也可以采用中子监测片测量,例如采用^{63}Cu 监测片。^{63}Cu 的天然丰

度是 0.69,由 ^{63}Cu(n,2n)^{62}Cu 反应产生放射性核 ^{62}Cu,中子能量为 14 MeV 时这个反应的截面 $\sigma =$ 0.5 b,^{62}Cu 是 β^+ 衰变核,其半衰期是 $T_{1/2} = 10$ min。已知含量的^{63}Cu 监测片与样品同时辐照,辐照后通过测量反应产生的^{62}Cu 放射性,测定辐照过程中的中子注量率。一般在样品前和后都加一个中子监测片,取两片的平均值。常用中子监测片有 Au、Zn、Fe、Cu、Ni 等。中子监测片法只能测定辐照时间的平均中子注量率,不能测量注量率随时间的变化。

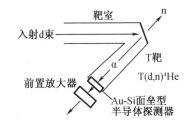

图 2.15　伴随粒子法测量中子注量率及其随时间的变化示意图

2.2.3　同位素中子源

如图 2.16 所示,同位素中子源是利用放射性核素放出的 γ 或 α 粒子等轰击中子产生靶产生中子,图中 Be 是中子产生靶。图 2.17 所示是一个常用 α – Be 中子源结构图,采用双层钢壳防止放射性泄漏。图 2.18 所示是(γ,n)中子源结构图,中心 γ 发射芯或放射性核素发射 γ 射线,轰击外层 Be 或 D 中子产生靶。

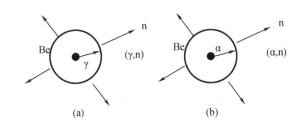

图 2.16　同位素中子源示意图

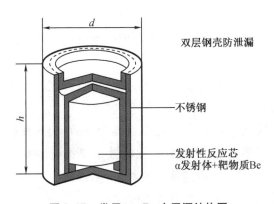

图 2.17　常用 α – Be 中子源结构图

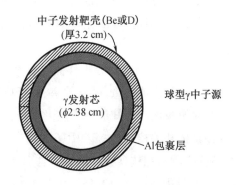

图 2.18　(γ,n)中子源结构图

一般放射性核素发射的 α 粒子能量是 $E_\alpha = 4 \sim 6$ MeV,为了降低库仑势垒,产生中子的靶都采用轻材料。常用靶材料是 Be,通过^{9}Be $+ \alpha = ^{12}$C $+ $ n $+ 5.701$ MeV 反应产生中子。这个反应产生的中子不是单能中子,而是一个连续能谱的中子。

Ra – Be 中子源是由 Ra 发射的 α 粒子轰击 Be 产生的。其优点是半衰期长、使用时间长、源强大;缺点是氚气容易泄漏,目前已被 Am – Be 源等取代。

表 2.2 列出常用 (α,n) 和 (γ,n) 中子源及其平均中子能量和产额(单位入射粒子产生的中子数)。表中的中子源,例如 ^{210}Po – Be 源是 ^{210}Po 发射的 α 粒子轰击 Be 产生中子,^{24}Na – D 源是 ^{24}Na 发射的 γ 射线轰击 D 产生中子。^{252}Cf 自发裂变中子源是现在应用最广泛的一种同位素中子源。

表 2.2 常用 (α,n) 和 (γ,n) 中子源及其平均中子能量和产额

中子源	类型	半衰期	平均中子能量	中子产额
^{210}Po – Be	(α,n)	138.4 d	$\overline{E} = 4.2$ MeV	$\sim 3 \times 10^6 \ s^{-1} Ci(\alpha)^{-1}$
^{210}Am – Be	(α,n)	433 a	$\overline{E} = 5.0$ MeV	$\sim 3 \times 10^6 \ s^{-1} Ci(\alpha)^{-1}$
^{226}Ra – Be	(α,n)	1 602 a	$\overline{E} = 5.0$ MeV	$\sim 2 \times 10^7 \ s^{-1} g^{-1}$
^{24}Na – D	(γ,n)	15 h	$\overline{E} = 0.256$ MeV	$\sim 3 \times 10^5 \ s^{-1} Ci(\gamma)^{-1}$
^{124}Sb – Be	(γ,n)	64.4 d	$\overline{E} = 0.024$ MeV	$\sim 2 \times 10^6 \ s^{-1} Ci(\gamma)^{-1}$
^{252}Cf	自发裂变	2.65 a	$\overline{E} = 1.5$ MeV	$\sim 3 \times 10^5 \ s^{-1} \mu g^{-1}$

同位素中子源的优点是体积小、易于携带、中子产额稳定,缺点是产额较低。慢化后热中子注量率比反应堆低很多,与加速器产生的快中子慢化后的热中子注量率相仿。

2.3 元素含量测量

中子活化分析测量元素含量的测量方法分为相对测量法和绝对测量法。相对测量法是和含量已知的标准样品比较得到样品元素含量,绝对测量法则不需要标准样品而直接进行测量。

相对测量法测定待分析样品与标准样品放射性活度之比,得到元素含量或浓度,不需知道中子注量率或注量、探测效率、核反应截面等。

绝对测量法需要知道中子注量率或注量、核反应截面、放射性探测器探测效率、各种放射性核素的相关核参数等。中子注量率或注量要进行绝对测量、探测效率要进行绝对刻度、核反应截面和核参数一般查表或计算得到。有了所有的物理参数,从测量的放射性活度和中子活化公式[式(2.15)和式(2.16)],计算得到元素含量或浓度。

2.3.1 相对测量法

相对测量法中,待分析样品与材料相同、含量已知的标准样品,在相同中子场中辐照或活化,并在相同条件下测量放射性,由放射性活度比,求得待分析样品元素含量。

待分析样品放射性活度 n_x 和标准样品放射性活度 n_s 分别为

$$n_x = \frac{w_x}{M} N_A \eta \varepsilon_t \sigma \phi S_x D_x f_\gamma \frac{1}{1+\alpha} \tag{2.30}$$

$$n_s = \frac{w_s}{M} N_A \eta \varepsilon_t \sigma \phi S_s D_s f_\gamma \frac{1}{1+\alpha} \tag{2.31}$$

两式相除得到待分析样品元素含量：

$$w_x = w_s \frac{\dfrac{n_x}{S_x D_x}}{\dfrac{n_s}{S_s D_s}} \tag{2.32}$$

$$w_x = w_s \frac{\dfrac{N_{0x}}{S_x D_x C_x}}{\dfrac{N_{0s}}{S_s D_s C_s}} \tag{2.33}$$

式中　N_0——测量时间的总计数；

　　　n——单位时间计数；

　　　S、D、C——饱和因子、衰减因子和积分因子。

由于照射时间、冷却时间、测量时间等不同，S、D 和 C 等因子需要根据实际条件进行计算。

相对测量法中，为精确测量待测样品和标准样品辐照时的中子注量或注量率，还可以将待测样品、标准样品都相对另一中子注量监测片一起辐照，即监测片与待测样品一起辐照，监测片与标准样品一起辐照，这样待测样品含量为

$$w_x = w_s \left(\frac{w_{Mx}}{w_{sx}} \right) \left[\left(\frac{n_x}{S_x D_x} \right) \Big/ \left(\frac{n_{Mx}}{S_{Mx} D_{Mx}} \right) \right] \cdot \left[\left(\frac{n_{sx}}{S_{sx} D_{sx}} \right) \Big/ \left(\frac{n_s}{S_s D_s} \right) \right] \tag{2.34}$$

式中，下标 x、Mx、s、sx 分别表示待测样品、与待测样品一起辐照的中子注量监测片、标准样品、与标准样品一起辐照的中子注量监测片的相关量。

相对测量中，中子注量或注量率和探测器效率等都相互抵消不需知道，因而相对测量法的测量精度高，其测量精度由标准样品含量的精度决定。

如果样品较厚，需要考虑照射时中子在样品中的衰减，因此在样品前和后都加一个中子监测片，辐照中子注量或注量率是前、后中子监测片测量的平均值。放射性测量要在相同条件下进行，如果样品厚度和形状相差较远，要进行 γ 射线自吸收、探测器与样品距离等差异导致探测效率改变的修正。

2.3.2　绝对测量法

中子活化分析进行元素含量绝对测量时，需要绝对测量中子注量或注量率。绝对中子注量或注量率可以采用伴随粒子法和中子监测片法测量。绝对测量中需要知道探测器的绝对探测效率，通常采用已知活度的放射源进行探测器效率绝对刻度。截面和分支比等核参数一般是已知的，或可以查到的。

中子监测片法测量中，中子监测片的计数：

$$n^* = \frac{w^*}{M^*} N_A \eta^* \varepsilon_t^* \sigma^* \phi S^* D^* \gamma^* \tag{2.35}$$

待测样品计数:

$$n = \frac{w}{M} N_A \eta \varepsilon_t \sigma \phi S D \gamma \tag{2.36}$$

于是待测样品元素含量:

$$w = \frac{w^* n \eta^* M \varepsilon_t^* \sigma^* S^* D^* \gamma^*}{n^* \eta M^* \varepsilon_t \sigma S D \gamma} \tag{2.37}$$

式中,$\gamma = f_\gamma(1/1 + \alpha)$,有无 * 分别表示中子监测片和待测样品的相关参数。

慢中子活化分析,式(2.37)变为

$$w = \frac{w^* n S^* D^*}{n^* S D} \left(\frac{\eta^*}{\eta} \frac{M}{M^*} \frac{\gamma^*}{\gamma} \frac{\sigma_0^*}{\sigma_0} \right) \left(\frac{f + Q_0^*}{f + Q_0} \right) \left(\frac{\varepsilon_t^*}{\varepsilon_t} \right) \tag{2.38a}$$

式中 f——镉下和镉上中子注量密度之比,$f = \phi_{th}/\phi_e$;

  Q_0——共振积分截面与热中子截面之比,$Q_0 = I_0/s_0$。

定义参数 $K = K_0 K_1 K_2$,其中 $K_0 = (\eta/\eta^*)(M/M^*)(\gamma/\gamma^*)(\sigma_0/\sigma_0^*)$,只与核参数有关;$K_1 = (f + Q_0)/(f + Q_0^*)$,只与中子能谱有关;$K_2 = \varepsilon_t/\varepsilon_t^*$,只与探测效率有关。式(2.38a)可以简化为

$$w = [w^* n S^* D^* / (n^* S D)](1/K) \tag{2.38b}$$

已知 K 值,很容易计算待测元素含量。

由于 σ_0、γ、I_0、f、ε_t 等数据精度不够高,尤其是 s_0 和 f_γ(或 γ),所以绝对测量法的精度没有相对测量法高。为消除核参数等不确定性因素带来的绝对测量误差,发展了单标准等测量方法。

2.3.3 单标准测量法

单标准测量法中选定一个元素作为标准参考元素 stk(常称"比较器")。在单标准测量法中,首先要建立标准参考曲线(Kim,1981)。在标准参考曲线建立过程中,将已知含量标准参考元素样品 stk 与某一已知元素 i 含量的样品做相对测量,可由式(2.38b)求得元素 i 相对于标准参考元素 stk 的绝对活化分析的 K 值,记为 $K_i(K_i = K_{0i} K_{1i} K_{2i})$。对其他已知含量的不同元素的样品做相同的测量,求得它们相对标准参考样品 stk 的 K 值,得到各种元素相对这个标准参考元素 stk 测量的 K 值,由测量的实验数据作 K_i 随元素变化曲线(图 2.19),即标准参考曲线。以后将该标准参考元素 stk 与待分析样品在相同条件下辐照,由标准参考曲线得到该待测元素相应的 K_i 值,再由式(2.38b)计算待分析样品的含量。

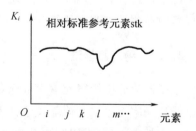

图 2.19 标准参考曲线

^{197}Au 和 ^{59}Co 等常用作标准参考元素 stk。^{197}Au 的核反应是 ^{197}Au(n,γ)^{198}Au,活化产生的 γ 射线能量是 $E_\gamma = 0.412$ MeV;^{59}Co 的核反应是 ^{59}Co(n,γ)^{60}Co,活化产生的 γ 射线能量

是 $E_\gamma = 1.17\ \text{MeV}$ 和 $1.33\ \text{MeV}$。

单标准测量法与绝对测量法不同,它不需要知道探测器效率;单标准测量法与相对测量法也不同,它只用一个标准参考元素 stk。相对测量法中需用各种不同的标准样品,标准样品是不容易制备的,因此在多元素分析时,单标准测量法只用一个标准样品,比相对测量法有很大的优越性。由于只用一个标准样品,多元素分析时,单标准测量法比相对测量法精度高。但是,单标准测量法也有局限性,样品辐照和放射性测量等实验条件需和刻度 K_i 值时相同,否则"标准参考曲线"要重新测量或修正。因此,在单标准测量法基础上发展了 K_0 法。

2.3.4　K_0 法

K_0 法中(田伟之 等,1981),将 $K(K = K_0 K_1 K_2)$ 中仅与核参数有关的 K_0 作为常量。K_0 法中待测元素含量为

$$w = \frac{w^* n S^* D^*}{n^* S D} \frac{f + Q_0^*}{f + Q_0} \frac{\varepsilon_\text{t}^*}{\varepsilon_\text{t}} \frac{1}{K_0} \tag{2.39}$$

为此,首先建立含量已知的若干种元素相对于一个标准参考元素 stk_0 的一套 K_{0i} 值,得到如图 2.20 所示的 K_0 标准参考曲线。以后将该标准参考元素 stk_0 与待分析样品在相同条件下辐照,利用已经测定的该待测元素相应的 K_{0i} 值,由式(2.39)得到待分析样品的含量。

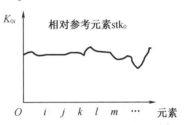

图 2.20　K_0 标准参考曲线

与中子能谱有关的 K_1 和探测效率有关的 K_2,即与测量条件有关的两个参量在分析样品时确定,使测量不受测量条件必须相同的限制。

K_0 法中待分析元素浓度由式(2.39)得到。K_0 法既有绝对测量法简便的优点,又有相对测量法精度高的优点。常用 ^{197}Au 作为标准参考元素 stk_0,预先测量各种元素相对 ^{197}Au 的 $K_{0\,\text{Au}}$ 标准参考曲线。

实验中也可在不同辐照条件下测定完整的 K_1 曲线,在不同测量条件下测定完整的 K_2 曲线。根据实际测量和辐照条件选定 K_1 和 K_2。在这种特定条件下,K_1、K_2 也可作为常数处理。这样,K_0、K_1、K_2 都作为常数,不同元素有不同的 K_0,不同辐照场有不同的 K_1,不同探测条件有不同的 K_2。

2.4　快中子和慢中子活化分析技术

中子活化分析按能量分为快中子活化分析和慢中子活化分析。慢中子活化分析主要是热中子活化分析,热中子通过 (n,γ) 中子俘获反应活化样品中待测核素使其变为放射性核素,热中子俘获截面都是很大的(表 2.3),例如 $^{197}\text{Au}(\text{n},\gamma)^{198}\text{Au}$ 的热中子俘获截面 $\sigma = 98.65\ \text{b}$,$^{23}\text{Na}(\text{n},\gamma)^{24}\text{Na}$ 的热中子俘获截面 $\sigma = 0.53\ \text{b}$。

表2.3 热中子活化分析参数

序号	待分析核素	丰度/%	活化核反应	截面/(10^{-28} m^2)	生成核素半衰期	γ射线能量/MeV	共振积分截面/(10^{-28} m^2)
1	^{23}Na	100	^{23}Na(n,γ)^{24}Na	0.53	15 h	1.368(47%) 2.753 0(52%)	0.311
2	^{26}Mg	11.01	^{26}Mg(n,γ)^{27}Mg	0.038	9.5 min	0.811(70%) 1.011(30%)	0.026
3	^{27}Al	100	^{27}Al(n,γ)^{28}Al	0.231	2.27 min	1.778 9(100%)	0.17
4	^{30}Si	3.09	^{30}Si(n,γ)^{31}Si	0.107	2.6 h	1.266 2(100%)	0.71
5	^{31}P	100	^{31}P(n,γ)^{32}P	0.172	14.31 d	β$^-$(1.709%)	0.085
6	^{34}S	4.22	^{34}S(n,γ)^{35}S	0.227	87.2 d	β$^-$(0.16)	0.001 5
7	^{37}Cl	24.23	^{37}Cl(n,γ)^{38}Cl	0.433	37.2 min	1.642(6%) 2.167(10%)	0.30
8	^{41}K	6.91	^{41}K(n,γ)^{42}K	1.46	12.42 h	1.525(100%)	1.42
9	^{44}Ca	2.09	^{44}Ca(n,γ)^{45}Ca	0.88	162.7 d	β$^-$(0.252%)	0.56
10	^{50}Ti	5.34	^{50}Ti(n,γ)^{51}Ti	0.179	5.76 min	0.320(90%) 0.929(4%)	0.118
11	^{51}V	99.76	^{51}V(n,γ)^{51}V	4.9	3.75 min	1.434(100%)	2.7
12	^{50}Cr	4.345	^{50}Cr(n,γ)^{51}Cr	15.9	27.8 d	0.320(100%)	7.8
13	^{55}Mn	100	^{55}Mn(n,γ)^{56}Mn	13.3	2.576 h	0.847(70%) 1.811(20%) 2.113(10%)	14.0
14	^{54}Fe	5.82	^{54}Fe(n,γ)^{55}Fe	2.25	2.7 a	电子俘获(EC)	1.2
15	^{59}Co	100	^{59}Co(n,γ)^{60}Co	37.18	5.25 a	1.173(100%) 1.332(100%)	74
16	^{64}Ni	0.926	^{64}Ni(n,γ)^{65}Ni	1.52	2.55 h	1.115(30%) 1.482(50%)	0.98
17	^{63}Cu	69.17	^{63}Cu(n,γ)^{64}Cu	4.5	12.75 h	β$^+$1.346(100%)	4.97
18	^{65}Cu	30.83	^{65}Cu(n,γ)^{66}Cu	2.17	5.10 min	1.039(100%)	2.19
19	^{64}Zn	48.89	^{64}Zn(n,γ)^{65}Zn	0.76	254 d	β$^+$1.115(100%)	1.45
20	^{69}Ga	60.16	^{69}Ga(n,γ)^{70}Ga	1.68	21.1 min	0.175(30%) 1.039(30%) 1.051(30%)	15.6
21	^{70}Ge	20.5	^{70}Ge(n,γ)^{71}Ge	3.15	11.43 d	EC	1.50
22	^{75}As	100	^{75}As(n,γ)^{76}As	4.5	26.7 h	0.559(75%) 0.687(10%)	61

表 2.3(续)

序号	待分析核素	丰度/%	活化核反应	截面/(10^{-28} m^2)	生成核素半衰期	γ 射线能量/MeV	共振积分截面/(10^{-28} m^2)
23	^{89}Y	100	^{89}Y(n,γ)^{90}Y	1.28	64.0 h	β⁻(2.279%)	1.0
24	^{94}Zr	17.4	^{94}Zr(n,γ)^{95}Zr	0.05	65.5 h	0.724(50%) 0.757(40%)	0.23
25	^{98}Mo	23.78	^{98}Mo(n,γ)^{99}Mo	0.13	66.6 h	0.141(90%) 0.181(10%)	6.9
26	^{107}Ag	51.82	^{107}Ag(n,γ)^{108}Ag	37.6	2.42 min	0.434(20%) 0.613(6%)	100
27	^{109}Ag	48.18	^{109}Ag(n,γ)^{110}Ag	91	24.6 s	β⁻(2.893%)	1 400
28	^{115}In	95.72	^{115}In(n,γ)^{116m}In	62.3	54.1 min	0.417(20%) 1.097(20%) 1.293(40%)	2 650
			^{115}In(n,γ)^{116}In	40	14.1 s	β⁻(3.33)	650
29	^{121}Sb	57.25	^{121}Sb(n,γ)^{122}Sb	5.9	2.74 d	0.561(90%) 0.693(5%)	200
30	^{127}I	100	^{127}I(n,γ)^{128}I	6.2	25.01 min	0.423(90%) 0.526(9%)	147
31	^{133}Cs	100	^{133}Cs(n,γ)^{134m}Cs	2.5	2.90 h	0.127(100%)	437
			^{133}Cs(n,γ)^{134}Cs	27.2	2.06 a	0.605(40%) 0.796(40%) 0.569(14%)	
32	^{164}Dy	28.18	^{164}Dy(n,γ)^{165m}Dy	1 820	32 s		800
			^{164}Dy(n,γ)^{165}Dy	780	2.35 h	0.095(35%) 0.280(15%) 0.362 9(20%)	
33	^{197}Au	100	^{197}Au(n,γ)^{198}Au	98.65	2.696 d	0.412(100%)	1 550

数据来源:Soetc et al.,1972;IAEA,1974;Mnghabghab et al.,1981。

注:γ 射线能量列中括号中的值,对于 γ 射线表示相对强度,对于 β 射线表示能量。

由于热中子俘获截面很大,热中子活化分析具有很高的灵敏度。热中子活化分析的不足是很难分析 O 以下的低原子序数的轻核素。对这些轻核素进行热中子活化分析时,(n,γ)反应截面很小,轻元素活化后生成核素的寿命不是太长就是太短或是稳定的。例如,对于^{11}B,^{11}B(n,γ)^{12}B 核反应截面很小,$σ < 5.0 \times 10^{-2}$ b,生成的^{12}B 的半衰期 $T_{1/2} = 0.021$ s。

快中子活化分析通过(n,p)、(n,α)、(n,2n)和(n,n′)反应活化样品中待分析核素使其变为放射性核素,这些反应的截面比(n,γ)反应截面小得多(表 2.4)。例如,^{16}O(n,p)^{16}N

的反应截面 $\sigma = 90$ mb,^{6}Li(n,p)^{6}He 反应截面 $\sigma = 6.7$ mb,^{11}B(n,p)^{11}Be 的反应截面 $\sigma = 3.3$ mb,^{11}B(n,α)^{8}Li 的反应截面 $\sigma = 30$ mb。

由于活化核反应截面小,快中子活化分析灵敏度比慢中子活化分析低得多,但是快中子活化分析可以分析 O 以下的 C、N、O 等轻元素。快中子活化分析重元素和轻元素的活化截面量级相近,14 MeV 快中子活化分析 O 的灵敏度可达 0.1ppm。

表 2.4　14 MeV 快中子活化分析参数

序号	待分析核素	丰度/%	活化核反应	截面/(10^{-31} m^2)	生成核素半衰期	γ 射线能量/MeV
1	^{6}Li	7.5	^{6}Li(n,p)^{6}He	6.7	0.82 s	β^-(3.508)
2	^{11}B	81.2	^{11}B(n,p)^{11}Be	3.3	13.6 s	β^-(11.51) 2.125(33%)
			^{11}B(n,α)^{8}Li	30	0.88 s	β^-(13.1)
3	^{14}N	99.64	^{14}N(n,2n)^{13}N	6.1	10 min	β^+
4	^{16}O	99.76	^{16}O(n,p)^{16}N	90	7.4 s	6.13(60%) 7.11
5	^{19}F	100	^{19}F(n,p)^{19}O	135	30 s	0.2 1.366
			^{19}F(n,2n)^{18}F	55	1.85 h	β^+
			^{19}F(n,α)^{16}N	57	7.4	6.13(60%) 7.11
6	^{23}Na	100	^{23}Na(n,2n)^{22}Na	14	2.6 a	β^+ 1.27
			^{23}Na(n,p)^{23}Ne	30	37.2 s	0.44 1.64
			^{23}Na(n,α)^{20}F	220	12 s	1.627(100%)
7	^{24}Mg	78.6	^{24}Mg(n,p)^{24}Na	200	15 h	1.37(100%) 2.75(100%)
8	^{26}Mg	11.29	^{24}Mg(n,α)^{23}Ne	89	37.2 s	0.44 1.64
9	^{27}Al	100	^{27}Al(n,p)^{27}Mg	80	9.5 min	0.843(70%) 1.015(30%)
			^{27}Al(n,α)^{24}Na	120	15 h	1.37(100%) 2.75(100%)
10	^{28}Si	92.27	^{28}Si(n,p)^{28}Al	250	2.4 min	1.78(100%)

表 2.4(续 1)

序号	待分析核素	丰度/%	活化核反应	截面/(10^{-31} m^2)	生成核素半衰期	γ 射线能量/MeV
11	^{29}Si	4.68	^{29}Si(n,p)^{29}Al	100	6.7 min	1.28(85%) 2.43(15%)
12	^{30}Si	3.05	^{30}Si(n,α)^{27}Mg	45	9.5 min	0.843(70%) 1.015(30%)
13	^{31}P	100	^{31}P(n,p)^{31}Si	80	2.65 h	1.26
			^{31}P(n,α)^{28}Al	140	2.4 min	1.78(100%)
			^{31}P(n,2n)^{30}P	10	2.5 min	β⁺
14	^{32}S	95.1	^{32}S(n,p)^{32}P	300	14.3 d	β⁻(1.710)
15	^{34}S	4.2	^{34}S(n,α)^{31}Si	130	2.65 h	1.266
16	^{35}Cl	75.4	^{35}Cl(n,2n)^{34m}Cl	6.5	233 min	1.16(18%)
			^{35}Cl(n,p)^{35}S	130	87.2 d	β⁻(0.167)
			^{35}Cl(n,α)^{32}P	195	14.3 d	β⁻(1.710)
17	^{41}K	6.91	^{41}K(n,p)^{41}Ar	80	110 min	1.29(99%)
18	^{45}Sc	100	^{45}Sc(n,2n)^{44}Sc	155	4.02 h	β⁺ 1.157(99%)
19	^{48}Ti	73.72	^{48}Ti(n,p)^{28}Sc	250	44 h	0.98(100%) 1.04(100%) 1.32(100%)
20	^{51}V	99.76	^{51}V(n,p)^{51}Ti	25	5.8 min	0.323(90%)
			^{51}V(n,α)^{48}Sc	40	44 h	0.98(100%) 1.04(100%) 1.32(100%)
21	^{52}Cr	83.76	^{52}Cr(n,p)^{52}V	100	3.8 min	1.43(100%)
			^{52}Cr(n,2n)^{51}Cr	280	27.7 d	EC 0.32
22	^{55}Mn	100	^{55}Mn(n,2n)^{54}Mn	675	291 d	EC 0.385
			^{55}Mn(n,p)^{55}Cr	50	3.5 min	β⁻(2.59)
			^{55}Mn(n,α)^{52}V	35	3.9 min	1.43(100%)
23	^{56}Fe	91.68	^{56}Fe(n,p)^{56}Mn	115	2.58 h	0.847(99%)
24	^{59}Co	100	^{59}Co(n,p)^{59}Fe	80	45 d	1.78(100%)
			^{59}Co(n,α)^{56}Mn	31	2.58 h	0.847(99%)
25	^{58}Ni	67.76	^{58}Ni(n,p)^{58}Co	560	72 d	EC 0.810

表 2.4(续 2)

序号	待分析核素	丰度/%	活化核反应	截面/(10^{-31} m²)	生成核素半衰期	γ射线能量/MeV
26	^{63}Cu	69.3	^{63}Cu(n,2n)^{62}Cu	500	10 min	β^+ 0.88 1.17
27	^{65}Cu	30.9	^{65}Cu(n,p)^{65}Ni	25	2.56 h	1.116 1.482
			^{65}Cu(n,2n)^{64}Cu	930	12.7 h	β^+ 1.346
28	^{64}Zn	48.63	^{64}Zn(n,2n)^{63}Zn	155	38 min	β^+
			^{64}Zn(n,p)^{64}Cu	220	12.7 h	β^+ 1.346
29	^{69}Ga	60.11	^{69}Ga(n,α)^{66}Cu	85	5 min	1.039
			^{69}Ga(n,2n)^{68}Ga	910	68.5 min	β^+ 1.078
30	^{75}As	100	^{75}As(n,p)^{75}Ge	25	82.8 min	β^- 0.264 8
31	^{79}Br	50.69	^{79}Br(n,2n)^{78}Br	925	6.35 min	β^+
32	^{81}Br	49.31	^{81}Br(n,α)^{78}As	105	90 min	β^-
33	^{82}Se	9.19	^{82}Se(n,2n)^{81}Se	1 500	59 min	0.103
34	^{85}Rb	72.5	^{85}Rb(n,α)^{72}Br	140	36 h	0.554 0.777
35	^{89}Y	100	^{89}Y(n,α)^{86}Rb	80	19 d	β^- 1.077(9%)
			^{89}Y(n,2n)^{88}Y	590	104 d	0.908 1.85, 2.76
36	^{90}Zr	51.46	^{89}Zr(n,2n)^{88}Zr	525	79.3 h	0.912
37	^{100}Mo	9.62	^{100}Mo(n,2n)^{99}Mo	2 580	68 h	1.141 0.740
38	^{109}Ag	48.65	^{109}Ag(n,p)^{109}Pd	13	14 h	0.088
			^{109}Ag(n,α)^{106}Rh	38	140 min	0.512 0.622
			^{109}Ag(n,2n)^{108}Ag	775	2.3 min	0.434 0.633

表 2.4(续 3)

序号	待分析核素	丰度/%	活化核反应	截面/(10^{-31} m^2)	生成核素半衰期	γ 射线能量/MeV
39	^{115}In	95.77	^{115}In(n,2n)^{114}In	360	72 s	β$^-$ 0.558 1.300
40	^{127}I	100	^{127}I(n,2n)^{126}I	1 230	13 d	0.382 0.85
41	^{140}Ce	88.48	^{149}Ce(n,2n)^{148}Ce	1 800	140 d	EC 0.166
42	^{141}Pr	100	^{141}Pr(n,2n)^{140}Pr	2 100	23.5 min	β$^+$

注:同表 2.3。

　　一般利用反应堆做热中子分析,难以进行实时现场分析。加速器体积小、危险性小,特别是便携式中子发生器,加速器快中子活化分析能够很好地用于实时现场分析。例如,岩矿野外分析、工业生产过程实时在线活化分析等。

　　随着工农业和医学等发展需要,20 世纪 70 年代快中子活化分析得到较快发展。快中子和热中子活化分析结合可以分析元素周期表中的全部元素。

2.4.1　中子活化分析技术

　　目前元素周期表中有 122 种元素,其中 35 种是人工合成放射性元素,83 种是天然存在的元素,4 种是最近刚发现和中文命名的元素。每种元素有一个或多个稳定的同位素或核素,它们在自然界中有一定丰度。原则上所有天然存在的元素都可以采用中子活化方法分析,有些放射性核素也可以进行中子活化分析。

　　中子活化分析主要包含样品制备,样品辐照、活化产生放射性核素,样品放射性测量,数据处理和分析等过程。样品辐照要选择适当的辐照中子源,即分析是采用热中子活化分析还是快中子活化分析,快中子活化分析还要考虑选用的加速器等。为了提高测量的准确度和精度,分析中必须排除各种可能的干扰反应和本底。

　　图 2.21 所示是反应堆和加速器中子活化分析过程方框图。将制备好的样品在反应堆或加速器中进行中子辐照和活化,辐照后经过冷却等处理后,采用探测器测量样品发射的 γ 射线。放射性核素发射固有的特征 γ 射线,从测量的 γ 射线能量鉴定核素,由测量的 γ 射线活度或 γ 射线峰面积计数得到元素含量。

　　样品中活化的核素较多,在待分析核素的特征 γ 射线峰不能和其他核素产生的 γ 射线和本底分开时,需要化学分离,将待分析核素分离后进行 γ 射线测量。放化分离可以提高中子活化分析核素鉴别能力和分析灵敏度,但是对样品是破坏性的,所以要尽量避免放化分离。如果需要放化分离,分离后的回收率需要精确测定,短寿命核素的放化分离过程必须在很短的时间内完成。采用现代高能量分辨率的 γ 谱仪、符合测量和反康普顿等技术和先进的解谱技术,一般不需要放化分离。

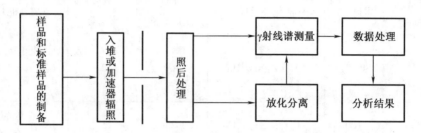

图 2.21 反应堆和加速器中子活化分析过程方框图

活化分析的整个过程都是由计算机自动控制的,这对生成核是短寿命核素的中子活化分析尤为重要。

1. 样品和标准样品制备

活化分析中样品和标准样品制备是十分重要的,它们的质量直接影响活化分析结果的可靠性和精确度。

样品和标准样品制备需要考虑它们的尺寸、质量、状态、包装及制备和辐照过程中可能的沾污、蒸发、吸附。在保证有足够的活化后放射性活度条件下,样品量要适当。样品量太少,放射性活度可能不够,测量统计性差;样品量大可以提高测量精度,但由于样品体积增大,会产生中子自屏蔽和 γ 自吸收效应,影响中子注量率的均匀性,引起探测器探测效率变化。此外,样品量过大,放射性活度会很大,实验过程中需要有很好的放射性屏蔽。

样品制备过程中,固体样品可以直接切割成合适尺寸的薄片,粉末样品需要密封在容器中或压成薄片并用 Al 箔或滤纸包装,液体或气体样品需要密封在石英瓶或聚乙烯容器中;生物样品要冷冻干燥、粉碎、压成粉末,采样时要用石英刀或 Ti(钛)刀,以减少采用工具产生的沾污;多孔滤膜采集的气溶胶样品,用 Al 箔或滤纸包装后压成薄片。

活化分析中有时需要对样品进行浓缩和化学分离处理。样品浓缩常用灰化处理等方法进行,样品浓缩过程中要考虑可能的沾污、挥发或吸附等。活化后样品需要进行放化分离处理的,回收率需要准确测定。

Al 箔、滤纸、容器材料要进行单独测量,以扣除包装和容器材料本底。样品包装和容器材料需要采用中子活化截面小、纯度高、耐辐照、耐温的材料。

2. 样品传递

样品采用常称的跑兔系统进行传递。跑兔系统由气动传输系统和控制系统构成。图 2.22 所示是活化分析样品传输或跑兔系统示意图。样品在插入反应堆水平辐照孔道的高纯铝管中进行辐照,该管道与样品转输铝或聚乙烯管道相连。跑兔系统将装在耐高温和耐辐照的兔盒中的样品准确送入堆内辐照位置,辐照完毕回送到测量位置。气源采用由空气压缩机产生的几个标准大气压的压缩空气,在传输管道中来回传输样品,跑兔速度可以达到 20 m/s。气源送气和换向利用由计算机控制的电磁阀门实现。图中换样装置也是计算机控制的气动换样系统。取样、跑兔进反应堆辐照、辐照定时、辐照后跑兔出反应堆、拆样、换样、γ 射线谱测量和数据处理等均由控制系统控制。

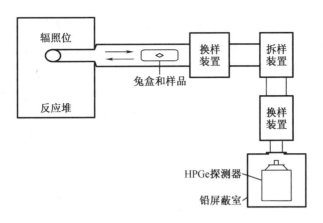

图 2.22　活化分析样品传输或跑兔系统示意图

3. 中子活化

中子辐照通过核反应使样品活化,稳定核素变为放射性核素。慢中子辐照的活化反应主要是 (n,γ) 俘获反应,大多数核的 (n,γ) 俘获反应截面很大,所以慢中子活化分析的灵敏度很高。快中子辐照活化有 (n,p)、(n,α)、$(n,2n)$、$(n,n'\gamma)$ 等反应,这些反应的截面较小,分析灵敏度比慢中子分析低很多,但快中子活化能够以较高的灵敏度分析慢中子活化不能分析的轻元素。表 2.3 和表 2.4 分别列出了常用的 33 个核素和同位素热中子活化分析的核反应,42 个核素和同位素 14 MeV 快中子活化分析的核反应。表中列出了同位素(核素)丰度(丰度大容易测量)、核反应截面(截面大,分析灵敏度高)、半衰期(确定辐照时间等,寿命太短或太长较难分析)、特征 γ 射线能量(能量的选择要易于探测)、共振积分截面等。

中子活化是中子辐照样品,中子和样品待分析稳定核素发生活化反应,将该稳定核素活化为放射性核素。例如,^{197}Au 中子活化分析,热中子或快中子辐照 ^{197}Au,由 (n,γ) 反应产生处于激发态的生成核 ^{198}Au*,它通过释放 γ 射线(瞬发)退激到基态 ^{198}Au。^{198}Au 基态是半衰期 2.69 d 的 β^- 放射性核素,衰变到 ^{198}Hg 激发态,该激发态发射 0.412 MeV γ 射线退激到 ^{198}Hg 基态(图 2.2)。绝大多数放射性核素通过发射 $\beta^\pm$ 衰变到 $Z-1$ 或 $Z+1$ 核的激发态。$Z-1$ 或 $Z+1$ 核激发态又通过释放 γ 射线退激到基态。因此,通过测量核反应生成核退激到基态发射的瞬发 γ 射线,也可通过测量生成核基态 $\beta^\pm$ 衰变到 $Z-1$ 或 $Z+1$ 核激发态退激到基态发射的延迟或缓发 γ 射线,进行元素分析。前者称为瞬发 γ 射线中子活化分析,后者称为延迟 γ 射线中子活化分析。本节介绍延迟 γ 射线中子活化分析,2.5 节介绍瞬发 γ 射线中子活化分析。

各种放射性核素释放的 γ 射线是不同的,称为放射性核素发射的特征 γ 射线。每种放射性核素都有自己的特征 γ 射线,例如 ^{198}Au 的特征 γ 射线是 0.412 MeV γ 射线。放射性核素也都有自己特定的半衰期。所以可以通过测量放射性核素特征 γ 射线能量或/和半衰期来鉴定元素,通过特征 γ 射线放射性活度测定元素含量。

4. 放射性测量

图 2.23 所示是延迟 γ 射线中子活化分析放射性测量系统方块示意图。γ 射线测量探测器有 NaI(Tl)闪烁探测器、Ge(Li)探测器和高纯锗(HPGe)探测器。NaI(Tl)闪烁探测器的探测效率高,但能量分辨率较差;Ge(Li)探测器的能量分辨率好,但需要始终处于 77 K 低温,使用很不方便,现在已经基本被淘汰了;HPGe 探测器的探测效率高、能量分辨率好,对 ^{60}Co 1.33 MeV 的 γ 射线分辨率好于 2 keV。HPGe 探测器不用时,不需要处于 77 K 低温,使用前加液氮将其冷却到 77 K 即可。中子活化分析,尤其是多元素分析,现在都用 HPGe 探测器。

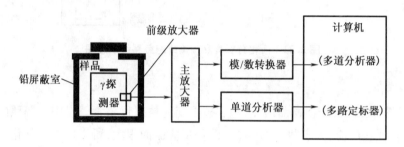

图 2.23　延迟 γ 射线中子活化分析放射性测量系统方块示意图

探测器的探测效率需要进行绝对刻度。图 2.24 所示是刻度的探测器效率 $\varepsilon(E)$ 随 γ 射线能量变化的曲线,探测器效率刻度采用一组能量和活度已知的标准 γ 源进行,测量探测器效率随能量变化的曲线 $\varepsilon(E)$。表 2.5 列出了一些常用 γ 射线标准刻度源。

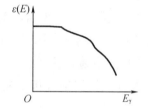

图 2.24　探测器效率 $\varepsilon(E)$ 随 γ 射线能量变化的曲线

表 2.5　常用 γ 射线标准刻度源

γ 射线源	半衰期/a	γ 射线能量/keV
^{22}Na	2.60	511.0,1 274.5
^{60}Co	5.27	1 173.2,1 332.5
^{137}Cs	30.07	661.7
^{152}Eu	13.54	121.8,244.7,295.9,344.3,367.8,411.1,444.0,778.9,867.4,964.1,1 085.8, 1 089.7,1 112.1,1 212.9,1 299.1,1 408.0,1 457.6
^{241}Am	433.2	26.3,59.5

图 2.23 中的放射性测量系统有两种测量模式,一种是多道分析器的幅度测量模式(MCA),另一种是多道分析器的多路定标模式(MCS)。前者是测量 γ 射线的幅度分布或能谱,后者是测量 γ 射线随时间的分布,用于测量放射性核的半衰期等。幅度测量模式中,HPGe 探测器的输出信号经过前级放大和主放大器放大后输入模/数转换器,多道分析器

记录 γ 射线能谱,从特征 γ 射线能量鉴别元素、峰峰面积得到元素含量。多路定标模式中,探测器输出信号经过前级放大器和主放大器放大后输入单道幅度分析器,通过单道分析器(SCA)的上下阈的调节,选出待分析核素的特征 γ 射线,多道分析器记录 γ 射线随时间的分布。从测量的时间分布,经拟合得到待分析核素的半衰期,实现核素鉴别,由时间谱外推到零时间的计数得到核素含量。

中子活化产生的放射性核,有不少是 β^+ 衰变核素或放射性同位素。β^+ 衰变核素的测量是通过其湮没 γ 射线测量的,湮没在相反方向同时发射两个 0.511 MeV γ 射线。由于 0.511 MeV 的本底是很强的,记录单个 0.511 MeV γ 射线测定 β^+ 衰变核素放射性活度,会带来很大的测量误差。为减少本底提高测量精度,采用符合方法测量 β^+ 湮没发射的两个 0.511 MeV γ 射线(图 2.25),只有湮没发射的两个 0.511 MeV γ 射线同时被记录,才是要测量的 0.511 MeV γ 射线。此时,有两种记录方式,一种是一个探测器主放大器的输出输入到多道分析器作为分析信号,另一个探测器的主放大器输出到单道分析器,单道分析器通过上下阈的调节,选出 0.511 MeV γ 射线并输入多道分析器作为开门信号,多道分析器记录 0.511 MeV γ 射线的能谱,由峰面积得到计数,求得含量。另一种方式是,两个主放大器的输出都输入单道分析器选出 0.511 MeV γ 射线,然后输入符合电路,符合电路输出至定标器,得到 0.511 MeV γ 射线的计数,这时只能得到计数。如果要测量计数随时间变化的衰变曲线,符合电路输出到工作在多路定标器模式的多道分析器,拟合记录的计数随时间变化的衰变曲线得到半衰期,外推到 $t = 0$ 计数求得含量。

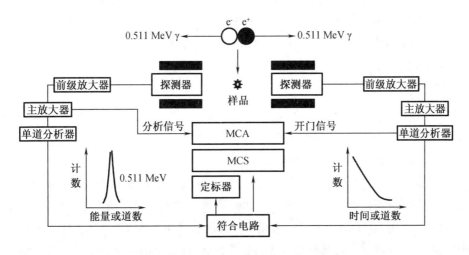

图 2.25　β^+ 湮没发射两个 0.511 MeV γ 射线的符合测量

2.4.2　活化分析的干扰本底

中子活化分析时,样品中含有很多种元素,这些元素都可能活化,待分析元素含量一般较低,样品其他元素活化对测量会有很大影响,这种影响称为干扰本底(Soete et al.,1972;Zikovsky et al.,1981)。

活化分析中常见的干扰有:不同元素通过不同核反应活化产生的放射性核素与待分

元素活化生成的放射性核素相同,产生干扰本底;虽然生成的放射性核素不同,但半衰期与γ射线能量都和待分析核素生成核素的非常相近,探测器很难将它们分开,也形成干扰本底;样品活化中生成的某种放射性核素的衰变子核与待分析元素相同,也会产生干扰本底。

干扰本底可以分为初级干扰本底和次级干扰本底。入射中子直接产生的称为初级干扰本底,入射中子产生的γ、α、p等次级粒子产生的称为次级干扰本底。

1. 初级干扰本底

初级干扰是不同元素通过不同的中子核反应生成相同的放射性核素。假定待分析元素 X 的质量数为 A、原子序数为 Z,通过 $^{A}_{Z}X + n = ^{A+1}_{Z}X_{A-Z+1} + \gamma$ 中子俘获反应,由生成核 $^{A+1}_{Z}X_{A-Z+1}$ 的放射性测量,确定元素 X 的种类和含量。样品中其他元素可能通过不同的核反应产生与待分析元素 X 的俘获反应产生的生成核相同的生成核。例如,样品中有 Y 和 Z 元素,它们通过 (n,p) 和 (n,α) 反应 $^{A+1}_{Z+1}Y + n = ^{A+1}_{Z}X_{A-Z+1} + p$ 和 $^{A+4}_{Z+2}Z + n = ^{A+1}_{Z}X_{A-Z+1} + \alpha$,都产生相同的生成核 $^{A+1}_{Z}X_{A-Z+1}$。样品中有 Y 和 Z 元素的存在时对 X 元素的分析有干扰,测量中必须扣掉 Y 和 Z 的干扰本底,否则 X 含量测高了。例如,用 $^{63}Cu(n,\gamma)^{64}Cu$ 反应分析 ^{63}Cu 时,样品中的 ^{64}Zn 会产生干扰,通过 $^{64}Zn(n,p)^{64}Cu$ 反应产生 ^{64}Cu;用 $^{59}Co(n,\gamma)^{60}Co$ 反应分析 ^{59}Co 时,样品中 ^{60}Ni 会产生干扰,通过 $^{60}Ni(n,p)^{60}Co$ 核反应产生 ^{60}Co。

又如,采用 (n,p) 反应分析元素 $^{A}_{Z}X$ 含量时,其他元素的 (n,α) 反应会产生干扰本底。利用 $^{28}Si(n,p)^{28}Al$ 反应分析 ^{28}Si,样品中有 P,中子与它的 $^{31}P(n,\alpha)^{28}Al$ 反应产生 ^{28}Al;利用 $^{16}O(n,p)^{16}N$ 反应分析 ^{16}O 时,样品中的 ^{19}F 通过 $^{19}F(n,\alpha)^{16}N$ 反应产生 ^{16}N。

有时干扰反应并不一定起干扰作用。例如,通过 $^{63}Cu(n,\gamma)^{64}Cu$ 分析 ^{63}Cu,$^{65}Cu(n,2n)^{64}Cu$ 反应同样产生 ^{64}Cu,这一反应在相对测量中起增加作用,利用 Cu 的两种同位素,提高测量灵敏度。但此时不适合用 K_0 法,K_0 法适用于 ^{63}Cu 的测量。

干扰程度与干扰元素在样品中相对含量、中子能量或能谱、中子活化截面等密切相关。干扰有时较难排除,只能通过选择适当条件尽量减少干扰本底。尤其干扰元素是样品基体时,无论反应截面多小,都会造成严重干扰。

热中子活化分析时,(n,γ) 反应截面很大,(n,p) 和 (n,α) 等反应截面比 (n,γ) 小得多,产生的干扰可以不予考虑。热中子能量较低,不会引起 (n,p)、(n,α) 等出射带电粒子的反应。快中子活化分析时,(n,p)、(n,α)、$(n,2n)$ 等反应的截面是同量级的,产生的干扰是很严重的。例如,采用 $^{16}O(n,p)^{16}N$ 反应分析 ^{16}O,该反应截面为 90 mb。如果样品中有 F,它可以通过 $^{19}F(n,\alpha)^{16}N$ 产生 ^{16}N,其截面为 57 mb,^{19}F 对 ^{16}O 分析会产生严重的干扰本底。

实验时可以通过多种方法减少或消除干扰。例如,在实验时选择适当的中子能量,使干扰反应截面最小或为零,而待分析元素的反应截面尽可能大(图 2.26)。

如图 2.26(a)所示,干扰反应阈能比用于分析的反应阈能高,选择中子能量低于干扰反应阈能就可以消除干扰,选择一个合适能量使待分析反应截面尽可能大;图 2.26(b)所示是待分析反应的阈能高,选择中子能量高于干扰反应的最大能量以消除干扰,然后根据待分析反应截面的激发曲线和加速器可以达到的能量选择一个合适的能量。

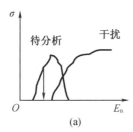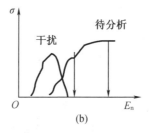

图 2.26　选择中子能量消除干扰示意图

利用干扰元素的其他核反应,可以测量干扰本底。上面^{16}O的$^{16}O(n,p)^{16}N$反应分析中,如果样品中有^{19}F会产生很强的干扰,这一干扰可利用$^{19}F(n,p)^{19}O$反应测量。通过该反应生成的^{19}O放射性测量,可以测定^{19}F的含量,再由^{19}F含量计算出$^{19}F(n,\alpha)^{16}N$反应产生的^{16}N。实验测量的^{16}N是$^{16}O(n,p)^{16}N$和$^{19}F(n,\alpha)^{16}N$两个反应产生的^{16}N之和,减去计算的$^{19}F(n,\alpha)^{16}N$反应产生的^{16}N,得到只有$^{16}O(n,p)^{16}N$反应产生的^{16}N。^{19}生成核^{19}O和^{16}N都是β^-放射性核素,^{19}O的半衰期26.9 s,β^-衰变到^{19}F的激发态,^{16}N半衰期为7.13 s,β^-衰变到^{16}O激发态,激发态退激到基态发射特征γ射线。辐照后几秒到十几秒测量样品γ射线能谱测量,根据特征γ射线测定^{19}O和^{16}N放射性,从测量的^{19}O放射性活度可以计算出^{19}F含量,由^{19}F含量和$^{19}F(n,\alpha)^{16}N$反应截面,计算出^{19}F产生的^{16}N放射性活度。从测量的^{16}N中扣除^{19}F产生的^{16}N贡献,得到$^{16}O(n,p)^{16}N$反应产生的^{16}N放射性计数,由此计算出^{16}O含量。

2.次级干扰本底

次级干扰本底是中子通过(n,γ)、(n,p)、(n,α)反应产生的γ、p、α等与其他元素发生反应生成与待分析元素中子活化产生的相同的放射性同位素。次级干扰一般很小,慢中子活化分析中可不予考虑,在快中子活化中需要扣除次级干扰本底。例如,利用 14 MeV 中子通过$^{14}N(n,2n)^{13}N$反应分析碳氢化合物中的 N。14 MeV 中子与碳氢化合物中的氢发生$n-p$散射,散射产生的$p(H)$通过$^{13}C(p,n)^{13}N$反应产生相同的放射性生成核^{13}N。又如,14 MeV 中子通过$^{48}Ti(n,p)^{48}Si$反应分析^{48}Ti时,中子与样品中 H 发生$n-p$散射产生 p,通过$^{48}Ca(p,n)^{48}Si$反应产生干扰本底^{48}Si。

另一种次级干扰是中子辐照样品中含量多的元素或基体元素产生放射性核素,它们 EC、β^-、β^+衰变后变成待分析元素,这些待分析元素同样被中子活化,产生与待分析元素相同的放射性同位素。例如,由$^{191}Ir(n,\gamma)^{192}Ir$反应分析 Os 中的 Ir 含量。中子辐照基体元素 Os,通过$^{190}Os(n,\gamma)^{191}Os$反应产生$^{191}Os$,它经$\beta^-$衰变为$^{191}Ir$,使样品中$^{191}Ir$含量增加。同样由$^{31}P(n,\gamma)^{32}P$反应分析 Si 中的$^{31}P$。Si 中的$^{30}Si(n,\gamma)^{31}Si$反应产生$^{31}Si$,它经$\beta^-$衰变为待分析元素$^{31}P$。这类干扰本底可以通过计算得到,虽然很小,分析中也是需要扣除的,尤其是高精度测量。

2.4.3　元素鉴别和含量测量

元素鉴别和含量测量需通过测量待分析元素生成的放射性核素的半衰期、衰变γ射线能谱或能量实现。图 2.23 所示是放射性测量系统方块示意图,该系统可以测量γ射线能谱和衰变曲线。

1. 衰变曲线测量法

衰变曲线测量法可以鉴别元素和测量元素含量。这种方法通过多道分析器的多路定标法测量特定 γ 射线放射性活度随时间的变化,获得待分析核素的半衰期。由半衰期鉴别元素,外推到零时刻的计数测定元素含量。

图 2.27 所示是直角坐标和半对数坐标中单一寿命或单一成分的衰变曲线。对于单一寿命,t 时刻放射性活度为

$$A(t) = A_0 \exp(-\lambda t) = A_0 \exp(-0.693t/T_{1/2}) \tag{2.40}$$

式中 A_0——辐照结束时的放射性活度;

λ——衰变常数;

$T_{1/2}$——半衰期。

对于直角坐标系[图 2.27(a)],衰变曲线是以半衰期为 e 指数的曲线,通过指数拟合衰变曲线得到半衰期 $T_{1/2}$,对于半对数坐标系[图 2.27(b)],衰变曲线是一条直线,由直线斜率可以得到 $T_{1/2}$,由外推到 $t = 0$ 的 A_0 或 $\ln A_0$ 可以得到放射性活度 A_0。

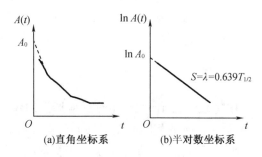

(a)直角坐标系   (b)半对数坐标系

图 2.27   单一寿命衰变曲线

一般样品中有多种元素,活化后产生多种不同寿命的放射性核素,实验测量的衰变曲线是多个寿命叠加的衰变曲线。图 2.28 所示是一个多寿命衰变曲线图。

对于多寿命,t 时刻时间谱的放射性活度为

$$A(t) = \sum_i A_{0i} \exp(-\lambda_i t)$$

$$= \sum_i A_{0i} \exp(-0.693t/T_{1/2i}) \tag{2.41}$$

式中,i 表示第 i 个寿命成分,求和是对所有寿命成分求和。

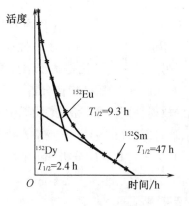

图 2.28   多寿命衰变曲线

测量的衰变曲线需要进行分解,求得各个衰变成分的半衰期 $T_{1/2i}$ 及其相对强度或成分 A_{0i}。如果采用手工求解,需从最长寿命开始,其他寿命成分对最长寿命的计数没有贡献,由半对数坐标的衰变曲线的斜率得到最长寿命值。得到最长寿命后,解次长寿命,这时利用

最长寿命成分的 A_0 和 $T_{1/2}$ 外推,在次长寿命谱中减去来自最长寿命的计数,得到次长寿命净谱和寿命。然后逐个减去较长寿命计数,求得各个寿命值。衰变成分少、各个成分半衰期相差近 5 倍,手工分解法能较好地得到各个寿命。现在都采用计算机最小二乘法拟合得到各个衰变成分的半衰期 $T_{1/2i}$ 及其相对强度 A_{0i}。原则上拟合不受衰变成分数的限制,但实际拟合时,成分数少,各个半衰期差 2 ~ 3 倍或更大,拟合结果较好。

衰变曲线法适合短寿命核素测定,辐照时间短、测量时间短、分析速度快。

2. 能谱测量法

如图 2.23 所示,能谱测量法采用多道分析器幅度分析模式测定 γ 射线能谱,由 γ 射线的能量和全能峰面积鉴别元素和测定元素含量。

如图 2.29 所示,每个放射性核素都有自己的特征 γ 射线,^{198}Au 特征 γ 射线能量是 0.412 MeV[图 2.29(a)],^{111}In 特征 γ 射线能量是 0.171 MeV 和 0.245 MeV[图 2.29(b)]。现在一般都采用 HPGe 探测器测量活化后样品 γ 射线能谱[图 2.29(c)]。从测量的能谱,由特征 γ 射线能量鉴别元素,特征 γ 射线峰全能峰面积或计数得到元素含量。一个放射性核素的特征 γ 射线可以有多条特征 γ 射线,例如^{111}In 有两条特征 γ 射线。通过两条或更多条特征 γ 射线能量来鉴别元素更可靠,测量的精度更高。

当两种核素的半衰期接近,放化分离又很难时,只能通过 γ 能谱进行核素鉴别和含量测量。测量的 γ 能谱是 γ 射线和本底的叠加能谱[图 2.29(c)],取峰计数时,需要用扣除本底的净计数。

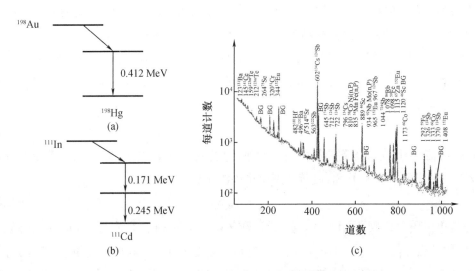

图 2.29　核素特征 γ 线和 HPGe 探测器测量的 γ 射线能谱

测量的 γ 能谱 $N_0(E)$ 是实际 γ 能谱 $N(E')$ 和探测器能量分辨 $f(E - E')$ 的卷积:

$$N_0(E) = \int N(E') \times f(E - E') \times dE' \tag{2.42}$$

需要用计算机解谱程序进行退卷积处理(O'Haver,2007),精确地确定 γ 射线能量和全能峰计数。

峰面积计数计算时，要进行可能的计数丢失修正，例如死时间修正、符合计数修正、偶然符合修正等。死时间内进入的 γ 射线是不被记录的，死时间内丢失的计数要修正，为了减小丢失，要控制 γ 射线计数率。待测 γ 射线与本底或/与康普顿散射 γ 符合，符合峰能量大于待测 γ 射线能量，峰不落在待测 γ 射线峰中，使计数丢失，这种丢失与计数率和谱仪分辨时间有关，计数率高、分辨时间差、计数丢失大。分辨时间内两个级联 γ 射线符合峰的能量大于待测 γ 射线能量，不位于待测 γ 射线能量处，这种计数与计数率无关，只与核素性质有关，没有级联发射就不会有这种级联符合计数丢失。

3. 能谱与衰变曲线结合测量法

能谱测量法和衰变曲线测量法结合，元素鉴别和含量测量更可靠。测量方法如图 2.25 所示，用单道分析器选定放射性核的特征 γ 射线，测量衰变曲线和 γ 射线能谱，从能量和半衰期同时鉴别元素。β⁺ 衰变放射性核的测量是最常用结合测量法的实例，选定 β⁺ 衰变产生的 0.511 MeV 湮没 γ 射线作衰变曲线和能谱测量。

2.4.4　中子活化分析精确度和灵敏度

中子活化分析误差或不确定性由样品质量的准确性、辐照均匀性、测量条件重复性、计数统计涨落、记录系统死时间、核参数准确性、干扰反应扣除、化学分离回收率准确度等决定。对 mg 级样品，样品称重误差为 0.5% ~ 1.0%。快中子辐照中子注量或注量率对距离非常敏感，需要将样品、标准样品和注量监测片叠在一起照射，最好样品前后各有一片注量监测片。加速器束流往往不是稳定的，辐照时必须记录中子注量率随时间的变化，并做修正，尤其是对活化产生的短寿命样品测量。一般中子活化分析准确度小于 ±5%。

元素含量分析中，能够检测到的元素最低含量，称为探测灵敏度，灵敏度越高，能够探测的元素含量越低。美国国家标准局制定了判别限 L_C、探测下限 L_D，定量探测限 L_Q。中子活化分析元素探测下限 L_D 为

$$L_D = 2.71 + 3.29\sqrt{B} \tag{2.43}$$

这是 95% 可信度时，能够探测的最低信号的净计数，其中 B 是本底，B 和 L_D 的单位是计数。通过校正因子或灵敏度因子 S_0，可转换到质量探测限：

$$w_{D.L} = L_D/S_0 \tag{2.44}$$

式中，S_0 是单位质量计数，用计数·mg^{-1} 或计数·μg^{-1} 表示；$w_{D.L}$ 是质量，用 mg 或 μg 表示。S_0 也可以用计数·ppm^{-1}，这时 $w_{D.L}$ 用 ppm 表示。灵敏度因子 S_0 与中子注量率、靶元素同位素丰度、核反应截面、辐照和冷却时间、放射性衰变纲图、探测几何和效率等有关。中子活化分析探测下限或分析灵敏度小于或等于 1ppm。

2.5　瞬发 γ 射线中子活化分析

前面介绍了缓发或延迟 γ 射线中子活化分析,它是测量活化后产生的放射性生成核的衰变 γ 射线。本节介绍瞬发 γ 射线活化中子分析,与延迟或缓发 γ 射线中子活化分析不同的是,它是测量活化反应生成的处于激发态的复合核退激时发射的瞬发 γ 射线(James et al.,1984)。

2.5.1　瞬发 γ 射线中子活化分析原理

如图 2.2 所示,中子活化反应产生的复合核处于激发态,它的寿命极短;在 $10^{-18} \sim 10^{-12}$ s 发射 γ 射线退激到基态。退激发射的 γ 射线几乎与核反应同时发生,所以发射的 γ 射线称为瞬发 γ 射线。瞬发 γ 射线的能量从几百 keV 到十几 MeV。

不同元素产生的复合核退激发射的瞬发 γ 射线不同,这种 γ 射线称为特征瞬发 γ 射线。由测量的特征瞬发 γ 射线能量和峰面积来鉴别元素和测量元素含量。瞬发 γ 射线能量和分支比等核参数一般都是已知的,瞬发 γ 射线中子活化分析常用分支比最大的特征 γ 射线进行元素鉴别和含量测量。

探测器记录的特征瞬发 γ 射线的强度为

$$n = (w/M)N_A \eta \varepsilon_t \sigma_c \phi f_\gamma \qquad (2.45)$$

式中,各个量的物理意义与热中子缓发中子活化公式相同,由于辐照与瞬发 γ 射线测量同时进行,在式(2.45)中没有缓发中子活化分析中的饱和因子 S、衰变因子 D 和积分因子 C。

瞬发 γ 中子活化分析具有下列优点:热中子瞬发 γ 射线活化分析的中子俘获截面大、分析灵敏度高;多元素同时分析和非破坏性分析;能够分析热中子缓发活化分析不能或很难测量的 H、^{10}B、C、N、S、^{113}Cd 等元素,对 H 和 B 等的分析灵敏度可以分别达到 1 μg 和 0.01 μg;辐照时间短、分析速度快、剩余放射性低;可以分析寿命很短的放射性核素;可以用于野外和工业在线分析。

2.5.2　瞬发 γ 射线中子活化分析测量

瞬发 γ 射线中子活化分析常用的中子源有:反应堆中子源,主要用于热中子瞬发 γ 射线活化分析,目前已经在世界上各种反应堆上建立了 30 多台热中子瞬发 γ 射线活化分析装置;同位素中子源,特别是 ^{252}Cf 自发裂变中子源,其产额大于 10^8 s^{-1};加速器和密封中子管的 T(d,n)和 D(d,n)中子源。同位素中子源和加速器或密封中子管都可以用于野外和现场用的快中子瞬发 γ 射线中子活化分析。

瞬发 γ 射线的测量是与辐照或核反应同时进行的在线或在束测量(图 2.1)。复合核一般有许多激发态,发射的 γ 射线多,样品基体和其他元素都可能发射瞬发 γ 射线,实验上测量的能谱是样品中所有元素发射的瞬发 γ 射线,能谱是非常复杂的。瞬发 γ 射线中子活化分析必须采用高能量分辨探测器,以从复杂谱中选出待分析元素特征瞬发 γ 射线,现在一般都用 HPGe 探测器测量瞬发 γ 射线能谱。

2.6 中子活化分析技术的应用

中子活化分析具有灵敏度高、多元素分析、非破坏性分析等优点,广泛用于材料科学、生命科学、环境科学、地球物理、考古学、法医学、天体物理、核物理,以及工业、农业、地质、矿业、电子工业、航天工业等领域。本节分别介绍热中子活化分析、快中子活化分析和瞬发γ射线中子活化分析的部分应用。

2.6.1 热中子活化分析应用

反应堆热中子注量率高,热中子对大多数元素的活化截面很大,所以热中子活化分析灵敏度高、应用范围广。

1. 地质和地球科学等应用

地质勘探、地球化学、地质年代等领域,需要对地质样品进行成分分析。热中子分析是地质和矿产样品成分分析的主要分析手段。

(1)水系沉积物地质样品分析

陈保观等(1980)在中国原子能科学研究院的重水反应堆上开展了水系沉积物地质样品热中子活化分析,测量样品质量22.8 mg,辐照时间为8 h,中子注量率为2.65×10^{13} $s^{-1} \cdot cm^{-2}$。辐照后冷却10 d,采用对^{60}Co的1.332 MeV γ射线能量分辨率为3.5 keV的Ge(Li)探测器测量样品γ射线能谱(图2.30)。由图可以看出,γ射线能谱是比较复杂的,有68条孤立γ射线,图中列出了探测到的γ射线对应的元素和若干γ射线能量。从测量的γ射线谱,依据各个元素的特征γ射线和特征γ射线峰面积计数,测定了36种元素的含量。

(2)岩矿样品 U、Th 元素分析

石油勘探、岩矿成分分析、地质年代测量都对天然放射性元素含量测量提出了要求。赵砚卿等(1984)采用长照和短照结合的中子活化分析方法测量了岩矿样品中U、Th、K元素的含量。实验时,在中国原子能科学研究院的重水反应堆上进行中子辐照,U、Th含量测量和K含量测量时取样量分别~60 mg和~50 mg,U、Th含量测量采用24 h长照,K含量测量采用5 min短照,U、Th和K辐照后的冷却时间分别为9 d、25 d和18 h。测量采用的热中子活化反应分别是^{238}U$(n,\gamma)^{239}$U、^{232}Th$(n,\gamma)^{233}$Th、^{41}K$(n,\gamma)^{42}$K,反应生成核^{239}U半衰期为23.5 min,通过β^{-}衰变到^{239}Np,^{239}Np半衰期为2.35 d,发射$E_\gamma = 228.2$ keV和277.5 keV特征γ射线;生成核^{233}Th半衰期为22 min,通过β^{-}衰变到^{233}Pa,^{233}Pa半衰期为27 d,发射$E_\gamma = 311.8$ keV特征γ射线;生成核^{42}K半衰期为12.42 h,发射$E_\gamma = 1\,525$ keV特征γ射线。测量U、Th和K的含量分别为(3.83 ± 0.35)ppm,(20.08 ± 1.58)ppm和(2.90 ± 0.35)ppm。U、Th含量测量时可能的干扰核素为^{23}Na、^{55}Mn和^{41}K,它们是(n,γ)反应的生成核^{24}Na$(T_{1/2} = 15$ h)、^{56}Mn$(T_{1/2} = 2.58$ h)、^{42}K $(T_{1/2} = 12.42$ h),核寿命都较短,冷却几天后,它们对测量就没有影响了。U和Th的(n,γ)反应生成核的半衰期分别是23.5 min和22 min,^{41}K测量时采用5 min短照,以减少U和Th的干扰。

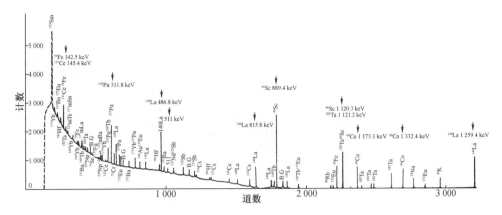

图 2.30　水系沉积物地质样品热中子活化测量的 γ 射线能谱及谱线能量

（3）陨石中子活化分析

地球外来陨石的铱含量很高，可以达到几百 $\mu g \cdot kg^{-1}$，地球上铱的含量极低，只有 $\mu g \cdot kg^{-1}$ 量级。据说 6 500 万年前一个铱含量很高的行星碰撞地球，导致空气中产生大量碎片，地球上的阳光被遮，阳光大量减少植物不能生长，很多动物包括恐龙因没有食物而灭绝。采用热中子活化分析方法，由 $^{191}Ir(n,\gamma)^{192}Ir$ 反应，测量了世界上若干地方相应年代的白垩系/第三系(k/T)界限内黏土的铱含量，实验得到这些黏土的铱含量远高于地球，为 $30 \sim 160 \ \mu g \cdot kg^{-1}$，说明是地球外陨石落入到地球，这一结论有力地支持了行星撞击地球造成灾难的假设。

2. 环境科学中的应用

环境有害微量或痕量元素监测是环境科学一个很重要的问题。人们通过对有害元素的监测，了解环境污染情况和追溯污染起源，从源头消除污染，创建宜居环境，保障人民健康。环境监测中，最主要的是空气和水的污染监测，热中子活化分析能够很好地分析空气和水中的 Hg、As、Cd 等有害微量和痕量元素(Shani et al., 1983)。

（1）大气颗粒物样品分析

采样仪采集大气气溶胶样品，大气颗粒物是污染物载体，它吸附在微孔过滤后的截留滤膜上，对大气颗粒物样品分析时，对滤膜样品进行热中子活化分析，测量收集的不同尺度颗粒中的有害元素，例如 Hg、As、Cd、U、Th、Pb 等。刘立坤等(2005)采用热中子活化法分析了北京市区车公庄、远郊良乡 1 和良乡 2 等采样点收集的大气颗粒物，分析过程中利用 Gent 二级级联采样器同时收集 PM2.5（直径小于 2.5 μm）、PM10（直径小于 10 μm）大气颗粒物样品，采用 K_0 法测定了 PM2.5 细颗粒物中的 40 种元素和 PM10 粗颗粒物中的 43 种元素的含量，得到市区车公庄、远郊良乡 1 和良乡 2 采样点春季 PM2.5 与 PM10 平均浓度比分别是 0.39, 0.32 和 0.30。这一结果说明远郊城镇裸地面积较大，大气扬尘中粗颗粒物浓度较大。实验测量的远郊良乡春季 PM2.5 与 PM10 平均浓度比小于夏季，说明远郊良乡春季粗颗粒物浓度较大。实验采用富集因子 EF 来追溯元素来源，图 2.31 所示是车公庄、远郊良乡 2 采样点粗、细颗粒物中不同元素含量的对数富集因子(lg EF)。EF > 1 表明该元素除地壳源还有其他来源；EF 接近 1(lg EF ~ 0)，表明该元素主要来自土壤和扬尘等地壳源。由图 2.31 可以看出，PM2.5 污染元素(空心条)的 EF 普遍比 PM10(实心条)的大，表明细颗粒物中承载了较大份额的污染物，危害性更大；Al、Ba、Ca、Ce、Mg、Dy、La、Lu、Sm、Ta、Tb、V、Th、Hf、Sc、Fe、Mn、Ti 的 EF 接近 1，表明它们主要来自地壳源；实验同时也得到车公庄和良乡的大气颗粒物中的污染元素基本相同，三个地区主要污染元素是 In、Cl、Ag、As、Au、Hg、S、I、Sb、Br、S、Zn 等，不同采样点的污染元素富集度不同。

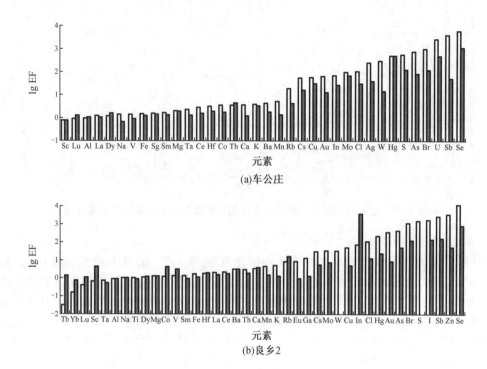

图 2.31　车公庄和远郊良乡 2 采样点粗、细颗粒物中不同元素含量的对数富集因子

（2）水污染分析

河水中常含有 Hg、As 等有害元素。水污染分析时利用滤纸收集河水中有害元素,河水流过时有害元素沉积在滤纸上,通过分析滤纸上的沉积物,测定河水中有害元素。Hg 和 As 可用 $^{202}Hg(n,\gamma)^{203}Hg$ 和 $^{75}As(n,\gamma)^{76}As$ 反应分析和测量（Habib et al.,1981）。$^{202}Hg(n,\gamma)^{203}Hg$ 反应截面 $\sigma = 4.8$ b,生成核 ^{203}Hg 的 $T_{1/2} = 46.6$ d,特征 γ 射线能量 $E_\gamma = 279$ keV;$^{75}As(n,\gamma)^{76}As$ 反应截面 $\sigma = 4.5$ b,生成核 ^{76}As 的半衰期 $T_{1/2} = 26.7$ h,特征 γ 射线能量 $E_\gamma = 559$ keV 和 1 637 keV。没有污染的河水中 Hg、As 等含量是很低的,例如 Hg 的含量为 50 ~ 100 ng/L,将测量结果与无污染水进行比较,可以了解污染程度。

3. 生物医学中的应用

生物体中,O、C、H、N 占 96%,Ca、P、S、K、Na、Cl、Mg 占 3.6%,其他 81 种痕量元素占 0.4%。痕量元素中 Fe、Zn、Cu 对生物体有重要作用,Rb、Br、Ni 对生物体基本没有作用,Ag、Pb、Hg 等在正常生物体内是不存在的。痕量元素对生物体生理和病变有很大影响,生物体微量和痕量元素分析是生物医学中一个很重要的应用方面。

（1）动物和人体器官痕量元素分析

热中子活化分析,可以测定动物和人体肝脏、肾脏等内脏及头发、骨骼、肿瘤等组织痕量元素含量。组织取样经灰化或冷冻干燥、粉碎后做成分析样品,在反应堆中辐照后经适当冷却进行放射性测量。图 2.32 所示是老鼠肾脏活化分析测量的 γ 能谱和相应的痕量元素（Sato et al.,1979）,图 2.32（a）所示是 270 mg 样品在 1.0×10^{12} cm^{-2} · s^{-1} 中子注量率辐照 10 min,冷却 5 h 后 10 min 测量得到的 γ 射线能谱,图 2.32（b）所示是 393 mg 样品在 4.0×10^{12} cm^{-2} · s^{-1} 中子注量率辐照 5 h,冷却 29 d 后 4 000 s 测量得到的 γ 射线能谱。低中子注量率的短辐照用于测量短寿命核素,高中子注量率的长辐照用于测量长寿命核素。如图 2.32 所示,实验鉴别和测定了老鼠肾脏的 11 种微量和痕量元素及其含量,图中各个 γ

峰的能量单位是 keV,BG 是其他 γ 射线本底峰。

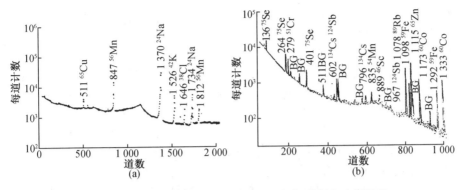

图 2.32　老鼠肾脏活化分析测量的 γ 能谱、微量和痕量元素

（2）拿破仑、光绪皇帝和牛顿死亡之谜

拿破仑 1821 年 5 月 5 号在他流放的圣赫勒拿小岛死亡,人们对其死亡原因有许多猜测。1961 年瑞士给英国法医部门送去了拿破仑死后第二天整容时取下的头发。对其头发分段进行热中子活化分析,得到其头发中部 45 cm 范围砷（As）的含量高达 1.1×10^{-7} g,超出正常人的 13 倍,且越靠近头发根部砷的含量越高,由头发长度推算出砷中毒时间长达几个月。热中子活化分析得到拿破仑是死于氧化砷（As_2O_3,俗称砒霜）慢性中毒急性发作。18 世纪生产的所有化妆品中都含有铅、砷等一些重金属元素。因此,科学家们分析,拿破仑头发中的砷很可能来自他使用过的黑色头油。但圣赫勒拿小岛的食物和生活用水的砷含量也较高,因此拿破仑头发中的砷到底是来自他吃进体内的食物还是来自他用过的黑色头油,或二者都有,至今仍是个谜。

关于清光绪皇帝的死亡原因也有许多猜测。2003 年中国原子能科学研究院对光绪皇帝头发进行了分段热中子活化分析（钟里满 等,2008）。测量结果是光绪皇帝头发中砷含量高达 2 404 μg/g,约是与他生活环境相似的隆裕皇后头发中砷含量（9.20 μg/g）的 261 倍,约是清末一个草料官头发中砷含量（18.2 μg/g）的 132 倍,约是其棺椁内物品最高砷含量（29.0 μg/g）的 83 倍,约是墓内外环境样品最高砷含量（24.8 μg/g）的 97 倍,约是当代慢性砷中毒患者头发最高砷含量（36.43 μg/g）的 66 倍,分析结果表明光绪皇帝系砷中毒死亡。

人们最初认为牛顿是死于内脏结石病,但对他头发进行的热中子活化分析表明,他头发中 Hg、Pb、Sb 含量超标。牛顿晚年,在他的光学和化学实验中经常接触 Hg、Pb、Sb 等重金属,而且他的一间居室是用含硫化汞的漆粉刷的,这些因素都可能导致他体内重金属元素含量超标。

4. 考古学中的应用

中子活化分析具有高灵敏度、多元素、非破坏性分析的优点,这对文物样品进行考古分析是十分重要的。

（1）古代陶瓷分析

从古代陶瓷的微量和痕量元素可以了解其制作工艺、年代、地点、窑系以及进行真伪鉴别。赵维娟等（2002）对古汝瓷、古钧瓷和仿古瓷的釉、胎的 50 多个样品进行了热中子活化分析,测量了每个样品的 36 种微量和痕量元素的含量。样品烧制时间虽然跨越几百年、釉色和窑口不同,但通过对从实验测量的元素含量数据进行聚类分析仍然可以得到:古汝瓷和古钧瓷两个窑的胎、釉是同类的,胎料产地集中,釉料产地较分散;古汝瓷和古钧瓷原材料产地基本相同,产地稳定;现代仿古瓷原料来源是已知的,实验测量的仿古瓷与古瓷的微量和痕量元素含量对比,为古瓷原料产地精确溯源提供了可靠的数据。

(2)古钱币分析

古钱币主要有金币、银币和铜币,每一种钱币都会含有微量或痕量的其他两种钱币的金属元素,例如铜币中含有金和银。人们通过测量的微量元素含量分析,可以了解古钱币的铸造年代、产地以及贸易方式等信息。

利用热中子活化分析进行的 Au、Ag 和 Cu 含量分析灵敏度很高,Emeleus(1958)将热中子活化分析应用于古钱币的微量和痕量元素含量分析,在英国哈威尔原子能研究所的反应堆上采用热中子活化分析方法测量了古金币中的 Ag 和 Cu 含量、古银币中的 Au 和 Cu 含量、古铜币中的 Au 和 Ag 含量。以不同时期地中海两个城市的古银币中的 Au 和 Cu 含量测量结果为例:阿格里真托公元前 500 年的银币中 Au 和 Cu 含量分别是 0.25% 和 0.47%,公元 500 年的银币中 Au 和 Cu 含量分别是 0.3% 和 2.6%;科林斯公元前 525 年的银币中 Au 和 Cu 含量分别是 0.36% 和 1.11%,公元 525 年的银币中 Au 和 Cu 含量分别是 0.15% 和 0.43%,可见所分析的古银币中 Au 和 Cu 的含量明显随年代和地点变化。

(3)秦陵兵马俑原材料溯源分析

高正跃等(2002)对秦陵兵马俑 83 个样品、秦陵附近 20 个黏土样品和耀州瓷胎 2 个样品,进行了热中子活化分析。实验测量时,将兵马俑样品研成粉末后,80 ℃烘干 8 h 制成粉末样品;将粉末样品和标准参考物在中国原子能科学研究院重水反应堆辐照 8 h,中子注量率 ~5.0×10^{13} cm^{-2}·s^{-1},冷却 7 d 和 15 d 后再进行二次 γ 射线能谱测量。实验共测定了每个样品 32 种元素的含量,对样品元素含量进行聚类分析后,实验结论是烧制兵马俑的原材料是取自秦陵附近的垆土层,烧制兵马俑的窑址也在原材料产地秦陵附近。

5. 材料杂质元素含量分析

杂质元素对金属和半导体材料性质有很大影响,矿物样品微量或痕量元素含量反映了矿的品质。材料杂质元素含量分析有许多实际需求,对于材料微量和痕量元素含量测量,热中子活化分析是其他方法无法替代的。

矿石铱(Ir)含量是找矿的指示元素,这里以铬铁矿石与铜镍矿石的铱含量测量实验为例进行介绍(李晓林,1993)。矿石铱含量是痕量水平,测量中铬铁矿石与铜镍矿石因含量较高的 Fe、Cr、Co、Cu、Ni、Na 和 As 等元素产生很强的 γ 射线本底,使矿石铱分析非常困难。Fe、Cr、Co、Cu 等元素的共振中子积分截面与热中子活化截面之比较小,而 Ir 的较大,当采用超热或镉上中子活化,Fe、Cr、Co、Cu 等发射 γ 谱线相对受到抑制,而 Ir 发射的 γ 射线得到增强,从而提高了 Ir 的分析灵敏度。此外,^{192}Ir 半衰期是 74.2 d,可以采用长冷却时间,使短寿命核素,如^{76}As(26.4 h)、^{24}Na(15.0 h)和^{198}Au(2.7 d)等都衰变掉,这极大地减少了测量本底。实验对铬铁矿石标准样品 1、标准样品 2 和铜镍矿石样品进行了超热中子活化分析和热中子活化分析。样品质量 ~100 mg,在中国工程物理研究院核物理与化学研究所反应堆上分别进行热中子和超热中子辐照。热中子辐照 20 h,超热中子辐照 30 h,反应堆中子注量率 1.5×10^{13} s^{-1}cm^{-2},辐照后冷却 28 d,用 HPGe 探测器测量 γ 能谱。实验采用超热中子活化和长冷却时间,铱的分析灵敏度达 10^{-9}g(ppb)。由^{192}Ir 的 0.468 MeV 特征 γ 射线得到标准样品 1、标准样品 2 和铜镍矿石 3 个样品的 Ir 含量分别是(99 ± 13)ppb、(390 ± 69)ppb 和(30 ± 6)ppb。

6. 法医学中的应用

中子活化分析在法医学方面有重要的应用价值,利用该方法对犯罪现场的实物和少量遗留物的元素进行分析,可以为案件的侦破提供决定性的判据。这方面的第一个应用案例是众所周知的 1958 年头发热中子活化分析确定犯罪嫌疑人。

1958 年 5 月国外有一个 16 岁女孩在一个采煤厂遇害,尸检时发现有一根头发缠绕在女孩的指甲上。办案人员采用热中子分析了女孩的、女孩指甲上发现的及重点嫌疑人头发的微量元素,测量女孩头发的硫磷比 S/P 为 2.02,重点嫌疑人和女孩指甲上头发的 S/P 分别为 1.07 和 1.02。表明女孩指甲上的头发不是她本人的,非常接近嫌疑人的。最终嫌疑人承认是他杀害了女孩。

7. 畜牧业中的应用

热中子活化分析可以用于动物体内元素分布及转移、不同含量元素在动物体内的动力学行为、无机代谢循环过程、放射生态学和毒物毒性等的研究。

以往认为元素 Se 是一个高毒性元素,后来发现动物体内的 Se 是一种必要的微量元素。动物血浆 Se 的浓度 ~60 μg/L,与游离氨基酸和 α - 脂蛋白结合,视网膜、肝、肾、脑组织和羽毛中的 Se 浓度最高。Se 在动物体内起抗氧剂作用,促进氧吸收及组织磷酸化,有利于维生素 C 和辅酶的合成。严重缺 Se 的牛羊,会发生骨骼肌退化(白肌病),猪会发生肝坏死和得黄肌病,鸡会得溃疡和渗透性素质病。但是 Se 过多会引起中毒,出现反应迟钝、脱毛、蹄子疼痛、跟腿、贫血等,严重的会导致死亡。维生素 E 不足会导致动物脏器 Se 浓度增加,所以维生素 E 不足引起的疾病不能用增加 Se 来治疗。猪和马的肝脏与肾脏中的 Se 浓度较高,睾丸、卵巢、大小脑、血液、血浆和组织中也有 Se。所以畜牧业、动物学和医学上都非常重视 Se 的分析,热中子活化分析能够快速和高灵敏分析动物体内的 Se 含量。

可以利用 Se 的三个同位素的 (n,γ) 反应进行 Se 的热中子活化分析:$^{74}Se(n,\gamma)^{75}Se$ 反应,产生 ^{75}Se 的半衰期 $T_{1/2} \sim 121$ d;$^{80}Se(n,\gamma)^{81}Se$ 反应,产生的 ^{81}Se 是一个纯 β 发射体,半衰期 $T_{1/2} \sim 18$ min;$^{76}Se(n,\gamma)^{77m}Se$ 反应,产生的 ^{77m}Se 半衰期 $T_{1/2} \sim 17.5$ s,反应截面 22 b,发射的特征 γ 射线能量为 0.161 MeV。Se 的分析常用 $^{76}Se(n,\gamma)^{77m}Se$ 反应进行,优点是反应截面大、^{77m}Se 半衰期短、辐照时间短、分析速度快,以及 ^{24}Na 等基体元素干扰小、分析灵敏度高。王珂等(1994)在中国原子能科学研究院微型反应堆上,利用 $^{76}Se(n,\gamma)^{77m}Se$ 反应测量了鸡蛋蛋黄、蛋清和蛋壳中的 Se 含量:饲料中添加 Se 时,加入的 Se 浓度越大,鸡蛋中 Se 浓度越高,且蛋清中 Se 浓度最低,饲料加 10% 浓度的 Se,蛋黄、蛋清和蛋壳中 Se 浓度分别是 2.340ppm、1.116ppm 和 1.267ppm;饲料中不添加 Se 时,蛋黄、蛋清和蛋壳中的 Se 浓度分别是 0.288ppm、0.044ppm 和 0.071ppm。

2.6.2　快中子活化分析应用

快中子活化分析主要利用高压倍加器上 $T(d,n)$ 反应产生的 14 MeV 中子进行。图 2.33 所示是 14 MeV 中子活化分析各种元素的统计,由图可见,快中子活化分析,可以分析热中子活化分析难以分析的轻元素。

1. 金属中氧和铍的轻元素分析

(1)金属中氧分析

金属中氧(O)杂质对材料物理、化学、机械性能有很大影响。采用 14 MeV 中子活化分析不仅可以分析金属中的 O,还可以实现工业生产过程中

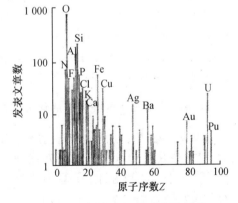

图 2.33　快中子活化分析的元素统计

O 含量的在线分析(Csikai,1973)。钢、铝、铜等金属中的 O 分析,采用高压倍加器或中子发生器 $T(d,n)$ 反应产生的 14 MeV 中子源,通过 $^{16}O(n,p)^{16}N$ 反应进行,产生的 ^{16}N 的半衰期 $T_{1/2} = 7.13$ s,^{16}N 经 β^- 衰变到 ^{16}O。

测量中可能的干扰反应是 $^{19}F(n,\alpha)^{16}N$,产生相同的放射性核素 ^{16}N。^{19}F 同时由 $^{19}F(n,p)$

反应产生 ^{19}O，^{19}O 的半衰期 $T_{1/2}=26.9\,\mathrm{s}$，^{19}O 经 β^- 衰变到 ^{19}F。如前所述，可以直接通过辐照后测量的 γ 射线能谱，利用他们的特征 γ 射线鉴别和测量 ^{16}N 和 ^{19}O 的放射性计数。^{16}N 和 ^{19}O 分别衰变到 ^{16}O 和 ^{19}F，它们退激发射特征 γ 射线，辐照后测量的 γ 射线能谱中有 ^{16}N 和 ^{19}O 特征 γ 射线峰，^{16}N 特征 γ 射线峰来自材料中 ^{16}O 和 ^{19}F 的贡献，^{19}O 特征 γ 射线峰只由材料中的 ^{19}F 贡献，由测量的 ^{19}O 特征 γ 射线峰计数可以计算出 ^{19}F 含量，然后由 ^{19}F 含量计算 $^{19}F(n,\alpha)^{16}N$ 反应产生的 ^{16}N，从测量的 ^{16}N 中扣除 ^{19}F 产生的 ^{16}N，可以得到 ^{16}O 产生的 ^{16}N，从而测定金属中的 O 含量。

中子发生器产生 14 MeV 中子分析 O 的方法，可以用于钢厂炉前钢氧含量快速在线分析，分析灵敏度 $10^{-6}\sim5.0\times10^{-6}$。中子注量采用 $^{56}Fe(n,p)^{56}Mn$ 监测片测量。

（2）铍中氟分析

铍（Be）是国防工业和现代科学技术中的重要材料。Be 中氟（F）元素是有害杂质元素，一定浓度的 F 杂质可以使贮存的 Be 出现泛潮现象。

Be 中 F 的分析采用 $^{19}F(n,p)^{19}O$ 反应进行，探测限可以达到 0.1 mg（毛一仙 等，1982）。

2. 生物学中的应用

蛋白质和碳氢化合物中，氮是一种主要成分。测量氮含量可以得到蛋白质含量（蛋白质中氮含量为 0.16，蛋白质含量 = 氮含量/0.16）。常用 14 MeV 中子引起的 $^{14}N(n,2n)^{13}N$ 反应测量氮含量，该反应截面 6.1 mb，产生的 ^{13}N 半衰期 $T_{1/2}=10\,\mathrm{min}$，^{13}N 经 β^+ 衰变到 ^{13}C。

测量的干扰来自 (n,p) 散射产生的具有一定能量的反冲质子产生的反应。反冲质子与化合物中 ^{13}C 的 $^{13}C(p,n)^{13}N$ 反应产生 ^{13}N，这个反应的阈能 $E_{th}=3.23\,\mathrm{MeV}$。这是次级干扰且只有反冲质子能量大于阈能才有的贡献。

3. 农学中的应用

在作物育种过程中，谷物蛋白质起重要作用，需要测量种子和各代作物的蛋白质含量。肖家祝（1981）通过 N 总量测量得到了作物蛋白质含量。整个育种过程中一般要非破坏性地分析 10 000～100 000 个作物样品，且筛选周期内每天需要分析几百个样品，采用自动控制 14 MeV 中子活化方法进行作物样品 N 含量的批量分析可大幅减少工作量。氮分析采用 14 MeV 的 $^{14}N(n,2n)^{13}N$ 活化反应，^{13}N 半衰期 $T_{1/2}=10\,\mathrm{min}$，一般照射 2 min，冷却 10～15 min，测量 2～3 min。作物含有 P、K、Cl 等元素，测量中需要计及它们的干扰。作物栽培过程中还要考虑作物蛋白质含量与施肥量、施肥时间等环境条件的关系，要不断地检测 N 含量，甚至还要对作物体内的 N 含量进行非破坏性测定。

2.6.3 瞬发 γ 射线中子活化分析的应用

瞬发 γ 射线中子活化分析已经应用于地质和海底矿藏勘探、工业生产监测和控制、医学、考古等方面（Greenwood，1979；吴淞茂 等，1985）。快中子瞬发 γ 射线活化分析采用 ^{252}Cf 自发裂变中子源和密封中子管中子源，设备体积小，能够很好地用于野外分析和工业生产的在线分析。

1. 地质和海底矿藏勘探中的应用

^{252}Cf 自发裂变中子源或密封中子管 14 MeV 中子源和 HPGe 探测器构成的钻孔探测器测井系统，已经广泛用于石油、天然气、煤等矿产勘探。测量地层中 H、C、O、Si、Ca、Cl、Mg 等元素，可实现地质分析、地层鉴别、地层矿藏含量评估等。

（1）地层元素分析

瞬发 γ 射线中子活化分析能够很好地测量地层中的 H、C、O、Si、Cl、Ca、Mg 等元素含量。

测量地层中 Ca 和 Si 元素含量,可以正确判断地层是石灰岩还是砂岩地层。石灰岩地层 Ca 元素含量高,砂岩地层 Si 元素含量高,所以利用地层 Ca、Si 元素含量比可以判断地层性质,Ca、Si 元素含量比大的是石灰岩层,小的是砂岩层。

又如,分析 C 和 O 元素的含量,由 C、O 元素含量比可以区分地层是石油层还是水层。石油层的 C 元素含量高,水层的 O 元素含量高,C、O 元素含量比高的是石油层,低的是水层。C、O 元素含量比测量是石油勘探的一种重要方法。

（2）煤层勘探

地质中煤层主要成分是碳氢化合物,岩石层中 Al 元素含量大。地质钻孔过程中上下移动快中子瞬发 γ 活化钻孔探测器测井系统,测量岩层活化后的瞬发 γ 射线谱,根据 γ 射线能量得到岩层元素并判定岩层矿状性质,由 γ 射线强度获得元素浓度和判定岩层矿物丰度,从测量的 H、C、N、Al、Si、Fe、Ti 等元素含量可以推导出煤的灰分度、发热量等煤的品位参数。

中子与煤层 H 的 H(n,γ) 反应发射 2.223 MeV 的特征瞬发 γ 射线,中子与岩石层 Al 的 Al(n,γ) 反应发射 1.779 MeV 的特征瞬发 γ 射线。图 2.34 所示为沿钻孔上下移动测量的快中子瞬发 γ 活化分析测量的 γ 射线计数随地质岩层的变化（Greenwood,1979）。由图可见,煤层 H 元素含量高、Al 元素含量低,在煤层处 H(n,γ) 反应 2.223 MeV 计数出现一个峰,Al(n,γ) 反应 1.779 MeV 计数（最低）出现一个负峰。快中子瞬发 γ 活化分析测量地质岩层的 H 和 Al 元素,可以鉴别煤层,如果再测量地质煤层中 H、C、N、Al、Si、Fe、Ti、Cl 元素的浓度和已知的氧平均含量,就可以测定煤层的品位参数。

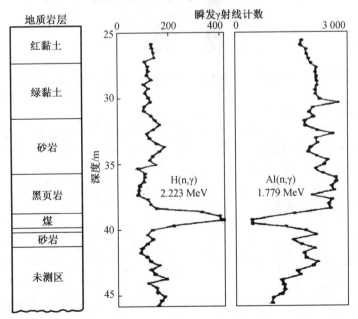

图 2.34　沿钻孔上下移动测量的快中子瞬发 γ 活化分析测量的 γ 射线计数随地质岩层的变化

上述方法同样可以用于其他矿,如铁矿、硫矿等的勘探和品位参数测量。

除了陆地岩层勘探,快中子瞬发 γ 射线活化分析还可以用于海底矿藏勘探,测定海底沉积物和锰矿结核的成分与含量。测量时 Cl(n,γ) 反应会产生很强的 γ 射线本底,为了减小这个本底,可在探管中加淡水屏蔽层,能够进行几千米深处锰矿结核中的 Cu、Ni、Co 和

Mn 等元素的测量。

2. 工业生产监测和控制

瞬发 γ 射线中子活化分析可以用于大量样品的实时连续分析,从而用于工业生产流程的监测和控制,目前应用最多的是煤炭生产线的煤炭质量监测、热电厂煤炭利用率控制、水泥厂水泥质量监测、地热电站水质监测等。图 2.35 所示是煤炭生产线上煤质瞬发 γ 射线中子活化分析在线监测系统。该系统可根据煤质自动将煤分放到不同位置。煤矿开采的煤运到加工场粉碎后,传送到快中子瞬发 γ 射线活化分析检测点,进行煤质监测,计算机分析监测数据得到煤的质量参数,并以此为依据将卸料传送带导向不同卸料点,使不同质量的煤堆放在不同位置。

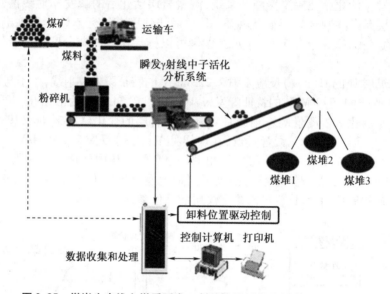

图 2.35   煤炭生产线上煤质瞬发 γ 射线中子活化分析在线监测系统

3. 医学及其他方面的应用

人体中的 H、N、Na、P、S、Cl、Ni、Co、Cd 等元素含量对人体的健康有很大影响,这些元素的含量可以用作医学诊断的依据。瞬发 γ 射线中子活化分析可以精确地测定这些元素的含量,而中子辐照剂量比延迟 γ 射线中子活化分析的要低很多。

瞬发 γ 射线中子活化分析可以分析和测量半导体材料中痕量元素 B、反应堆材料中的 Be 杂质、农作物中的 N 元素等。

第3章 带电粒子活化分析

活化分析发展史上,最早开始的活化分析是 γ 光子活化分析(PAA),然后是中子活化分析,带电粒子活化分析(CPAA)是在它们之后发展起来的。

1934 年英国查德威克(J. Chadwick)和美国戈德哈伯(M. Goldhaber)进行了第一次 γ 光子活化分析。1936 年匈牙利化学家赫维西(G. C. de Hevesy)和莱维(H. Levi)采用中子产额 $3.0 \times 10^6 \ s^{-1}$ 的 200~300 mg Ra – Be 中子源进行了世界上首次中子活化分析,利用 $^{164}Dy(n, \gamma)^{165}Dy$ 核反应,测定了氧化钇(Y_2O_3)中镝(Dy)的含量。1938 年美国西博格(G. T. Seaborg)(与麦克米伦因发现并研究 94 号超铀元素而共同获 1951 年诺贝尔化学奖)和利文古德(J. J. Livingood)用回旋加速器加速的氘辐照纯铁样品,通过 $^{69}Ga(d, p)^{70}Ga$(^{70}Ga 半衰期 $T_{1/2} = 21.14$ min)和 $^{71}Ga(d, p)^{72}Ga$(^{72}Ga 半衰期 $T_{1/2} = 14.095$ h)反应,测定了铁中 Ga 的含量,这是世界上首次进行的带电粒子活化分析测量。

随着加速器技术发展和实际应用的需要,带电粒子活化分析得到了较快的发展。早期的加速器,例如回旋加速器和静电加速器只能产生 p、d、^3He、α 等轻带电粒子,所以带电粒子活化分析主要采用轻带电粒子进行。随着重离子加速器的发展,带电粒子活化分析从轻带电粒子活化分析发展到了重带电粒子活化分析,应用范围也得到了相应扩展。

利用加速器产生的带电粒子束进行带电粒子活化分析是进行材料表面元素鉴别和含量测量的重要手段之一,其与剥层技术相结合,可以进行元素深度分布测量。带电粒子活化分析可以测定中子活化分析不可能或很难测定的轻元素,如 B、C、N、O 等,以及一些中重元素,如 Ca、Cd、Tl、Pb 等。

带电粒子活化分析与中子活化分析一样,是灵敏度很高的材料微量和痕量元素分析方法。带电粒子活化分析和中子活化分析原理相同,但由于带电粒子本身的特点,在处理上与中子活化分析又有不同的地方。

本章主要介绍(轻)带电粒子活化分析,最后简单讲述重带电粒子(重离子)活化分析和 γ 光子活化分析。

3.1 带电粒子活化分析原理

带电粒子活化分析是带电粒子与待分析样品材料中原子核发生核反应,使稳定核素活化为放射性核素的过程。与中子活化分析一样,带电粒子活化分析也是通过活化产生的放

射性核素发射的 γ 射线等的测量,进行元素鉴别和含量测量。带电粒子活化分析包括样品辐照、放射性测量、数据分析和元素种类与元素含量确定等过程。

加速器产生的带电粒子辐照样品,活化产生的放射性核素的核数或放射性活度与入射带电粒子能量和注量、核反应截面等密切相关。带电粒子活化分析与中子活化分析最大的不同是,中子在样品中的能量损失很小,除非样品很厚,一般不需考虑中子在样品中的能量损失,也就是说中子能量是不变的,而带电粒子在样品中的能量损失很大,入射过程中带电粒子的能量在样品中不断损失,随入射深度的增加快速减少,不同深度的带电粒子能量不同。核反应截面与能量密切相关(图 2.6),因此带电粒子在样品不同深度的核反应截面不同。即使元素浓度均匀分布的样品,不同深度处产生的放射性核素的核数也不同。

如图 3.1 所示,带电粒子活化分析必须考虑带电粒子能量和核反应截面随入射深度的变化,这在中子活化分析中是不需考虑的。

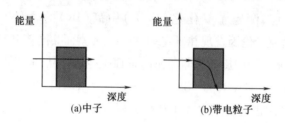

图 3.1   中子和带电粒子在材料中的能量损失

由于入射的带电粒子在样品中能量损失很大,因此带电粒子活化分析和带电粒子核反应分析研究中,样品都分为厚样品和薄样品。厚样品和薄样品的带电粒子活化分析处理方法不同。下面介绍这两种样品中的带电粒子活化分析的基本公式(赵国庆 等,1989)[40],(Deconninck,1978)[149]。

3.1.1   薄样品带电粒子活化分析

如图 3.2 所示,能量 E_0 和束流 I 的带电粒子入射薄样品,带电粒子通过薄样品时能量损失很小,可以用一个平均能量来表示带电粒子能量,与单能中子相同,可以利用这个平均能量来计算活化生成的放射性核素的核数。

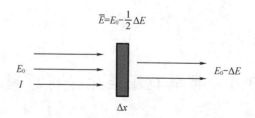

图 3.2   薄样品中带电粒子能量损失

薄样品厚度为 Δx,带电粒子在其中的能量损失为 ΔE。由于 ΔE 很小,带电粒子的平均

能量为 $\overline{E} = E_0 - \dfrac{1}{2}\Delta E$。

如图 3.3 所示,核反应截面是随能量变化的。对于薄样品(图中阴影部分),核反应截面或活化反应截面可用平均能量相应的平均截面表示:

$$\overline{\sigma} = \frac{1}{\Delta E}\int_{E_0 - \Delta E}^{E_0} \sigma(E)\,\mathrm{d}E \tag{3.1}$$

假定辐照时间为 t_0,放射性核素的产生率为

$$P(t) = I(t)C(x)\sigma\Delta x \tag{3.2}$$

t_0 时刻放射性核数 $N(t_0)$ 为

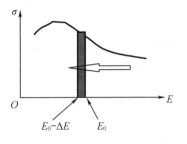

图 3.3　带电粒子核反应截面随能量变化

$$N(t_0) = \int_0^{t_0} P(t)\mathrm{e}^{-\lambda t}\mathrm{d}t \tag{3.3}$$

式(3.2)和式(3.3)中 $C(x)$ 是样品不同深度处元素含量或浓度[单位体积原子数 (cm^{-3})],薄样品中元素含量可以认为是均匀分布的,即 $C(x) = c$;$I(t)$ 是 t 时刻的加速器提供的带电粒子束流强度[单位时间入射粒子数 (s^{-1})],假定束流不随时间变化,即 $I(t) = I$;σ 为核反应截面(单位为 cm^2),对于薄样品 $\sigma(E) = \sigma$;x 是样品厚度(单位为 cm)。在 $C(x) = c$、$I(t) = I$、$\sigma(E) = \sigma$ 条件下,单位时间放射性核素的产生率是常数,即 $P(t) = P$(单位为 s^{-1})。这样式(3.3)或 t_0 时刻辐照产生的总放射性核素的核数为

$$N(t_0) = \frac{P}{\lambda}(1 - \mathrm{e}^{-\lambda t_0}) = \frac{1}{\lambda}CI\sigma\Delta x(1 - \mathrm{e}^{-\lambda t_0}) \tag{3.4}$$

对于长时间辐照,即 $\lambda t_0 \gg 1$ 的辐照,$\mathrm{e}^{-\lambda t} \approx 0$,得到

$$N(t_0) = \frac{1}{\lambda}CI\sigma\Delta x \tag{3.5}$$

一般加速器束流是不稳定的,辐照过程中束流强度往往是随时间变化的,即 $I(t) \neq I$,这时:

$$N(t_0) = C\Delta x\sigma\int_0^{t_0} I(t)\mathrm{e}^{-\lambda t}\mathrm{d}t \tag{3.6}$$

对于短时间辐照,即 $\lambda t_0 \ll 1$ 的辐照,级数展开得到 $(1 - \mathrm{e}^{-\lambda t_0}) \approx \lambda$,得到

$$N(t_0) = C\Delta x\sigma\int_0^{t_0} I(t)\mathrm{d}t \quad 和 \quad N(t_0) = C\sigma\Delta xQ \tag{3.7}$$

式中,Q 为辐照带电粒子总数。

辐照过程中采用束流积分仪监测束流(图 3.4),由束流积分仪记录的束流计数时间变化,可得到辐照过程束流随时间的变化,由束流积分仪总计数可得到辐照带电粒子总数 Q。

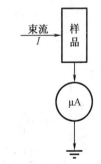

3.1.2　厚样品带电粒子活化分析

厚样品中入射带电粒子能量损失很大,随入射深度的增加带电粒子的能量不断减少,核反应截面 σ 也随入射深度和能量不断变化。

图 3.4　辐照过程中束流监测简化示意图

对于厚样品,放射性核素产生率为

$$P(t) = CI(t)\int_0^{D^*} \sigma(x)\mathrm{d}x = CI(t)\int_{E_{th}}^{E_0} \frac{\sigma(E)}{\dfrac{\mathrm{d}E}{\mathrm{d}x}}\mathrm{d}E \tag{3.8}$$

式中,积分表示入射带电粒子在通过路径上反应截面之和,D^* 是入射带电粒子的有效射程或有效路径,$\dfrac{\mathrm{d}E}{\mathrm{d}x}$ 是带电粒子在材料中能量损失的阻止本领。图 3.5 所示画出了入射带电粒子在样品中的射程 $[R(E_0)]$ 和有效射程。带电粒子反应一般是有阈核反应(图 2.6),带电粒子进入样品一定深度后,由于能量损失,其能量低于反应阈能,

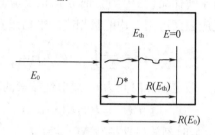

图3.5 入射带电粒子在样品中的射程和有效射程

就不会发生反应,D^* 是带电粒子在样品中能量由入射能量 E_0 减少到核反应阈能 E_{th} 所通过的深度。有效射程 D^* 与射程 $R(E_0)$ 的关系为

$$D^* = R(E_0) - R(E_{th}) \tag{3.9}$$

当带电粒子在样品中的入射深度小于 D^* 会发生核反应,大于 D^* 的 $R(E_{th})$ 区域,仍然具有能量,但能量小于核反应阈能,不发生核反应。$R(E_{th})$ 是带电粒子能量减少到阈能 E_{th} 后到能量完全损失在样品中所通过的路程。

带电粒子与样品材料原子碰撞损失能量,碰撞过程是一个统计过程,所以带电粒子能量损失是有一定统计涨落的。因此带电粒子在各个深度的能量不是单能的,而是有一定的分布,这就是能量损失歧离效应。入射带电粒子本身的能量也并非完全单能的,也有一定分布。考虑入射带电粒子能量分布和碰撞后的能量分布或歧离,放射性核素的产生率为

$$P(t) = I(t)\int_{x=0}^{\infty}\int_{E=0}^{\infty}\int_{E_1=0}^{\infty} C(x)g(E_0,E)f(E,E_1,x)\sigma(E_1)\mathrm{d}E\mathrm{d}E_1\mathrm{d}x \tag{3.10}$$

式中　$g(E_0,E)$——入射粒子能量分布函数,即入射粒子围绕平均能量 E_0 的能量分布,能量为 E 的粒子分布概率为 $g(E_0,E)$(图 3.6);

$\quad\quad f(E,E_1,x)$——样品表面能量为 E 的入射粒子,在 x 深度能量为 E_1 的分布概率。如果没有能量损失涨落,能量为 E 的粒子在 x 深度的能量为 E_x;有能量损失涨落时,粒子能量围绕 E_x 有一个分布 $f(E,E_1,x)$（图 3.7）,$f(E,E_1,x)$ 为能量损失歧离函数。

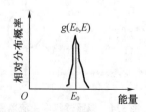

图3.6 入射带电粒子能量围绕平均能量 E_0 的能量分布概率

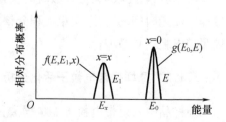

图3.7 x 深度粒子能量分布 $f(E,E_1,x)$

图 3.8(a)所示是理想的能量为 E_0 的单能入射粒子,图 3.8(b)所示是入射粒子能量不是单能而是以 E_0 为中心有一个 $g(E_0,E)$ 的分布,图 3.8(c)所示是能量为 E_0 的单能入射粒子在 x 处由能量损失歧离效应引起的以能量 E_x 为中心的 $f(E_0,E_1,x)$ 分布,图 3.8(d)所示是入射粒子能量分布 $g(E_0,E)$ 和能量损失歧离效应共同产生的、x 处以能量 E_x 为中心的 $f(E,E_1,x)$ 分布,分布宽度明显变大。

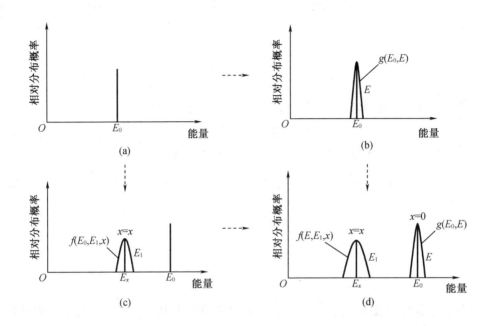

图 3.8　入射粒子在 x 处的能量及其分布

假定 $C(x) = C$,式(3.8)代入式(3.3)得到辐照结束时刻 t_0 总放射性核数:

$$N(t_0) = C\int_{E_{th}}^{E_0} \frac{\sigma(E)}{\frac{dE}{dx}}dE\int_0^{t_0}I(t)e^{-\lambda t}dt \tag{3.11}$$

式中,右边第一个积分是对截面的积分,即积分截面,其中 dE/dx 是阻止本领;第二个积分是辐照期间束流与 $e^{-\lambda t}$ 乘积的积分,积分值为入射带电粒子总数。图 3.9(a)所示是辐照期间束流的时间变化,图 3.9(b)所示是 $I(t)e^{-\lambda t}$ 的时间变化,图中的面积 S 是第二个积分的积分值。t_0 是辐照时间。当辐照时间 $t_0 \leqslant T_{1/2}/10$,即辐照时间很短时,式(3.11)变为

$$N(t_0) = C\int_{E_{th}}^{E_0} \frac{\sigma(E)}{\frac{dE}{dx}}dE\int_0^{t_0}I(t)dt \tag{3.12}$$

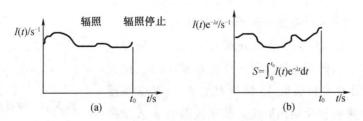

图 3.9　入射带电粒子总数

表示在辐照过程中只有放射性核素的产生入射带电粒子能量没有衰变。当辐照时间 $t_0 \geqslant 10 \times T_{1/2}$，即辐照时间很长，并假定 $I(t) = I$ 为常数时，则有

$$N(t_0) = CI \frac{1}{\lambda}(1 - e^{\lambda t_0}) \int_{E_{th}}^{E_0} \frac{\sigma(E)}{\dfrac{dE}{dx}} dE \tag{3.13}$$

这时产生的放射性核素数随辐照时间以 $(1 - e^{-\lambda t})$ 变化增大，最后达到饱和(图2.3)。辐照结束时刻 t_0 放射性活度：

$$A(t_0) = \lambda N(t_0) = CI(1 - e^{-\lambda t_0}) \int_{E_{th}}^{E_0} \frac{\sigma(E)}{\dfrac{dE}{dx}} dE \tag{3.14}$$

辐照结束后进行一定时间的冷却，从 t_0 冷却到 t_1 时的放射性活度：

$$A(t_1) = A(t_0) e^{-\lambda(t_1 - t_0)} \tag{3.15}$$

放射性测量时，某一时刻 t 探测器探测到的放射性活度：

$$n(t) = \varepsilon_t A(t) = CI\varepsilon_t(1 - e^{-\lambda t_0}) e^{-\lambda(t - t_0)} \int_{E_{th}}^{E_0} \frac{\sigma(E)}{\dfrac{dE}{dx}} dE \tag{3.16}$$

$t_1 \sim t_2$ 测量时间内放射性总计数为

$$N_0 = CI\varepsilon_t(1 - e^{-\lambda t_0}) e^{-\lambda(t_1 - t_0)} \left[1 - e^{-\lambda(t_2 - t_1)} \right] \int_{E_{th}}^{E_0} \frac{\sigma(E)}{\dfrac{dE}{dx}} dE \tag{3.17}$$

式中，ε_t 是探测器探测效率。由 $n(t)$ 和 N_0 可以求得元素含量 C。但是要得到元素含量，必须要知道积分截面：

$$\int_{E_{th}}^{E_0} \frac{\sigma(E)}{\dfrac{dE}{dx}} dE = \int_0^{D^*} \sigma(x) dx \tag{3.18}$$

3.2　核反应截面和能量损失

3.2.1　核反应截面

入射带电粒子引起的核反应通常表示为 A + a→B + b 或 A(a,b)B，其中 a 表示入射带电粒子，A 表示核反应靶，B 表示反应生成核，b 表示核反应出射粒子(图3.10)。

核反应靶和入射带电粒子质量分别为 M_A 和 M_a，核反应生成核 B 和核反应出射粒子 b 的质量分别为 M_B 和 M_b，出射粒子 b 的质量小于生成核质量，即 $M_b < M_B$。A + a 称为核反应入射道，B + b 称为核反应出射道。核反应截面 σ 表示核

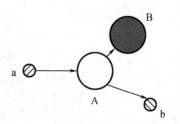

图 3.10　核反应示意图

反应发生的概率,与核反应入射带电粒子 a 的能量 E 和核反应入射道 A + a 及出射道 B + b 密切有关。A + a 不同表示不同核反应入射道,B + b 不同表示不同核反应出射道,即不同的核反应。同一核反应入射道 A + a,会有多个不同的核反应出射道 $B_i + b_i$,i 表示第 i 个出射道。核反应截面随入射带电粒子能量变化的曲线称为激发曲线或激发函数(图 3.11)。

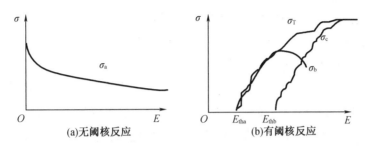

图 3.11 核反应激发函数

任何能量的入射带电粒子都能引起的核反应称为无阈核反应[图 3.11(a)]。入射带电粒子的能量必须大于一定能量才能发生的核反应称为有阈核反应[图 3.11(b)]。对于有阈核反应,产生核反应的最低入射带电粒子能量称为核反应阈能,用 E_{th} 表示。只有入射带电粒子的能量大于反应阈能 E_{th} 才能发生核反应。图 3.11(b)中 σ_T 是 A + a 核反应入射道产生的所有出射道的反应截面之和,称为核反应总截面,σ_b 和 σ_c 是各个出射道的核反应分截面。

核反应分为吸能反应和放能反应。吸能反应都是有阈核反应,能量大于阈能 E_{th} 才发生反应。放能反应的阈能为库仑势垒 E_C,入射粒子能量大于靶核 A 与入射粒子 a 之间的库仑势垒就能发生反应。中子不带电,中子与靶核间没有库仑势垒,所以中子(n,γ)辐射俘获反应是无阈的。但是由中子引起的产生粒子的核反应是有阈的,因此这时必须给予入射中子一定能量,粒子才能发射出来。带电粒子的核反应都是有阈核反应。靶核 A 与入射粒子 a 之间的库仑势垒 E_C:

$$E_C = \frac{Z_A Z_a e^2}{R_A + R_a} = 0.96 \frac{Z_A Z_a}{A_A^{1/3} + A_a^{1/3}} \tag{3.19}$$

式中 Z——原子序数;

R——核半径;

A——核质量。

核半径与核质量的关系为

$$R = r_0 A^{1/3} = 1.5 \times 10^{-13} A^{1/3} (\text{cm}) \tag{3.20}$$

实验室坐标系中核反应阈能与库仑势垒 E_C 的关系为

$$E_{th} = \frac{M_A + M_a}{M_A} E_C \tag{3.21}$$

例如,$^{16}O + ^3He$ 反应的 $E_C = 3.88$ MeV,实验室坐标系中核反应阈能 $E_{th}^{lab} = 4.61$ MeV。带电粒子核反应截面与入射带电粒子能量密切相关,截面比热中子(n,γ)反应截面要小很多,一般为 0.01~0.10 b 量级。

由于量子效应,$E < E_{th}$ 也有可能发生反应,但反应截面是很小很小的。

3.2.2 能量损失

入射带电粒子进入靶材料或样品后,会与靶原子的电子和核发生碰撞而损失能量(图 3.12)。入射带电粒子能量损失用阻止本领 dE/dx 或阻止截面 ε 表示。阻止本领与阻止截面之间的关系为

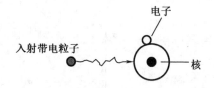

图 3.12　入射带电粒子与靶原子碰撞

$$dE/dx = N\varepsilon$$

式中,N 是单位体积靶材料或样品原子数。阻止截面 ε 的单位为 $eV \cdot cm^2 \cdot amu^{-1}$(每个原子的 $eV \cdot cm^2$),阻止本领 dE/dx 的单位为单位长度能量损失,常用 $MeV/(mg \cdot cm^{-2})$ 表示。入射带电粒子在物质中的阻止本领 dE/dx 或阻止截面 ε 一般都有表可查,或可用程序,如 Srim 程序计算(Biersack et al.,1980;Ziegler et al.,2010)。

入射带电粒子在靶材料或样品中的能量损失与其能量有关,MeV 量级能量的氢(质子)和氦(α)主要与原子的电子碰撞而损失能量。图 3.13 所示是质子在铝中的阻止截面随质子能量的变化。

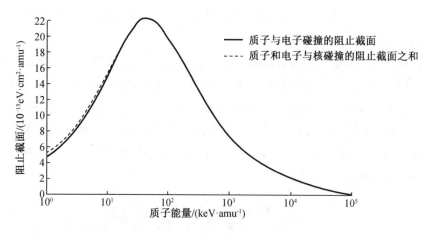

图 3.13　质子在铝中的阻止截面随质子能量的变化

入射质子能量 E_p 一般大于几百 keV。由图 3.13 可见,入射带电粒子的能量损失主要是其与电子碰撞而产生的能量损失。大于几百 keV 能区的阻止本领 dE/dx 可用贝蒂 – 布洛克公式计算(复旦大学 等,1985):

$$\frac{dE}{dx} = \frac{4\pi Z_1^2 Z_2 e^4 N}{m_0 v^2} \Big[\ln \frac{2m_0 v^2}{I_0(1-\beta^2)} - \beta^2 - \frac{c}{Z_2} - \delta \Big] \tag{3.22}$$

式中　N——单位体积靶原子数(数 · cm^{-3});

　　　m_0——电子质量;

　　　Z_1、Z_2——入射带电粒子和靶核的原子序数;

I_0——平均电离能；

c/Z_2——壳修正；

δ——相对论修正；

v——入射带电粒子速度；

c——光速；

$\beta = v/c$。

阻止本领或阻止截面与入射带电粒子质量有关。$D(氘)$、$T(氚)$、$^3He(氦-3)$ 的阻止本领与质子的阻止本领的关系为（Deconninck,1978）[149]

$$\left[\frac{\mathrm{d}E}{\mathrm{d}x}(E)\right]_D = \left[\frac{\mathrm{d}E}{\mathrm{d}x}\left(\frac{E}{2}\right)\right]_P \tag{3.23}$$

$$\left[\frac{\mathrm{d}E}{\mathrm{d}x}(E)\right]_T = \left[\frac{\mathrm{d}E}{\mathrm{d}x}\left(\frac{E}{3}\right)\right]_P \tag{3.24}$$

$$\left[\frac{\mathrm{d}E}{\mathrm{d}x}(E)\right]_{^3He} = \left[\frac{\mathrm{d}E}{\mathrm{d}x}\left(\frac{E}{3}\right)\right]_P \tag{3.25}$$

化合物中入射带电粒子能量损失遵从布拉格相加法则。对于化合物 A_mB_n 有

$$\varepsilon_{A_mB_n} = m\varepsilon_A + n\varepsilon_B \tag{3.26}$$

$$\left(\frac{\mathrm{d}E}{\mathrm{d}x}\right)_{A_mB_n} = n_A\varepsilon_A + n_B\varepsilon_B \tag{3.27}$$

$$\left(\frac{\mathrm{d}E}{\mathrm{d}x}\right)_{A_mB_n} = \frac{mM_A}{mM_A + nM_B}\left(\frac{\mathrm{d}E}{\mathrm{d}x}\right)_A + \frac{nM_B}{mM_A + nM_B}\left(\frac{\mathrm{d}E}{\mathrm{d}x}\right)_B \tag{3.28}$$

式中　A 和 B——化合物的两种元素；

m 和 n——化合物中 A 和 B 两种元素比；

n_A 和 n_B——A 和 B 元素的密度；

M_A 和 M_B——A 和 B 元素的原子量；

ε_A、ε_B——单质元素 A 和 B 的阻止截面；

$\left(\frac{\mathrm{d}E}{\mathrm{d}x}\right)_A$、$\left(\frac{\mathrm{d}E}{\mathrm{d}x}\right)_B$——单质元素 A 和 B 的阻止本领。

能量为 E_0 的带电粒子在靶材料中的射程为

$$R = \int_0^{E_0} \frac{1}{\frac{\mathrm{d}E}{\mathrm{d}x}}\mathrm{d}E \tag{3.29}$$

3.3　元素含量测量

测定元素含量或浓度时，需要建立测量元素含量或浓度的定量方法。与中子活化分析测量元素含量相同，带电粒子活化分析定量方法也分为相对测量法和绝对测量法。相对测量法是通过待测样品与标准样品的放射性计数比，确定样品元素含量。绝对测量法是已知

公式中各个量的绝对值,根据式(3.16)或式(3.17)计算元素含量。绝对测量法计算中的一个关键参数是式(3.18)的积分截面。

3.3.1 积分截面(Vandecasteele et al.,1980)

由式(3.18)可知,积分截面的计算需要知道核反应截面 $\sigma(E)$ 和靶材料阻止本领 dE/dx。积分截面计算有数值计算法和平均截面法两种。

1. 数值计算法

数值计算法是将样品分为许多薄层,将积分变为对各薄层求和:

$$\int_{E_{th}}^{E_0} \frac{\sigma(E)}{\frac{dE}{dx}} dE = \sum_i \frac{\sigma(E_i)}{\frac{dE}{dx}(E_i)} \Delta E_i \tag{3.30}$$

数值计算法比较精确,但计算繁复。此外,同一靶材料不同核反应,由于核反应截面 $\sigma(E)$ 不同,同一核反应不同靶材料,由于阻止本领(能量损失) dE/dx 不同,积分截面都要重新计算,导致数值计算法在实际应用中是很不方便的,所以一般都不采用,常用平均截面法。

2. 平均截面法(Ricci et al.,1965)

平均截面定义:

$$\overline{\sigma} = \frac{\int_0^{D^*} \sigma(x) dx}{D^*} = \frac{\int_0^{D^*} \sigma(x) dx}{\int_{R_{th}}^R dx} = \frac{\int_{E_{th}}^{E_0} \frac{\sigma(E)}{\frac{dE}{dx}} dE}{\int_{E_{th}}^{E_0} \frac{1}{\frac{dE}{dx}} dE} \tag{3.31}$$

在计算 dE/dx 的贝蒂 - 布洛克公式中,如果不考虑相对论修正,并将一些物理量合并为 k,则式(3.22)变为

$$\frac{dE}{dx} = \frac{k}{E} \ln \frac{E}{I_0} \tag{3.32}$$

将式(3.32)代入式(3.31),得到

$$\overline{\sigma} = \frac{\int_{E_{th}}^{E_0} \frac{\sigma(E)}{\frac{dE}{dx}} dE}{\int_{E_{th}}^{E_0} \frac{dx}{dE} dx} = \frac{\int_{E_{th}}^{E_0} \sigma(E) E \left(k \ln \frac{E}{I_0} \right)^{-1} dE}{\int_{E_{th}}^{E_0} E \left(k \ln \frac{E}{I_0} \right)^{-1} dE}$$

对于一定靶材料,平均电离能 $I_0 = $ 常数,ln 对数项随能量变化很慢,可近似看作常数,这样平均截面为

$$\overline{\sigma} \approx \frac{\int_{E_{th}}^{E_0} \sigma(E) E dE}{\int_{E_{th}}^{E_0} E dE} \tag{3.33}$$

式(3.33)不含 dE/dx 项,平均截面与靶材料无关,也就是同一核反应,在不同靶材料中的平均截面相同。在靶材料或靶核原子序数 Z_2 为 4 ~ 92 内,对于 $^{16}O(^3He,P)^{18}F$ 反应,所计

算 8 种靶材料的平均截面,平均截面差异不超过 8%,特别是在 Z_2 为 4 ~ 57 内,所计算的平均截面差异小于 3%。如果入射能量 E_0 较高、Z_1 和 Z_2 较小,平均截面的差异更小。可见,平均截面与靶材料无关,对于一定核反应在一定能量范围,平均截面可以看作常数。

由式(3.31)和式(3.18),得到积分截面与平均截面的关系为

$$\int_{E_{th}}^{E_0} \frac{\sigma(E)}{\frac{dE}{dx}} dE = \overline{\sigma} D^*$$ (3.34)

平均截面可由式(3.33)计算,也可利用已知浓度样品由实验测定:

$$n(t) = \varepsilon_t A(t) = CI\varepsilon_t (1 - e^{-\lambda t_0}) e^{-\lambda(t-t_0)} \int_{E_{th}}^{E_0} \frac{\sigma(E)}{\frac{dE}{dx}} dE = CI\varepsilon_t (1 - e^{-\lambda t_0}) e^{-\lambda(t-t_0)} \overline{\sigma} D^*$$

(3.35)

如果 C、I、ε_t 和 D^* 已知,$n(t)$ 由实验测定,由式(3.35)可得到平均截面。有了平均截面,由式(3.34)可得到相同能量同一核反应在不同靶材料中的积分截面。

平均截面与靶材料无关。对于不同靶材料,只要计算入射带电粒子的有效射程 D^*,就可以从平均截面得到积分截面。

3.3.2　带电粒子活化分析测定元素含量

1. 相对测量法

相对测量法中,待测样品和与待分析元素相同且含量或浓度已知的标准样品在相同条件下辐照,待测元素含量可由两种样品的放射性活度比得到:

$$C = C_s \frac{n}{n_s} \frac{\left[\int_{E_{th}}^{E_0} \frac{\sigma(E)}{\frac{dE}{dx}} dE \right]_s}{\int_{E_{th}}^{E_0} \frac{\sigma(E)}{\frac{dE}{dx}} dE}$$ (3.36)

式中,下角标 s 表示标准样品相关的参量,n/n_s 是待测样品和标准样品测量的放射性活度之比,也可以用两种样品的放射性总计数比 N/N_s。式中假定两种样品的辐照时间和冷却时间都相同,否则要做修正。如果标准样品和待测样品的基体材料相同,式(3.34)的积分截面相同,待测元素含量可直接由 $C = C_s \frac{n}{n_s}$ 得到。

如果标准样品和待测样品的基体材料(靶材料)不同,因为平均截面与靶材料无关,只有 D^* 与材料有关,式(3.36)可以写成

$$C = C_s \frac{n}{n_s} \frac{D_s^*}{D^*}$$ (3.37)

$$\frac{D_s^*}{D^*} = \frac{R_s(E_0) - R_s(E_{th})}{R(E_0) - R(E_{th})}$$ (3.38)

将积分截面之比简化为有效射程 D^* 之比,所以相对测量法的精确度高。

相对测量法中还可用与待测样品元素不同而含量已知的标准样品,这时待测元素含量

需要考虑积分因子 S、衰变因子 D 和分支比 γ：

$$C = C_s \frac{n}{n_s} \frac{(SD\gamma)_s \left[\int_{E_{th}}^{E_0} \frac{\sigma(E)}{\frac{dE}{dx}} dE \right]_s}{SD\gamma \int_{E_{th}}^{E_0} \frac{\sigma(E)}{\frac{dE}{dx}} dE} \tag{3.39}$$

2. 绝对测量法

绝对测量法中,已知平均截面、ε_t、I、$t_1 - t_0$ 等的绝对值,由测量的 $n(t)$ 或 N_0,通过式 (3.16) 或式 (3.17) 可计算元素含量 C。

3.3.3　带电粒子活化分析灵敏度因子

带电粒子活化分析灵敏度因子定义为(Chaudhri et al.,1977)

$$S_0 = A/(IC) \tag{3.40}$$

式中　A——测量的放射性计数,$d \cdot s^{-1}$;

I——带电粒子束流强度,μA;

C——样品含量,ppm。

表 3.1 列出一些元素的带电粒子活化分析灵敏度(能够检测到的元素最低含量)。由 S_0 可以得到探测下限 $W_{D.L} = L_D/S_0$ [式(2.44)]。

表 3.1　一些元素的带电粒子活化分析灵敏度

元素	核反应	灵敏度/ng
Li	$^7Li(p,n)^7Be$	0 ~ 1
Be	$^9Be(p,dn)^7Be$	1 ~ 10
B	$^{11}B(p,n)^{11}C$	0.001 ~ 0.010
C	$^{12}C(^3He,d)^{13}N$	0.000 1 ~ 0.001 0
N	$^{14}N(p,\alpha)^{11}C$	0.001 ~ 0.010
O	$^{16}O(d,n)^{17}F$	0.001 ~ 0.010
F	$^{19}F(p,n)^{19}Ne$	0.01 ~ 0.10
Ne	$^{22}Ne(p,n)^{22}Na$	100 ~ 1 000
Na	$^{23}Na(p,n)^{23}Mg$	0.01 ~ 0.10
Mg	$^{26}Mg(d,\alpha)^{24}Na$	0.001 ~ 0.010
Al	$^{27}Al(p,n)^{27}Si$	0.1 ~ 1.0
Si	$^{30}Si(d,p)^{31}Si$	1 000 ~ 10 000
P	$^{31}P(p,d)^{30}P$	0.001 ~ 0.010
S	$^{34}S(p,n)^{34m}Cl$	0.1 ~ 1.0
Cl	$^{35}Cl(p,d)^{34m}Cl$	0.01 ~ 0.10

3.4　带电粒子活化分析技术

带电粒子活化分析与中子活化分析过程相同,包括样品制备和处理、样品加速器辐照和活化、放射性测量、数据处理等过程。

3.4.1　常用带电粒子活化反应

各种质量的带电粒子都可以用于带电粒子活化分析,但在实际应用中,低能加速器产生的 p、d、^{3}He、^{4}He(α)等轻带电粒子用得较多。轻带电粒子入射,库仑势垒较低,较低能量的入射带电粒子就能引起核反应,尤其是结合能较小的 d 和 ^{3}He。表 3.2 列出了常用轻带电粒子活化分析核反应及示例、采用的加速器等。

表 3.2　常用轻带电粒子活化分析核反应及示例、采用的加速器等

分类	辐照粒子	核反应	示例	加速器
质子活化分析	质子(^{1}H)	(p,n)、(p,α)、(p,γ)等	^{11}B(p,n)^{11}C、^{14}N(p,α)^{11}C	回旋加速器 静电加速器 串列静电加速器
氘活化分析	氘(^{2}H)	(d,n)、(d,2n)、(d,p)等	^{12}C(d,n)^{13}N、^{14}N(d,n)^{15}O	
氚活化分析	氚(^{3}H)	(^{3}H,n)等	^{16}O(^{3}H,n)^{18}F	
氦活化分析	氦3(^{3}He)	(^{3}He,α)、(^{3}He,p)等	^{12}C(^{3}He,α)^{11}C、^{16}O(^{3}He,p)^{18}F	
	氦4(^{4}He)	(α,n)、(α,d)等	^{16}O(α,d)^{18}F、^{9}Be(α,n)^{12}C	

表 3.3 列出了 Be、B、C、N、O、F、Al、P、S 等元素的轻带电粒子活化分析常用的活化核反应及相关参数。表中也列出了分析元素的同位素丰度、轻带电粒子活化核反应截面和反应阈能 E_{th} 或库仑位垒 E_C、产生的放射性核衰变方式和半衰期、可能的干扰反应和分析灵敏度等。

随着重离子加速器的发展,重带电粒子(重离子)活化分析也发展很快。

表 3.3　一些元素的轻带电粒子活化分析常用的活化核反应及相关参数

核素	丰度 /%	核反应	阈能或库仑势垒 /MeV	衰变方式 和半衰期	灵敏度 /ppm	主要干扰反应
^{9}Be	100.00	^{9}Be(^{4}He,2n)^{11}C	$E_{th}=1.88$	β^+, 24.4 min	<1.00	
^{10}B	18.70	^{10}B(p,α)^{7}Be	$E_C=1.67$	γ, 53.3 d		
		^{10}B(d,n)^{11}C	$E_C=1.69$	β^+, 24.4 min		^{14}N(d,αn)^{11}C ($E_{th}=5.9$ MeV)
		^{10}Be(^{4}He,2n)^{13}N	$E_C=3.59$	β^+, 10.0 min	<1.00	

表3.3(续1)

核素	丰度/%	核反应	阈能或库仑势垒/MeV	衰变方式和半衰期	灵敏度/ppm	主要干扰反应
^{11}B	81.30	$^{11}B(p,n)^{11}C$	$E_{th}=3.10$	β^+, 24.4 min	<1.00	$^{14}N(p,\alpha)^{11}C$ ($E_{th}=3.1$ MeV)
		$^{11}B(^4He,2n)^{13}N$	$E_{th}=14.20$	β^+, 10.0 min	<1.00	
		$^{11}Be(^3He,n)^{13}N$	$E_C=3.09$	β^+, 10.0 min	<0.01	
		$^{11}B(d,2n)^{11}C$	$E_{th}=5.90$	β^+, 24.4 min		
^{12}C	98.90	$^{12}C(p,pn)^{11}C$	$E_{th}=18.50$	β^+, 24.4 min		
		$^{12}C(d,n)^{13}N$	$E_{th}=0.33$	β^+, 10.0 min		$^{14}N(d,t)^{13}N$ ($E_{th}=4.9$ MeV)
		$^{12}C(^3He,\alpha)^{11}C$	$E_C=3.86$	β^+, 24.4 min	<0.01	
		$^{12}C(^4He,\alpha n)^{11}C$	$E_{th}=25.00$	β^+, 24.4 min		
^{13}C	1.11	$^{13}C(p,n)^{13}N$	$E_{th}=3.23$	β^+, 10.0 min	<1	$^{16}O(p,\alpha)^{13}N$ ($E_{th}=5.5$ MeV)
^{14}N	99.60	$^{14}N(^4He,2n)^{11}C$	$E_{th}=3.12$	β^+, 24.4 min	<1.00	$^{11}B(p,n)^{11}C$ ($E_{th}=3.0$ MeV)
		$^{14}N(p,n)^{14}O$	$E_{th}=6.30$	β^+, 70.5 s		
		$^{14}N(d,\alpha n)^{11}C$	$E_{th}=5.80$	β^+, 24.4 min		$^{10}B(d,n)^{11}C$ ($Q>0$)
		$^{14}N(^4He,\alpha n)^{13}N$	$E_{th}=13.60$	β^+, 10.0 min		$^{12}C(^4He,t)^{13}N$ ($E_{th}=23.9$ MeV)
		$^{14}N(d,n)^{15}O$	$E_C=2.10$	β^+, 123.0 s		
^{16}O	99.80	$^{16}O(p,\alpha)^{13}N$	$E_{th}=5.54$	β^+, 10.0 min	<1.00	$^{13}C(p,n)^{13}N$ ($E_{th}=3.2$ MeV)
		$^{16}O(^3He,p)^{18}F$	$E_C=4.6$	β^+, 107.7 min	<0.01	$^{19}F(^3He,\alpha)^{18}F$ ($Q>0$) $^{23}Na(^3He,2\alpha)^{16}F$ ($E_{th}=0.4$ MeV)
		$^{16}O(^4He,pn)^{18}F$	$E_{th}=20.40$	β^+, 107.7 min		
^{17}O	0.000 4	$^{17}O(d,n)^{18}F$	$E_{th}=2.24$	β^+, 107.7 min		
^{18}O	0.204	$^{18}O(p,d)^{18}F$	$E_{th}=2.29$	β^+, 107.7 min	<1.00	
^{19}F	100.00	$^{19}F(p,d)^{18}F$	$E_{th}=8.64$	β^+, 107.7 min		
		$^{19}F(d,t)^{18}F$	$Q>0$	β^+, 107.7 min		
		$^{19}F(^3He,\alpha)^{18}F$	$Q>0$	β^+, 107.7 min	<0.01	
		$^{19}F(^4He,\alpha n)^{18}F$	$E_{th}=12.60$	β^+, 107.7 min	<1.00	

表 3.3(续 2)

核素	丰度 /%	核反应	阈能或库仑势垒 /MeV	衰变方式 和半衰期	灵敏度 /ppm	主要干扰反应
^{27}Al	100.00	^{27}Al$(d,p)^{28}$Al	$Q>0$	γ, 2.28 min		
^{31}P	100.00	^{31}P$(^4$He$,n)^{34m}$Cl	$E_{th}=5.80$	γ, 2.28 min		^{35}Cl$(^4$He$,\alpha n)^{34m}$Cl $(E_{th}=14.5$ MeV$)$ ^{32}S$(^4$He$,d)^{34m}$Cl $(E_{th}=13.0$ MeV$)$
^{34}S	4.20	^{34}S$(p,n)^{34m}$Cl	$E_{th}=6.50$	γ, 2.28 min		^{35}Cl$(p,pn)^{34m}$Cl $(E_{th}=12.9$ MeV$)$ ^{35}Cl$(p,d)^{34m}$Cl $(E_{th}=10.7$ MeV$)$

数据来源:Tilbury,1966。

带电粒子核反应生成核或剩余核一般都是 β^+ 放射性核,β^+ 与电子(β^-)湮没在相反方向产生两个 0.511 MeV γ 射线。实验中一般都是通过两个 0.511 MeV γ 射线的符合测量进行元素含量或浓度分析的。

采用 d 带电粒子活化分析 ^A_ZX,如果采用核反应 ^A_ZX$(d,p)^{A+1}_Z$X,需要考虑由 d 通过 ^A_ZX(d,n)核反应产生的中子引起的干扰。这个核反应产生的中子与待分析样品核反应 ^A_ZX$(n,\gamma)^{A+1}_Z$X 的生成核和活化分析采用的核反应的生成核相同。采用其他带电粒子进行的活化分析就不会有这种干扰。

3.4.2　加速器辐照和样品活化

带电粒子活化分析采用由加速器产生的荷能带电粒子辐照样品,通过一定的活化核反应,将样品中稳定的待分析核素活化为放射性核素。

1. 加速器

带电粒子活化分析的带电粒子是由加速器产生的。原则上应根据活化分析所采用的带电粒子种类、能量、束流强度以及加速器改变带电粒子种类和能量的容易程度等选用合适的加速器;实际上只能根据可以得到的加速器选择合适的带电粒子核反应进行活化分析。带电粒子活化分析的带电粒子能量一般是几 MeV 到十几 MeV,需要根据核反应截面和干扰反应消除等选取合适的带电粒子能量。静电加速器和串列静电加速器产生的带电粒子能量是连续可调的,使用比较方便。现在常用的带电粒子活化分析用的加速器是 2 × 1.7 MV 串列静电加速器。回旋加速器也是一种常用的加速器,但回旋加速器产生的带电粒子能量一般是固定的,虽然有的可以改变能量,但改变能量需要较长的时间。

2. 入射带电粒子数测量

加速器带电粒子活化分析中,入射带电粒子数测量是十分重要的。入射带电粒子数测量有电荷测量法和标准样品法两种。

电荷测量法是测量带电粒子流形成的电流(即常称的束流)。测量带电粒子束流后,由总电荷量或积分束流(例如,微安小时,$\mu A \cdot h$)测定总入射带电粒子数。带电粒子束流测量一般采用法拉第筒,简化的测量示意图如图 3.14 所示。在带电粒子活化分析中,金属(紫铜)靶管[图 3.14(a)]或真空靶室导电样品架[图 3.14(b)]用作法拉第筒,采用束流积分仪测量带电粒子的束流。由积分束流得到入射带电粒子总数,由束流随时间变化得到入射带电粒子数随时间的变化。

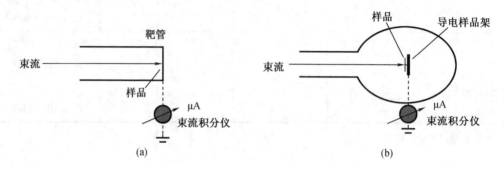

图 3.14　法拉第筒测量带电粒子束流

标准样品法是采用已知含量的标准样品(图 3.15 中灰色),与样品同时或相同条件下辐照,得到入射带电粒子数。一般在样品前后放置两片标准样品,样品处带电粒子能量为 E,样品处注量取前后标准样品测量的平均值。标准样品法不能测量入射带电粒子数或束流随时间的变化。

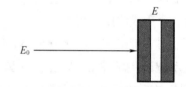

图 3.15　标准样品法测量带电粒子束流

表 3.4 列出了带电粒子活化分析中常用的标准样品及其同位素丰度、所采用的核反应及核反应产物(生成核素)半衰期与发射的 γ 射线能量等。

表 3.4　带电粒子活化分析常用标准样品及相关参数

标准样品	同位素丰度	核反应	产物半衰期	发射的 γ 射线能量/MeV
^{60}Ni	26.20%	^{60}Ni$(d, n)^{61}$Cu	3.50 h	0.283, 0.656
^{63}Cu	69.17%	^{63}Cu$(\alpha, n)^{66}$Ga	9.49 h	1.039
^{63}Cu	69.17%	^{63}Cu$(p, n)^{63}$Zn	38.40 min	0.670
^{65}Cu	30.83%	^{65}Cu$(\alpha, 2n)^{67}$Ga	78.10 h	0.300
^{65}Cu	30.83%	^{65}Cu$(^{3}$He, 2n$)^{66}$Ga	9.49 h	1.039

3. 辐照过程样品冷却

带电粒子轰击靶材料或样品产生的热功率为

$$W = \frac{E_0}{e}I \tag{3.40}$$

式中　E_0——入射带电粒子能量，MeV；

　　　I——束流强度，μA；

　　　e——电子电荷；

　　　W——功率，W。

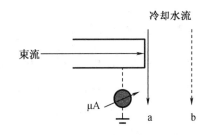

例如，$E_0 = 10$ MeV，$I = 1$ μA 时，$W = 10$ W。

辐照过程中样品受到带电粒子辐照发热，需

要冷却，常用水或汽水混合喷雾冷却（图 3.16）。

图 3.16　带电粒子辐照样品水冷却示意图

冷却时水流量不能过大，连续水流会导致对地短路（图中 a）而测不出束流。冷却水流量应既能起到冷却作用，又不会形成连续流（图中 b）。

4. 样品传递和辐照

带电粒子活化分析采用气动传递系统或常称的跑兔系统，传递系统将样品自动传送到加速器辐照位置，辐照后又自动传回到放射性测量位置（图 3.17）。样品传送到辐照位置前，关闭加速器插板阀和气体进气插板阀，然后打开抽气插板阀，抽气将样品吸入到辐照位置。样品传送到辐照位置后，关闭抽气插板阀，打开加速器插板阀，进行辐照。辐照完毕后，关闭加速器插板阀，打开气体进气插板阀，进气流将样品传送到测量位置。整个过程中一定要注意各个插板阀开闭的时序。

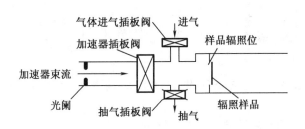

图 3.17　带电粒子活化分析样品传递系统

3.4.3　样品制备和表面腐蚀处理

金属、半导体等固体样品，一般采用直径为 10 ~ 15 mm、厚度为 2 ~ 5 mm 的薄片样品。样品表面平整、清洁无沾污。样品制备时要防止化学试剂等沾污，若表面污染受到辐照会产生放射性核素，这些放射性核素通过反冲和热扩散会进入样品近表面层，产生各种干扰本底。为消除表面沾污，辐照后样品应进行化学处理，腐蚀掉一定厚度的表面层。腐蚀厚度 Δx 可以采用称重法测量，由腐蚀前后的质量差得到 Δx。腐蚀掉 Δx 薄层后，入射带电粒子能量也要进行相应修正，即腐蚀后样品表面的能量是入射能量减去腐蚀层 Δx 中的能量损失。

带电粒子活化分析常用相对测量法定量。标准样品法必须性能稳定、含量恒定，在分析 C、N、O、S、P 元素时，常用硼砂片、石墨、尼龙、石英、硫化钠、石碳酸氢钠等作为标准样品。

3.4.4 放射性测量

带电粒子活化产生的放射性核素大多数是 β^+ 衰变核。β^+ 和电子(β^-)湮没在相反方向发射两个 0.511 MeV 的 γ 射线。所有 β^+ 放射性同位素释放的 γ 射线能量都是 0.511 MeV，β^+ 衰变发射的 0.511 MeV 的 γ 射线测量参见第 2 章。单从能量测量的角度还不能鉴别 β^+ 放射性核素，实验上通常采用能谱法和衰变曲线法相结合的方法，即测量 β^+ 湮没发射的 0.511 MeV γ 射线的衰变曲线，由半衰期鉴别 β^+ 放射性核素和外推到零时间的计数或强度得到元素含量。图 3.18 所示是带电粒子活化分析辐照后放射性测量装置方框图。γ 射线探测器是 NaI(Tl)闪烁探测器、HPGe 探测器等，主放大器输出到多道分析器，采用幅度分析模式记录 γ 能谱（即能谱法）。主放大器输出到单道分析器，选出待测 γ 射线，例如 0.511 MeV γ 射线，输出到多道分析器，采用多路定标模式记录选出能量的 γ 射线衰变曲线（衰变曲线法）。为了减少本底，测量可以采用第 2 章中的符合测量法。

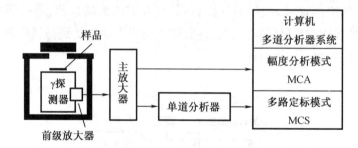

图 3.18　带电粒子活化分析辐照后放射性测量装置方框图

如前所述，单一寿命和多寿命的衰变曲线表达式分别为

$$A(t) = A_0 e^{-\lambda t} = A_0 e^{-0.693t/T_{1/2}} \tag{3.41}$$

$$A(t) = \sum_i A_{0i} e^{-\lambda_i t} = \sum_i A_{0i} e^{-0.693t/T_{1/2i}} \tag{3.42}$$

单一寿命和多寿命的衰变曲线如图 2.27 和图 2.28 所示。

如果带电粒子活化分析产生的放射性核素通过 β^- 衰变或与 EC 衰变等衰变到子核的激发态，然后发射特征 γ 射线退激到子核基态，可以通过测量特征 γ 射线进行元素鉴别和含量测定。一般采用能量分辨率高的 HPGe 探测器测量 γ 射线能谱，可以从特征 γ 射线能量和峰面积计数鉴别元素和测定含量，也可以从特征 γ 射线的衰变曲线鉴别元素和测定含量。计算机谱分析程序与中子活化谱分析程序相同。

3.4.5　带电粒子活化分析干扰本底

带电粒子活化分析干扰本底主要是由带电粒子的初级反应产生的。带电粒子活化分析中可以通过粒子种类和能量等的选择消除或减小干扰本底。

1.不同元素产生相同放射性核素的干扰本底

带电粒子辐照样品，样品中的不同元素可能会通过不同核反应产生相同的放射性核素。例如,B 元素带电粒子活化分析,常用 $^{11}B(p,n)^{11}C$ 核反应进行活化分析,这个核反应的阈能 $E_{th} = 2.8$ MeV。如果样品中有 N 元素,它通过 $^{14}N(p,\alpha)^{11}C$ 核反应产生干扰本底,这个反应的阈能 $E_{th} = 4$ MeV。将入射带电粒子能量选为 2.8 MeV $< E_0 < 4$ MeV,就可以消除 ^{14}N 的干扰。表 3.5 列出了采用 ^{3}He 带电粒子活化分析时的主要干扰反应(Tilbury,1966)。表中第一列是待分析核素核反应生成的放射性核素,第二列是可能产生相同放射性核素的核反应。例如,采用 $^{11}B(^3He,n)^{13}N$ 分析 ^{11}B,生成的放射性核素是 ^{13}N,如果待分析材料中有 ^{10}B 或 ^{12}C 或 ^{14}N,如表中所示它们通过不同核反应产生相同的放射性核素 ^{13}N,就会形成干扰。

表 3.5　^{3}He 带电粒子活化分析主要的干扰反应

放射性核素	核反应
^{11}C	$^9Be(^3He,n)^{11}C$, $^{10}B(^3He,d)^{11}C$, $^{12}C(^3He,\alpha)^{11}C$
^{13}N	$^{10}B(^3He,\gamma)^{13}N$, $^{11}B(^3He,n)^{13}N$, $^{12}C(^3He,d)^{13}N$, $^{14}N(^3He,\alpha)^{13}N$
^{15}O	$^{12}C(^3He,\gamma)^{15}O$, $^{13}C(^3He,n)^{15}O$, $^{14}N(^3He,d)^{15}O$, $^{15}N(^3He,t)^{15}O$, $^{16}O(^3He,\alpha)^{15}O$
^{18}F	$^{15}N(^3He,\gamma)^{18}F$, $^{16}O(^3He,p)^{18}F$, $^{17}O(^3He,pn)^{18}F$, $^{18}O(^3He,t)^{18}F$, $^{19}F(^3He,\alpha)^{18}F$

2. 不同 β^+ 衰变核素干扰本底

带电粒子辐照不同元素,不同的核反应生成不同的 β^+ 放射性核素。虽然放射性核素不同,但都是 β^+ 衰变核素,发射的 γ 射线能量都是 0.511 MeV。因此仅测量能量是无法鉴别不同的放射性核素的。

利用放射性核素寿命不同或带电粒子核反应阈能不同的特点,可以消除核反应产生的干扰本底。例如,由带电粒子活化分析天然丰度为 0.2% 的 ^{18}O,一般采用 $^{18}O(p,n)^{18}F$ 核反应,产生的 ^{18}F 是 β^+ 放射性核素,半衰期 $T_{1/2} = 110$ min。样品中 O 及 C 等其他元素通过不同的核反应产生干扰本底,如通过 $^{16}O(p,\alpha)^{13}N$ 和 $^{13}C(p,n)^{13}N$ 核反应产生 ^{13}N。^{13}N 是 β^+ 放射性核素,半衰期 $T_{1/2} = 10$ min。^{18}F 和 ^{13}N 都是 β^+ 衰变放射性核素,发射的 γ 射线都是 0.511 MeV。从能量测量的角度是无法区分 ^{18}F 和 ^{13}N 的。但是 ^{18}F 和 ^{13}N 的半衰期 $T_{1/2}$ 不同,选择适当的冷却时间可以消除 ^{16}O 和 ^{13}C 产生的 ^{13}N 干扰本底。冷却 1 h 或更长时间后测量的 0.511 MeV γ 射线是 ^{18}F 的,因为此时 ^{13}N 已经都衰变完了。又例如,采用 $^{12}C(d,n)^{13}N$ 核反应的带电粒子活化分析钢中的 C。天然丰度为 5.845% 的钢基体元素 ^{54}Fe 由 $^{54}Fe(d,n)^{55}Co$ 核反应产生 β^+ 放射性核 ^{55}Co,基体元素产生的干扰本底是很大很大的。Fe 原子序数比 C 的大很多,d-Fe 间的库仑势垒 E_C 比 d-C 间的库仑势垒 E_C 大许多,计算的 d-Fe 的 $E_C = 5.14$ MeV,d-C 的 $E_C = 1.89$ MeV。由库仑势垒得到 $^{12}C(d,n)^{13}N$ 核反应的阈能 $E_{th} = 2.21$ MeV、$^{54}Fe(d,n)^{55}Co$ 核反应的阈能 $E_{th} = 5.33$ MeV。$^{12}C(d,n)^{13}N$ 核反应的截面在 $E_d = 4$ MeV 时最大,选择入射 d 的能量 $E_d = 4$ MeV,$^{54}Fe(d,n)^{55}Co$ 核反应的干扰本底可以完全消除。

若通过寿命测量还无法分开干扰本底和待测放射性核素,待测放射性核素的寿命又足够长,则可以采用放化分离方法将待测放射性核素分离出来,再进行放射性测量。放化分离方法是破坏性的分析,而且回收率需要精确测定。

3.5 重离子活化分析和 γ 光子活化分析

3.5.1 重离子活化分析

重离子活化分析(HIAA)采用重离子(重带电粒子)与原子核反应,使样品中待分析稳定核素成为放射性核素(Friedli et al.,1985;McGiniey et al.,1977;McGiniey et al.,1978)。上面几节所述的带电粒子都是指轻带电粒子。

重离子活化分析需要重离子加速器产生重离子和选择合适的重离子活化反应。重离子在材料中能量损失很大,重离子活化分析只能分析样品很薄表面层的元素。重离子在样品中的表征能量损失的阻止本领 dE/dx 数据很重要,其值可以查表或采用 Srim 程序计算得到(Biersack et al.,1980;Ziegler et al.,2010)。

重离子核反应库仑势垒高,所以入射重离子的能量要求也较高。回旋加速器、串列加速器等重离子加速器可以产生高能重离子,用于活化分析。重离子核反应的反应道多,重离子活化分析要选用合适的反应道。表3.6列出了一些重离子活化分析的常用核反应(张维成,1984)。

表 3.6 重离子活化分析的常用核反应

入射重离子	重离子能量/MeV	待分析核素	核反应	放射性核半衰期	探测限/10^{-6}	主要干扰核素
^{7}Li	74.0	^{1}H	^{1}H(^{7}Li,n)^{7}Be	53 d	0.100	
^{9}Be	7.8	^{10}B	^{10}B(^{9}Be,n)^{18}F	109.7 min	0.003	C,N
^{9}Be	7.8	^{11}B	^{11}B(^{9}Be,2n)^{18}F	109.7 min	0.003	C,N
^{9}Be	13.5	^{14}N	^{14}N(^{9}Be,αn)^{18}F	109.7 min	0.000 5	B,C
^{11}B	60.0	^{1}H	^{1}H(^{11}B,n)^{11}C	20.3 min	6	
^{11}C	12.0	^{7}Li	^{7}Li(^{12}C,n)^{18}F	109.7 min	0.001	B,C
^{14}N	12.5	^{9}Be	^{9}Be(^{14}N,αn)^{18}F	109.7 min	0.002	Li
^{18}O	50.0	^{1}H	^{1}H(^{18}O,n)^{18}F	109.7 min	0.100	
^{18}O	39.0	^{32}S	^{32}S(^{18}O,^{3}H)^{47}V	32.6 min	0.005	
^{18}O	39.0	^{28}Si	^{28}Si(^{18}O,^{3}H)^{43}Sc	3.9 h	0.008~0.080	Al,P,K

Li、B、C、O 离子分析重元素基体中的 H、B、C 等轻元素杂质时,由于与样品基体和其他重元素的库仑势垒高,而 H、B、C 等库仑势垒低,因此通过能量选择可以有效地消除或减小基体和其他重元素的干扰。

重离子活化分析中,如果产生的放射性核素寿命很短,可以采用外延高能重离子束。图3.19 所示是外延重离子束活化分析示意图,重离子束流穿过一定厚度(如十几 μm)Al 束窗,辐照和活化位于大气中紧挨或与 Al 窗有一定距离的样品。由于样品处于大气中,辐照后可以马上进行放射性测量。

如果产生的放射性核素寿命较长,可以在真空靶室中辐照或活化。图3.20所示为带电粒子真空靶室辐照或活化示意图,辐照后取出样品,进行放射性测量。

<table>
<tr><td>图 3.19　外延重离子束活化分析示意图</td><td>图 3.20　带电粒子真空靶室辐照或活化示意图</td></tr>
</table>

3.5.2　γ光子活化分析

γ光子活化分析是采用 γ 光子与原子发生核反应,使样品中待分析稳定核素成为放射性核素（Kosta et al. ,1974;Randa et al. ,1983）。γ 光子活化常用电子加速器,由电子产生高能 γ 光子。

γ光子活化通过两种核反应引起活化,一种是(γ,n)、(γ,p)等的 γ 光子活化核反应,另一种是 γ 光子的(γ,γ′)非弹性散射。

1. 轫致辐射 γ 光子产生

图 3.21 所示是 γ 光子产生和样品活化原理示意图。高能电子感应加速器或电子直线加速器等产生的高能电子束轰击原子序数 Z 大的材料,如 Ta、W 等,产生高能量、高注量率轫致 γ 辐射。轫致辐射 γ 射线入射样品引起样品活化。

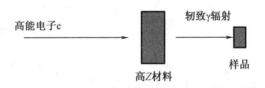

图 3.21　γ 光子产生和样品活化原理示意图

2. γ 光子活化核反应

γ光子活化核反应有(γ,n)、(γ,p)等,它们都是有阈核反应(kosta et al. ,1974),其中(γ,n)核反应的截面最大,γ 光子活化分析主要利用这个核反应进行。γ 光子活化核反应生成核一般是 β^+ 放射性核。

表3.7列出了近40个元素的 γ 光子活化核反应(Kosta et al. ,1974;Randa et al. ,1983)。图3.22(a)所示是^{12}C 的(γ,n)和(γ,p)活化核反应激发函数,图3.22(b)所示是^{16}O 的(γ,n)活化核反应激发函数。

表 3.7 常用 γ 光子活化核反应

核素	核反应	丰度/%	半衰期	衰变方式	阈能 /MeV	积分截面 /(MeV·b)
^{12}C	^{12}C$(\gamma,n)^{11}$C	98.9	20.3 min	β^+	18.72	0.046(37 MeV)
^{16}O	^{16}O$(\gamma,n)^{15}$O	99.76	2.03 min	β^+	15.67	0.042(26 MeV)
^{19}F	^{19}F$(\gamma,n)^{18}$F	100	109.7 min	β^+, EC	10.43	0.039(26 MeV)
^{24}Mg	^{24}Mg$(\gamma,n)^{23}$Mg	78.70	12.0 s	β^+, EC	16.53	0.058(26MeV)
^{25}Mg	^{25}Mg$(\gamma,p)^{24}$Na	10.13	15.05 h	β^-	12.06	0.056(24 MeV)
^{26}Mg	^{26}Mg$(\gamma,p)^{25}$Na	11.17	59.6 s	β^-	14.14	0.07(20 MeV)
^{27}Al	^{27}Al$(\gamma,p)^{26m}$Al	100	6.4 s	β^+, EC	13.06	0.042(25 MeV)
^{29}Si	^{29}Si$(\gamma,p)^{28}$Al	4.70	2.3 min	β^-	12.33	0.26(26 MeV)
^{30}Si	^{30}Si$(\gamma,p)^{29}$Al	3.09	6.6 min	β^-	13.51	0.19(26 MeV)
^{31}P	^{31}P$(\gamma,n)^{30}$P	100	2.5 min	β^-	12.31	0.12(26 MeV)
^{35}Cl	^{35}Cl$(\gamma,n)^{34m}$Cl	75.53	32 min	β^+, EC	12.63	0.125(30 MeV)
^{39}K	^{39}K$(\gamma,n)^{38}$K	93.1	7.7 min	β^+	13.09	0.040(21 MeV)
^{44}Ca	^{44}Ca$(\gamma,p)^{43}$K	2.06	22 h	β^-	12.17	0.125(31 MeV)
^{46}Ti	^{46}Ti$(\gamma,n)^{45}$Ti	7.93	3.08 h	β^+, EC	13.19	0.26(31 MeV)
^{48}Ti	^{48}Ti$(\gamma,p)^{47}$Sc	73.94	3.35 d	β^-	11.45	0.217(31 MeV)
^{51}V	^{51}V$(\gamma,\alpha)^{47}$Sc	99.76	3.35 d	β^-	10.30	0.012(32 MeV)
^{50}Cr	^{50}Cr$(\gamma,n)^{49}$Cr	4.31	42 min	β^+, EC	12.93	0.25(23 MeV)
^{53}Cr	^{53}Cr$(\gamma,p)^{52}$V	9.95	3.75 min	β^-	11.13	0.09(23 MeV)
^{54}Fe	^{54}Fe$(\gamma,n)^{53}$Fe	5.82	8.51 min	β^+, EC	13.62	0.29(3 MeV)
^{63}Cu	^{63}Cu$(\gamma,n)^{62}$Cu	69.09	9.76 min	β^+, EC	10.84	0.52(28 MeV)
^{63}Cu	^{63}Cu$(\gamma,2n)^{61}$Cu	69.09	3.3 min	β^+, EC	19.74	0.08(36 MeV)
^{65}Cu	^{65}Cu$(\gamma,n)^{64}$Cu	30.91	12.8 h	β^+, EC, β^-	9.91	0.44(28 MeV)
^{59}Co	^{59}Co$(\gamma,n)^{58}$Co	100	71 d	β^+, EC	10.47	0.45(28 MeV)
^{58}Ni	^{58}Ni$(\gamma,n)^{57}$Ni	67.88	36 h	β^+, EC	12.19	0.22(32 MeV)
^{62}Ni	^{62}Ni$(\gamma,p)^{61}$Co	3.66	16 h	β^-	11.1	0.13(22 MeV)
^{64}Zn	^{64}Zn$(\gamma,n)^{63}$Zn	48.89	38.4 min	β^+, EC	11.85	0.33(23 MeV)
^{70}Ge	^{70}Ge$(\gamma,n)^{69}$Ge	20.52	39 h	β^+, EC	11.53	0.59(21 MeV)
^{76}Ge	^{76}Ge$(\gamma,n)^{75}$Ge	7.76	83 min	β^-	9.45	1.5(21 MeV)
^{82}Se	^{82}Se$(\gamma,n)^{81}$Se	9.19	18 min	β^-	9.26	0.87(21 MeV)
^{79}Br	^{79}Br$(\gamma,n)^{78}$Br	50.54	6.4 min	β^+, EC	10.7	0.36(24 MeV)
^{81}Br	^{81}Br$(\gamma,n)^{80}$Br	49.46	17.6 min	β^+, EC, β^-	10.16	0.72(24 MeV)
^{81}Br	^{81}Br$(\gamma,n)^{80m}$Br	49.46	44 h	IT	10.16	0.36(24 MeV)
^{89}Y	^{89}Y$(\gamma,n)^{88}$Y	100	108 d	β^+, EC	11.48	0.8(23 MeV)

表 3.7(续)

核素	核反应	丰度/%	半衰期	衰变方式	阈能/MeV	积分截面/(MeV·b)
^{90}Zr	^{90}Zr$(\gamma,n)^{89}$Zr	51.46	78.4 h	β^+, EC	12.0	0.9(23 MeV)
^{93}Nb	^{93}Nb$(\gamma,n)^{82}$Nb	100	10.2 d	EC	8.84	1.25(22 MeV)
^{92}Mo	^{92}Mo$(\gamma,n)^{91}$Mo	15.84	15.5 min	β^-	12.58	0.14(25 MeV)
^{94}Mo	^{94}Mo$(\gamma,n)^{93m}$Mo	9.04	65 s	IT, β^+, EC	12.58	0.71(25 MeV)
^{100}Mo	^{100}Mo$(\gamma,n)^{99}$Mo	9.63	66.7 h	β^-	8.3	1.5(31 MeV)
^{107}Ag	^{107}Ag$(\gamma,n)^{106}$Ag	51.35	24 min	β^+, EC	9.53	2.48(25 MeV)
^{109}Ag	^{109}Ag$(\gamma,n)^{108}$Ag	48.65	2.3 min	β^+, EC, β^-	9.18	1.65(22 MeV)
^{115}In	^{115}In$(\gamma,n)^{114}$In	95.72	72 s	β^+, EC, β^-	9.03	2.7(23 MeV)
^{112}Sn	^{112}Sn$(\gamma,n)^{111}$Sn	0.96	35 min	EC, β^+	11.08	1.82(30 MeV)
^{124}Sn	^{124}Sn$(\gamma,n)^{123}$Sn	5.94	40 min	β^-	8.51	1.56(30 MeV)
^{121}Sb	^{121}Sb$(\gamma,n)^{120m}$Sb	57.25	5.8 d	EC	9.25	1.2(24 MeV)
^{123}Sb	^{123}Sb$(\gamma,n)^{122}$Sb	42.75	2.68 d	β^-, β^+	8.98	2.0(24 MeV)
^{127}I	^{127}I$(\gamma,n)^{126}$I	100	12.8 d	β^-, EC, β^+	9.15	1.79(33 MeV)
^{140}Ce	^{140}Ce$(\gamma,n)^{139}$Ce	88.48	140 d	EC	9.04	1.8(21 MeV)
^{141}Pr	^{141}Pr$(\gamma,n)^{140}$Pr	100	3.4 min	EC, β^+	7.67	2.1(30 MeV)
^{141}Pr	^{141}Pr$(\gamma,2n)^{139}$Pr	100	4.5 h	EC, β^+	17.06	0.4(31 MeV)
^{142}Nd	^{142}Nd$(\gamma,n)^{141}$Nd	27.11	2.5 h	EC, β^+	9.81	2.3(33 MeV)
^{144}Sm	^{144}Sm$(\gamma,n)^{143}$Sm	3.09	8.83 min	EC, β^+	10.46	0.91(22 MeV)
^{160}Gd	^{160}Gd$(\gamma,n)^{159}$Gd	21.9	18.56 h	β^-	7.38	2.2(33 MeV)
^{181}Ta	^{181}Pr$(\gamma,n)^{180m}$Ta	99.99	8.1 h	β^-, IT	7.64	2.4(33 MeV)
^{186}W	^{186}W$(\gamma,p)^{185}$Ta	30.64	49 min	β^-	8.33	0.05(33 MeV)
^{197}Au	^{197}Au$(\gamma,n)^{196}$Au	100	6.2 d	β^+, EC	8.08	2.14(25 MeV)

数据来源:Kosta et al.,1974;Randa et al.,1983。

注:最后一列中括号内的数据是积分截面积分上限能量或最大轫致辐射 γ 射线能量。

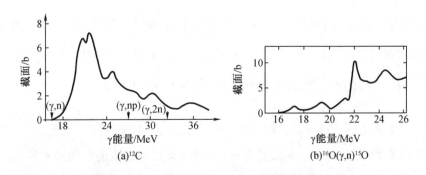

图 3.22 ^{12}C 和 ^{16}O γ 光子活化核反应激发函数

图 3.23 所示为电子束轰击重金属靶 Pt 产生的轫致辐射 γ 射线［图 3.23（a）］、轫致辐射 γ 射线的能谱［图 3.23（b），$g(E)$ 为能量为 E 的光子注量率］和（γ,n）活化核反应激发曲线［图 3.23（c）］。轫致辐射 γ 能谱是连续谱，最大能量为电子入射能量 E_0。由图可见，轫致辐射 γ 射线的能谱覆盖了能够引起活化的（γ,n）活化核反应激发曲线能区。

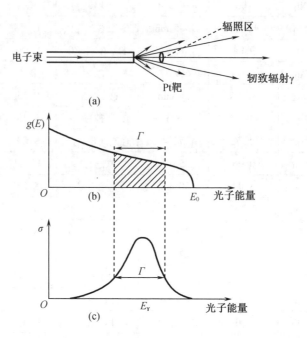

图 3.23　轫致辐射 γ 射线、能谱和（γ,n）活化核反应激发曲线

能量大于（γ,n）活化核反应阈能 E_{th} 的轫致辐射 γ 射线产生的活化产额为

$$P \approx \int_{E_{th}}^{E_0} g(E)\sigma(E)\mathrm{d}E \tag{3.43}$$

式中，$g(E)$ 是能量为 E 的光子注量率。在共振区 $g(E)$ 可以近似地看作为常数。对于最大能量 $E_\gamma = 27.5\ \mathrm{MeV}$ 的轫致辐射 γ 射线源，产生光中子的活化反应积分截面随待分析核素或靶核质量数 A 的变化可以近似表达为（Kosta et al. ,1974）

$$\int_0^{27.5} \sigma(E)\mathrm{d}E = 5.2 \times 10^{-32} A^{1.8} \tag{3.44}$$

式中，积分活化截面 $\sigma(E)$ 单位是 $\mathrm{MeV \cdot b}$。由于轫致辐射 γ 射线的能量是连续的，γ 光子活化截面采用涵盖共振峰的积分截面 $\int_0^E \sigma(E)\mathrm{d}E = \int_{E_{th}}^E \sigma(E)\mathrm{d}E$。表 3.7 中列出了一系列核素的 γ 光子活化分析反应的阈能和积分截面（Kosta et al. ,1974）

3.（γ,γ'）非弹性散射

图 3.24 所示是（γ,γ'）非弹性散射活化分析示意图。能量为 E_γ 的激发 γ 射线通过（γ,γ'）将 A 核激发到激发态 $^*A$，$^*A$ 发射能量为 $E_{\gamma p}$ 的瞬发 γ 射线退激到同质异能态 ^mA，然后同质异能态 ^mA 发射能量为 $E_{\gamma c}$ 的特征 γ 射线退激到基态，通过探测特征 γ 射线测定元素含量。（γ,γ'）非弹性散射活化分析的激发 γ 射线必须要有一定能量才能将核激发到激发态。

（γ，γ′）非弹性散射活化分析的典型例子是 ^{199}Hg（γ，γ′）^{199m}Hg 非弹性散射活化分析。能量为 E_γ 的激发 γ 射线将 ^{199}Hg 激发到 ^{199*}Hg，^{199*}Hg 释放瞬发 γ 射线退激到能量为 532.48 keV 和半衰期为 $T_{1/2}$ = 42.6 min 的同质异能态 ^{199m}Hg，^{199m}Hg 主要发射 $E_{\gamma c}$ = 0.374 keV 和 0.158 keV 的级联特征 γ 射线，退激到基态（Lederer et al.，1978），探测 $E_{\gamma c}$ = 0.374 keV 和 0.158 keV 的特征 γ 射线，实现元素定量。

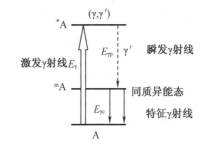

图 3.24　（γ，γ′）非弹性散射活化分析示意图

4. γ 光子活化分析灵敏度

光子活化分析可以利用活化反应具有不同阈能来消除干扰或通过衰变曲线分解来区分干扰核素。γ 光子活化分析对轻元素的分析灵敏度可以达到 $10^{-6} \sim 5.0 \times 10^{-6}$。

3.6　中子、带电粒子、γ 光子活化分析技术比较

3.6.1　分析灵敏度

活化分析中，热中子注量率高、核反应截面大，热中子活化分析灵敏度在各种活化分析中是最高的，分析精度高、需要样品量小，可分析痕量元素。

3.6.2　分析深度和非破坏性

中子和 γ 光子活化分析可做样品元素非破坏性分析，带电粒子活化分析只能做样品表面元素非破坏性分析。中子、带电粒子和 γ 光子活化只能鉴别元素和测量元素含量，不能直接测量元素深度分布。如要进行深度分布分析，需要与剥层技术相结合，这时的分析是破坏性的。

3.6.3　分析的抗干扰性

中子活化分析干扰反应较多，需要通过其他核反应测量干扰本底；带电粒子活化分析反应道多，通过采用不同入射粒子和能量可以很好地消除干扰本底；γ 光子活化分析可以利用反应阈能差异消除干扰本底。

3.6.4　分析的多元素性

中子活化分析可以同时进行几十种元素的多元素分析。带电粒子活化分析生成核一般是 β$^+$ 衰变核，衰变曲线测量和分解也可做多元素分析，但是精度不如中子活化分析好。带电粒子活化分析多元素时，同时分析的元素数不能太多，一般不超过 3 ~ 5 个，元素太多衰变曲线很难精确分解。衰变曲线分解与各个待分析元素间的半衰期差有关，彼此间相差

小,衰变曲线不易分解,半衰期相差越大,衰变曲线分解精度越高。

3.6.5 分析的适用性

快、慢中子活化分析可以分析元素周期表中几乎所有的轻、重元素。带电粒子和 γ 光子活化分析主要分析轻元素。

一种活化分析方法不能分析的元素,可用另一种方法分析。几种活化分析方法都能分析的可做对比分析和同时分析,这样可以提高分析的精度和可靠性。

3.7 轻、重带电粒子活化分析和 γ 光子活化分析应用

3.7.1 轻带电粒子活化分析的应用

轻带电粒子(通常称为带电粒子)活化分析主要用于材料表面轻元素分析和其他方法很难分析的,如 Pb、Nb 等中、重元素的分析。

带电粒子活化分析可以用于半导体、金属、生物样品中的 B、C、N、O、P、S 等轻元素杂质分析。轻元素杂质对材料性能影响很大,例如核动力工程中的 Zr 合金,B、C、N 等杂质含量必须很低,因为 B 的中子俘获截面很大,会造成中子衰减,C、N 等杂质对 Zr 的机械和化学性能有很大影响。

带电粒子活化分析测定材料表面轻元素总量,不能直接测量元素深度分布,如要测量深度分布,需要采用剥层技术,这样的分析是破坏性的。

带电粒子分析重元素时,库仑势垒较高,要求入射带电粒子具有较高的能量。

1. 半导体材料的轻元素杂质分析

(1)半导体材料的 O 分析

半导体材料 Si、GaAs 等中的 O 杂质,对由这几种材料制成的电子器件的质量有严重影响,所以 O 杂质含量要求低于 $\sim 10^{16}$ 原子 $\cdot$ cm^{-3}($\leqslant 0.1$ ppm),带电粒子活化分析可以灵敏地测量半导体材料中的 O 含量 (Lass et al. ,1982;Sanni et al. ,1984)。O 含量的分析采用 $^{16}O(^{3}He,p)^{18}F$ 核反应,该核反应的阈能 $E_{th} = 4.61$ MeV。分析中可能的干扰本底来自 ^{23}Na 和 ^{19}F,它们通过 $^{23}Na(^{3}He,2\alpha)^{18}F$ 和 $^{19}F(^{3}He,\alpha)^{18}F$ 核反应产生 ^{18}F,这两个核反应计算的阈能分别为 $E_{th} = 5.57$ MeV 和 $E_{th} = 4.76$ MeV。在入射 ^{3}He 的能量 $E_{He} = 5$ MeV 和束流 0.5 μA 时,O 的分析灵敏度可达 0.5ppm。

InP 半导体是光电子学和微波器件的材料。对于 InP 中 O 杂质,采用中子活化分析是很难的,因为 In 和 P 的中子活化核反应产物放射性活度大、寿命长。采用 $^{16}O(T,n)^{18}F(E_{T} = 3$ MeV)核反应的带电粒子活化分析能够很好地测量 InP 中的 O。T 与 P 产生的放射性核素寿命短,T – In 库仑势垒高,不会发生核反应。但是 T 是放射性的,一般加速器不加速 T。作为 T 的替代,^{3}He 或 ^{4}He 的带电粒子活化分析可测量 InP 中 O 杂质,分析可以采用的核反应有 $^{16}O(^{3}He,p)^{18}F$ 或 $^{16}O(^{4}He,pn)^{18}F$ 等(表3.3)。

（2）半导体材料的 C 分析

半导体材料 Si 中的 C 分析，可以利用$^{12}C(d,n)^{13}N$带电粒子活化核反应进行（袁自力，1975）。核反应生成的^{13}N是β^+放射性核素，半衰期$T_{1/2} = 10$ min。

分析中 Si 基体中丰度为 92.23% 的^{28}Si会产生严重的干扰本底。它通过$^{28}Si(d,\gamma)^{30}P$核反应产生β^+放射性核素^{30}P，它的半衰期$T_{1/2} = 2.65$ min。此外，可能的干扰本底还有^{14}N和^{16}O，它们通过$^{14}N(d,n)^{15}O$和$^{16}O(d,n)^{17}F$核反应产生β^+放射性核素^{15}O和^{17}F，它们的半衰期分别为$T_{1/2} = 2.03$ min 和$T_{1/2} = 1.1$ min。^{13}N的半衰期比干扰反应产生的放射性核素的半衰期长 4~10 倍，可以通过较长的冷却时间消除^{30}P、^{15}O和^{17}F。

（3）半导体材料的 B 分析

超纯 Si 要求 B 杂质的含量$< 10^{-9}$，中子活化分析很难分析 B，带电粒子活化分析利用$^{11}B(p,n)^{11}C$或$^{10}B(d,n)^{11}C$核反应能很好地分析 B。^{11}C是β^+放射性核素，$E_{\beta^+} = 0.96$ MeV，$E_\gamma = 0.511$ MeV，$T_{1/2} = 20.4$ min。图 3.25 所示是实验测量的^{11}C的β^+衰变湮没发射的γ能谱和衰变曲线。

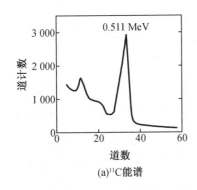
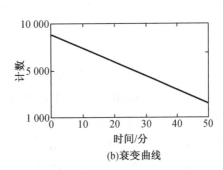

图 3.25　^{11}C能谱和衰变曲线

（4）半导体材料 Si 的 N、C、O 多元素分析

带电粒子活化分析也可以进行多元素分析。带电粒子活化核反应产生的放射性核素大多是β^+衰变核，不能通过能量测量进行β^+衰变核素鉴别，只能通过它们的半衰期或寿命测量进行鉴别。带电粒子活化分析的多元素分析，也是通过寿命测量进行的，因此同时分析的元素不能过多，几个为好，而且各个元素寿命差异越大越好。

李民乾（1980）进行了 Si 中 N、C、O 杂质的多元素同时分析，用的核反应分别是$^{14}N(p,pn)^{13}N$、$^{12}C(p,pn)^{11}C$、$^{18}O(p,n)^{18}F$，对应产生的放射性核素为^{13}N、^{11}C、和^{18}F，Si 基体通过$^{30}Si(p,n)^{30}P$核反应产生^{30}P本底。入射质子能量$E_p = 6.8$ MeV，上述四个核反应的生成核都是β^+衰变核，它们的半衰期分别为$T_{1/2}(^{30}P) = 2.5$ min，$T_{1/2}(^{13}N) = 10$ min，$T_{1/2}(^{11}C) = 20.4$ min，$T_{1/2}(^{18}F) = 107.7$ min。图 3.26 所示是实验测量的这四种不同半衰期

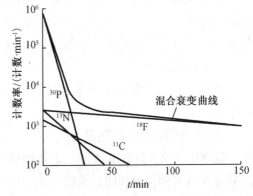

图 3.26　多寿命衰变曲线与拟合分解

的放射性核素的混合衰变曲线,由多寿命衰变曲线拟合得到它们的半衰期和 $t=0$ 的计数。由半衰期和 $t=0$ 的计数可鉴别元素和测定各元素的含量。

带电粒子多元素分析极限对于 O 为 0.2ppm,对于 N 为 0.04ppm,对于 C 为 4ppm。

2. 金属材料的轻元素杂质分析

(1) Ta 中 Nb 杂质分析

Ta 中 Nb 杂质含量的中子活化分析采用 $^{81}Nb(n,\gamma)^{94m}Nb$ 核反应进行,生成核 ^{94m}Nb 的半衰期为 $T_{1/2}=6.6$ min,衰变发射 16.6 keV 的 KX 射线。分析时基体 Ta 的 $^{181}Ta(n,\gamma)^{182m}Ta$ 核反应产生半衰期为 $T_{1/2}=16$ min 的 ^{182m}Ta,退激到半衰期为 $T_{1/2}=115$ d 的 ^{182}Ta,发射 16.263 keV γ 射线,能量与 ^{94m}Nb 的 KX 射线非常接近,探测器很难鉴别,对测量造成严重的干扰。由于干扰太大,中子活化分析测量的精度很差。

Nb 的带电粒子活化分析采用 $^{93}Nb(p,n)^{93m}Mo$ 核反应进行(Tilbury,1966),入射质子能量 14.5 MeV,生成核 ^{93m}Mo 的半衰期 $T_{1/2}=6.9$ h,分析灵敏度可以达到 10^{-6} 量级。

(2) Ta 中 N 杂质分析

除带电粒子活化分析,Ta 中 N 杂质含量很难用其他方法测量。Kraft(1981)、林森浩等(1981)利用 $^{14}N(p,n)^{14}O$ 或 $^{14}N(p,\alpha)^{11}C$ 核反应对 Ta 中的 N 杂质进行分析,入射质子能量 $E_p \sim 15$ MeV。核反应产生的 ^{11}C 经 β^+ 衰变到 ^{11}B,半衰期 $T_{1/2}=20.3$ min,产生的 ^{14}O 半衰期 $T_{1/2}=70.6$ s,经 β^+ 衰变到 ^{14}N 的激发态,发射 2.31 MeV 待征 γ 射线。测量过程中用尼龙($C_6H_{11}ON$)或开普顿膜($C_{22}H_{10}N_2O_4$)作标准样品。在用 $^{14}N(p,\alpha)^{11}C$ 活化核反应分析时,^{11}B(丰度 80.1%)会产生干扰,通过 $^{11}B(p,n)^{11}C$ 核反应产生 ^{11}C。这个干扰可以利用 B 的另一个同位素 ^{10}B(丰度 19.9%)的 $^{10}B(d,n)^{11}C$ 核反应测定 ^{10}B 的含量,根据同位素丰度得到 ^{11}B 含量,由 ^{11}B 含量计算 $^{11}B(p,n)^{11}C$ 产生的 ^{11}C,并从测量的 ^{11}C 含量中将其减去。而在用 $^{10}B(d,n)^{11}C$ 核反应测量 ^{10}B 时,$^{14}N(d,\alpha)^{11}C$ 核反应又可能是 $^{10}B(d,n)^{11}C$ 的干扰。$^{14}N(d,\alpha)^{11}C$ 核反应阈能 $E_{th}=5.8$ MeV,$^{10}B(d,n)^{11}C$ 核反应阈能 $E_{th}=1.7$ MeV,入射 d 能量满足 1.7 MeV $< E_d <$ 5.8 MeV 时,$^{14}N(d,\alpha)^{11}C$ 核反应不会发生,只发生 $^{10}B(d,n)^{11}C$ 核反应。带电粒子活化分析 N 杂质的灵敏度可以达到 0.4ppm~30ppm。

(3) 锕系元素中微量 O 测量

锕系元素中微量 O 测量具有重要的科学意义和应用价值。^3He 带电粒子活化分析锕系元素中的微量 O,可以避免重核裂变造成的干扰。测量采用的是 $^{16}O(^3He,p)^{18}F$ 核反应,^{18}F 是 β^+ 放射性核,半衰期 $T_{1/2}=107.7$ min,通过测量 ^{18}F 的放射性测量 O 含量。

3. 生物样品分析

H、N、C、O 是生物样品中主要的元素,带电粒子活化分析可以用于生物样品中的 N、C、O 测量。

(1) 植物蛋白质含量测量

植物蛋白质含量在植物种子选种和植物营养评估中是一个重要的参数。蛋白质含量是通过 N 含量测量得到的。采用 $^{14}N(p,d)^{13}N$ 核反应进行带电粒子活化分析测量 N 含量,核反应阈能为 $E_{th}=8.8$ MeV,或采用 $^{14}N(p,n)^{14}O$ 核反应进行,核反应阈能为 $E_{th}=$

6.3 MeV。$^{14}N(p,d)^{13}N$ 核反应产生的 ^{13}N 是 β^+ 放射性核，其半衰期 $T_{1/2}=9.965$ min，$^{14}N(p,n)^{14}O$ 核反应产生的 ^{14}O 的半衰期 $T_{1/2}=70.64$ s，^{14}O 经 β^+ 衰变到 ^{14}N 的激发态，发射 2.31 MeV 待征 γ 射线。由测定的 N 含量可以推算出植物中蛋白质含量。

（2）生物示踪剂 ^{18}O 测量

生物学研究中常用稳定同位素 ^{18}O 作为示踪剂（$H_2^{18}O$）。带电粒子活化分析可以采用 $^{18}O(p,n)^{18}F$ 核反应测量 ^{18}O 含量，核反应产生的 ^{18}F 是 β^+ 放射性核，半衰期 $T_{1/2}=110$ min。这个核反应截面较大，在质子能量 5 MeV 时，截面 $\sigma=500$ mb，所以测量灵敏度较高。测量时可能的干扰来自 O 和 C 的 $^{16}O(p,\alpha)^{13}N$ 和 $^{13}C(p,n)^{13}N$ 核反应产生的 ^{13}N，由于 ^{13}N 的半衰期 $T_{1/2}=9.965$ min，比 ^{18}F 短很多，经过 2 h 冷却就能消除干扰。

（3）生物样品微量金属元素分析

利用 α 带电粒子活化分析，可以测量血液、尿和生物组织中的 Be、Na 和 Al 等微量金属元素。例如，利用 $^9Be(^4He,2n)^{11}C$、$^{23}Na(p,n)^{23}Mg$ 和 $^{27}Al(d,p)^{28}Al$ 核反应分析 Be、Na 和 Al 等微量金属元素（表 3.1 和表 3.3）。

4. 带电粒子活化分析的其他应用

（1）轻元素分析

H、He、Li、Be、B、C、N、O、F 等轻元素分析在生命科学、材料科学、环境科学和地学中有重要作用。带电粒子活化分析对这些轻元素分析的灵敏度高，能够精确地测量这些轻元素的含量。

（2）在 γ 射线天文学中的应用

带电粒子活化分析在 γ 射线天文学中有很好的应用。行星、小行星和月球等物质活化后发射 γ 射线，通过 γ 能谱测量，确定它们的化学组成。利用加速器产生的氘带电粒子活化可以分析二氧化硅等地球外来样品，由分析的元素组分和测量的含量来反演地球外来物的化学组成。

3.7.2　重离子活化分析的部分应用

重离子活化分析可以用于 H、D 等很轻元素分析，也可以用于 B、C、S 等稍重元素分析。下面列举几个应用实例。

（1）重离子活化分析 H 和 D

H、D 杂质对材料性能影响较大，许多领域对 H、D 的分析有很高的需求。中子活化分析和 P、d、α 等轻带电粒子活化分析不能或很难分析 H、D。重离子活化分析方法可以较好地测量 ^7Li、^{10}B、^{16}O、^{19}F 等元素。重离子活化分析 H 及其他同位素，具有干扰少、本底低、灵敏度高等优点，例如利用 $^1H(^{18}O,n)^{18}F$ 或 $^1H(^7Li,n)^7Be$ 核反应分析 H 的灵敏度可达 0.1ppm；分析 O、Al、Si、S、K、Ti 等元素时，几乎没有干扰，一般总干扰不会超过 1%。

重离子活化分析可以很好地用于石油、水文地质试样、地下水中的 H、D 等轻元素含量的精确测量。

（2）重离子活化分析 C

中子活化分析不能分析 C，轻带电粒子分析 C 时基体干扰本底大，分析灵敏度较低，而重离子活化分析可以灵敏地分析 C。重离子活化分析可以采用$^{12}C(^6Li,\alpha n)^{13}N$ 等活化核反应进行。

（3）重离子活化分析 S 和 B

S 的重离子活化分析常用$^{32}S(^{18}O,^3H)^{47}V$ 核反应，分析没有干扰本底。B 的重离子活化分析常用$^{10}B(^9Be,n)^{18}F$ 或$^{11}B(^9Be,2n)^{18}F$ 核反应，分析时 C、N 等元素会产生一定干扰，重离子分析 B 的探测限可以达到 0.003ppm。

3.7.3　γ光子活化分析在元素分析中的若干应用

γ光子活化分析主要用于 B、C、N、O、F 等轻元素分析，也可用于 Ca、Mg、Ti、Ni 等重元素分析。热中子活化分析对 Fe、Ti、Zr、Tl、Pb 元素的分析不灵敏，而 γ光子活化分析可以灵敏地分析这些元素。

高能 γ射线穿透本领很大，可以进行样品杂质元素总量分析。

第三篇　离子束分析

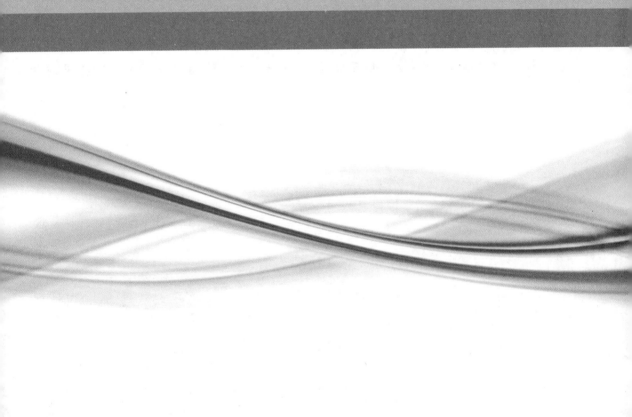

离子束分析是一种无损核分析技术,用于测定物质中元素成分、含量和它们的深度分布,沟道效应还可以测量单晶材料晶格损伤及其深度分布以及进行晶格原子定位。离子束分析有核反应分析、卢瑟福背散射分析、粒子激发 X 荧光分析、沟道效应分析、加速器质谱分析、超高真空离子束分析、低能离子散射分析、离子束微探针分析、扫描隧道显微分析等。本篇主要介绍常用的核反应分析、卢瑟福背散射分析、粒子激发 X 荧光分析、沟道效应分析、加速器质谱分析。

第4章 核反应分析

核反应分析是通过原子核反应产生的出射粒子鉴别材料中元素成分、测量元素含量（或浓度）及其深度分布的离子束分析方法。

反应堆、加速器或同位素源产生的中子、带电粒子或 γ 射线均可用于核反应分析。但是在实际应用中，核反应分析都是利用加速器产生的具有一定能量的带电粒子进行的。荷能带电粒子与材料中待分析元素发生核反应，通过核反应产生的出射粒子或 γ 射线等进行元素鉴别和元素含量（或浓度）及其深度分布的测量。

带电粒子与材料或靶元素的核反应形成生成核（或剩余核）并发射出射粒子，出射粒子有 γ 射线、带电粒子、中子等。根据探测的是生成核还是出射粒子，带电粒子核反应分析可以分为带电粒子核反应缓发分析和带电粒子核反应瞬发分析。前者即是第 3 章所述的带电粒子活化分析；后者是本章要介绍的探测核反应（瞬发）出射粒子的核反应分析。

核反应分析从 20 世纪 50 年代后期开始用于材料元素分析，是材料元素成分分析的一种不可或缺的方法，特别是对于材料中轻元素的分析。核反应分析不仅能分析元素含量，还能非破坏性地分析元素含量随深度的分布。

与带电粒子活化分析相比，核反应分析方法简便、分析速度快，可以利用不同核反应道或探测不同出射粒子有效地排除干扰，特别是可以非破坏性地测定元素含量随深度的分布。

4.1 核反应分析原理

4.1.1 核反应分析原理

图 4.1 所示是带电粒子核反应分析示意图。带电粒子核反应分析有两种分析方式：一种是通过探测核反应产生的半衰期 $T_{1/2}$ 的放射性生成核的 γ 衰变进行元素分析，即第 3 章所述的带电粒子活化分析或带电粒子核反应缓发分析；另一种是通过探测核反应产生的出射粒子，如 γ 射线、带电粒子、中子等进行元素分析，这就是本章的核反应分析或带电粒子核反应瞬发

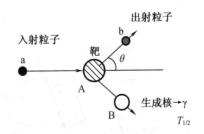

图 4.1 带电粒子核反应分析示意图

分析。图4.1中a是核反应入射粒子,A是核反应靶或待分析元素,B是核反应生成核,b是核反应出射粒子。

核反应分析是测量核反应出射粒子的能量或能谱,由出射粒子峰能量和峰计数鉴别元素种类和测定元素含量,由出射粒子能谱获得元素深度分布。

核反应出射粒子b的能量与样品中发生核反应的位置密切相关。入射粒子a在入射路径损失能量,能量随入射深度的增加而减小,例如图4.2中能量$E_0 > E_1 > E_2$。由于不同深度入射粒子能量不同,核反应产生的出射粒子能量也不同,不同深度产生的出射粒子在样品中通过不同的距离和能量损失离开样品,不同深度出射粒子能量不同,例如图4.2中的E_{b0}、E_{b1}、E_{b2}。因而探测到的出射粒子能量分布是一个连续能谱,不同能量出射粒子的计数取决于不同深度核反应截面和元素含量,所以从记录的出射粒子能谱可以测定元素含量随深度的分布。

带电粒子在材料中射程很短,因此带电粒子核反应分析主要是材料表面层元素鉴别、元素含量及其深度分布(图4.3)测量(Amsel et al. ,1971;Bird et al. ,1974)。

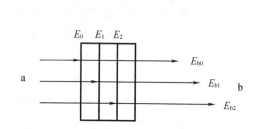

图4.2　不同深度核反应出射粒子能量

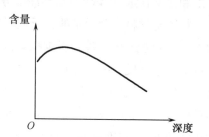

图4.3　材料表面层元素含量深度分布

4.1.2　带电粒子核反应

1. 核反应和Q方程

带电粒子核反应一般表示为$a + A = B + b + Q$,其中,A、a、B、b分别是核反应靶核、入射粒子、生成核(剩余核)和出射粒子(图4.1),Q是核反应的反应能。图4.4所示是实验室坐标系中核反应分析入射和出射粒子几何示意图,入射粒子在与样品表面法线夹角为θ_1方向入射[图4.4(a)],出射粒子在与入射粒子方向夹角为θ的方向出射。图4.4(a)中的θ_1是入射角,如果入射粒子在法线或垂直表面方向入射[图4.4(b)],这时入射角$\theta_1 = 0°$;θ是出射粒子的出射角,它是与入射粒子之间的夹角。

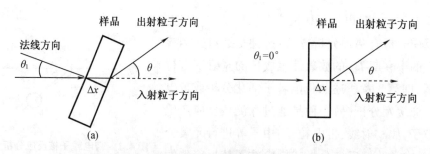

图4.4　实验室坐标系中核反应分析入射和出射粒子几何示意图

入射粒子 a 轰击靶核 A，可以同时发生多种核反应。例如，能量为 2.5 MeV 的氘核轰击 ^{6}Li 靶，可以发生 ^{6}Li + d = ^{4}He + α、^{6}Li + d = ^{7}Li + p、^{6}Li + d = ^{6}Li + d 等多个核反应，反应的出射粒子分别是 α、P 和 d 等。图 4.5 是 ^{1}H(^{15}N,αγ)^{12}C 核反应过程示意图。入射粒子 ^{15}N 轰击靶核 ^{1}H，形成复合核 ^{16}O，复合核发射一个 α 粒子，生成核 ^{12}C 处于激发态，发射 γ 射线退激到基态 ^{12}C。

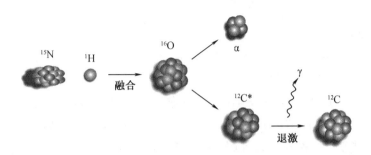

图 4.5　^{1}H(^{15}N,αγ)^{12}C 核反应过程示意图

核反应的反应能 Q 是反应前后质量差 $Q = [(M_a + M_A) - (M_b + M_B)] \cdot c^2$ 或能量差 $Q = (E_b + E_B) - (E_a + E_A)$ 或结合能差 $Q = (B_b + B_B) - (B_a + B_A)$。核反应的生成核处于激发态（图 4.5 中的 ^{12}C*）并迅即退激到基态（^{12}C）。如果生成核只有一个激发态[图 4.6(a)]，其激发能为 E_B^*。这时核反应 Q 值为 $Q = Q_0 - E_B^*$，式中 Q_0 是生成核处于基态的反应能。生成核处于激发态，其能量比基态高，这部分能量没有转化为生成核和出射粒子的动能，因此核反应过程中释放的能量比基态少了 E_B^*。如果生成核处于不同激发态[图 4.6(b)]，相应的核反应 Q 值也不同。由实验测量处于不同激发态的反应能 Q，再根据 $E_B^* = Q_0 - Q$ 可以得到生成核的各个激发态的能量。这种方法是一种重要的原子核激发能测量方法。

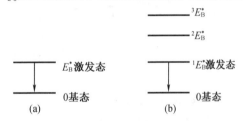

图 4.6　生成核的基态和激发态

$Q > 0$ 的核反应是放能反应，放能反应是无阈核反应。例如，p + ^{7}Li → α + α 反应的 Q 值为 $Q = (M_p + M_{Li} - M_\alpha - M_\alpha) \cdot c^2 = (1.007\ 825 + 7.016\ 004 - 2 \times 4.002\ 603) \times 931.5 = 17.35$ MeV，所以这个反应是放能反应。

$Q < 0$ 的核反应是吸能反应，吸能反应是有阈核反应。反应能 Q 与反应阈能 E_{th} 的关系为 $E_{th} = \dfrac{M_a + M_A}{M_A} |Q|$。例如，α + ^{14}N → p + ^{17}O 反应的 Q 值为 $Q = (M_\alpha + M_N - M_p - M_0) \cdot c^2 = (4.002\ 603 + 14.003\ 074 - 1.007\ 825 - 16.999\ 131) \times 931.5 = -1.191$ MeV，这个反应是吸能反应，由 Q 值计算得到反应阈能为 1.531 MeV。

假定入射粒子 a 能量 E_a，θ 角出射粒子 b 能量 E_b，Q 值可由式(4.1)计算得到：

$$Q = \left(1 + \frac{m_b}{M_B}\right)E_b - \left(1 - \frac{m_a}{M_A}\right)E_a - \frac{2\sqrt{m_a m_B E_a E_b}}{M_B}\cos\theta \qquad (4.1)$$

式(4.1)称为核反应 Q 方程。已知 Q 值，由式(4.1)可以计算不同角度出射粒子 b 的能量。

2. 核反应截面

核反应在 θ 角方向单位立体角发射粒子 b 的概率可用核反应微分截面 $\dfrac{\mathrm{d}\sigma}{\mathrm{d}\Omega}(\theta)$ 表示,它与入射粒子 a 的能量 E_a 密切相关。核反应出射粒子是 4π 空间的,核反应截面 σ 是微分截面的全空间积分,即 $\sigma = \displaystyle\int_0^{4\pi} \dfrac{\mathrm{d}\sigma}{\mathrm{d}\Omega}(\theta)\,\mathrm{d}\theta$。

核反应截面 σ 是入射粒子能量的函数 $\sigma(E)$,核反应截面随入射粒子能量变化的曲线称为激发曲线或激发函数,不同核反应的激发曲线不同(图 4.7)。有的核反应激发曲线呈现共振现象,这类反应称为共振核反应。共振核反应截面发生共振时的能量突然增大[图 4.7(a)中 E_R]。有的核反应截面 σ 随入射粒子能量 E_a 变化的激发曲线没有共振现象,这种反应称为非共振反应[图 4.7(b)~图 4.7(d)]。非共振核反应分析时,在截面足够高的条件下,入射粒子能量可以选择在截面曲线的平坦区域[图 4.7(d)箭头处],这样入射粒子能量稍有变化不会影响测量结果。

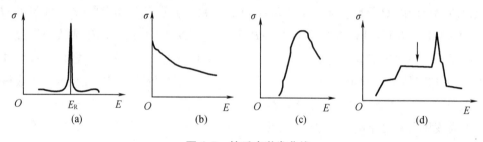

图 4.7　核反应激发曲线

3. 核反应出射粒子能谱

带电粒子入射到靶核,假定靶是单元素靶,只有一个核反应道,生成核处于基态,则核反应出射粒子能谱是一个单峰谱[图 4.8(a)];同样假定靶是单元素靶,也只有一个核反应道,但生成核处于基态和不同激发态,这时记录到的出射粒子能谱是一个多峰谱[图 4.8(b)]。一般在核反应分析中靶是多元素靶,每种元素都有若干个反应道,生成核可以处于不同激发态,记录到的出射粒子能谱是一个复杂的多峰谱[图 4.8(c)]。

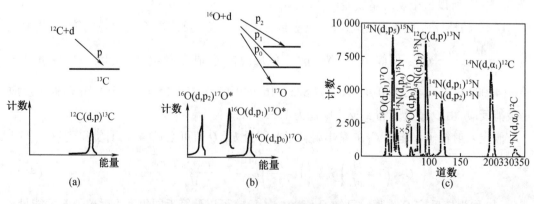

图 4.8　核反应出射粒子能谱

4.2 元素含量测量

Deconninck(1978)[176]和 Wolicki(1975)利用共振核反应,通过共振产额(反应产生的出射粒子数或 γ 辐射强度)测定元素含量或浓度。图 4.9(a)所示是利用入射粒子 a 与 A 的共振核反应测量样品中元素 A 含量及其深度分布示意图。改变入射粒子能量,当入射粒子能量 E_0 等于共振能量 E_R 时,在样品表面 1 发生共振反应;由于能量损失,样品内部入射粒子能量低于共振能量 E_R 不发生共振。如图 4.9(b)所示,提高入射粒子能量,才能在样品不同深度发生共振核反应,由各个深度共振产额测定元素含量和及其深度分布。图 4.9(b)中 ΔE 和 $\Delta E'$ 分别是从表面到深度 2 和 3 入射粒子的能量损失,当入射粒子能量为 E_R、$E_R + \Delta E$ 和 $E_R + \Delta E'$ 时,在表面和深度 2 和 3 发生共振核反应。连续提高入射粒子能量,可以在样品不同深度发生共振核反应。共振核反应只能对发生共振的元素(或核素)进行元素含量和含量的深度分布测量。

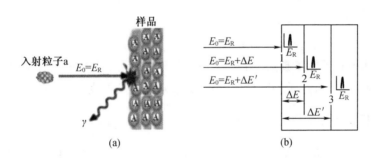

图 4.9 共振核反应测量元素含量深度变化原理示意图

测量非共振核反应分析反应产生的出射粒子种类、能量及其强度,来鉴定元素和测定元素含量,由出射粒子能谱得到元素含量的深度分布(Deconninck,1978)[176]。

带电粒子在材料中能量损失较大,因此核反应分析的样品也分为薄样品和厚样品两种。同时,核反应分析还要考虑用于分析的反应是共振核反应还是非共振核反应。

4.2.1 非共振核反应测量元素含量

1. 薄样品

对于薄样品,入射粒子在其中的能量损失很小,核反应截面 σ 可以看作常数。这样 θ 方向出射粒子产额为

$$Y(\theta, E_0) = QC\sigma(\theta, E_0)\Omega \cdot \frac{\Delta x}{\cos \theta_1}\varepsilon \tag{4.2}$$

式中 Q——入射粒子数;

  C——单位体积样品原子数,薄样品的 C 可以认为是常数;

Δx——样品厚度；

θ_1——入射粒子的入射角；

θ——出射粒子的出射角(图 4.4)；

E_0——入射带电粒子能量；

$\sigma(\theta, E_0)$——微分截面$\dfrac{\mathrm{d}\sigma}{\mathrm{d}\Omega}(E_0, \theta)$；

ε——探测器探测效率；

Ω——探测器对样品所张的立体角。

根据记录的出射粒子数，即测量的能谱中某特定峰面积的 $Y(\theta, E_0)$ 和 Q、σ、Ω、ε 等参数，由式(4.2)可计算元素含量或浓度，即单位体积样品原子数(C)或单位面积样品原子数($C \cdot \Delta x$)。

2. 厚样品

入射粒子在厚样品中能量不断损失，直到能量全部损失。不同深度处入射粒子能量不同，必须考虑能量损失引起的核反应截面 σ 随能量或深度的变化。因此，厚样品核反应产额须对整个入射粒子路径积分：

$$Y(\theta, E_0) = QC\frac{1}{\cos\theta_1}\Omega \cdot \varepsilon\int_0^{\Delta x}\sigma(\theta, x)\mathrm{d}x = QC\frac{1}{\cos\theta_1}\int_{E_0-\Delta E}^{E_0}\frac{\sigma(\theta, E)}{S(E)}\mathrm{d}E \qquad (4.3)$$

式中　C——元素含量，是不随深度变化的常数；

$S(E)$——阻止本领，$S(E) = \mathrm{d}E/\mathrm{d}x$；

ΔE——入射粒子能量损失，当 $E_0 - \Delta E < E_{\mathrm{th}}$ 时，核反应截面 $\sigma(\theta, E) = 0$，即入射到一定深度后，粒子的能量低于核反应阈能，不发生核反应。

4.2.2　共振核反应测量元素浓度

共振核反应截面随入射粒子能量的变化如图 4.10 所示，共振峰宽度与激发态能级的宽度相对应。

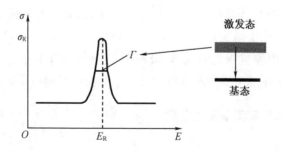

图 4.10　共振核反应截面随入射粒子能量的变化

孤立共振核反应截面用布赖特 - 维格纳公式表示：

$$\sigma(\theta, E) = \sigma_{\mathrm{R}}\frac{\dfrac{\Gamma^2}{4}}{(E - E_{\mathrm{R}})^2 + \dfrac{\Gamma^2}{4}} \qquad (4.4)$$

式中　E_R——共振能量；

　　　Γ——共振峰宽度或激发态能级宽度；

　　　σ_R——共振核反应截面。

当 $E = E_R$ 时，$\sigma = \sigma_R$。

1. 薄样品

假定入射粒子垂直入射到厚度 Δx（$\mu g \cdot cm^{-2}$）的样品[图 4.11(a)]，薄样品的入射带电粒子在样品中的能量损失 ΔE 小于共振峰宽度或激发态能级宽度 Γ[图 4.11(b)]，入射粒子能量损失为常数，即 $S(E) = dE/dx \approx S(E_R)$，入射粒子在样品中的能量损失 $\Delta E = S(E_R)\Delta x$。共振产额：

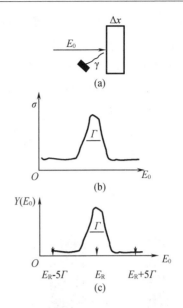

图 4.11　实验测量的薄样品共振产额曲线

$$Y(E_0) = QC\Omega\varepsilon \int_{E_0-\Delta E}^{E_0} \frac{\sigma(\theta, E)}{S(E)} dE$$

$$= QC\Omega\varepsilon \frac{1}{S(E_R)} \int_{E_0-\Delta E}^{E_0} \sigma(\theta, E) dE$$

$$(4.5)$$

将式(4.4)代入式(4.5)，积分后得到

$$Y(E_0) = \frac{QC\Omega\varepsilon\sigma_R\Gamma}{2S(E_R)} \left[\arctan\left(\frac{E - E_0}{\Gamma/2}\right) \right]_{E_0-\Delta E}^{E_0} \tag{4.6}$$

图 4.11(c)所示是能量 E_0 在 $E_R \pm 5\Gamma$ 范围内变化测量的产额曲线，共振峰面积为

$$I = \int_0^\infty Y(E_0) dE = \frac{\pi Qc\Omega\varepsilon\sigma_R\Gamma}{2S(E_R)}\Delta E \tag{4.7}$$

2. 厚样品

入射带电粒子在厚样品（$>1\ \mu m$）中的能量损失 ΔE 大于共振峰宽度 Γ。图 4.12 所示是实验测得的不同厚度样品的共振产额曲线。如图 4.12(a)和(b)所示，如果样品厚度是 Γ，入射粒子能量在 $E_R - \Gamma/2$ 和 $E_R + \Gamma/2$ 之间的区域都是共振能量范围；能量小于 $E_R - \Gamma/2$ 和大于 $E_R + \Gamma/2$ 的也都发生核反应，但是产额很低，由图可见，测得的产额曲线与截面激发曲线形状一致。对于厚度是 2Γ 的样品，$E_R - \Gamma$ 和 $E_R + \Gamma$ 之间的 2Γ 区域都是共振能量范围。样品厚度增加，共振产额曲线宽度变宽，产额曲线峰位稍有偏移，不在 E_R，而在 $E_0 = E_R + \Delta E/2$。对于无限厚样品，一定入射能量后产额达到饱和值 $Y(\infty)$（图 4.12(b)）。$\Delta E \gg \Gamma$ 的均匀厚样品的产额：

$$Y(E_0) = \frac{QC\Omega\varepsilon\sigma_R\Gamma}{2S(E_R)} \left[\arctan\left(\frac{E - E_R}{\Gamma/2}\right) \right]_0^{E_0} = \frac{QC\Omega\varepsilon\sigma_R\Gamma}{2S(E_R)} \left[\arctan\left(\frac{E_0 - E_R}{\Gamma/2}\right) + \arctan\left(\frac{E_R}{\Gamma/2}\right) \right]$$

$$(4.8)$$

由于 $E_R \gg \Gamma/2$ 和 $E_0 - E_R \gg \Gamma/2$，式中 $\arctan[E_R/(\Gamma/2)] \approx \pi/2$，$\arctan[(E_0 - E_R)/(\Gamma/2)] \approx \pi/2$，由式(4.8)得到无限厚样品的产额为

$$Y(\infty) = \frac{\pi QC\Omega\varepsilon\sigma_R\Gamma}{2S(E_R)} \tag{4.9}$$

共振产额曲线呈现一平台,平台高度为 $Y(\infty)$[图 4.12(b)]。图 4.12(c)所示是一定厚度样品或核反应靶或薄膜等测量的产额曲线,将实验测量的 ΔE 利用入射粒子能量损失 dE/dx 数据转化为长度单位,就是厚度。

图 4.13 所示为厚样品单共振核反应产额随深度变化示意图。单共振核反应[图 4.13(a)]测量时,随着入射能量增加,样品不同深处,如图 4.13(b)所示的 1,2,3 处,带电粒子的能量都是发生共振核反应的能量 E_R,如果样品元素含量 C 为常数或是均匀分布的,则共振产额不随深度变化[图 4.13(c)]。

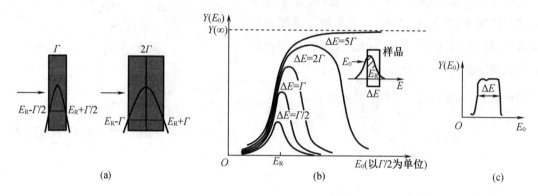

图 4.12 实验测得的不同厚度样品的共振产额曲线

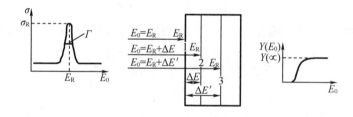

图 4.13 厚样品单共振核反应产额随深度变化示意图

图 4.14 所示是共振截面激发曲线有三个共振核反应的厚样品产额随深度变化。共振能量由低到高分别是 E_{1R}、E_{2R}、E_{3R}[图 4.14(a)],测量的厚样品产额曲线相应有三个平台的阶梯曲线[图 4.14(b)]。入射到样品表面带电粒子能量为 E_{1R} 时,只可能在样品表面发生共振核反应,样品内能量都小于 E_{1R} 不发生共振核反应;当粒子能量从 E_{1R} 增加到小于 E_{2R} 时,从表面起的一个薄层的粒子能量均可以是 E_{1R},这个薄层共振核反应产额都是 $Y_1(\infty)$。入射粒子能量为 E_{2R} 时,可以发生两个共振核反应,一个是表面 E_{2R} 共振核反应,另一个是 E_{2R} 在某一深度能量损失降低到 E_{1R} 发生的共振核反应;当粒子能量从 E_{2R} 增加到小于 E_{3R} 时,从表面起的一个薄层能量均可以是 E_{2R},发生共振核反应,相应的 E_{1R} 深度处起的一个薄层能量均可以是 E_{1R},发生共振核反应,两个共振产额的和形成 $Y_2(\infty)$ 平台;同样入射到样品表面的能量是 E_{3R} 时,如图可以发生 E_{3R}、E_{2R} 和 E_{1R} 三个共振核反应,共振核反应产额的和形成 $Y_3(\infty)$ 平台。

对于有多个共振的核反应,实验一般利用最低能量的共振峰进行测量,入射粒子能量小于比它高的相邻共振能量,这样可以得到单共振产额曲线。

绝对测量时,由 $Y(\infty)$ 可以得到元素含量 C。相对测量时,与已知含量的厚标准样品对比可得到含量 C:

$$C = C_s \frac{S(E_R)}{S_s(E_R)} \cdot \frac{Y(\infty)}{Y_s(\infty)} \qquad (4.10)$$

若标准样品是厚样品,待分析样品是薄样品,则

$$C \cdot \Delta x = \frac{I}{Y_s(\infty)} \cdot \frac{1}{S_s(E_R)} \cdot C_s \qquad (4.11)$$

式中,下标 s 表示与标准样品相关的量。入射粒子在样品中的能量损失因子 $S(E)$ 主要由基体决定,由于待分析元素与标准样品的基体不同,式(4.10)中包含了待分析样品和标准样品中的 $S(E_R)$ 和 $S_s(E_R)$。如果待分析样品和标准样品的基体相同,则 $S(E_R)$ 和 $S_s(E_R)$ 相同,式(4.10)变为 $C = C_s \cdot \dfrac{Y(\infty)}{Y_s(\infty)}$。

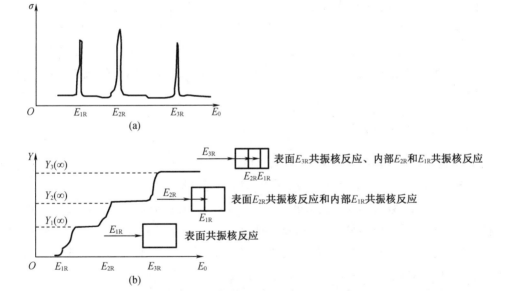

图 4.14　共振截面激发曲线有三个共振核反应的厚样品产额随深度变化

4.2.3　常用(p,γ)共振核反应

元素含量与含量深度分布测量以及加速器能量刻度中最常用的和最有用的两个共振核反应是 $^{19}F(p,\alpha\gamma)^{16}O$ 和 $^{27}Al(p,\gamma)^{28}Si$(Mayer et al. ,1977)。表4.1列出了这两个共振反应的共振能量、共振截面、共振宽度和产生的 γ 射线能量。另一个比较有用的共振核反应是 $^{35}Cl(p,\gamma)^{36}Ar$,但是在 0.4 ~ 3.1 MeV 能量范围有 65 个共振峰,γ 能谱非常复杂。

表 4.1　两个常用(p, γ)共振核反应

共振核反应	共振能量 E_R/MeV	共振截面/mb	共振宽度 Γ/keV	γ 射线能量/MeV
$^{27}\text{Al}(\text{p}, \gamma)^{28}\text{Si}$	0.992	91	0.05	1.77, 7.93, 10.78
$^{19}\text{F}(\text{p}, \alpha\gamma)^{16}\text{O}$	0.872	540	4.50	6.13, 6.92, 7.12

4.3　元素含量深度分布测量

带电粒子通过物质时的电离碰撞导致其能量损失,在样品不同深度处能量不同,从而使不同深度处的核反应截面不同,核反应产额取决于该深度处的反应截面和元素含量或浓度。由于不同深度处引起反应的粒子能量不同,核反应产生的出射粒子能量也不同;出射粒子离开样品前在样品中也有能量损失,即使能量相同,不同深度处的出射粒子离开样品时的能量也不同。探测器记录的是不同深度产生的出射粒子的连续能谱。能谱形状与元素含量深度分布密切相关的,由测量的出射粒子能谱可以获得元素含量深度分布。

核反应分析由测量的出射粒子能谱,借助能量损失因子将按能量分布的坐标转换为按深度分布的坐标。元素含量深度分布的核反应分析是一种非破坏性的元素含量深度分布测量方法。

4.3.1　能量损失歧离效应

MeV 级能量带电粒子在物质中与核碰撞的能量损失很小,主要是与原子中电子碰撞的能量损失。碰撞过程是一个统计过程,所以给出的能量损失都是平均能量损失,实际上能量损失是有一定涨落的,因而深度 x 处粒子能量不是单值的,而是围绕平均值有一定的涨落分布,这就是能量损失歧离效应(Deconninck, 1978)[176],(复旦大学等, 1985)。由于能量损失的涨落或能量损失歧离效应,带电粒子通过物质时,它的射程也是有一定分布的,即带电粒子的射程歧离效应。

图 4.15(a)所示是能量损失歧离效应,其导致带电粒子在样品中射程的歧离效应,图 4.15(b)所示是不同深度处的能量歧离效应示意图。由图可见,随着深度增加,能量减小,能量涨落或歧离效应变大。能量损失的涨落引起的歧离效应或能量分布可用高斯分布[图 4.15(c)]表示:

$$\sigma f(E) = \frac{1}{\sqrt{2\pi}\sigma_s} \exp\left[-\frac{(E - \bar{E})^2}{2\sigma_s^2}\right] \tag{4.12}$$

高斯分布的半高度宽度(FWHM)为 $\Delta_s = 2.355\sigma_s$, σ_s 是标准偏差,单位为 MeV:

$$\sigma_s = 0.395 Z_1 \left(\frac{Z_2}{A_2}\Delta x\right)^{1/2} \tag{4.13}$$

式中　Z_1、Z_2——入射粒子和靶核的原子序数;

A_2、Δx——靶核质量数和靶或样品厚度(单位为 $\mathrm{g \cdot cm^{-2}}$)。

能量歧离效应会使测量的深度分布分辨率变差。由图 4.15 可见,随入射深度增大,入射粒子能量变小、能量歧离变大、能量分布宽度增大。测量的深度分布的分辨率与带电粒子的入射深度有关,随深度增加分辨率变差。

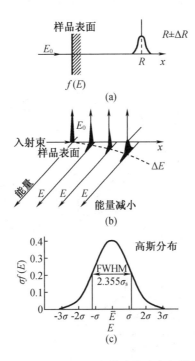

图 4.15　带电粒子在样品中的能量歧离和射程歧离

4.3.2　非共振核反应的元素含量深度分布测量

核反应分析测量元素含量深度分布,是利用入射粒子 a 和出射粒子 b 在它们经过路径上的能量损失,通过测量核反应 A(a,b)B 出射粒子 b 的能谱进行的 (Amsel et al.,1971)(Deconninck,1978)[176]。测量时,利用能量损失 $\mathrm{d}E/\mathrm{d}x$ 数据,将出射粒子能谱的能量坐标转为深度坐标,得到元素 A 含量的深度分布。

1. 核反应出射粒子能谱

图 4.16 所示是核反应分析测量元素含量深度分布原理示意图。能量为 E_0 的粒子在与样品表面法线呈 θ_1 角度入射样品,进入到 x 深度处的能量 $E_1(x)$ 为

$$E_1(x) = E_0 - \int_0^{\frac{x}{\cos\theta_1}} S_a(x)\,\mathrm{d}x \tag{4.14}$$

式中没有考虑入射带电粒子能散度,积分是对入射粒子在经过路径 D_x 上进行的:

$$D_x = \frac{x}{\cos\theta_1} = \int_{E_1}^{E_0} \frac{\mathrm{d}(E)}{S_a(E)} \tag{4.15}$$

在相对入射粒子方向 θ 角或相对样品表面法线方向 θ_2 角探测出射粒子 b,由图 4.16 可

见,出射角 $\theta = 180° - \theta_2 - \theta_1$。在深度 x 处核反应产生,θ 方向发射粒子 b 的能量 $E_2(x)$ 由式(4.1)计算得到。粒子 b 出射到样品表面的能量为

$$E_3(x) = E_2(x) - \int_0^{\frac{x}{\cos\theta_2}} S_b(x)\,\mathrm{d}x \tag{4.16}$$

式中积分是对 x 处核反应产生的粒子 b 在样品中的出射路径 G_x 上进行的:

$$G_x = \frac{x}{\cos\theta_2} = \int_{E_3}^{E_2} \frac{\mathrm{d}E}{S_b(E)} \tag{4.17}$$

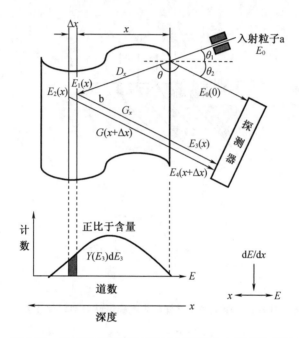

图 4.16　核反应分析测量元素含量深度分布原理示意图

深度 x 处 Δx 薄层发生核反应,在 θ 方向、Ω 立体角度内记录的出射粒子产额为

$$Y(\theta, x) = QC(x)\sigma[\theta, E_1(x)]\Omega\varepsilon \cdot \frac{\Delta x}{\cos\theta_1} \tag{4.18}$$

能量 $E_3(x)$ 到 $E_4(x+\Delta x)$,即深度 x 处 Δx 薄层出射的 b 粒子能量分布为

$$N(E_3)\Delta E_3 = QC(x)\sigma[\theta, E_1(x)]\Omega\varepsilon \cdot \frac{1}{\cos\theta_1}\frac{\mathrm{d}x}{\mathrm{d}E_3}\Delta E_3 \tag{4.19}$$

式中　$C(x)$——深度 x 处的元素含量;

　　　$N(E_3)$——单位能量间隔粒子数;

　　　$\mathrm{d}x/\mathrm{d}E_3$——出射粒子能量随深度变化率的倒数。

根据入射粒子通过的路径和出射粒子通过的路径及其它们相应的能量损失,可以计算和推导 Δx 薄层的能量损失因子 $[\mathrm{d}E_3/\mathrm{d}x]$ 为

$$\frac{\mathrm{d}E_3}{\mathrm{d}x} = S_b(E_3)\left[G_x + D_x\left(\frac{\partial E_2}{\partial E_1}\right)_{E_1}\frac{S_a(E_1)}{S_b(E_2)}\right] \tag{4.20}$$

将式(4.20)代入式(4.19)中得到

$$N(E_3)\Delta E_3 = QC(x)\sigma[\theta,E_1(x)]\Omega\varepsilon \cdot \frac{1}{\cos\theta_1}\frac{\Delta E_3}{\dfrac{\mathrm{d}E_3}{\mathrm{d}x}} \tag{4.21}$$

假定实验中记录能谱的多道分析器的道宽(每道能量)$\delta E = \Delta E_3$,则多道分析器每道计数为

$$N(E_3) = QC(x)\sigma[\theta,E_1(x)]\frac{\Omega\varepsilon}{\cos\theta_1}\frac{\delta E_3}{\dfrac{\mathrm{d}E_3}{\mathrm{d}x}} \tag{4.22}$$

由入射粒子能量 E_0 和式(4.14)、式(4.16),利用 $\mathrm{d}E/\mathrm{d}x$ 值,将能谱的能量 E 转换为深度 x、能量 E 坐标变成深度 x 坐标,得到深度分布(图4.17 和图4.16)。因为待分析元素含量较低,粒子在样品中的 $\mathrm{d}E/\mathrm{d}x$ 主要由基体元素决定。

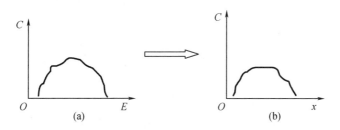

图 4.17　能量坐标到深度坐标的转换

2. 入射粒子散射本底

入射粒子 a 轰击样品,在发生核反应的同时还会被样品原子散射。入射粒子的散射本底甚至比核反应出射粒子 b 的数目大许多。但是散射粒子的能量较低,所以在核反应分析中,出射粒子探测器前加一适当厚度的吸收片,挡掉散射的入射粒子,只有出射粒子可以到达探测器并被记录。实验中经常用的吸收片是 *Al* 吸收片和 *Myler* 膜吸收片。实验中还可以采用磁偏转方法将散射的入射粒子偏掉,这就是核反应研究中用的磁谱仪。图 4.18 所示给出了核反应分析测量装置示意图、有无吸收片时的出射粒子能谱和测量的元素含量深度分布。

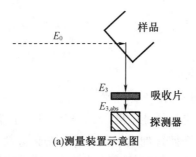

(a)测量装置示意图

图 4.18　核反应分析测量装置示意图、有无吸收片时的出射粒子能谱和测量的元素含量深度分布

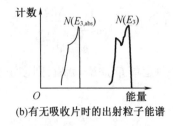
(b)有无吸收片时的出射粒子能谱

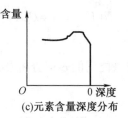
(c)元素含量深度分布

图 4.18(续)

散射粒子能量低,被探测器前的吸收片吸收,只有核反应出射粒子 b 能够通过吸收片,粒子 b 通过吸收片有能量损失,进入探测器的出射粒子 b 的能量是 E_3 减去它在吸收片中的能量损失,到达探测器的能量为

$$E_{3,abs} = E_3 - \int_0^l S_{b,abs}(E)dl \tag{4.23}$$

式中,l 为吸收片厚度,对于薄吸收片:

$$S_{b,abs}(E) \approx S_{b,abs}(E_3), E_{3,abs} = E_3 - S_{b,abs}(E_3) \cdot l \tag{4.24}$$

穿过吸收片的粒子能谱为

$$N(E_{3,abs}) = N[E_3 - S_{b,abs}(E_3)l] \tag{4.25}$$

对于厚吸收片,$S_{b,abs}(E)$ 是随能量变化的,需要采用数值计数法或积分法计算穿过吸收片后的粒子能量,能谱 $N(E)$ 的转换比较复杂:

$$N(E_{3,abs}) = N(E_{3,abs} + \Delta E')\frac{S_{b,abs}(E_3)}{S_{b,abs}(E_{3,abs})} \tag{4.26}$$

式中,$\Delta E' = E_3 - E_{3,abs}$。

式(4.22)和式(4.26)的能谱,没有考虑带电粒子的能散度能谱,称为理想或真实的能谱。实验上测量的能谱是入射带电粒子能散度、入射和出射粒子能量损失歧离效应产生的能散度、探测器能量分辨等和实际能谱的卷积。

探测器前没有吸收片时测量的能谱为

$$N_0(E_3) = \int_{-\infty}^{\infty} N(E'_3)g(E_3 - E'_3)dE'_3 \tag{4.27}$$

有吸收片时测量的能谱为

$$N_0(E_{3,abs}) = \int_{-\infty}^{\infty} N(E'_{3,abs})g(E_{3,abs} - E'_{3,abs})dE'_{3,abs} \tag{4.28}$$

式中　N 函数——实际能谱;

　　　g 函数——能量分辨函数;

　　　N_0 函数——实验测量的能谱。

能量分辨函数包括入射带电粒子能散度、入射和出射粒子能量损失歧离效应产生的能散度、探测器能量分辨等。数据处理时,需要采用退卷积方法得到真实能谱 N(*O'Haver*, 2007),然后由真实能谱导出元素含量深度分布,这是一个相当复杂的过程。

3. 元素深度分布的相对测量

为了避免上述的复杂过程,实际测量中,常用相对法测量元素含量深度分布。

相对测量法中,采用一个已知元素含量深度分布的标准样品,在相同条件下测量待测样品和标准样品的出射粒子能谱。图 4.19 所示是待测样品和标准样品(下标 s)能谱与深度分布示意图。将测量的能谱连续地分成许多等能量间隔 ΔE,图 4.19(a)中画出了第 i 个间隔,该间隔中待测样品和标准样品的计数分别为 N(E) 和 N_s(E);利用入射粒子能量损失 dE/dx 数据将能量坐标转化为深度坐标[图 4.19(b)],能量间隔 ΔE 的相应深度间隔是 Δx,与能谱对应的第 i 个深度间隔中待测样品和标准样品的计数分别为 N(x) 和 N_s(x),由式(4.29)得到待测样品含量 C(x):

$$C(x) = C_s(x) \frac{N(x)\left(\dfrac{dE_3}{dx}\right)}{N_s(x)\left(\dfrac{dE_3}{dx}\right)_s} \tag{4.29}$$

对从能谱的最低能量(深度最大)到最大能量(表面)的逐个间隔进行比较,得到待测样品含量 C(x) 的深度分布。ΔE 要取得足够小,使 Δx 也是等间隔的,同时 ΔE 小深度分布的分辨率好。

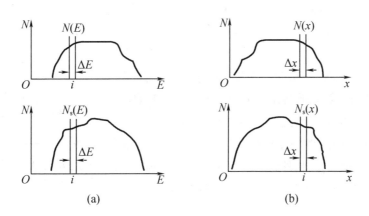

图 4.19　相对测量法中待测样品和标准样品的能谱与深度分布示意图

对于出射粒子是带电粒子的核反应,如(p,α)、(d,α)、(d,p),测量核反应出射粒子的能谱,可测定待分析元素含量的深度分布。如果出射粒子是中子,中子的能量损失很小可以忽略($S_b = 0$),只需要考虑入射粒子能量损失、不需要考虑中子在样品中的能量损失,这时 $E_2(x) = E_3(x)$,则可根据不同深度产生的中子能量来确定深度,得到元素含量深度分布。中子能谱测量需要采用飞行时间等方法,比带电粒子测量复杂、昂贵得多,所以元素含量深度分布分析一般都是通过出射带电粒子能谱测量进行的。

4. 核反应分析深度分辨率

入射粒子能散度、能量歧离,探测器能量分辨率等,使探测到的 x 深度出射粒子 b 的能量有一定的分布或散度,导致深度不确定性。假定探测器系统能量分辨率为 ΔE_D,对于厚度 $\Delta x = x_1 - x_2$ 的薄层,对应 Δx 的 x_1 和 x_2 的能量差为 ΔE_3,则只有 ΔE_3 大于 ΔE_D 时,探测器才能区分开 x_1 和 x_2 的出射粒子。深度分辨的定义为

$$\Delta x = \frac{\Delta E_D}{\dfrac{dE_3}{dx}} \tag{4.30}$$

式中,ΔE_D是探测器系统能量分辨率($Moller\ et\ al.$,1977):

$$\Delta E_D = \sqrt{\delta_B^2 + \delta_D^2 + \delta_G^2 + \delta_{s,a}^2 + \delta_{s,b}^2 + \delta_{ms,a}^2 + \delta_{ms,b}^2} \tag{4.31}$$

其中　　δ_D——探测器固有能量分辨率;

　　　　δ_G——入射粒子和出射粒子的几何条件引起出射粒子角度涨落产生的能散度;

　　　　$\delta_{s,a}$和$\delta_{s,b}$——入射和出射带电粒子能量歧离导致的能散度;

　　　　$\delta_{ms,a}$和$\delta_{ms,b}$——反应前后带电粒子多次散射引起的角度分散导致的能散度;

　　　　δ_B——入射粒子固有能散度。

能量分辨率函数ΔE_D满足高斯分布:

$$g(E_3) = \frac{1}{\sqrt{2\pi}\sigma_s}exp\left[-\frac{(E_3 - \overline{E}_3)}{2\sigma_s^2} \right] \tag{4.32}$$

式中,$\sigma_s = \Delta E_D / 2.355$。

核反应出射粒子能谱测量含量深度分布深度分辨率一般是几十~几百nm。在ΔE_D中,能量歧离、多次散射等与深度有关,因此深度分辨率与深度有关,深度越大,分辨率越差。

为了提高深度分辨率,由式(4.30)可见,一是减小ΔE_D,二是增大dE_3/dx。dE_3/dx是入射粒子路径的能量损失$E - E_1(x)$和出射粒子路径能量损失$E_2(x) - E_3(x)$之和。为了增大dE_3/dx,实验上采用掠角几何入射(图4.20),增大入射和出射粒子的途经长度,从而增大能量损失,改善深度分辨率。此外,重离子在物质中的dE/dx大,采用重离子核反应分析可以提高深度分辨率。

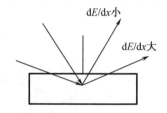

图4.20　掠角几何入射示意图

4.3.3　共振核反应测量元素含量深度分布

共振核反应一般都发射γ射线,实验中通过γ测量获得共振产额。共振核反应常表示为$A(a,\gamma)B$,如$A(p,\gamma)B$、$A(p,\alpha\gamma)B$等。

如图4.10所示,共振核反应截面随能量变化呈现共振峰,共振峰宽度一般小于或等于$100\ eV$。当入射粒子能量$E_0 = E_R$时,在样品表面发生共振核反应,入射能量E_0从E_R起逐步增加,共振核反应在样品不同深度处发生(图4.13),测定不同深度时的共振产额,可得到不同深度元素含量,再利用dE/dx数据,将能量坐标转换为深度坐标,得到元素含量深度分布(图4.17)。能量和发生共振核反应深度 x 的关系为

$$x = (E_0 - E_R)/S_a(E) \tag{4.33}$$

式中,$S_a(E) = S[(E_0 - E_R)/2]$。$\gamma$射线的穿透力很强,不需要考虑它在样品中的能量损失。但对于很厚的样品或很高精度测量时,需要考虑γ射线在样品中的吸收,$exp(-\mu x/cos\ \theta_2)$,其中 μ 是吸收系数,$x/cos\ \theta_2$是γ射线在样品中的出射路径。

1. 单共振核反应测量元素含量深度分布

图 4.21(a) 所示是单共振核反应激发曲线与共振宽度 Γ，样品中某一深度处 Δx 薄层与 Γ 对应，图 4.21(b) 所示是样品元素深度分布。改变入射粒子能量，在不同深度处发生共振，相当于将 Γ 宽度的共振峰窗口从表面向内部移动。图 4.21(c) 所示是实验测量的共振产额曲线。由图可见，测量的产额曲线与含量分布形状相似，但不完全相同，这是由于入射粒子能量散度和测量的共振峰宽度随深度变宽。产额曲线的低、高能尾巴对应于共振曲线低、高能尾巴。

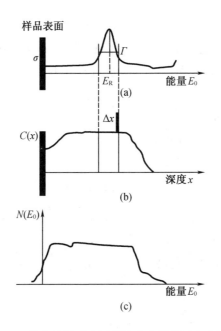

图 4.21　单共振核反应测量元素含量的深度变化

实验测量的 $N(E_0)$ 是真实含量深度分布 $C(x)$ 与能量分布的卷积：

$$N(E_0) = Q\varepsilon\Omega\int_{x=0}^{\infty}\int_{E=0}^{\infty}\int_{E_1=0}^{\infty} C(x)G(E_0,E)F(E,E_1,x)\sigma(\theta,E_1,E_R) \cdot$$

$$\exp\left(-\frac{\mu x}{\cos\theta_2}\right)\mathrm{d}E\mathrm{d}E_1\mathrm{d}x \tag{4.34}$$

式中　$G(E_0,E)$——入射粒子能量分布，表示入射粒子能量围绕 E_0 达到 E 的概率；

　　　$F(E,E_1,x)$——能量歧离分布，即能量为 E 的入射粒子在深度 x 处围绕 E_x 能量达到 E_1 的概率；

　　　$\sigma(\theta,E_1,E_R)$——能量为 E_1 的微分截面，其中 E_R 是共振能量；

　　　$exp(-\mu x/cos\,\theta_2)$——γ 射线在样品中的吸收，其中 μ 是样品对 γ 射线的吸收系数，θ_2 是 γ 射线探测器方向与样品表面法线间的夹角。

需要采用退卷积方法，从测量的 $N(E_0)$ 得到真实样品含量分布 $C(x)$。

与非共振核反应分析相同，实验中也常采用相对测量法，与已知含量分布的标准样品相比，测定元素含量的深度分布 $C(x)$。

2. 多共振核反应测量元素含量分布

采用多共振核反应(图 4.14)进行元素含量分布测量时,一般采用第一共振峰,即能量最低的共振峰,并且可以测量的样品最大深度对应于第一共振峰能量与其相邻的第二共振峰能量之间的间隔,或者将入射粒子能量限于小于第二共振峰能量,保证只有第一个共振起作用。如果样品最大深度覆盖了几个共振峰的能量范围,随着入射粒子能量不断增大,共振产额曲线呈阶梯形变化(图 4.14)。

3. 共振核反应测量深度分布的深度分辨率

深度分辨率同样定义为

$$\Delta x = \Delta E_D / S(E) \tag{4.35}$$

由式可见,入射粒子的能量损失 $S(E)$ 大,Δx 小,所以采用掠角几何入射和重离子核反应分析可以提高深度分辨率;同样减小 ΔE_D 也可以减小 Δx。共振核反应的 ΔE_D:

$$\Delta E_D = (\Delta_B^2 + \Delta_{s,a}^2 + \Gamma^2)^{1/2} \tag{4.36}$$

式中 Γ——共振能级宽度;

Δ_B——入射粒子固有能量分布宽度;

$\Delta_{s,a}$——能量歧离分布宽度。

固有能量分布宽度和能量歧离分布宽度满足高斯分布:

$$G(E_0, E) = \frac{1}{\sqrt{2\pi}\sigma_B} exp\left[-\frac{(E - E_0)^2}{2\sigma_B^2} \right] \tag{4.37}$$

$$F(E, E_1, x) = \frac{1}{\sqrt{2\pi}\sigma_{s,a}} exp\left[-\frac{(E - E_1)^2}{2\sigma_{s,a}^2} \right] \tag{4.38}$$

式中 $\Delta_B = 2.355\sigma_B$;

$\Delta_{s,a} = 2.355\sigma_{s,a}$。

在近表面处:

$$\Delta E_D = \sqrt{\Delta_B^2 + \Gamma^2}, S(E) = S(E_R)$$

一般共振核反应法深度分辨率为几到几十 nm,好于核反应出射粒子能谱测量法。

4.3.4 能谱和产额曲线退卷积

实验上测量的能谱或产额曲线是真实能谱与能量分布、能量歧离、共振宽度等的卷积[式(4.34)],因此需要通过退卷积法得到真实含量深度分布(*O'Haver*,2007;*Amsel et al.*,1968)。

退卷积法主要有傅里叶变换法(*Brigham*,1967)和迭代法(吴雪君,1984)两种。图 4.22 所示是 $^{16}O(d,p)^{17}O$ 核反应实验测量能谱与采用退卷积法得到的真实能谱的比较(*Amsel et al.*,1968)。

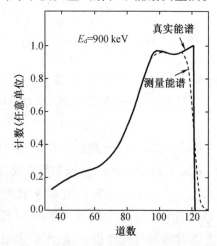

图 4.22 由测量能谱退卷积得到的真实能谱

采用相对法测量含量或浓度的深度分布,不需要采用退卷积法进行处理,所以测量精度高。

4.4 核反应分析实验测量方法

核反应分析的实验测量方法与核物理中核反应研究实验测量方法相同。核反应分析测量需要加速器、核探测器、核电子学仪器、计算机等设备。核反应分析可通过选择入射粒子及其能量、探测角度等参数,排除干扰反应,获得最佳实验条件,提高分析灵敏度和准确度。

4.4.1 常用带电粒子核反应

如图 4.23 所示,核反应产生核可以处于基态和不同激发态,生成核处于基态和不同激发态的出射粒子常用 X_0、X_1、X_2、X_3 等表示,下标 0,1,2,3 分别是生成核处于基态、第一、第二、第三激发态。如图 4.8 中,$^{16}O + d \rightarrow ^{17}O + p$ 反应的生成核 ^{17}O 处于基态和不同激发态,记录的出射质子能谱是一个有 p_0、p_1 和 p_2 三个峰的能谱,p_0 是生成核 ^{17}O 处于基态发射的质子峰,p_0 峰相应的质子能量最大,处于第一和第二激发态发射的质子峰是 p_1 和 p_2,相应激发

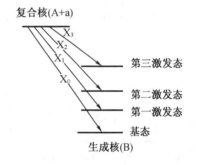

图 4.23 核反应生成核的基态和不同激发态的出射粒子

态的质子峰能量比基态的低,激发态越高,质子峰能量越低。核反应分析实验测量主要测量出射粒子的能谱。

表 4.2 是核反应分析常用的带电粒子核反应及相关参数,表中列出了核反应 Q 值、入射粒子能量、出射粒子能量、微分截面、探测器前吸收片厚度和产额等参数。表 4.3 列出了核反应分析常用的轻带电粒子核反应。

表 4.2 核反应分析常用的带电粒子核反应及相关参数

核素	核反应	Q 值 /MeV	入射粒子能量 /MeV	出射粒子能量 /MeV	$d\sigma/d\Omega$ /($b \cdot sr^{-1}$)	Mylar 膜吸收片厚度/μm	产额 /μC^{-1}
^2D	$^2D(d,p)^3T$	4.032	1.0	2.3	5.2	14	30
^2D	$^2D(^3He,p)^4He$	18.352	0.7	13.0	61	6	380
^3He	$^3He(d,p)^4He$	18.352	0.45	13.6	64	8	400
^6Li	$^6Li(d,\alpha)^4He$	22.374	0.7	9.7	6	8	35
^7Li	$^7Li(p,\alpha)^4He$	17.347	1.5	7.7	1.5	35	9

表4.2(续)

核素	核反应	Q值/MeV	入射粒子能量/MeV	出射粒子能量/MeV	$d\sigma/d\Omega$/(b·sr^{-1})	Mylar膜吸收片厚度/μm	产额/μC^{-1}
^{9}Be	^{9}Be(d,α)^{7}Li	7.153	0.6	4.1	~1	6	6
^{11}B	^{11}B(p,α)^{8}Be	8.586	0.65	5.57(α_0)	0.12(α_0)	10	0.7
		5.65	0.65	3.70(α_1)	90(α_1)	10	0.7
^{12}C	^{12}C(d,p)^{13}C	2.722	1.20	3.1	35	16	550
^{13}C	^{13}C(d,p)^{14}C	5.951	0.64	5.8	0.4	6	2
^{14}N	^{14}N(d,α)^{12}C	13.574	1.5	9.9(α_0)	0.6(α_0)	23	3.6
		9.146	1.2	6.7(α_1)	1.3(α_1)	16	7.0
^{16}O	^{16}O(d,p)^{17}O	1.917	0.9	2.4(p$_0$)	0.74(p$_0$)	12	5
		1.05	0.9	1.6(p$_1$)	4.5(p$_1$)	12	28
^{18}O	^{18}O(p,α)^{15}N	3.980	0.73	3.4	15	11	90
^{19}F	^{19}F(p,α)^{16}O	8.114	1.25	6.9	0.5	25	3
^{23}Na	^{23}Na(p,α)^{20}Ne	2.379	0.592	2.238	4	6	25
^{27}Al	^{27}Al(p,γ)^{28}Si	11.586	0.992(共振)	1.77			80
				7.93			80
				10.78			80
^{31}P	^{31}P(p,α)^{28}Si	1.917	1.514	2.734	16		100

数据来源:Mayer et al.,1977。

注:1. 入射粒子能量≤2 MeV,θ_{lab}=150°处测量出射粒子,探测器立体角0.1 sr,产额为表面原子1.0×10^{16} cm^{-2}时单位微库仑(μC)入射粒子的反应产额。

2. 对于(p,γ)核反应,产额为采用7.6 cm×7.6 cm NaI(Tl)晶体,在距离样品1 cm处测量的γ射线产额。

表4.3　核反应分析常用的轻带电粒子核反应

带电粒子	核反应/MeV	入射粒子能量/MeV	出射粒子能量/MeV	$d\sigma/d\Omega$/(mb·sr^{-1})
p	^{7}Li(p,α)^{4}He	$E_p=1.5$	$E_\alpha=2.3$(150°)	1.5
d	D(d,p)^{3}H	$E_d=1.0$	$E_p=2.3$(150°)	5.2
d	^{14}N(d,α)^{12}C	$E_d=1.5$	$E_\alpha=9.9$(150°)(α_0)	0.6
d	^{16}O(d,p)^{17}O	$E_d=0.9$	$E_p=2.4$(150°)(p$_0$)	0.74

4.4.2　核反应分析实验测量装置

带电粒子核反应分析的实验测量装置与核物理实验中核反应研究用的设备和仪器相同,设备比较简单。

图4.24所示是核反应分析常用的实验装置示意图。图4.24(a)是探测出射带电粒子

的实验测量装置,图 4.24(b)是探测出射的 γ 射线的实验测量装置。图 4.24(a)中,加速器产生的带电粒子束入射到靶室,轰击样品,一般采用 Au – Si 面垒型半导体探测器记录出射粒子,为了去掉入射粒子散射的本底,探测器前安放 Al 箔或 Myler 膜吸收片。如果采用磁偏转方法偏转掉散射的入射粒子的磁谱仪,探测器前不用吸收片。图 4.24(b)中,加速器产生的带电粒子束入射到靶管,轰击封装在顶部的样品,采用 NaI(Tl)闪烁探测器或 HPGe 探测器记录产生的 γ 射线。

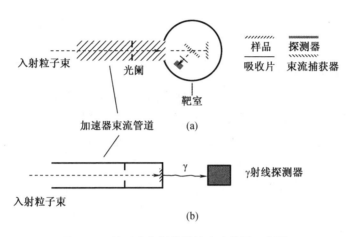

图 4.24　核反应分析常用的实验装置示意图

图 4.25 所示是一个加速器离子束实验室分析终端平面图。离子源产生的负离子注入串列加速器,负离子经过一次加速后在加速器中部高压端通过固体或气体电荷剥离器,剥离为正离子得到第二次加速,加速器后的高能离子束经分析磁铁偏转 90°,输运到开关磁铁,束流由开关磁铁偏转到各个实验分析终端。图中画出了粒子激发荧光分析终端、卢瑟福背散射分析终端、核反应分析终端、沟道效应分析终端、加速器质谱分析终端。

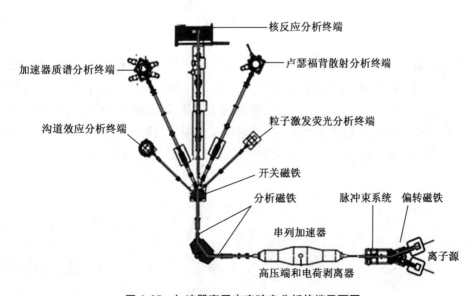

图 4.25　加速器离子束实验室分析终端平面图

4.4.3　标准样品

相对测量中,需要已知元素含量和含量深度分布的标准样品(Amsel et al.,1983)。标准样品的精度直接影响测量精度,标准样品的精度要好于3%。

图 4.26 所示是两种类型标准样品示意图。图 4.26(a)是重元素基体表面镀一层轻元素薄层的标准样品,图 4.26(b)是重元素基体材料注入一薄层轻元素的标准样品。

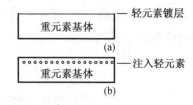

图4.26　两种类型标准样品示意图

表面镀膜或轻元素薄层的方法有真空镀膜、离子束注入镀膜、电化学镀膜等,根据不同元素或需要选用适当的方法。重元素基体材料表面注入一薄层轻元素只能采用加速器离子注入方法制备。

标准样品采用重元素基体,带电粒子与重元素核反应的库仑势垒高,可以通过入射带电粒子的能量选择,减少重元素基体的干扰本底。

标准样品的衬底材料纯度要高、镀层或注入层厚度合适(太薄计数低,太厚反应产物自吸收严重)、束流轰击下镀层不脱落,镀层或注入层元素不发生扩散、化学稳定性好、无腐蚀和同位素交换效应。

4.4.4　核反应分析干扰本底

带电粒子活化分析可以通过辐照后表面腐蚀去掉污染层,核反应分析是在束分析,不可能进行表面腐蚀处理,样品表面必须没有沾污。分析测量 H、O、C、N 等轻元素时,靶室真空度必须要好于 10^{-4} Pa,以减小靶室剩余气体影响。

共振核反应测量时,共振能量 $E = E_R$ 处记录的产额是共振核反应和非共振核反应本底之和,需要扣除非共振核反应本底的贡献。实验上在能量远大于和远小于 E_R 的非共振能量处测量非共振核反应本底,取平均后从 $E = E_R$ 测量计数中将其减去,得到共振核反应净计数。

核反应分析中可能存在许多干扰反应。测量核反应瞬发 γ 射线时,不同元素通过不同核反应产生相同的生成核,发射相同的瞬发 γ 射线,如 $^{23}\mathrm{Na}(p,\gamma)^{24}\mathrm{Mg}$ 分析时,如果样品中有 Al,Al 的 $^{27}\mathrm{Al}(p,\alpha\gamma)^{24}\mathrm{Mg}$ 干扰反应产生相同的生成核,都发射 1.367 6 MeV γ 射线。实验上可以利用核反应阈能差消除干扰。在测量核反应瞬发出射带电粒子时,可以通过选择入射粒子能量和探测角度,甚至半导体探测器偏压设置等消除或减少干扰。

4.5 核反应分析的应用

带电粒子核反应分析是一种灵敏高、非破坏性的材料表面轻元素分析方法,通过核反应瞬发出射粒子探测鉴定元素、测量元素含量及其深度分布。

4.5.1 材料表面元素含量测量

1. O 含量测量

金属和半导体材料中 O 含量测量常用$^{16}O(d,p)^{17}O$核反应进行(钱景华等,1980),例如 Si 半导体材料中 O 含量测量。核反应分析测量时,入射 d 束能量 $E_d = 830$ keV,半导体探测器前放置 13 μm 厚 Myler 膜吸收片,在 $\theta = 150°$ 探测角度测量。测量采用的标准样品是 O 含量为 7.0×10^{17} cm^{-2}的 Ta_2O_5 薄标准样品。

图 4.27 是实验测量的 Ta_2O_5 和 Si 中的 $^{16}O(d,p)^{17}O$ 核反应的出射质子能谱,图 4.27(a)是标准样品 Ta_2O_5 的出射质子能谱,图 4.27(b)是 Si 中 $^{16}O(d,p)^{17}O$ 核反应的出射质子能谱。由图可见,跃迁到基态的 (d,p_0) 峰比较弱,跃迁到第一激发态的 (d,p_1) 峰较强,实验采用 $^{16}O(d,p_1)^{17*}O$ 第一激发态峰面积之比,由 $C = C_s \times Y(p_1)/Y(p_1)_s$ 测定 Si 半导体材料的 O 含量。计算时,峰面积计数需要将标准样品和待测样品入射束流或入射粒子数归一。

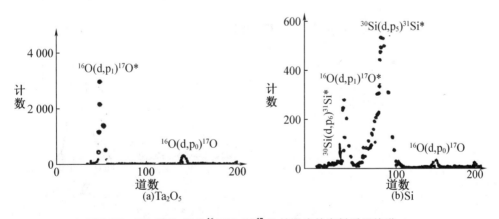

图 4.27 Ta_2O_5 和 Si 中 $^{16}O(d,p)^{17}O$ 核反应的出射质子能谱

2. F 含量测量

F 含量测量常利用共振 $^{19}F(p,\alpha\gamma)^{16}O$ 核反应进行(Deconninck et al.,1972),其共振能量 $E_R = 0.872$ MeV,测量时一般采用 CaF_2 作为标准样品。F 含量分析有许多实际应用需求,如牙齿等生物样品、非晶硅(α – Si)太阳能电池等的 F 含量测量。

α – Si 非晶硅太阳能电池最早采用的是 α – Si:H 材料,但是它在 350 ℃时发生 H 溢出,严重影响电池性能,其后被 α – Si:F 替代。α – Si:F 的 F 含量分析表明,温度达 600 ℃时 F

的含量仍保持不变,说明 α – Si:F 是一种比较好的非晶硅太阳能电池材料。

3. P 含量测量

半导体器件材料单晶硅中的 P 含量是一个有用的数据。鲍秀敏（1981）采用 $^{31}P(p,\alpha)^{28}Si$ 核反应和磁谱仪测量了单晶硅中 P 含量,测量过程中,利用磁偏转方法将弹性散射质子本底偏离半导体探测器,分析灵敏度达到 10^{18} 原子·cm^{-3}。

4.5.2 元素含量深度分布测量

1. 金属中氧扩散研究

物质中分子或原子的热运动会导致它们的迁移或扩散,使元素含量分布发生变化。核反应分析能够测量微量和痕量元素深度分布,从而能够测量扩散前后的元素含量深度分布,是一种很有效的材料中元素扩散研究方法。

Amsel 等(1971)采用 $^{16}O(d,p)^{17}O$ 核反应测量了 Zr 金属中 O 的扩散。样品是 O 含量为 60ppm 的范阿克尔型(Van Arkel type)Zr,在 ~ 1.3×10^{-5} Pa 真空进行 700 ℃ 加热处理。实验对未加热(室温)、加热 3 min 和加热 105 min 的三种样品进行了核反应出射质子能谱测量。入射 d 能量是 1.2 MeV,90° 探测出射质子[图 4.28(a)]。

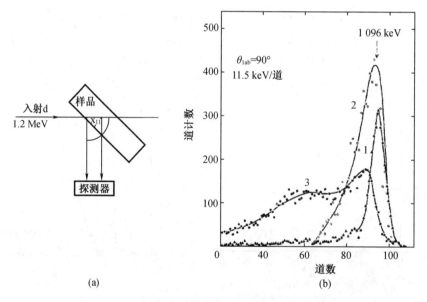

(a)　　　　　　　　　　(b)

图 4.28　不同条件测量的 Zr 中 $^{16}O(d,p)^{17}O$ 核反应出射质子能谱

图 4.28(b)所示是 $^{16}O(d,p)^{17}O$ 核反应测量的经过热处理和没有经过热处理的出射质子能谱。图中曲线 1 是未经过热处理 Zr 的质子的能谱,由图可见,Zr 表面有一层很薄的 O 层。曲线 2 是 3 min 热处理样品的质子能谱,O 向表面层浓集,并且可以看到明显的向内扩散。曲线 3 是 105 min 热处理样品的质子能谱,大量的 O 向内部深处扩散,而表面 O 含量减少,低于未进行热处理的 O 含量。

2. Al 含量深度分布测定

Al 含量深度分布常用 $^{27}Al(p,\gamma)^{28}Si$ 共振核反应测量,反应的共振能量 $E_R = 0.992$ MeV。

Wolicki(1975)采用 $^{27}Al(p,\gamma)^{28}Si$ 核反应方法分析了 $Al-SiO_2-Al$ 多层夹心样品中 Al 的深度分布。图 4.29(a)所示是 $Al-SiO_2-Al-SiO_2$ 多层样品 Al 原子分布示意图,图中圆点是 Al 原子,样品厚度以能量损失为单位;图 4.29(b)和图 4.29(c)所示分别是理想与实际测量的 $^{27}Al(p,\gamma)^{28}Si$ 产额曲线。左边第一个共振峰对应样品表面 Al 层,第二个共振峰对应样品内部的 Al 层。由图可见,由于入射质子束的固有能散度、质子在样品中的能量歧离效应,共振峰变宽,尤其是经过 Al 和 SiO_2 后的第二层 Al 峰产额谱线明显变得很宽。由 Al 峰面积可以得到 Al 含量,由峰位可以确定第二层 Al 层的深度。测量的深度分辨率可以达到 10 nm。

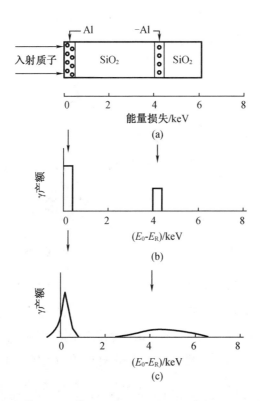

图 4.29　$^{27}Al(p,\gamma)^{28}Si$ 共振核反应测量的 Al 含量深度分布

3. H 含量深度分布测量

H 对材料性能有很大影响,H 分析在许多方面都有很重要的应用和研究价值。材料中 H 较多会起不良作用,如材料氢脆等;但有时 H 能改善材料的性能,如适量 H 元素能提高半导体太阳能电池转换效率。

利用重离子与 H 的带电粒子核反应分析,可以很好地测量 H 含量及其深度分布(Bøttiger,1978;郭清江 等,1983),一般利用 ^{19}F 和 ^{15}N 与 H 的共振核反应进行测量。表 4.4

列出了 ^{19}F 和 ^{15}N 与 H 的共振核反应及相关参数。

表 4.4　 ^{19}F 和 ^{15}N 与 H 的共振核反应及相关参数

核反应	共振能量/MeV	共振宽度/keV	截面/b	Si 中深度分辨率/nm
H(^{19}F,αγ)^{16}O	6.420	45	0.102	23
	16.448	89	0.661	46
	17.608	153	0.180	80
H(^{15}N,αγ)^{12}C	6.385	6	0.300	4.1
	13.351	30	0.800	23
	18.005	335	0.425	269
	24.403	1 012	0.340	907

Bφttiger 等(1976)采用 H(^{19}F,αγ)^{16}O 共振核反应,测量了 Al_2O_3 中注入 H 含量及其深度分布,这个反应过程如图 4.30 所示。

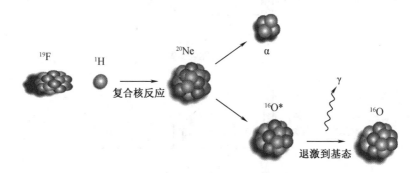

图 4.30　H(^{19}F, αγ)^{16}O 共振核反应过程

Al_2O_3 中除注入的 H,它的表面也会吸附 H。图 4.31 是利用 H(^{19}F, αγ)^{16}O 共振核反应测量的 Al_2O_3 中注入 H 的深度分布。图 4.31(a)所示是实验测量的共振产额随入射 ^{19}F 能量变化,实验探测到两个 H 峰,一个是 Al_2O_3 表面吸附的 H 峰,一个是 Al_2O_3 中注入的 H 峰。从测量的产额或能谱曲线,利用 ^{19}F 在 Al_2O_3 中的 dE/dx,获得注入 H 的深度分布 [图 4.31(b)]。

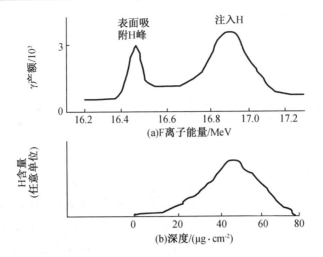

图 4.31　H(^{19} F, $\alpha\gamma$) ^{16} O 共振核反应测量的 Al$_2$O$_3$ 中注入 H 的深度分布

第5章 卢瑟福背散射分析

1911年,卢瑟福提出由原子核和绕核运动的电子组成的原子模型。此前,在卢瑟福的指导下,1909年,英国卢瑟福实验室的盖革(H. Geiger)和马斯登(E. Marsden)做了粒子散射实验。粒子散射实验中,α源是安置在铅室的放射性元素Po,Po发射的α粒子经过准直孔,轰击微米量级厚金箔,穿过金箔的α粒子入射到荧光屏,轰击荧光屏发光,荧光发光亮度正比于α粒子数。实验采用的是围绕金箔的环形荧光屏,可以记录α粒子轰击金箔后不同角度散射的α粒子数。盖革和马斯登发现,α粒子穿过金箔后绝大多数沿入射方向前进,大约有1/8 000的α粒子发生大角度偏转,偏转角超过90°,有的几乎达到180°,好像是被金箔反弹回来,这就是最早观察到的卢瑟福背散射(Rutherford backscattering, RBS)。大角度散射的α粒子是因为与原子核发生了碰撞。这个实验结果为卢瑟福提出的原子模型提供了确凿的实验依据。

1957年,美国茹宾(S. Rubin)采用质子和氚的卢瑟福背散射分析方法,分析了滤膜收集的烟尘粒子的成分。1967年,美国宇宙飞船发回了由卢瑟福背散射分析仪测量的月球表面的土壤元素成分分析结果。20世纪70年代,卢瑟福背散射分析方法和应用得到了很大发展,并成为一种极其重要的元素成分鉴别、元素含量及深度分布测量、膜厚度测量的离子束分析方法。

带电粒子弹性散射分析分为卢瑟福背散射和前向弹性反冲两种方法。卢瑟福背散射采用轻入射粒子,用于重元素分析;前向弹性反冲采用重入射粒子,用于轻元素分析。本章主要讲述卢瑟福背散射分析,对前向弹性反冲分析进行简单介绍。

卢瑟福背散射分析的优点是简便、可靠、非破坏性,元素含量及深度分布测量不需要标准样品,结合前向弹性反冲可以分析元素周期表中所有元素。卢瑟福背散射与沟道效应相结合,即沟道 – 卢瑟福背散射分析可以分析晶体微观结构、缺陷、损伤及其深度分布。

5.1 卢瑟福背散射分析原理

能量为 E 的带电粒子入射样品,绝大多数与靶原子电子碰撞损失能量后,仍沿原来入射方向行进。极少数,大约有 1/8 000 的入射粒子与靶原子核发生大角度库仑散射(图5.1),这种大角度库仑散射称为卢瑟福背散射。

探测大角度库仑散射粒子,即卢瑟福背散射粒子,可以鉴别元素种类和测量元素含量及其深度分布。

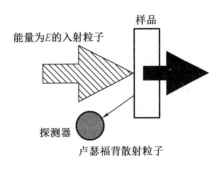

卢瑟福背散射常用运动学因子、散射截面和能量损失因子等三个参量表征。卢瑟福背散射分析的元素鉴别、含量及其深度分布测量均基于这三个参量,由运动学因子得到散射粒子能量和鉴别元素,由散射截面和散射粒子计数得到元素含量,由能量损失因子和测量的散射粒子能谱得到元素含量深度分布。

图 5.1 卢瑟福背散射示意图

5.1.1 运动学因子

当入射粒子能量大于化学结合能、小于核反应阈能或核共振能量时,入射粒子只与靶核发生孤立的二体弹性碰撞。实验室坐标系中,入射粒子 a 与靶核 A 的二体弹性碰撞如图 5.2 所示。

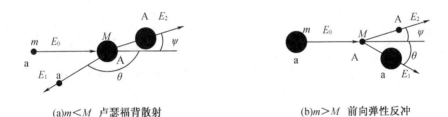

(a)$m < M$ 卢瑟福背散射　　　　　　(b)$m > M$ 前向弹性反冲

E_0—入射粒子能量;E_1—出射粒子能量;E_2—反冲能;θ—散射角;ψ—反冲角;m—入射粒子质量;M—靶核质量。

图 5.2 入射粒子与靶核的二体弹性碰撞

利用卢瑟福背散射测量进行元素鉴别,需要运动学因子(Chu et al.,1978)(Ziegler,1975)(Econninck,1978)[76],(Bird et al.,1974)。运动学因子 K 定义为入射粒子与靶核发生碰撞后的能量和碰撞前的能量比,即 $K = E_1/E_0$。入射粒子与靶核碰撞前后的能量和动量都是守恒的,即 $mc^2 + E_0 + Mc^2 + E_A = M_bc^2 + E_1 + M_Bc^2 + E_B$ 和 $P_a + P_A = P_b + P_B$。其中 $E_a = E_0$ 是入射粒子能量,$E_b = E_1$ 是出射粒子能量,入射粒子质量 $m_a = m$,核反应靶质量 $M_A = M$,实验室坐标中靶核是静止的,靶核能量 $E_A = 0$ 和动量 $P_A = 0$。由能量和动量守恒可以导出散射粒子能量 E_1,从而运动学因子 $K = E_1/E_0$ 为

$$K = \left(\frac{m\cos\theta \pm \sqrt{M^2 - m^2\sin^2\theta}}{M + m} \right)^2 = \left[\frac{\frac{m}{M}\cos\theta \pm \sqrt{1 - \left(\frac{m}{M}\right)^2 \sin^2\theta}}{1 + \frac{m}{M}} \right]^2 \tag{5.1}$$

由式(5.1)可见,运动学因子 K 与入射粒子和靶核(待分析核素)质量比 m/M 及出射粒子的散射角或出射角度 θ 密切相关。图 5.3 所示是运动学因子 K 随散射角 θ 和靶核质量 M

的变化,入射粒子是^{4}He$^+$,靶核分别是 Li、C、Al、Fe 和 Au。对于一定入射粒子,靶核质量小,散射或出射粒子能量损失大,则运动学因子 K 小;散射角 θ 大,能量损失大,则运动学因子 K 小。散射角 θ 增大,对于一定质量靶核的运动学因子 K 随 θ 变小,两个不同质量靶核间的 K 值差增大,散射角为 180° 时,不同质量靶核间 K 值差最大。所以在 180° 探测,卢瑟福背散射分析的质量分辨是最好的。

图 5.4 所示是运动学因子 K 随靶核质量和入射粒子质量的变化,图中入射粒子分别是 ^{1}H、^{4}He、^{12}C、^{20}Ne 和 ^{40}Ar,散射粒子出射角度 $\theta = 170°$。由图可见,同一散射角 θ 下,对于一定质量的靶核,入射粒子质量大,能量损失大,运动学因子 K 小;对于一定入射粒子,靶核质量较小时,能量损失大,运动学因子 K 小且随靶核质量增大而变大;对于不同质量的入射粒子,靶核质量小,K 相对变化大,尤其是 ^{1}H 对 ^{2}H、^{3}H、He 等轻元素散射的 K 值变化最大,靶核质量较大时,质量较大的入射粒子的 K 值随靶核质量增大上升快。Mayer 等(1977)[22] 分别给出了质子(^{1}H)在 He 到 Bi 不同元素,α 粒子(^{4}He)在 Li 到 Bi 不同元素,实验室坐标散射角 180°、175°、170°、165°、160°、140°、120° 的运动学因子 K。

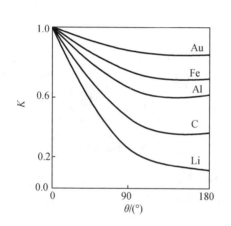

图 5.3 运动学因子 K 随散射角和靶核质量的变化

(入射粒子为 ^{4}He$^+$)

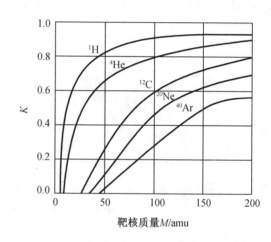

图 5.4 运动学因子 K 随靶核质量 M 和入射粒子质量 m 变化

(出射角 $\theta = 170°$)

对于一定的入射粒子质量 m 和出射角 θ,靶核质量 M 不同,K 不同。由 $K = E_1/E_0$ 可以进行粒子或元素鉴别。实验上通过出射粒子能量 E_1 测量,根据入射能量得到 K。θ 接近 180° 时,K 变化最大。实验上卢瑟福背散射都在大角度(180°)探测散射粒子,通过 K 鉴别粒子的分辨率最好。

图 5.5 所示是 K 随 M/m 和散射角的变化。对于一定的 M/m,出射角越大,能量损失越大,运动学因子 K 越小。随着 M/m 增大,能量损失减小,运动学因子 K 增大。

用式(5.1)计算 K 时,$\cos \theta$ 值由实际角度得到,不取绝对值。对于 $m < M$ 的卢瑟福背散射,式(5.1)中的“$\pm$”号,只取“$+$”号,K 和 E_1 是单值的;$\theta = 90°$ 时,$K = (M-m)/(M+m)$;$\theta = 180°$ 时,$K = [(M-m)/(M+m)]^2$,达到极小值。$m = M$ 时,$K = \cos^2 \theta$,最大散射角

$\theta_{\max} = 90°$。对于 $m > M$ 的前向弹性反冲,式(5.1)计算中需取"$\pm$"号,K 和 E_1 是双值的;最大散射角 $\theta_{\max} = \arcsin(M/m) < 90°$。

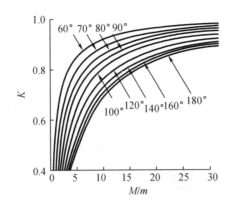

图 5.5　K 随 M/m 和散射角的变化

$m < M$ 的卢瑟福背散射用于轻基体中重元素的分析,$m > M$ 的前向弹性反冲用于重基体中轻元素的分析。

5.1.2　散射截面

卢瑟福背散射测量得到元素含量,需要利用散射截面(Chu et al.,1978)(Ziegler,1975)(Deconninck,1978)[75]。入射粒子与靶原子的微分散射截面常用 $\mathrm{d}\sigma/\mathrm{d}\Omega(\theta)$ 表示,探测器张角范围内平均微分散射截面 $\sigma = \dfrac{1}{\Omega}\displaystyle\int_0^\Omega \dfrac{\mathrm{d}\sigma}{\mathrm{d}\Omega}(\theta)\,\mathrm{d}\Omega$,其中 Ω 是探测器张角,当 Ω 趋于 0 时,$\sigma \sim (\mathrm{d}\sigma/\mathrm{d}\Omega)(\theta)$。弹性散射截面 σ_{el} 是库仑散射截面 σ_{c} 与核散射截面 σ_{N} 之和,即 $\sigma_{\mathrm{el}} = \sigma_{\mathrm{c}} + \sigma_{\mathrm{N}}$。核散射截面包括核势散射截面 σ_{pot} 和核共振散射截面 σ_{res},即 $\sigma_{\mathrm{N}} = \sigma_{\mathrm{pot}} + \sigma_{\mathrm{res}}$。核散射只有入射粒子能量较高时才有贡献,卢瑟福背散射中入射粒子能量较低,核散射可以忽略。卢瑟福背散射是入射粒子与靶原子核之间的库仑排斥力作用下的弹性散射过程,即 $\sigma_{\mathrm{el}} = \sigma_{\mathrm{c}}$。卢瑟福背散射微分截面为(杨福家,2008)

$$\frac{\mathrm{d}\sigma}{\mathrm{d}\Omega}(\theta) = \left(\frac{Z_1 Z_2 e^2}{2E_0 \sin^2\theta}\right)^2 \frac{\left\{\cos\theta + \left[1 - \left(\frac{m}{M}\sin\theta\right)^2\right]^{1/2}\right\}^2}{\left[1 - \left(\frac{m}{M}\sin\theta\right)^2\right]^{1/2}} \tag{5.2}$$

式中　Z_1 和 Z_2——入射粒子 a 和靶核 A 的原子序数;

$\quad\quad E_0$——入射粒子能量;

$\quad\quad \theta$——实验室散射角。

由式(5.2)可见,散射截面与入射粒子能量、入射粒子和靶的原子序数及散射角有关:

$$\frac{\mathrm{d}\sigma}{\mathrm{d}\Omega}(\theta) \propto Z_1^2, Z_2^2, \frac{1}{E_0^2}$$

$$\frac{\mathrm{d}\sigma}{\mathrm{d}\Omega}(\theta) \propto \frac{1}{\theta}$$

图 5.6 所示是 2 MeV α 入射粒子对不同靶元素(Z_2)和不同散射角的卢瑟福背散射微分截面。由图可见,对于一定质量的靶核,散射角大,微分截面小;对于一定散射角,微分截面随靶核质量增大而增大。散射角为 180°时,微分截面最小。

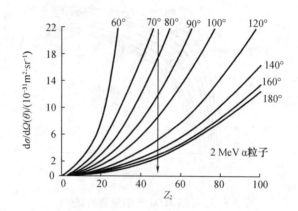

图 5.6 卢瑟福背散射微分截面随靶核质量和散射角的变化

卢瑟福背散射微分截面 $d\sigma/d\Omega(\theta)$ 可以精确已知,因此通过测定散射粒子的产额,由微分截面可以确定材料或靶元素的含量。

5.1.3 能量损失因子

卢瑟福背散射测量元素含量的深度分布时,需要利用材料对粒子的阻止本领数据(Chu et al.,1978;Ziegler,1975)。入射粒子与靶原子相互作用的能量损失有两种过程:一种是大能量转移过程,入射粒子与靶原子核发生大角度库仑散射,能量由 E_0 迅速下降到 E_1,$E_1 = KE_0$,这种能量转移过程就是卢瑟福背散射;另一种是小能量转移过程,由入射粒子与靶原子电子的多次非弹碰撞引起电离能量损失,这种小能量转移过程使背散射粒子能量与深度有关。

图 5.7 所示是背散射过程几何示意图。图中 E_0 是入射粒子能量,θ_1 是入射粒子方向与样品表面法线的夹角,θ_2 是散射粒子相对样品表面法线方向的出射角,θ 是入射粒子方向与出射粒子方向间的夹角,即散射角。

样品表面在 θ 或 θ_2 方向大角度库仑散射粒子的出射能量是 KE_0。样品中深度 x 处入射粒子与电子碰撞损失能量,能量从 E_0 下降到 E,在

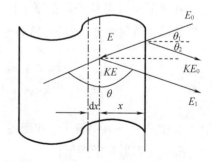

图 5.7 背散射过程几何示意图

入射路径 dE/dx 引起的能量损失为 $E_0 - E$,深度 x 处 θ 角散射粒子的能量为 KE,由于散射粒子与电子碰撞存在能量损失,导致粒子在样品表面出射时的能量变为 E_1,深度 x 处散射粒子在样品中 dE/dx 引起的能量损失为 $KE - E_1$。入射和出射粒子在出入路径上的能量损失均与深度 x 有关,不同深度能量损失不同。由于能量损失,出射粒子能量变小,变小的程度

与深度 x 有关。

图 5.8 给出了出射粒子能量与深度的关系,图中假定元素含量或浓度是均匀分布的。出射粒子能量与深度密切相关,由出射粒子能量可以导出深度 x;出射粒子计数与深度 x 处待测元素含量有关,由计数可以得到元素含量。由于样品有一定厚度,不同深度出射粒子能量不同,所以实验上测量到的是出射粒子的能谱。能谱的能量对应深度,该能量计数对应这个深度的元素含量。利用 dE/dx 可以将能谱的能量坐标转化为深度坐标,得到元素含量的深度分布。

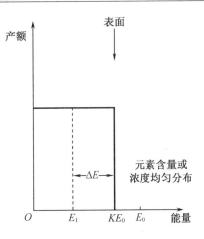

图 5.8　出射粒子能量与深度的关系

深度 x 处入射粒子能量 E 为

$$E = E_0 - \int_0^{\frac{x}{\cos\theta_1}} \left(\frac{dE}{dx}\right)_{in} dx \tag{5.3}$$

式中, $\int_0^{\frac{x}{\cos\theta_1}} \left(\frac{dE}{dx}\right)_{in} dx$ 是入射粒子在入射路径上的能量损失。

深度 x 处背散射粒子的能量是 KE,它在样品表面出射时的能量 E_1 为

$$E_1 = KE - \int_0^{\frac{x}{\cos\theta_2}} \left(\frac{dE}{dx}\right)_{out} dx \tag{5.4}$$

式中, $\int_0^{\frac{x}{\cos\theta_2}} \left(\frac{dE}{dx}\right)_{out} dx$ 是散射粒子在出射路径上的能量损失。

入射粒子在样品表面背散射出射粒子的能量与深度 x 处背散射出射粒子能量的差 ΔE 为

$$\Delta E = KE_0 - E_1 = KE_0 - \left[KE - \int_0^{\frac{x}{\cos\theta_2}} \left(\frac{dE}{dx}\right)_{out} dx \right]$$

$$= KE_0 - K\left[E_0 - \int_0^{\frac{x}{\cos\theta_1}} \left(\frac{dE}{dx}\right)_{in} dx \right] + \int_0^{\frac{x}{\cos\theta_2}} \left(\frac{dE}{dx}\right)_{out} dx$$

$$= K\int_0^{\frac{x}{\cos\theta_1}} \left(\frac{dE}{dx}\right)_{in} dx + \int_0^{\frac{x}{\cos\theta_2}} \left(\frac{dE}{dx}\right)_{out} dx \tag{5.5}$$

由式(5.5)可知, ΔE 是由入射和出射路径粒子能量损失决定的,是深度 x 的函数。

5.1.4　入射路径和出射路径的粒子能量损失计算

入射路径和出射路径的粒子能量损失 ΔE 的计算有数值积分法和近似计算法两种(Chu et al.,1978)。

1. 数值积分法

数值积分法是将样品分成许多等厚度 Δx 的薄层,如 10～20 nm 厚的薄层(图 5.9),或将样品分成不同厚度的薄层,使每层对应的背散射能谱上的能量间隔 ΔE 都相同。各个薄层内 dE/dx 都是常数,因而可以用单能公式计算。从样品表面开始对所有薄层计算入射粒

子到达 $x(i)$ 层的能量 $E(i)$ 和该层背散射粒子从样品出射后的能量 $E_1(i)$：

$$\left.\begin{array}{l} E(i) = E(i-1) - \left(\dfrac{\mathrm{d}E}{\mathrm{d}x}\right)_{E(i-1)} \dfrac{\Delta x}{\cos \theta_1} \\[3mm] E_1(i) = KE(i) - \left(\dfrac{\mathrm{d}E}{\mathrm{d}x}\right)_{KE(i)} \dfrac{\Delta x}{\cos \theta_2} - \left(\dfrac{\mathrm{d}E}{\mathrm{d}x}\right)_{KE(i-1)} \dfrac{\Delta x}{\cos \theta_2} \cdots \left(\dfrac{\mathrm{d}E}{\mathrm{d}x}\right)_{KE(1)} \dfrac{\Delta x}{\cos \theta_2} \end{array}\right\} \tag{5.6}$$

式中　$E(i)$——达到 i 层的入射粒子能量；

　　　$E_1(i)$——粒子在 i 层产生和离开样品的能量。

数值积分法计算比较精确,适用于薄样品和厚样品,但是计算很繁复。

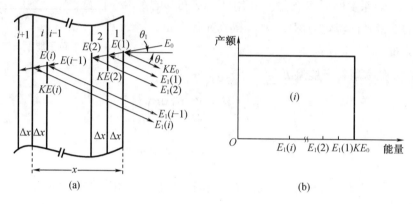

图5.9　数值积分法计算不同深度入射粒子能量和背散射出射粒子能量示意图

2. 近似计算法

假定样品不太厚或深度不太深,这时粒子通过时的能量损失比较小,能量变化不大,可将入射路径 a 和出射路径 b 的 $\mathrm{d}E/\mathrm{d}x$ 都看作常数,这样式(5.5)积分后得到

$$\Delta E = \left[\frac{K}{\cos \theta_1}\left(\frac{\mathrm{d}E}{\mathrm{d}x}\right)_{\mathrm{in}} + \frac{K}{\cos \theta_2}\left(\frac{\mathrm{d}E}{\mathrm{d}x}\right)_{\mathrm{out}} \right] x = [S] x \tag{5.7}$$

式中,$[S]$ 为背散射能量损失因子：

$$[S] = \frac{K}{\cos \theta_1}\left(\frac{\mathrm{d}E}{\mathrm{d}x}\right)_{\mathrm{in}} + \frac{K}{\cos \theta_2}\left(\frac{\mathrm{d}E}{\mathrm{d}x}\right)_{\mathrm{out}} \tag{5.8}$$

由式(5.7)可见,ΔE 与 x 呈线性关系,其斜率是 $[S]$。式(5.8)的 $[S]$ 计算需要有 $\mathrm{d}E/\mathrm{d}x$ 值,为此需要知道入射路径、出射路径的粒子能量,从而查表或计算得到 $\mathrm{d}E/\mathrm{d}x$。

入射路径和出射路径的粒子能量是很难精确确定的,不同深度都是不同的,可采用表面能量近似法和平均能量近似法两种近似方法确定入射路径和出射路径的粒子能量。

(1)表面能量近似法

图5.10(a)给出了入射粒子能量 E_0 和表面背散射粒子能量 KE_0；图5.10(b)给出了深度 x 处的入射粒子能量 E、该深度处背散射粒子能量 KE 和从样品出射的粒子能量 E_1,图5.10(c)是卢瑟福背散射深度分析中所采用的能量损失 $\mathrm{d}E/\mathrm{d}x$ 值。图5.10(b)中,表面能量近似法中,将入射能量 E_0 作为入射路径能量、表面背散射粒子能量 KE_0 作为出射路径能量,以分别确定入射路径和出射路径的粒子能量损失 $\left(\dfrac{\mathrm{d}E}{\mathrm{d}x}\right)_{\mathrm{in}} = \left(\dfrac{\mathrm{d}E}{\mathrm{d}x}\right)_{E_0}$ 和 $\left(\dfrac{\mathrm{d}E}{\mathrm{d}x}\right)_{\mathrm{out}} = \left(\dfrac{\mathrm{d}E}{\mathrm{d}x}\right)_{KE_0}$。

这样由表面能量近似法可以计算能量损失因子：

$$[S_0] = \frac{K}{\cos \theta_1}\left(\frac{\mathrm{d}E}{\mathrm{d}x}\right)_{E_0} + \frac{1}{\cos \theta_2}\left(\frac{\mathrm{d}E}{\mathrm{d}x}\right)_{KE_0} \tag{5.9}$$

又 ΔE 是实验测量量，$[S_0]$ 是计算量，由 $\Delta E = [S_0]x$ 可以得到深度 x 或薄膜厚度。

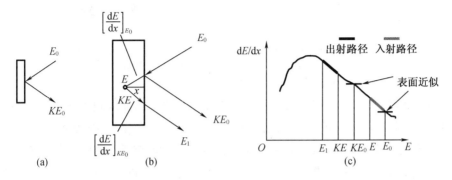

图 5.10　入射粒子与背散射粒子能量关系和深度分析用 $\mathbf{d}E/\mathbf{d}x$ 值

利用 $\mathrm{d}E/\mathrm{d}x = N\varepsilon$ 关系得到 $\Delta E = N[\varepsilon_0]x$，其中 $[\varepsilon_0] = \frac{K}{\cos \theta_1}\varepsilon(E_0) + \frac{1}{\cos \theta_2}\varepsilon(KE_0)$。$[\varepsilon_0]$ 的单位为 $\mathrm{eV} \cdot \mathrm{cm}^2$，$N$ 的单位为单位体积原子数（cm^{-3}），x 的单位为 cm。图 5.11 是分别利用式（5.6）数值积分法和式（5.9）表面能量近似法对 2 MeV ^{4}He 注入 Si 的 ΔE 随深度 x 变化的计算比较。当样品厚度或深度小于 800 nm 时，表面近似引入的误差 ~5%。由图可见，深度越深或厚度增大，由表面近似引入的误差也相应变大。

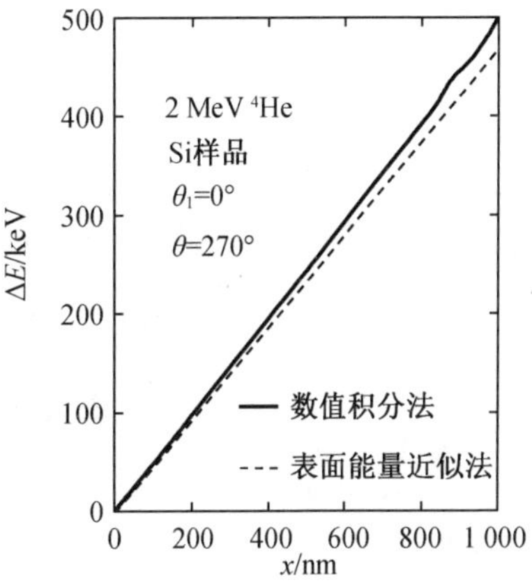

（2）平均能量近似法

平均能量近似法是将入射路径平均能量 $\overline{E}_{\mathrm{in}} = \frac{1}{2}(E_0 + E)$ 和出射路径上平均能量 $\overline{E}_{\mathrm{out}} = \frac{1}{2}(KE + E_1)$

图 5.11　数值积分法和表面能量近似法计算 ΔE 随深度变化的比较

作为入射路径和出射路径上的能量（图 5.12），以确定入射路径和出射路径的能量损失：

$$\left(\frac{\mathrm{d}E}{\mathrm{d}x}\right)_{\mathrm{in}} = \left(\frac{\mathrm{d}E}{\mathrm{d}x}\right)_{\overline{E}_{\mathrm{in}}} \text{和} \left(\frac{\mathrm{d}E}{\mathrm{d}x}\right)_{\mathrm{out}} = \left(\frac{\mathrm{d}E}{\mathrm{d}x}\right)_{\overline{E}_{\mathrm{out}}}$$

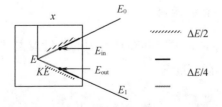

图 5.12　平均能量确定的示意图

平均能量近似法计算中，入射粒子能量 E_0 是已知的，出射粒子能量 E_1 由实验测定，E 是一个实验中不能直接测量的未知量，它的确定需要做一定的假设。如图 5.12 所示，平均能量近似法中，假定入射和出射路径上各损失 $\Delta E/2$ 的能量，这时 $E = E_0 - \Delta E/2$，$E_1 = KE - \Delta E/2$ 和 $KE = E_1 + \Delta E/2$，从而得到

$$\overline{E}_{\text{in}} \approx \frac{1}{2}(E_0 + E) = \frac{1}{2}\left(E_0 + E_0 - \frac{1}{2}\Delta E\right) = E_0 - \frac{1}{4}\Delta E \tag{5.10}$$

$$\overline{E}_{\text{out}} \approx \frac{1}{2}(KE + E_1) = \frac{1}{2}\left(E_1 + \frac{1}{2}\Delta E + E_1\right) = E_1 + \frac{1}{4}\Delta E \tag{5.11}$$

式中，E_0 是入射粒子能量，E_1 和 ΔE 由实验测量（图 5.13）。

由图 5.10(c) 可见，表面能量近似法中用 E_0 和 KE_0 确定的入射和出射路径的 $\mathrm{d}E/\mathrm{d}x$ 值，与 $E_0 - E$ 入射路径和 $KE - E_1$ 出射路径实际的 $\mathrm{d}E/\mathrm{d}x$ 值相差较大，深度越大或样品越厚差别越大，而用 $E_0 - E$ 入射路径和 $KE - E_1$ 出射路径的平均能量确定的 $\mathrm{d}E/\mathrm{d}x$ 更接近真实情况。平均能量近似法比表面能量近似法好，样品厚度大于 500 nm 时，用平均能量近似法较好。

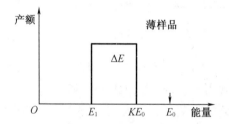

图 5.13　薄样品 E_0、KE_0、E_1 和 ΔE 示意图

5.2　卢瑟福背散射能谱和元素含量深度分布

卢瑟福背散射分析是指测量背散射粒子的能谱，它与样品元素成分、含量及其深度分布密切相关。所以从测量的卢瑟福背散射能谱，能够鉴别元素、测量元素含量，获得元素含量或浓度的深度分布（Chu et al.,1978）（Deconninck,1978）[76]，（Foti et al.,1977）。

5.2.1　薄样品卢瑟福背散射能谱

对于薄样品，入射粒子能量远大于其在样品中的能量损失，即 $E_0 \gg \Delta E$，这时背散射截面 $\sigma(E)$ 可以认为是常数，不随深度变化。

（1）单元素薄样品

图 5.14 所示是薄样品卢瑟福背散射测量几何示意图。不考虑探测器系统能量分辨率和粒子能量歧离效应等，理想的单元素薄样品卢瑟福背散射能谱是一个矩形谱（图 5.15），

矩形谱宽度 $\Delta E = [S_0]\Delta x$,谱或峰面积计数 A:

$$A = QN\frac{\Delta x}{\cos \theta_1}\sigma(E_0,\theta)\Omega\varepsilon \tag{5.12}$$

式中　Q——入射粒子数;

　　　N——单位体积靶原子数,cm^{-3};

　　　Δx——样品厚度,cm;

　　　θ_1——入射角;

　　　θ——散射角;

　　　$\sigma(E_0,\theta)$——入射能量 E_0、散射角 θ 处背散射截面;

　　　Ω——探测器的张角;

　　　ε——带电粒子探测器探测效率(一般半导体探测器探测效率 ε 为 100%)。

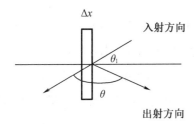

图 5.14　薄样品卢瑟福背散射测量几何示意图

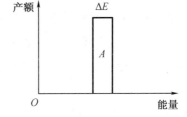

图 5.15　理想的单元素薄样品卢瑟福背散射能谱

准薄样品(比薄样品稍厚的样品)[图 5.16(a)],需要考虑能量损失导致的截面随深度变化。随着深度增加,能量减小,背散射截面增大[式(2.20)],导致产额随深度增加而增大[图 5.16(b)]。深度 x 处发生散射的入射粒子能量 E 为

$$E = E_0 - \frac{dE}{dx}(\overline{E}_{in})\frac{\Delta x}{\cos \theta_1} = E_0 - N\varepsilon(\overline{E}_{in})\frac{\Delta x}{\cos \theta_1} = E_0\left[1 - \frac{N\Delta x\varepsilon(\overline{E}_{in})}{E_0\cos \theta_1}\right] \tag{5.13}$$

代入式(5.12)中,得到准薄样品背散谱的峰面积计数 A:

$$A = QN\frac{\Delta x}{\cos \theta_1}\Omega\sigma(E_0,\theta) = \frac{1}{\left[1 - \dfrac{N\Delta x\varepsilon(\overline{E}_{in})}{E_0\cos \theta_1}\right]^2} \tag{5.14}$$

式中　$\overline{E}_{in}$——入射路径平均能量;

　　　$\varepsilon(\overline{E}_{in})$——相应的阻止截面。

若样品表面薄层 δx 内背散射出射粒子的能量在能谱上对应的能量宽度恰好是多道分析道宽 δE_1[图 5.16(c)],δx 中背散射粒子产额:

$$H_0 = QN\sigma(E_0,\theta)\Omega\varepsilon\delta X/\cos \theta_1 \tag{5.15}$$

利用 $\delta E_1 = [S_0]\delta X$,式(5.15)变为

$$H_0 = QN\sigma(E_0,\theta)\frac{\Omega\varepsilon}{\cos \theta_1}\frac{\delta E_1}{[S_0]} = Q\sigma(E_0,\theta)\frac{\Omega\varepsilon}{\cos \theta_1}\frac{\delta E_1}{[\varepsilon_0]} \tag{5.16}$$

H_0 称为表面谱高度,是卢瑟福背散射分析中一个极其重要的物理量。在元素含量分析中,

不需要采用标准样品,依据表面谱高度即可获得元素含量。

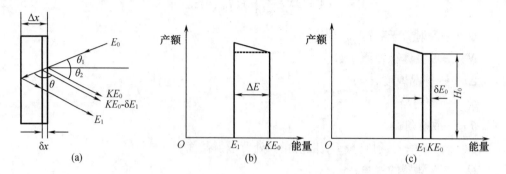

图 5.16　单元素准薄样品卢瑟福背散射能谱及不同深度背散射示意图

2. 化合物薄样品

薄样品是由 A、B 两种元素组成的化合物 A_mB_n,并假定元素 A 质量大于元素 B 质量。m 和 n 是每个化合物分子中 A 和 B 两种元素的原子数,如果 A_mB_n 化合物单位体积分子数为 N^{AB},则单位体积 A 和 B 两种元素的原子数分别为 $N_A = mN^{AB}$ 和 $N_B = nN^{AB}$。如果 A、B 质量相差足够大,即相应 A 和 B 两种元素的背散射谱是分离的,这时卢瑟福背散射能谱是两个分离的矩形谱,如图 5.17 所示。

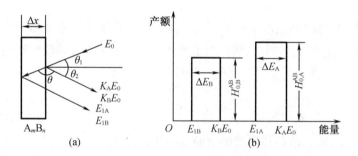

图 5.17　两种元素化合物的卢瑟福背散射谱

由于靶核 A 质量大于靶核 B 质量,入射粒子与 A 碰撞的能量损失小,测量的 A 元素能谱的能量比 B 的大。两种元素表面谱高度由式(5.17)给出:

$$
\left.
\begin{aligned}
H_{0,A}^{AB} &= QN_A\sigma_A(E_0,\theta)\frac{\Omega\varepsilon}{\cos\theta_1}\frac{\delta E_1}{[S_0]_A^{AB}} = Qm\sigma_A(E_0,\theta)\frac{\Omega\varepsilon}{\cos\theta_1}\frac{\delta E_1}{[\varepsilon_0]_A^{AB}} \\
H_{0,B}^{AB} &= QN_B\sigma_B(E_0,\theta)\frac{\Omega\varepsilon}{\cos\theta_1}\frac{\delta E_1}{[S_0]_B^{AB}} = Qm\sigma_B(E_0,\theta)\frac{\Omega\varepsilon}{\cos\theta_1}\frac{\delta E_1}{[\varepsilon_0]_B^{AB}}
\end{aligned}
\right\}
\tag{5.17}
$$

背散射能损因子

$$
[S] = \frac{K}{\cos\theta_1}\left(\frac{dE}{dx}\right)_{in} + \frac{1}{\cos\theta_2}\left(\frac{dE}{dx}\right)_{out}
$$

对于化合物 A_mB_n 有

$$\left.\begin{array}{l} \left[S_0 \right]_A^{AB} = \dfrac{K_A}{\cos \theta_1} S^{AB}(E_0) + \dfrac{1}{\cos \theta_2} S^{AB}(K_A E_0) \\[4mm] \left[S_0 \right]_B^{AB} = \dfrac{K_B}{\cos \theta_1} S^{AB}(E_0) + \dfrac{1}{\cos \theta_2} S^{AB}(K_B E_0) \\[4mm] \left[\varepsilon_0 \right]_A^{AB} = \dfrac{K_A}{\cos \theta_1} \varepsilon^{AB}(E_0) + \dfrac{1}{\cos \theta_2} \varepsilon^{AB}(K_A E_0) \\[4mm] \left[\varepsilon_0 \right]_B^{AB} = \dfrac{K_B}{\cos \theta_1} \varepsilon^{AB}(E_0) + \dfrac{1}{\cos \theta_2} \varepsilon^{AB}(K_B E_0) \\[4mm] \varepsilon^{AB} = m\varepsilon^A + n\varepsilon^B \end{array}\right\} \tag{5.18}$$

能量损失主要由基体决定,式(5.18)中对于 A 和 B 元素入射路径的能量损失都为 $S^{AB}(E_0)$,出射路径能量损失分别为 $S^{AB}(K_A, E_0)$ 和 $S^{AB}(K_B, E_0)$。能谱宽度为

$$\left.\begin{array}{l} \Delta E_A = \left[S_0 \right]_A^{AB} \Delta x \\[2mm] \Delta E_B = \left[S_0 \right]_B^{AB} \Delta x \end{array}\right\} \tag{5.19}$$

5.2.2　厚样品能谱

1. 单元素厚样品

图 5.18 所示是单元素厚样品卢瑟福背散射能谱,它是一个连续能谱。任意深度 x 处, δx 薄层的产额:

$$Y(x) = QN\sigma(E,\theta)\Omega\varepsilon\delta x / \cos \theta_1 \tag{5.20}$$

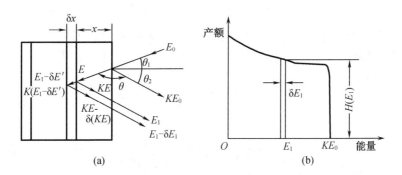

图 5.18　单元素厚样品卢瑟福背散射能谱

探测器记录的 E_1 到 $E_1 - \delta E_1$ 的计数为

$$N(E_1)\delta E_1 = \frac{dY(x)}{dE_1}\delta E_1 \tag{5.21}$$

将式(5.20)代入式(5.21)得到 E_1 到 $E_1 - \delta E_1$ 的计数:

$$N(E_1)\delta E_1 = QN\sigma(E,\theta)\Omega \frac{1}{\cos \theta_1} \frac{dx}{dE_1}\delta E_1 \tag{5.22}$$

式中 dx/dE_1 与入射和出射路径的能量损失有关。

入射粒子通过 x 深度 δx 薄层入射路径是 $\dfrac{x + \delta x}{\cos \theta_1} = \displaystyle\int_{E-\delta E'}^{E_0} \frac{dE}{S(E)}$,入射粒子到达薄层前的

路径 $\dfrac{x}{\cos\theta_1} = \displaystyle\int_E^{E_0} \dfrac{\mathrm{d}E}{S(E)}$,两式相减得到入射粒子通过薄层的路径 $\dfrac{\delta x}{\cos\theta_1} = \displaystyle\int_{E-\delta E'}^{E_0} \dfrac{\mathrm{d}E}{S(E)}$,薄层中 $S(E) = \mathrm{d}E/\mathrm{d}x$ 看作常数,所以入射粒子通过薄层的路径为

$$\frac{\delta x}{\cos\theta_1} = \frac{\delta E'}{S(E)} \tag{5.22a}$$

散射粒子出射路径是 $\dfrac{x+\delta x}{\cos\theta_2} = \displaystyle\int_{E_1-\delta E_1}^{K(E-\delta E')} \dfrac{\mathrm{d}E}{S(E)}$,从 x 处出射粒子的路径 $\dfrac{x}{\cos\theta_2} = \displaystyle\int_{E_1}^{KE} \dfrac{\mathrm{d}E}{S(E)}$,同样两路径相减得到出射粒子通过薄层的路径为

$$\frac{\delta x}{\cos\theta_2} = \int_{E_1-\delta E_1}^{E_1} \frac{\mathrm{d}E}{S(E)} - \int_{K(E-\delta E_1)}^{KE} \frac{\mathrm{d}E}{S(E)} = \frac{\delta E_1}{S(E_1)} - \frac{K\delta E'}{S(KE)} \tag{5.22b}$$

将式(5.22a)代入式(5.22b)得 $\dfrac{\delta x}{\cos\theta_2} = \dfrac{\delta E_1}{S(E_1)} - \dfrac{K}{\cos\theta_1}\dfrac{S(E)}{S(KE)}\delta x$,因此

$$\frac{\mathrm{d}x}{\mathrm{d}E_1} = S(KE)\Big/\left[\frac{S(KE)}{\cos\theta_2} + \frac{K}{\cos\theta_1}S(E)\right]S(E_1) \tag{5.23}$$

将式(5.23)代入式(5.22)得到能谱为

$$N(E_1)\delta E_1 = QN\sigma(E,\theta)\Omega\varepsilon\frac{1}{\cos\theta_1}S(KE)\delta E_1\Big/\left(\frac{S(KE)}{\cos\theta_2} + \frac{K}{\cos\theta_1}S(E)\right)S(E_1)$$

$$= QN\sigma(E,\theta)\frac{\Omega\varepsilon}{\cos\theta_1}\frac{\delta E_1}{[S(E)]}\frac{S(KE)}{S(E_1)} \tag{5.24}$$

式中

$$[S(E)] = \left[\frac{S(KE)}{\cos\theta_2} + \frac{K}{\cos\theta_1}S(E)\right] \tag{5.25}$$

式(5.24)为理想能谱,没有考虑探测器能量分辨率、能量歧离效应等。设能谱测量的多道分析器能量道宽为 δE_1 ,并且 $H(E_1) = N(E_1)$,得到为多道分析器的道计数

$$H(E_1) = QN\sigma(E,\theta)\frac{\Omega\varepsilon}{\cos\theta_1}\frac{\delta E_1}{[S(E)]}\frac{S(KE)}{S(E_1)} \tag{5.26}$$

或

$$H(E_1) = QN\sigma(E,\theta)\frac{\Omega\varepsilon}{\cos\theta_1}\frac{\delta E_1}{[\varepsilon(E)]}\frac{\varepsilon(KE)}{\varepsilon(E_1)} \tag{5.27}$$

$H(E_1)$ 是厚样品 x 深度 δx 薄层测量的、相应能谱中能量为 E_1 的谱高度(图5.18)。设多道分析器道宽 δE 对应于 δx 的能量,这样 $H(E_1)$ 是能谱中 E_1 到 $E_1 - \delta E$ 某一道的道计数。所以物理上谱高度 $H(E_1)$ 是 x 处 δx 间隔散射粒子数,由 $H(E_1)$ 可以得到 x 深度的元素含量。背散射粒子能谱不同能量的谱高度可以得到不同深度的元素含量,由测量的能谱可以得到元素含量的深度分布。

式(5.26)和式(5.27)中的 $S(KE)/S(E_1)$ 或 $\varepsilon(KE)/\varepsilon(E_1)$ 是谱高度修正因子。它是对 x 深度处 δx 间隔对应的背散射粒子能量宽度与其在能谱中相应能量宽度不同,而引进的谱高度修正。x 深度处 δx 间隔的散射粒子能量间隔为 $\delta(KE) = [S(E)]\delta x$,探测器记录的是 δx 间隔中散射粒子离开表面的能量差 δE_1 。x 深度的能量 KE 和 $x + \delta x$ 深度的能量为 $KE - \delta(KE)$ 的粒子在出射粒子路径上能量损失不同,所以 x 与 $x + \delta x$ 处散射粒子能量差

$\delta(KE)$不等于它们出射后能量差$\delta(E_1)$。$\delta(KE)$在实验中是不能测量的,$\delta(E_1)$是可以在实验中测量的。可以证明,当含量均匀或接近均匀分布时,$\delta(KE) = \dfrac{S(KE)}{S(E_1)}\delta E_1$或$\delta(KE) = \dfrac{\varepsilon(KE)}{\varepsilon(E_1)}\delta E_1$。入射粒子深度越深,粒子能量越小,散射截面$\sigma$增大,使$H(E_1)$随能量减小而增大。这仅是从能量角度,实际上还要考虑能量损失$S(E)$随能量变化的趋势,二者的共同作用使$H(E_1)$并不一定是随能量减小而增大的。能量和$[S(E)]$的深度变化还会导致不同深度x处δx相应的能量间隔稍有不同,使能量转换成深度坐标时,道数和深度之间的关系也不是完全线性的。

（2）多元素化合物厚样品

图 5.19 所示是$A_m B_n$两种元素化合物厚样品卢瑟福背散射能谱,它是轻元素 B 能谱叠加在重元素 A 能谱上的台阶状连续分布能谱。式（5.28）是化合物两个元素在深度x处发生散射的粒子在能谱中对应的谱高度:

$$\left.\begin{aligned}
H_A^{AB}(E_{1,A}) &= mQ\sigma_A(E,\theta)\frac{\Omega}{\cos\theta_1}\frac{\delta E_1}{[\varepsilon(E)]_A^{AB}}\frac{\varepsilon^{AB}(K_A E)}{\varepsilon^{AB}(E_{1A})} \\
H_B^{AB}(E_{1,B}) &= nQ\sigma_B(E,\theta)\frac{\Omega}{\cos\theta_1}\frac{\delta E_1}{[\varepsilon(E)]_B^{AB}}\frac{\varepsilon^{AB}(K_B E)}{\varepsilon^{AB}(E_{1B})}
\end{aligned}\right\} \tag{5.28}$$

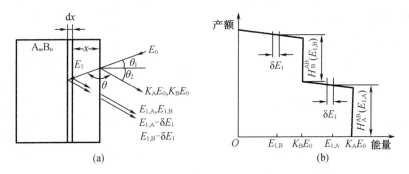

图 5.19　$A_m B_n$两种元素化合物厚样品卢瑟福背散射能谱

5.2.3　探测器能量分辨率和能量歧离对能谱的影响

探测器的能量分辨率和粒子在样品中的能量歧离对背散射能谱有较大影响（Chu et al.,1978）（Deconninck,1978）[76]。图 5.20（a）所示是入射能量及样品前表面和后表面出射粒子能量KE_0与E_1。真实的卢瑟福背散射能谱应该是一个理想的矩形能谱[图 5.20（b）]。由于入射粒子能散度δ_B,散射角散度引起的能散度δ_G,探测器系统能量分辨δ_D,以及入射和出射路径上能量损失歧离δ_{sin}和δ_{sout}的影响,导致实验测量的能谱不是矩形能谱,而是有一定上升前沿和下降后沿的能谱[图 5.20（c）]。能谱上升前沿Γ_F和下降后沿Γ_R分别为

$$\Gamma_F^2 = K^2\delta_B^2 + \delta_D^2 \tag{5.29}$$

$$\Gamma_R^2 = K^2\delta_B^2 + \delta_D^2 + K^2\delta_{sin}^2 + \delta_{sout}^2 = \Gamma_F^2 + K^2\delta_{sin}^2 + \delta_{sout}^2 \tag{5.30}$$

前沿主要由入射粒子能散度和探测器系统能量分辨率决定,后沿还有入射和出射路径能量损失歧离等贡献。总能散度为

$$\Gamma^2 = K^2(\delta_B^2 + \delta_{sin}^2) + \delta_D^2 + \delta_{sout}^2 \tag{5.31}$$

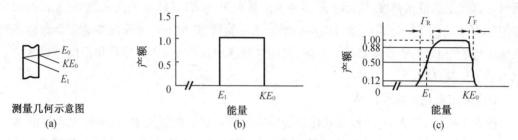

图 5.20　实验测量的能谱和实际能谱

总能散度分布常用高斯分布表示:

$$G(W) = \frac{1}{\sqrt{2\pi}\sigma}\exp\left[-\frac{(W-E_1)^2}{2\sigma^2}\right] \tag{5.32}$$

式中,σ 为粒子能量的标准偏差,$\sigma = \Gamma/2.355$。

从实验测量的能谱得到真实能谱,需要采用退卷积方法(O'Haver,2007):

$$N_0(E_1)\delta E_1 = \int_{-\infty}^{\infty} N(W)G(W-E_1)\mathrm{d}W \tag{5.33}$$

式中　$N_0(E_1)\delta E_1$——实验测量的能谱;

　　　$N(W)$——真实能谱;

　　　$G(W-E_1)$——高斯分布的能散度。

图 5.21(a)所示是 4 MeV 入射 α 粒子测量的含 As 的 Si 样品的卢瑟福背散射能谱。图 5.21 (b)所示是退卷积后得到的能谱。退卷积后轻元素 Si 分布前后沿变陡,重元素 As 峰变窄,测量和退卷积的 As 峰面积没变。实验测量采用 4 MeV α 粒子,探测角度 $\theta = 130°$,能量分辨率 30 keV [图 5.21(b)内插图]。

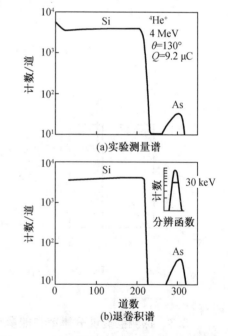

图 5.21　实验测量与退卷积卢瑟福背散射能谱

5.3　卢瑟福背散射分析实验测量

利用卢瑟福背散射分析进行元素鉴别、元素含量及其深度分布测量时需要基于运动学因子、散射截面、能量损失三个参数。卢瑟福背散射分析的质量分辨率、分析灵敏度和深度分辨率也与这三个参数密切相关。此外,探测器系统能量分辨率、带电粒子在样品中能量歧离也会影响卢瑟福背散射分析的质量分辨率、含量分析灵敏度和深度分辨率。所以卢瑟福背散射分析需要选择最佳实验条件,例如通过入射粒子种类与能量及束流大小、实验几何、探测系统能量分辨等的选择,获得最好的实验测量结果。

5.3.1　质量分辨率

测量背散射粒子能量或 K 值,可以测定样品元素的质量,实现元素鉴别,如图 5.22 所示。假定探测系统的能量分辨率是 ΔE,当质量相邻的两个原子的背散射粒子的能量差大于 ΔE 时,实验才能分辨这两个原子的质量[图 5.22(a)];当能量差小于 ΔE,实验就不能分辨这两个原子的质量[图 5.22(b)]。

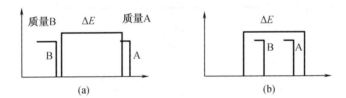

图 5.22　质量分辨率示意图

卢瑟福背散射分析的质量分辨率表示鉴别不同质量元素的能力。质量鉴别基于实验上测量的背散射粒子的能量 $E_1 = KE_0$ 的差别,对质量 M 微分得到

$$\Delta E_1 = E_0 \left(\frac{\partial K}{\partial M} \right) \Delta M \tag{5.34}$$

对于确定的散射角和探测器能量分辨率,背散射分析可以分辨的最小质量差为

$$\Delta M = \frac{\Delta E_D}{E_0 \dfrac{\partial K}{\partial M}} \tag{5.35}$$

由式(5.35)可见,最小质量差正比于探测器分辨率 ΔE_D。

$\theta = 90°$ 时,$K = (M - m)/(M + m)$,求导得到 $\Delta M = [(M + m)^2/2m] \times (\Delta E_D/E_0)$,$m \ll M$ 时,有

$$\Delta M = (M^2/2m) \times (\Delta E_D/E_0) \tag{5.36}$$

$\theta = 180°$ 时,$K = [(M - m)/(M + m)]^2$,求导得到 $\Delta M = [(M + m)^3/4m(M - m)] \times$

$(\Delta E_D/E_0)$，$m \ll M$ 时，有

$$\Delta M = (M^2/4m) \times (\Delta E_D/E_0) \tag{5.37}$$

由式(5.36)和式(5.37)可以看出：入射能量 E_0 大，质量分辨率好，即 ΔM 小，提高入射粒子能量可以提高质量分辨率，但是不能大于核反应阈能；m 大，ΔM 小，提高入射粒子质量可以提高质量分辨率，但是必需满足 $m \ll M$；M 大，ΔM 大，对重元素分析的质量分辨率较差；$\theta = 180°$ 分析的质量分辨率比 $\theta = 90°$ 时好 2 倍。

图 5.23 所示是入射粒子是 ^1H 和 ^4He 时的质量分辨率 ΔM 与样品质量 M 和粒子能量的关系（Chu et al.，1978）。由图可见，在分析较重元素时，入射粒子采用 ^4He 比采用 H 的质量分辨率好，进行 ^2H、^3H、^4He 和 Li 等轻元素分析时，入射粒子采用 H 比采用 ^4He 的质量分辨率好；对于相同的入射粒子，能量高的质量分辨率比能量低的好。

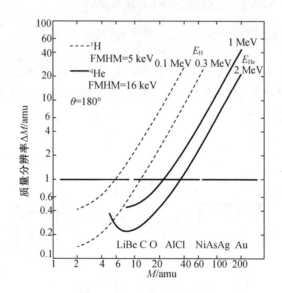

图 5.23　质量分辨率与样品质量和入射粒子能量的关系

由式(5.36)和式(5.37)可以看出，探测器系统的能量分辨率好，即 ΔE_D 小，质量分辨率好（ΔM 小）。探测器系统能量分辨率 $\Delta E_D = \sqrt{K^2\delta_B^2 + \delta_D^2 + \delta_G^2}$，其中 δ_B 是入射粒子能散度，一般为 $1 \sim 2$ keV；δ_D 是探测器系统分辨率，Au – Si 面垒型半导体探测器能量分辨率一般为 $15 \sim 20$ keV；$\delta_G = (\partial E_1/\partial\theta)_\theta \Delta\theta = (\partial K/\partial\theta)_\theta E_0$。$(\partial K/\partial\theta)$ 可由式(5.1)求导得到，$\Delta\theta$ 是散射角的散度，一般取探测器所张半立体角，由于 K 与散射角 θ 相关，散射角的散度导致 K 有一定的散度，从而出射粒子能量也有一定的散度。定义小角 $\alpha = 180° - \theta$，当 θ 接近 $180°$ 时，即 $\alpha \to 0°$，α 级数展开得到

$$K(\theta) = K(180°)(1 + m\alpha^2/M) = K(180°) + \overline{K}\alpha^2 \tag{5.38}$$

式中，$K(180°)$ 表示 $\theta = 180°$ 时的 K 值，$\overline{K} = K(180°)m/M$。

K 对 α 求导，得到

$$\Delta K = 2\overline{K}\alpha\Delta\alpha \tag{5.39}$$

可见，当 $\alpha \to 0°$ 或 $\theta \to 180°$ 时，ΔK 最小，$\Delta K = 2\overline{K}\alpha\Delta\alpha \to 0$。$\theta = 180°$ 附近，δ_G 可以忽略，例如探

测器 $\delta_D = 15$ keV，δ_G 和 δ_D 的总能散度仅为 $16 \sim 17$ keV，δ_G 对能散度的贡献可以忽略不计。在 $\theta = 180°$ 探测背散射粒子，卢瑟福背散射分析的质量分辨率最好，实验上通常在 $\theta = 165° \sim 170°$ 探测背散射粒子。$\theta = 180°$ 处截面最小，这时 ΔK 趋于 0，立体角增大不会增大能散度，所以可以通过增大探测立体角提高探测效率。

5.3.2　深度分辨率

卢瑟福背散射分析中，散射粒子能量与深度 x 有关。式(5.3)给出了入射粒子由于能量损失从表面进入深度 x 处的能量 E，式(5.4)给出了深度 x 处产生的背散射粒子从表面出射时的能量 E_1。由出射粒子能量 E_1，可以得到深度 x。深度 x_1 处，出射粒子能量 E_{1x_1}，深度 x_2 处，出射粒子能量 E_{1x_2}，两个深度的出射粒子能量差 $\Delta E = E_{1x_1} - E_{1x_2}$ $(x_1 < x_2)$。只有 $\Delta E \geqslant \Delta E_D$ 时，才能区分开这两个深度。

深度分辨率定义为

$$\Delta x = \frac{\Delta E_D}{[\bar{S}]} \tag{5.40}$$

式中，$[\bar{S}]$ 是背散射能量损失因子，可由平均能量近似方法计算得到。Δx 正比于 ΔE_D，ΔE_D 越大，深度分辨率越差；Δx 反比于 $[\bar{S}]$，$[\bar{S}]$ 越大，深度分辨率越好。

探测器系统的分辨率 ΔE_D 还包括入射和出射路径上粒子能量歧离等。入射和出射能量歧离 δ_{sin}、δ_{sout} 和 $[\bar{S}]$ 均与深度 x 和靶物质有关，因此深度分辨率 Δx 和深度 x 与靶物质有关。近表面时不需考虑能量歧离 δ_s，所以 $\Delta x = \Delta E_D / [S_0]$。入射粒子质量大，能量损失 $[\bar{S}]$ 大，采用较重的入射粒子可以改善深度分辨率。但是 $Au - Si$ 面垒型半导体探测器的 ΔE_D 随粒子质量增大而变大，所以质量较大的入射粒子，并不一定改善深度分辨率。入射粒子越重，样品的辐射损伤越大，样品也易发热，因此对较重的入射粒子做卢瑟福背散射分析并不一定是很有利的。

掠角几何入射(图5.24)可以增大能量损失因子 $[\bar{S}]$，改善深度分辨率。实验中一般用 2 MeV 的 ^{4}He 粒子做卢瑟福背散射分析，在 $\theta = 170°$，$\Delta E_D = 15$ keV 时，Si 样品近表面深度分辨率 $\Delta x \sim 33$ nm。

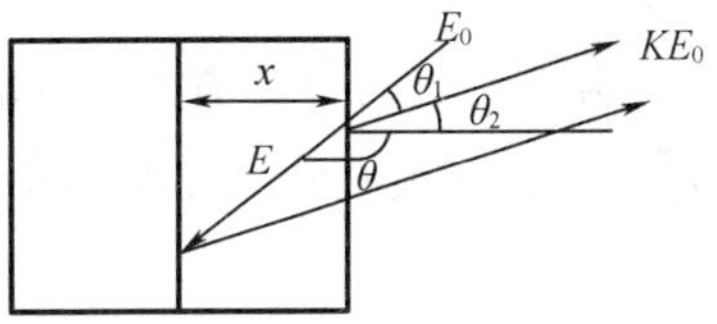

图 5.24　背散射分析的掠角几何入射示意图

5.3.3　分析灵敏度

卢瑟福背散射分析的分析灵敏度与散射截面及样品性质等相关。

1. 轻元素基体中的重元素分析灵敏度

卢瑟福背散射分析轻元素基体表面重元素分析的灵敏度高。由图5.25可见，重元素背散射粒子能量大，与轻元素基体的背散射谱明显分开，而且重元素卢瑟福背散射截面大，所以卢瑟福背散射可以很好地分析轻元素基体中的重元素。

采用 2 MeV 能量 ^{4}He 的卢瑟福背散射分析轻元素基体表面重元素，其分析灵敏度的经验

表示式是 $N_i \times \Delta x = (Z_M/Z_i)^2 \times 10^{14} \text{at} \cdot \text{cm}^{-2}$
（单位面积原子数）（Chu et al.,1978），其中，
下标 i 表示第 i 种待分析重元素，Z_M 和 Z_i 分
别表示轻元素基体和重元素杂质的原子序
数，Δx 为样品厚度（cm），N_i 为 Δx 厚度时能
分析重元素杂质的最小量（at·cm^{-3}，单位体
积原子数）。例如，卢瑟福背散射分析 C 基

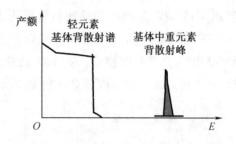

图 5.25　分析轻元素基体表面重元素的能谱

体表面 Au 元素，分析灵敏度 $N_i \Delta x = 10^{12} \text{at} \cdot \text{cm}^{-2}$，相当于 10^{-3} 单原子层（一个单原子层的
面密度为 $10^{15} \text{at} \cdot \text{cm}^{-2}$）。

厚样品中重元素杂质分析，分析灵敏度可由 $N_i/N_M = (Z_M/Z_i)^2 \times 10^{-3}$ 估计，其中 N_M 是
基体元素单位体积原子数。分析灵敏度一般为 100ppm。

表 5.1 是 2 MeV ^{4}He$^+$ 垂直轰击不同元素单原子层的卢瑟福背散射计数。测量时，单原
子层的面密度为 $10^{15} \text{at} \cdot \text{cm}^{-2}$，入射粒子电荷量 $Q = 20 \ \mu\text{C}$（1.25×10^{14} 粒子），探测器立体角
$\Omega = 4 \text{ msr}$，探测角度 $\theta = 150$。由表可见，重元素背散射计数远高于轻元素背散射计数，说明
卢瑟福背散射分析对于轻元素基体中的重元素分析有较高的灵敏度。

表 5.1　若干重元素的卢瑟福背散射计数

核素	^{12}C	^{16}O	^{28}Si	^{35}Cl	^{63}C	^{12}Cu	^{72}Ge	^{197}Au
计数	22	43	141	210	621	758	1 640	4 641

2. 重元素基体中的轻元素分析灵敏度

图 5.26 所示是分析重元素基体表面轻元素
的背散射能谱，轻元素峰叠加在重元素的背散射
能谱上，而且轻元素的卢瑟福背散射截面也较小，
所以卢瑟福背散射分析重元素基体中的轻元素时
分析灵敏度低。

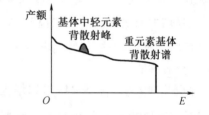

图 5.26　分析重元素基体表面轻元素的背散射能谱

综合考虑质量分辨率、深度分辨率和分析灵
敏度的应用特点，卢瑟福背散射分析采用 2～3 MeV 的 ^{4}He 比较好，这个能量范围的 ^{4}He 不
会产生核反应和共振核反应，背散射截面 σ 可由式（5.2）计算，有完整的 dE/dx 数据，Au –
Si 面垒型半导体探测器探测 ^{4}He 的能量分辨率好，尤其是一般小型低能加速器都能够产生
2～3 MeV 的 ^{4}He。

5.3.4　卢瑟福背散射实验装置

卢瑟福背散射测量都需要采用加速器，图 5.27 所示是建立在 2 × 1.7 MV 串列加速器
上的卢瑟福背散射分析实验终端。加速器产生的粒子经 90° 分析磁铁偏转后，再由开关磁
铁偏转到实验终端，进入卢瑟福背散射实验终端。加速器产生的束流经过准直光阑准直后

进入终端卢瑟福背散射靶室,靶室真空度 $\sim 10^{-4}$ Pa,束斑 $\phi \sim 1$ mm^{-2},束流一般几十 nA(视探测器计数率而定)。采用 Au – Si 面垒型半导体探测器记录背散射粒子,探测器前有铝吸收片,探测器输出经前级放大器后输入多道分析器记录能谱。束流穿过样品后,入射到捕获器,由束流积分仪测量和记录。为抑制次级电子发射,一般加一个 200 ~ 300 V 负偏压环。

Au – Si 面垒型半导体探测器安置角度 $\theta = 165° \sim 170°$,张角 Ω 3 ~ 4 msr。也可用环形 Au – Si 面垒型半导体探测器在接近 180°角度进行背散射测量(图 5.28)。

样品质量对分析结果有很大影响,样品表面要平整无污染,对于绝缘性样品,需要喷涂薄导电层,以防止电荷堆积。

卢瑟福背散射分析不需要标准样品,可用基体元素作标样,由测量的卢瑟福背散射能谱,得到分析元素含量及其深度分布;借助测量的基体元素谱高度[式(5.16)],得到待分析样品含量计算需要的参量。图 5.29 所示为利用卢瑟福背散射分析进行硅中重元素含量测量的背散射能谱(Chu et al.,1978)。由实验测量的 Si 谱高度和重元素峰面积得到 Cu、Ag、Au 等重元素的含量。

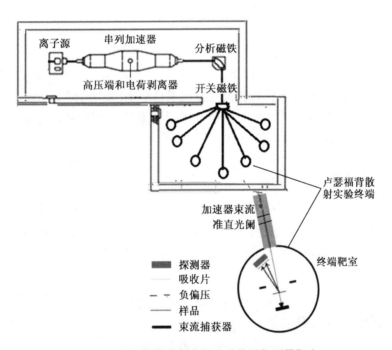

图 5.27　卢瑟福背散射分析实验终端与测量靶室

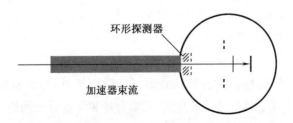

图 5.28　采用环形探测器的卢瑟福背散测量装置示意图

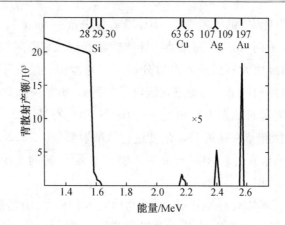

图 5.29　卢瑟福背散射分析硅中重元素

5.4　弹 性 反 冲 分 析

卢瑟福背散射方法能够高灵敏地分析轻元素基体中的重杂质元素,但是难以分析重元素基体中的轻杂质元素,轻元素信号湮没在重元素信号中(图 5.26)。为此,弹性反冲探测法(ERD)得以发展,这种方法可以较好地分析重元素基体中的轻元素(L'Ecuyer et al.,1978;Doyle et al.,1979;Bφttiger,1978)。

5.4.1　弹性反冲分析过程

弹性反冲分析过程中,入射粒子质量大于靶原子 A 的质量,即 $m > M$(图 5.2),探测弹性碰撞前向反冲的轻靶原子(即待分析轻元素)可进行含量和深度分布测量。

实验室坐标系中,轻靶原子反冲角 ψ 与入射重粒子散射角 θ 如图 5.2 所示,它们之间的关系为

$$\tan \theta = \sin 2\psi / [(m/M) - \cos 2\psi] \tag{5.41}$$

入射重粒子的最大散射角为

$$\theta_{max} = \arcsin(M/m) \tag{5.42}$$

由入射重粒子的最大散射角 θ_{max},可以确定轻靶原子的最大反冲角 ψ_{max}。

弹性反冲分析法可探测反冲出样品的轻靶原子的反冲能量 $E = K_r E_0$,式中,E_0 是入射重粒子能量,K_r 是弹性散射运动学因子

$$K_r = [4mM/(M + m)^2] \times \cos^2 \psi \tag{5.43}$$

与背散射分析相仿,弹性反冲分析法也有运动学因子、反冲截面和能量损失因子三个参量,探测三个参量可以分别实现元素鉴别、元素含量和深度分布测量。

图 5.30 所示是入射 ^{4}He 粒子的运动学因子 K_r 随靶原子反冲角和质量的变化。对于一定反冲角,当 $m = M$ 时,$K_r = K_{rmax}$,$K_{rmax} \leqslant 1$;对于一定反冲角和一定入射粒子,当 $m > M$ 和

$m < M$ 时,有两个质量的反冲粒子有相同的 K_r 值(图 5.30 中虚线所示);对于一定入射粒子和一定质量的靶,反冲角小,K_r 大;由于 $K_r \propto 1/m$,入射粒子越重,K_r 值变化越大,质量分辨率越高;弹性反冲探测一般在 $10° \sim 20°$ 反冲角进行。

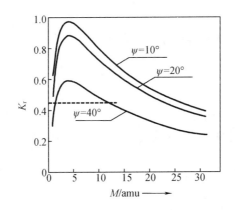

图 5.30　运动学因子 K_r 与靶原子反冲角和质量的关系

反冲截面由卢瑟福公式给出:

$$(\mathrm{d}\sigma/\mathrm{d}\Omega)_r = \left[Z_1 Z_2 e^2 (m + M)/2mM \right]^2 (1/\cos^2\psi) \tag{5.44}$$

利用式(5.44),可以得到

$$(\mathrm{d}\sigma/\mathrm{d}\Omega)_r \propto 1/K_r \propto E_0 \tag{5.45}$$

式(5.44)适用于重入射离子,对于较轻的入射离子,截面偏离卢瑟福反冲截面。

$m > M$ 的弹性反冲深度分布测量也是利用入射粒子(m)与反冲靶原子(M)在样品中的能量损失,不同 x 处入射粒子能量不同、产生的反冲靶原子到探测器的能量不同,从而通过测量的反冲靶原子能谱获得待分析轻元素深度分布。

5.4.2　弹性反冲实验测量几何

如图 5.31 所示,弹性反冲实验测量有两种测量几何安排,一种是适用于薄样品测量的透射几何安排[图 5.31(a)],另一种是适用于厚样品测量的掠角散射几何安排[图 5.31(b)]。

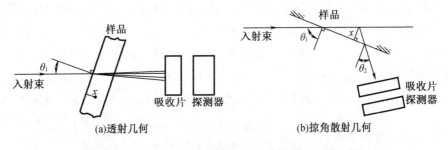

图 5.31　弹性反冲测量的透射和掠角散射两种几何安排

在透射几何测量中,冲出样品表面的反冲靶原子能量:

$$E_A(x) = K_r\left[E_0 - \left(\frac{dE}{dx}\right)_a \frac{x}{\cos\theta_1}\right] - \left(\frac{dE}{dx}\right)_A \frac{d-x}{\cos\theta_2} \tag{5.46}$$

式中 $\left(\dfrac{dE}{dx}\right)_a$ ——入射粒子在样品中入射路径的能量损失因子;

$\left(\dfrac{dE}{dx}\right)_A$ ——反冲靶原子在样品中出射路径的能量损失因子;

θ_1 和 θ_2 ——入射粒子与反冲靶原子与样品表面法线间的夹角;

d ——样品厚度;

x ——样品中发生反冲的深度。

在掠角几何测量中,反冲靶原子的能量:

$$E_A(x) = K_r\left[E_0 - \left(\frac{dE}{dx}\right)_a \frac{x}{\cos\theta_1}\right] - \left(\frac{dE}{dx}\right)_A \frac{x}{\cos\theta_2} = K_r E_0 - [S]x \tag{5.47}$$

其中,$[S] = K_r\left(\dfrac{dE}{dx}\right)_a \dfrac{1}{\cos\theta_1} + \left(\dfrac{dE}{dx}\right)_A \dfrac{1}{\cos\theta_2}$。

假定 $(dE/dx)_a$ 和 $(dE/dx)_A$ 为常数,可知反冲出射的靶原子能量与深度 x 呈线性变化关系。

与卢瑟福背散射分析相同,弹性反冲分析的深度分辨率 $\Delta x = \Delta E_D/[S]$。掠角测量几何的能量损失 $[S]$ 大,深度分辨率好。入射粒子重,能量损失 $[S]$ 大,深度分辨率好;入射粒子重,原子序数大,由式(5.44)可知,反冲截面大,从而分析灵敏度提高;入射粒子重,能量损失大,能够分析的深度小。30 MeV 的 ^{35}Cl 粒子分析重元素 Cu 基体中的氢和氘,可分析深度 ~1 μm,深度分辨率可以达到 ~30 nm,分析灵敏度可以达到 ~1 at·ppm(薄膜样品)和 ~10 at·ppm(厚样品)(这里 at·ppm 表示原子百万分含量)。

样品后或前表面很浅的一个薄层中产生的散射入射重粒子也能冲出样品而被记录,所以探测器前也需要加吸收片,去除从后或前表面冲出的重粒子,只探测反冲轻粒子。为了避免吸收片中的能量歧离导致深度分辨率变坏,可以采用磁偏转方法,去掉冲出样品的散射入射重粒子。

5.4.3 前向散射-反冲符合测量法

这种方法是基于相同质量同位素(核素)的弹性散射,低能加速器主要用于轻元素分析,高能加速器可以用于重元素分析。图 5.32 所示前向散射-反冲测量测量示意图和测量的能谱,一定能量的入射粒子(例如质子)和薄样品中与其相同质量的同位素(例如 H)发生两个相同粒子,即 $m = M$ 的弹性碰撞,根据能量和动量守恒,散射和反冲粒子,都为前向发射,散射角和反冲角相同,与入射粒子方向夹角 ±45°散射和反冲粒子的能量均为入射粒子能量的一半。利用符合相加方法测量散射-反冲粒子能谱可以得到元素含量深度分布。

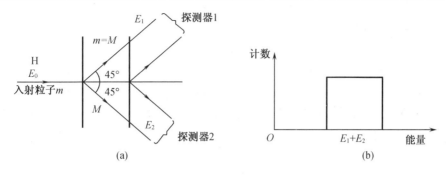

图 5.32　前向散射 – 反冲符合测量示意图和测量的能谱

前向散射 – 反冲符合测量法测量（Bφttiger，1978），在与入射粒子方向夹角 ±45° 方向，用两个探测器记录散射和反冲粒子（图 5.32），它们的能量分别为 E_1 和 E_2。符合相加后的总能量为

$$E_1 + E_2 = \left[E_0 - \int_0^x \left(\frac{\mathrm{d}E}{\mathrm{d}x} \right)_{\mathrm{in}} \mathrm{d}x \right] - \frac{2}{\cos 45°} \int_x^d \left(\frac{\mathrm{d}E}{\mathrm{d}x} \right)_{\mathrm{out}} \mathrm{d}x \tag{5.48}$$

式中　d——样品厚度；

　　　x——发生反冲的深度。

入射粒子垂直样品表面入射，入射路径能量损失 $\left(\frac{\mathrm{d}E}{\mathrm{d}x} \right)_{\mathrm{in}} \approx \left(\frac{\mathrm{d}E}{\mathrm{d}x} \right)_{E_0}$ 和出射路径能量损失 $\left(\frac{\mathrm{d}E}{\mathrm{d}x} \right)_{\mathrm{out}} \approx \left(\frac{\mathrm{d}E}{\mathrm{d}x} \right)_{E_0/2}$，得到

$$E_1 + E_2 = \left[E_0 - \frac{2d}{\cos 45°} \left(\frac{\mathrm{d}E}{\mathrm{d}x} \right)_{E_0/2} \right] + \left[\frac{2}{\cos 45°} \left(\frac{\mathrm{d}E}{\mathrm{d}x} \right)_{E_0/2} - \left(\frac{\mathrm{d}E}{\mathrm{d}x} \right)_{E_0} \right] x \tag{5.49}$$

可见，$E_1 + E_2$ 与深度 x 有很好的线性关系，从符合相加后测量的能谱可以得到含量深度分布，图 5.32 所示的能谱是轻元素杂质均匀分布的薄样品测量的能谱。符合测量可以很大程度地减少测量本底，从而提高测量灵敏度，它的分析灵敏度可达 1 at · ppm。17 MeV 的质子在 Al 中的分析深度可达 ~200 μm，深度分辨率 10 μm。同样，前向散射 – 反冲符合测量法已经很好地用于入射质子分析薄样品中的 H、入射 α 粒子分析薄样品中的 He、入射 Cl 重离子分析薄样品中的 Cl 等。

5.5　卢瑟福背散射分析的应用

卢瑟福背散射分析可以用于样品杂质元素成分分析与样品杂质元素含量及其深度分布测量、薄膜材料元素组分分析与厚度测量、薄膜界面特性研究、化合物化学配比及其深度分布测量等。

5.5.1 元素总量测量

1. Au 薄膜含量和厚度测量

赵国庆等（1989）[143]采用卢瑟福背散射测量了碳（C）基体表面金（Au）薄层的含量与厚度。图 5.33 所示是实验测量的卢瑟福背散射能谱，内插图是 2 MeV ^{4}He 入射示意图。由于 Au 比 C 重，图左边能量小的是基体 C 的卢瑟福背散射谱，图右边能量大的是 Au 卢瑟福背散射峰。

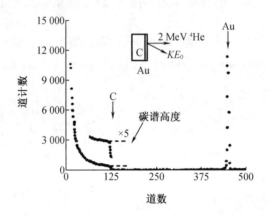

图 5.33　碳基体表面金薄层卢瑟福背散射能谱

由 C 基体谱高度和式（5.16），得到入射 α 粒子数 Q 和探测器效率（$\Omega \times \varepsilon$）等参量。Au 样品背散射产额由式（5.12）给出，它与式（5.16）之比为

$$(N_x)_{Au} = \frac{A\sigma_C(E_0,\theta)}{H_{0,C}\sigma_{Au}(E_0,\theta)} \frac{\delta E_1}{[\varepsilon_0]_C^C} = 6 \times 10^{16} \text{ at} \cdot \text{cm}^{-2}$$

其中，阻止截面 $[\varepsilon_0]_C^C$ 的能量用表面能量近似计算得到。由获得的单位面积 Au 原子数和 Au 密度，可以得到 Au 薄层厚度为 10.1 nm，测量误差~5%。

2. Si 中注入 As 含量测量

实验样品是均匀注入 250 keV As 的 Si[图 5.34（a）]，采用卢瑟福背散射方法测量注入 As 含量（杨福家 等，1985）。

实验测量采用 2.05 MeV 的 ^{4}He 粒子，图 5.34（b）所示是测量的卢瑟福背散射能谱，As 比 Si 重，As 散射的 ^{4}He 能量比 Si 散射的大，由 Si 和 As 背散射谱高度 H_{0Si} 和 H_{0As} 之比，得到注入层 As 含量为 $N_{As} = 3.6 \times 10^{20}$ at $\cdot$ cm^{-3}。

3. 月球表面元素分析

1967 年美国月球登陆舱携带卢瑟福背散射谱仪系统着陆在月球表面，测量了月球表面土壤层的 Ca、Fe、Si、Si、Al、Mg、Na、O、C 等元素（Turkevich et al.，1967）。谱仪系统采用 ^{242}Cm 6.1 MeV α 源，α 粒子月球表面的穿透深度是 25.4 μm，位于近似 180° 的 Au – Si 面垒型探测器记录背散射 α 粒子，另一个 Au – Si 面垒型探测器探测（α,p）反应产生的质子，谱仪系统如图 5.35（a）所示，图 5.35（b）所示是测量的卢瑟福背散射能谱和元素分解。

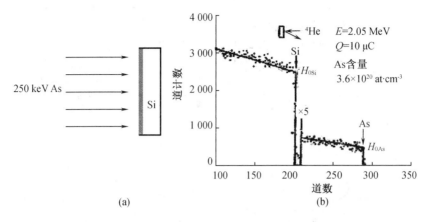

图 5.34　250 keV As 注入 Si 的卢瑟福背散射能谱

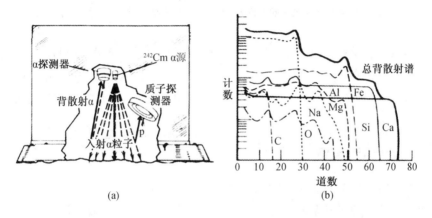

图 5.35　卢瑟福背散射现场月球表面土壤元素成分分析

5.5.2　元素深度分布测量

采用卢瑟福背散射分析方法,利用元素深度分布测量可以研究 As 在 Si 中的热扩散行为。

采用离子注入法,在 Si 基体表面注入 3.4×10^{16} cm^{-2} 的 As,形成 As 注入层,加热使注入层中的 As 向 Si 中扩散。

利用卢瑟福背散射方法测量 As 表面层的含量和扩散后 As 在 Si 中的深度分布。测量采用 2 MeV 的 ^{4}He,辐照束流电荷量 $Q=20$ μC,在 $\theta=170°$ 探测背散射粒子 ^{4}He,探测器立体角 $\Omega=4.11$ msr。图 5.36(a)是 As 注入 Si 表面层、未经热扩散的卢瑟福背散射能谱(Chu et al. ,1978),可以看到 Si 基体表面 As 注入层的卢瑟福背散射峰和 Si 基体的卢瑟福背散射能谱。由 As 背散射峰的峰面积和 Si 表面谱高度,可以得到 As 的总元素注入量。

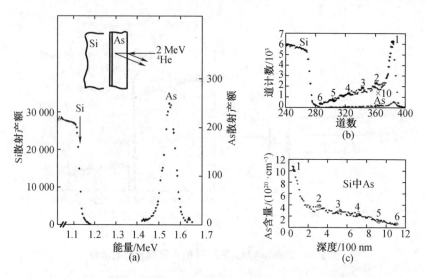

图5.36　Si 中 As 注入层热扩散后的背散射能谱和 Si 中 As 含量深度分布

注入 As 后加热，As 会向 Si 内部扩散。图 5.36(b)是热扩散后测量的背散射能谱（Doyle,1983）。As 背散射峰左边低能区有一个很长的尾巴，这是扩散到不同深度 Si 的 As 背散射导致的。将能量坐标转换成深度坐标，产额（道计数）换算成含量，即得到了 As 在 Si 中含量的深度分布[图 5.36(c)]。

5.5.3　化合物配比测量

卢瑟福背散射分析是用于化合物配比及其深度变化测量的一种极其重要的方法。

1. 氮化硅膜化合物配比测量

氮化硅膜(Si_mN_n)是半导体工业常用的介质材料，杨福家等（1985）利用卢瑟福背散射分析测量了薄膜的 Si 和 N 的组分配比及其深度变化。

图 5.37 所示是实验测量的采用 LPCVD 工艺在 Si 单晶上生长的化合物配比为 m 和 n 的 Si_mN_n 膜的卢瑟福背散射能谱。入射 ^{4}He 粒子能量是 2 MeV，与薄膜发生卢瑟福背散射，由图可见，产生三个背散射能谱，第一个

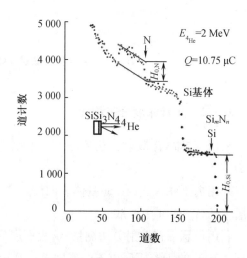

图5.37　Si_mN_n 膜的背散射能谱

是能量最大的或道数最大的 Si_mN_n 膜 Si 的背散射谱，入射的 ^{4}He 粒子能量最大；第二个能量稍小的是 Si 基体的背散射谱，由于在薄膜中有能量损失，入射到基体 Si 中的 He 粒子能量的比入射到薄膜中 Si 的低，Si 基体散射的 He 粒子能量比薄膜散射的 He 粒子能量低；第三个是叠加在基体 Si 的背散射谱上的薄膜 N 的背散射谱。利用式(5.17)，由薄膜 Si 的背散射谱高度 $H_{0,Si}$ 和 N 的背散射谱高度 $H_{0,N}$ 之比得到化合物配比 m/n。实验测量的 $m/n =$

0.74 ± 0.04。实际值 $m = 3$，$n = 4$，$m/n = 0.75$。由不同深度 x 处的谱高度之比，可以测定 m/n 随 x 深度变化，获得 $Si_m N_n$ 膜化合物配比深度分布。由图可见，$Si_m N_n$ 膜的化合物配比 m/n 基本不随深度变化。

2. 磁泡材料元素组分测量

钆镓石榴石基体上外延生长的磁泡薄膜是制造磁性记忆元件的材料。磁泡薄膜材料含有 Fe、Ga、Y、Sm、O 五种元素。赵国庆等（1989）[149] 采用卢瑟福背散射分析方法测量了磁泡薄膜的元素组分。

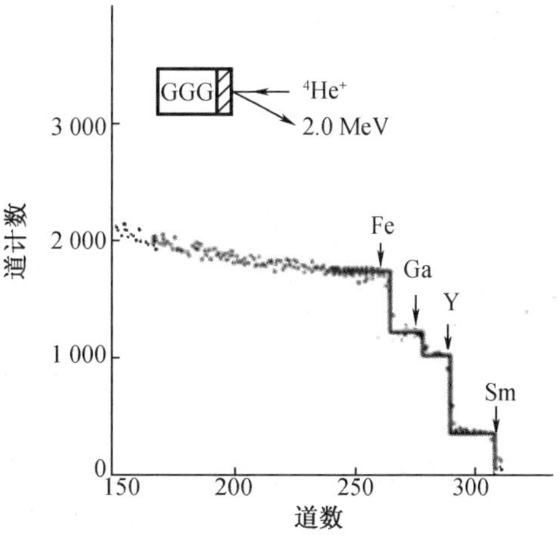

图 5.38 所示是采用 2 MeV 的 ^{4}He 测量的钆镓石榴石基体上外延生长磁泡薄膜的卢瑟福背散射谱。从每种元素的表面谱高度可以得到各种元素的相对含量。任意两种元素 x、y 的谱高度之比：

$$(H_x/H_y) = (N_x/N_y)(\sigma_x/\sigma_y)$$
$$= (N_x/N_y)(Z_x/Z_y)^2 \tag{5.50}$$

图 5.38 磁泡薄膜材料的背散射能谱

式中 Z——元素原子序数；

σ——卢瑟福散射截面；

N——单位体积靶原子数。

式中假定磁泡膜中背散射元素 x 和 y 的阻止截面相等 $[\varepsilon_0]_x^{com} = [\varepsilon_0]_y^{com}$，其中上标 com 表示化合物，下标 x 或 y 表示散射元素。

磁泡薄膜材料是氧化物材料，它的化合物分子式为 $X_8 O_{12}$，其中 X 为 Sm、Y、Ga、Fe 四种元素之和。由分子式得到

$$N_{Fe}/N_{com} + N_{Ga}/N_{com} + N_{Sm}/N_{com} + N_Y/N_{com} = 8$$

或

$$(1 + N_{Ga}/N_{Fe} + N_{Sm}/N_{Fe} + N_Y/N_{Fe}) \times (N_{Fe}/N_{com}) = 8 \tag{5.51}$$

式中 N_{Fe}、N_G、N_{Sm}、N_Y——四种元素单位体积原子数；

N_{com}——单位体积化合物分子数。

通过 Fe、Ga、Sm、Y 的谱高度，由式（5.50）可以求得 N_{Ga}/N_{Fe}、N_{Sm}/N_{Fe}、N_Y/N_{Fe}，将它们代入式（5.51），得到 N_{Fe}/N_{com} 值。重复上述过程，可以分别得到 N_{Ga}/N_{com}、N_{Sm}/N_{com} 和 N_Y/N_{com}。实验测量得到的磁泡膜材料的化学组分为 $Y_{2.62} Sm_{0.38} Ga_{1.2} Fe_{3.8} O_{12}$，真实值为 $Y_{2.6} Sm_{0.4} Ga_{1.2} Fe_{3.8} O_{12}$。实验测量的与真实值的符合是相当好的。

5.5.4 薄膜界面反应

离子束混合是用重离子束轰击基体表面的异类原子膜，在基体和膜界面或膜与膜界面形成原子混合层。图 5.39 是采用卢瑟福背散射方法测量的 Si - Ti 界面特性和离子束混合产生的混合层（Yu et al.，1987）。

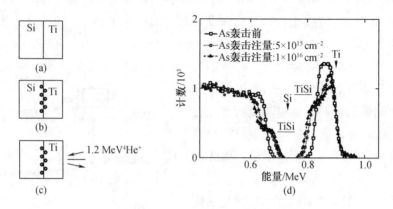

图 5.39　Si – Ti 混合层卢瑟福背散射能谱

实验样品是 Si 基体表面镀 32 nm 厚 Ti 的双层膜材料[图 5.39(a)]。室温下采用能量 150 keV As 离子轰击,As 离子轰击注量是 5×10^{15} cm^{-2} 和 1×10^{16} cm^{-2};轰击后在 Si 和 Ti 界面层形成 TiSi 混合层[图 5.39(b)];用 1.2 MeV 的 ^{4}He$^+$ 进行卢瑟福背散射分析,入射方向与样品表面法线的夹角为 25°[图 5.39(c)];图 5.39(d)所示是测量的卢瑟福背散射能谱。As 轰击前,没有 TiSi 中间混合层[图 5.39(a)],未经 As 轰击的的卢瑟福背散射谱,可以清晰地看到 Si 背散射谱与 Ti 背散射峰[图 5.39(d)]。As 轰击后,Ti 进入 Si 基体和 Si 进入 Ti 膜,形成 TiSi 混合层。进入 Si 基体中 Ti 的 ^{4}He 的能量比入射到 Ti 膜中的小,进入 Ti 膜中 Si 的 ^{4}He 的能量比入射到 Si 基体中的能量大,而入射到 Si 基体中的 ^{4}He 能量变小,导致 Si 背散射谱的前沿处出现台阶,Ti 峰出现台阶状尾巴。随着 As 轰击量增加,相互渗透增大,TiSi 层厚度变大,台阶随之变宽。

5.5.5　阻止本领和能量歧离测量

卢瑟福背散射测量中,如果已知能量损失 dE/dx,可以从卢瑟福背散射能谱得到薄膜厚度 Δx。反之,如果已知薄膜厚度 Δx,可以测定能量损失 dE/dx。

赵国庆等(1989)[152]采用卢瑟福背散射方法测量了 ^{4}He 粒子在 Al 中的 dE/dx。测量的样品是在 C 衬底上喷 10 nm 厚的 Au 层,再在部分 Au 层上喷确定厚度的 Al。2 MeV 能量的 ^{4}He 粒子从有 Al 层处入射,测量的卢瑟福背散射谱如图 5.40 所示。从图中可以看到 C、Al 和 Au 背散射的能谱,图中用箭头标出了 C 峰(背散射最大能量)、Al 峰(背散射最大能量)和 Au 峰。由于 Au 层较薄,它的背散射谱是一个散射峰,Al 有一定厚度,它的背散射谱是一个 ΔE 宽度的平台。由于 Al 层厚度是已知的,由 Al 峰宽度 ΔE 可以得到 ^{4}He 粒子在 Al 中的 dE/dx。

此外,由 ^{4}He 粒子从有无 Al 层处入射的 Au 峰变化,可以测定 Al 的 dE/dx。^{4}He 粒子从无 Al 层处入射,由于没有 Al 层,入射到 Au 的能量就是入射 ^{4}He 粒子能量,^{4}He 粒子从有 Al 层处入射时,入射到 Au 的能量是入射 ^{4}He 粒子能量减去在 Al 层中的能量损失 ΔE。不经过 Al 层的 Au 的散射峰能量比经过 Al 层的大,两个峰的间隔等于 Al 层中的能量损失 ΔE(图

5.41），由 Al 层厚度和该能量间隔 ΔE 就可以得到 ^{4}He 在 Al 层中的 dE/dx。不经过 Al 层的半高峰宽度比经过 Al 层的小，从两个 Au 散射峰的半高峰宽度差，可以得到 ^{4}He 在 Al 层中能量损失的歧离值。如果入射粒子在 Al 层中没有能量歧离，Au 背散射峰仅发生位移，半高峰宽度不变。

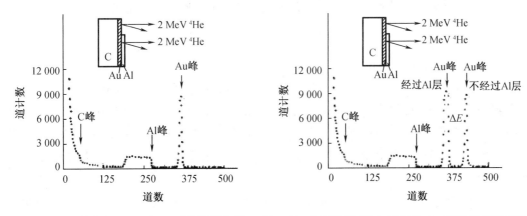

图 5.40　C 基体表面 Au 和 Al 膜背散射能谱　图 5.41　经过和不经过 Al 层的 Au 背散射峰及峰位移动

5.5.6　H 的弹性反冲分析

利用重离子的弹性反冲可以很好地测量重基体中的 H 和 He 等轻元素（Doyle et al.，1979）。图 5.42 所示是 2 MeV 的 ^{4}He 在 Mylar 膜上的弹性反冲质子谱（承焕生 等，1983）。根据式(5.44)，深度越深，入射粒子能量越小，截面越小，产额越小。

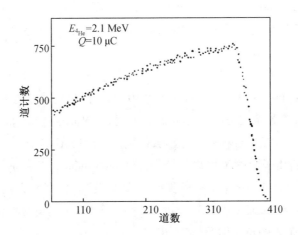

图 5.42　2 MeV 的 ^{4}He 在 Mylar 膜上的弹性反冲质子谱

弹性反冲方法分析 H 的灵敏度为 10^3 at·ppm。对于 Si 中的 H 分析，深度分辨率 ~60 nm，可分析最大深度为 0.7 μm。

第6章 粒子激发 X 荧光分析

1895 年,德国物理学家伦琴(W. Rontgen)发现 X 射线,1901 年他获得了诺贝尔奖建立后的首个诺贝尔物理学奖。为了纪念伦琴的这个发现,X 射线也称伦琴射线。1923 年,丹麦科斯特(D. Coster)和匈牙利冯·赫维西(G. Von Hevesy)从 X 射线光谱中发现了化学元素 Hf,开创了利用 X 射线进行元素分析的领域,并发展成为 X 荧光分析谱学;此后,又发现 X 射线轰击材料发射一定能量的特征 X 射线(X 荧光),由此发展了 X 射线和粒子激发 X 荧光分析方法。

1948 年,美国费里德曼(H. Friedmann)和伯克斯(L. Birks)进行了第一个 X 射线激发 X 荧光(X‑ray induced X‑ray emission,XIXE)分析,研发了第一台波长色散 X 射线荧光分析仪。20 世纪 60 年代,X 射线激发 X 荧光分析方法成为物质微量元素鉴别和含量测量的一种重要方法,当时 X 射线主要采用波长色散法探测。

1970 年,瑞典约翰逊(S. Johansson)等人首次采用由加速器产生的质子进行粒子激发 X 荧光分析,开创了带电粒子激发 X 荧光分析(proton induced X‑ray emission,PIXE)。20 世纪 70 年代,带电粒子激发 X 荧光分析得到快速发展并成为一种重要的多元素分析的离子束分析方法。

随着加速器技术和加速器微束技术发展,重离子激发 X 荧光分析、同步辐射 X 荧光分析(synchrotron radiation induced X‑ray emission,SRIXE)、带电粒子微束 X 荧光分析等得以发展。带电粒子微束 X 荧光分析,可以进行样品扫描分析,测定元素的微空间分布,例如细胞空间的分布。

带电粒子激发 X 荧光分析一般用于原子序数大于 13 的元素分析,其已经对元素周期表中的 50 多种元素进行了分析,分析灵敏度达 10^{-16} g,相对灵敏度达 $10^{-6} \sim 10^{-7}$ g。

鉴于带电粒子激发 X 荧光分析具有分析灵敏度高、多元素分析、非破坏性等特点,在生物和医学、环境科学、考古学、材料科学等领域得到了广泛应用。

PIXE 分析原是指质子激发 X 射线荧光分析(proton induced X‑ray emission),实际上除质子外的许多粒子,例如各种重带电粒子都能激发 X 荧光,后来称为粒子激发 X 射线荧光(particle induce X‑ray emission,PIXE)分析,由于质子和粒子的英文单词都是以字母"p"开头,粒子激发 X 射线荧光的英文缩写也为 PIXE。

本章主要介绍 X 射线激发 X 荧光分析和质子激发 X 荧光分析(PIXE),最后简要介绍质子微束分析及其应用。

6.1　粒子激发 X 荧光分析原理

采用粒子或辐射轰击样品,使原子受激而发射特征 X 射线,测量特征 X 射线能量和强度,可实现元素鉴别和含量测量,这种方法称为粒子激发 X 荧光分析,它是一种重要的材料元素鉴别和含量测量的离子束分析方法。

激发特征 X 射线或 X 荧光的粒子有:加速器产生的质子和各种轻重带电粒子、电子,X 射线发生器和 X 射线放射源产生的 X 射线,同步辐射加速器产生的同步辐射,放射性同位素源发射的 α 粒子、β 粒子、γ 光子等。

粒子或射线轰击样品,将原子内壳层电子从原子激发出来,在它原来位置留下一个空穴,原子外层电子填补这个空穴,发射元素的特征 X 射线(Compton et al.,1954;Bertin,1978)。特征 X 射线是每种元素的原子受激后发射的特定能量的 X 射线,各种元素的特征 X 射线不同,是表征元素的"指纹"。用 X 射线波谱仪(波长色散法)或能谱仪(能量色散法)测量特征 X 射线的波长或能量,从特征 X 射线能量或波长鉴别元素,由测得的特征 X 射线强度结合电离截面、荧光产额等数据,确定元素含量(赵国庆,1989)。

6.1.1　特征 X 射线产生

如图 6.1 所示,一定能量的入射粒子或射线轰击靶或样品原子,可以激发出原子内壳层电子,在电子原来的位置产生电子空穴,外层能量较高的电子向内层跃迁,填补这一电子空穴,外层电子空穴又会被更外壳层电子填补。电子从外层高激发态向内层低激发态跃迁或填补内层电子空穴,会发射特征 X 射线。如图 6.2 所示,特征 X 射线的能量是发生跃迁的两个电子壳层的能量差:

$$E_{a-b} = Rhc(Z-\sigma)^2(1/b^2 - 1/a^2) \tag{6.1}$$

式中　h——普朗克常量,$h = 6.626\,06 \times 10^{-27}$ erg·s $= (6.626\,075\,5 \pm 0.000\,004\,0) \times 10^{-34}$ J·s;

　　　c——光速,$c = 2.997\,9 \times 10^{10}$ cm·s^{-1};

　　　R——里德伯常量,$R = m_e c\alpha^2/2h \times 10^5$ cm^{-1},$\alpha = 1/137$ 是精细结构常数;

　　　b、a——高激发态和低激发态电子的主壳层量子数 n;

　　　σ——屏蔽常数(随 Z、n 和轨道角动量量子数 l 增大而增大)。

主壳层量子数 $n = 1,2,3,4,\cdots$,常用 K,L,M,N,$\cdots$ 表示,$n = 2$(L)层向 $n = 1$(K)层跃迁时,式(6.1)中的 $b = 2$,$a = 1$,其他壳层间的跃迁类同,即 b 是高 n 层量子数,a 是低 n 层量子数。

如图 6.2 所示,$n = 2$ 的 L 层电子向 $n = 1$ 的 K 层跃迁,发射的 X 射线称为 K_α 射线;$n = 3$ 的 M 层电子向 K 层跃迁,发射的 X 射线称为 K_β 射线;M 层电子向 L 层跃迁,发射的 X 射线称为 L_α 射线;$n = 4$ 的 N 层电子向 L 层跃迁,发射的 X 射线称为 L_β 射线;N 层电子向 M 层跃迁,发射的 X 射线称为 M_α 射线,以此类推。K_α 射线能量 $E_{K\alpha} = (3/4) \times Rhc \times (Z-\sigma)^2$,

K_β 射线能量 $E_{K\beta} = (8/9) \times Rhc \times (Z - \sigma)^2$。原子较内层间电子跃迁发射的特征 X 射线能量较外层间电子跃迁发射的特征 X 射线能量大，$E_{Kx} > E_{Lx} > E_{Mx} > E_{Nx}$。

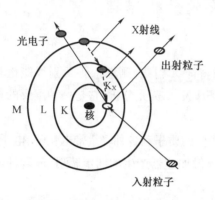

图 6.1　特征 X 射线产生示意图

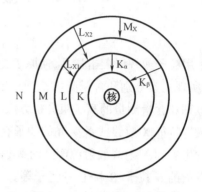

图 6.2　原子的电子壳层结构

图 6.3 给出了产生各个谱系特征 X 射线的能级示意图。由图 6.3(a)可见，电子跃迁终态在 $n=1$ 的 K 层的 X 射线都称为 K – X 射线，终态在 $n=2$ 的 L 层的 X 射线都称为 L – X 射线，M – X 射线等依此类推。由于电子跃迁初态不同，各个谱系的 X 射线又可以细分，例如 K – X 射线又可以分为 K_α、K_β、K_γ 等 X 射线，如图所示，L – X 射线分为 L_α、L_β、L_γ 等 X 射线。

如上所述，除了总量子数 n，标记壳层的还有轨道量子数 l，所以主壳层中还有支壳层，支壳层分别用 s、p、d、f 等表示。$n=1$ 的 K 层是没有支壳层的，$n \geq 2$ 的 L，M，N，$\cdots$ 层都是有支壳层。各个壳层间的电子跃迁，需要满足选择规则：主量子数 $\Delta n \neq 0$，总角动量 $\Delta J = \pm 1$，0，轨道角动量 $\Delta l = \pm 1$。图 6.3(b)画出了 M 和 L 各个支壳层能级，满足选择规则的 M、L 向 K 能级跃迁发射的 $K_{\alpha i}(i=1,2,\cdots)$，和 $K_{\beta i}(i=1,2,\cdots)$ X 射线和 M 各个支壳层能级向 L 壳层支壳层能级跃迁发射的 $L_{\alpha i}(i=1,2,\cdots)$ X 射线。由图可见，元素本身的特征 X 射线谱是很复杂的，各射线间的能量差别很小；样品中所有受到激发的元素都会发射特征 X 射线，所以样品受激后发射的特征 X 射线谱是非常复杂的，记录特征 X 射线的探测器必须有很高的能量分辨率。实验测量常用 Si(Li) 探测器探测特征 X 射线，Si(Li) 探测器对 5.9 keV X 线的能量分辨率为 160 eV。

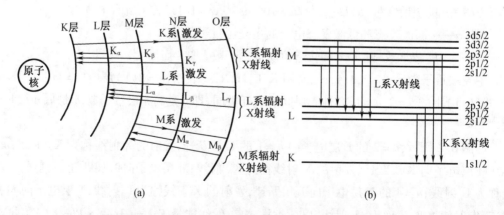

(a)　　　　　　　　　　　　　　　(b)

图 6.3　电子能级跃迁产生的特征 X 射线示意图

6.1.2 原子内壳层电离截面

原子内壳层有空穴时,才能发生外层电子的跃迁和产生特征 X 射线。原子内壳层空穴的产生概率是粒子激发 X 荧光分析一个重要的表征参数,它决定了产生特征 X 射线的强度。入射粒子与原子电子非弹性碰撞,使原子内层电子电离产生内壳层空穴的概率与入射粒子种类、能量、待分析元素等有关。常用原子内壳层电离截面表示原子内壳层产生空穴的概率(复旦大学 等,1985)。

带电粒子产生原子内壳层空穴的电离截面计算的理论模型有平面波玻恩近似(Benka et al.,1978)、两体碰撞近似(Garcia,1970)、半经典近似(Bohr et al.,1948)、微扰定态模型(Brandt et al.,1979)等。考虑相对论效应的微扰定态模型与实验结果符合较好。电离截面的计算误差一般小于5%。不同元素各壳层带电粒子产生原子内壳层空穴的电离截面为

$$\sigma_i = Z_1^2 \frac{f(E/\lambda u_i)}{u_i^2} \tag{6.2}$$

式中　$f(E/\lambda u_i)$——入射粒子能量与电子结合能之比的函数;

E——入射粒子能量;

u_i——原子第 i 壳层的电子结合能;

$\lambda = M_1/m_e$,其中 M_1 是入射粒子质量,m_e 是电子质量;

Z_1——入射粒子原子序数。

原子 K 层普适电离截面曲线通用表达式为(Garcia et al.,1973)

$$\frac{u_K^2 \sigma_K}{Z_1^2} = \sqrt{\frac{E}{\lambda u_K}}$$

由莫里斯定律可知,$u_K \propto Z_2^2$,其中 Z_2 是靶原子或待分析元素的原子序数,因此 K 层电离截面为

$$\sigma_K \propto \frac{Z_1^2}{Z_2^5} \sqrt{\frac{E}{M_1}} \tag{6.3}$$

$u_i^2 \sigma_i / Z_1^2 \sim E/\lambda u_i$ 曲线称为电离截面激发曲线(Johansson et al.,1976),其与核反应截面的激发曲线类似。图 6.4 所示是实验测量的质子($Z_1 = 1$)入射的 K 层和 L 层电离截面的激发曲线。

图 6.4 中的圆点为实验测量值,可以采用多项式拟合:

$$\ln(\sigma_i u_i^2) = \sum_{n=0}^{5} b_n x^n, \quad x = \ln\left(\frac{E_p}{\lambda u_i}\right) \tag{6.4}$$

图 6.4 中的实线是用式(6.4)拟合实验测量的电离截面的曲线。表 6.1 列出了式(6.4)拟合实验测量的激发曲线得到的系数 b_n 值。式(6.4)中,E_p 和 u_i 的单位为 eV,σ 的单位为 10^{-24}cm^2。

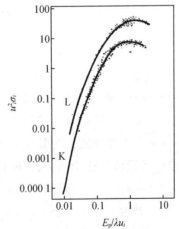

图 6.4　质子激发 K 层和 L 层电离截面激发曲线

表 6.1 拟合得到的系数 b_n 值

系数 b_n	b_0	b_1	b_2	b_3	b_4	b_5
K	2.047 1	− 0.006 59	− 0.474 48	0.099 19	0.046 06	0.006 09
L	3.608 2	0.371 23	− 0.369 71	− 0.000 08	0.002 51	0.001 26

6.1.3 荧光产额和特征 X 射线相对强度

1. 荧光产额

图 6.5 所示是发射特征 X 射线示意图,能量高的外壳层,例如 L 层电子填补内壳层 K 层空穴,发射特征 X 射线,在外壳层 L 层产生一个空位。

原子内壳层产生空穴后,外层电子填充发射特征 X 射线并不是唯一的过程,还有发射俄歇电子(Auger electron)等过程。图 6.6 所示是俄歇电子发射示意图,L 层电子向 K 层跃迁,填补空穴但不发 X 射线,而是将能量传给 M 层电子,使其发射出去,这样发射的电子称为俄歇电子。发射的俄歇电子动能 $E_e = u_K - u_L - u_M$,其中 u_i 是相应 i 壳层电子结合能。俄歇电子发射使原子再次电离,原子中产生了双空位,如图 6.6 中所示的 L、M 空位。

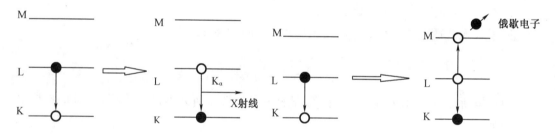

图 6.5 发射特征 X 射线示意图   图 6.6 俄歇电子发射示意图

对 L、M 等有支壳层的主壳层,除发射特征 X 射线和俄歇电子外,还可能发生科斯特－克朗尼格跃迁(Coster－Kronig transition)(图 6.7)。L 层某支壳产生一个电子空穴,在外层电子填补前,L 层其他支壳层的电子填补,例如,图 6.7 中能量最低的 L 支壳层产生一个空位,L 层外层电子跃迁填补这个空位,同时将能量传递给 M 壳层电子,使之发射出去。这个过程称为科斯特－克朗尼格跃迁,它在 M 层产生一个新空穴,L 层各支壳层空穴发生重新布居(图 6.7)。科斯特－克朗尼格跃迁发生的概率很小,一般不考虑。

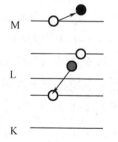

图 6.7 科斯特－克朗尼格跃迁示意图

发射特征 X 射线是有一定概率的,这个概率常用荧光产额来表示(Bambynek et al.,1972)。荧光产额定义为

$$\omega_i = \sigma_{\text{X},i}/\sigma_{\text{v},i} \tag{6.5}$$

式中　$\sigma_{\text{v},i}$——原子第 i 壳层空穴产生截面；

$\quad\quad\sigma_{\text{X},i}$——外层电子填补该壳层空穴并发射特征 X 射线的截面。

对于多原子样品，荧光产额为

$$\omega_i = N_{\text{X},i}/N_{\text{v},i} \tag{6.6}$$

式中　$N_{\text{v},i}$——单位时间、单位体积 i 壳层产生空穴的原子数；

$\quad\quad N_{\text{X},i}$——发射 i 壳层特征 X 射线的原子数。

没有支壳层的 K 层，其荧光产额为

$$\omega_{\text{K}} = \frac{N_{\text{X,K}}}{N_{\text{v,K}}} = \frac{n_{\text{K}_{\alpha 1}} + n_{\text{K}_{\alpha 2}} + n_{\text{K}_{\beta 1}} + \cdots}{N_{\text{v,K}}} \tag{6.7}$$

式中　$N_{\text{X,K}}$——发射 K 系特征 X 射线总原子数；

$\quad\quad n_{\text{K}_{\alpha 1}}$、$n_{\text{K}_{\alpha 2}}$、$n_{\text{K}_{\beta 1}}$ 等项——发射 K 系各特征 X 射线的原子数；

$\quad\quad N_{\text{v,K}}$——K 壳层有电子空穴的原子数。

有支壳层的荧光产额较复杂，先要计算各支壳层的荧光产额，然后各个支壳层荧光产额相加得到该壳层的荧光产额。例如，先计算 L 层 j 支壳层荧光产额

$$\omega_{\text{L}_j} = \frac{N_{\text{X,L}_j}}{N_{\text{v,L}_j}} \tag{6.8}$$

然后得到 L 层平均荧光产额

$$\overline{\omega}_{\text{L}} = \sum_{\text{L}_j = 1}^{3} \left(\frac{N_{\text{v,L}_j}}{\sum\limits_{\text{L}_j = 1}^{3} N_{\text{v,L}_j}} \right) \omega_{\text{L}_j} \tag{6.9}$$

式中，$\left(\dfrac{N_{\text{v,L}_j}}{\sum\limits_{\text{L}_j = 1}^{3} N_{\text{v,L}_j}} \right)$ 为 L_j 支壳层产生初始电子空穴的相对概率。

L 层产生空穴后，发射特征 X 射线和俄歇电子外，还会发生科斯特 - 克朗尼格跃迁，改变 L 层各支壳层空穴分布，虽然各支壳层的荧光产额 ω_{L_j} 是不变的，但是 L 层平均荧光产额 $\overline{\omega}_{\text{L}}$ 不是恒量。L 层空穴的初始分布与激发方式有关，因此，L 层平均荧光产额 $\overline{\omega}_{\text{L}}$ 也与激发方式有关。

荧光产额与 K、L、M、$\cdots$ 系和样品原子序数密切相关。K、L、M 系荧光产额的经验公式为（Burhop，1955；Robinson，1974；Freund，1975）

$$\left(\frac{\omega}{1 - \omega} \right)^{1/4} = a + bZ + cZ^2 \tag{6.10}$$

表 6.2 列出了 K、L、M 系经验公式的系数 a、b、c 值。

表 6.2　K、L、M 系经验公式的系数 a、b、c 值

系数	a	b	c
K	$-0.037\ 95$	$0.034\ 36$	$-0.116\ 3 \times 10^{-5}$
L	$-0.111\ 07$	$0.013\ 68$	$-0.219\ 7 \times 10^{-6}$
M	$-0.000\ 36$	$0.003\ 86$	$0.201\ 01 \times 10^{-6}$

不考虑科斯特 – 克朗尼格跃迁，ω 是发射特征 X 射线荧光产额，$1-\omega$ 是发射俄歇电子概率。图 6.8 画出了 K、L、M 壳层荧光产额与样品原子序数的关系。低 Z 物质，电子束缚松，荧光产额 ω 小，发射俄歇电子概率 $1-\omega$ 大。

2. 特征 X 射线相对强度

满足跃迁选择规则，发射的特征 X 射线强度主要由电子跃迁概率和处于激发态的电子数决定（图 6.9）。Scofiled(1974)采用相对论 Hartree – Fock 理论计算了特征 X 射线发射概率，给出了 Z 为 $10\sim98$ 的元素发射 K – X 和 L – X 特征 X 射线谱线的相对强度（ Scofield，1974）。K 壳层由于激发主要产生单空穴，理论计算值与实验值符合；L 壳层往往是多空穴态，它会影响跃迁能量和跃迁几率，L 壳层还可能发生科斯特 – 克朗尼格跃迁，因而理论计算值与实验值的符合不如 K 壳层好。对于同一谱系特征 X 射线相对强度还可采用权重加和方法估计（Compton et al. ,1954）。

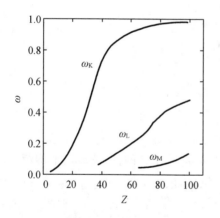

图 6.8　荧光产额随材料原子序数变化

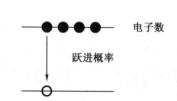

图 6.9　激发态电子数与跃迁概率

6.1.4　X 射线与物质的相互作用

X 射线与物质相互作用有光电效应、非相干康普顿散射(入射 X 射线能量和出射 X 射线能量不同的散射)和相干散射(入射 X 射线能量和出射 X 射线能量相同的散射)等三种相互作用。光电效应是 X 射线或 γ 光子将原子内层电子激出，即发射光电子，而入射 X 射线或 γ 光子消失。光电效应引起电离，在原来电子处产生空穴，外层电子填充空穴发射特征 X 射线。非相干康普顿散射和相干散射产生的 X 射线是 X 荧光分析的本底。X 射线产生的韧致辐射强度很小，可以不考虑。X 激发 X 荧光分析厚样品时要考虑样品基体的吸收

效应。

由 X 射线与物质相互作用,X 射线或 γ 光子激发产生的 X 射线能谱可以分为三部分(图 6.10):高能端的相干散射或弹性散射,低能端的非相干康普顿散射或非弹性散射,中间区域是重叠在康普顿本底的光电效应产生的特征 X 射线。

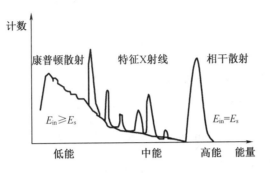

图 6.10   X 射线或 γ 光子激发产生 X 射线能谱示意图

6.1.5   X 射线吸收和特征 X 射线增强效应

1. X 射线吸收

图 6.11 所示是 X 射线在材料中的吸收示意图。图中 X_{in} 是激发原子内壳层空穴的入射 X 射线,X – 特征是样品原子发射的特征 X 射线,X_{out} 是入射 X 射线通过样品后出射的 X 射线。入射 X 射线强度为 I_0,通过样品后 X 射线强度为 I,t 为样品厚度。X 射线通过物质与物质原子相互作用而被吸收,导致强度减弱。X 射线在物质中的吸收或强度减小遵循指数变化(复旦大学 等,1985):

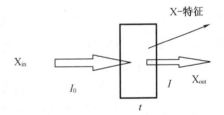

图 6.11   X 射线在材料中的吸收示意图

$$I = I_0 e^{-\mu t} \tag{6.11}$$

式中 t——样品厚度;

I——通过材料后的 X 射线强度;

μ——材料线性吸收系数(t 单位为 cm 时,μ 单位为 cm^{-1})。

线性吸收系数 $\mu = N\sigma_a$,其中 N 是单位体积原子数,σ_a 是原子吸收截面。常将式(6.11)中的 μt 改写为 $(\mu/\rho) \times (\rho t)$,其中 ρt 是质量厚度,即面密度 $\rho_0 = \rho t (g \cdot cm^{-2})$,$\rho$ 是密度(cm^{-3}),定义质量吸收系数 $\mu_m = \mu/\rho (cm^2 \cdot g^{-1})$,这样式(6.11)变为

$$I = I_0 e^{-\mu_m \rho_0} \tag{6.12}$$

X 射线是一种低能 γ 射线,通过物质时发生光电效应、非相干康普散射、相干散射。X 射线因与物质的这三种相互作用而衰减。因此,物质对 X 射线总吸收系数是这三个相互作用的吸收系数之和:

$$\mu = \mu_{ph} + \mu_{inc} + \mu_c \tag{6.13}$$

式中 μ——总吸收系数;

μ_{ph}——光电效应吸收系数;

μ_{inc}——非相干康普散射吸收系数;

μ_c——相干散射吸收系数。

若物质是多元素化合物或是多元素(均匀)混合物,质量吸收系数是元素含量的权重平均值

$$\mu_m = \sum_j^n w_j \mu_{m,j} \tag{6.14}$$

式中,w_j为j种元素质量分数。

原子吸收截面σ_a已知,则吸收系数$\mu = N\sigma_a$。McMaster 等(1970)由大量实验测量的吸收截面数据得到σ_a的经验公式:

$$\ln \sigma_a = \sum_{i=0}^3 a_i (\ln E)^i \tag{6.15}$$

式中 E——X 射线能量,keV;

σ_a——吸收截面,10^{-28} m²;

a_i——各原子的壳层系数,可由文献查得(McMaster,1970)。

吸收截面σ_a由式(6.15)计算,再由$\mu = N\sigma_a$和$\mu_m = \mu/\rho$计算μ和μ_m。

X 射线波长和能量的关系为$\lambda = \dfrac{12.4 \times 10^3}{E}$($\lambda$ 单位为 Å[①],E 单位为 eV)入射 X 射线波长或能量不同,质量吸收系数μ_m不同。图 6.12 所示是 Cu、Zn、Sn、Pb 的μ_m随 X 射线波长或能量的变化。

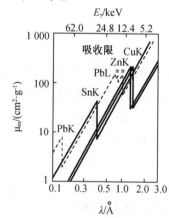

图 6.12   Cu、Zn、Sn、Pb 的 μ_m 与 X 射线波长或能量关系

由图 6.12 可见,在一些特定波长或能量处,μ_m发生突变。发生突变的 X 射线能量或波长称为特征吸收能量或波长,它对应于原子壳层或支壳层的吸收限。例如,K 吸收限表示入射 X 射线能量增大,达到 K 壳层吸收限能量时,使 K 层电子电离,引起共振吸收,使μ_m突然增大。其他壳层也同样存在质量吸收系数μ_m的吸收限,例如 L_I、L_{II}、L_{III}。

2. 特征 X 射线增强效应

基体增强效应是 X 射线通过样品时,特征 X 射线强度增强效应(Ahlberg,1977),它主要发生在 X 射线通过厚样品时。粒子或射线轰击厚样品时,基体元素和待分析元素都会发射特征 γ 射线,若基体发射的特征 X 射线能量高于待分析元素 X 射线吸收限,基体发射的特征 X 射线能够激发待分析元素发射特征 X 射线,使待分析元素的特征 X 射线强度增强(图 6.13)。基体增强效应用基体增强因子(e_{AB})表示(Ahlberg,1977;赵国庆 等,1989)。图 6.14 所示是 Fe 基体产生的 K_α 线对 Cr 和 Ca 的 K_α 线基体增强因子(e_{AB})随入射质子能量变化。由图可见,增强因子 e_{AB} 随 E_p 增大而增大,同一基体对不同的待分析元素的增强程度不同。

[①] 1 Å = 0.1 nm。

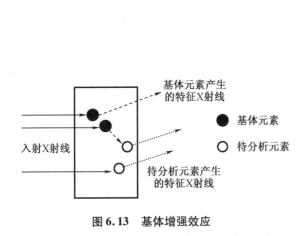

图 6.13　基体增强效应

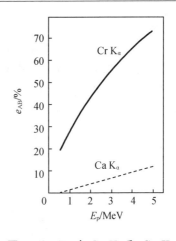

图 6.14　Fe 中 Cr K_α 和 Ca K_α 线基体增强因子随入射质子能量变化

6.2　X 荧光激发源

常用的激发样品发射特征 X 射线的激发源有 X 射线激发源、电子激发源、带电粒子激发源和放射性同位素激发源。X 射线激发源有 X 射线发生器(X 光管)、放射性同位素 X 射线源、同步辐射加速器产生的同步辐射等;电子激发源有电子枪、β 放射源、电子加速器等;带电粒子激发源有加速器产生的轻、重带电粒子(例如 p、d、α 和重离子);放射性同位素激发源有 α、β、γ 放射源。

6.2.1　X 射线激发源产生 X 射线能谱

X 射线波长为 $10^{-3} \sim 10$ nm,介于超紫外光和 γ 射线的波长之间, X 射线实际上就是低能 γ 射线。X 射线激发源可以是单能 X 射线源和连续能谱 X 射线源,如图 6.15 所示的连续能谱源和特征 X 射线单能谱源。特征 X 射线单能谱源是高能电子轰击靶材料原子,将原子内层电子激发出去,外层电子跃迁填补发射特定能量的特征 X 射线。连续能谱源是高能电子轰击靶材料与靶原子核相互作用发射的连续能谱的轫致辐射 X 射线,其最大能量(最小波长)是入射电子能量。单能特征 X 射线是叠加在连续谱上的,其能量与入射电子能量无关,是元素的特征 X 射线,不同元素单能特征 X 射线能量不同。

6.2.2　X 射线激发源

X 射线激发的 X 荧光分析利用 X 射线激发样品发射特征 X 射线,进行样品分析。常用 X 射线激发源有 X 射线发生器、放射性同位素 X 射线源(Bertin,1978)。

1. X 射线发生器

图 6.16 所示是 X 射线发生器或 X 光管的示意图。X 光管的阴极是发射电子的电阻丝,常用的阴极是钨电阻丝;电阻丝通过足够的电流发射电子;阴极和阳极间加几 kV 至几十 kV 高压,阴极发射的电子以高能高速状态轰击水冷 X 光产生靶或阳极,产生 X 射线,例如阴极发射的电子轰击金属 Cu 靶或阳极,产生韧致辐射 X 射线和特征 X 射线;产生的 X 射线,穿过 Be 窗引出。X 光管的真空度 ~ 10^{-4} Pa,改变阳极电压或选用不同的靶材可以改变 X 射线能量或在不同能量处的强度。

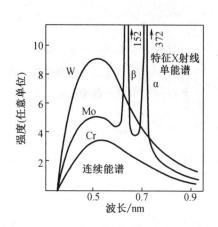

图 6.15　连续能谱源和特征 X 射线单能谱源

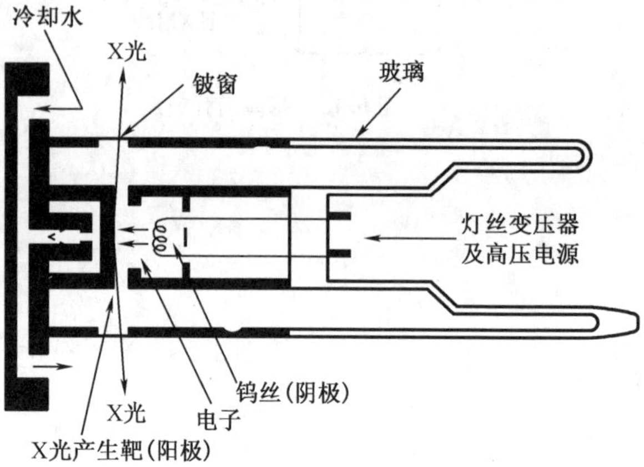

图 6.16　X 光管示意图

2. 放射性同位素 X 射线源

放射性同位素 X 射线源分为两类,一类是直接 X 射线源,即放射性同位素直接发射 X 射线或低能 γ 射线;另一类是间接 X 射线源,放射性同位素发射的 α、β、γ 粒子或射线,它们轰击 X 射线产生靶,产生 X 射线。

利用这种 X 射线激发的 X 荧光称为放射性同位素 X 射线源,其装置小巧、轻便,适用于工矿、野外和实验室分析。放射性同位素 X 射线源强度稳定,但强度较弱,测量效率较低。由于源强稳定,可以通过增加测量时间弥补强度低的不足。

(1)直接 X 射线源

直接 X 射线源如图 6.17 所示,放射源直接产生 X 射线或低能 γ 射线,这类源可以直接激发样品,进行 X 荧光分析。

(2)间接 X 射线源

如图 6.18 所示,间接 X 射线源,放射性同位素发射的是 α、β、γ 粒子或射线,它们轰击 X 射线产生靶,产生特征 X 射线激发样品,进行 X 荧光分析。

图 6.17　直接 X 射线源　　　　　　　图 6.18　间接 X 射线源

表 6.3 列出了常用的间接 X 射线放射源。表中第一列是放射源,第二列为 X 射线产生靶,第三列为产生的特征 X 射线能量。例如,^{55}Fe γ 源发射的 5.9 keV γ 射线,轰击 X 射线产生靶 Mn,Mn 发射 $K_{\alpha1} = 5.898$ keV 和 $K_\beta = 6.49$ keV 特征 X 射线;又例,^{238}Pu α 源发射的 ~5.4 MeV α 粒子,轰击 X 射线产生靶 U,U 发射 $L_{\alpha1} = 13.6$ keV、$L_{\beta1} = 17.2$ keV 和 $L_{\gamma1} = 20.2$ keV 特征 X 射线。

表 6.3　间接 X 射线放射源产生的 X 射线

放射源	X 射线产生靶	X 射线能量/keV
^{55}Fe(γ)	Mn	$K_{\alpha1} = 5.898$,$K_{\beta1} = 6.49$
^{109}Cd(γ)	Ag	$K_{\alpha1} = 22.2$,$K_{\beta1} = 25.0$
^{125}I(γ)	Te	$K_{\alpha1} = 27.47$,$K_{\beta1} = 31.0$
^{238}Pu(α)	U	$L_{\alpha1} = 13.6$,$L_{\beta1} = 17.2$,$L_{\gamma1} = 20.2$
^{241}Am(α)	Np	$L_{\alpha1} = 13.9$,$L_{\beta1} = 17.7$,$L_{\gamma1} = 20.8$
^{210}Po(α)	Bi	$L_{\alpha1} = 10.8$,$L_{\beta1} = 13.0$,$L_{\gamma1} = 15.2$

6.2.3　同步辐射 X 射线

电子以接近光速沿曲线轨道运动,在切线方向发射很强电磁辐射,即同步辐射 X 射线(图 6.19)。这种辐射是在同步辐射加速器上产生的,称为同步辐射。同步辐射 X 射线激发的 X 荧光分析称为同步辐射 X 荧光分析。同步辐射产生的 X 射线强度比 X

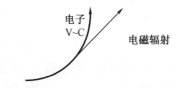

图 6.19　同步辐射 X 射线示意图

射线发生器高 4~5 量级,分析灵敏度很高,同步辐射 X 射线能量有连续能谱或单能谱。同步辐射 X 射线激发的 X 荧光分析有很多优点,但同步辐射加速器造价很高,我国目前有三台,分别属于北京中国科学院高能物理研究所、合肥中国科技大学、上海应用物理研究所。

6.2.4　电子激发源

电子激发 X 荧光分析(electron induced X-ray emission,EIXE)利用电子激发样品发射特征 X 射线,进行样品分析。能量 20~50 keV 的低能电子由电子枪、β 放射源等产生,几 MeV ~ 几十 MeV 的高能电子由电子加速器产生。

由于韧致辐射本底很大（复旦大学 等,1985）,电子激发 X 荧光分析的灵敏度较差,一般只能分析常量元素。由于穿透能力小,低能电子束 X 荧光分析一般用于薄膜样品分析。由于电子束可聚焦为微束,因此电子激发源可用于微电子束扫描分析。

6.2.5 带电粒子激发源

各种轻、重带电粒子主要由加速器产生(任炽刚 等,1981)。带电粒子激发 X 荧光分析是极其重要的 X 荧光分析方法,特别是加速器产生的质子激发 X 荧光分析。

质子、α 粒子等带轻电粒子激发 X 荧光分析一般都称为粒子激发 X 射线荧光分析,重带电粒子激发 X 荧光分析称为重离子激发 X 射线荧光分析(heavy ion induced X - ray emission,HIIXE)。加速器产生带电粒子激发 X 荧光分析的粒子能量一般在几百 keV ~ 几十 MeV。由于带电粒子可以聚焦为粒子微束,带电粒子激发源可用于样品扫描分析,例如最常用的质子微束和重离子微束。

带电粒子激发 X 荧光分析中,入射粒子及其产生的次级电子产生的韧致辐射、核反应产生的高能 γ 射线康普顿散射等,都是带电粒子激发 X 荧光分析的本底。

入射粒子在靶核上产生韧致辐射的截面为 (Alder et al. ,1956)

$$\frac{\mathrm{d}\sigma}{\mathrm{d}E_X} = C_2 \frac{A_1 Z_1^2 Z_2^2}{E E_X} \left(\frac{Z_1}{A_1} - \frac{Z_2}{A_2} \right)^2, C_2 = 4.3 \times 10^{-4} \ln \left[\frac{4E}{Z_1 Z_2 E_X} \left(\frac{E}{0.1 A_1} \right)^{1/2} \right] \quad (6.16)$$

式中 E——入射粒子能量;

E_X——韧致辐射能量,MeV;

A_1 和 Z_1、A_2 和 Z_2——入射粒子和靶核的质量数与原子序数。

由式(6.16)可以看到,韧致辐射强度随入射粒子能量 E 增加而减小,而特征 X 射线产额或电离截面是随 E 增加而增加的(图6.4);当 $Z_1/A_1 = Z_2/A_2$ 时,韧致辐射截面 $\mathrm{d}\sigma/\mathrm{d}E_X$ = 0。一般靶基体材料的 $Z_2/A_2 = 1/2$,因此 α 粒子和重离子的韧致辐射可忽略;韧致辐射强度反比于入射带电粒子的质量的平方,由于 $m_p = 1840 m_e$,质子激发 X 荧光分析中韧致辐射强度是电子的几百万分之一,因此韧致辐射本底可以忽略。

粒子激发 X 荧光分析的低能本底主要来自入射粒子轰击靶产生的次级电子的韧致辐射本底。产生的次级电子的最大能量为 $E_e = 4 m_e E/M_1$,其中,M_1 和 E 分别为入射粒子质量和能量。$M_1 \gg m_e$,次级电子最大能量 E_e 是很小的,因此产生的韧致辐射能量也是很小的,最大韧致辐射能量 $E_{X\max} = E_e$。例如,2 MeV 质子轰击靶产生的次级电子的能量 E_e = 4.36 keV。次级电子韧致辐射本底主要是在低能区。采用低 Z 材料作靶衬,可以减少韧致辐射本底。

粒子激发 X 荧光分析的高能本底是入射粒子与靶和散射粒子与靶室材料核反应产生的高能 γ 射线的康普顿散射本底。图6.20是 3 MeV 质子在碳靶上的韧致辐射(高能本底)和次级电子韧致辐射(低能本底)谱。图中,实线 a 是 3 MeV 质子(p)在碳靶上产生的韧致辐射的理论计算谱,实线 b 是 3 MeV 质子产生的次级电子韧致辐射理论计算谱。标记 p、O、C 的虚线是实验测量的 p、O、C 入射到 C 上产生的韧致辐射谱。

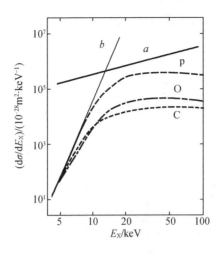

图 6.20　3 MeV 质子激发 X 荧光分析的韧致辐射本底

6.3　X 射线探测

X 射线、电子、轻重带电粒子激发 X 荧光分析中,采用 X 射线探测器记录特征 X 射线, 由特征 X 射线能量或波长鉴别元素,由特征 X 射线强度得到元素含量。

6.3.1　X 射线探测方法

X 射线探测有波长测量法和能量测量法。

1. X 射线波长测量法

图 6.21 所示是粒子或射线激发样品发射的 X 射线探测波长测量法示意图(Bertin, 1978)(杨福家,2008)[263]。激发样品产生的特征 X 射线,经过准直器 1 后入射到晶体发生衍射。X 射线衍射需要满足布拉格公式 $2d\sin\theta = n\lambda$($n = 1, 2, \cdots$),这里 λ 是入射 X 射线波长、d 是样品晶格距离、θ 是 X 射线入射角和反射角。衍射的特征 X 射线通过准直器 2 由探测器记录,根据 X 射线波长和测量的强度进行元素鉴别和含量测量。改变 θ 角可以测定激发的所有波长 λ 的特征 X 射线。

2. X 射线能量测量法

图 6.22 所示画出了由粒子或射线激发的样品发射的(特征)X 射线探测能量测量法示意图。激发样品产生的特征 X 射线通过准直器后入射到 X 射线探测器,探测器输出一个与电脉冲幅度正比于 X 射线能量的电脉冲信号,信号经过前置放大器由多道分析器记录。能量测量法中能够同时记录所有元素产生的特征 X 射线,实现多元素同时分析。

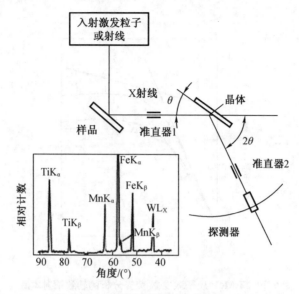

图 6.21　X 射线探测波长测量法示意图

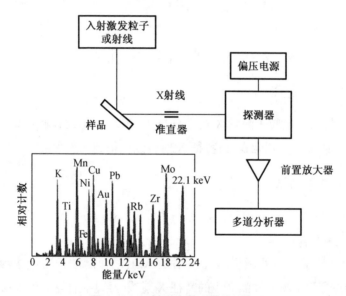

图 6.22　X 射线能量测量法示意图

　　X 射线波长测量法分辨率高,但效率低,主要用于 X 射线谱形精细结构的研究,例如化学位移测量等的 X 射线谱的记录。X 射线能量测量法探测效率高、能量范围广,粒子或射线激发 X 荧光分析中,尤其是多元素 X 荧光分析一般都采用这种方法。

6.3.2　X 射线探测器

　　X 射线探测器有闪烁探测器、密封和流动式气体正比计数器、Si(Li)探测器等(丁洪林, 2010)。闪烁探测器、密封和流动式气体正比计数器设备简单、轻便实用、经济等,但能量分辨率较差。Si(Li)探测器是 20 世纪 60 年代末发展的探测器,具有能量分辨率好,探测效率高,能量范围广等优点,其缺点是价格较高,任何时候都必须保持在液氮温度。目前,在 X

荧光分析和其他 X 射线能谱测量中,主要采用 Si(Li)探测器。

1. 密封式气体正比计数器

密封式气体正比计数器采用 Be 或云母作 X 射线入射窗[图6.23(a)],Xe 或 Kr 作工作气体,充气气压越高,测量的 X 射线能量越高。密封式气体正比计数器主要用于高能或短波 X 射线测量。密封式气体正比计数器的入射窗如果采用金属 Be,虽然 Be 质量密度很低,但其对能量较低的特征 X 射线有很大的吸收作用,如钠、镁、铝等元素的特征 X 射线由于能量低,无法穿过铍窗。

2. 流动式气体正比计数器

流动式正比计数器[图6.23(b)和图6.23(c)]常用 3 ~ 6 μm 厚 Mylar 膜作 X 射线入射窗,用 Ar + CH₄混合气体作工作气体,工作气体是流动的,气压较低,适合低能 X 射线测量。流动式正比计数器主要用于长波或低能 X 射线测量。采用很薄的有机膜入射窗的探测器可以测量很长波长或很低能量的特征 X 射线。

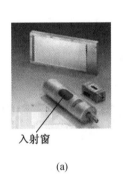

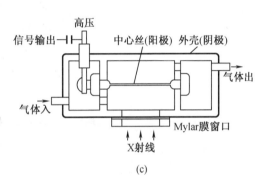

入射窗

(a)　　　　　　　(b)　　　　　　　(c)

图 6.23　密封式气体正比计数器和流动式气体正比计数器

3. NaI(Tl)晶体闪烁探测器

图6.24所示是 Na(Tl)晶体闪烁探测器系统。图6.24(a)所示是 Na(Tl)闪烁晶体探测器,它由 Na(Tl)闪烁晶体和光电倍增管构成;图6.24(b)所示是 NaI(Tl)闪烁晶体,闪烁探测器一般用 2 ~ 5 mm 厚 NaI(Tl)闪烁晶体;图6.24(c)所示所示是谱仪电子学系统;图6.24(d)所示是计算机多道分析器的数据获取、处理和显示系统;图6.24(e)所示是光电倍增管示意图。NaI(Tl)闪烁探测器探测效率高但能量分辨率较差。

4. Si(Li)探测器

图6.25(a)所示是 Si(Li)探测器系统,由探头和液氮杜瓦构成,浸泡在液氮中的冷指冷却 Si(Li)P – I – N 型探测器。图6.25(b)所示是采用锂漂移方法制成的 P – I – N 型探测器。Li 通过热处理从 P 型单晶 Si 表面向内扩散,在表面一定深度 Li 浓度超过受主杂质,使半导体转为 N 型,N 型表面和 P 型内部界面形成 PN 结。当射线进入结区,电离产生的电子 - 空穴对在电场作用下形成电流,收集极输出的电流信号的大小与入射射线能量成正比,通过测量输出电信号即可测量入射射线的能量和强度。图6.25(c)所示是 Si(Li)P – I – N 型探测器和前级放大器组合的探头及测量电子学系统方框图。Si(Li)探测器具有

对低能 γ 射线和 X 射线的光吸收率、探测效率高,能量分辨率和线性好等优点。Si(Li) 探测器的缺点是工作和存放温度都是 77 K 液氮温度,无论工作或不工作都需要采用液氮冷却。

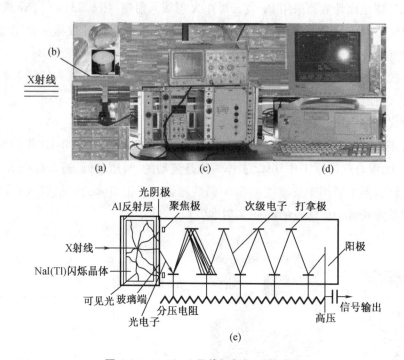

图 6.24　NaI(Tl) 晶体闪烁探测器系统

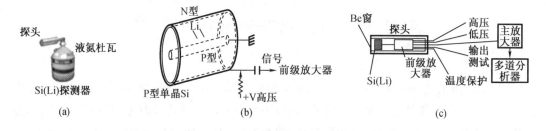

图 6.25　Si(Li) 探测器与电子学系统

图 6.26 所示是 NaI(Tl) 晶体闪烁探测器、Xe 气体正比计数器和 Si(Li) 探测器测量 Ag 发射的 K_α X 射线的能量分辨率的比较,由图可见,Si(Li) 探测器具有很高的能量分辨率。Si(Li) 探测器对 5.9 keV 的 X 射线的能量分辨率达到 160 eV。

5. X 射线探测器的探测效率

X 射线探测器的探测效率与 X 射线能量密切相关,需要采用一组强度已知、能量不同的标准源,在

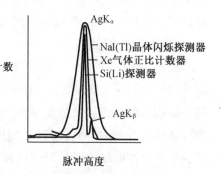

图 6.26　几种 X 射线探测器的能量分辨率

一定测量几何条件下刻度,以后的测量都在该几何条件下进行。常用低能 X 射线标准源有 ^{54}Mn(5.47 keV)、^{57}Co(6.4 keV、7.1 keV)、^{69}Zn(8.15 keV)、^{85}Sr(13.4 keV、15.0 keV)、^{109}Cd(22.1 keV、25.0 keV)、^{137}Cs(31.8 keV、32.2 keV、36.4 keV)、^{241}Am(3.30 keV、11.9 keV、13.9 keV、17.5 keV、20.08 keV、26.35 keV、33.19 keV、59.537 keV)。

图 6.27 所示是几种 X 射线探测器的探测效率随 X 射线能量变化(赵国庆 等,1989)。由图 6.27(a)可见,Si(Li)探测器能够测量的低能(长波)X 射线的能量和效率与 Be 窗厚度有关,Be 窗的吸收作用使低于一定能量的 X 射线不能进入探测器,图中画出了 0.025~0.25 mm 不同厚度 Be 窗探测器可以探测的低能 X 射线的能量,Be 窗厚度越薄探测器能够探测的能量越低。Si(Li)探测器对高能(短波)X 射线探测效率与探测器灵敏体积有效厚度有关,探测器有限的厚度使其对于高于一定能量 X 射线的探测效率急剧下降。带 Be 窗的 Si(Li)探测器可测量原子序数 $Z > 11$ 元素发射 Kα 或 L_x 线。如果将 Si(Li)探测器直接与加速器真空靶室相连,这时可以不要 Be 窗,则可测量原子序数 $Z \geq 6$ 元素发射 K_α 线,例如测量 C 发射的 277 eV 的 K_α 线。图 6.27(b)所示是平面 HPGe 探测器探测效率随能量、Be 窗厚度、灵敏体积有效厚度的变化。图 6.27(c)所示是常用的各种类型 X 射线探测器的效率随能量变化。

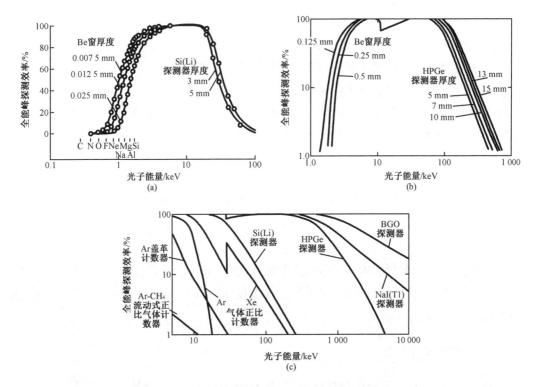

图 6.27　几种 X 射线探测器的探测效率随 X 射线能量变化

6.3.3　X射线逃逸率

图6.28(a)所示是特征X射线的能量都沉积在探测器灵敏体积记录的全能峰。对于一定灵敏体积(结区)的探测器,特征X射线有一定概率逃逸而没有全部沉积在灵敏体积中,从而形成逃逸峰[图6.28(b)],其能量小于全能峰能量,使全能峰计数减少[图6.28(b)所示斜线峰]。

逃逸峰不仅使全能峰计数减少,而且使能谱复杂化。逃逸峰强度与入射X射线能量和探测器有关(Statham,1976)。例如,X射线入射Si(Li)探测器,在Si中激发出K_X射线的能量为1.740 keV,它的逃逸率由Si原子K层电子电离概率、电离后发射特征X射线概率、Si的K_X线在Si(Li)中吸收概率的乘积决定,逃逸率P为

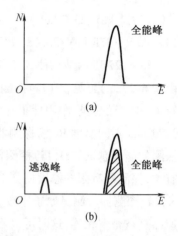

图6.28　X射线全能峰和逃逸峰

$$P = \frac{1}{2}\frac{\gamma-1}{\gamma}\omega_K\left[1 - \frac{\mu_{Si}}{\mu_{in}}\ln\left(1 + \frac{\mu_{in}}{\mu_{Si}}\right)\right] \qquad (6.17)$$

式中　μ_{in}——Si对入射X射线吸收系数;

　　　μ_{Si}——Si对Si的K_X射线吸收系数;

　　　γ——Si的K层吸收限跃变比;

　　　$(\gamma-1)/\gamma$——K层电子电离占总电离的份额;

　　　ω_K——Si原子K壳层荧光产额。

逃逸峰和全能峰的强度之比$k = P/(1-P)$。3.5 keV X射线的逃逸峰$k \sim 1\%$。X射线能量增加,逃逸率P增大,即k变大。

6.4　粒子激发X荧光分析实验测量技术

粒子激发X荧光分析实验测量包括实验样品制备、最佳实验条件选择、实验测量、数据分析和修正等几个过程。由测量的特征X射线能量或波长和强度,可进行元素鉴别和元素含量测定。

6.4.1　实验样品制备

制备粒子激发X荧光分析的样品时,需要根据采样方法选择合适的制备方法、最佳的衬底材料,以及严防制备过程中的污染。

这里以质子激发X荧光分析的样品制备为例进行介绍。质子激发X荧光分析实验测量样品示意图如图6.29

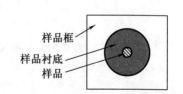

图6.29　质子激发X荧光分析实验测量样品示意图

所示。由图可见,它由样品(图中中心实心圆)、样品衬底(图中圆圈)和样品框(图中方框)构成。样品衬底是粘在样品框上的薄膜,样品均匀涂在衬底薄膜上。

1. 衬底

质子激发 X 荧光分析中样品衬底选择很重要,它是本底的主要来源,包括衬底中的杂质元素产生与待分析元素发射的能量相同或非常接近的 X 射线的本底,入射粒子在衬底上产生的次级电子轫致辐射本底等。衬底材料选择除本底低,还要有好的机械强度和耐辐照、耐酸碱的性能。为获得较好的导电和导热性,有机材料薄膜衬底需涂铝。

质子激发 X 荧光分析一般采用低 Z 衬底材料,例如有机薄膜。针对不同用途,常用的薄膜有:用作酸性样品和气溶胶样品衬底的 Kimfol 薄膜;通过溶于有机溶液后滴入水中制成每平方厘米几十微克很薄衬底的 Formver 薄膜;用作每平方厘米几百微克衬底的 Mylar 薄膜(常含 Zn、P、Si 杂质);用作气溶胶样品衬底的低轫致辐射本底核微孔 Nuclepore 膜和微孔 Millipore 膜。此外,碳膜也是一种常用衬底,具有耐热和导电等优点,采用真空蒸镀或化学蒸镀沉积法制备。碳膜上可以蒸镀其他元素层以作标准样品。VYNS 薄膜由于含 Cl 会产生较强的 Cl 的 $K_\alpha - X$ 射线本底,一般已不采用。

2. 防污

样品制备过程中要严格防止沾污,操作过程中需要采用低 Z 材料容器和工具,例如聚乙烯、聚四氟乙烯或石英材料。为防止空气杂质沾污,操作时最好在空气净化的环境下进行。

3. 取样

对于动物和人体内脏样品,采用手术刀切开皮肤和脂肪层,用石英片或 Ti 刀切割取样。

对于气溶胶样品,有两种取样方式:一种是采用级联式冲击采样器采集一组不同颗粒大小的样品;另一种是采用条纹采样器,采集一组不同时间的样品。

根据颗粒尺度大小,样品可以分为 6 级:1 级样品颗粒尺度大于 4 μm,2 级样品颗粒尺度为 4~2 μm,3 级样品颗粒尺度为 2~1 μm,4 级样品颗粒尺度为 1~0.5 μm,5 级样品颗粒尺度为 0.5~0.25 μm,6 级样品颗粒尺度小于 0.25 μm。

4. 处理

获取的生物样品等要经过一定处理才能制成用于质子激发 X 荧光分析的样品。常用加工处理的方法有灰化法、粉末法和酸溶解法。灰化法是将样品放在通氧高频加热炉内的石英坩埚中灰化。灰化可以浓缩样品,提高分析灵敏度,但是要注意灰化过程中易挥发性元素 As、Br、I、Mg 等的挥发。粉末法是用电磁振动器小球碰击样品,将样品粉碎成颗粒尺度小于 10 μm 的粉末。酸溶解法是将样品在超纯硝酸中溶解后滴在衬底上,此法仅适于很少量样品制备,溶解过程可能会丢失某些元素。

5. 制备

样品制备方法有两种:一种是粉末样品制备法,将样品粉末调匀于几十微升 1% 聚乙烯溶液,然后均匀涂在衬底上,样品厚度一般 4 mg·cm⁻²。衬底膜滴不含样品的聚苯乙烯,制备空白本底测量样品。另一种是酸性溶液样品制备法。这种方法将样品滴在 Kimfol 膜真空干燥。没有滴样品的 Kimfol 膜作为空白本底测量样品。

6. 内标元素加入

元素定量一般采用相对测量法。质子激发 X 荧光分析中,用于相对测量的标准样品是内置标准样品,即常称的内标元素法。内置标准样品是在样品制备过程中同时加入已知浓度的样品作为标准样品。一般采用易溶于水、能和样品均匀混合的盐类作为内标元素。内标元素的特征 X 射线须与样品元素的特征 X 射线不同,而且待分析样品必须不含内标元素。质子激发 X 荧光分析常用的内标元素有 Ag、Y、In 等。

6.4.2 实验测量

1. 质子激发 X 荧光分析

加速器产生的质子激发 X 荧光分析测量的是质子轰击样品产生的 X 射线能谱,根据特征 X 射线能量和峰计数进行元素鉴别和元素含量测定。加速器离子束实验室都有粒子激发 X 荧光分析实验终端(图 4.25),图 6.30(a)所示是质子激发 X 荧光分析测量的实验装置示意图,加速器产生的质子经过准直器,入射到样品靶室,轰击样品使其发射特征 X 射线。产生的特征 X 射线穿过靶室 Kapton 窗和探测器 Be 窗,由 Si(Li) 探测器记录。为减少散射粒子本底,在探测器前有吸收片。靶室的样品架是由步进电机控制的转动样品架,可以放置 6 片或更多样品,样品逐一转动分析。入射粒子束流由法拉第筒(即捕获器)记录。图 6.30(b)所示是一个测量的质子激发 X 荧光能谱。

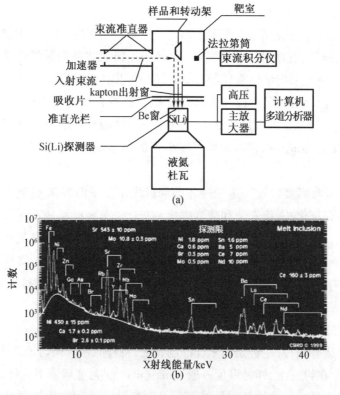

图 6.30 质子激发 X 荧光分析实验装置和测量能谱的示意图

2. 放射性同位素 X 激发 X 荧光分析

图 6.31 所示是三种利用放射性同位素 X 激发 X 荧光分析装置。图 6.31（a）装置中的源为锥形环状 X 射线源，图 6.31（b）装置中的源为准直 X 射线源，工作时，打开源闸门，源发射的 X 射线辐照激发待测样品，探测器记录样品发射的特征 X 射线。图 6.31（c）中放射源和 X 射线产生靶都是平面环状的，工作时，环状源产生的 α 粒子或 β 粒子或 γ 射线轰击环状 X 射线产生靶，产生的特征 X 射线激发样品，探测器记录样品产生的特征 X 射线。需要注意的是，放射源产生粒子或射线、X 射线产生靶产生的 X 射线都不能直接入射到探测器。

目前已经发展了多种采用 X 光管、直接和间接放射性同位素 X 射线源的移动式 X 激发 X 荧光分析谱仪。图 6.32（a）是一个移动式 X 激发 X 荧光分析谱仪内部结构图，图 6.32（b）是 X 光管 – 样品 – 晶体 – 波长测量 X 射线探测器的示意图。

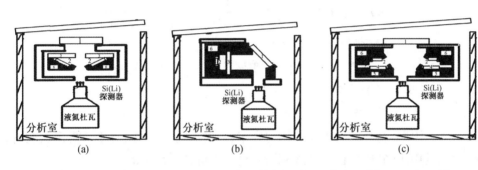

1—分析用品；2—X 射线源；3—源闸门；4—环状 X 射线产生靶；5—靶套和屏蔽；6—源套和屏蔽。

图 6.31　放射源同位素 X 射线源的 X 荧光分析装置

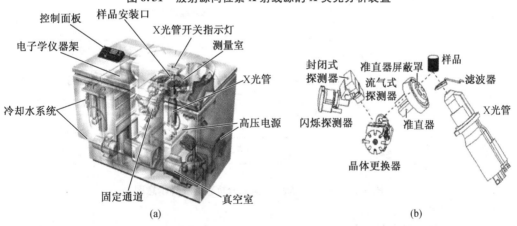

图 6.32　移动式 X 射线激发 X 荧光分析谱仪

6.4.3　X 荧光分析测量元素含量

1. X 射线激发特征 X 射线强度

X 射线激发样品元素发射的特征 X 射线强度与入射 X 射线能谱、元素空穴产生率和荧光产额、入射 X 射线和特征 X 射线在（厚）样品中的吸收等因素密切相关。图 6.33 所示是

X光管产生的 X 射线激发 X 荧光分析实验安排示意图。入射 X 射线波长为 λ_{in}、强度 $I_{0,in}$，与样品表面呈 φ 角入射，样品发射的特征 X 射线波长为 λ_L，ψ 角由探测器探测，探测器立体角是 $d\Omega$，信号经放大后由计算机 – 多道分析器系统记录和处理。样品密度为 ρ，对入射 X 射线的质量吸收系数为 $\mu_m(\lambda_{in})$，对特征 X 射线的质量吸收系数为 $\mu_m(\lambda_L)$。入射 X 射线通过样品的强度衰减为 $\exp[-\mu_m(\lambda_{in})\rho t \csc \varphi]$，在 t 到 $t+\Delta t$ 层中，吸收的 X 射线为 $\mu_m(\lambda_{in})\rho \Delta t \csc \varphi$。如果样品中待分析元素 A 的质量分数为 C_A，对入射 X 射线质量吸收系数为 $\mu_{m,A}(\lambda_m)$，Δt 层中吸收的入射 X 射线与基体吸收的比为 $C_A\mu_{m,A}(\lambda_m)/\mu_m(\lambda_{in})$。激发元素 A 发射波长 λ_L 的特征 X 射线概率为

$$P = \frac{C_A\mu_{m,A}(\lambda_{in})}{\mu_m(\lambda_{in})}\frac{\gamma_A-1}{\gamma_A}\omega_A R[\mu_m(\lambda_{in})\rho \Delta t \csc \varphi] \tag{6.18}$$

探测器记录波长 λ_L 的特征 X 射线强度为

$$I_L = I_{0,\lambda_{in}}\omega_A R\frac{\gamma_A-1}{\gamma_A}\frac{d\Omega}{4\pi}\frac{C_A\mu_{m,A}(\lambda_{in})\csc \varphi}{\mu_m(\lambda_{in})\csc \varphi + \mu_m(\lambda_L)\csc \varphi} \tag{6.19}$$

式中　γ_A——元素 A 吸收限吸收系数跃变前后比 (μ_1/μ_2)；

$(\gamma_A-1)/\gamma_A$——元素 A 产生的相应于该吸收限壳层的电离数；

ω_A——元素 A 荧光产额；

R——元素 A 产生特征 X 射线强度。

式(6.19)中假定待分析元素含量均匀分布、入射 X 源为点源，且不考虑多次散射和基体增强效应，利用式(6.19)，由特征 X 射线强度可以得到元素含量。

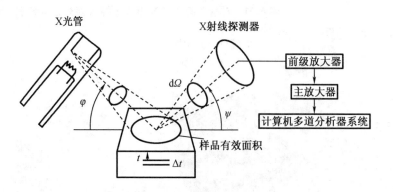

图 6.33　X 射线激发 X 荧光分析实验安排示意图

2. 生物样品元素含量测量

生物样品制备中，可以将内标元素同时加入样品中，所以，对于生物样品，一般都采用内标元素法测定元素含量，测量待测元素和内标元素 X 射线强度，可获得元素含量。元素含量均匀分布的薄样品，质子激发产生的特征 X 射线计数为

$$A = NQ\sigma_X(E_0)t_0 T\Omega\varepsilon \tag{6.20}$$

式中　N——单位体积样品或靶原子数，cm^{-3}；

Q——入射质子数；

t_0——样品厚度,cm;

ε——探测器探测效率;

Ω——探测器所张立体角;

$\sigma_X(E_0)$——特征 X 射线有效产生截面,是电离截面、荧光产额,谱线相对强度的乘积,cm^2;

T——X 射线总吸收系数,$T = T_1 T_2$,其中 T_1 是探测器和吸收片的吸收系数,T_2 是样品自吸收系数,对于薄样品 $T_2 = 1$。

式(6.20)中,Nt_0 是单位面积原子数,将式(6.20)转换到样品质量得到

$$A = N_t \phi_Q \sigma_X(E_0) T\Omega\varepsilon = (W/M) N_A \phi_Q \sigma_X(E_0) T\Omega\varepsilon \tag{6.21}$$

式中　N_t——束斑面积内样品原子总数;

　　W——样品质量;

　　M——样品元素原子量;

　　N_A——阿伏伽德罗常数;

　　ϕ_Q——入射质子注量或质子束流面密度。

质子激发 X 荧光分析中,常用灵敏度因子 $\eta_{i,y}$ 进行元素定量。灵敏度因子与几何条件、入射粒子能量和 X 射线吸收等有关。实验上,可以预先测定各种元素的灵敏度因子 $\eta_{i,y}$。$\eta_{i,y}$ 可以通过加内标元素 y 和含量已知的元素 i 标准样品测定。对于元素 i

$$\eta_{i,y} = (W_{i,s}/W_{y,s})(A_{y,s}/A_{i,s}) \tag{6.22}$$

式中　$W_{i,s}$——标样元素 i 的含量;

　　$W_{y,s}$——内标元素 y 的含量;

　　$A_{y,s}$——内标元素 y 的特征 X 射线峰计数;

　　$A_{i,s}$——标样元素 i 的特征 X 射线峰计数。

可以预先测定一系列元素的灵敏度因子 $\eta_{i,y}$,得到灵敏度因子曲线(图 6.34)。

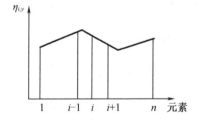

图 6.34　灵敏度因子曲线

待测元素 i 的含量可由灵敏度因子得到:

$$W_i = \eta_{i,y} W_y (A_i/A_y) \tag{6.23}$$

式中　W_y——内标元素含量;

　　A_i 和 A_y——待分析元素和内标元素特征 X 射线峰面积净计数。

采用式(6.23)进行元素定量,需要在与灵敏度因子测量相同实验条件下进行样品分析。

式(6.23)适用于样品厚度小于 1 mg·cm^{-2} 的薄样品。样品厚可以提高测量灵敏度,所以实验测量样品厚度一般大于 1 mg·cm^{-2},例如 4 ~ 5 mg·cm^{-2}。对于厚样品,需要考虑入射质子能量损失引起的截面 σ_X 减小和样品对 X 射线的自吸收,这时式(6.20)变为

$$A = NQT\Omega\varepsilon \int_0^t \sigma_X(t) e^{-\mu t} dt \tag{6.24}$$

式中,t 为粒子在样品中通过的路径,$t = t_0/\cos\alpha$,其中 t_0 是样品厚度,α 是粒子入射方向与样品表面法线的夹角。如果不考虑自吸收,并用 $\sigma_X(E_0)$ 替代 $\sigma_X(t)$,则式(6.20)得出特征峰净计数,记为 A_0,它比考虑自吸收的式(6.24)的净计数 A 大。所以需要对式(6.24)的结

果进行修正。为此引入修正因子 f,其定义为 $A_0 = A \times f$,f 值由下式计算:

$$f = \frac{\sigma_X(E_0)t}{\int_0^t \sigma_X(t)\mathrm{e}^{-\mu t}\mathrm{d}t} \tag{6.25}$$

A_0 是真实计数,A 是实验测量的计数,由于截面减小和吸收,实验测量值偏小了。

由式(6.23)计算 W_i 时,A_y 和 A_i 都要进行修正。在测定 $\eta_{i,y}$ 时,也需考虑上述修正。

计算修正因子 f 时,需要知道不同深度质量吸收系数和 X 射线产生截面。X 射线质量吸收系数与 X 射线能量 E_X 和吸收物质原子序数 Z 有关。如果忽略元素吸收限突变,质量吸收系数可以表示为

$$\mu_{\mathrm{m}}(Z, E_X) = A(Z)E_X^{-B(Z)} \tag{6.26}$$

式中,$A(Z)$ 和 $B(Z)$ 是与原子序数 Z 有关的参数。式(6.26)适合于低 Z 单质元素和低 Z 元素组成的混合物,例如 Mylar 膜和生物样品。这些混合物中,C、H、O、N 元素含量占 90% 以上,杂质元素含量很少。对于混合物需要计算平均质量吸收系数:

$$\mu_{\mathrm{m}}(\bar{Z}, E_X) = \sum w_i \mu_{\mathrm{m}}(Z_i, E_X) \tag{6.27}$$

式中 $\bar{Z}$——各个组成元素原子序数 Z_i 的平均原子序数;

      w_i——元素的质量权重因子;

      $\mu_{\mathrm{m}}(Z_i, E_X)$——各个组成元素的吸收系数。

平均质量吸收系数也可以采用式(6.26)计算,这时原子序数需采用平均原子序数。

质子激发 X 荧光分析中,利用式(6.25)计算修正因子,需要知道深度 x 处 X 射线产生截面,计算产生截面又要知道入射能量为 E_0 的质子在不同深度 x 处的能量 $E(t)$。计算 $E(t)$ 需要知道 $\mathrm{d}E/\mathrm{d}x$ 数据,在质子激发 X 荧光分析的入射质子能量范围,已知 $\dfrac{\mathrm{d}E}{\mathrm{d}x}(E_0)$,任何能量的 $\dfrac{\mathrm{d}E}{\mathrm{d}x}$ 可以近似表示为 $\dfrac{\mathrm{d}E}{\mathrm{d}x}(E) = \left(\dfrac{E}{E_0}\right)^{-\alpha}\dfrac{\mathrm{d}E}{\mathrm{d}x}(E_0)$,其中单质样品的指数 $\alpha = 0.7$、生物样品 $\alpha = 0.8$。能量为 E_0 的质子在样品中通过路径 t 后的能量 $E(t)$ 为

$$E(t) = E_0\left[1 - \frac{t}{R(E_0)}\right]^{\frac{1}{1+\alpha}} = \left[E_0^{1+\alpha} - \frac{E_0^{1+\alpha}t}{R(E_0)}\right]^{\frac{1}{1+\alpha}} \tag{6.28}$$

式中,$R(E_0)$ 是能量为 E_0 的质子在样品中的射程,$R(E_0) = \dfrac{1}{1+\alpha}\dfrac{E_0}{\dfrac{\mathrm{d}E}{\mathrm{d}x}(E_0)}$。有了 $E(t)$,可用式(6.4)计算 $\sigma_X[E(t)]$,从而可以计算式(6.25)分母的积分项并得到修正因子 f。厚度为几 $\mathrm{mg} \cdot \mathrm{cm}^{-2}$ 的生物样品,可用平均质子能量 E_{mean}(1/2 样品厚度处的质子能量)及其对应的平均截面 $\sigma_X(E_{\mathrm{mean}})$ 和平均 X 射线吸收 $(1 - \mathrm{e}^{-\mu t})/\mu t$ 计算修正因子,这时 $f = [\sigma_X(E_0) \times \mu t]/[\sigma_X(E_{\mathrm{mean}}) \times (1 - \mathrm{e}^{-\mu t})]$。

3. 气溶胶样品元素含量测量

气溶胶样品是无法加入内标样品的,所以不能采用内标元素法定量,需要采用一组加内标元素含量已知的不同元素的标准样品进行定量。在一定几何条件和入射能量下,测量各种元素的灵敏度因子 η_i。然后在相同实验条件下,测量气溶胶样品,利用与上节相同的

方法由灵敏度因子求得元素含量。定义元素 i 的灵敏度因子 $\eta_i = \sigma_{Xi}(E_0)T_i\Omega_i\varepsilon_i$，采用已知含量 W_i 的标准样品，入射质子注量或质子束流面密度为 ϕ_{Qi}，测量的特征 X 射线的强度为 A_i，由式(6.21)得到灵敏度因子 $\eta_i = A_i/W_i\phi_{Qi}$，对不同元素的标准样品做类似的测量，得到不同元素的灵敏度因子曲线。元素 i 待分析样品在相同实验条件下，进行元素含量 W_{iX} 测量，测量的特征 X 射线的强度 $A_{iX} = W_{iX}\phi_{QiX}\eta_i$，这样得到待分析样品的含量 $W_{iX} = W_i(A_{iX}/A_i)(\phi_{Qi}/\phi_{QiX})$。阿伏伽德罗常数 N_A 和元素 i 原子量 M_i 相互抵消，在所有公式中都没有出现。灵敏度因子测量和待分析元素测量时 ϕ_Q 可能不同，在含量计算时进行归一。

气溶胶样品与生物样品不同，样品中有轻元素还有重元素(主要分析元素范围是从 S 到 Pb)。重元素对 X 射线吸收大，气溶胶样品吸收系数必须是全部元素的平均质量吸收系数[式(6.27)]。此外，X 射线探测器前面吸收片厚度要适当：太厚，低 Z 元素的特征 X 射线被吸收；太薄，韧致辐射本底会很强。MeV 量级质子在气溶胶样品中的能量损失很小，仅为百分之几，且在这一能量范围 $\sigma_X(E)$ 随能量变化很小，因此不要进行修正。必要的话，采用平均质子能量替代。

4. 合金样品元素含量测量

合金样品一般是厚样品，需要考虑质子能量损失引起的截面 $\sigma_X(E)$ 减小、自吸收、基体元素特征 X 射线增强效应等。考虑这三个因素后，厚样品中各元素的含量 C_j 为

$$C_j = \frac{Q_j\dfrac{A_j}{1+e_j}}{\sum Q_j\dfrac{A_j}{1+e_j}} \text{ 且 } \sum_{j=1}^{l} C_j = 1 \tag{6.29}$$

式中　Q_j——计及截面变化和自吸收的修正因子；

　　　e_j——样品其他元素对元素 j 的特征 X 射线增强因子。

Q_j 和 e_j 的计算很繁复，而且精度也较差，所以合金样品的元素含量测量一般利用一组含量已知的标准样品进行相对测量。

6.4.4　质子激发 X 荧光分析灵敏度

准确度、精确度、灵敏度是衡量元素含量分析方法的三个重要指标。质子激发 X 荧光分析的准确度和精确度一般小于 10%。灵敏度是特征 X 射线强度或探测器计数随待分析元素含量的变化率，或是可以检测到的待分析元素含量的最小变化量。质子激发 X 荧光分析的元素的分析灵敏度定义为

$$S_0 = \Delta N/\Delta W \text{ 或 } S_0 = (\Delta N/N)/(\Delta W/W) \tag{6.30}$$

分析探测限是可以探测的最小元素含量。在测量最小可探测的元素含量时，探测器记录的 X 射线净计数必须大于 $3\sigma_B$，σ_B 为本底计数的平方根值。探测限用元素探测下限质量与基体样品质量之比表示，这个比常用 ppm 表示。

选择最佳实验条件可以提高元素含量分析灵敏度。选择入射粒子种类和能量、束流强度、样品厚度、测量时间等可以获得最佳实验条件。小型加速器都能产生 2~3 MeV 能量的质子，这个能量范围的质子对 Z 为 30~80 的元素进行分析是最合适的，是生物样品和气溶

胶样品分析最常用的质子能量范围。

质子激发 X 发射或 X 荧光分析对原子序数 $Z > 13$ 的元素分析、X 光激发 X 荧光和电子激发 X 荧光分析的分析灵敏度分别为 $10^{-6} \sim 10^{-7}$ 或 $1 \sim 0.1\text{ppm}$，$10^{-5} \sim 10^{-6}$ 或 $10 \sim 1\text{ppm}$，$10^{-3} \sim 10^{-4}$ 或 $1\,000 \sim 100\text{ppm}$。

6.4.5　特征 X 射线能谱分析和处理

粒子或射线激发的 X 荧光分析中，通过特征 X 计数射线的能量和计数或强度鉴别元素和测定元素含量。如图 6.35 所示，弧立 X 射线能谱峰的分析比较简单，很容易得到精确的峰面积计数。实验测量的能谱比较复杂，例如图 6.30(b) 包含许多元素的特征 X 射线峰和同一元素的 L、M 和 K 谱系的特征 X 射线峰，特

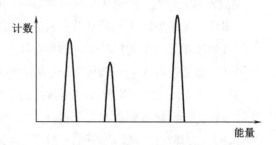

图 6.35　弧立峰特征 X 射线能谱

征 X 射线峰相互交叠、逃逸峰、康普顿散射峰、和峰等使能谱变得很复杂，很难直接得到精确的峰面积计数。

对于复杂能谱的处理，现在都用计算机程序，发展出了许多计算机谱分解程序，从而可以获得精确的峰面积计数，求出样品元素含量。常用的程序是 AXIL 程序（Espen et al.，1977）。这个程序能够很好地用于 Si(Li) 探测器测量的复杂 X 射线能谱的分析和处理，获得元素特征 X 射线的峰位或能量、峰半宽度、峰面积净计数及其标准偏差等。

6.5　质子微束技术

质子激发 X 荧光分析方法提出后不久，国外许多加速器实验室就开始发展和建立了质子微束装置。质子微束装置可以用于质子微束激发 X 荧光分析、核反应分析、卢瑟福背散射分析等（任炽刚 等,1981）。20 世纪 50 年代，人们就提出了利用质子微束分析测定样品微区内元素成分和含量，以及通过扫描测定样品中元素的空间分布。

质子微束可以通过小孔准直方法、磁透镜聚焦方法或二者结合的方法获得（Cookson et al.，1972）。英国哈威尔实验室建立了世界上第一台质子微束装置，质子束斑直径 4 μm，束流 1nA（Cookson et al.，1972）；1980 年左右，英国牛津大学和澳大利亚墨尔本大学建成了束斑直径为 1 μm 的质子微束装置；其后牛津大学建立了束斑直径为 0.4 μm 的质子微束装置，新加坡国立大学建立了束斑直径为 0.6 μm 的质子微束装置，瑞典乌普萨拉大学建立了束斑直径为 0.7 μm 的质子微束装置；1994 年，日本大阪大学建立了束斑直径为 0.1 μm 的质子微束装置。

质子微束装置建立后，扫描质子微探针（scanning proton microprobe，SPM）方法得以发展，利用该方法可进行样品元素空间分布测量，测量时质子微束或样品做 X、Y 二维移动扫

描,一般都是样品做 X、Y 二维移动。如果改变质子能量,则利用该方法可以进行不同深度的测量。

目前重离子微束装置和扫描重离子微探针技术也已经得以建立,重离子微束的产生方法与质子微束的产生方法相仿。

6.5.1　小孔准直质子微束装置

该装置利用小孔准直器限制束斑大小获得微束,早期由于小于 10 μm 的准直孔很难精确加工,小孔准直可以获得束斑直径大于 10 μm 的质子(重带电粒子、电子等)微束。小孔准直方法获得微束是以牺牲束流为代价的,小孔准直器材料要求厚度足以阻止入射束且散射本底小、束流通过准直孔后角散度小。

图 6.36 所示是加速器小孔准直产生质子微束装置示意图。该装置由一系列孔径由大到小的准直器构成。准直器一般用耐高温的材料(如碳化钨),束流大时需要水冷。束流通过一定厚度的小孔时,在孔壁上会发生散射而改变方向,所以准直孔的设计非常重要。图 6.37 所示是德国海德堡大学的准直器设计示意图(Ender et al. ,1983)。设计的准直孔的入射和出射面经抛光处理,高低起伏不超过 0.05 μm,孔并不是直通孔,是有一定结构的孔,可尽量减少多次散射以获得小的束流发散度。

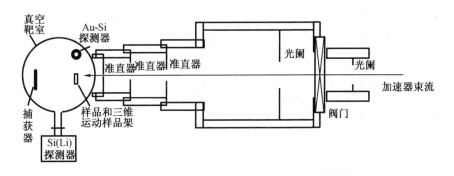

图 6.36　加速器小孔准直产生质子微束装置示意图

图 6.36 中的质子微束装置中,样品及其三维平移运动支撑座或样品架、Au – Si 面垒型半导体探测器、束流捕获器等都位于真空靶室中,Si(Li)探测器通过 Kapton 窗与靶室相连(图 6.30)。束流方向为 Z 方向,测量时,样品做 X 和 Y 方向的二维移动、束流在 Z 方向的二维空间扫描测量,用 200 倍以上光学显微镜精确定位样品位置。一般用 Au – Si 面垒型半导体探测器监测束流,采用 Si(Li)探测器测量质子激发的特征 X 射线。质子微束也可用于外延质子微束分析。

图 6.38 所示是利用一对螺旋测微仪构成的方形准直孔产生质子微束装置示意图。束流通过的孔面积可调节到 25 μm×25 μm。

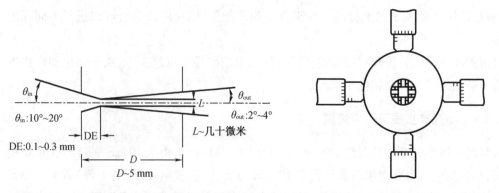

图 6.37　德国海德堡大学的准直器设计示意图　　图 6.38　利用一对螺旋测微仪构成的方形准直孔产生质子微束装置示意图

6.5.2　磁聚焦微束装置

采用磁聚焦方法可以获得直径为微米和亚微米级的束斑及束流强度大的质子微束。磁聚焦微束装置与原理如图 6.39 所示。

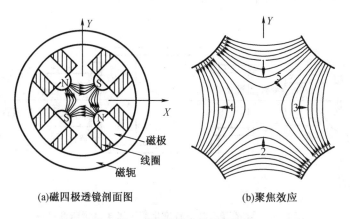

(a)磁四极透镜剖面图　　　　　(b)聚焦效应

图 6.39　磁聚焦微束装置与原理

磁聚焦采用由 4 个互成 90°安放的磁极体构成的磁四极透镜实现,产生束流聚束磁力线,磁力线平面与离子运动方向 Z 垂直,将束流剖面在 X 和 Y 两个方向压缩。一个磁四极透镜很难在 X 和 Y 两个方向将束流聚束,需要用两个磁四极透镜聚束,将束流在 X 和 Y 两个方向都达到较好的聚束效果。这一对磁四极透镜的极性要相反,如果极性相同,发散的束流还是发散。用几对这样的磁四极透镜,可以获得 μm 级束斑的质子微束。为获得好的聚焦,束流管道要长,一般 3~8 m,使透镜对间有一定距离。磁四极透镜聚束系统后安装偏转电极,使聚焦束可在 X、Y 两个方向偏转和扫描。实验中一般采用相对简单的样品二维移动扫描。

加速器微束装置的所有加速器管道、靶室等一定要安装在防震措施非常好的支架或平台上;真空系统也要有很好的减震措施,抽真空时不会引起管道和靶室震动。

除了质子束,同步辐射 X 射线、电子束、重带电粒子都可以通过磁聚焦方法获得微束。

6.5.3　数据获取系统

利用质子微束进行样品元素空间二维分布测量时,数据信息量非常大。例如,100×100 点扫描测量,就要记录 10 000 个能谱,对所有能谱进行处理后,才可得到元素及其含量空间分布。因此,无论在线分析还是离线分析,均要求数据获取、存储和处理系统速度要快、容量要大。

6.6　粒子激发 X 荧光分析和质子微束的应用

6.6.1　粒子激发 X 荧光分析应用

粒子或射线激发 X 荧光分析技术可以非破坏性地进行元素鉴别与从常量到微量和痕量元素的含量测量,已广泛应用于地质、冶金、材料、考古、生物医学、环境科学、固体物理、法学等许多领域。

1. 考古应用

(1)越王勾践佩剑质子激发 X 荧光分析

越王勾践佩剑在地下埋藏了 2 500 多年,于 1965 年在湖北省荆州市江陵县楚墓群出土。佩剑虽然埋藏了那么长时间,但出土后仍然光彩夺目,十分锋利。为探究其原因,复旦大学静电加速器实验室对出土的越王勾践佩剑进行了质子激发 X 荧光分析。

越王勾践佩剑尺度比较大,长 64.1 cm,宽 5 cm。这样大的样品,不宜在真空靶室中进行分析,复旦大学静电加速实验室(1979)采用加速器外延质子束激发的 X 荧光分析方法对其进行分析,实验装置如图 6.40(a)所示,这种外延束流同样可以用于大样品的核反应、卢瑟福背散射等分析。NEC9SDH - 2 串列加速器产生 2.2 MeV 质子束,经 $\phi 0.5$ mm 光阑准直后和穿过厚度 7 μm 的 Al 窗从真空中引出,引出束流斑点或横截面是 $\phi 2$ mm,越王勾践佩剑位于离 Al 窗 15 cm 处,采用 Si(Li)探测器记录激发产生的特征 X 射线。移动样品进行佩剑的花纹、剑脊、剑刃、剑格等不同部位的分析。分析的有效深度是从表面起的 3 μm,束流强度 3 ~ 5 nA,每个部位测量时间 ~ 10 min。图 6.40(b)所示是剑格部位实验测量的特征 X 射线能谱。表 6.4 列出了测量的越王勾践佩剑表面几个不同部位的元素成分。

分析结果表明,剑的各个部位的主要成分是 Cu 和 Sn,有少量的 Fe 和 Pb。在佩剑玻璃装饰物中有大量 Ca,说明 2 500 多年前,我国就可以烧制钾钙玻璃,推翻了当时只能生产铅玻璃的结论;剑的 Fe 远低于我国 Cu 矿的 Fe 含量,Fe 含量少使宝剑不生锈;同时剑的 Pb 含量少,而具有光亮。

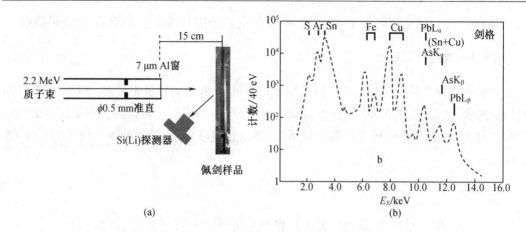

图6.40 越王勾践佩剑分析的实验装置和测量的剑格特征 X 射线能谱

表6.4 测量的越王勾践佩剑表面几个不同部位的元素成分

表面部位	元素成分					
	Cu	Sn	Pb	Fe	S	As
剑刃	80.3%	18.8%	0.4%	0.4%		微量
黄花纹	83.1%	15.2%	0.8%	0.8%		微量
黑花纹	73.9%	22.8%	1.4%	1.8%	微量	微量
黑花纹特黑处	68.2%	29.1%	0.9%	1.2%	0.5%	微量
剑格边缘	57.2%	29.6%	8.7%	3.4%	0.9%	微量
剑格正中	41.5%	42.6%	6.1%	3.7%	5.9%	微量

（2）瓷胎料溯源

汝官窑和钧官窑分别位于河南省宝丰县清凉寺和河南省禹州市钧台,这两个窑烧制的瓷器闻名中外。李国霞等（2006）采用质子激发 X 荧光分析测量了这两个官窑瓷胎料主要成分的元素组成,从而进行瓷胎料原料溯源分析。

实验测量了钧官窑出土瓷样品 50 个、汝官窑出土瓷样品 34 个,选取的样品都是有代表性的考古样品。质子激发 X 荧光分析是采用加速器产生的外延质子束,入射样品的质子能量为 2.8 MeV。实验测量了 Al_3O_2、SiO_2、K_2O、CaO、TiO_2、MnO、Fe_2O_3 等 7 种主要成分的化学含量,两种窑的瓷胎主要成分的化学成分不同。图 6.41（a）和图 6.41（b）分别是测量的各个样品两种主要成分 K_2O 和 TiO_2 含量（质量分数,图中直线是平均值）,由图可见,汝官窑和钧官窑瓷胎样品的 K_2O 和 TiO_2 含量明显不同。实验测量两个窑所产瓷胎的其他成分含量也不同,汝官窑瓷胎 Al_3O_2 含量明显高于钧官窑瓷胎,其 CaO 和 TiO_2 含量略高于钧官窑瓷胎,其 SiO_2 和 K_2O 及 Fe_2O_3 含量明显低于钧官窑瓷胎,其 MnO 含量稍低于钧官窑瓷胎。

实验对所有样品测量的主要化学成分含量模糊聚类分析后,得到许多对考古和溯源有用的数据,例如钧官窑瓷胎原料产地比较集中,汝官窑瓷胎原料产地相对比较分散,两个窑的瓷胎原料产地接近但不同等信息。

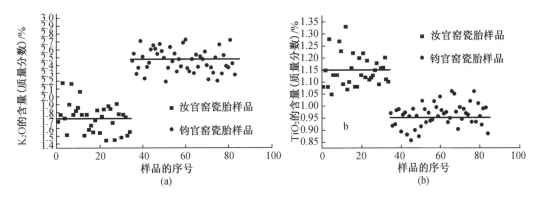

图 6.41　汝官窑和钧官窑瓷胎样品 K_2O 和 TiO_2 含量

（3）陨石元素组成和含量分析

陨石元素组成和含量的数据在宇宙学研究中是很有价值的。李民乾等（1978）采用 2 MeV 质子激发 X 荧光分析，测量了吉林陨石主要矿物相辉石、橄榄石、金属相、硫化物，以及球粒和熔壳元素的成分和含量。图 6.42（a）所示是测量的吉林陨石球粒的 X 射线能谱，图中谱 1 和谱 2 分别是探测器前未加铬吸收片和加铬吸收片的能谱。图 6.42（b）是测量的辉石 X 射线能谱。测量得到了吉林陨石主要矿物相元素成分和含量，为它们形成条件的分析提供了数据，例如在熔壳分析中观察到了陨石进入大气层后烧蚀导致的 Ni 富集和 S、Zn 等元素的贫化。

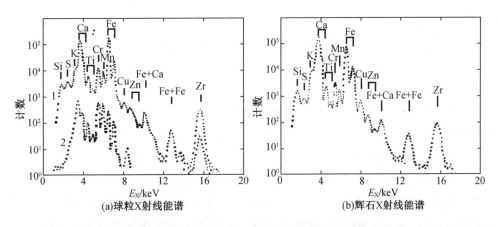

图 6.42　吉林陨石的质子激发 X 荧光分析测量的特征 X 射线能谱

2. 生物学应用

人体微量元素和微量元素相对比值能够反映人体疾病和生理变化。采用质子激发 X 荧光分析测量生物样品元素含量有两个主要优点，一个是多元素快速分析，另一个是样品量少，例如只需几根头发或几 mg 人体组织样品。人体头发元素及其含量是人体健康状况的指示剂，头发不同部位微量元素含量还能反映健康状况时间变化。如果头发中发现有 Hg、Pb、As 等元素，表明人体受到环境污染或有毒元素侵害，例如，质子激发 X 荧光分析 GaAs 半导体生产车间工人头发，由测量的能谱观察到 Ar、Ca、Fe、Zn 特征 X 射线外，还有正常环境中没有的 As 特征 X 射线,As 的含量说明有 As 吸入;脱离工作后跟踪测量显示,随着时间增长头发中 As 含量逐渐减少直到没有。

（1）儿童头发质子激发 X 荧光分析

复旦大学静电加速器实验室对 22 例低能儿童头发和 23 例正常儿童头发做了对比测量,图 6.43 所示是正常儿童头发 X 射线能谱（陈建新,1985）。测量得到正常儿童 Cu/Zn 含量比是低能儿童的 5 倍,表明不仅微量元素含量对人体健康有影响,微量元素相对比值也是衡量人体健康状况的重要参数。

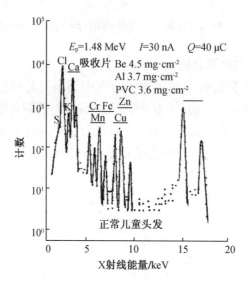

图 6.43　正常儿童头发 X 射线能谱

（2）孕妇头发分析

孕妇妊娠期和胎儿发育及产后哺乳准备期等,头发微量元素会发生相应的变化。曾宪周等(1986)采用质子激发 X 荧光分析了 10 名孕妇生产前后头发样品的微量元素,并用 11 名未婚女性的头发微量元素做对照测量。头发样品经过清洗处理后低温等离子灰化,加入已知量内标元素钇制成薄分析样品。孕妇不同阶段的头发样品取自头发的不同段。测量采用 2.1 MeV 的质子,束流是 20 nA,样品发射的特征 X 射线穿过厚度 7 μm 的 Kapton 靶室窗和探测器前 635 μm 的 Mylar 膜吸收片,进入 Si(Li) 探测器。数据处理采用 AXIL 程序,获得特征 X 射线峰位和峰面积,由 THNTGT 程序计算元素含量。

表 6.5 列出了实验测量的孕妇组产前和产后及对照组头发相应部位或时期元素含量比的平均值。由数据可见,孕妇头发中 Cu 和 Zn 含量产前和产后以及与对照组相比,均无明显变化。孕妇产后 Fe 含量是产前一半,这是因为孕妇负担自己和胎儿血循环使 Fe 含量减少,如果摄入 Fe 不够或自身储备量不足,会因缺 Fe 而造成贫血。孕妇头发中 Ca 产前与产后比为 3.6,产后 Ca 丢失很多。图 6.44 是孕妇产前和产后头发中 Ca 含量比较。孕妇产前头发中 Ca 平均含量是 1.63×10^3 ppm,产后平均含量是 0.47×10^3 ppm,差值 1.16×10^3 ppm。对照组相应比值是 2.36,相应的 Ca 平均含量分别是 1.07×10^3 ppm 和 0.45×10^3 ppm,差值

为 0.62×10^3 ppm。正常情况下,对照组是不应该有这个差值的,差值可能是 Ca 污染造成的。与孕妇产前时期对应的对照组样品段取自发尖,可能受到来源于水、洗发水等的 Ca 污染,相应于孕妇产后时期对照组样品段取自头发靠根部,污染少,对照组测量差值是 Ca 污染造成的。Bos 等(1984)也报道了头发的 Ca 污染问题。孕妇产前与产后平均值的差值是对照组或 Ca 污染值的 2 倍,孕妇产前平均值减去污染值后,Ca 含量仍是产后平均值的 2.2 倍。孕妇孕期要给胎儿供 Ca,以满足胎儿生长发育需要,孕妇头发中 Ca 会减少,因此,孕妇需要补 Ca。测量的孕妇产前与产后头发中的钙变化,包括污染和胎儿发育引起的钙代谢的两部分贡献,后者的贡献是主要的。产后 Mn 含量也减少很多,胎儿发育期间孕妇不断消耗 Mn,产前与产后之比接近 3,对照比组的几乎没有变化。表中的 As 和 Sr 变化也较大,可能是两种元素含量测量误差较大引起的,需要进一步优化条件进行精确测量。实验测量得到的重要结果是孕妇在生育前后 Cu 和 Zn 的含量基本不变,Ca、Fe 和 Mn 的含量产后为产前的 $1/3 \sim 1/2$。

表 6.5　实验测量的孕妇组产前和产后及对照组头发元素含量比的平均值

元素	孕妇组产前的产后含量比	对照组相应部位含量比
K	3.0 ± 1.5	1.6 ± 1.8
Ca	3.6 ± 1.5	2.36 ± 0.84
Mn	2.9 ± 1.4	1.28 ± 0.89
Fe	2.01 ± 0.80	0.90 ± 0.54
Ni	1.8 ± 1.8	1.2 ± 1.6
Cu	1.14 ± 0.24	1.11 ± 0.17
Zn	1.5 ± 1.6	1.02 ± 0.15
As	3.3 ± 1.8	1.26 ± 0.51
Sr	3.1 ± 1.9	3.2 ± 1.2

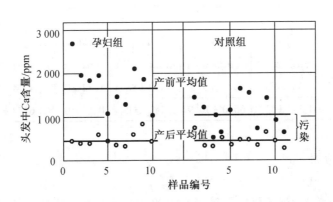

图 6.44　孕妇产前和产后头发中 Ca 含量比较

3. 生物医学应用

人们通过癌变组织与正常组织的元素成分与含量对照分析,可以了解组织微量元素与癌症的相关性,为癌症诊断和防治提供临床依据。

(1)动物癌组织元素分析

李民乾等(1979)采用质子激发 X 荧光分析对照测量了大白鼠腹腔癌变组织和正常组织的微量元素。两种组织取样后经过低温灰化制成测量样品,实验测量采用 1.2 MeV 质子,束流强度为 150 nA,测量时间为 20 min。图 6.45 所示是测量的癌变组织和正常组织的特征 X 射线能谱。由图可见,癌变组织出现正常组织没有的 Cr 峰,癌变组织的 Zn 的含量减小、Fe 含量增大、Cu 含量稍增大。

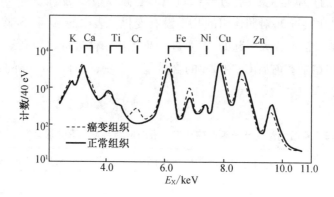

图 6.45　癌变组织和正常组织的 X 射线能谱

(2)急性白血病患者血液微量元素分析

吕英等(1985)采用质子激发 X 荧光分析对比测量了急性白血病患者组和正常人组的全血微量元素。实验采用内标法测量了五种元素含量,测量结果在表 6.6 中列出。由数据可见,急性白血病患者全血的 K、Ca、Fe、Zn 的含量都低于正常人,Cu 含量和 Cu/Zn 都高于正常人的值。

表 6.6　急性白血病患者和正常人全血微量元素比较

取样群组	元素					
	K /(μg·g⁻¹)	Ca /(μg·g⁻¹)	Fe /(μg·g⁻¹)	Cu /(μg·g⁻¹)	Zn /(μg·g⁻¹)	Cu/Zn
急性白血病患者	368 ± 227	42.0 ± 9.5	199 ± 88	1.32 ± 0.30	4.14 ± 0.96	0.34 ± 0.13
正常人	1 357 ± 153	66.0 ± 10.9	442 ± 60	0.87 ± 0.13	6.74 ± 1.22	0.13 ± 0.02

4. 环境科学应用

(1)河水样品分析

李民乾等(1979)对河水样品进行了 X 荧光多元素分析。实验样品是 100 mL 悬浮物离心分离水样,加压过滤将元素浓缩沉淀在醋酸纤维滤膜的薄样品,制样过程中 Cu、Zn、Pb、Cd 的沉淀回收率均 ~80%。激发质子是由回旋加速器产生和降能的 6 MeV 质子,图 6.46 所示是实验测量的河水样品和空白样品的特征 X 射线能谱。实验在河水样品中测量到 Ni、

Cu、Zn、Pb、Fe、Mn 等元素,相应的含量分别为 15ppb、8ppb、100ppb、9.8ppb、160 000ppb、~230ppb,除极微量 Pb,没有其他有害元素。

(2)气溶胶样品分析

大气气溶胶也称为飘尘,干净大气的飘尘含量很低,有空气污染的城市大气飘尘含量较高。飘尘会影响气候和能见度,有毒飘尘进入人体会危害健康,沉降到土壤、江湖会造成二次污染。

陈建新(1985)对太原和珠穆朗玛峰地区收集的气溶胶成分进行了质子激发 X 荧光分析。测量的 X 射线能谱如图 6.47 所示。由图可见,太原地区气溶胶中的 Al、Si、S、Cl、K、Ca、Ti、Cr、Mn、Fe、Ni、Cu、Zn、Pb 等的含量比干净的珠穆朗玛峰地区明显高,说明喜马拉雅峰地区的空气要比太原地区干净很多。

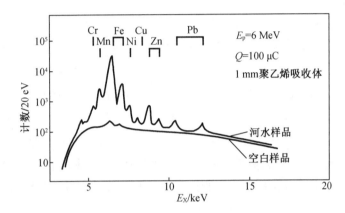

图 6.46 河水样品和空白样品的特征 X 射线能谱

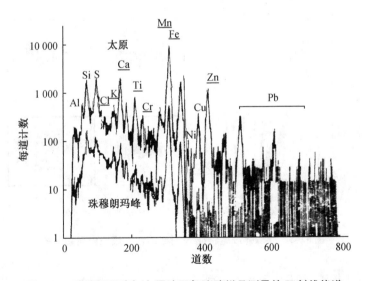

图 6.47 珠穆朗玛峰与太原地区气溶胶样品测量的 X 射线能谱

测量漂尘的微量元素,可以追溯这些元素的来源,例如,Si、Ca、Fe 元素来自尘土,Pb、S 分别来自汽车排放的废气及烧煤释放的 SO_2。

6.6.2　质子微探针分析部分应用

质子微探针可以用于生物医学、材料科学、地质学、考古学等的样品微区元素及其空间分布分析。聚焦质子束流密度大,可达 200 pA·μm^{-2},因此探测灵敏度较高,分析样品的体积可小到几 μm^3。质子微探针可以扫描测量单个细胞微量元素及其空间分布。

1. 生物医学应用

生物医学中采用质子微束可以测量细胞微量元素空间分布。细胞尺度是 1~100 μm,典型的尺度是~10 μm。质子微探针的空间分辨率或束斑尺度既能测量单个细胞元素成分和含量,也能测量细胞内元素的空间分布。元素细胞空间分布测量的微探针空间分辨率或束斑尺度要小于 μm 量级。实验测量一般先测量单个细胞所有元素含量及总含量,然后再进行细胞内元素含量空间分布的二维扫描测量。

(1)胰腺癌细胞元素及含量分布测量

细胞生物学中,不仅要知道细胞形貌,还需要了解细胞元素成分及其在细胞内的空间分布。与正常细胞相比,癌细胞在发生形貌变化前元素成分与组织化学成分已经发生变化,因此微量元素及其在细胞内的分布测量,可以为细胞癌变、癌症早期诊断、癌症治疗提供依据。澳大利亚墨尔本大学采用质子微束测量了的胰腺癌细胞中的元素分布(Leggeet,1982),激发质子能量是 3 MeV,束流 200 pA,束斑直径 5 μm,扫描时间是 9 000 s,空间扫描范围 90 μm×90 μm。实验首先测量了胰腺癌细胞的所有元素和它们的含量,图 6.48(a)是测量的质子激发特征 X 射线能谱;然后测量了胰腺癌细胞内的 P、Cl、K、Ca 元素空间分布[图 6.48(b)]。

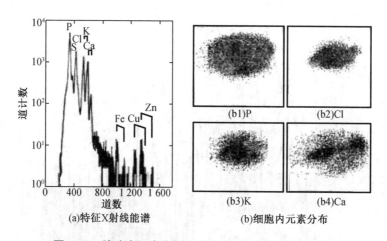

图 6.48　胰腺癌细胞特征 X 射线能谱和细胞内元素分布

(2)百合花花粉管顶部 Zn 元素分布测量

德国海德堡大学用质子微束测量了百合花花粉管顶部 Zn 元素分布。图 6.49(a)所示是测量的花粉管顶部 PIXE 能谱,图 6.49(b)所示是垂直于花粉管轴或束流方向沿表面的 Zn 元素分布,可见离顶端 4 mm 处 Zn 元素浓度最大(Ender et al,1983)。

2. 考古学应用

动物或人体骨骼埋葬在土地中,土地中的 F 元素会缓慢地渗透到骨骼中,渗透深度与埋葬时间有关,时间越长,深度越深。所以测量 F 元素在骨骼中的分布深度,可以测定埋葬年代或时间。

Coote 等(1982)采用质子微束测量了骨骼埋葬年代。实验测量是在 2.5 MeV 的质子微束装置上进行的,由共振能量 $E_R = 0.872$ MeV 的 $^{19}F(p,\gamma)^{16}O$ 共振核反应分析测量 F 的含量,通过产生的 6.13 MeV γ 射线探测测量共振产额;从骨骼表面起进行了微束深度分布的扫描测量,由测量的 F 含量深度分布与已知埋葬年代的骨骼比较,确定骨骼埋葬年代。图 6.50 所示是测量的人体与动物骨骼中从表面起的 F 含量深度分布。图中曲线 a、b、d、e 分别是人体脚趾、股骨、胫骨和股骨;曲线 c 是人体腓骨,干燥洞穴中取样,没有 F 及其扩散;曲线 f、g、h、i、j 分别是恐鸟1、猛犸1、恐鸟2、欧洲动物、猛犸2 的动物骨骼。由图可见,骨骼表面 F 含量最大,与埋葬地点土壤 F 含量相同,离表面 3 mm 深度的 F 含量范围是表面的 0.1~0.9,由此可以导出埋葬时间。

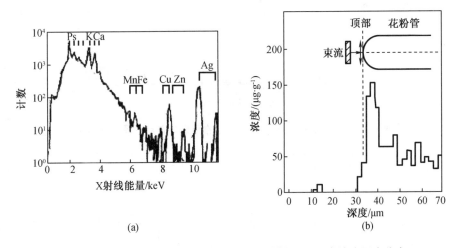

(a)　　　　　　　　　　　　　(b)

图 6.49　百合花花粉管顶部 PIXE 能谱和轴向 Zn 元素浓度深度分布

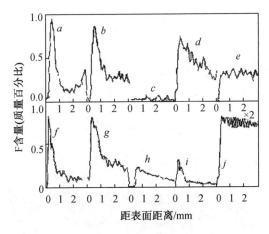

图 6.50　骨骼中的 F 分布

采用这种方法可以较好地测定 0 ~ 5 000 年的年代。

3. 微电子学应用

Cohen 等(1980)采用质子微束卢瑟福背散射方法分析了大规模集成电路的元素分布。实验是在美国纽约州大学阿尔巴尼分校的空间分辨率 1.5 μm 的质子微束装置上进行的，测量中先采用二次电子成像方法确定样品分析位置点，然后对该点做卢瑟福背散射测量，通过扫描样品测定元素含量的分布。图 6.51 所示是用 2 μm 微质子束测量的一个位置点的卢瑟福背散射能谱，测量时的束流是 1 nA，测量时间 60 s。由图可以看到，相应于 Mo 厚度的 Mo 背散射平台，质子在 Mo 中能量损失较大使 W 背散射峰的能量低于 Mo 的能量。图中也可以看到较弱的 Ti 峰和基体 Si 的卢瑟福背散射谱。实验结果表明，Mo 沉积在 W – Ti 合金层上，W – Ti 层又沉积在 Si 基体上。

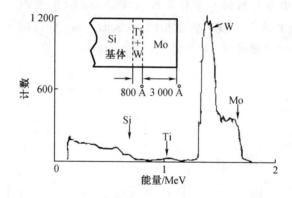

图 6.51　大规模集成电路某位置点的元素分布卢瑟福背散射谱

第7章　沟道效应分析

沟道效应和阻塞效应(blocking effect,BE)是在 20 世纪 60 代初被发现的。美国罗宾逊(M. T. Robinson)和奥恩(O. S. Oen)在用蒙特卡罗法模拟计算重离子在固体中射程时发现,晶格结构有规则排列的固体中,近乎平行晶轴或晶面入射的带电粒子射程变长。这个现象就是沟道效应,即粒子在沟道中运动时,射程变长。20 世纪 60 年代中期,丹麦林哈德(J. Lindhard)提出了沟道效应的理论模型;20 世纪 70 年代初,建立和发展了沟道效应测量的实验测量方法和技术,同时也开始了沟道效应的应用研究,并在半导体材料杂质和缺陷测量与研究中做出了重要贡献。

沟道效应和阻塞效应都是带电粒子在原子有规则排列的晶体中运动时产生的两种特殊现象,二者互为逆过程。一束准直的带电粒子束入射单晶样品,与样品原子相互作用有强烈的方向性,当入射带电粒子束的方向接近或平行于晶体晶轴或晶面方向时,与样品原子的核反应、粒子激发 X 荧光、卢瑟福背散射等近距离相互作用的概率或产额剧烈减小,粒子射程明显增大。这种粒子与单晶材料原子相互作用呈现强烈方向性的效应,称为沟道效应。阻塞效应是沟道效应的逆过程,晶体点阵位置的原子核发射带电粒子出射概率强烈地依赖粒子出射方向与晶轴间夹角,在晶轴或晶面方向受到晶格原子的阻挡,几乎没有出射粒子,这种效应称为阻塞效应。

发生沟道效应的粒子称为沟道粒子。从入射粒子质量角度,沟道粒子可以是很轻的电子到很重的带电粒子;从入射粒子能量角度,沟道粒子可以是 keV 能量的低能粒子到 GeV 能量的高能粒子,在粒子相对论能量区域也存在沟道效应。

沟道效应已成为固体物理学和原子核物理学等领域的一种不可或缺的离子束分析手段,在固体物理、材料科学、表面物理和离子束冶金学等方面得到了广泛的应用,是一种不可或缺的离子束分析技术。

沟道技术与背散射等分析方法相结合,能够进行晶体微观结构、晶体缺陷、晶格损伤及其深度分布、杂质原子晶格位置等的非破坏性分析。

前面各章讲述的元素鉴别和含量分析,都没有涉及样品晶格结构,只关注样品的元素组分和含量,沟道效应分析对样品晶格结构有严格要求,分析样品或材料必须是高质量的单晶样品或单晶材料。

本章主要介绍 MeV 量级带电粒子沟道效应及其应用。

7.1 沟道效应分析原理

核反应、卢瑟福背散射、粒子或射线激发 X 荧光分析等离子束分析方法用于元素鉴别和含量测量，只与样品元素组分和含量有关，与原子晶格位置和排列或晶格结构无关，对样品晶格结构没有任何要求。沟道效应和阻塞效应对样品晶格结构有苛刻的要求，样品必须是高质量单晶样品。单晶材料和多晶材料的原子排列完全不同，单晶材料中原子排列是有规律的，晶格原子构成一系列的晶轴和晶面，单晶材料在不同方向呈现不同的性质，多晶材料的性质是各向同性的。带电粒子入射单晶材料发生的现象和入射多晶材料发生的现象不同。单晶材料中，入射带电粒子的运动受到晶轴和晶面产生的原子势控制，与样品原子的相互作用呈现强烈的方向性，当入射粒子在晶轴或晶面方向入射时，会在晶轴或晶面中运动，产生沟道效应。

7.1.1 沟道效应

沟道效应分析是利用带电粒子与单晶体的相互作用研究物质微观结构的一种离子束分析技术（Lindhard,1965；Chu et al. ,1978；Gemmell et al. ,1974；汤家镛 等,1988）。它与其他方法结合，能够精确测量元素含量及其深度分布。一束严格准直的带正电荷的粒子或正离子束入射单晶样品，离子与样品原子之间相互作用发生沟道效应或不发生近距离相互作用的概率，与入射离子和单晶材料的晶轴或晶面的相对取向密切相关。图 7.1(a)所示是入射正离子束与样品晶轴方向几何示意图，入射束与晶轴夹角为 φ；图 7.1(b)所示是沟道效应原理示意图。晶格原子有规律地排列在主晶轴或晶面上，晶格原子间距离为 d，具有一定能量的正离子沿晶轴方向入射晶体，与晶轴原子发生小角库仑散射，引起很小的运动方向偏转，接着与邻近晶格原子发生同样的小角库仑散射，离子在晶轴之间或沟道内来回偏折行进，这就是(轴)沟道效应(axial channeling effect，ACE)，在沟道内运动的离子称为沟道粒子。实际上离子轨道一次小角度偏转，是至少与几百到上千个原子相互作用的结果。可见，产生沟道效应的必要条件是入射离子方向与晶轴的夹角 φ 必须小于或等于一定的角度 φ_c，即 $\varphi \leqslant \varphi_c$；当 $\varphi > \varphi_c$ 时，离子不能保持在沟道中运动。角度 φ_c 是离子能够保持在离晶轴距离为 a 的沟道中运动的最大入射角，称为临界角或特征角[图 7.1(b)]。图中 a 是托马斯－费米屏蔽长度，$a \sim 10^{-2}$ nm 或 0.1 Å，这是入射离子与位于晶轴原子间能够达到的最小距离，或离子与原子间的距离大于 a。沟道粒子与晶轴原子间的距离大于 a，而核反应、粒子激发 X 荧光、卢瑟福背散射等近距离相互作用入射离子与原子核之间的距离必须达到 $10^{-5} \sim 10^{-6}$ nm，因此离子做沟道运动时，沟道粒子与样品原子间各种近距离相互作用的概率极小，几乎没有发生近距离相互作用。沟道粒子也不会与原子碰撞损失能量，所以粒子射程变大。当入射角 $\varphi > \varphi_c$ 时，离子能够穿过原子行列的排斥势，与晶格原子发生各种近距离相互作用，这时的情况与多晶样品相同。

同样,离子沿晶面入射时,会发生面沟道效应(planar channeling effect,PCE)。

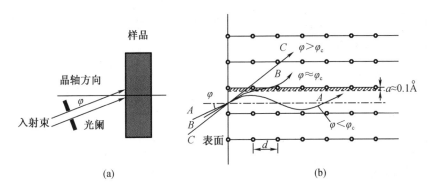

图 7.1　沟道效应示意图

7.1.2　沟道效应探测

由于入射带电粒子同单晶样品原子的相互作用强烈依赖相对样品晶轴或晶面的入射方向,沟道效应的探测可以通过改变入射粒子相对样品晶轴或晶面的入射方向或夹角 φ(图 7.2),通过近距离相互作用事件,如卢瑟福背散射、核反应、粒子激发 X 荧光等事件探测,测定沟道效应。

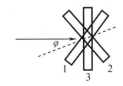

图 7.2　沟道效应探测示意图

改变入射角 φ,当入射方向与晶轴或晶面平行时,带电粒子在沟道内运动,发生各种近距离事件的概率最小,卢瑟福背散射、核反应、粒子激发 X 荧光产额最小,探测器计数最小。沟道效应测量一般采用卢瑟福背散射方法,测量背散射产额随入射角 φ 的变化,发生沟道效应时,沟道粒子背散射产额最小。$\varphi \leqslant \varphi_c$ 的入射发生沟道效应,是沟道入射;$\varphi > \varphi_c$ 的入射是随机入射,不会发生沟道效应。$\varphi > \varphi_c$ 的随机入射时,样品虽然是单晶样品,但与多晶样品一样,会发生各种近距相互作用,核反应、粒子激发 X 荧光、卢瑟福背散射概率和产额最大。

随机入射,即 $\varphi > \varphi_c$ 的入射,背散射等近距离相互作用产额最大,这时的产额称为随机产额;$\varphi \leqslant \varphi_c$ 沟道入射时,入射离子的背散射等产额最小,称为定向产额。定义定向产额与随机产额之比为归一产额 $\chi(x)$,实验上常用 $\chi(x)$ 描述沟道效应,归一产额随入射角度变化的曲线称为沟道效应特征曲线(图 7.3)。

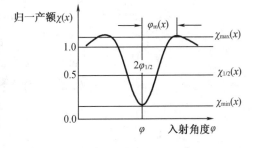

图 7.3　沟道效应特征曲线

图 7.3 中,x 是离子入射深度或样品厚度,沟道效应的特征曲线与深度 x 有关。随机产额的归一产额是 $\chi(x) = 1$,定向时各种近距离事件的概率最小,归一产额最小,在特征曲线上出现一个坑。坑用深度 $\chi_{min}(x)$ 和半深度处分

布半角宽度角 $\varphi_{1/2}$（全宽度角 $2\varphi_{1/2}$）表征，$\chi_{min}(x)$ 为 1% ~ 3% ，$\varphi_{1/2}$ 一般小于几度，例如 MeV 能量的 α 粒子沟道效应的 $\varphi_{1/2}$ 是 0. 4° ~ 1. 2°。图 7.3 中两个肩部的 $\chi_{max}(x) > 1$，这是由于入射角 φ 刚大于临界角 φ_c（随机到定向过渡）时，离子与原子的相互作用概率比随机入射时发生相互作用概率大的缘故。

7.1.3　沟道效应特征参数

如上所述和图 7.3 所示，常用坑深 χ_{min} 和坑半宽度角 $\varphi_{1/2}$ 两个参数表征沟道效应，坑深 χ_{min} 和坑半宽度角 $\varphi_{1/2}$ 是描述沟道效应的两个特征参数。

7.1.4　阻塞效应

带电粒子与单晶体的相互作用，除了发生沟道效应，还会发生阻塞效应（Gemmell et al. ,1974）。处于晶格位置的原子核发射带正电荷的粒子时，只有在偏离晶轴方向发射的粒子才能被探测器记录。沿晶轴或与晶轴间夹角 $\varphi = 0°$ 发射的粒子，受到邻近原子阻挡无法发射出去，探测器记录不到，这就是阻塞效应 [图 7.4(a)]。和沟道效应相仿，阻塞效应也用坑深 χ_{min} 和坑半宽度角 $\varphi_{1/2}$ 两个特征参数表征。阻塞效应发射粒子的放射性原子核可用离子注入方法注入到晶格位置，也可通过核反应在晶格位置产生放射性原子核。与沟道效应相同，阻塞效应的测量也是通过改变探测器与晶轴夹角进行的，晶轴方向探测器记录到的粒子数最少，呈现一个阻塞坑。图 7.4(b) 所示是阻塞效应的特征曲线。

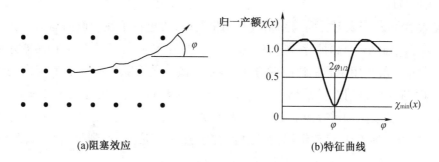

(a)阻塞效应　　　　　　　　　　(b)特征曲线

图 7.4　阻塞效应原理示意图和特征曲线

7.2　林哈德连续势模型

7.2.1　林哈德连续势模型的用途

1965 年，林哈德提出连续势模型，用于描述和解释沟道效应、计算沟道效应的特征参数 χ_{min} 和 φ_c（Lindhard,1965;Gemmell et al. ,1974）。

林哈德连续势模型中入射带电粒子或离子与原子相互作用的库仑势为

$$V(r) = (Z_1 Z_2 e^2 / r) \varphi(r/a) \tag{7.1}$$

式中　$\varphi(r/a)$——林哈德屏蔽函数；

　　　r——入射离子与靶原子核间的距离；

　　　Z_1、Z_2——入射离子和样品或靶的原子序数；

　　　a——托马斯 – 费米屏蔽长度（nm）。

a 与入射粒子电荷态有关，对于电子全部剥离的入射带电粒子：

$$a = 0.046\ 85 (Z_2)^{-1/3} \tag{7.2}$$

对于电子部分剥离的入射带电粒子：

$$a = 0.046\ 85 (\sqrt{Z_1} + \sqrt{Z_2})^{-2/3} \tag{7.3}$$

林哈德屏蔽函数为

$$\varphi(r/a) = 1 - \left[1 + \left(\sqrt{3} \frac{a}{r} \right)^2 \right]^{-1/2} \tag{7.4}$$

沟道效应是入射带电粒子与样品原子间的小角库仑散射。图 7.5 所示是小角库仑散射示意图。入射带电粒子与样品原子发生小角库仑散射，在经典力学上，入射带电粒子偏转角为

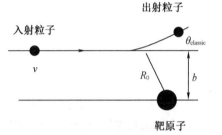

图 7.5　小角库仑散射示意图

$$\theta_{\text{classic}} \approx R_0 / b \tag{7.5}$$

式中　b——碰撞参数（impact parameter），如图 7.5 所示，它是入射离子运动方向的直线及与其平行通过碰撞原子中心的直线间的距离；

　　　R_0——碰撞过程中入射粒子与靶原子间的最小距离，$R_0 = 2 Z_1 Z_2 e^2 / m v^2$，其中 v 是入射粒子运动速度。

由式（7.5）可以得到散射粒子运动轨迹。只有当散射角的角散度 $\delta \theta$ 远小于散射角时，即 $\delta \theta \ll \theta_{\text{classic}}$，粒子运动才可能有确定的轨迹。

粒子衍射和散射是粒子波粒二重性的表征，衍射反映粒子波动性，散射反映粒子性。粒子衍射和入射粒子位置不确定性导致粒子散射角不确定性。衍射引起的散射角不确定性：

$$\delta \theta_{\text{diff}} = \lambda / 2 \delta b \tag{7.6}$$

式中，λ 是入射粒子德波罗意波长，$\lambda = \hbar / m v$。位置不确定性导致散射角不确定性：

$$\delta \theta_{\text{posi}} = \delta b (\mathrm{d}\theta / \mathrm{d}b) \tag{7.7}$$

总的散射角不确定性：

$$\delta \theta = \sqrt{\delta \theta_{\text{diff}}^2 + \delta \theta_{\text{posi}}^2} \tag{7.8}$$

将式（7.6）和式（7.7）代入式（7.8），并求极小值，即 $\dfrac{\partial \delta \theta}{\partial \delta b} = 0$，得到

$$(\delta b)^2 = \lambdabar / (2 \mathrm{d}\theta / \mathrm{d}b) \tag{7.9}$$

式（7.6）、式（7.7）、式（7.9）代入式（7.8）得到

$$(\delta\theta)^2 = \lambdabar(\,\mathrm{d}\theta/\mathrm{d}b) \tag{7.10}$$

由式(7.5)和式(7.10),并根据玻尔判据 $k = R_0/\lambdabar \gg 1$,粒子运动有确切轨迹的条件 $\delta\theta \ll \theta_{\mathrm{classic}} \approx R_0/b$ 可以改写为

$$k = \frac{R_0}{\lambdabar} = \frac{2Z_1 Z_2 e^2}{\hbar v} = 2Z_1 Z_2 \left(\frac{v_0}{v}\right) \gg 1 \tag{7.11}$$

式中,$v_0 = e^2/\hbar = 2.2 \times 10^8 \ \mathrm{cm \cdot s^{-1}}$ 是玻尔速度。

在经典力学中,考虑库仑屏蔽势后,粒子运动存在确定轨迹的条件为

$$k \gg 1 + (b/a)^2 \tag{7.12}$$

沟道效应是 $b \approx a$ 的小角散射。对于入射带电粒子能量几 MeV 的 p 和 α 等低能沟道粒子,式(7.12)不一定成立,例如 5 MeV 的 p 入射 Si 单晶,$b \approx a$ 时,式(7.12)不满足 $k \gg 1$ 条件。由于 $\delta\theta$ 不满足 $\delta\theta \ll \theta_{\mathrm{classic}} \approx R_0/b$,因此在经典力学中,散射粒子不可能有确定轨迹,从而也不会发生沟道效应。在入射带电粒子与单个晶格原子二体相互作用的经典力学框架下,沟道效应是不可能发生的。然而沟道效应是一种实际存在并且可测量到的效应。

MeV 量级的 p、α 等入射带电粒子与单个靶原子核库仑相互作用势一般是几 MeV 量级,这样大的库仑相互作用势是不可能发生小角库仑散射的。MeV 量级入射带电粒子在单晶体中,只有受到几 eV 量级库仑势作用,才能发生小角散射,粒子才能保持在原子排列的主晶轴间沟道(轴沟道)或原子平面间沟道(面沟道)运动。MeV 量级入射带电粒子与单个靶原子的库仑相互作用势能要达到几 eV,只有靶原子核质量很大很大才有可能。

林哈德提出入射带电粒子不是与单个靶原子核发生库仑散射,而是与许多晶格原子核的集合体的相互作用,这样库仑散射势才能是几 eV 量级,才能发生沟道效应。于是他提出了连续原子弦和连续势模型,来解释观察到的沟道效应。

对于轴沟道效应,可以将位于一直线或晶轴上,间隔为 d 的许多晶格原子看成串在一根弦上的原子(图7.1 和图7.6)。这样可以认为,晶格原子的电荷是连续和均匀地分布在这根弦上(原子弦),这时对入射带电粒子产生的势称为连续势(或平均势)。在连续势的作用下,入射带电粒子发生库仑小角散射,粒子有确定的轨迹,保持在沟道中运动。图7.6 所示是由连续势确定的沟道粒子的运动轨迹。林哈德连续势能定义为

$$U(\rho) = \frac{1}{d}\int_{-\infty}^{\infty} v\left(\sqrt{\rho^2 + x^2}\right)\mathrm{d}x \tag{7.13}$$

式中,v 是入射带电粒子的速度;ρ 和 x 如图7.6 所示。同样,面沟道粒子运动轨迹也是由连续和均匀地分布在一个晶面上的原子产生的连续势确定的。

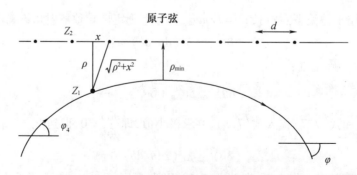

图7.6 林哈德连续势作用下的沟道粒子运动轨迹

7.2.2　特征参数 $\varphi_{1/2}$ 和 χ_{min}

本节介绍两个重要的描述沟道效应的特征参数,半宽度角或临界角与沟道坑深的计算和确定（Lindhard,1965；Chu et al.,1978；Gemmell et al.,1974；汤家铺 等,1988）。

1. 半宽度角 $\varphi_{1/2}$ 或临界角 φ_c

在连续势作用下,粒子运动可以分解为并行和垂直于原子弦或沟道方向的纵向运动和横向运动（图7.7）。纵向运动速度分量平行于原子弦或沟道方向,动量分量为 $P_{\parallel}$；横向运动速度分量垂直于原子弦方向,动量分量为 $P_{\perp}$。在原子弦方向,粒子能量损失 $dE/dx=0$,则 $P_{\parallel}=$ 常数,所以沟道粒子的运动是由横向动量分量 $P_{\perp}$ 决定和控制的。

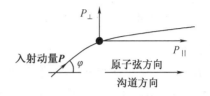

图7.7　连续势作用下粒子运动的分解

林哈德引进了横向能量,并认为沟道粒子与连续原子弦发生偏折前后的横向能量是守恒的,这是晶体中粒子运动一个特殊守恒量。带电粒子入射时横向动量为

$$P_{\perp} = P \times \sin\varphi = mv \times \sin\varphi \tag{7.14}$$

当入射角 $\varphi \to 0°$ 时,$\sin\varphi \to 0$,$P_{\perp} = P \times \varphi = mv \times \varphi$。入射粒子能量为 E,横向动能为

$$E'_{\perp} = \frac{P_{\perp}^2}{2m} \approx E\varphi^2 \tag{7.15}$$

这是粒子最大的横向动能。粒子与弦原子的距离为 $\sqrt{\rho^2 + x^2}$（图7.6）,当运动方向与晶轴成 φ 角时,横向动能 $E'_{\perp} = E\varphi^2$。横向能量是横向动能和横向势能之和:

$$E_{\perp} = E\varphi^2 + U(\rho) \tag{7.16}$$

式中,$U(\rho)$ 是横向势能。沟道中心入射粒子不发生库仑偏折,运动到沟道中心时的横向动量最大,横向势能最小为零,即 $E_{\perp} = E\varphi^2$ 和 $U(\rho) = 0$。入射粒子离开沟道中心,横向动能变小,横向势能变大,φ 角度随之变小,到顶点时与原子弦最近距离 P_{min} 处,$\varphi \to 0°$,横向动能最小 $E'_{\perp} = E\varphi^2 \to 0$,原子弦排斥势 $U(\rho)$ 最大,其绝对值等于横向动能 $E_{\perp} = E\varphi^2$。由于原子弦的排斥,粒子发生偏折,偏折使横向动能增加,势能变小,折回到沟道中心时,势能为零,横向动能又达到入射时的能量 E。势能最大时粒子与原子弦的距离 ρ_{min} 是 $1 \sim 2$ 倍的托马斯-费米屏蔽长度。在 ρ_{min} 处:

$$U(\rho_{min}) = E\varphi_c^2 \tag{7.17}$$

式中,φ_c 是粒子沟道运动的最大的入射角,称为临界角。若入射角 $\varphi > \varphi_c$,ρ_{min} 处横向动能增大,φ 不仅不趋向于 $0°$,而且角度变大,粒子能够穿过原子弦势垒与晶格原子发生近距作用。$E\varphi_c^2$ 是粒子能保持在沟道中运动的最大横向动能,即 $\varphi \leqslant \varphi_c$,在 ρ_{min} 处离子不会穿过原子弦的势垒,保持在沟道中运动,因而 φ_c 称为粒子能够做沟道运动的临界角。根据最大横向能,临界角 φ_c 或最大入射角可以用下式估算:

$$\varphi_c = F_{RS}\left(\frac{\rho_c}{a}\right)\varphi_1 \tag{7.18}$$

式中 $\varphi_1 = \left(\dfrac{2Z_1Z_2e^2}{d \times E}\right)^{1/2}$, d 是晶格原子间的间隔, E 是入射带电粒子能量, Z_1、Z_2 分别为入射粒子和样品的原子序数;

$\rho_c = \rho_{\min}$;

$F_{RS}(\rho_c/a)$——一个与原子弦连续势有关的函数, 其值为 $0.5 \sim 1.6$。

φ_c 可用 Molier 屏蔽势估算: $\varphi_c = 1.2(u_1/a)$, $u_1 = \left\{\left[\dfrac{\varphi(x)}{x} + \dfrac{1}{4}\right](M\theta)^{-1}\right\}^{1/2}$ 是晶格原子热振动振幅, 其中 M 是原子质量, $x = \theta/T$, θ 是德拜温度, T 是样品温度, $\varphi(x)$ 是德拜函数。φ_c 在实验上是不能测量的, 实验上能够测量的是半宽度角 $\varphi_{1/2}$。$\varphi_{1/2}$ 与临界角 φ_c 的经验关系为 $\varphi_{1/2} \sim 0.8\varphi_c$, 所以通常将实验上可测量的 $\varphi_{1/2}$ 称为临界角, $\varphi_c \approx \varphi_{1/2}$。

$\varphi_{1/2}$ 与入射粒子种类、能量、角度和散度、晶体材料等有关。表 7.1 列出了不同能量的质子入射到不同原子序数靶核或样品的临界角 $\varphi_{1/2}$。可以看到, 临界角 $\varphi_{1/2}$ 随入射粒子能量 E 增加而减小, 随样品原子序数 Z_2 增大而增大 $[$式(7.18)$]$。

表 7.1　$\varphi_{1/2}$ 随入射质子能量和样品原子序数的变化

样品	$\varphi_{1/2}$		
	$E_p = 1$ MeV	$E_p = 10$ MeV	$E_p = 100$ MeV
$_{12}$Mg	0.90°	0.50°	0.15°
$_{42}$Mo	2.10°	0.75°	0.25°
$_{74}$W	2.30°	0.85°	0.30°

2. 坑深 $\chi_{\min}$

如图 7.3 所示, 坑深 $\chi_{\min}$ 是特征曲线的另一个表征参量。入射粒子在相应坑最深的角度入射, 其与样品材料近距离相互作用产额最小。坑深与入射粒子束和晶轴定向时的非沟道束成分和入射粒子束与晶体表面层原子作用有关, 它们导致坑深度 $\chi_{\min}$ 变小或相互作用产额变大, 如果没有这两个因素的影响, 所有入射粒子都是沟道粒子, 坑的深度最深, 坑深 $\chi_{\min} = 0$。

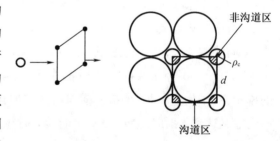

图 7.8　沟道和非沟道区示意图

图 7.8 所示是入射粒子发生沟道效应和非沟道效应的区域示意图。绝大部分入射束粒子通过晶格原子间的空间, 也就是通过沟道区(图中空心圆区);很少部分十分靠近晶轴的入射带电粒子, 会与原子发生近距作用, 这个空间是非沟道区或沟道晶格原子禁区(图中斜线阴影区)。也就是说, 虽然是晶轴定向入射, 入射带电粒子束进入禁区也会发生近距离作用, 产生非沟道束成分。由非沟道区的几何面积和式(7.19)可以计算 $\chi_{\min}$:

$$\chi_{\min} = Nd\pi\rho_c^2 \tag{7.19}$$

式中　N——单位体积晶格原子数；

　　　d——晶格原子间的间隔；

　　　$\pi\rho_c^2$——非沟道区或禁区面积（图中四个原子斜线阴影区之和）。

利用式(7.20)可以更精确地计算 χ_{min}：

$$\chi_{min} = 18.8 \times Ndu_1^2 \times (1 + \xi^{-2})^{1/2}, \xi = (126u_1/\varphi_{1/2}d) \tag{7.20}$$

χ_{min} 还与单晶表面密切相关。特征参数 χ_{min} 是可以由实验测量的。表 7.2 列出了计算临界角 φ_c 和坑深 χ_{min} 需要的有关参数。

表 7.2　计算临界角 φ_c 和坑深 χ_{min} 需要的有关参数

元素	原子序数 Z_2	原子质量数 M_2/u	晶体结构	晶格常数 /nm	屏蔽长度 /nm	德拜温度 θ/K	室温热振动振幅 u_1/nm
C	6	12.01	fcc(dia)	0.356 7	0.025 8	2 000	0.004 0
Al	13	26.98	fcc	0.405 0	0.019 9	390	0.010 5
Si	14	28.09	fcc(dia)	0.543 1	0.019 4	543	0.007 5
Fe	26	55.85	bcc	0.286 7	0.015 8	420	0.006 8
Ni	28	58.71	fcc	0.352 4	0.015 4	425	0.006 5
Cu	29	63.54	fcc	0.361 5	0.015 2	315	0.008 4
Ge	32	72.59	fcc(dia)	0.565 7	0.014 8	290	0.008 5
Mo	42	95.94	bcc	0.314 7	0.013 5	380	0.005 7
Ag	47	107.87	fcc	0.408 6	0.013 0	215	0.009 3
Ta	73	180.95	bcc	0.330 6	0.011 2	245	0.006 4
W	74	183.85	bcc	0.316 5	0.011 2	310	0.005 0
Au	79	196.97	fcc	0.407 8	0.010 9	170	0.008 7

资料来源：(Gemmell et al. ,1974)(Mayer et al. ,1977)[69]。

注：1. fcc 为面心立方晶体；fcc(dia) 为面心立方晶体（金刚石结构）；bcc 为体心立方晶体。

　　2. 屏蔽长度 $a = 0.046\ 857 \times Z_2^{-1/3}$ (nm)。

7.2.3　退道现象

上面的讨论认为样品中沟道粒子横向能量是守恒的。这适合于厚度小于几百 nm 的薄样品，但对于厚样品横向能量不一定守恒。入射粒子进入厚单晶样品较深处时，会与靶原子的电子和原子核发生散射；如果样品中有杂质和缺陷，入射粒子还会与它们发生散射。这些散射会使粒子运动方向偏离沟道方向，发生大角散射，导致横向能量不守恒。部分粒子的横向能量可能大于入射时的横向能量，使 $\varphi > \varphi_c$。这部分粒子由沟道粒子变为非沟道粒子或成为非定向随机粒子。沟道粒子变为非沟道粒子的现象称为退道(de - channeling)现象。

退道现象与样品厚度有关，样品越厚，退道越严重。退道成分随粒子进入样品深度增大而增加,使沟道坑变浅(χ_{min}变大)。同样,$\varphi_{1/2}$也随深度变化,随深度增加而变大。χ_{min}和$\varphi_{1/2}$两个特征参量都是深度x的函数,因此图7.3等都相应采用$\varphi_{1/2}(x)$和$\chi_{min}(x)$的形式。样品越厚或深度越深,退道越严重,坑越浅,角宽度越大。

退道概率可以通过理论计算得到(Gemmell et al.,1974;汤家镛 等,1988;Ohtsuki,1978)。

7.2.4 能量损失

粒子做沟道运动时,认为沟道中没有能量损失,即 $dE/dx=0$,认为纵向能量是常数。实际上这种情况下是有一定能量损失的(Gemmell et al.,1974;Beloshisky et al.,1978)。在沟道效应入射粒子能区,带电粒子能量损失 dE/dx 主要是与电子碰撞产生的。晶格原子附近电子密度很高,沟道粒子运动的沟道区电子密度很低,沟道区粒子与电子碰撞概率很小,能量损失很小。沟道粒子实际上是有能量损失的,只是能量损失小而已。沟道粒子的能量损失比非沟道粒子小很多,一般是非沟道粒子能量损失的 $1/3 \sim 1/2$。沟道粒子能量损失与入射粒子种类和能量、入射角度和散度、晶体材料晶轴或晶面方向等有关。

7.3 沟道效应实验测量技术

沟道效应实验测量主要采用卢瑟福背散射、核反应、粒子激发X荧光等离子束分析方法测量近距离相互作用事件。发生沟道效应时,各种近距离相互作用事件概率最小,探测到的相互作用事件的产额最小。

沟道效应实验测量对样品和入射束及其定向有严格要求。测量样品必须是高质量的单晶样品,入射粒子束和出射粒子束的发射角度要尽可能小,入射束与单晶方向严格平行。沟道效应实验测量中样品方位角必须能够精确控制和改变,因此单晶样品必须安装在精密的定角器上。

7.3.1 沟道效应和阻塞效应实验测量装置

1.沟道效应实验测量装置

根据样品厚度和应用,沟道效应实验测量分为透射测量法和散射测量法。薄样品一般都采用透射测量法,厚样品和样品表面研究等都采用散射测量法。图7.9(a)和图7.9(b)分别是沟道效应透射测量法和散射测量法的几何安排示意图。透射测量法中,前向半导体探测器记录入射粒子数,改变样品晶轴或晶面方向,当入射粒子束方向与晶轴或晶面方向相同时,发生沟道效应,这时穿过的粒子最多,即在沟道方向探测器记录的粒子数最大。散射测量法中,后向半导体探测器记录入射粒子数,在沟道方向探测器记录的粒子数最小。图7.9(c)是中国原子能科学研究院在 2.5 MV 静电加速器上建立的沟道效应测量实验装置示意图(王豫生 等,1987)。由图可见,加速器产生的入射粒子束经过孔径小于 0.1 mm

准直光阑准直后入射样品,使粒子束的发射度小、束流斑点小,获得好的实验测量角分辨率。出射粒子进入探测器前同样经过光阑准直。入射粒子束的束流强度也要适当,要综合考虑测量时间、探测器能量分辨率、探测器辐照损伤,如束流小,探测器能量分辨率好、辐照损伤小,但测量时间长。沟道效应的实验探测可以采用核反应分析、粒子激发 X 荧光分析、卢瑟福背散射分析等方法探测。实验上常用卢瑟福背散射分析探测沟道效应,通常称为沟道 – 卢瑟福背散射测量。

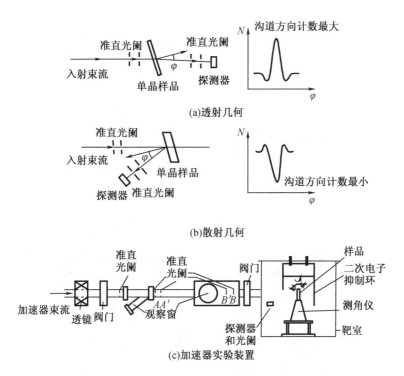

图 7.9　沟道效应透射和散射测量法几何安排示意图

2. 阻塞效应实验测量装置

阻塞效应实验测量与沟道效应一样,也有透射法和散射法两种(图 7.10)。透射几何测量时,沟道方向计数最小,散射几何测量时,沟道方向计数最大。阻塞效应与沟道效应测量的计数大小方向正好相反。

7.3.2　沟道效应测量的入射粒子束定向

沟道效应的实验测量,入射粒子种类和能量、束流强度、靶室及探测器系统,基本与卢瑟福背散射测量相同(Hellberg,1977)。但是沟道效应实验测量中,最关键和最重要的技术是入射粒子束与晶轴(或晶面)定向技术。

图 7.11 所示是沟道效应测量样品定向装置示意图。待分析样品安放在二维或三维定角器上,改变样品角度进行晶体晶轴方向与入射粒子束方向的定向。二维定角器有 φ 轴和 φ 轴两个转动轴,绕 φ 轴转动改变晶体倾斜角 φ,绕 φ 轴转动改变晶体方位角 φ(Beloshisky et al. ,1978;Anderson et al. ,1965)。三维定角器除 φ 轴和 φ 轴,还有一个 ω 轴,绕该轴转动

改变晶体倾斜角 ω（Picraux,1975）。定角器的角度控制精度小于或等于 $0.5°$。保持晶轴方向不变,样品和定角器还能够平移。一般加速器束流方向是不变的,所以可通过改变样品晶轴方向进行入射粒子束定向。

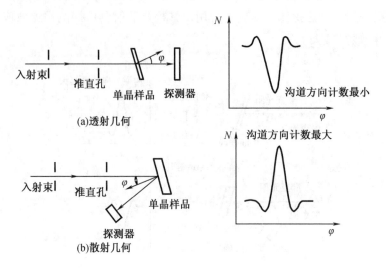

图 7.10　阻塞效应透射和散射测量几何安排

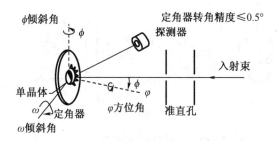

图 7.11　沟道效应测量样品定向装置示意

1. 入射粒子束定向技术

沟道方向或晶体晶轴方向的定向过程是一个细致而繁复的调节过程。晶体的晶轴是由几个晶面相交而成的,当入射粒子束对准这些晶面时,会产生面沟道效应。测量这些面沟道坑曲线,确定入射粒子与晶轴定向。

图 7.12 所示是二维定角器晶轴定向示意图。如图 7.11 所示,二维定角器定向时,通过调节倾斜角 ϕ 和方位角 φ 实现晶轴定向。二维定角器定向时,一般采用安德森极图方法确定晶轴方向（Anderson et al.,1965）。

将样品安装到定角器时,要确认好样品晶轴方向。定向时首先调节倾斜角 ϕ,它是 φ 轴与入射束之间的夹角,改变晶轴方向与入射离子方向间的角度（图 7.11）,使晶轴与束流夹角为 ϕ（一般是几度）。从 $0°$ 到 $360°$ 改变方位角 φ,相应入射粒子束绕转动轴 φ 旋转一周,构建一个如图 7.12(a)所示的圆锥体。在一些方位角,入射粒子束方向与主晶面方向平行（图中画出了立方晶体两个晶体平面）,产生面沟道效应,背散射产额极小。方位角旋转

360°,可以得到 4 条平面沟道坑曲线。图 7.12(a)的上部画出了这四个平面沟道坑,图中 0 是产额曲线零点。将圆锥体投影到赤道平面,其投影是一个圆,称为极图或赤平图[图 7.12 (b)],圆心对应 φ 轴,半径是倾斜角 ϕ 的大小。圆周上标出的是平面沟道最小值对应的方位角,将同一主平面两个方位角用直线连接,该直线是主平面在赤道平面的投影,几根直线交点 P 是晶轴投影[图 7.12 (b)]。图 7.12(c)是晶轴方向〈100〉的 Al 单晶样品,在 0°~360°方位角(图中 0~144 道)测量的一系列平面的沟道坑曲线。Al 单晶的〈100〉轴是两组 (100)面和两组(110)面相交而成的,φ 角转动 360°可以得到 8 个主晶面的面沟道坑 [图 7.12(c)]。图 7.12 (b)中,圆半径对应的倾斜角 $\phi=3°$,圆心和 P 点连线 OP 的长度是晶轴与转动轴 φ 之间的角度偏差,OP 延长线与圆周的交点 Q 是晶轴的方位角,由此可确定晶轴方向。晶轴方向〈100〉Al 晶体,〈100〉晶轴的方位角 $\varphi=80°$时,晶轴偏离 φ 轴 0.5°。将晶体按这个方位角转动到 φ 轴与入射束构成的水平面内,再将 ϕ 角转过与 PQ 长度等效的角度(或在这个角度附近做 ϕ 角扫描,寻找极小值),晶轴就对准入射束方向,实现晶轴定向。在晶轴方向与入射束方向基本一致时,对 ϕ 扫描,得到轴沟道坑曲线(图 7.3)。

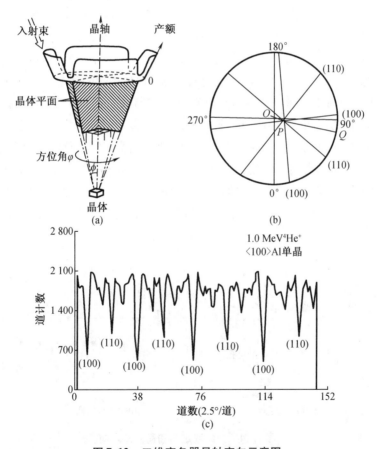

图 7.12　二维定角器晶轴定向示意图

采用二维定角器进行晶轴定向时,只利用了一个倾斜角 ϕ。如图 7.11 所示,可以利用两个倾斜角 ϕ 和 ω 进行晶轴定向,这时定角器是三维的。采用三维定角器可以更方便地进行晶轴定向(Picraux,1975)。这时可以交替改变两个倾斜角 ϕ 和 ω,测定几组平面坑曲线,坑连线的交点就是晶轴方向,如图 7.13 所示。调 ϕ 和 ω,使晶轴对准入射束方向。

实验中可以测量卢瑟福背散射粒子的计数随 φ、ϕ 和 ω 的变化。多道分析器在多定标工作模式时,能够直接显示出一系列面沟道坑曲线。

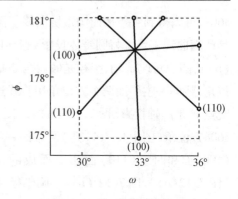

图 7.13   三维定角器晶轴定向

2. 入射粒子束和出射粒子束双定向

粒子束定向有两种方式,一种是单定向,这种方式中,只有入射粒子和晶轴定向;另一种是双定向,这种方式中,入射粒子和出射粒子都与一个晶轴定向。

上面介绍的都是只有入射粒子束与样品晶轴或晶面的定向。在沟道效应分析中一般都是入射粒子束与样品晶轴或晶面的定向。

为了提高实验精度或增加坑的深度,常采用双定向测量方法 (Gemmell et al.,1974;Brown,1972)。在双定向实验测量时,采用了沟道效应和阻塞效应,有两个方向的定向。双定向比单定向难度大、用时更多,双定向实验测量计数更低,要得到好的统计,测量时间要长,也就是需要更多的加速器束流时间。此外,入射粒子数增大,会引起样品辐照损伤。双定向的 χ_{min} 比单定向的 χ_{min} 小 1~2 个量级,因此双定向对测定晶体中缺陷和杂质有更好的灵敏度。

双定向中,一个定向方向是入射粒子束与晶轴的定向,另一个定向方向是出射粒子束或探测方向与晶轴的定向。如图 7.14 所示,双定向可以有异向双定向和同向双定向两种方法。异向双定向是入射束方向和探测方向分别与两个晶轴定向;同向双定向是入射束方向和探测方向与同一晶轴定向。双定向测量,入射粒子与晶格原子近距作用概率大大减小。归一化产额极小值或坑深是沟道 χ_{min}^{c}、阻塞 χ_{min}^{b} 与两个定向方向夹角 α 相关因子 $v(\alpha)$ 三者的乘积:$\chi_{min}^{c} \times \chi_{min}^{b} \times v(\alpha)$,因子 $v(\alpha)$ 由连续势模型给出,对于轴沟道,$v(\alpha) = 2 - 0.5\sin^{2}\alpha$。

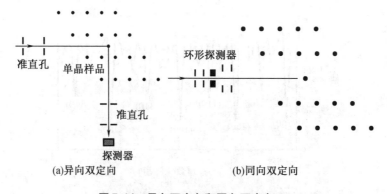

图 7.14   异向双定向和同向双定向

7.3.3   沟道效应实验测量

沟道效应实验测量包括样品制备、晶轴定向、定向谱测量、随机谱测量和特征曲线测量。

1. 实验样品

实验样品必须是高质量单晶样品（Gemmell et al.，1974）。它是沿与某一晶轴方向垂直面，从晶柱上切割的一定厚度的单晶样品。样品表面法线与晶轴方向的夹角要尽量小，一般要求小于几度，切割时样品表面和晶轴垂直度要好，一般切割夹角可以控制在零点几度。样品表面需要抛光，减少表面影响；样品退火，消除缺陷和晶格重晶化。样品质量直接影响实验结果，质量差的样品很难得到实验结果。样品安装在靶室的定角器上，可以做二维或三维转动和平移。

2. 晶轴定向

调节定角器角度，使晶轴方向与入射束方向一致（见 7.3.2 节）。

3. 随机谱测量

改变样品倾斜角 ϕ，使主晶轴偏离入射束方向，即晶轴不和入射束方向定向。这种非定向几何，即入射角大于临界角测量的谱称为随机谱。沟道效应探测一般采用卢瑟福背散射测量，沟道 - 背散射测量的随机谱和定向谱如图 7.15 所示，测量中入射粒子是能量 2 MeV 的 ^{4}He(α)粒子，实验样品是 Si 单晶样品。实验测量时，需要连续改变方位角 φ，使高富勒指数的面沟道效应被平均掉。

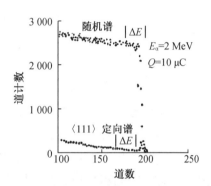

图 7.15　沟道 - 背散射测量的随机谱和定向谱

4. 定向谱测量

晶轴方向与入射束方向定向时测量的谱称为定向谱（图 7.15）。测量时 2 MeV 的 ^{4}He 入射束与 Si$\langle 111 \rangle$ 轴定向。

随机谱和定向谱的最大能量都是 KE_0。随深度增加定向谱退道成分增加，定向谱背散射产额增加。定向谱中靠近最大能量的尖峰是表面峰。

5. 沟道效应特征曲线测量

晶轴方向与入射粒子束方向定向后，进行 ±ϕ 角扫描测量。一般实验测量中，多道分析器工作在多路定标模式，道址（道数）与样品角度自动线性关联，角度增大、道址递进和沟道粒子记录计数对束流的归一等均由计算机 - 多道分析器控制和完成。计算机控制步进马达改变扫描角度 ϕ，完成角扫描测量，多道分析器上显示计数随扫描角度或道数变化的沟道效应谱，即沟道效应的特征曲线。沟道效应谱的坑对应的角度就是入射粒子束与晶轴的定向角度。

采用卢瑟福背散射探测沟道效应时，在每个角度测量卢瑟福背散射谱，由谱高度计数得到各个角度计数[图 7.16(a)]，从而测定轴沟道特征曲线[图 7.16(b)]。图 7.16 中的虚线是卢瑟福背散射谱高度与沟道坑曲线计数的对应连线。图 7.16 的实验测量中，入射粒子是 2 MeV 的 ^{4}He(α)粒子，样品是 Si 单晶样品，定向谱是 Si$\langle 111 \rangle$方向的沟道效应定向谱。图 7.16(b)中，入射粒子与晶轴完全定向的 $\phi = 0°$ 的计数是定向谱的谱高度 H_0，随机谱的计数是随机谱的谱高度 H_r，稍偏离定向角度的卢瑟福背散射谱的谱高度是 H_m。测量卢瑟福背散射谱的谱高度 H_m 随 ϕ 的变化可以得到沟道特征曲线[图 7.16(b)]。

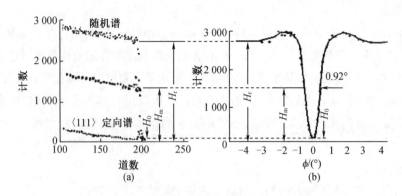

图 7.16　沟道效应特征曲线测量

7.4　沟道效应的应用

MeV 量级能量的入射粒子的沟道效应有很多的实际应用（Gemmell et al.，1974；Chu et al.，1978；汤家镛 等，1988；承焕生 等，1982），是固体物理和半导体材料研究中一种不可或缺的分析手段。它可以测量单晶样品材料中注入离子浓度及其分布、单晶样品材料晶格损伤和缺陷及其深度分布、晶格损伤和缺陷的退火效应、单晶样品材料杂质原子晶格位置、单晶样品材料表面和外延层结构与样品或薄膜厚度表面轻元素含量测量等。

阻塞效应主要用于核物理基础研究，是极短核能级寿命测量的唯一手段。

7.4.1　晶格损伤研究

沟道效应分析是一种重要的材料损伤研究方法（Chu et al.，1978；汤家镛 等，1988；Ziegler，1972）。沟道退道率和坑深 χ_{min} 与单晶晶格结构完美度密切相关，如果单晶样品质量较差或有损伤和杂质，退道率增大、沟道坑变浅，沟道效应一般采用沟道 - 卢瑟福背散射测量，如果单晶样品有缺陷和杂质，定向谱产额增大，因此沟道 - 卢瑟福背散射测量可以很灵敏地研究晶格损伤，测定损伤浓度及其深度分布。

如图 7.17 所示，晶格损伤研究实验中一般需要测量随机谱、完美晶体定向谱和一系列损伤晶体定向谱。

损伤晶体定向谱在相应损伤区出现一个宽峰（图 7.17 中曲线 2）。这个宽峰由两部分贡献：沟道粒子在损伤区与位移原子发生大角度散射；沟道粒子与位移原子小角散射也可能使部分沟道粒子退道成为随机束，随机束会与所有位移和非位移原子发生大角散射。由于在损伤区的沟道粒子的退道，即使离开了损伤区，如图 7.17 所示，背散射产额也要比完美晶体定向产额高，沟道坑变浅。

采用沟道 - 卢瑟福背散射测量，可以测量晶体损伤的深度分布。图 7.18（a）是实验测量的随机谱 $Y_R(x)$、损伤样品定向谱 $Y_D(x)$、完美晶体定向谱 $Y_P(x)$，图 7.18（b）是损伤样品定向谱对随机谱的归一谱 $Y_D(x)/Y_R(x)$，图 7.18（c）是测量的损伤深度分布，图中 $N_D(x)$

为不同深度 x 处位移原子密度,即损伤的深度分布。

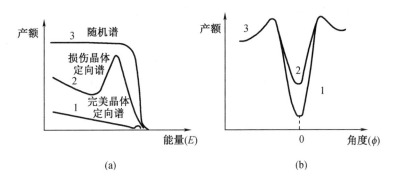

图 7.17　晶格损伤的沟道效应研究

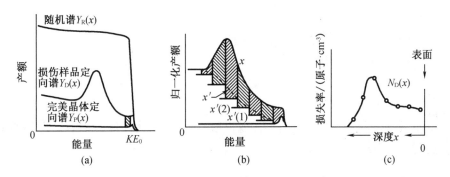

图 7.18　损伤样品背散射谱与损伤分布

损伤样品定向谱产额 $Y_D(X)$:

$$Y_D(x) = Q\sigma\Omega\varepsilon\{x'(x)N_D(x) + x'(x)[N - N_D(x)] + [1 - x'(x)]N_D(x)\} \quad (7.21)$$

式中　N——晶格原子密度;

$\quad\quad Q$——入射粒子数;

$\quad\quad \Omega$——探测器立体角;

$\quad\quad \varepsilon$——探测器探测效率;

$\quad\quad \sigma$——散射截面;

$\quad\quad x'(x)$——损伤样品定向时的随机成分;

$\quad\quad 1 - x'(x)$——沟道成分;

$\quad\quad x'(x)N_D(x)$——与位移原子作用的随机产额;

$\quad\quad x'(x)[N - N_D(x)]$——与非位移原子作用的随机产额;

$\quad\quad [1 - x'(x)]N_D(x)$——沟道成分与位移原子作用的随机产额。

式(7.21)右边大括号整理后,变为 $x'(x)N + [N - Nx'(x)]\dfrac{N_D(x)}{N}$,利用随机谱产额

$Y_R(x) = NQ\sigma(x)\Omega\varepsilon$,式(7.21)变为

$$Y_D(x) = Y_R(x)x'(x) + Y_R(x)[1 - x'(x)]\frac{N_D(x)}{N} \tag{7.22}$$

图 7.18(b)所示是损伤样品归一产额谱。损伤样品归一产额为

$$x(x) = Y_D(x)/Y_R(x) \tag{7.23a}$$

式(7.22)两边同除 $Y_R(x)$，得到

$$x(x) = \frac{Y_D(x)}{Y_R(x)} = x'(x) + [1 - x'(x)]\frac{N_D(x)}{N} \tag{7.23b}$$

从而导出深度 x 处损伤量：

$$N_D(x) = \frac{x(x) - x'(x)}{1 - x'(x)}N \tag{7.24}$$

损伤样品定向时的随机成分：

$$x'(x) = \frac{Y_D(x) - Y_P(x)}{Y_R(x)Y_P(x)} \tag{7.25}$$

式中 $Y_P(x)$——完美晶体定向谱；

$Y_D(x) - Y_P(x)$——损伤样品定向时的随机产额；

$Y_R(x) - Y_P(x)$——总随机产额。

$Y_R(x)$、$Y_P(x)$、$Y_D(x)$ 是由实验测量的三个谱，所以将式(7.23)计算的 $x(x)$ 和式(7.25)计算的 $x'(x)$ 代入式(7.24)就可得到不同深度 x 处损伤量 $N_D(x)$。计算的 $N_D(x)$ 是随能量分布的，利用 dE/dx 数据将能量 E(或道数)坐标转换为深度(x)坐标，得到如图 7.18(c)所示的损伤的深度分布 $N_D(x)$。

7.4.2 杂质原子定位

杂质原子定位是沟道效应的一个重要应用（Chu et al.，1978；Gemmell et al.，1974；汤家镛 等，1988；Picraux，1975）。如图 7.19 所示，晶格中原子处于替代位或间隙位，入射粒子在不同方向入射晶体时，与间隙位和替代位的原子的相互作用概率不同，因而不同晶轴方向入射粒子的卢瑟福背散射产额不同，从测量的背散射产额可以确定（杂质）原子的晶格位置。杂质原子一般处于晶格间隙位，因而采用沟道效应测量可以直接测定晶格中杂质的位置和退火过程中位置的演化。

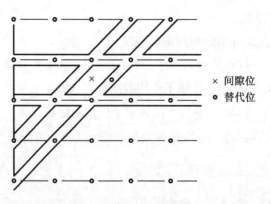

图 7.19 替代位和间隙位的晶格原子

图7.20所示是沟道效应(杂质)原子定位原理示意图。固体物理中用〈　〉表示晶轴方向、用(　)表示晶面方向,如〈111〉晶轴方向和(111)晶面方向。图7.20所示是Si(110)晶面不同晶轴的原子排列。沟道效应(杂质)原子定位的基本原理是,改变样品相对入射束的方向,由晶格原子能与入射束发生的相互作用来判断原子的晶格位置。

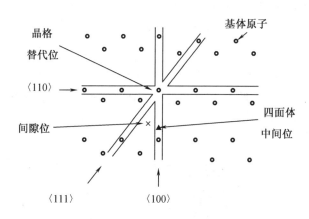

图7.20　沟道效应(杂质)原子定位原理示意图

处于晶格替代位的(杂质)原子,任何晶轴方向入射的粒子都不能与其发生相互作用,只有非晶轴方向入射的粒子才可以与其发生相互作用。因此,如果(杂质)原子处于晶格替代位,只有在非晶轴方向入射的粒子才能与它发生卢瑟福背散射。

处于晶格间隙位的(杂质)原子,任何方向入射的粒子都能与其发生相互作用。因此,如果(杂质)原子处于晶格间隙位,在任何晶轴方向入射的粒子都能与它发生卢瑟福背散射。

处于四面体中间位的(杂质)原子,在〈111〉和〈100〉两个晶轴方向入射的粒子都不能与其发生相互作用,只有〈110〉方向入射的粒子能与其发生相互作用。因此,如果(杂质)原子处于晶格大的四面体中间位,只有〈110〉方向入射的粒子才能够与它发生卢瑟福背散射。

沟道效应能够很好地用于原子定位。单定向时的原子定位精度可达$0.01 \sim 0.02$ nm,分析灵敏度1at%(at%表示原子的百分含量)。

7.4.3　晶体表面和界面研究

如图7.21所示,有两种晶轴原子位移:一种是轴向位移,即原子沿晶轴发生位移;另一种是横向位移,即原子在垂直于晶轴方向发生位移。

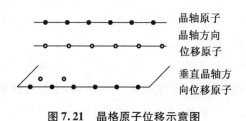

图7.21　晶格原子位移示意图

表面层原子的位移、缺陷等对晶体表面的性能有很大影响,利用沟道效应可以精确测定表面层原子位置和缺陷等。图7.22所示是几种不同表面原子位置测量的沟道－背散射定向谱和表面峰。图中,(a)是晶格原子完美排列的理想表面层。表面层中外层与内层原子排列相同,第一层对第二层有屏蔽作用。与表面垂直入射的粒子不会与第二层原子发生作用,表面峰幅度较小;(b)是表面层原子相对晶轴方向有横向(垂直晶轴)位移,第一层对第二层没有屏蔽作用,与表面垂直入射粒子可与第二层原子发生作用,使表面峰幅度增大;(c)是表面层原子发生弛豫,第一层原子膨胀或收缩,在晶轴方向产生位移,它们对第二层原子仍然有屏蔽作用,垂直方向入射粒子的表面峰不会发生变化,而非垂直方向入射粒子的表面峰幅度增大;(d)是表面有覆盖原子层,这时能够探测到一个覆盖原子峰,由于覆盖原子的屏蔽作用,原表面峰幅度变小。

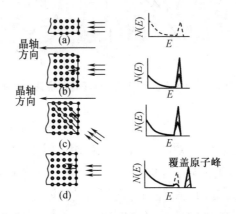

图7.22 表面原子发生位移后的定向谱表面峰示意图

从表面峰和粒子入射方向可以很好地研究和测定表面层原子位置、表面层缺陷以及表面和界面微观结构等。

7.4.4 表面元素分析

1. 表面轻元素分析

卢瑟福背散射分析对重元素基体中的轻元素分析是不灵敏的,沟道－背散射分析可以大大减少基体重元素背散射产额,从而提高重元素基体的轻元素分析的灵敏度(Chu et al.,1978;Gemmell et al.,1974)。如图7.23所示,Si基体中C和O等轻元素在随机谱上的峰是非常微弱的,因此常规卢瑟福背散射分析测量重基体中轻元素是较困难的。但是采用沟道－卢瑟福背散射测量,可以大大减少重基体的卢瑟福背散射,有利于轻元素的分析。例如,图7.23中采用沟道－卢瑟福背散射测量时,Si定向谱上可以看到很清晰的C和O峰,从而可以较好地测量Si单晶中C、O等轻元素的含量。

2. 表面薄膜成分分析

实验采用沟道－卢瑟福背散射方法测量了Si单晶基体表面SiN薄膜的化学配比。薄膜是用低压化学蒸汽沉淀工艺制备,膜厚~900 Å(90 nm)。图7.24所示是实验测量的卢瑟福背散射随机谱和定向谱。两个谱上都能清晰地看到 SiN 中 N 的背散射谱,随机谱中没有 SiN 中的 Si 背散射谱,在定向谱中有清晰的 SiN 中的 Si 背散射谱。从定向谱的 SiN 中 Si 的卢瑟福背散射谱谱高度和 N 的谱高度,可以得到 Si 基体上 SiN 膜的化学配比及其深度分布。实验测量的化学配比非常接近实际的 Si_3N_4 化学配比,且化合物组分配比不随深度变化。

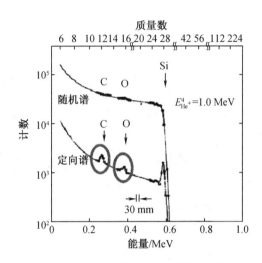

图 7.23　沟道和非沟道–卢瑟福背散射测量 Si 单晶中 C 和 O 峰

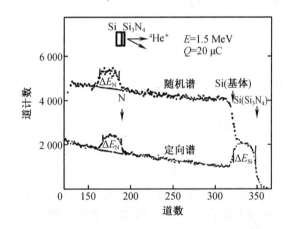

图 7.24　单晶硅表面 Si_3N_4 薄膜化学配比测量

3. 辐射损伤测量

材料受到荷能粒子辐照,会产生辐射损伤,沟道–卢瑟福背散射方法可以很好地用于检测材料的辐射损伤。

王豫生等(1987)采用沟道–卢瑟福背散射方法测量了 As 辐照 Si 产生的辐射损伤。150 keV 的 As 室温辐照单晶硅(Si⟨100⟩),辐照剂量为 1×10^{16} at·cm^{-3};辐照后在 1 100 ℃热退火 30 min,退火前后做了沟道–卢瑟福背散射测量,测量结果如图 7.25 所示。由辐照后未退火 Si 晶体沟道谱可以看到,辐射损伤使沟道–卢瑟福背散射产额增大,以及一个很强的损伤峰;由 1 100 ℃热退火的沟道谱可以看到,辐照产生的缺陷大部分退火了,背散射产额变小很多,与完美晶体定向谱相比,可以看到热退火还没有将辐射损伤或缺陷完全退掉。从 As 背散射峰可以看到,1 100 ℃热退火 30 min,As 发生了严重的扩散,其表面峰都消失了。

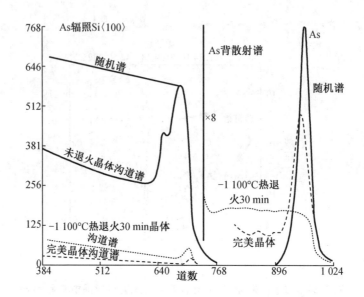

图 7.25　As 辐照 Si 退火前后沟道－卢瑟福背散射谱

由测量的沟道－卢瑟福背散射谱计算的损伤区位移原子数为 6.62×10^{17} at · cm^{-3},1 100 ℃热退火 30 min 后位移原子数为 3.12×10^{16} at · cm^{-3}。

4. 异质外延层缺陷研究

王豫生等（1987）采用沟道－卢瑟福背散方法分析了蓝宝石（Al_2O_3）上外延硅层 · Si〈100〉单晶的缺陷。图 7.26 所示是实验测量的蓝宝石基体－外延硅层 Si〈100〉单晶（Al_2O_3 · Si〈100〉）的随机谱、Al_2O_3 · Si〈100〉单晶的沟道谱和完美 Si〈100〉单晶沟道谱。由随机谱可以清楚地看到外延层 Si 背散射谱与 Al_2O_3 基体背散射谱,外延层 Si 的背散射谱中有一个基体和缺陷损伤共同贡献的很宽的峰;Al_2O_3 · Si〈100〉单晶沟道谱上,由于基体效应减少,可以看到一个单纯由缺陷产生的损伤峰;与实验测量的完美单晶 Si〈100〉沟道谱相比,Al_2O_3 · Si〈100〉单晶定向谱产额远高于完美单晶产额,说明外延硅层中存在缺陷。由 Al_2O_3 · Si〈100〉单晶沟道谱可以看到,在基体和外延层界面附近 Si〈100〉定向谱呈现一个峰,说明界面附近缺陷密度非常大。外延生长过程中晶面堆垛层差错产生层错,使晶轴发生位移,堆垛缺陷在基体与外延层界面处缺陷密度达到最大,界面向表面缺陷密度递减,在表面最小,散射产额或计数相应地减小。

7.4.5　阻塞效应测量原子核寿命

如上所述,阻塞效应是处在晶格位置的原子核发射的带正电荷粒子,沿晶轴（$\phi = 0°$）方向发射的粒子受到邻近晶格原子的阻挡或散射,位于晶轴方向探测器记录不到发射的粒子,只有探测器偏离晶轴方向才能探测到发射粒子。

激发态原子核会停留一定时间再退激到低能级态或基态,这个停留时间称为激发态寿命。阻塞效应是测量 $10^{-18} \sim 10^{-14}$ s 核寿命唯一有效方法(Gemmell et al.,1974;Gibson,1975;金卫国 等,1987)。阻塞效应通过测量发射原子核反冲距离,测量原子核的寿命(复旦大学 等,1986)。原子核的反冲距离与核寿命密切相关,核寿命长,反冲距离大。而原子核的反冲距离又与阻塞坑深度密切相关,它决定了阻塞坑的深度。

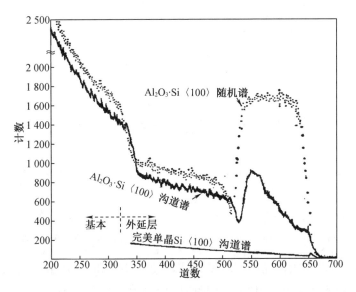

图 7.26　实验测量的沟道－背散射谱

由实验测量的阻塞效应的阻塞坑深度,可以得到原子核寿命。图 7.27 所示是阻塞效应测量原子核寿命的原理示意图。入射带电粒子与样品原子的共振核反应产生复合核 A。复合核 A 反冲离开晶格位置,衰变发射粒子,复合核反冲能量或速度可由核反应运动学计算得到,典型复合核反冲速度 V_τ 为 $10^8 \sim 10^9$ cm·s^{-1}。垂直于晶轴反冲距离是复合核寿命 τ 和垂直晶轴反冲速度 $V_\perp$ 的乘积 $V_\perp \tau$。如果复合核 A 寿命极短,从而反冲距离 $V_\perp \tau$ 也极短,如小于 0.01 nm(小于原子核尺度),由于阻塞效应,探测器记录不到复合核 A 衰变的发射粒子,这时的阻塞坑为 $\chi_{\min}^P$(上角标 P 表示"瞬发"过程),阻塞坑最深。如果复合核 A 有一定寿命,反冲距离 $V_\perp \tau$ 大于 0.01 nm,探测器能够记录到反冲后衰变发射的粒子,阻塞坑变浅,阻塞坑为 $\chi_{\min}^D$(上角标 D 表示"缓发"过程)。$\chi_{\min}^D$ 与 $V_\perp \tau$ 相关,从而由阻塞坑变化得到反冲距离 $V_\perp \tau$,已知 $V_\perp$,从而可以得到核态寿命 τ。

阻塞坑的坑深 $\chi_{\min}$ 不仅与反冲核速度有关,而且还与晶体热振动、晶格缺陷、晶体表面状态等晶体性质有关。为了精确测量与核态寿命相关的坑深变化,可以在相同条件下测量另一个与寿命无关的阻塞坑,这样确定了一个绝对时间标度的零时间参考点,即采用一个与寿命无关的 $V_\perp \tau = 0$ 的阻塞坑 $\chi_{\min}^P(V_\perp \tau)$,作为反冲核时间零点。例如,测量弹性散射的阻塞坑作为零时刻寿命阻塞坑,再测量复合核衰变粒子的阻塞坑,由这两个阻塞坑之差得到由核寿命导致的坑变化 $\Delta\chi_{\min}$。

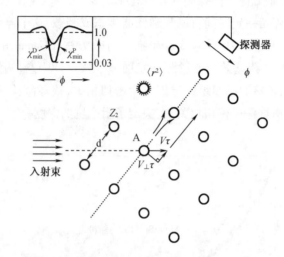

图 7.27　阻塞效应测量原子核寿命原理示意图

这里以 $^{27}\text{Al}(\text{p},\alpha)^{24}\text{Mg}$ 反应的复合核 ^{28}Si 的 13.095 MeV 激发能级寿命测量为例（金卫国 等,1987;Malaguti et al.,1979）。实验测量的样品是沿(100)晶面切割的 2 mm 厚的 Al 单晶。$^{27}\text{Al}(\text{p},\alpha)^{24}\text{Mg}$ 反应的入射质子能量是 1.565 MeV,产生的复合核 Si 的激发态发射一个 α 粒子衰变到 ^{24}Mg。样品⟨100⟩轴方向与入射质子束的夹角是 130°,在与入射质子束分别为 175° 和 85° 的方向用固体径迹探测器,分别测量⟨110⟩和⟨1$\bar{1}$0⟩两个轴（这两个轴统称为⟨110⟩）的瞬发和延迟 α 粒子阻塞坑,测量时的入射质子注量为 $Q = 5.3$ mC。实验测量几何如图 7.28(a)所示,⟨110⟩晶轴方向(175°)的阻塞坑与寿命无关,⟨110⟩晶轴方向(85°)阻塞坑与寿命相关。垂直于 175° 的⟨110⟩晶轴方向的反冲距离 $V_P\tau$ 很小,所以探测器 P 对准的⟨110⟩晶轴方向测量的阻塞坑与核态寿命无关,作为零时刻寿命参考时间点,这个阻塞坑用 $\chi_{\min}^{P}$ 表示并称为瞬发阻塞坑。探测器 D 对准另一个 85° 的⟨110⟩晶轴方向,$V_D\tau$ 较大,其值 >0.01 nm,探测的阻塞坑较浅并与寿命密切相关,这个阻塞坑用 $\chi_{\min}^{D}$ 表示（延迟阻塞坑）。这里 V 是反冲核反冲速度,$V_P = V\sin\theta$,$V_D = V\cos\theta$。

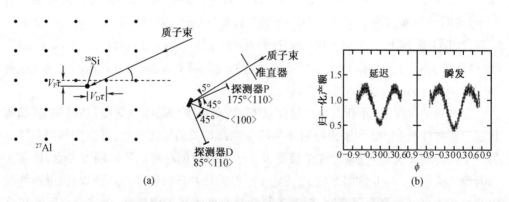

(a)　　　　　　　　(b)

图 7.28　同时测量两个晶轴方向阻塞坑的核激发态寿命示意图

这两个晶轴方向的基体特征相同,所以两个阻塞坑的差异 $\Delta\chi_{\min}$ 就是由核态寿命导致的。两个$\langle 110 \rangle$晶轴方向测量的阻塞坑曲线如图 7.28(b)所示。比较瞬发和延迟阻塞坑 $\chi_{\min}$,得到

$$\Delta\chi_{\min} = \chi_{\min}^{D} - \chi_{\min}^{P} \tag{7.26}$$

Alexander(1977)给出了 $\chi_{\min}(V\tau)$ 与 $V\tau$ 的关系,于是得到

$$\Delta\chi_{\min} = 2\pi CNd \left[(V_{D}\tau)^2 - (V_{P}\tau)^2 \right] \tag{7.27}$$

式中　N——单位体积晶格原子数;

　　　d——测量晶轴的原子间距;

　　　C——取 1.3 ± 0.2。

由该式可以求得核态寿命 τ。实验测量得到 1.565 MeV 质子由^{27}Al$(p,\alpha)^{24}$Mg 反应产生复合核^{28}Si 的核态寿命为 $\tau = (16.3 \pm 2.4) \times 10^{-18}$ s[或 16.3 as(attosecond,即阿托秒)]。

第8章 加速器质谱分析

质谱分析是一种经典的分子或原子质量分析方法。质谱分析中,待分析样品的分子或原子首先电离为离子,不同电荷、质量和能量的离子在电磁场中运动轨迹或偏转不同,利用这一特点可实现质量分析和同位素分离。

质谱分析已经有 120 多年历史。1898 年,德国乌尔兹堡大学维恩(W. Wien,1911 年建立热辐射定律获诺贝尔物理学奖)发现带正电的离子在电磁场中发生偏转的现象,这个发现奠定了质谱分析的基础,其后 20 多年发展了质谱分析领域。1910 年,英国剑桥大学汤姆孙(J. J. Thomson,他由于提出气体导电理论和实验获 1906 年诺贝尔物理学奖),采用一个简单的电磁场组合实现了第一次质谱分析测量,并在 1913 年证明了存在^{20}Ne、^{22}Ne 两种同位素。1918 年,美国芝加哥大学戴姆斯塔(A. J. Dempster)用电子轰击技术实现了分子离子化,开始了分子的质谱分析。1919 年,英国卡文迪许实验室的阿斯顿(F. W. Aston,1922 年他因用质谱分析方法发现与确认了同位素和提出元素质量整数法获诺贝尔化学奖),将质谱分析方法用于质量分析,研制了第一台速度型聚焦质谱仪,并发现质子和中子结合为原子核时有质量亏损,即存在非整数质量。1942 年,第一台商业化质谱仪问世,并在石油和橡胶工业等领域得到应用。

加速器质谱分析开始于 1939 年。它是由质谱分析技术与加速器技术和离子探测技术相结合,构成的一种具有超高灵敏度的质谱分析技术。美国加州大学物理系奥法雷茨(L. W. Alvarez)和科诺格(R. Cornog),采用回旋加速器进行了最早的加速器质谱分析,并证明了自然界中存在^{3}He 同位素。加速器质谱分析方法可以排除质谱分析不能排除的各种本底,使分析灵敏度达到 $10^{-16} \sim 10^{-12}$,也就是可以从千万亿个原子中将一个要探测的原子寻找出来。20 世纪 70 年代,美国劳伦斯贝克莱实验室穆勒(R. A. Muller)等人利用回旋加速器测量了^{14}C 和^{3}H;加拿大麦克马斯特大学和美国罗切斯特大学用静电加速器进行了^{14}C测量,同位素分析比达 10^{-15}。

现在加速器质谱分析已经发展为一种用于微量元素分析、稀有粒子探测、微量长寿命同位素分析等的极为重要的方法,在化学工业、石油工业、环境科学、医药卫生、生命科学、食品科学、地质科学、考古学、核科学等领域得到了广泛应用。

8.1 质 谱 分 析

质谱分析是一种物质鉴定技术,常用于同位素(核素)质量分析、同位素丰度测量、同位素分离和制备、同位素靶制备、加速器加速粒子质量选择和能量测定等。

8.1.1 质谱分析基本原理

质谱分析的基本原理是基于荷电粒子在电磁场中的偏转(Hoffman et al., 2007;Seymour, 1966)。不同质量、电荷和能量的离子在电磁场中偏转或运动轨迹不同(图 8.1),依据不同的偏转可实现离子鉴别、质量测量等。

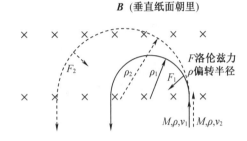

图 8.1 磁场中离子的运动

如图 8.1 所示,垂直于磁场方向进入到均匀磁场 B 的质量为 M、电荷为 q、速度为 v 的离子,在磁场中受到 $F = qvB$ 的向心力(洛伦兹力)作用做圆周运动。离子在磁场中受到的向心加速度 $a = v^2/\rho$,由牛顿第二定律 $F = Ma$ 得到向心力:

$$F = qvB = Mv^2/\rho \tag{8.1}$$

同样,垂直于电场方向进入到均匀静电场 ε 的离子,在电场中受到的向心力 $F = q\varepsilon$,由向心加速度和牛顿第二定律得到向心力:

$$F = q\varepsilon = Mv^2/\rho \tag{8.2}$$

式(8.1)和式(8.2)中,ρ 是离子在磁场或电场中圆周运动的半径。

进入电场或磁场的离子能量 $E = 1/2 Mv^2$,由式(8.1)和式(8.2)得到

$$(B\rho)^2 = 2(M/q)(E/q) \tag{8.3}$$

$$\varepsilon\rho = 2(E/q) \tag{8.4}$$

可见,磁场中离子的偏转取决于 E/q 和 M/q,电场中离子的偏转只取决于 E/q。

由式(8.4)可知,离子在静电场中的偏转只与 E/q 有关,与质量 M 无关。离子的能量 $E = qV_D$,其中 V_D 是离子源的加速电压或引出电压。如果离子源引出的离子有 $^1H^+$、$^2H^+$、$^3H^+$、$^4He^+$,它们的质量分别是 1,2,3,4,由于它们的电荷 $q = 1$,它们的能量都是 $E = V_D$,E/q 都相同,所以利用静电场不能将这 4 种质量不同的离子分离开。但这 4 种离子的 M/q 是不同的,所以在磁场中它们的偏转是不同的,利用磁场就可以将它们分开。

M/q 和 E/q 都相同的离子,磁分析也不能将它们分开,例如对于 $^2D^+$、$^4He^{++}$,它们的 M/q 都是 2,它们的能量分别是 $E_{D^+} = V_D$,$E_{^4He^{++}} = 2V_D$,所以 $E/q = V_D$ 相同,无论在电场还是在磁场中都不能将 $^2D^+$ 和 $^4He^{++}$ 分开。又如对于 $^{14}C^+$、$^{14}N^+$、$^{12}CH_2^+$、$^{13}CH_1^+$ 等离子,经过相同离子源电压 V_D 加速,它们的 E/q 相同,而 M/q 有差异,但相差非常小,电场和磁场偏转都很难将它们分离开。表 8.1 列出了一些同位素(核素)质谱分析中需要的质量分辨率,达

不到这个分辨率就不能将测量中遇到的质量近乎相同的本底去掉。

表 8.1　一些核素质谱分析所需的质量分辨率

待分析核素	本底	分辨率
^{3}H	^{3}He	150 000
	HD	230
	^{3}H	400
^{10}Be	^{10}B	170 000
	^{9}BH	1 500
^{14}C	^{14}N	8 300
	^{13}CH	1 800
	^{12}CH$_2$	1 100
^{26}Al	^{26}Mg	6 000
^{32}Si	^{32}S	15 000
^{36}Cl	^{36}Ar	47 000
	^{36}S	29 000
^{39}Ar	^{39}K	64 000
^{41}Ca	^{41}K	89 000
^{53}Mn	^{53}Cr	82 000
^{129}I	^{129}Xe	62 000

8.1.2　质谱仪性能

衡量质量分析谱仪(质谱仪)性能有三个指标:质量分析范围、质量分辨率和分析灵敏度。

1. 质量分析范围

质谱仪的质量分析范围是指它能够分析的原子或分子质量的范围。

质量标准单位是原子质量单位。一个原子质量单位(1 u)定义为 ^{12}C 质量的 1/12。在质量精度要求不很高时,原子核质量可以用原子核所含质子数和中子数之和的"质量数"表示,它是原子质量单位的整数倍。

气体质谱仪的质量分析范围较小,一般是 2～100 原子质量单位;有机质谱仪的质量分析范围可达几千个原子质量单位;现代质谱仪的质量分析范围可达几万到几十万原子质量单位。

2. 质量分辨率

质谱仪的质量分辨率是指它能够分开的相邻质量数原子或分子质量的能力,即它能够区分的两个原子或分子的最小质量差。在分析的质量谱上能够分辨或分开两个相邻质量离子的标准是:两个相邻质量峰的强度或高度相近,两个峰之间的峰谷高度小于峰高度的

216

10%，这时才认为这两个相邻质量是能够分开的
（图 8.2）。

质量分辨率定义为

$$\frac{M}{\Delta M} = \frac{(m_1 + m_2)/2}{m_2 - m_1} \qquad (8.5)$$

式中　M——平均质量，$M = (m_1 + m_2)/2$；

　　　ΔM——质量差，$\Delta M = (m_2 - m_1)$。

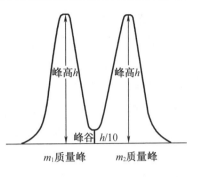

图 8.2　质量分辨率示意图

质量分辨率 $M/\Delta M$ 为几十～几百的质谱仪是低分辨
率谱仪，能够区分 1 u 质量差；$M/\Delta M$ 为几千～几万的质
谱仪是高分辨率谱，能够区分质量十分接近的原子或分子。例如，区分 ^{14}C 和 $^{12}CH_2$，质谱仪
的质量分辨率要求 1 134；区分 ^{14}C 和 ^{14}N，质谱仪的质量分辨率要求 84 000；区分 ^{40}Ca 和 ^{40}Ar，
质谱仪的质量分辨率要求 193 500。

3. 分析灵敏度

质谱仪可以分析的样品量少，分析时间短，表示它的分析灵敏度高。质谱仪的灵敏度
分为绝对灵敏度、相对灵敏度和分析灵敏度。

绝对灵敏度是质谱仪可以分析的最小样品量；相对灵敏度是质谱仪可以同时分析的低
丰度或低浓度成分与高丰度或高浓度成分的含量比；分析灵敏度是质谱仪分析样品量与质
谱仪输出信号之比。

质谱分析中，灵敏度常用同位素比表示，即相对灵敏度。例如 $^{14}C/^{12}C = 1:10^{12}$，表示 10^{12}
个 ^{12}C 中有一个 ^{14}C 就能被鉴别出来。

8.1.3　质谱仪

质谱仪一般由离子源、电磁分析器和离子收集器或探测器组成。图 8.3 所示是质谱仪
工作原理示意图。离子源发射的离子经过磁场或/与电场偏转后，不同质量、电荷和能量的
离子偏转度不同，在不同角度出射，被置于不同位置或角度的收集器收集或探测器记录。

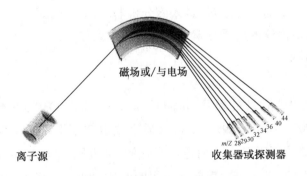

图 8.3　质谱仪工作原理示意图

质谱仪的种类很多，有单磁场偏转的单聚焦质谱仪、电场和磁场偏转的双聚焦质谱仪、
四极质谱仪、飞行时间质谱仪、离子回旋共振质谱仪、傅里叶变换离子回旋共振质谱仪等。

1. 单聚焦质谱仪

图 8.4 所示是单聚焦质谱仪(single focusing mass spectrometer)示意图 (Hoffman et al., 2007)。单聚焦质谱仪只有一个偏转或分析磁场。样品进入电离源区域,受到电子源产生的电子束轰击(水平方向),击出电子(M + e = M$^+$ + 2e),变成正离子;正离子受到引出电场(垂直方向)加速和引出,经过狭缝 A 和 B 进入偏转磁场;不同质量的离子在磁场中偏转不同。在一定加速电压或引出电压下,改变磁场强度,选择一定质量的离子,或在一定磁场下,改变加速电压,选择一定质量的离子。所以通过改变磁场或加速电压,可以实现质量选择和扫描,得到质量谱。离子源加速电压一般是固定的,主要是通过磁场扫描,测量质量分布谱。单聚焦质谱仪结构简单,操作方便,但分辨率相对较低。

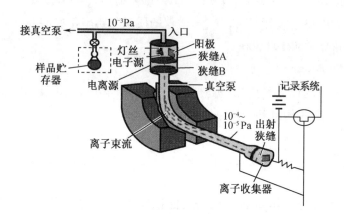

图 8.4　单聚焦质谱仪示意图

2. 双聚焦质谱仪

如图 8.5 所示,双聚焦质谱仪(double focusing mass spectrometer)是由一个电场和一个磁场构成的具有两个偏转系统的质谱仪(Hoffman et al.,2007)。离子源产生的离子进入静电分析器,一定能量的离子,只有它的偏转半径与静电分析器半径一致的才能通过,进入磁分析器,进行质量分析。双聚焦质谱仪的质量分辨率大大好于单聚焦质谱仪,但操作相对复杂。

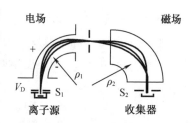

图 8.5　双聚焦质谱仪示意图

3. 四极质谱仪

四极质谱仪或四极质量过滤器(quadrupole mass filter, QMF)的结构如图 8.6 所示(Hoffman et al.,2007;Dawson,1976)。四极质谱仪由四个平行的金属电极组成[图 8.6(a)],一对电极加直流电压 U,另一对电极加交变射频电压 $U_{rf} = V_0\cos \omega t$,其中 V_0 是射频电压幅度,ω 为射频频率,t 为时间。射频电压幅度 V_0 大于直流电压 U,四个电极间形成一个射频场空间,离子受到射频调制和直流电压作用,只有一定 m/q 的离子(共振离子)能够通过该射频场空间。保持 U/U_{rf} 不变,改变 U 和 U_{rf},可以使不同 m/q 的离子通过。图 8.6(b)也画出了谱仪的离子源系统和离子收集器或探测器。

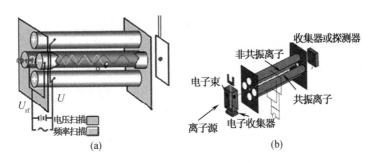

图 8.6 四极质谱仪示意图

四极质谱仪是一种无磁分析器具有体积和质量小、操作方便,扫描速度快、分辨率较高的特点。四极质谱仪常用于色谱－质谱联合分析。

4. 飞行时间质谱仪

图 8.7 所示是飞行时间质谱仪[time of flight(TOF)mass spectrometer]示意图,谱仪是双极性的,可以用于正离子和负离子分析(李明欣 等,2007)。飞行时间质谱仪没有磁场或电场偏转,其主要部件是加正电压或负电压的、一定长度的真空离子飞行漂移管。图 8.7 中 A 点是既可以出正离子也可以出负离子的双极性离子源,右边是正离子飞行漂移管,左边是负离子飞行漂移管,两根漂移管的中间点 A 是零电位,B 是负电位,C 是正电位,两端离子探测器是微通道板(MCP)探测器。离子源中质荷比为 m/q 的离子经电压 V_D 加速引出,进入真空飞行漂移管,一定时间 $t(s)$ 后到达飞行漂移管末端,被探测器记录。不同质荷比离子速度不同,到达末端飞行时间 t 不同。离子在漂移管中飞行或漂移时间 t 与 m/q 的关系:

$$\left.\begin{array}{l} t = \dfrac{L}{V_{speed}} = L\left(\dfrac{m}{2qV_D e}\right)^{\frac{1}{2}} \\[3mm] \dfrac{m}{q} = \dfrac{2V_D t^2}{L^2} \end{array}\right\} \tag{8.6}$$

式中,$V_D qe$ 是离子能量,即加速电压 V_D 与电子电荷的乘积。质量 m_1 和质量 m_2 的两种离子的飞行时间差为

$$\Delta t = L[(m_1/q_1)^{1/2} - (m_2/q_2)^{1/2}]/(2V_D)^{1/2} \tag{8.7}$$

式中假定 m_1 大于 m_2。

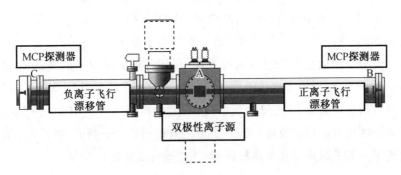

图 8.7 飞行时间质谱仪示意图

如果加速电压 V_D 和距离 L 固定,则飞行时间 t 与质荷比的平方根成正比。由测定的飞行时间 t,可以确定 m/q 的值。根据飞行时间测定质量的分析器称为飞行时间质谱仪或飞行时间分析器。飞行时间质谱仪的离子束是脉冲化的,飞行时间小于两个脉冲间的时间间隔。启动电离室电子枪使样品电离形成离子束,离子在电场中加速后进入飞行管,电离 0.1 ms 产生一个 0.1 ms 宽的脉冲束,离子在飞行管中漂移时间为几 ms,到达漂移管末端被探测器记录,不同质量的离子到达探测器的时间不同,离子越重飞行时间越长。

5. 离子回旋共振质谱仪

离子回旋共振质谱仪(ion cyclotron resonance spectrometer,ICR)是基于离子回旋共振的一种质谱仪(Hoffman et al. ,2007),与电磁偏转质谱仪和四极质谱仪的原理不同。图 8.8 所示是离子回旋共振质谱仪原理示意图。强磁场 B 中质量为 m 的离子在与磁场方向垂直的平面做环形运动,它的回旋频率 $\omega_c = eB/m$。确定磁场 B 中,ω_c 只与质荷比有关。回旋频率 ω_c 与射频场频率一致时,即发生回旋共振,离子才能不断从射频场获得能量,运动半径不断增大,做螺旋形运动。不同质荷比离子的回旋共振频率不同,通过射频电场频率扫描,不同射频频率引出的是不同质荷比的离子,从而实现质量分析。

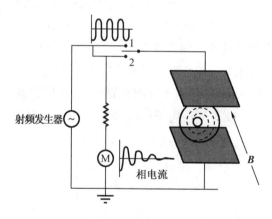

图 8.8   离子回旋共振质谱仪原理示意图

6. 傅里叶变换离子回旋共振质谱仪

傅里叶变换离子回旋共振质谱仪(Fourier transform ion cyclotron resonance mass spectrometer,FT ICR MS)是在离子回旋共振质谱仪中,与分析质量范围相应的射频频率范围加一个宽度 1～5 ms、频率线性由低到高的系列脉冲,这样回旋共振频率在这个频率范围内的所有质量的离子都能产生回旋共振;记录全部离子感生电流信号的总衰减时间谱(叠加时域谱),对总衰减时间谱做快速傅里叶变换,得到各种频率成分的频谱图(频域谱),通过频率与质量的关系,获得质谱图 (Hoffman et al. ,2007)。傅里叶变换离子回旋共振质谱仪的优点是分析离子质量范围宽和分辨率高,质量分析范围可达 103,分辨率可达 25 万。傅里叶变换离子回旋共振质谱仪可以区分质量近似相同的分子离子,例如 N_2、C_2H_4、和 CO。傅里叶变换离子回旋共振质谱仪价格较昂贵,工作条件要求比较苛刻。

8.1.4　质谱仪离子源和离子收集器

传统质谱仪离子源种类很多,有高频离子源、火花放电离子源、场致电离源、激光电离源等。

用于传统质谱分析的离子收集器或探测器也有很多种,例如,用于同位素分离的同位素接收器,用于记录的照相底片、闪烁计数器、法拉第筒等离子探测器。

质谱仪的质量分辨率 $M/\Delta M$ 有几百或几千,高的超过几万。对于稀有同位素分析,其分析同位素与稳定同位素或高丰度同位素之比,即相对灵敏度能够达到 $\sim 10^{-9}$。

8.2　年代断定方法

放射性测量断定年代(断代)(radioactive dating)、质谱分析断代(mass spectrometry dating)和加速器质谱分析断代(accelerator mass spectrometry dating)是三种重要的考古、地质和环境等样品断代方法。质谱分析断代方法比放射性测量断代方法有更多的优点,但也有很大的局限性,因此发展了加速器质谱分析断代方法。

8.2.1　放射性测量断代

放射性测量断代通过测量长寿命不稳定同位素(核素)的放射性得以实现(Litherland,1980),是最早采用的一种断代方法。放射性测量断代通过测量样品长寿命同位素(核素)的放射性活度,进而由它的半衰期确定样品的年代。放射性测量断代最常用的放射性核素有 ^{14}C [半衰期(5 730 ±40)a]、^{41}Ca(半衰期 1.03×10^5 a)、^{36}Cl(半衰期 3.01×10^5 a)、^{26}Al(半衰期 7.41×10^5 a)、^{10}Be(半衰期 1.6×10^6 a)等。其中 ^{14}C 用得最多,形成了 ^{14}C 放射性断代学。^{14}C 放射性断代法是由美国芝加哥大学利比(W. F. Libby)在 1949 年提出和建立的,他因用这个方法测定地质年代获得了 1960 年诺贝尔化学奖。^{14}C 放射性断代学一般用于5 万年以内的断代,其基本原理如下:

自然界主要存在的 C 的稳定同位素是 ^{12}C(丰度98.9%)和 ^{13}C(丰度1.19%),^{14}C 是 β^- 衰变放射性核素,半衰期 $T_{1/2} = (5\ 730 \pm 40)$a。$^{14}C$ 是由宇宙射线同地球大气作用产生的中子与 ^{14}N 的核反应 $^{14}N(n,p)^{14}C$ 产生的,在大气环境中 ^{14}C 很快与 O 结合成 $^{14}CO_2$,并与原来大气中 CO_2 混合,参加自然界碳的交换循环。自然界中活着的动物和植物生物体通过 C 循环吸入 ^{14}C,摄入和衰变的 ^{14}C 处于平衡状态时,保持 ^{14}C 含量不变,^{14}C 与稳定同位素 ^{12}C 之比也稳定保持在 $^{14}C/^{12}C \sim 10^{-12}$。动植物死亡后,没有 C 循环,$^{14}C$ 不再被吸入只有衰变,因此其在死亡的动植物体内含量逐步减少,$^{14}C/^{12}C$ 比也逐渐变小,死亡时间越长,比值越小。测量待测样品(地球或地质样品)和标准参考样品(例如活着的动植物样品)的 $^{14}C/^{12}C$,由它们之比

$$(^{14}C/^{12}C)/(^{14}C/^{12}C)_s = \exp[(-\ln 2/T_{1/2})t] \tag{8.8}$$

和 ^{14}C 半衰期 $T_{1/2} = (5\ 730 \pm 40)a$，可以得到样品年代 t 或衰变时间 t。

由于核素寿命很长，放射性测量测量到的放射性衰变的计数是非常低的，因此放射性测量断代方法受到了计数低的严重限制。例如，70 μg 的 C 样品，其 C 原子总数为 3.5×10^{18}，由 $^{14}C/^{12}C \sim 10^{-12}$，得到 ^{14}C 原子总数 $A_0 = 3.5 \times 10^6$。假定 β 探测器的探测效率为 100%，由 $A = A_0 \exp[(-\ln 2/T_{1/2})t]$ 得到 ^{14}C 的 β 放射性衰变的计数 $A \sim 420 \cdot a^{-1} = 0.000\ 8 \cdot min^{-1}$。对于 1 g 的 C 样品，$^{14}C$ 含量为 6.5×10^{10}，^{14}C 的 β 放射性衰变计数 $A \sim 15 \cdot min^{-1}$，这是 β 放射性测量的环境本底水平。通过长寿命核素放射性衰变测量断代，由于测量的放射性衰变计数太低，尤其是对于量很少的样品的断代是非常困难的，例如，$T_{1/2} \sim 10^6$ a 长寿命核，假定原子数为 10^6，放射性衰变计数仅为 $0.69 \cdot a^{-1}$。

8.2.2 质谱分析断代

通过不稳定同位素（核素）放射性衰变测量的放射性测量断代方法，受到放射性计数过低的严重限制，因此直接测量长寿命核数目的质谱分析断代方法得以发展。

$^{14}C/^{12}C$ 也可以通过质谱分析方法直接测量它们的原子数得到，不受放射性测量计数低的限制。质谱分析断代方法直接测量放射性核素 ^{14}C 的原子数，而不是测量它的 β 放射性衰变计数，计数要比放射性测量断代方法的计数高很多。如果离子源产生的 C^+ 离子束流为 1.6 μA，即 C 原子数为 10^{13} s^{-1}，根据 $^{14}C/^{12}C \sim 10^{-12}$，$^{14}C$ 原子计数为 10 s^{-1}。假定离子源到探测器的传输效率为 100%，探测器探测效率为 100%，则探测器记录的 ^{14}C 计数是 10 s^{-1}。1.6 μA 的 C 离子束的 C 原子是 10^{13} s^{-1}，需要每小时消耗 0.7 μg 的 C。假定离子源的 C 原子电离为 C^+ 离子的效率为 1%，则产生 1.6 μA 的 C^+ 束流消耗的 C 是每小时 70 μg，产生的 C 原子是 10^{15} s^{-1}，一小时 ^{14}C 的计数是 36 000 个（10 s^{-1}）。质谱分析断代方法比放射性测量断代方法好，需要样品量少而测量计数高。

质谱分析断代也有缺点或局限性。离子源产生 $^{14}C^+$ 束流时，还伴随产生质量 14 的分子离子 $^{12}CH_2^+$、$^{13}CH_1^+$ 和 $^7Li_2^+$ 以及原子分子 ^{14}N。质谱分析断代方法中很难将它们分开。如果要将 ^{14}C 与这些分子或原子离子分开，谱仪的质量分辨率必须非常高，为此需要增大谱仪偏转半径，谱仪设备将变得十分庞大、昂贵，而且探测效率很低。实际上靠提高谱仪分辨来分离原子离子和分子离子是不可行的，因此，加速器质谱分析断代方法得以发展。

8.2.3 加速器质谱分析断代

加速器质谱分析断代可以很好地消除同质量的原子离子和质量十分相近的分子离子本底。因此加速器质谱分析灵敏度比质谱分析高 1 000 倍以上，同位素比好于 10^{-15}，且分析样品量少、测量速度快。加速器质谱分析断代几乎已经取代了放射性测量断代和质谱分析断代。

8.3　加速器质谱分析

加速器质谱学是质谱分析与加速器和核物理离子探测技术结合而发展的一种质谱分析方法(Hoffman et al. ,2007)。加速器质谱分析中待测样品在加速器离子源中电离并引出,并在加速器中加速到较高能量,通过电荷态、质荷比、能量和原子序数等选择,实现离子鉴别和进行同位素比值测定。由于分析灵敏度很高,加速器质谱分析也称为超灵敏加速器质谱分析(ultra – sensitive accelerator mass spectrometry, USAMS) (Litherland, 1984; Litherland,1980;Purser et al. ,1979)。

8.3.1　加速器质谱分析

图 8.9 所示是德国科隆大学 10 MV 串列加速器上建立的加速器质谱仪示意图(Dewald,2017)。该加速器质谱仪主要由产生离子的离子源、2 × 10 MV 串列加速器、加速器高能端输出的分析磁铁、静电分析器和多种离子探测器等组成。

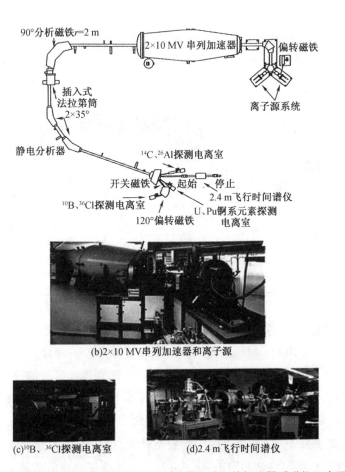

图 8.9　德国科隆大学 10 MV 串列加速器上建立的加速器质谱仪示意图

223

目前,加速器质谱分析一般都采用串列静电加速器(串列加速器)。待分析样品做成离子源的靶锥,溅射出负离子并注入串列加速器中加速,第一次加速到 $V_D e$(MeV)的能量,加速的负离子在串列加速器中间高压端剥离为正离子,正离子又得到加速,二次加速后离子的能量为 $(1+q)V_D e$(MeV),其中 V_D 是串列加速器高压端电压(单位为 MV),q 是剥离后离子电荷态。

串列加速器的分析磁铁根据式(8.3)进行离子选择,然后由加速器质谱仪的静电分析器根据式(8.4)再进行离子选择,探测器记录从离子源传输到探测器的高能离子。加速器质谱分析通过离子能量 E、质量 M、电荷态 q 三个量的测定,实现离子鉴别。经过磁和电分析器的二重选择,干扰本底大大降低。对于每核子能量为 $\sim$MeV(MeV/u)的离子,加速器质谱分析可以消除或极大地减小质谱分析中的本底。

加速器质谱分析中,加速器离子源引出的是负离子(质谱分析是正离子),它可以消除原子离子干扰;串列加速器高压端电荷剥离,可以排除分子离子干扰;采用核探测器,测量离子质量、电荷态和能量,由此极大地提高了加速器质谱分析的灵敏度。

8.3.2 加速器质谱分析干扰本底的消除

1. 分子干扰本底消除

图 8.10 所示是基于串列加速器的加速器质谱仪示意图。离子源引出的是单电荷负离子原子或/与分子,经串列加速器第一次加速到几 MeV 能量,MeV 能量负离子通过高压端气体剥离器或固体膜剥离器时,发生电荷交换剥去电子,变成多正电荷原子或分子,在加速器中受到二次加速。

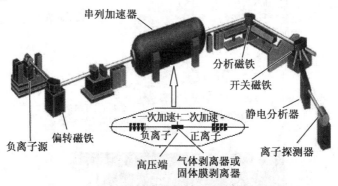

图 8.10 基于串列加速器的加速器质谱仪示意图

多电荷原子是稳定的,多正电荷分子是不稳定的。剥去 3 个以上电子的分子,由于正电荷原子间相互排斥,在 10^{-9} s 时间内碎裂成两个或更多个分子碎片。一个分子碎裂成几个质量不同的多个分子碎片的过程,称为"库仑爆炸"。库仑爆炸碎裂的分子碎片的质量比多电荷原子质量小很多,这样就很容易将原子和分子分开,有效消除同量的分子干扰。例如分析 ^{14}C 时,^{12}CH$_2$ 是常遇到的干扰分子。不同电荷态的 ^{12}CH$_2$ 结构不同,^{12}CH$_2^{++}$ 是寿命为 10 μs 的亚稳态离子分子,^{12}CH$_2^{+++}$ 的结构极不稳定,很快碎裂为分子碎片。^{14}C^{+++} 离子原子是稳定的,这样 ^{14}C 就很好地与 ^{12}CH$_2$ 分子分开。干扰分子经过电荷剥离,多正电荷分子碎裂或"库仑爆炸",于是加速器质谱分析能够有效地消除分子干扰。

2. 同量异位素本底消除

β⁻衰变母体与它衰变后的子体称为同量异位素。同量异位素电荷不同,质量近乎相同。由于电子质量很小,同量异位素之间质量差是极小的,例如,^{14}C 通过 β⁻ 衰变到 ^{14}N。质谱分析很难将同量异位素分开,加速器质谱分析通过电子全剥离法和负离子原子法可以将它们分开,消除同量异位素本底(Rucklidge,1981)。

(1)电子全剥离法

电子全剥离法是将同量异位素电子全部剥离,这样它们的电荷态 q 相差 1,可以根据 M/q 的差别来区分同量异位素。图 8.10 中串列加速器高压端电荷剥离器可以将 ^{7}Be、^{7}Li、^{14}C、^{14}N、^{26}Mg、^{26}Al 等的电子全部剥离。对于 ^{14}C 和 ^{14}N 同量异位素,^{14}C 的原子序数是 6,6 个电子全部被剥离后变成 $^{14}C^{6+}$,^{14}N 的原子序数是 7,7 个电子全部被剥离后变成 $^{14}N^{7+}$,电子全部剥离后它们的 M/q 分别为 14/6 和 14/7。同样对于 ^{26}Mg 和 ^{26}Al 同量异位素,^{26}Mg 和 ^{26}Al 的电子全部被剥离后,它们的 M/q 分别为 26/12 和 26/13;对于 ^{7}Li 和 ^{7}Be 同量异位素,电子全部被剥离后,它们的 M/q 分别为 7/3 和 7/4。通过电子全剥离后的质荷比差,很容易区分同量异位素。

电子全剥离法对同量异位素的能量和原子序数有一定要求,例如 $^{26}Al^{13+}$ 和 $^{26}Mg^{12+}$ 同量异位素能量要几百 MeV,而 $^{7}Be^{4+}$ 和 $^{7}Li^{3+}$ 同量异位素能量仅需几 MeV;在实际应用上受到一定限制,它要求低丰度待分析同位素的原子序数要大于高丰度同量异位素的原子序数,否则不能区分。例如,电子全剥离法不能用于 $^{14}C^{6+}$ 和 $^{14}N^{7+}$ 同量异位素的区分,^{14}N 的丰度和原子序数分别为 99.634% 和 7,不稳定 ^{14}C 的半衰期和原子序数分别为 5 730 a 和 6,丰度高的 ^{14}N 原子序数大于 ^{14}C 原子序数,这样即使极少量的 $^{14}N^{7+}$ 俘获一个电子变为 $^{14}N^{6+}$,$^{14}N^{6+}$ 与 $^{14}C^{6+}$ 的 M/q 几乎一样,这样就区分不开了。$^{26}Al^{13+}$ 和 $^{26}Mg^{12+}$ 同量异位素和 $^{7}Be^{4+}$ 和 $^{7}Li^{3+}$ 同量异位素区分可以采用电子全剥离法。对 $^{26}Al^{13+}$ 和 $^{26}Mg^{12+}$ 同量异位素,^{26}Mg 的丰度和原子序数分别为 11.01% 和 12,^{26}Al 的半衰期和原子序数分别为 7.17×10^{5} a 和 13,$^{26}Mg^{12+}$ 再俘获一个电子变为 $^{26}Mg^{11+}$,M/q 分别为和 26/13 和 26/11,更有利于同量异位素的区分;对 $^{7}Be^{4+}$ 和 $^{7}Li^{3+}$ 同量异位素,^{7}Be 半衰期和原子序数分别为为 53.29 d 和 4,^{7}Li 的丰度和原子序数分别为 92.41% 和 3,如果它俘获一个电子变为 $^{7}Li^{2+}$,更容易实现同量异位素的区分。

(2)负离子原子法

图 8.11 所示是负离子原子示意图。负离子原子的电子不是通过库仑势束缚在中性原子上,而是通过短程范德瓦耳斯力束缚在中性原子上。因此不同负离子原子的稳定性不同,有的是稳定的,有的是不稳定的或者是寿命很短的亚稳态。例如,同量异位素 ^{14}C 和 ^{14}N

○ 电子

● 中性原子

图 8.11　负离子原子示意图

的分析中,$^{14}C^{-}$ 是稳定的,$^{14}N^{-}$ 不稳定很快碎裂为一个中性原子和一个自由电子。串列加速器是不能加速中性原子的,^{14}N 中性原子不能到达终端,对 ^{14}C 测量就不会有任何干扰。负离子原子法可以很好地消除负离子原子的本底。

8.3.3 离子电荷、质量和能量测量

电和磁分析只能测定 E/q 和 M/q 比值,不能确定能量 E、质量 M 和电荷态 q。加速器质谱分析采用核物理探测器,可以测定离子的 E、M 和 q 三个量。

1. 原子离子

串列加速器加速的离子能量 E:

$$E = e \times V_D \times (1 + q) \tag{8.9}$$

剥离后存在各种电荷态的离子,每一电荷态离子都有确定的 E/q 和 M/q。串列加速器磁分析器可以选出需要测定 M/q 的离子,位于串列加速器之后的加速器质谱仪静电分析器可以选出需要测定的 E/q。串列加速器磁分析器和加速器质谱仪的静电分析器结合可分开 ME/q^2 相同离子。

许多核物理测量用的离子探测器能够鉴别离子电荷态,例如由 ΔE 探测器和 E 探测器组成的 $\Delta E - E$ 望远镜探测器。能量为 E 的离子入射到望远镜探测器首先在能量损失很小的 ΔE 探测器中损失能量 ΔE,然后在厚探测器 E 中损失剩余能量 $E - \Delta E$。电荷态不同,在 ΔE 探测器中的能量损失不同,ΔE 探测器输出幅度不同,由输出幅度(正比于离子在 ΔE 探测器中的能量损失)可以鉴别离子电荷态。$\Delta E - E$ 望远镜探测器的 ΔE 探测器输出信号与 E 探测器的输出信号(正比于 $E - \Delta E$ 能量)相加,就是离子的总能量。$\Delta E - E$ 望远镜探测器既可以鉴别离子电荷态又可以测量离子能量。加速器质谱分析常采用 $\Delta E - E$ 望远镜探测器,由 ΔE 探测器输出幅度鉴别离子电荷态,原则上可以不采用静电分析器。

2. 分子离子

离子源引出的质量为 M_1 的离子进入到串列加速器,经过第一级加速的负离子分子,通过串列加速器电荷剥离器后碎裂成分子碎片,质量 M_2 的碎片加速能量为

$$E = e \times V_D \times (q + M_2/M_1) \tag{8.10}$$

加速器质谱分析也可以测量分子离子碎裂后的碎片的电荷态、能量和质量。

不同 M_2 的分子碎片的 E/q 和 M/q 不同,很容易区分开,不会构成加速器质谱分析的本底。

3. 离子质量、电荷和能量测量方法

质谱分析不能同时测量离子能量和电荷。加速器质谱分析采用核物理离子探测器和离子鉴别技术,可以同时测量离子电荷态、能量和质量。

加速器质谱测量中,测量和确定离子电荷态 q 测量有两种方法,一种是采用 $\Delta E - E$ 望远镜探测器,另一种是采用静电偏转器。

加速器质谱分析可以同时实现质量、能量和电荷态及离子鉴别。通过加速器磁分析器可以确定 ME/q^2,从而可以得到离子的运动速度 v 和能量 E:

$$v^2 = 2 \times (E/q) \times (M/q), E = m \times v^2/2 \tag{8.11}$$

有了能量,可以由静电偏转器得到的 E/q 获得电荷态 q,然后由分析磁铁测量的 ME/q^2,得到 M/q 和离子质量。

加速器质谱分析和核物理实验常采用 $\Delta E - E$ 望远镜探测器测定能量和鉴别离子。ΔE

探测器中离子能量损失 dE/dx 与离子原子序数或电荷态有关[式(3.22)],由 ΔE 探测器输出幅度可以确定离子电荷态 q,实现离子鉴别。ΔE 和 E 探测器输出幅度相加得到离子能量 E,然后由磁分析器测量的 ME/q^2 得到质量 M。

8.4 加速器质谱分析技术和装置

图 8.12(a)和图 8.12(b)分别是质谱分析和加速器质谱分析的原理示意图。质谱分析不用加速器,只用电场或/与磁场。加速器质谱分析除了电场和磁场,加速器是其重要的组成部分。加速器质谱分析用的加速器有串列加速器(Litherland,1980)、回旋加速器(Litherland,1984;周善铸 等,1981)、单级静电加速器(Jiang et al.,1984)等,现在一般采用串列加速器。图 8.9 和图 8.10 是基于串列加速器建立的加速器质谱仪示意图。加速器质谱仪由两部分构成,一部分是加速器及其负离子源和磁分析,另一部分是加速器质谱仪的静电分析器和离子探测器系统。采用串列加速器的加速器质谱分析有四个特点:离子源引出负离子原子或分子,可以排除同量异位素干扰;离子通过加速器高压端的固体膜剥离器或气体剥离器,可以排除分子离子干扰;磁分析器和静电分析器可以排除同位素干扰;采用核探测器进行离子鉴别,可以排除同量异位素干扰。

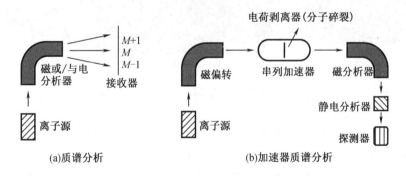

图 8.12　质谱分析和加速器质谱分析原理示意图

8.4.1　负离子源

串列加速器一般采用溅射负离子源(Middketon,1984)。溅射负离子源用 $20\sim30$ keV 能量的 Cs^+ 或 Ar^+ 或 Kr^+ 溅射离子轰击离子源样品靶锥,溅射出待分析样品离子(和中性原子)。铯(Cs)溅射负离子源是串列加速器最常用的离子源。Cs 将靶锥原子溅射出来,覆盖靶锥表面的 Cs 原子是电子施主,使靶表面电子有效脱出功变小,溅射出来的原子很容易获得电子,变成负离子,产生较大的负离子流。铯溅射负离子源的特点是束流大、稳定性好、离子能散度小、电离转换效率高、换样快、记忆效应小(前一样品分析,不影响后一样品分析)等优点。

8.4.2 样品靶制备

样品都是固体样品,例如分析 C 时,需要先将待分析的含 C 样品制成像石墨一样的固体材料(Jull et al.,1983),然后做成离子源靶锥。制备时要严格防止样品污染,否则会造成严重的测量本底,影响分析的准确度。

8.4.3 加速器

加速器质谱分析常用串列加速器。图 8.13 所示是串列加速器及其离子源系统和磁分析器。图 8.10 中的离子源产生的负离子束流,由偏转磁铁偏转后注入串列加速器低能端,在到达高压端前,受到零电位 – 正高压的电场加速,获得能量 $eV_D(MeV)$,加速的负离子在高压端电荷剥离后变为正离子,正离子受到高能端正高压 – 零电位的电场加速,加速能量为 $eqV_D(MeV)$。入射离子在离子加速器中得到两次加速,因此称该加速器为串列加速器。忽略离子注入时能量,二次加速后的离子能量为 $E = eV_D(1+q)$。串列加速器高压端电压一般为 1.7 ~ 25 MV。

(a)离子源系统　　　　　　(b)串列加速器主体　　　　　　(c)磁分析器

图 8.13　串列加速器及其离子源系统和磁分析器

入射离子为分子离子,经过高压端剥离器剥离后,发生“库仑爆炸”而碎裂为小分子。

入射离子为原子离子,经过高压端剥离器通过碰撞和电荷交换,丢失电子,变成正离子。剥离后正离子电荷态(ϕ_i,i 表示电荷态)是有一定概率分布的,各种电荷态的概率不同。图 8.14(a)所示是 ^{14}C 经过 C 膜剥离后的电荷态概率分布,图 8.14(b)所示是 ^{12}C 经过 20 $\mu g \cdot cm^{-2}$ 的 C 膜剥离(虚线)或经过 0.88 $\mu g \cdot cm^{-2}$ 氧气剥离后(实线)的电荷态概率分布。

串列加速器一般有固体膜剥离器和气体剥离器。固体膜剥离器操作简单,可以获得较高电荷态,但使用寿命较短,能承受的束流强度有限,剥离后离子能散度和角度散度变大。常用的固体剥离器是 C 膜剥离器,C 膜厚度几十 $mg \cdot cm^{-2}$。对于高束流品质和长时间连续高精度测量,一般采用气体剥离器。气体剥离器中充一定压力气体,如 Ar、O、N 等气体作为工作介质,其等效剥离厚度取决于压力和剥离管道长度。气体剥离器寿命长、束流品质好、能散度和角散度小。但气体剥离效率较低、离子平均电荷态较低,束流通过细长气体剥离器束流传输效率低。气体剥离器有时会使加速管真空度下降,产生散射和电荷交换,导致离子损失和增加干扰本底。为了克服气体剥离器的缺点,发展了循环气体剥离器(鲁向阳,2000)。

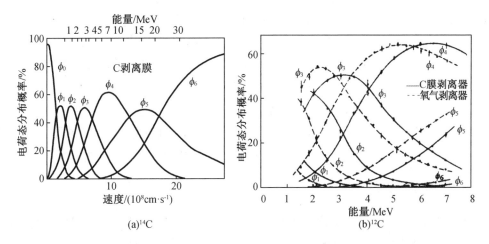

(a)^{14}C

(b)^{12}C

图 8.14 ^{14}C 和 ^{12}C 剥离后电荷态分布

剥离器的电子剥离效率与入射离子速度或能量密切相关。串列加速器中相同电荷态的负离子第一级加速后的能量相同,如图 8.15 所示,由于 $E = mv^2/2$,不同质量同位素的速度不同,它们剥离后的电荷态分布概率不同(Stoller et al.,1983)。^{12}C$^-$ 和 ^{14}C$^-$ 离子经过加速器第一级加速能量相同 ($E = eV_D$),但因质量不同导致速度不同,它们通过剥离器后产生 ^{12}C^{3+} 和 ^{14}C^{3+} 的概率或百分比不同。图 8.15 画出了 ^{12}C^{3+} 和 ^{14}C^{3+} 的产生概率或百分比随着加速器端电压的变化,端电压不同,^{12}C^{3+} 和

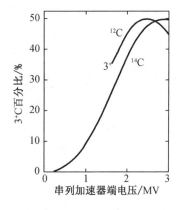

图 8.15 电荷态分布与能量关系

^{14}C^{3+} 产生的概率或百分比不同。由图也可见,在 2.68 MV 端电压时,^{12}C^{3+} 和 ^{14}C^{3+} 的产生概率相同,所以在这个端电压测量 ^{12}C/^{14}C 同位素比是最精确的。

8.4.4 加速器离子束流传输

加速器质谱分析中,离子源产生的负离子经过偏转磁铁注入串列加速器低能端,经第一次加速、剥离和第二次加速成为高能正离子,经分析磁铁、开关磁铁和加速器质谱的静电分析器后,被探测器记录。为提高加速器质谱分析测量效率,离子通过加速器各段的传输效率越大越好,加速器质谱定量分析时,需要精确测定各段传输效率和总传输效率。

加速器质谱分析一般测量两个同位素之比。加速器束流传输调节,同位素丰度大的束流(例如束流 >1 nA),可以通过调节加速器聚焦和束流导向等参数提高传输效率和测量传输效率;同位素丰度很低的微弱束流,例如 ^{14}C 束流,根据 ^{14}C/^{12}C ~ 10^{-12},^{14}C 每秒只有 10 个,这样弱的束流无法直接调节和测量传输效率。加速器质谱分析中,需要采用其他较大

束流的离子进行模拟调节和测量传输效率。对于丰度很低的$^{10}Be^-$、$^{36}Cl^-$的弱束流,可用较强的$^{10}B^-$、$^{36}S^-$离子束替代调节,即用$^{10}B^-$、$^{36}S^-$将传输效率调到最大并测定传输效率,然后传送$^{10}Be^-$、$^{36}Cl^-$进行实验测量。对于^{14}C的替代调节束流,由于$^{14}N^-$是不稳定的,不能用于束流调试,只能采用E/q和M/q相近的流强较大的束流来调节,例如$^7Li^-$电荷剥离后的$^7Li^{2+}$进行替代调节,它与$^{14}C^{4+}$的质荷比相同,都是$M/q = 7/2$;$^{14}C^{4+}$经单端静电加速器加速后的能量$E = 4V_D$,$^7Li^{2+}$的$E = 2V_D$,它们的$E/q = 1$。^{14}C也可以采用^{12}C调束,例如先用$^{12}C^{3+}$调束和测定各段传输效率。测量$^{14}C^{4+}$时,要先改变加速器端电压使其能量与$^{12}C^{3+}$相同,然后改变静电分析器,使$^{14}C^{4+}$到达终端探测器。

束流调节和传输效率测量是加速器质谱测量的一个关键环节。测量过程中要保持加速器传输效率稳定。

8.4.5　离子探测器

加速器质谱测量采用核探测器测量离子的能量、电荷态和质量。常用的离子探测器有$\Delta E - E$探测器、布拉格(Bragg)探测器、飞行时间探测器、入射离子X射线探测器和基于大型磁谱仪的探测器(充气磁谱仪和ΔE-磁谱仪E探测器)等。

1. $\Delta E - E$探测器

图8.16是$\Delta E - E$探测器结构示意图(Purser et al.,1979)。探测器由ΔE探测器和E探测器构成,ΔE探测器一般是气体电离室探测器,E探测器是半导体探测器。原子序数或电荷态不同,离子在通过气体电离室时,能量损失不同,ΔE探测器的输出幅度

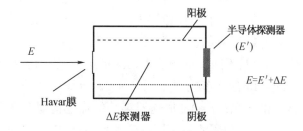

图8.16　$\Delta E - E$探测器结构示意图

不同,由ΔE探测器输出信号可以鉴别原子序数或离子电荷态。E探测器是测量通过ΔE探测器后的离子能量。入射离子能量,是半导体探测器E与ΔE探测器输出相加。$\Delta E - E$探测器既可鉴别离子电荷或原子序数,又可以测量入射离子的能量。

使用$\Delta E - E$探测器的加速器质谱测量可以不用静电偏转器。如果只用半导体探测器测量能量E,要实现电荷鉴别,需要在半导体探测器前加静电偏转器。

2. 布拉格探测器

图8.17所示是布拉格探测器原理和结构示意图(李国强 等,2005),主要用于同量异位素本底的消除。

图8.17(a)中,具有一定能量的离子进入气体探测器,在气体中电离形成布拉格峰曲线,峰曲线不同位置处的比电离不同,布拉格峰处的比电离最大。布拉格峰值与原子序数Z呈正比增加,不同能量、相同Z离子的射程不同,但布拉格峰值是相同的。

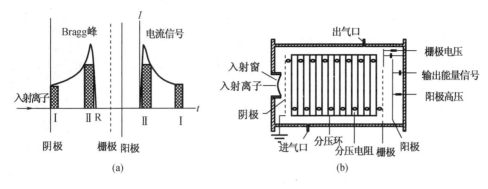

图 8.17　布拉格探测器原理和结构示意图

电离的电子在平行于入射离子方向的电场作用下穿过栅极向阳极漂移,在阳极上感应出与时间相关的电流信号。先到达阳极的是布拉格峰末端的电离电子(靠近栅极),因此阳极输出的电流信号正好是布拉格峰曲线的反演。不同原子序数的离子在电离室中具有不同的布拉格峰值,也就是产生不同的电流脉冲幅度,通过测量电流脉冲的幅度就可以鉴别离子,尤其是可以用于鉴别质量差小于 10^{-5}(电磁分析器很难区分)的同量异位素。对整个布拉格峰曲线进行积分,可以得到入射离子总能量信息。因此,可以从测量的 $Z-E$ 矩阵来鉴别入射离子。

图 8.17(b)所示是布拉格探测器结构图,它是一个由阳极、阴极和栅极构成的电离室,为获得均匀的轴向电场,在栅极和阴极间设置了分压环,电离室的工作气体是 Ar 和 CH_4 混合气体,它们的体积比为 9:1。

3. 飞行时间探测器

飞行时间探测器根据能量相同但质量不同的离子在一定距离上的飞行时间不同,实现同位素鉴别。

4. 入射离子 X 射线探测器

入射离子 X 射线探测器可以排除重核同量异位素或低能同量异位素的干扰本底。入射离子 X 射线探测器的基本原理是:当一定能量的离子打在靶上,不仅靶会产生特征 X 射线,入射离子也会产生 X 射线。不同入射离子的特征 X 射线不同,测量入射离子产生的特征 X 射线可以鉴别入射离子 (何明 等,1999)。靶一般采用含氢靶,因此这种方法是离子束分析中的质子激发 X 荧光分析的逆过程,靶相当于质子激发 X 荧光分析的入射粒子(质子),不同的入射离子相当于不同的粒子激发 X 荧光分析的待分析样品元素。采用 Si(Li) 探测器测量入射离子产生的特征 X 射线。

5. 基于大型磁谱仪的探测器

中国原子能科学研究院 HI-13 串列加速器配备了大型 Q3D 磁谱仪。基于该磁谱仪,发展了用于加速器质谱分析离子探测器的充气磁谱仪探测器和 ΔE-磁谱仪 E 探测器。

(1)充气磁谱仪探测器

图 8.18 所示是充气磁谱仪工作原理示意图 (张大伟 等,2008)。一定能量的离子入射充气磁谱仪,在充气磁场区域中离子受到洛伦兹力作用,沿一个由平均电荷态确定的最可

几轨迹运动。充气磁谱仪中入射离子与气体分子不断碰撞交换电荷,同时受到磁场的洛伦兹力的作用,离子电荷态围绕一个平均电荷态波动。加速器质谱分析能量范围为 1 ~ 2 MeV/u,平均电荷态:

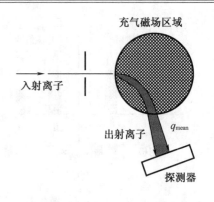

$$q_{mean} = Z_1 \{ 1 - 1.08 \exp [-80.1 Z_2^{-0.506} (v/c)^{0.996}] \}$$
(8.12)

式中　Z_1——入射离子原子序数;

　　　Z_2——气体原子序数;

　　　v——入射离子速度;

图 8.18　充气磁谱仪原理图

　　　c——光速。

可见,对于一定气体,平均电荷态与入射离子能量、速度、原子序数有关。同量异位素的原子序数不同,因此平均电荷态不同,运动轨迹也不同。充气磁谱仪可以鉴别同质异位素,也可以进行质量和能量测量。充气磁谱仪的传输效率可以达到 70% ~ 80%,测量本底低、测量灵敏度高,同位素比可以达到 10^{-15}。

（2）ΔE - 磁谱仪 E 探测器

ΔE - 磁谱仪 E 探测器是在磁谱仪入口加一个气体或薄膜 ΔE 探测器,磁谱仪作为 E 探测器 (Li et al.,2010)。同量异位核素在 ΔE 探测器中的能量损失不同,通过探测器后能量不同,磁谱仪选出探测的同量异位核素,消除同量异位核素的本底。

以上探测器中,最常用的是 ΔE - E 探测器。ΔE - E 探测器的探测效率高,能够测定离子电荷态和能量,能够很好地排除同量异位素干扰。对于能量为 1 ~ 2 MeV/u 的入射离子,ΔE - E 探测器可以鉴别 $Z \leqslant 30$ 原子序数,对于 $Z > 30$ 重核素的同量异位素鉴别,入射离子能量需要大于 5 MeV/u。

8.4.6　同位素比测量

加速器质谱测量通常是测量同位素比,这是一种相对测量方法,例如测量 ^{41}Ca 含量,加速器质谱分析是测量比值 ^{41}Ca/^{40}Ca,而不是 ^{41}Ca 的绝对含量。下面以 ^{14}C 含量测量为例,介绍加速器质谱分析测量同位素比的方法。

^{14}C 的含量是通过测量比值 ^{14}C/^{12}C 测定的。测量 ^{14}C/^{12}C 有两种方法:第一种方法是通过 ^{12}C 束流强度和离子探测器记录的 ^{14}C 离子计数率得到 ^{14}C/^{12}C。^{12}C 束流强度较大,可以采用法拉第筒测量,^{14}C 由于束流强度很微弱,不能采用常规的法拉第筒测量,需要采用核探测器测量它的离子计数率。第二种方法是都通过离子探测器记录的计数率得到 ^{14}C/^{12}C。通过计数率测量 ^{14}C/^{12}C 时,^{12}C 和 ^{14}C 分别注入加速器加速,调节分析磁铁和静电偏转器,使它们到达并被核探测器记录,得到 ^{12}C 和 ^{14}C 的计数率。测量时由于 ^{12}C 的束流强度大,所以注入时间要短,以免计数过高。为了提高测量精度,^{14}C 和 ^{12}C 交替注入测量,测量中要很好地控制交替注入周期及调节分析磁铁和静电偏转器。

加速器束流调节和传输过程中,同位素丰度很低的微弱束流,需要采用其他较大束流的离子进行模拟调节和测量传输效率。

在同位素比测量中,需要选择合适的离子能量或加速器端电压,使不同质量的同位素负离子剥离后的电荷态产生概率相同(图 8.15),使记录的同位素比值与剥离前的同位素比值相同。

加速器质谱断代测量中,比值测量的准确度决定了年代测量的准确度。例如,在 ^{14}C 断代测量中,10^4 年的断代或年代测量,比值准确度要小于 1%,年代越长的断代或年代测量,比值准确度可适当放宽。

8.4.7　加速器质谱分析检测限、测量精度和探测效率

检测限、测量精度和探测效率是加速器质谱分析三个重要性能指标。

加速器质谱分析同位素比检测下限可达 10^{-15},可以达到的下限与本底干扰的消除等密切相关。

加速器质谱分析测量精度与束流强度、传输效率等的测量误差有关,^{14}C 测量精度可达 0.3%、^{10}Be 可达 2% ~ 3%、^{36}Cl 可达 1%、^{26}Al 可达 5% ~ 10%。

加速器质谱分析探测效率包含样品利用率、加速器束流时间利用率、离子源使用效率、加速器电荷剥离效率、加速器束流传输效率等,加速器质谱分析的总探测效率一般在 10^{-3} 的水平。

8.5　加速器质谱分析的应用

加速器质谱分析探测灵敏度高,例如同位素比 ^{14}C/^{12}C 可达到 10^{-15},且具有需要样品量少、探测效率高、测量速度快等优点,已经广泛应用于地球科学、考古学和古人类学、环境科学、生命科学、核物理和核天体物理等领域。

加速器质谱测量的核素可以是稳定核素也可以是不稳定核素。表 8.2 列出了目前已开发的用于加速器质谱分析测量的主要放射性核素(放射性同位素)及它们的相关参数。除了表中列出的,用于加速器质谱测量的其他核素还有 ^{232}Th、^{236}U、^{239}Pu、^{240}Pu、^{244}Pu、^{237}Np、^{3}H、^{32}Si、^{53}Mn、^{59}Ni、^{63}Ni、^{79}Se、^{99}Tc 等。

表 8.2　用于加速器质谱分析测量的主要放射性核素(放射性同位素)

核素	^{10}Be	^{14}C	^{26}Al	^{36}Cl	^{41}Ca	^{129}I
半衰期/a	1.6×10^6	$5\,730 \pm 40$	7.2×10^5	3.0×10^5	1.0×10^5	1.6×10^7
稳定同位素	^{9}Be	^{12}C, ^{13}C	^{27}Al	^{35}Cl, ^{37}Cl	^{40}Ca	^{127}I
同量异位素	^{10}Be	^{14}N	^{26}Mg	^{36}Ar, ^{36}S	^{41}K	^{129}Xe
自然丰度上限	10^{-11}	10^{-12}	10^{-14}	10^{-10}	10^{-14}	10^{-12}
探测限	10^{-15}	10^{-15}	10^{-15}	10^{-15}	10^{-15}	10^{-14}

8.5.1 加速器质谱断代

断代或年代测量是加速器质谱分析的一个极其重要的应用方向。

1. ^{14}C 加速器质谱分析断代

^{14}C 是 β^- 衰变放射性核素,半衰期 $T_{1/2} = (5\ 730 \pm 40)$ a。^{14}C 加速器质谱分析断代是开展得最早和目前广泛应用的加速器质谱分析断代方法,几乎超过 1/3 的加速器质谱分析实验室都开展 ^{14}C 断代工作,主要用于少于 10^4 a 的断代。

^{14}C 加速器质谱分析断代测量中,将分析样品做成离子源固体靶锥。例如,古老树本样品离子源靶锥的制备:古老树木取样经过清洗,加热氧化成 CO_2,用 Mg 将 CO_2 还原成 C 和 MgO,将 C 粉与 Fe 粉混合并熔化,制成碳化铁固体靶锥。通过待测样品与标准样品的 $^{14}C/^{12}C$ 测量,由式(8.8)确定样品的年代。

^{14}C 加速器质谱分析断代的准确度可达 ± 200 a(Donahue et al. ,1983),$^{14}C/^{12}C$ 同位素比可以达到 $\sim 10^{-15}$。表 8.3 是 ^{14}C 加速器质谱分析与 ^{14}C 放射性测量断代的比较(Purser et al. ,1979)。由表可见,对于 10^5 a 的断代只能用 ^{14}C 加速器质谱分析;对于 10^4 a 的断代,放射性测量法原则上可行,但不仅需要样品量大,而且计数比本底计数低,测量误差接近 2×10^3 a。

表 8.3 ^{14}C 加速器质谱断代与 ^{14}C 放射性测量断代比较

样品年龄	现代		6×10^4 a		10^5 a
	放射性	加速器质谱	放射性	加速器质谱	加速器质谱
样品量	1 g	< 1 mg	7 g	2 ~ 5 mg (1 mg/h)	120 mg (1 mg/h)
计数	17.7/min	720/min	0.05/min	0.7/min	0.24/h
本底	1.6/min	几个/d	1.6/min	几个/d	几个/d
误差	~ 50 a	~ 25 a	~ 1 800 a	~ 500 a	~ 2 500 a
测量时间	12 h	15 min	4 d	2 h	1 d

(1)动植物遗体断代

自然界中活着的动物和植物通过 C 循环吸入 ^{14}C,保持体内外 ^{14}C 含量平衡,^{14}C 与稳定同位素 ^{12}C 之比保持在 $\sim 10^{-12}$[图 8.19(a)]。动植物死亡后,没有 C 循环,^{14}C 不再被吸入只发生衰变,因此体内含量逐步减少,$^{14}C/^{12}C$ 值也逐渐变小,死亡或埋葬时间越长,^{14}C 减少越多,$^{14}C/^{12}C$ 值越小[图 8.19(b)(c)]。测量待测样品[动植物遗骸,图 8.19(d)]和标准参考样品[活着的动植物,图 8.19(d)]的 $^{14}C/^{12}C$,由它们之比可以得到死亡或埋葬的年代。

(2)陨石滑落时间测定

宇宙中的陨石不断受到宇宙线的作用,^{14}C 含量是平衡的;落到地球后,陨石中的 ^{14}C 只有衰变不再生成,含量减少。通过与新近滑落到地球陨石的 $^{14}C/^{12}C$ 相比,可以确定陨石滑落年代或滑落时间。

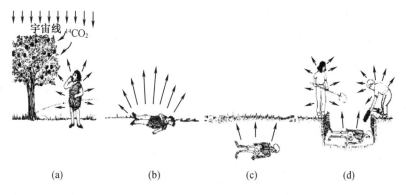

$$\begin{array}{cccc} \text{(a)} & \text{(b)} & \text{(c)} & \text{(d)} \end{array}$$

图 8.19　死亡和活体动植物^{14}C 循环示意图

2. ^{10}Be 加速器质谱分析断代

^{10}Be 是长寿命放射性同位素,半衰期 $T_{1/2} = 1.6 \times 10^6$ a,^{10}Be 加速器质谱分析可用于 $10^5 \sim 10^6$ a 的年代断代。

宇宙线与大气层中 N 和 O 的散裂反应、宇宙线次级中子 ^{9}Be$(n,\gamma)^{10}$Be 反应都会产生 ^{10}Be。1 000 万个 ^{10}Be 核,一年发射 5 个 β 粒子,因此采用放射性测量法断代是不可能的,只能采用加速器质谱分析方法断代。加速器质谱分析测量比值 ^{10}Be/^{9}Be,检测下限一般 $10^{-8} \sim 10^{-13}$,最好可以达到 10^{-15}。

断代分析时,将 BeO 与 Ag 粉混合制成 BeO 靶锥安装到离子源,溅射产生 ^{10}BeO$^-$ 离子,经过加速器加速,分析磁铁和静电偏转器选出 ^{10}Be^{3+} 离子,最后由加速器质谱系统的探测器记录。测量中采用 ^{10}B 点替代 ^{10}Be 调束,束流传输效率 4×10^{-3}。这种断代方法测量的 ^{10}Be/^{9}Be 可以达到 5×10^{-13} 水平,测量误差 $\pm 10\%$ (Zabel, et al. ,1984)。^{10}Be 测量时可能的干扰是天然丰度 19.9% 的同量异位素 ^{10}B 和干扰分子 ^{9}BeH(^{9}Be,100%)。同量异位素 ^{10}B 的干扰,由于能量、质量和电荷态都相同,电磁偏转系统无法区分 ^{10}Be 和 ^{10}B,只能利用它们在物质中的射程不同进行区分,通过加吸收片去掉 ^{10}B。干扰分子 ^{9}BeH 很容易被消除。

^{10}Be 和 ^{14}C 质量较小,采用端电压为 1.7 ~ 3 MV 的串列加速器就可以进行加速器质谱分析。

利用 ^{10}B 加速器质谱断代法测定锰结合生长速率。锰结核是生长在深海底部的一种矿产资源,它的主要成分是 Mn 和 Fe,测量其生长速率可以了解其生长年代。蒋崧生等(1992)利用 ^{10}Be 加速器质谱断代方法测量了锰结核生长速率。宇宙中产生的 ^{10}Be 降沉到地球表面和海洋底部锰结核中。测量的锰结核样品由外向内进行分层取样,从样品中提取的 ^{10}Be 制备成 BeO 化合物粉末并与超纯 Ag 粉末混合制成靶锥。测量采用串列加速器产生的 33.6 MeV 的 ^{10}Be^{3+},采用 $\Delta E - E$ 探测器,探测器前加 14 mg·cm^{-2} Ni 吸收片以消除同量异位素 ^{10}B^{3+} 的干扰。测量各层样品的同位素比 ^{10}Be/^{9}Be,由此得到各层 ^{10}Be 含量的深度剖面分布图,从分布直线斜率得到每百万年生长 2.35 ±0.07 mm 锰结核生长速率。

3. ^{36}Cl 加速器质谱分析断代

^{36}Cl 是长寿命放射性同位素,半衰期 $T_{1/2} = 3.0 \times 10^5$ a,可用于 $\sim 10^5$ a 的年代断代。但

^{36}Cl寿命太长不能用于放射性测量法断代。

宇宙线与物质的核反应,能够产生各种稳定和放射性核素,如^{3}He、^{10}Be、^{21}Ne、^{22}Na、^{26}Al、^{36}Cl、^{38}Ar、^{53}Mn、^{54}Mn和^{60}Co等。高能宇宙线与大气层和地表中的Ar、K和Ca等的散裂反应、宇宙线次级中子的^{36}Ar(n,p)^{36}Cl核反应、地壳中慢化的宇宙线次级中子的^{35}Cl(n,γ)^{36}Cl俘获反应都会产生^{36}Cl。20世纪40年代以来的核爆炸、核事故与核设施运行或泄漏在某些地区自然环境中均存在^{36}Cl。^{36}Cl断代常用于宇宙学、地球科学、环境科学、地下水年代和陨石地球年龄测量、核爆放射性尘埃测量等。

^{36}Cl同量异位素有天然丰度0.02%的^{36}S和天然丰度0.336 5%的^{36}Ar。^{36}S$^-$是稳定的,在能量100 MeV时可以完全电离,因此它的干扰可以完全排除(Kubik et al.,1984);^{36}Ar$^-$是不稳定的,因此其干扰很容易被消除。可能的^{12}C$_3$、^{18}O$_2$、^{35}ClH等分子离子干扰也是很容易去除的。

实验采用^{36}S替代调节束流。^{36}Cl/^{35}Cl标样可在反应堆上制备,通过^{35}Cl(n,γ)^{36}Cl生成^{36}Cl,^{35}Cl天然丰度是75.77%。加速器质谱分析测量的^{36}Cl/^{35}Cl值可达$10^{-9} \sim 10^{-12}$,最好可达4×10^{-15}。

4. ^{129}I加速器质谱分析断代

^{129}I是β$^-$放射性同位素,半衰期$T_{1/2} = 1.6 \times 10^7$ a,可用于 $\sim 10^7$ a 的年代断代。实验上测量同位素比^{129}I/^{127}I,^{127}I的同位素丰度100%,探测下限可以达到10^{-14}。

5. ^{26}Al加速器质谱分析断代

^{26}Al半衰期$T_{1/2} = 7.2 \times 10^5$ a,加速器质谱分析测量同位素比^{26}Al/^{27}Al,^{27}Al的同位素丰度100%,探测下限可以达到10^{-15}。

^{36}Cl、^{129}I、^{26}Al的加速器质谱分析,由于质量较大,测量要求加速能量较高,串列加速器的端电压需要高于6 MV。中国原子能科学研究院的串列加速器的端电压是13 MV,可以进行^{36}Cl、^{129}I和^{26}Al等重核的加速器质谱分析。

8.5.2　长寿命放射性标记元素测量

放射性测量方法很难测量长寿命放射性同位素的标记元素,这种情况一般采用加速器质谱分析测量,例如环境污染监测的^{14}C放射性标记元素测量。汽车排放的废气中不含^{14}C,主要是^{12}C,所以汽车排放造成的环境污染的标志是大气的^{14}C/^{12}C变小,汽车排放废气中^{12}C污染越大,^{14}C/^{12}C越小。^{14}C/^{12}C可以表征大气的汽车排放废气污染程度。^{14}C放射性标记元素测量还可以用于研究人体新陈代谢过程等。

^{26}Al放射性标记元素测量在生物医学中有广泛的应用。Al是一种有毒元素,若在人体内沉积会导致肾衰竭、贫血、骨瘤、脑瘤等疾病,Al在人脑中大量沉积会导致老年痴呆症。对于这些疾病的研究可以采用^{26}Al放射性标记示踪剂,将^{26}Al的盐溶液注入人体,然后用加速器质谱分析方法精确测量^{26}Al在体内组织的分布和含量,为医疗诊断提供线索和依据。

加速器质谱分析也可以用宇宙中形成的^{10}Be、^{36}Cl、^{39}Ar等作为标记元素,通过测量这些标记元素来研究物质的运动以及推断所研究样本材料的起源(Raisbeck et al.,1984)。

加速器质谱分析还可用于测量痕量放射性核素,例如重水中的氚(T)含量测量(周善

铸 等,1981;Jiang et al. ,1984;Middleton et al. ,1990)。对于这类测量,消除$^3H^+$、HD^+分子离子和$^3He^+$同量异位素本底后,其分析灵敏度可以达到10^{-14}(T 与 D 原子数之比)。

8.5.3　稳定同位素分析

加速器质谱可以测量长寿命放射性核素,也可以测量痕量稳定同位素(核素),测量它们的同位素比和天然丰度。放射性同位素加速器质谱分析的探测下限要求低于10^{-12},稳定同位素浓度或含量一般远大于10^{-12},所以加速器质谱分析的探测下限不需很低,高于10^{-12}就可进行稳定同位素分析。

加速器质谱分析灵敏度高,可以进行极低水平的、其他方法难以分析的杂质元素含量测量,例如 Pt 元素分析。由于元素含量低于中子活化分析探测限,中子活化分析很难分析痕量 Pt,有少量 Au 干扰元素时中子活化分析测量更难。此外,中子活化分析,需要几克的样品量,样品需要量较大。加速器质谱分析 Pt 只需 10 mg 样品,Pt 浓度测量灵敏度可达到1ppb。又如,加速器质谱分析可用于测量 Si 和 Ge/As 半导体材料的 Nb、B、Fe 等杂质(Anthony et al. ,1983),探测限可以达到10^{-10}。

8.5.4　稀有过程探测

加速器质谱分析可以用于自然界中稀有而又有科学意义的问题研究,例如寻找超重元素、原子核^{14}C自发发射研究等。

1. 寻找超重元素

加速器质谱分析的探测灵敏度高,可以用于寻找极稀少的超重核。理论预言自然界可能存在 $Z = 110$、$A = 294$ 的超重元素,并且估算了超新星爆发中子俘获产生的该超重元素与^{195}Pt的元素含量比值为 0.02 ~ 0.06。美国宾夕法尼亚大学采用串列加速质谱分析方法,测量和寻找天然 Pt 中的 $Z = 110$、$A = 294$ 的元素。如果该元素的半衰期 $T_{1/2} \sim 1 \times 10^8$ a,超重元素含量应该为 $\sim 10^{-9}$。Stephens 等(1980)采用飞行时间方法鉴别 $Z = 110$、$A = 294$ 的元素,得到该元素含量上限是 $\sim 10^{-11}$。这个结果远低于预期值,原因可能是该元素半衰期比 $T_{1/2} \sim 1 \times 10^8$ a 短,或新星爆发形成太阳系假设预计合成的该元素与 Pt 元素含量比远低于0.01。

2. 原子核^{14}C自发发射研究

Rose 等(1984)提出^{223}Ra的^{14}C自发发射过程:$^{223}Ra - ^{209}Pb + ^{14}C$。$^{223}Ra$发射$^{14}C$与发射$\alpha$之比为$8.5 \times 10^{-10}$。

^{223}Ra是^{235}U衰变子体,可以估计 1 g U 中自发发射的^{14}C含量为1.3×10^5个,假定 U 矿石 C 浓度为 1 ppm,则$^{14}C/^{12}C = 2.67 \times 10^{-12}$,比生物圈样品$^{14}C/^{12}C$值几乎高 1 倍。Kutschera(1984)、Kutschera 等(1985)采用加速器质谱研究了^{223}Ra的^{14}C自发发射,测量采用钍(Th)源和磁谱仪,磁谱仪可以有效地消除强 α 本底,^{227}Th 发射 α 衰变到^{223}Ra,Th 源含有 9.3 mCi 的^{223}Ra。用串列加速器产生的相同能量^{14}C束刻度磁谱仪,然后进行 Th 源测量,6 天探测到 24 个^{14}C,由此导出^{14}C与 α 发射比为$(4.7 \pm 1.3) \times 10^{-10}$,与上面的比值基本一致,旁证了$^{223}Ra$的$^{14}C$自发发射。

8.5.5 考古学中的应用

1. 冰人分析

1991 年阿尔卑斯山中发现与现代人不同的冰人(Ice Man)遗骸(图 8.20),引起世界轰动。加速器质谱分析测量了 20～30 mg 的冰人骨骼和臀部肌肉样品的^{14}C 含量。测量结果表明冰人生活年代在公元前 3350—前 3300 年的可能性为 56%、在公元前 3210—前 3160 年的可能性为 36%。现在公认的冰人生活年代为公元前 3350—前 3100 年(铜器时代),测量结果与历史发展吻合。

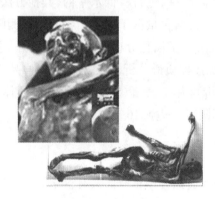

图 8.20　1991 年阿尔卑斯山发现的冰人遗骸

2. 耶稣裹尸布年代测定

几百年来,意大利都灵大教堂耶稣裹尸布的真伪,一直存有争论。1986 年 9 月 29 日,在意大利都灵召开了一次由教皇科学院院长主持的专题技术讨论会,都灵大主教的代表、教皇科学院以及来自法国、瑞士、英国等国科学家共 22 人参加。会议达成协议,同意剪取邮票大小的样品做加速器质谱分析鉴定。1998 年 4 月 21 日,英国不列颠博物馆考古权威和大主教一起来到都灵大教堂,从裹尸布上剪下长 7 cm,宽 1cm 的布条,分成三小块(图 8.21)。分别寄往美国亚利桑那大学、英国牛津大学和瑞

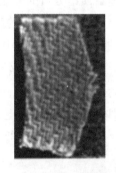

图 8.21　耶稣裹尸布的取样样品

士苏黎世联邦理工学院加速器质谱实验室进行检测。三家实验室(在不知情的情况下)的测量结果很一致,裹尸布是在公元 1260 年到 1380 年之间制成的可能性为 95%,而可以100%确定的是这一时间决不会早于公元 1200 年。1998 年 10 月 13 日,都灵大教堂大主教巴莱斯特雷罗在召开的记者招待会上正式宣布,这件几个世纪以来被基督徒奉为圣品的耶稣裹尸布,并非埋葬耶稣时所用,而是中世纪的一件赝品。至此,耶稣裹尸布真伪的争论似乎尘埃落定。但不久,一位科学家采用"微化学法"重新对裹尸布进行了取样分析,取得了惊人的发现:在 1998 年的实验中,所剪取的样品竟然是裹尸布的一块补丁,而新的鉴定认为,主体部分的制成时间要比这块补丁早得多(补丁是因为主体失火受损补上去的,因当时

补得非常精细,加上年代久远,而实验前又恰恰剪到了补丁部分)。由此,耶稣裹尸布的真伪问题,至今仍是一个有待研究的未解之谜。

8.5.6　夏商周断代工程

中华文明有五千年的悠久历史,然而有传世文献记载的是始于西周共和元年,即公元前 841 年后的历史,从此上溯的历史是模糊不清的。在司马迁的《史记·三代世表》中,仅记录了夏商周各王的名字,而没有具体在位年代,这种状况被称为"有世无年",成为中华文明史的一大缺陷。1996 年 5 月 16 日"九五"国家重点科技"夏商周断代工程"攻关项目正式启动,这是我国一项史无前例的文化工程,利用人文学科与自然科学等多学科交叉进行了夏商周断代测量和研究,于 2000 年 9 月 15 日通过国家验收。2001 年 11 月 9 日正式公布了夏商周年表(图 8.22),把我国的历史记年由公元前 841 年向前延伸了 1 200 年,确定了夏商周各朝的起始年代:夏是约从公元前 2070 年—前 1600 年,商前期是从公元前 1600 年—前 1300 年,商后期是从公元前 1300 年—前 1046 年,西周是从公元前 1046 年—前 841 年和前 771 年(东周为公元前 770 年—前 256 年)。

在夏商周断代工程中,我国的加速器质谱 ^{14}C 断代方法做出了重要贡献,测量了多个遗址出土的系列样品几百个(图 8.23),提供了精确的年代数据。

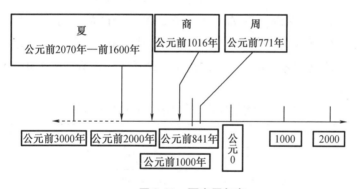

图 8.22　夏商周年表

图 8.23　加速器质谱分析测量的甲骨

8.5.7　加速器质谱分析在核物理研究中的应用

1. 长寿命放射性核素半衰期测量

加速器质谱分析是长寿命放射性核素半衰期测量的一种重要方法,已经测量了^{10}Be、^{32}Si、^{41}Ca、^{44}Ti、^{60}Fe、^{79}Se、^{151}Sm等长寿命放射性核素半衰期。例如,蒋崧生等(1996)、He等(2002)利用中国原子能科学研究院 HI-13 串列加速器加速器质谱仪,测量了长寿命核素^{79}Se半衰期,He等(2009)利用该质谱仪测量了^{151}Sm的半衰期。^{79}Se半衰期的实验测量中,采用72 MeV ^{79}Se^{8+}离子,测量干扰本底有同量异位素^{79}Br,该本底采用间接测量法通过^{81}Br测定由同位素丰度得到,在测量^{81}Br时通过静电偏转器将与它有相同磁刚度的^{78}Se和^{80}Se核素本底排除。实验通过^{79}Se/^{78}Se值得到^{79}Se含量或原子数目,^{78}Se束流由法拉第筒测量,^{79}Se离子由金硅面垒半导体探测器记录,结合^{79}Se样品衰变率测量,获得^{79}Se半衰期$(1.1 \pm 0.2) \times 10^6$ a。

2. 核反应截面测量

加速器质谱分析可以用于常规核物理方法很难实现的核反应截面测量,很多的核反应截面已经得到测量。例如,中国原子能科学研究院测量了^{14}N(^{16}O,α)^{26}Al、^{238}U(n,3n)^{236}U、^{60}Ni(n,2n)^{59}Ni等核反应截面(何明 等,2004;He et al.,2005;Wang et al.,2013)。在^{14}N(^{16}O,α)^{26}Al核反应截面的实验测量中,采用 TiN 靶,靶厚度 ~ 280 μg·cm^{-2},直径18 mm;在质心系^{16}O的9.5 MeV、7.9 MeV、和6.6 MeV三个能量点测量了核反应截面;由加速器质谱分析测量了核反应生成核^{26}Al与^{27}Al的比^{26}Al/^{27}Al,由其导出核反应截面,表8.4列出了测得的核反应截面和采用瞬发γ射线测量的截面(Switkowskir et al.,1977)的比较。

表8.4　实验测量的^{14}N(^{16}O,α)^{26}Al核反应截面

E_{cm}/MeV	(^{26}Al/^{27}Al)/10^{-13}	σ/10^{-3} b	σ/10^{-3} b(瞬发γ射线测量)
9.5	5.20 ± 0.56	2.20 ± 0.28	2.1
7.9	4.45 ± 0.58	2.70 ± 0.39	2.5
6.6	10.10 ± 1.50	2.25 ± 0.39	1.0

3. 核天体物理中的应用

核天体物理中加速器质谱分析也有重要应用,例如,由超新星爆发产生的和进入到树木年轮的^{14}C测量,以及由超新星爆发产生的^{60}Fe$[T_{1/2} = (1.49 \pm 0.27) \times 10^6$ a$]$和^{44}Ti$[T_{1/2} = (59.2 \pm 0.6)$ a$]$的测量,为超新星爆发研究提供了重要数据等。加速器质谱分析可用来测量由宇宙线在陨星、月球岩石及各种地球材料中产生的长寿命放射性核素和稳定核素,测量这些核素含量的,有助于人们了解宇宙线的历史。

第四篇 核效应分析

核效应分析是用原子核、电子与正电子、缪子(μ子)等作为核探针,采用核物理方法探测核探针与物质相互作用产生的物理现象或核效应,进行原子尺度物质微观结构及其变化研究、极端条件原子核和不稳定核的核矩测量和核结构研究等。

核探针与物质超精细相互作用和质量－能量转换产生的核效应框图如图所示。在核物理框架,核效应是原子核、μ子、正电子等核探针与物质的超精细相互作用和质量－能量转换的相互作用产生的效应,例如穆斯堡尔、衰变γ射线角关联和角分布扰动、核磁共振和核电四极共振、核定向、μ子－自旋转动和正－负电子湮没等核效应。以核物理探测为基础,相应的核效应分析方法得以发展,用于探测产生的核效应。核效应是核探针与物质相互作用产生的,所以核效应分析是从原子尺度研究物质微观结构及其变化的方法。现在核效应分析已经成为材料科学或固体物理学、生物医学、环境科学、核物理等领域不可替代的重要分析测量手段,例如,在核物理领域,核效应分析方法是当前不稳定核的核矩测量和核结构研究最直接和有效的方法。

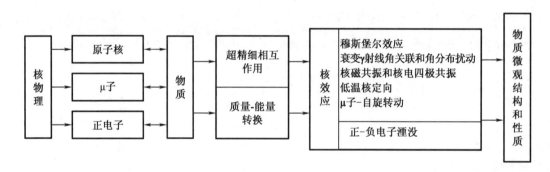

核探针与物质超精细相互作用和质量－能量转换产生的核效应框图

超精细相互作用是原子核的核矩与核外电磁场的相互作用。基于超精细相互作用的核效应分析方法有穆斯堡尔谱学、扰动角关联和角分布谱学、稳定和不稳定核的核磁共振和核电四极共振谱学、低温核定向谱学、μ子自旋转动谱学等分析方法。

质量－能量转换是正粒子与负粒子发生湮没而消失转换为γ射线能量的核效应,例如正、负电子湮没效应,基于正、负电子湮没的核效应分析方法有正电子湮没谱学。

本篇首先简单介绍作为超精细相互作用基础的原子核电磁性质和核衰变、超精细相互作用,然后介绍穆斯堡尔谱学、扰动角关联和扰动角分布谱学、核磁共振和核电四极共振谱学、缪子自旋转动谱学、低温核定向谱学、正电子湮没谱学。

第9章 原子核电磁性质和核衰变

原子核的电磁性质是超精细相互作用的基础。超精细相互作用导致原子核能级劈裂和核自旋进动,引起核放射性衰变性质变化;质量-能量转换的核效应中,入射核探针在物质中湮没发射 γ 射线能量。所以核效应分析一般都是通过核衰变辐射,尤其是 γ 辐射的测量进行的。

本章首先介绍表征核电磁性质的原子核磁矩和电四极矩,然后介绍原子核发射的 γ 射线衰变性质和 γ 射线探测。

9.1 原子核的核矩

电荷、质量、半径、自旋、宇称、核矩是表征原子核的基本参数。超精细相互作用是原子核的核矩与核外电磁场的相互作用,本节简要介绍原子核的磁偶极矩和电四极矩。

9.1.1 原子核磁矩

原子核有电荷和自旋,因此原子核具有磁矩。原子核磁矩主要由中子和质子自旋运动产生,是表征原子核核子运动的参数。原子核的磁矩最主要的是磁偶极矩 $\boldsymbol{\mu}$,它和原子核角动量有如下的关系:

$$\boldsymbol{\mu} = \gamma \boldsymbol{I} \tag{9.1}$$

式中　I——原子核总角动量;

　　　γ——原子核回转磁比或旋磁比(gyro - magnetic ratio)。

γ 值可以是正值,也可以是负值,不同核有不同的 γ 值,例如 ^{1}H 的 $\gamma = 2.675\,19 \times 10^8 (\text{rad} \cdot \text{T}^{-1} \cdot \text{s}^{-1})$, ^{15}N 的 $\gamma = -2.712 \times 10^7 (\text{rad} \cdot \text{T}^{-1} \cdot \text{s}^{-1})$。量子力学中,$\boldsymbol{\mu}$ 是磁矩算符,I 是自旋算符,核态用 $|I, M>$ 表示。M 是磁量子数,是总角动量 I 在 Z 方向的投影分量(图 9.1)。M 取值是量子化的:$M = I, (I-1), \cdots, (-I+1), -I, M = I$ 是 M 在 Z 方向最大投影值。

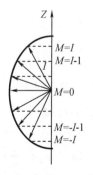

图 9.1　角动量 I 与磁量子数 M

原子核的磁矩定义为 $M = I$ 时的磁矩算符 $\boldsymbol{\mu}$ 在 Z 方向最大投影分量：

$$\mu = <I, M = I|\mu_Z|I, M = I> \tag{9.2}$$

原子核回转磁比：

$$\gamma = (g \times \mu_N)/\hbar \tag{9.3}$$

由式(9.2)和式(9.3)得到

$$\mu = \gamma \times I \times \hbar = g \times I \times \mu_N \tag{9.4}$$

式中　g——原子核 g-因子，无量纲；

　　　μ_N——核磁子，$\mu_N = e\hbar/2m_p = 3.152\,526 \times 10^{-18}$ MeV/Gs，其中 m_p 是质子质量，$m_p =$
　　　　938.3 MeV/c^2；

　　　h——普朗克常数，$h = 4.134 \times 10^{-23}$ MeV $\cdot$ s。

原子核角动量是由轨道角动量($\boldsymbol{L}$)和自旋角动量($\boldsymbol{S}$)合成的，g-因子也分为轨道 g-因子和自旋 g-因子。对于角动量 L 的原子核，经典力学计算的质子和中子轨道 g-因子分别为 g_L(质子) = 1 和 g_L(中子) = 0。实验测量的自由质子和中子的自旋 g-因子分别为 g_S(质子) = 5.59 和 g_S(中子) = -3.83。假定质子和中子是基本粒子，即纯狄拉克粒子，经典狄拉克理论计算的质子和中子自旋 g-因子 g_S(质子) = 2 和 g_S(中子) = 0，与实验值相差很大。

经典狄拉克理论计算的质子和中子的自旋 g-因子值与实验测量值的差异，表明质子和中子不是基本粒子，而是组合粒子。夸克理论中，核子是由夸克组成的，质子和中子都由三个夸克构成：p = (uud)和 n = (udd)，其中 u 和 d 分别表示上夸克和下夸克。由夸克模型和利用广义 Landé 公式计算的中子和质子的磁矩或 g-因子与实验值一致，说明构成原子核的中子和质子不是基本粒子，是由夸克构成的组合粒子(图9.2)。

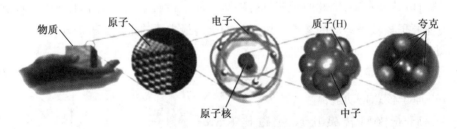

图9.2　物质构成的层次

原子核内核子的角动量是它的自旋和轨道角动量矢量和，基态原子核的角动量(一般称为原子核的自旋)是原子核内所有核子角动量矢量和。对于中子和质子数都为偶数的偶-偶核，质子和中子壳层的角动量都为零，原子核的角动量为零。对于奇 A 核，即质量数 A 为奇数的原子核，原子核的角动量或自旋由填充壳层的最后一个奇数核子决定。其余偶数的核子相当于一个偶-偶核，它的角动量为零，原子核的角动量或自旋就是最后这个奇数核子的角动量。奇 A 核的所有参数都由这个单个非成对的核子决定的，这就是原子核的单粒子模型。在单粒子模型中，原子核由一个闭壳层核芯(偶-偶核)和其外一个核子组成

（图 9.3）。由于闭壳层核芯的总角动量 $I = 0$，闭壳层核芯磁矩 $\boldsymbol{\mu} = 0$，所以原子核磁矩或 g – 因子是由闭壳层核芯外的核子决定：

$$\boldsymbol{\mu} = g_L \times \boldsymbol{L} + g_S \times \boldsymbol{S} \qquad (9.5)$$

式中　$\boldsymbol{L}$——核轨道角动量；

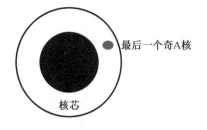

图 9.3　原子核的单粒子模型示意图

　　　　$\boldsymbol{S}$——核自旋角动量（$S \equiv 1/2$）。

核总角动量 $\boldsymbol{I} = \boldsymbol{L} + \boldsymbol{S}$。磁矩以核磁子 μ_N 为单位，角动量 $\boldsymbol{I}$、$\boldsymbol{L}$ 和 $\boldsymbol{S}$ 以 $\hbar$ 为单位。图 9.4 所示是轨道角动量 $\boldsymbol{L}$、自旋角动量 $\boldsymbol{S}$ 和相应磁矩 μ_L 和 μ_S 矢量耦合图（Schatz et al. ，1996）。

　　如图 9.4 所示，总角动量 $\boldsymbol{I} = \boldsymbol{L} + \boldsymbol{S}$，磁矩 $\boldsymbol{\mu} = \boldsymbol{\mu}_L + \boldsymbol{\mu}_S$。利用角动量和磁矩的耦合以及磁矩与 g – 因子的关系 $\boldsymbol{\mu} = g(I) \times \boldsymbol{I}$，$\boldsymbol{\mu}_L = g(L) \times \boldsymbol{L}$ 和 $\boldsymbol{\mu}_S = g(S) \times \boldsymbol{S}$ 得到广义 Landé 公式：

$$g(I) = \frac{1}{2I(I+1)}\{[I(I+1) + L(L+1) - S(S+1)]g(L) +$$

$$[I(I+1) + S(S+1) - L(L+1)]g(S)\} \qquad (9.6)$$

这样，单粒子模型闭壳层外一个质子或中子的 g – 因子为

$$g = g_L \pm \frac{g_S - g_L}{2L+1}, I = L \pm \frac{1}{2} \qquad (9.7)$$

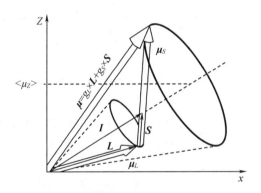

图 9.4　角动量和磁矩矢量耦合示意图

　　图 9.5 所示是实验测量的闭壳层核芯外只有一个质子[图 9.5(a)]和一个中子[图 9.5(b)]核的基态磁矩（Lederer et al. ，1978）。图中实线是 Schmidt（施密特）模型的计算值，虚线是经典 Dirac（狄拉克）模型的计算值（Mayer – Kuckuk，1984）。

　　Schmidt 模型计算中，认为核子都是自由核子，采用自由核子 g_S 值，即 $g_S(\text{p}) = 5.59$，$g_S(\text{n}) = -3.83$，Dirac 模型计算中采用狄拉克粒子 g_S 值，即 $g_S(\text{p}) = 2$ 和 $g_S(\text{n}) = 0$。Schmidt 模型和 Dirac 模型计算都采用式（9.7）和 $g_L(\text{p}) = 1$ 和 $g_L(\text{n}) = 0$，只有 g_S 取值不同。由图 9.5 可见，几乎所有实验值都落在 Schmidt 计算值和 Dirac 计算值之间。因此，除少数核外，质子 g_S 值在 2 和 5.59 之间，中子 g_S 值在 -3.83 和 0 之间。

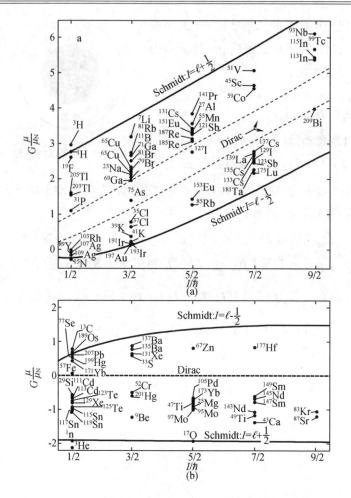

图 9.5 实验测量和 Schmid 和 Dirac 模型计算的磁矩

理论上，g_s 值与自由核子 g_s 值的偏离是核芯极化造成的。图 9.6 所示是核芯外核子轨道运动通过核力引起原子核核芯极化的示意图(Recknagel,1974)。

9.1.2 原子核电四极矩

原子核电四极矩是原子核电荷分布或核形状的表征量。核电荷是球形分布或核形状是球形的核电四极矩为零，只有非球形核才有电四极矩。

图 9.7 所示是核电荷空间分布示意图。假定核空间电荷密度分布是 $\rho(r)$，经典力学中，原子核电四极矩为

$$Q = \frac{1}{e}\iiint(3Z^2 - r^2)\rho(r)\mathrm{d}^3r = \frac{1}{e}\sqrt{\frac{16\pi}{5}}\iiint r^2 Y_2^0 \rho(r)\mathrm{d}^3r \tag{9.8}$$

量子力学中，原子核的电四极矩 Q 为

$$Q = \sqrt{\frac{16\pi}{5}}\langle I, M = I \,|\, Zr^2 Y_2^0 \,|\, I, M = I\rangle \tag{9.9}$$

式中　Y_2^0——$l = 2, m = 0$ 的球谐函数；

　　　Z——原子序数；

$|I,M=I\rangle$——自旋 I、磁量子 $M=I$ 的核态。

图 9.6　原子核芯极化示意图

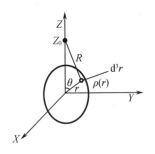

图 9.7　核电荷空间分布示意图

引入张量算符 $Q_{20}=Zr^2Y_2^0$，电四极矩 Q 表示为

$$Q=\sqrt{\frac{16\pi}{5}}\langle I,M=I\,|\,Q_{20}\,|\,I,M=1\rangle$$

利用 Wigner – Eckart(维格纳 – 埃卡特)定理(Wigner,1959)(Schatz et al.,1996)[267],得到：

$$\langle I,M=I\,|\,Q_{20}\,|\,I,M\rangle=(-1)^{I-M}\begin{pmatrix}I&2&I\\-M&0&M\end{pmatrix}\langle I\,|\,Q_2\,|\,I\rangle \tag{9.10a}$$

当 $M=I$ 时,式(9.10a)变为

$$\langle I,M=I\,|\,Q_{20}\,|\,I,M=I\rangle=\begin{pmatrix}I&2&I\\-I&0&I\end{pmatrix}\langle I\,|\,Q_2\,|\,I\rangle \tag{9.10b}$$

式中　$\langle I\,|\,Q_2\,|\,I\rangle$——与磁量子数无关的约化矩阵元；

$\begin{pmatrix}I&2&I\\-M&0&M\end{pmatrix}$——3 – j 符号,3 – j 符号 $\begin{pmatrix}j_1&j_2&j_3\\m_1&m_2&m_3\end{pmatrix}$ 通常表示为(Rotenberg et al.,

1959)

$$\begin{pmatrix}j_1&j_2&j_3\\m_1&m_2&m_3\end{pmatrix}=\delta(m_1+m_2+m_3,0)\times\Delta(j_1j_2j_3)\times\big[(j_1-m_1)!\;(j_1+m_1)!\;\times$$

$$(j_2-m_2)!\;\times(j_2+m_2)!\big]$$

当 $I<1$ 时,I 和 2 不能耦合成值为 I 的矢量（Schatz et al.,1996)[263],这时 3 – j 符号 $\begin{pmatrix}I&2&I\\-M&0&M\end{pmatrix}=0$,从而 $Q=0$。

图 9.8 所示是实验测量的一些原子核电四极矩随质子数或原子序数 Z 和中子数 n 的变化(Kopfemann,1956)。电四极矩 Q 的量纲是面积单位,通常以靶恩(b, barn)或毫靶(mb)为单位,1b $=10^{-28}$ m²,1mb $=10^{-31}$ m²。采用费米(fm)长度单位时, 1b $=100$ fm²,1mb $=0.1$ fm²。

与磁矩一样,电四极矩也可用单粒子模型计算。闭壳层核芯的 $I=0$ 和 $Q=0$,所以电四极矩也是由闭壳层核芯外的不成对核子决定。图 9.9(a)和图 9.9(b)所示分别是一个质子和一个中子绕核芯的运动示意图。质子绕核心运动时,核电四极矩(Kamke,1979)：

$$Q(质子)=-\frac{2I-1}{2(I+1)}\langle r^2\rangle \tag{9.11}$$

式中，$\langle r^2 \rangle = \iint \psi^* r^2 \psi \mathrm{d}^3 r$ 是质子运动轨道均方半径，其中 ψ 和 ψ^* 分别是波函数及其共轭波函数。$M = I$ 时，近赤道平面的质子波函数密度最大，所以 $3Z^2 - r^2 < 0$（赤道平面 $Z \sim 0$）。因此，闭壳层核芯外一个质子的原子核电四极矩是负的。但实际上原子核的电四极矩有正、负和等于零的。

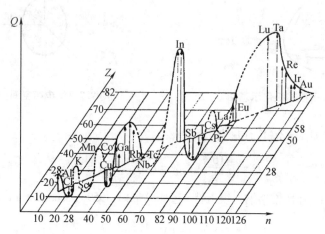

图9.8　实验测量的原子核电四极矩随中子和质子数变化

图9.10所示是原子核电荷分布形状与电四极矩关系示意图。$Q < 0$ 核电荷分布是铁饼（扁椭球）形分布，$Q > 0$ 核电荷分布是雪茄（长椭球）形分布，$Q = 0$ 核电荷分布是球形分布。原子核的电四极矩是原子核电荷分布偏离球形的量度。

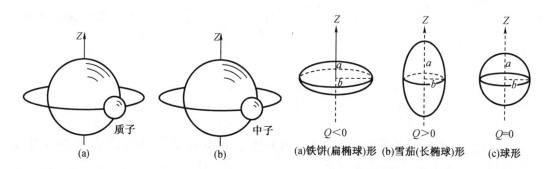

图9.9　质子和中子绕闭壳层核芯运动　　　**图9.10　电四极矩与原子核电荷分布**

中子绕闭壳层核芯的运动［图9.9(b)］，由于中子是不带电荷的，原子核的电四极矩应该是 $Q = 0$，但是实验测量的 $Q \neq 0$。这是由于中子绕核芯作轨道运动时，荷电核芯绕中子与核芯的质心运动，即电荷 Ze 的核芯绕与其相距 R/A 的质心运动（图9.11），其中 R 是核半径，A 是核芯核子数。均方半径是 $(R/A)^2$，这样中子绕闭壳层核芯轨道运动的核也具有电四极矩（Schatz et al.，1996）。中子绕闭

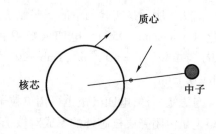

图9.11　电荷 Ze 核芯绕质心运动示意图

壳层核芯轨道运动的电四极矩与质子绕闭壳层核芯轨道运动的电四极矩关系为

$$Q(中子) = (Z/A)^2 Q(质子) \qquad (9.12)$$

此外,由于核力作用,核芯外轨道运动的核子会导致核芯极化(Recknagel,1974),核芯极化对核电四极矩有很大影响。常用轨道运动核子的有效电荷来定量表征核芯极化。考虑核芯极化,核电四极矩:

$$Q = \frac{1}{e} \langle I, M=I \mid e^{\mathrm{eff}}(3Z^2 - r^2) \mid I, M=I \rangle = -\frac{e^{\mathrm{eff}}}{e} \frac{2I-1}{2(I+1)} \langle r^2 \rangle \qquad (9.13)$$

式中,e^{eff} 为质子或中子的有效电荷。

典型的中子和质子有效电荷:

$$\frac{e^{\mathrm{eff}}}{e}(质子) = 1 + e^{\mathrm{pol}} \approx 1.2 \ 和 \frac{e^{\mathrm{eff}}}{e}(中子) = 0 + e^{\mathrm{pol}} \approx 0.6 \qquad (9.14)$$

式中,e^{pol} 为极化产生的电荷。

单粒子模型计算的核电四极矩都是负的,实验测量的四极矩值有正也有负。电四极矩值是正表明,电四极矩的贡献不仅是来自一个核子,而是由多个核子的贡献。多核子原子核可以看作是一个电荷 Ze 均匀分布的椭球,其短半轴为 a(X 方向)和长半轴为 b(Z 方向)(图 9.12),这时电四极矩表示为

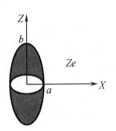

图 9.12　电荷 Ze 均匀分布的椭球形原子核示意图

$$Q = \frac{2}{5} Z(b^2 - a^2) = \frac{4}{5} Z \overline{R}^2 \delta \quad (9.15)$$

式中　$\overline{R} = (a+b)/2$;

δ——形变参数,$\delta = (b-a)/\overline{R}$,一般形变参数 δ 小于 10%。

但是裂变同质异能态的 $\delta \cong 100\%$(Metag et al.,1980),表示裂变原子核分裂为两个碎片前,核处于细腰哑铃状中间状态,裂变同质异能态就是裂变前处于这种形状的亚稳态原子核。

9.2　原子核的 γ 衰变

9.2.1　γ 辐射

图 9.13 所示是原子核能级和高能级到低能级间的 γ 跃迁。由图可见,原子核能级由总角动量 I、磁量子数 M 和宇称 π 等三个量子化参数表征。宇称表示空间对称性,如果坐标反转,形状不变,宇称为正(或偶),如果坐标反转,形状发生变化,宇称为负(或奇)。原子核由(I_i,M_i,π_i)高能级(常用下标 i 表示初态)向(I_f,M_f,π_f)低能级(常用下标 f 表示末态)跃迁时发射 γ 射线,发射 γ 射线的总角动量、磁

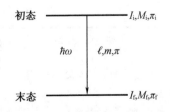

图 9.13　原子核能级和能级间 γ 跃迁

量子数和宇称分别为 ℓ、m 和 π。发射的 γ 射线相当于发射能量为 $\hbar\omega$ 的电磁波。

高能态向低能态跃迁时，能量、动量和宇称是守恒的：

$$\left.\begin{array}{l} \text{能量守恒}: E_i = E_f + \hbar\omega \\ \text{角动量守恒}: I_i = I_f + \ell \\ \text{宇称守恒}: \pi_i = \pi_f \times \pi \end{array}\right\} \tag{9.16}$$

角动量和宇称守恒要求发射的 γ 射线和原子核态一样具有确定的角动量和宇称，然后再求解角动量和宇称是显函数的多极辐射 Maxwell 方程。

9.2.2　γ 辐射多极跃迁

在求解 Maxwell 方程前，先简要介绍多极跃迁。在经典电动力学中，带电体系统的周期性运动发射电磁辐射。原子核内电荷密度变化产生电多极辐射，原子核内电荷密度和磁矩的变化产生磁多极辐射。一个 $+q$ 电荷和一个 $-q$ 电荷构成偶极极子，它做简谐运动，两个电荷之间的距离或偶极矩随时间变化，这种偶极子发射的电磁辐射称为偶极辐射；两个偶极子构成四极子，它产生的辐射称为四极辐射；两个四极子构成八极子，它产生的辐射称为八极辐射……依次类推。偶极辐射、四极辐射、八极辐射……统称为多极辐射。电多极子产生的辐射称为电多极辐射，磁多极产生的辐射称为磁多极辐射。电 2^ℓ 极辐射通常用 EL 表示：E1 表示电偶极辐射，E2 是电四极辐射，E3 是电八极辐射……；磁 2^ℓ 极辐射通常用 ML 表示：M1 表示磁偶极辐射，M2 是磁四极辐射，M3 是磁八极辐射……。

宇称的奇偶性和角动量 ℓ 奇偶性一致的是电多极辐射，不同的是磁多极辐射。γ 射线的电多极辐射和磁多极辐射的宇称为

$$\left.\begin{array}{ll} \text{电多极辐射} & \pi = (-1)^\ell \\ \text{磁多极辐射} & \pi = (-1)^{\ell+1} \end{array}\right\} \tag{9.17}$$

经典电磁场辐射的 γ 量子角动量是 $\ell\hbar$。但在量子电动力学中，γ 量子的角动量是 $\sqrt{\ell(\ell+1)}\,\hbar$，它的 Z 分量是 $m\hbar$；角动量 ℓ 可以取 $(I_i - I_f) + 1$ 个值：

$$\ell = I_i + I_f, I_i + I_f - 1, \cdots, |I_i - I_f| \tag{9.18}$$

由该角动量选择定则可以得到多极跃迁。表 9.1 列出了符合角动量和宇称跃迁规则的最低电多极和磁多极跃迁。同极电磁跃迁，电跃迁强度远大于磁跃迁强度，因此，比电跃迁高一极的磁跃迁，即 $M(\ell+1)$ 跃迁相对 $E(\ell)$ 跃迁可以忽略，比电跃迁的低一极的磁跃迁，即 $M(\ell)$ 与 $E(\ell+1)$ 跃迁的强度相近（表 9.1）。

表 9.1　角动量和宇称跃迁规则允许的多极跃迁

角动量改变（ΔI）	0	1	2	3
宇称改变	E1 （M2）	E1 （M2）	M2 E3	E3 （M4）
宇称不改变	M1 E2	M1 E2	E2 （M3）	M3 E4

自由空间 Maxwell 方程：

$$\left.\begin{array}{ll} \nabla \times \boldsymbol{E} = -\dfrac{1}{c}\dfrac{\partial \boldsymbol{B}}{\partial t} & \nabla \times \boldsymbol{B} = \dfrac{1}{c}\dfrac{\partial \boldsymbol{E}}{\partial t} \\[2mm] \nabla \cdot \boldsymbol{E} = 0 & \nabla \cdot \boldsymbol{B} = 0 \end{array}\right\} \tag{9.19}$$

式中　$\boldsymbol{E}$——电场强度；

　　　$\boldsymbol{B}$——磁场强度；

　　　c——自由空间光速；

　　　∇——哈密顿算子。

不含时间函数 $\exp(-\mathrm{i}\omega t)$、未归一的多极场 Maxwell 方程解（Jackson, 1962）：

$$\left.\begin{array}{ll} \boldsymbol{B}_\ell^m = f_\ell(kr)LY_\ell^m(\theta,\varphi) & \boldsymbol{E}_\ell^m = \mathrm{i}\,\dfrac{1}{k}\nabla \times \boldsymbol{B}_\ell^m \quad (E) \\[2mm] \boldsymbol{E}_\ell^m = f_\ell(kr)LY_\ell^m(\theta,\varphi) & \boldsymbol{B}_\ell^m = -\mathrm{i}\,\dfrac{1}{k}\nabla \times \boldsymbol{E}_\ell^m \quad (M) \end{array}\right\} \tag{9.20}$$

式中　$f_\ell(kr)$ 与角度无关，只与 r 有关，正比于球贝塞尔函数；

　　　$Y_\ell^m(\theta,\varphi)$——球谐函数；

　　　$\boldsymbol{L}$——角动量算符，$\boldsymbol{L} = -\mathrm{i}\hbar \times (\boldsymbol{r} \times \nabla)$；

　　　$LY_l^m(\theta,\varphi)$——矢量球谐函数。

有时为了方便，采用归一化矢量球谐函数

$$\boldsymbol{X}_\ell^m(\theta,\varphi) = \frac{1}{\sqrt{l(l+1)}}LY_\ell^m(\theta,\varphi) \tag{9.21}$$

替代式（9.20）中的 $LY_\ell^m(\theta,\varphi)$，得到方程式（9.18）的解是期望的是多极场解，电场方程（E）的解是电 2^ℓ 极，磁场方程（M）的解是磁 2^ℓ 极，电场和磁场都是振荡的 2^ℓ 极辐射场。

9.2.3　γ 辐射角分布

由式（9.20）可以计算发射的 γ 射线角分布。计算中，引入坡印亭矢量 $\boldsymbol{S}$（Poynting vector），它是电磁场 r 处单位时间和单位面积能流密度（$\mathrm{MeV \cdot cm^{-2} \cdot s^{-1}}$）矢量。电场强度 $\boldsymbol{E}$ 和磁场强度 $\boldsymbol{B}$ 混合辐射场中某空间点的坡印亭矢量：

$$\boldsymbol{S} = \frac{1}{\mu_0}(\boldsymbol{E} \times \boldsymbol{B}) \tag{9.22}$$

式中　μ_0——真空磁导率；

　　　$\boldsymbol{E}$——电场强度；

　　　$\boldsymbol{B}$——磁场或磁感应强度（Griffiths, 2007; Grant et al., 2008）。

辐射源是原子核尺度的，辐射源和探测器间的距离远大于辐射源尺度，因此式（9.22）的解，采用电场 $\boldsymbol{E}$ 和磁场 $\boldsymbol{B}$ 远场解：

$$\varepsilon_0 |\boldsymbol{E}|^2 = \frac{1}{\mu_0}|\boldsymbol{B}|^2，即\ |\boldsymbol{E}| = c|\boldsymbol{B}| \tag{9.23}$$

$\boldsymbol{E}$、$\boldsymbol{B}$ 方向与辐射源 – 探测器 r 方向相互垂直，远场时，

$$|\boldsymbol{S}| = c\varepsilon_0 |\boldsymbol{E}|^2 = \frac{c}{\mu_0}|\boldsymbol{B}|^2 \tag{9.24}$$

采用式（9.20）的 Maxwell 方程解，得到

$$\left.\begin{array}{l}
\text{对于 ML 辐射} \quad |\boldsymbol{S}| = c\varepsilon_0 |\boldsymbol{E}|^2 \propto |LY_\ell^m|^2 \\
\text{对于 EL 辐射} \quad |\boldsymbol{S}| = \dfrac{c}{\mu_0} |\boldsymbol{B}|^2 \propto |LY_\ell^m|^2
\end{array}\right\} \tag{9.25}$$

由上式可见,同级电多极辐射和磁多极辐射 γ 射线角分布是相同的。因此,γ 射线角分布的测量不能区分电辐射和磁辐射。要区分电多极辐射和磁多极辐射,需要进行极化测量。

由式(9.25)可知,γ 射线角分布的计算需要先计算 $|LY_\ell^m|^2$。为简化 $|LY_\ell^m|^2$ 计算,将角动量算符 $\boldsymbol{L}$ 表示为

$$\left.\begin{array}{ll}
\boldsymbol{L}_+ = \boldsymbol{L}_X + \mathrm{i}\boldsymbol{L}_Y & \boldsymbol{L}_X = \dfrac{1}{2}(\boldsymbol{L}_+ + \boldsymbol{L}_-) \\
\boldsymbol{L}_- = \boldsymbol{L}_X - \mathrm{i}\boldsymbol{L}_Y \quad \text{即} \quad \boldsymbol{L}_Y = \dfrac{1}{2\mathrm{i}}(\boldsymbol{L}_+ - \boldsymbol{L}_-) \\
\boldsymbol{L}_Z = \boldsymbol{L}_Z & \boldsymbol{L}_Z = \boldsymbol{L}_Z
\end{array}\right\} \tag{9.26}$$

式中,$\boldsymbol{L}_X$、$\boldsymbol{L}_Y$、$\boldsymbol{L}_Z$ 是角动量算符在 X、Y 和 Z 方向分量。将 $\boldsymbol{L}_+$、$\boldsymbol{L}_-$ 和 $\boldsymbol{L}_Z$ 分别作用于球谐函数 Y_ℓ^m 得到:

$$\left.\begin{array}{l}
\boldsymbol{L}_+ Y_\ell^m = \hbar \sqrt{(\ell-m)(\ell+m+1)} \, Y_\ell^{m+1} \\
\boldsymbol{L}_- Y_\ell^m = \hbar \sqrt{(\ell+m)(\ell-m+1)} \, Y_\ell^{m+1} \\
\boldsymbol{L}_Z Y_\ell^m = \hbar m Y_\ell^m
\end{array}\right\} \tag{9.27}$$

从上式得到总角动量算符作用在 Y_ℓ^m 后平方,得到 X、Y 和 Z 3 个方向平方和:

$$\begin{aligned}
|LY_\ell^m|^2 &= |\boldsymbol{L}_X Y_\ell^m|^2 + |\boldsymbol{L}_Y Y_\ell^m|^2 + |\boldsymbol{L}_Z Y_\ell^m|^2 \\
&= \frac{1}{2}|\boldsymbol{L}_+ Y_\ell^m|^2 + \frac{1}{2}|\boldsymbol{L}_- Y_\ell^m|^2 + |\boldsymbol{L}_Z Y_\ell^m|^2 \\
&= \frac{\hbar^2}{2}(\ell-m)(\ell+m+1)|Y_\ell^{m+1}|^2 + \frac{\hbar^2}{2}(\ell+m)(\ell-m+1)|Y_\ell^{m-1}|^2 + \hbar^2 m^2 |Y_\ell^m|^2
\end{aligned} \tag{9.28}$$

球谐函数 $Y_\ell^m(\theta, \varphi)$ 绝对值平方为

$$|Y_\ell^m(\theta, \varphi)|^2 = \sum_k \frac{2\ell+1}{4\pi}(2k+1)\begin{pmatrix} \ell & \ell & k \\ m & -m & 0 \end{pmatrix}\begin{pmatrix} \ell & \ell & k \\ 0 & 0 & 0 \end{pmatrix} \mathrm{P}_k(\cos\theta) \tag{9.29}$$

式中,$\mathrm{P}_k(\cos\theta)$ 是勒让德多项式。由式(9.28)和式(9.29),可以计算归一化角分布:

$$F_{\ell m}(\theta) = \frac{|LY_\ell^m|^2}{\sum\limits_m |LY_\ell^m|^2} \tag{9.30}$$

根据 $3-j$ 符号的性质(Rotenberg et al., 1959)(Schatz et al., 1996)[263],k 为奇数时 $\begin{pmatrix} \ell & \ell & k \\ 0 & 0 & 0 \end{pmatrix} = 0$。

所以 k 满足:

$$\left.\begin{array}{l}
k \leqslant 2\ell \\
k = \text{偶数}
\end{array}\right\} \tag{9.31}$$

表9.2列出了常用偶极辐射和四极辐射角分布函数$F_{\ell m}(\theta)$。由此可以计算偶极辐射和四极辐射γ射线角分布。图9.14所示是计算的偶极辐射和四极辐射发射γ射线的角分布。

表 9.2　偶极辐射和四极辐射角分布函数 $F_{\ell m}(\theta)$

	$m=0$	$m=\pm 1$	$m=\pm 2$
$\ell=1$（偶极辐射）	$1/2\sin^2\theta$	$1/4(1+\cos^2\theta)$	—
$\ell=2$（四极辐射）	$3/2\sin^2\theta\cos^2\theta$	$1/4(1-3\cos^2\theta+4\cos^4\theta)$	$1/4(1-\cos^4\theta)$

角分布函数$F_{\ell m}(\theta)$具有以下几个重要特性：

对所有m求和是各向同性的，$\sum\limits_{m}F_{\ell m}(\theta)=1$；正、负$m$是对称的，$F_{\ell m}(\theta)=F_{\ell -m}(\theta)$；$XY$平面是镜向对称，$F_{\ell m}(\theta)=F_{\ell m}(\pi-\theta)$；$m\neq \pm 1$时，$F_{\ell m}(\theta=0°)=0$。

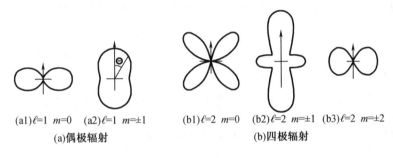

(a1)$\ell=1$　$m=0$　(a2)$\ell=1$　$m=\pm1$　　(b1)$\ell=2$　$m=0$　(b2)$\ell=2$　$m=\pm1$　(b3)$\ell=2$　$m=\pm2$

(a)偶极辐射　　　　　　　　　　　　　　(b)四极辐射

图 9.14　计算的偶极和四极辐射 γ 射线角分布

9.3　γ 射线探测

9.3.1　γ 射线与物质相互作用

γ射线探测基于它与物质的相互作用。γ射线与物质的作用主要有三种相互作用:光电效应、康普顿效应和电子对效应（Davisson，1965）[37]（Tsoulfanidis，1983；Knoll，1979）。低于1.02 MeV的低能γ射线产生电子对效应的概率极小,核分析技术中,γ射线探测主要利用光电效应和康普顿效应两种相互作用。

1. 光电效应

γ射线与物质相互作用的光电效应如图9.15

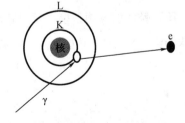

图 9.15　光电效应示意图

所示。γ射线入射闪烁晶体,将全部能量转移给晶体的一个电子并将其击出,击出的电子称为光电子,这个过程称为光电效应或光电吸收。

击出的光电子能量 E_e:

$$E_e = E_\gamma - E_B \tag{9.32}$$

式中　E_γ——入射 γ 射线能量;

　　　E_B——晶体电子结合能。

发射光电子的原子在打出光电子的壳层留下一个空穴处于激发态,激发态是不稳定的,原子的外壳层电子填补光电子留下的空穴,通过发射特征 X 射线或俄歇电子退激。光电子、俄歇电子和 X 射线的能量都沉积在闪烁晶体中,产生一个正比于入射 γ 射线能量的电信号。γ 射线产生光电效应,即发射光电子的截面与晶体原子序数 Z 和 γ 射线能量 E_γ 密切相关(Marmier et al. ,1969):

$$\sigma_{光电} \propto E_\gamma^{-7/2} Z^5 \tag{9.33}$$

由式(9.33)可见,入射 γ 射线能量低,光电效应截面大;晶体原子序数 Z 大,光电效应截面大。所以一般都采用原子序数大的材料做闪烁晶体,例如碘和铅等。

2.康普顿效应

图 9.16 所示是康普顿效应示意图。康普顿效应是 γ 射线与原子弱束缚的外层电子间散射,入射 γ 射线在 θ 方向散射,电子在 φ 角方向反冲,这个过程称为康普顿散射(Evans,1955;Flugge,1958),反冲电子称为康普顿散射电子,入射 γ 射线为散射 γ 射线。θ 和 φ 间的关系为 $\cot \varphi = \left(1 + \dfrac{E_\gamma}{m_e c^2}\right) \tan \dfrac{\theta}{2}$,其中 m_e 是电子静止质量。

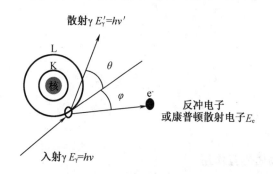

图 9.16　康普顿效应示意图

康普顿散射 γ 射线能量 E'_γ 和康普顿散射电子能量 E_e 可用两体碰撞运动学计算,入射 γ 射线能量 E_γ, E'_γ 和 $E_e(E_\gamma - E'_\gamma)$ 分别为

$$\left. \begin{array}{l} E'_\gamma = \left[\dfrac{E_\gamma}{1 + \left(\dfrac{E_\gamma}{m_e c^2}\right)(1 - \cos \theta)} \right] \\[2em] E_e = E_\gamma \left[1 - \dfrac{1}{1 + \left(\dfrac{E_\gamma}{m_e c^2}\right)(1 - \cos \theta)} \right] \end{array} \right\} \tag{9.34}$$

康普顿反冲电子能量 E_e 是连续分布的，$\theta = 0°$，$E_e = 0$；$\theta = 180°$，$E_e = E_{max}$。其中 E_{max} 为最大康普顿散射电子能量：

$$E_{max} = \frac{E_\gamma}{1 + \frac{m_e c^2}{2E_\gamma}} \tag{9.35}$$

康普顿散射散射电子能谱可用克莱因 – 仁科（Klein – Nishina）公式（Klein et al.，1929）计算。图 9.17 所示是 0.511 MeV 和 1.0 MeV 两种能量 γ 射线的康普顿散射电子能谱。

γ 射线与物质发生康普顿散射的截面 σ_c 反比于入射 γ 射线能量 E_γ，正比于晶体电子密度或原子序数 Z：

$$\sigma_c \propto E_\gamma^{-1} Z \tag{9.36}$$

与光电效应截面相比，康普顿散射截面对 E_γ 或 Z 的依赖性小。100 keV ~ 1 MeV 能量 γ 射线和低 Z 晶体材料中的康普顿效应比较强，而光电效应较弱。

3. 电子对效应

能量大于 2 倍电子静质量的 γ 射线与原子核碰撞可以产生正负电子对。由图 9.18 可见，能量为 $E_\gamma = h\nu$ 的 γ 射线从原子核旁经过时，受到核库仑场作用，γ 光子转化为一个正电子和一个负电子，这个过程称为电子对效应（Evans，1955）。

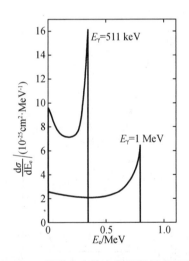

图 9.17　γ 射线产生的康普顿散射电子能谱

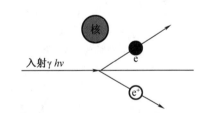

图 9.18　电子对效应示意图

电子静止质量相应的能量 $m_e c^2 = 0.511$ MeV，所以电子对效应只有入射光子能量大于 1.02 MeV 时才能发生。入射光子能量一部分转换为正负电子对的静止能量，一部分变为电子对的动能 E_{e+} 和 E_{e-}：

$$h\nu = E_{e+} + E_{e-} + 2m_e c^2 \tag{9.37}$$

电子对效应的产生截面：

$$\left.\begin{array}{l} \sigma_p \propto Z^2 E_\gamma（光子能量 h\nu 比 2m_e c^2 大得不多） \\ \sigma_p \propto Z^2 \ln E_\gamma（光子能量 h\nu 比 2m_e c^2 大很多） \end{array}\right\} \tag{9.38}$$

由式（9.38）可见，γ 射线能量很高时，电子对效应占主导地位。

9.3.2　γ射线吸收

γ射线通过物质时,与物质原子发生光电效应、康普顿效应、电子对效应的 γ 射线被吸收或散射改变能量和方向从原来入射束中移走,这样通过物质后强度减小,从入射的 I_0 减小到 I(图 9.19):

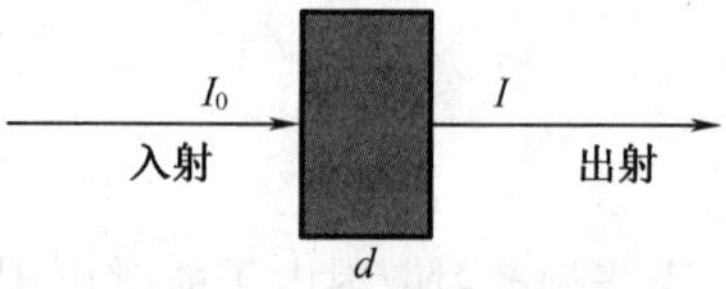

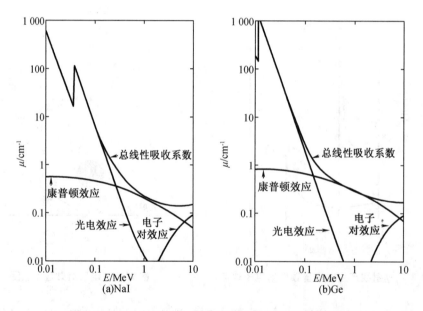

图 9.19　γ 射线在物质中的吸收

$$\left. \begin{array}{l} I = I_0 \exp(-\mu d) \\ \mu = \mu_{光电} + \mu_{康普顿} + \mu_{对效应} \end{array} \right\} \qquad (9.39)$$

式中　　d——γ 射线通过物质的厚度;

$\mu_{光电}$、$\mu_{康普顿}$ 和 $\mu_{对效应}$——单位路程 γ 射线与物质发生三种相互作用的吸收系数。物质的总吸收系数 μ 是三种效应的吸收系数之和(Davisson, 1965)。

NaI 和 Ge 是两种重要的 γ 射线探测器的晶体材料,图 9.20 所示是这两种晶体材料的光电、康普顿、电子对效应的 γ 射线吸收系数和总线性吸收系数(McMaster et al.,1970; Knoll,1979)。

图 9.20　NaI 和 Ge 的 γ 射线吸收系数与总线性吸收系数

9.3.3　γ射线探测器

核效应分析主要是探测 γ 射线。γ 射线探测器一般采用闪烁探测器和半导体探测器(吴治华,1997;丁洪林,2010),探测器产生和输出一个正比于入射 γ 射线能量的电信号,由电子学系统记录得到 γ 射线能谱和计数或强度。

1. 闪烁探测器

图 9.21 所示是由闪烁晶体和光电倍加管组成的闪烁探测器原理示意图(Neiler et al.,1965)。入射 γ 射线与闪烁晶体光电效应或康普顿效应产生的电子损失能量,使闪烁晶体原子电离(或激发),电离或激发原子数正比于电子能量。电离或激发的原子通过发射 X 荧光回复到基态。发射的 X 荧光直接入射或通过光导入射到光电倍增管光阴极,光阴极吸收并发射电子。电子数经光电倍增管各个打拿极雪崩式倍增放大,倍增的电子由光电倍增管阳极收集并输出一个正比于入射 γ 射线能量的信号,并由电子学系统记录。一般在同时测量时间和能量时,是从光电倍增管阳极引出快时间信号、打拿极引出(慢)能量信号。

闪烁探测器常用 NaI(Tl)、BaF_2、$LaBr_3$ 等闪烁晶体和塑料闪烁体等。

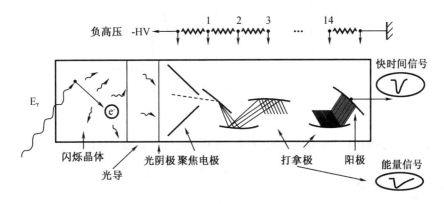

图 9.21   闪烁探测器原理示意图

(1)NaI(Tl)闪烁晶体探测器

自 1948 年问世以来,NaI(Tl)闪烁晶体一直是一种综合性能很好的 γ 射线探测的闪烁晶体,它具有光产额高、光电效应效率高、化学性能稳定、容易制造等优点。γ 射线入射到 NaI(Tl)闪烁晶体产生的光电子被掺杂的 Tl 捕获,Tl 发射能量低于 NaI 带隙能量的光子回复到基态,光电倍增管记录这些发射的光子。图 6.24 所示是 NaI(Tl)闪烁晶体和 NaI(Tl)闪烁探测器系统图。对于 $E_\gamma = 1$ MeV 的 γ 射线,NaI(Tl)闪烁晶体探测器的能量分辨 $\Delta E \approx$ 50 keV、时间分辨 $\Delta t \leqslant 1 \sim 2$ ns。图 9.22 所示是 NaI(Tl)闪烁探测器和 Ge 探测器测量的 [111]In 放射源发射的 171 keV 和 245 keV γ 射线能谱(Schatz et al.,1996)。

(2)BaF_2 闪烁晶体探测器

与 NaI(Tl)闪烁晶体探测器相比,BaF_2 闪烁晶体密度大(表 9.3),BaF_2 闪烁晶体探测器的探测效率比 NaI(Tl)闪烁晶体探测器的高,但是能量分辨稍差。BaF_2 闪烁晶体对波长在真空紫外到红外的射线有很高的透光能力,而且发光衰减时间很短,是衰减速度最快的闪烁晶体。BaF_2 闪烁晶体有一个快发光成分(表 9.3),它吸收入射 γ 射线很快发光,使 BaF_2

闪烁晶体有非常快的时间响应,BaF_2闪烁晶体探测器因而具有非常好的时间分辨率,对于511 keV γ 射线,一般时间分辨 $\Delta t \leqslant 180$ ps。非常好的时间分辨和适中的能量分辨,使 BaF_2 闪烁晶体探测器成为一种极其重要的时间测量的闪烁晶体探测器。BaF_2 闪烁晶体发射的快成分处于紫外波长范围,必须采用带石英窗光电倍增管,例如 XP2020Q,将紫外光转换成可见光后再被记录,带石英窗的光电倍增管的价格稍高。

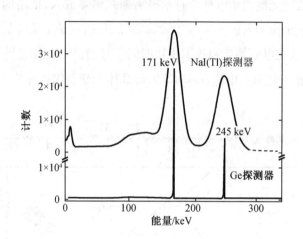

图 9.22 NaI(Tl) 闪烁晶体探测器和 Ge 探测器测量的^{111}In 放射源发射 γ 射线能谱

(3)$LaBr_3$闪烁晶体探测器

BaF_2闪烁晶体探测器能量分辨率较差,一般为 7% ~ 8%,现在发展起来的 $LaBr_3$ 晶体闪烁探测器的能量分辨率可以达到 ~ 2%,而时间分辨率与 BaF_2 晶体相同或稍好。$LaBr_3$ 的密度为 5.30 g/cm^3,高于 BaF_2 的 4.88 g/cm^3,$LaBr_3$ 晶体的闪烁探测器的探测效率比 BaF_2 晶体的高。现在 $LaBr_3$ 晶体闪烁探测器已经广泛用于 γ 射线探测。

(4)塑料闪烁探测器

塑料闪烁探测器的时间分辨好,例如,Δt 为 200 ~ 300 ps。塑料闪烁体由于不含重元素,γ 射线与闪烁体主要作用是康普顿散射,因此能量分辨差(图 9.17)。

(5)现有主要闪烁晶体特性

随着核科学发展和实验的需要,许多新闪烁晶体得以发展。表 9.3 列出了一些常用的、包括新发展的闪烁晶体的特性参数,表中 NaI(Tl) 是含铊激活剂的碘化钠晶体、BGO 是锗酸铋($Bi_4Ge_3O_{12}$)晶体、CsI(Tl) 是含铊激活剂的碘化铯晶体、CsI 是不含激活剂的碘化铯晶体、BaF_2 是氟化钡晶体、$LaBr_3$ 是溴化镧晶体、GSO:Ce 是掺铈硅酸钆(Gd_2SiO_5)晶体、LSO 是硅酸镥(LuSiO)晶体、PWO 是钨酸铅($PbWO_4$)晶体、YAP 是铝酸钇($YAlO_3$)晶体、Plastic 是塑料闪烁晶体。

表 9.3　一些常用闪烁晶体主要特性参数

晶体	密度 /(g·cm⁻³)	折射率	潮解	发光波长 /nm	衰减时间 /ns	相对光输出
NaI(Tl)	3.67	1.85	稍有潮解	410	230	100
BGO	7.13	2.15	不潮解	480	300	15
CsI(Tl)	4.51	1.80	稍有潮解	530	1 000	45~50
CsI	4.51	1.80	稍有潮解	310	10	<10
BaF₂	4.88	1.58	稍有潮解	325	630,0.6	20
LaBr₃	5.30	1.90	稍有潮解	370	35	95
GSO:Ce	6.71	1.85	不潮解	430	30	20
LSO	7.35	1.82	不潮解	420	40	70
PWO	8.28	2.16	不潮解	470	15	0.7
YAP	5.55	1.97	不潮解	380	30	40
Plastic	1.03	1.58	潮解	400	2.0	25

2. 半导体 γ 射线探测器

半导体 γ 射线探测器是十分重要的 γ 射线探测器,它的突出优点是能量分辨高,比闪烁探测器要高几十倍(Gibson et al.,1965;吴治华,1997;丁洪林,2010)。入射 γ 射线通过光电效应和康普顿效应在半导体 γ 射线探测器的半导体中产生电子 - 空穴对,外电场作用下电子 - 空穴对漂移到收集极被记录,产生一个正比于 γ 射线能量的电信号,由电子学系统记录得到 γ 射线能谱和计数或活度。

半导体 γ 射线探测器是一种 P - N 结型探测器,本质上是一种固体介质的电离室。探测器的半导体材料是绝缘体材料,保证记录的是入射 γ 射线产生的载流子。Si 是 Si(Li) γ 射线探测器的半导体材料,Ge 是早期的 Ge(Li)探测器材料,高纯锗 Ge 是 HPGe γ 射线探测器的半导体材料。

Si(Li)、Ge(Li)、HPGe 半导体 γ 射线探测器必须工作在 77 K 液氮低温。

(1) Si(Li)探测器

由于 Si 的原子序数低,Si(Li)探测器适用于低能 γ 射线或 X 射线的探测。Si(Li)探测器及其效率曲线分别如图 6.25 和图 6.27 所示。现在低能 γ 射线或 X 射线的探测都采用 Si(Li)探测器。

(2) Ge 半导体探测器

Ge 半导体探测器有两种,一种是本征 Ge 探测器,另一种是 Ge(Li)探测器。

本征 Ge(i - Ge)探测器的材料是高纯度 Ge。高纯 Ge 是很好的绝缘体,导电杂质密度小于 2×10^{10} cm⁻³。在本征 Ge 探测器上加反向电压,γ 射线产生的载流子,在负载电阻上产生一个电流脉

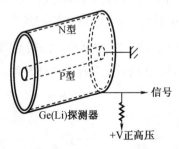

图 9.23　圆柱形 Ge(Li)探测器原理示意图

冲,其幅度正比于产生的载流子数目,即正比于吸收的入射 γ 射线能量。

Ge(Li)探测器是 PIN 二极管型探测器。探测器材料是 Ge 绝缘材料,在可控条件下进行锂(Li)漂移,Li 施主和原 P 型材料 Ge 受主恰好相互补偿。图 9.23 所示是圆柱形的 Ge(Li)探测器原理示意图,最大的体积可以做到 ~ 150 cm³。

Ge(Li)探测器采用扩散法制备,与 Si(Li)探测器制备类似。外加电压下,Li 从起始是 P 型的 Ge 圆柱体外边缘向内扩散,直至 Ge 圆柱体中心的 P 型区边缘。圆柱体外边缘与 P 型中心区边缘之间 Li 施主和 Ge 受主相互补偿或抵消,成为绝缘体。圆柱体外边缘 Li 过剩成为 N 型,中心 P 型和外缘 N 型构成 PIN 型结构。

Ge(Li)探测器最大优点是有极好的能量分辨率,对 1 MeV γ 射线,能量分辨 $\Delta E \approx 2$ keV(图 9.22)。Ge(Li)探测器的时间分辨不是太好,一般 ~ 5 ns。

为了防止 Li 沉淀和析出,Ge(Li)探测器无论使用或不使用,随时都必须处于 77 K 液氮低温,这是很不方便的。这是 Ge(Li)探测器最大的缺点,现在已经淘汰了,取而代之的是 HPGe 探测器(高纯锗探测器)。

3. HPGe 探测器

HPGe 探测器原则上可以探测 1 keV ~ 10 MeV 能量的 γ 射线,所以可以用于 X 射线探测。HPGe 探测器是一种利用 Ge 晶体制成的 PN 结型半导体探测器,不需要 Li 漂移补偿,所以不会有 Li 沉淀问题。因此,HPGe 探测器只要工作时处于 77 K 液氮温度,不用时可以存放在室温。无论经过多少次室温到 77 K 液氮低温、液氮低温到室温的温度变化,探测器性能不会发生任何不好的变化。为了降低前置放大器场效应管(FET)等的噪声,它们都置于真空低温的容器内,工作在 77 K 液氮低温。

按灵敏体积的形状,HPGe 探测器分为平面型和同轴型探测器。平面型探测器的灵敏区厚度一般在 5 ~ 10 mm,主要用于测量中高能带电粒子,例如 220 MeV 的 α 粒子、60 MeV 的质子、10 MeV 电子、300 ~ 600 keV X 射线和低能 γ 射线。平面型 HPGe 探测器用于测量 γ 射线时,灵敏区的厚度就不够厚了。

Ge 晶体轴向可以做得很长,因此可以做成同轴型结构的探测器,这样灵敏体积就可以大为增大。目前生产的 HPGe 探测器灵敏体积可达 400 cm³,可以满足能量低于 10 MeV γ 射线能谱测量的需要。

同轴型 HPGe 探测器有两种基本几何结构:一种是双开端同轴[图 9.24(a)],即中心孔贯穿整个圆柱体;二是单开端同轴[图 9.24(b)],即中心孔只占圆柱体轴长的一部分。一般 HPGe 探测器均为单开端。根据不同的测量需要,同轴型 HPGe 探测器有多种不同外形和功能,图 9.25 所示是几种不同外形和功能的同轴型 HPGe 探测器及测量的 γ 射线能谱示意图。

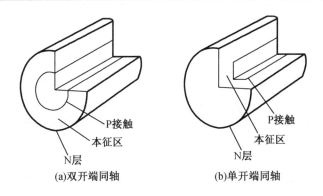

(a)双开端同轴　　　　　(b)单开端同轴

图 9.24　同轴型 HPGe 几何结构示意图

HPGe 探测器具有非常好的能量分辨率,对于 ^{60}Co 放射源发射的 1.33 MeV γ 射线的分辨好于 1.8 keV,但时间分辨较差,一般为几个 ns。HPGe 是目前应用最广的一种 γ 射线探测器。

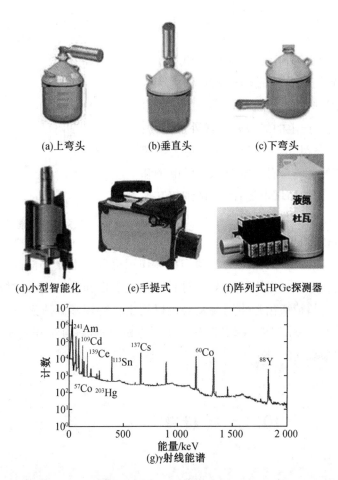

(a)上弯头　　　　(b)垂直头　　　　(c)下弯头

(d)小型智能化　　　(e)手提式　　　(f)阵列式HPGe探测器

(g)γ射线能谱

图 9.25　几种不同外形和功能的同轴型 HPGe 探测器和测量的 γ 射线能谱示意图

第10章　超精细相互作用

超精细相互作用是原子核的核矩与核外磁场或/与电场的相互作用。原子核的核外磁场和核外电场是由核本身原子的电子、邻近原子的电子和较远的电荷产生的,核外磁场还可以采用外加磁场方法来获得,但是核外电场不能采用外加方法,任何外加电场与固体内电场相比实在太小。超精细相互作用引起原子核能级劈裂和自旋绕外电磁场进动,导致核放射性的衰变特性发生变化。实验上常采用核物理探测方法测量核放射性衰变变化,测定作用在原子核上的超精细相互作用。

超精细相互作用可分为磁超精细相互作用、电超精细相互作用和电磁联合超精细相互作用。原子核有磁矩和电四极矩(参见第9章)。如图10.1所示为原子核核矩与核外电磁场超精细相互作用示意图。原子核磁矩与核外磁场的相互作用称为磁超精细相互作用,核外磁场包括核本身原子的电子和邻近原子的电子产生的局域磁场或外加磁场;原子核电四极矩与核外电场的相互作用称为电超精细相互作用,核外电场只有核本身原子的电子和晶格较远处电荷产生的局域电场;磁超精细相互作用和电超精细相互作用共存时的超精细相互作用称为电磁联合超精细相互作用。

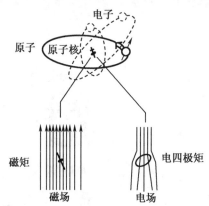

图10.1　原子核核矩与核外电磁场超精细相互作用示意图

已知核外电场和磁场,由测量的超精细相互作用可以测定原子核核矩;已知原子核的核矩,由测量的超精细相互作用可以测定材料产生的磁场和电场,获得材料原子尺度的微观结构信息。因此,超精细相互作用测量既可以用于核物理基础研究,如原子核的核矩测量和核结构研究,又可以用于应用研究,如用于固体物理、材料科学和生命科学领域研究材料结构、性质与生命现象。

10.1　磁超精细相互作用

20世纪50年代末磁超精细相互作用就被观察到了(Pound et al.,1959)。如图10.1所示,磁超精细相互作用是原子核磁矩 μ 与核外磁场 B 的相互作用,相互作用的哈密顿量 E_B

（Abragam，1961）：

$$E_B = -\boldsymbol{\mu} \cdot \boldsymbol{B} \tag{10.1}$$

其中，磁偶极算符 $\boldsymbol{\mu} = \gamma \boldsymbol{I}$。取磁场方向为直角坐标 Z 方向，这时 E_B 为

$$E_B = -\boldsymbol{\mu} \cdot \boldsymbol{B} \rightarrow \mu_Z B \tag{10.2}$$

式（10.1）表示的相互作用哈密顿量 E_B 的矩阵元为

$$\langle I, M | E_B | I, M' \rangle = -B \langle I, M | \mu_Z | I, M \rangle \tag{10.3}$$

这是一个对角化矩阵元，所以相互作用哈密顿量 E_B 的能量本征值 E_{mag} 为

$$E_{mag} = \langle I, M | E_B | I, M \rangle = -B \frac{M}{[(2I+1)(I+1)I]^{1/2}} \langle I \| \mu \| I \rangle \tag{10.4}$$

利用式（9.2）和 Wigner-EcKart 定律及 $3-j$ 符号特性，得到磁矩 μ：

$$\mu = \langle I, M = I | \mu_Z | I, M = I \rangle = \frac{I}{[(2I+1)(I+1)I]^{1/2}} \langle I \| \mu \| I \rangle \tag{10.5}$$

将式（10.5）代入式（10.4），得到 E_B 的能量本征值：

$$E_{mag} = -B\mu \left(\frac{M}{I} \right) = -B\gamma\hbar M = -BgM\mu_N \tag{10.6}$$

可见，能量本征值是磁量子数 M 的函数。磁量子数 M 是量子化的，在 $+I$ 和 $-I$ 之间有 $2I+1$ 个值。因此，磁超精细相互作用，使原来简并的原子核能级产生劈裂。在能级劈裂的同时，磁超精细相互作用还引起核自旋绕外磁场拉莫尔进动。

10.1.1　能级劈裂

经典力学中，式（10.1）的磁相互作用哈密顿量取决于 $\boldsymbol{\mu}$ 和 $\boldsymbol{B}$ 间夹角，因而相互作用能量本征值 E_{mag} 在 $\boldsymbol{\mu} \cdot \boldsymbol{B}$ 最大和最小值的能量范围内应该是连续分布的。在量子力学中，角动量是量子化的，所以 $\boldsymbol{\mu} \cdot \boldsymbol{B}$ 只在一些特定夹角才可能不是连续的。由式（10.6）

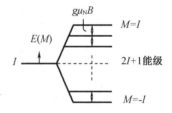

图 10.2　原子核能级的塞曼劈裂

可见，能量本征值与磁量子数 M 有关，磁量子数是量子化的，在 $+I$ 和 $-I$ 间只能取 $M = I$, $I-1, \cdots, -I$ 的 $2I+1$ 个值（Frauenfelder et al.，1960）。如图 10.2 所示，磁超精细相互作用使一个 M 简并的能级劈裂为 $2I+1$ 个磁次能级，这就是核能级在磁场中的塞曼（Zeeman）劈裂。每个 M 次能级的能量由式（10.6）给出。每个能级的能量的绝对值与磁场强度呈正比关系，相邻两个能级的能量差，即相邻两个能级间隔 ΔE 为

$$\Delta E = |\gamma \times \hbar \times B| = |g \times \mu_N \times B| \tag{10.7}$$

由式（10.7）可见，磁超精细相互作用或塞曼劈裂产生的磁次能级的相邻两个 M 次能级间的能量差 ΔE 都是相等的。ΔE 与核外磁场 B 和核的 g-因子有关，随磁场和 g-因子绝对值增大而增大。由式（10.6）也可以看出，分裂能级的分布排列与 g-因子和磁量子数的正负号有关。这里以[57]Fe 的第一激发态和基态的能级劈裂为例，说明它们对分裂能级分布排列的影响。[57]Fe 的 $I = 3/2$ 第一激发态的磁矩 $\mu = -0.155\,31\mu_N$ 或 $g = -0.103\,54$，$I = 1/2$ 基态的磁距 $\mu = +0.090\,60\mu_N$ 或 $g = +0.181\,20$。如图 10.3 所示，由于第一激发态的 g-因

子是负的,劈裂后的 $M = I$ 能级的能量比 $M = -I$ 能级的能量高,又由于基态的 g – 因子是正的,劈裂后的 $M = -I$ 能级的能量比 $M = I$ 能级的能量高。

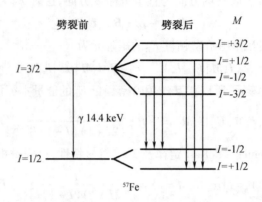

图 10.3　^{57}Fe 第一激发态和基态在磁场中的能级的塞曼劈裂

10.1.2　原子核自旋进动

磁超精细相互作用不仅引起能级塞曼劈裂,还导致原子核自旋绕核外磁场的进动(Frauenfelder et al. ,1960),使表征原子核特性的物理量平均值或期望值随时间变化(图 10.4),如原子核角动量的平均值$\langle I \rangle$绕外磁场进动。

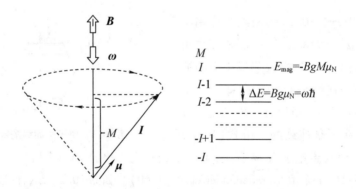

图 10.4　角动量 I 在磁场中的进动和能级劈裂

原子核特征量绕外磁场进动,意味着波函数是时间相关的。为此,引入一个时间演化算符 $\Lambda(t)$,即表示核自旋绕 Z 轴或磁场方向进动的算符,将其作用于时间无关的波函数 $\psi(0)$,这样波函数就变为时间相关的波函数 $\psi(t)$:

$$\psi(t) = \Lambda(t)\psi(0), \Lambda(t) = \exp(-iE_{mag}t/\hbar) \tag{10.8}$$

将式(10.6)代入 $\Lambda(t)$,得

$$\Lambda(t) = \exp[-i(-\gamma IB)t/\hbar] = \exp[-i(-\gamma B t)I/\hbar] \tag{10.9}$$

式(10.9)可以写为

$$\Lambda(t) = \exp[-i\alpha I/\hbar] \tag{10.10}$$

式中,α 为转动角,$\alpha = (-\gamma Bt)$。由式(10.10)和(10.8)得到经典拉莫尔进动频率:

$$\omega_L = -\gamma \times B = -g \times \mu_N \times B/\hbar \tag{10.11}$$

式(10.11)中的拉莫尔进动频率 ω_L 是描述核态随时间演化的一个物理量。角动量平均值 $\langle I \rangle$ 可用式(10.8)的波函数计算,如图 10.4 所示(图中 g – 因子为正值),$\langle I \rangle$ 是以频率 ω_L 绕磁场 B 做进动运动的。量子力学中,角动量 I 是一个平均值或期望值 $\langle I \rangle$,图 10.4 中的角动量 I 需用平均值 $\langle I \rangle$ 替代。

下面以 $I=1/2$ 核自旋进动为例(Schatz et al. ,1996),介绍 $\langle I \rangle$ 在磁场 B 中的进动及进动频率 ω_L。自旋 $I=1/2$ 核的 $S=1/2$ 和 $L=0$,所以 $\langle I \rangle = \langle S \rangle$。直角坐标系中自旋角动量 S 三个方向的分量分别是 S_X、S_Y、S_Z,坐标系的选择使 Z 轴方向与磁场 B 平行,假定 X 轴方向为初始自旋方向或极化方向(图 10.5)。自旋矢量为

$$\left.\begin{aligned} S_X &= \frac{1}{2}(S_+ + S_-) \\ S_Y &= \frac{1}{2}(S_+ - S_-) \\ S_Z &= S_Z \end{aligned}\right\} \tag{10.12}$$

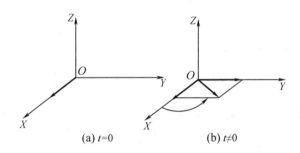

(a) $t=0$　　　　(b) $t \neq 0$

图 10.5　XY 平面中 $I=1/2$ 核自旋进动

令 $|+\rangle$ 和 $|-\rangle$ 分别表示自旋向上和向下波函数,则得到

$$\left.\begin{aligned} S_+|+\rangle = 0, \; S_-|+\rangle = \hbar|-\rangle, \; S_Z|+\rangle = \left(\frac{\hbar}{2}\right)|+\rangle \\ S_+|-\rangle = \hbar|+\rangle, \; S_-|-\rangle = 0, \; S_Z|-\rangle = \left(-\frac{\hbar}{2}\right)|-\rangle \end{aligned}\right\} \tag{10.13}$$

$t=0$ 时刻的初态波函数为

$$\psi(t=0) = \frac{1}{\sqrt{2}}(|+\rangle + |-\rangle) \tag{10.14}$$

则 X、Y、Z 方向的自旋平均值为

$$
\begin{aligned}
\langle \psi(t=0) \mid S_X \mid \psi(t=0) \rangle &= \frac{1}{2}\left(\langle - \mid + \langle + \mid\right) \frac{1}{2}(S_+ + S_-)(\mid + \rangle + \mid - \rangle) \\
&= \frac{1}{4}(\hbar + \hbar) = \frac{1}{2}\hbar \\
\langle \psi(t=0) \mid S_Y \mid \psi(t=0) \rangle &= \frac{1}{2}\left(\langle - \mid + \langle + \mid\right) \frac{1}{2\mathrm{i}}(S_+ - S_-)(\mid + \rangle + \mid - \rangle) \\
&= \frac{1}{4\mathrm{i}}(\hbar - \hbar) = 0 \\
\langle \psi(t=0) \mid S_Z \mid \psi(t=0) \rangle &= \frac{1}{2}\left(\langle - \mid + \langle + \mid\right) S_Z(\mid + \rangle + \mid - \rangle) \\
&= \frac{1}{2}\left(\frac{\hbar}{2} - \frac{\hbar}{2}\right) = 0
\end{aligned}
\right\} \tag{10.15}
$$

$t=0$ 时 X、Y、Z 三个方向的自旋平均值为 $\langle S_X \rangle = \hbar/2$、$\langle S_Y \rangle = 0$、$\langle S_Z \rangle = 0$，所以只有 X 方向有初始自旋(图 10.4)。

利用式(10.8)和(10.9)，可以导出 $t \neq 0$ 的任何时刻的波函数：

$$
\psi(t) = \exp(-\mathrm{i}\omega_\mathrm{L} t S_Z/\hbar)\psi(t=0) \tag{10.16}
$$

由于 $I = S$，因此 $g = g_\mathrm{s}$，这时式(10.16)的哈密顿算符为

$$
E_\mathrm{B} = -\mu B = -\gamma B S_Z = \omega_\mathrm{L} S_Z \tag{10.17}
$$

利用式(10.14)和(10.16)得到

$$
\psi(t) = \frac{1}{\sqrt{2}}\left[\exp\left(\frac{-\mathrm{i}\omega_\mathrm{L} t}{2}\right)\mid + \rangle + \exp\left(\frac{+\mathrm{i}\omega_\mathrm{L} t}{2}\right)\mid - \rangle\right]
$$

于是，可以计算 $\langle S \rangle$ 的 X、Y、Z 分量的平均值。X 方向计算得到的平均值为

$$
\begin{aligned}
\langle \psi(t) \mid S_X \mid \psi(t) \rangle &= \langle \psi(t) \mid \frac{1}{2}(S_+ + S_-) \mid \psi(t) \rangle \\
&= \frac{1}{4}\left[\langle + \mid \exp\left(\frac{+\mathrm{i}\omega_\mathrm{L} t}{2}\right) + \langle - \mid \exp\left(\frac{-\mathrm{i}\omega_\mathrm{L} t}{2}\right)\right](S_+ + S_-) \times \\
&\quad \left[\exp\left(\frac{-\mathrm{i}\omega_\mathrm{L} t}{2}\right)\mid + \rangle + \exp\left(\frac{+\mathrm{i}\omega_\mathrm{L} t}{2}\right)\mid - \rangle\right] \\
&= \frac{\hbar}{4}\left[\exp(\mathrm{i}\omega_\mathrm{L} t) + \exp(-\mathrm{i}\omega_\mathrm{L} t)\right] = \frac{\hbar}{2}\cos(\omega_\mathrm{L} t)
\end{aligned} \tag{10.18a}
$$

同样可以计算 Y 和 Z 分量平均值。式(10.18b)列出了计算得到的 X、Y、Z 方向的自旋平均值：

$$
\begin{aligned}
\langle \psi(t) \mid S_X \mid \psi(t) \rangle &= \frac{\hbar}{2}\cos(\omega_\mathrm{L} t) \\
\langle \psi(t) \mid S_Y \mid \psi(t) \rangle &= \frac{\hbar}{2}\sin(\omega_\mathrm{L} t) \\
\langle \psi(t) \mid S_Z \mid \psi(t) \rangle &= 0
\end{aligned}
\right\} \tag{10.18b}
$$

即 $\langle S_X \rangle \neq 0$，$\langle S_Y \rangle \neq 0$，$\langle S_Z \rangle = 0$。

所以，$t \neq 0$，自旋只在 XY 平面内以频率 ω_L 进动，如图 10.5 所示。

10.2 电超精细相互作用

电超精细相互作用和同质异能位移也是在 20 世纪 50 年代末被提出来的（Kistner et al. ,1960）。固体中,原子核处于周围电荷产生的 $\Phi(r)$ 电势场中。假定原子核电荷分布为 $\rho(r)$,核与核外电势 $\Phi(r)$ 的相互作用能量为（Abragam,1961）

$$E_{\text{electr}} = \iiint \rho(r)\Phi(r)\mathrm{d}^3 r \tag{10.19}$$

式中

$$\iiint \rho(r)\mathrm{d}^3 r = Ze \tag{10.20}$$

是核电荷。

对坐标原点 $r=0$ 附近的核外电势 $\Phi(r)$ 进行泰勒级数展开:

$$\Phi(r) = \Phi_0 + \sum_{\alpha=1}^{3}\left(\frac{\partial\Phi}{\partial\chi_\alpha}\right)_0 \chi_\alpha + \frac{1}{2}\sum_{\alpha,\beta}^{3}\left(\frac{\partial^2\Phi}{\partial\chi_\alpha\partial\chi_\beta}\right)_0 \chi_\alpha\chi_\beta + \cdots \tag{10.21}$$

式中, χ_α χ_β 为直角坐标。式（10.21）代入式（10.19）,核与核外电势的相互作用能可写为

$$E_{\text{electr}} = E^{(0)} + E^{(1)} + E^{(2)} + \cdots \tag{10.22}$$

其中

$$\left.\begin{aligned}
E^{(0)} &= \Phi_0\iiint\rho(r)\mathrm{d}^3 r \\
E^{(1)} &= \sum_{\alpha=1}^{3}\left(\frac{\partial\Phi}{\partial\chi_\alpha}\right)\iiint\rho(r)\chi_\alpha\mathrm{d}^3 r \\
E^{(2)} &= \frac{1}{2}\sum_{\alpha,\beta}\left(\frac{\partial^2\Phi}{\partial\chi_\alpha\partial\chi_\beta}\right)\iiint\rho(r)\chi_\alpha\chi_\beta\mathrm{d}^3 r
\end{aligned}\right\} \tag{10.23}$$

由式（10.20）可知,第一项 $E^{(0)}$ 等号右边的积分是核电荷 Ze,Φ_0 是坐标原点 $r=0$ 的静电势,式（10.23）的 $E^{(0)}$ 可以写为 $E^{(0)} = \Phi_0 Ze$, $E^{(0)}$ 是类点电荷 Ze 与 Φ_0 相互作用的库仑能。同一元素所有同位素的 $E^{(0)}$ 都是相等。$E^{(0)}$ 是晶格势能,与核能级劈裂和核自旋进动无关。

第二项中 $E^{(1)}$ 是坐标原点 $r=0$ 的电场 $\boldsymbol{E} = -\nabla\boldsymbol{\Phi}$ 和核电荷分布的电偶极矩间的电偶极相互作用能。原子核态有确定的宇称,在量子力学中核电偶极的平均值为零,因此电偶极相互作用能 $E^{(1)} = 0$。

第三项,即电四极相互作用项 $E^{(2)}$,是唯一决定电超精细相互作用的项,将该项中的 $\left(\dfrac{\partial^2\Phi}{\partial\chi_\alpha\partial\chi_\beta}\right)_0$ 用 $\boldsymbol{\Phi}_{\alpha\beta}$ 表示。$\boldsymbol{\Phi}_{\alpha\beta}$ 是一个 3×3 的对称矩阵,通过旋转坐标可将其对角化,对角化后得到

$$E^{(2)} = \frac{1}{2}\sum_{\alpha}\boldsymbol{\Phi}_{\alpha\alpha}\iiint\rho(r)x_\alpha^2\mathrm{d}^3 r = \frac{1}{6}\sum_{\alpha}\boldsymbol{\Phi}_{\alpha\alpha}\iiint\rho(r)r^2\mathrm{d}^3 r + \frac{1}{2}\sum_{\alpha}\boldsymbol{\Phi}_{\alpha\alpha}\iiint\rho(r)\left(x_\alpha^2 - \frac{r^2}{3}\right)\mathrm{d}^3 r \tag{10.24}$$

式中，$r^2 = \chi_{12} + \chi_{22} + \chi_{32}$。由该式可见，$E^{(2)}$ 又分为两项。静电势 $\Phi(r)$ 服从泊松方程，所有作用在原子核上的静电势为

$$(\Delta \Phi)_0 = \sum_\alpha \Phi_{\alpha\alpha} = \frac{e}{\varepsilon_0} |\varphi(0)|^2 \qquad (10.25)$$

式中　$|\varphi(0)|^2$——原子核处 S 电子的概率密度；

　　　$e|\varphi(0)|^2$——电荷密度。

这样式（10.24）可以表示为

$$E^{(2)} = E_C + E_Q \qquad (10.26)$$

式中

$$\left. \begin{aligned} E_C &= \frac{e}{6\varepsilon_0} |\varphi(0)|^2 \iiint \rho(r) r^2 \mathrm{d}^3 r \\ E_Q &= \frac{1}{2} \sum_\alpha \Phi_{\alpha\alpha} \iiint \rho(r) \left(x_\alpha^2 - \frac{r^2}{3} \right) \mathrm{d}^3 r \end{aligned} \right\} \qquad (10.27)$$

其中　E_C——单极项；

　　　E_Q——电四极项。

10.2.1 单极项

式（10.27）中的 E_C 是非点电荷的核电荷和核处电子的静电相互作用，通常称为单极项。核的均方半径为

$$\langle r^2 \rangle = \frac{1}{Ze} \iiint \rho(r) r^2 \mathrm{d}^3 r \qquad (10.28)$$

所以 E_C 只与核均方半径相关。核半径不同，E_C 不同。不同半径的同位素或同一同位素处于不同激发态，由于 E_C 不同，能级不同。所以单极项可引起能级移动，但不会导致能级劈裂。

如图 10.6 所示，核电荷和电子的静电相互作用与核电荷分布密切相关。原子核 $r = 0$ 的中心部分，核处受到的静电势作用最小，相当于一个点电荷受到静电势。由于核电荷有一定分布，核不同部位受到的静电势作用不同，原子核外部受到的静电势较中心 $r = 0$ 处的大。与 $r = 0$ 点电荷的原子核相比，核电荷分布使核受到的静电势能增大，增大程度与静电势空间变化曲率和核电荷分布有关。

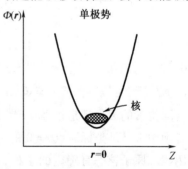

图 10.6　单极静电相互作用势能曲线图

单极静电相互作用项 E_C 可以写成

$$E_C = \frac{Ze^2}{6\varepsilon_0} |\varphi(0)|^2 \langle r^2 \rangle \qquad (10.29)$$

原子物理中，单极相互作用引起同位素位移。两个同位素由于核半径不同，它们的能级略有差别。单极相互作用导致穆斯堡尔谱学中谱线的同质异能位移（见 11.2.1）。

10.2.2 电四极相互作用

式(10.27)中的 E_Q 是核的电四极矩与核处电子的静电相互作用。图 10.7 所示为四极静电相互作用三维势能曲线示意图。如果三个方向的相互作用的静电势空间变化曲率不同,核电荷与静电势的电四极相互作用 E_Q 不仅与非球形核电荷分布有关,还与核的电荷分布取向有关。原子核长轴与静电势空间变化曲率最小方向平行,电四极相互作用 E_Q 最小。

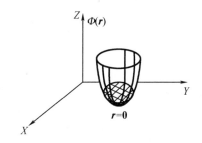

图 10.7 四极静电相互作用三维势能曲线示意图

由式(10.27)可知,电四极相互作用 E_Q 有积分项,当 $\chi_\alpha = Z$ 时,其值是原子核经典电四极矩[式(9.8)]乘以 $e/3$。这样可以将 E_Q 表示为

$$E_Q = e/6 \sum_\alpha \Phi_{\alpha\alpha} Q_{\alpha\alpha} \tag{10.30}$$

式中,$Q_{\alpha\alpha} = 1/e \iiint \rho(r)(3\chi_\alpha^2 - r^2)\,\mathrm{d}^3 r$。

定义

$$\Phi_{\alpha\alpha} = V_{\alpha\alpha} + \Delta\Phi/3 \tag{10.31}$$

式中,$\Delta\Phi = \sum \Phi_{\alpha\alpha} V_{\alpha\alpha}$。将式(10.31)代入式(10.30),由于 $\sum Q_{\alpha\alpha} = 0$,$\Delta\Phi/3$ 对 E_Q 没有任何贡献,所以:

$$E_Q = e/6 \sum_\alpha V_{\alpha\alpha} Q_{\alpha\alpha} \tag{10.32}$$

式中,$V_{\alpha\alpha}$ 是由原子核的核外电荷产生的电场梯度(electric field gradient,EFG)。如果核外电荷是球对称分布的,例如核外 S 电子分布,这时电场梯度的三个分量 $V_{XX} = V_{YY} = V_{ZZ}$。根据泊松方程,$V_{XX} + V_{YY} + V_{ZZ} = 0$,即 $\sum V_{\alpha\alpha} = 0$,所以电场梯度所有分量为零,电场梯度对四极相互作用能 E_Q 没有贡献。

核外电荷分布是非球对称的,才能有四极相互作用,即 $E_Q \neq 0$。这时 $V_{XX} \neq V_{YY} \neq V_{ZZ}$,它们仍满足 $\sum V_{\alpha\alpha} = 0$。通过选择坐标系主轴方向,使 $|V_{ZZ}| \geqslant |V_{YY}| \geqslant |V_{XX}|$。通常电场梯度采用坐标系主轴方向的电场梯度 V_{ZZ} 和电场梯度不对称系数 η 两个参数表征。η 定为

$$\eta = \frac{V_{XX} - V_{YY}}{V_{ZZ}} \tag{10.33}$$

电四极相互作用是原子核电四极矩和作用在其上的电场梯度的相互作用,所以 E_Q 是核电四极矩和电场梯度的乘积,它的精确计算,首先采用球张量表示电四极矩和电场梯度,然后采用张量代数法计算(Schatz et al.,1996)[265]。式(9.9)是原子核电四极矩量子力学表达式,采用张量函数,角动量 $\ell = 2$ 的电四极矩为

$$Q_{2m} = Zr^2 Y_2^m \tag{10.34}$$

角动量 $\ell = 2$ 电场梯度张量的三个分量为

$$V_{20} = \frac{1}{4}\sqrt{\frac{5}{\pi}} V_{ZZ}$$

$$V_{2\pm1} = \mp\frac{1}{2}\sqrt{\frac{5}{6\pi}}(V_{XZ} \pm V_{YZ})$$

$$V_{2\pm2} = \frac{1}{4}\sqrt{\frac{5}{6\pi}}(V_{ZZ} - V_{YY} \pm 2\mathrm{i}V_{XY})$$

(10.35)

式中,V_{2m}是$\ell = 2, m = 0, \pm 1, \pm 2$的二价张量。在电场梯度$V_{ZZ}$为主轴方向的坐标系中:

$$V_{20} = \frac{1}{4}\sqrt{\frac{5}{\pi}} V_{ZZ}$$

$$V_{2\pm1} = 0$$

$$V_{2\pm2} = \frac{1}{4}\sqrt{\frac{5}{6\pi}}(V_{XX} - V_{YY}) = \frac{1}{4}\sqrt{\frac{5}{6\pi}}\eta V_{ZZ}$$

(10.36)

采用张量表示法,电四极相互作用E_Q(Matthias et al.,1962):

$$E_Q = \frac{4\pi}{5}\sum_m (-1)^m eQ_{2m}V_{2-m}$$

(10.37)

对于轴对称的电场梯度,$V_{XX} = V_{YY}$或$\eta = 0$,则有

$$E_Q = \sqrt{\frac{\pi}{5}} eQ_{20}V_{ZZ}$$

(10.38)

量子力学中,Q_{20}是作用在核波函数上的算符。已知Q_{20}的矩阵元$Q_{20} \equiv \langle I, M = I | Q_{20} | I, M = I \rangle$,可按下式计算$E_Q$:

$$E_Q = \sqrt{\frac{\pi}{5}} V_{ZZ} e\langle I, M = I | Q_{20} | I, M = I \rangle$$

(10.39)

利用 Wigner – Eckart 定理(Schatz et al.,1996)[267],得到

$$\langle I, M | Q_{20} | I, M \rangle = (-1)^{I-M} \begin{pmatrix} I & 2 & I \\ -M & 0 & M \end{pmatrix} \langle I \| Q_2 \| I \rangle$$

(10.40)

根据定义:

$$Q = 4\sqrt{\frac{\pi}{5}} \langle I, I | Q_{20} | I, I \rangle = 4\sqrt{\frac{\pi}{5}} \begin{pmatrix} I & 2 & I \\ -I & 0 & I \end{pmatrix} \langle I \| Q_2 \| I \rangle$$

(10.41)

由式(10.39)、(10.40)和(10.41)得到

$$E_Q = \frac{1}{4} V_{ZZ} (-1)^{I-M} \frac{\begin{pmatrix} I & 2 & I \\ -M & 0 & M \end{pmatrix}}{\begin{pmatrix} I & 2 & I \\ -I & 0 & I \end{pmatrix}} eQ$$

(10.42)

$$E_Q = \frac{3M^2 - I(I+1)}{4I(2I-1)} eQV_{ZZ}$$

(10.43)

式(10.43)是轴对称电场梯度的电四极相互作用能E_Q,它与磁量子数M^2有关,与磁相互作用相仿,简并的能级发生能级劈裂和自旋在电场中做进动运动(图 10.8)(Frauenfelder et al.,1960)。

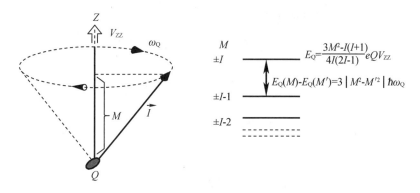

图 10.8 角动量 I 在轴对称的电场中的进动和能级劈裂

由式(10.43)可知,$+M$ 态和 $-M$ 态能量本征值是相同的,所以电四极相互作用引起的能级劈裂是 M 重劈裂,$+M$ 态和 $-M$ 态仍然是简并的。M 和 M' 两个 M 次态间的跃迁能量或能级相差为

$$E_Q(M) - E_Q(M') = \frac{3eQV_{ZZ}}{4I(2I-1)} |M^2 - M'^2|$$
$$= 3|M^2 - M'^2|\hbar\omega_Q \tag{10.44}$$

式中,ω_Q 是电四极相互作用频率:

$$\omega_Q = \frac{eQV_{ZZ}}{4I(2I-1)\hbar} \tag{10.45}$$

ω_Q 是电四极相互作用基频,即最小电四极相互作用频率。因为 $M^2 - M'^2 = (M+M') \cdot (M-M')$ 永远是整数,因此所有跃迁频率都是 ω_Q 的整数倍:

$$\left.\begin{array}{l} \omega_Q^0 = 6\omega_Q \quad (\text{对于半整数的核自旋}) \\ \omega_Q^0 = 3\omega_Q \quad (\text{对于整数的核自旋}) \end{array}\right\} \tag{10.46}$$

实验上常用电四极耦合常数 ν_Q 表征电四极相互作用:

$$\nu_Q = \frac{eQV_{zz}}{\hbar} \tag{10.47}$$

ν_Q 与 ω_Q 的关系为

$$\omega_Q = \frac{eQV_{ZZ}}{4I(2I-1)\hbar} = \frac{2\pi\nu_Q}{4I(2I-1)} \tag{10.48}$$

下面以核自旋 $I=5/2$ 能级电四极相互作用劈裂为例,说明核态的电四极劈裂。用式(10.43)计算的不同 M 态的能量为

$$\left.\begin{array}{l} E_Q\left(M = \pm\dfrac{1}{2}\right) = -\dfrac{1}{5}eQV_{ZZ} \\[2mm] E_Q\left(M = \pm\dfrac{3}{2}\right) = -\dfrac{1}{20}eQV_{ZZ} \\[2mm] E_Q\left(M = \pm\dfrac{5}{2}\right) = +\dfrac{1}{4}eQV_{ZZ} \end{array}\right\} \tag{10.49}$$

图 10.9 示出了轴对称四极相互作用导致的 $I=5/2$ 态能级的电四极劈裂。$I=5/2$ 核能级劈裂为($\pm1/2$)、($\pm3/2$)、($\pm5/2$)三个能级,相应有三个跃迁频率 ω_1、ω_2 和 ω_3。由式

（10.44）计算得到的三个跃迁频率为

$$\omega_1 = \omega_Q^0 = \frac{E_Q(\pm 3/2) - E_Q(\pm 1/2)}{\hbar} = \frac{3eQV_{ZZ}}{20\hbar} = 6\omega_Q$$

$$\omega_2 = \frac{E_Q(\pm 5/2) - E_Q(\pm 3/2)}{\hbar} = \frac{3eQV_{ZZ}}{20\hbar} = 12\omega_Q$$

$$\omega_3 = \omega_1 + \omega_2 = \frac{9eQV_{ZZ}}{20\hbar} = 18\omega_Q$$

（10.50）

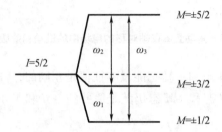

图 10.9　轴对称电四极相互作用的 $I = 5/2$ 核能级劈裂

三个跃迁频率比 $\omega_1 : \omega_2 : \omega_3 = 1 : 2 : 3\,(\omega_3 = \omega_1 + \omega_2)$。

上面都是 $\eta = 0$ 的轴对称电场梯度作用下核能级能量和跃迁频率。对于 $\eta \neq 0$ 的非轴对称电场梯度：

$$E_Q = \frac{eQV_{ZZ}}{4I(2I-1)}\big[3M^2 - I(I+1)\big]\left(1 + \frac{\eta^2}{3}\right)^{1/2}$$

（10.51）

$$\Delta E_Q = \frac{eV_{zz}Q}{2I(2I-1)}\big[3M^2 - I(I+1)\big]\left(1 + \frac{\eta^2}{3}\right)$$

（10.52）

由两式可见，E_Q 和 ΔE_Q 都与 η 密切相关。E_Q 矩阵元一般很难用解析式直接计算，电四极相互作用哈密顿量必须通过数值对角化计算。图 10.10 示出了非轴对称恒定电场梯度 V_{ZZ} 作用下自旋 $I = 5/2$ 和 $I = 2$ 的核能级随不对称参数 η 的变化。

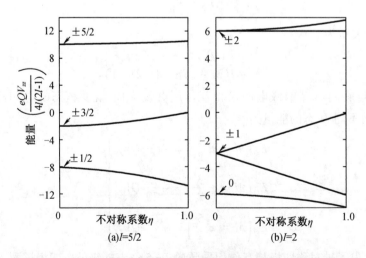

图 10.10　非轴对称恒定电场梯度作用的核能级随不对称参数 η 变化

第11章　穆斯堡尔谱学

原子核从激发态退激到基态发射的 γ 射线，入射到另一个同样原子核时，理论上会被共振吸收。但是对于自由原子核，由于发射和吸收 γ 射线时原子核反冲，导致发射 γ 射线能量减小、共振吸收 γ 射线能量增大，不会发生共振吸收。1957 年，德国穆斯堡尔（Mössbauer）提出 γ 射线共振吸收的关键是原子核不发生反冲，并发现如果发射核和接收核都是固体晶格的一部分，那么原子核可能不会反冲，这样就可以发生共振吸收。1958 年，穆斯堡尔首次在实验上实现了原子核的无反冲共振吸收，这就是以他名字命名的穆斯堡尔效应（Mössbauer Effect）他的实验中，采用 ^{191}Os 作为 γ 射线放射源、^{191}Ir 作为吸收体，放射源和吸收体都冷却到 88 K，减小热运动 。^{191}Os 放射源安置在转盘上转动，可以相对吸收体运动，以产生多普勒效应。^{191}Os β$^-$ 衰变到 ^{191}Ir 激发态并发射 129 keV 的退激 γ 射线，入射到 ^{191}Ir 吸收体。实验发现，转盘不动时共振吸收最强，源和吸收体的相对运动会减弱或不发生共振吸收。除了 ^{191}Ir 外，穆斯堡尔还观察到 ^{187}Re、^{177}Hf、^{166}Er 等的无反冲共振吸收。穆斯堡尔效应发现后不久就诞生了穆斯堡尔谱学（Mössbauer Spectroscopy，MS），并得到迅速发展。因发现穆斯堡尔效应，穆斯堡尔获得了 1961 年诺贝尔物理学奖。

现在可用于穆斯堡尔谱学研究的探针元素已经有近 50 个，γ 跃迁有 100 多个。穆斯堡尔探针核的发展，进一步促进了穆斯堡尔谱学及其应用的发展。穆斯堡尔谱学是测量原子核与其邻近环境超精细相互作用的，能量分辨高，相对能量分辨可达 10^{-13}，能够测量 10^{-9} eV 的能量变化。由于能量分辨高，穆斯堡尔谱学首次验证了广义相对论的引力红移效应、横向多普勒效应、铁磁材料中内磁场等。现在，穆斯堡尔谱学已经成为材料科学和固体物理等领域研究的一种不可或缺的手段，太空穆斯堡尔谱学在其基础上得以发展。

穆斯堡尔谱学应用非常广泛，已经用于材料科学、固体物理学、化学、生物学、医学、地质学、冶金学、矿物学、考古学和核物理等领域。但是穆斯堡尔谱学的应用受到探针核母核半衰期长的限制。随着放射性核束技术的发展，基于加速器在线同位素分离技术的直接产生探针核的在束或在线穆斯堡尔测量技术也随之发展，进一步扩展了穆斯堡尔谱学的应用领域。

11.1 穆斯堡尔效应分析原理

穆斯堡尔效应是一种原子核无反冲的 γ 发射和共振吸收现象（Gonser, 1975；Gibb, 1976；夏元复 等, 1984）。原子核无反冲发射和吸收 γ 射线时，无论是发射的 γ 射线还是吸收的 γ 射线，它们的能量都等于原子核核激发态与基态的能量差（图 11.1）。这样，发射体（源）原子核发射的 γ 射线，可以将吸收体（样品）原子核从基态激发到激发态，即所谓的共振吸收。激发的吸收体原子通过发射内转电子、X 射线或 γ 射线等退激到基态。穆斯堡尔效应分析或穆斯堡尔谱学是测量吸收体共振吸收后退激发射的电子或 X、γ 射线。

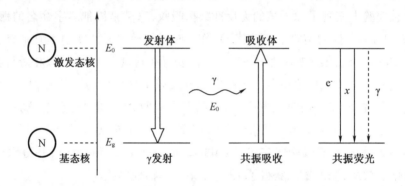

图 11.1　无反冲核的 γ 发射和共振吸收

原子核在发射或吸收 γ 射线时通常发生反冲。一个自由、静止、质量为 M 的原子核发射 γ 射线时，核本身会在与发射 γ 射线相反方向发生反冲（图 11.2）。

图 11.2　原子核发射 γ 射线时的反冲

由 γ 发射和反冲过程的能量和动量守恒，得到发射 γ 射线能量：

$$E_\gamma = E_0 - E_R \tag{11.1}$$

式中　E_0——激发态和基态能量差；

　　　E_γ——发射的 γ 射线能量；

　　　E_R——静止原子核发射 γ 射线的反冲能。

由于核反冲,发射 γ 射线能量 $E_\gamma \neq E_0$,而是 $E_\gamma = E_0 - E_R < E_0$。如果原子核不发生反冲,则 $E_\gamma = E_0$。原子核的反冲能量 E_R:

$$E_R = E_\gamma^2/2Mc^2 \approx E_0^2/2Mc^2 \tag{11.2}$$

式中　M——核质量;

　　　c——光速。

发射 γ 射线能量 $E_\gamma = h\nu$。由式可见,核反冲能量 $E_R \ll E_0$。反冲核动量与发射 γ 射线动量的绝对值相同而方向相反,即 $P_R = -P_\gamma$。由于原子核反冲,发射 γ 射线的能量小于激发态与基态之间的能量差 E_0。自由、静止的原子核在吸收 γ 射线时,原子核也会发生反冲。因此基态到激发态的激发需要的能量,除了 E_0 外,还要增加反冲能量 E_R:

$$E_\gamma = E_0 + E_R \tag{11.3}$$

由于吸收核反冲,将原子核从基态激发到激发态需要的 γ 射线能量 E_γ 要大于能量差 E_0,即 $E_\gamma > E_0$。由式(11.1)和式(11.2)可以看到,考虑原子核吸收和发射 γ 射线时的反冲,发射体发射的 γ 射线能量小于激发态 – 基态的能量差,吸收体从基态激发到激发态的能量要大于激发态 – 基态的能量。发射体发射 γ 射线的能量比吸收体共振吸收需要的能量小了 $2E_R$,发射体发射的 γ 射线就不可能引起吸收体发生共振吸收。

如图 11.3(a)和图 11.3(b)所示,发射和吸收 γ 射线能量相差 $2E_R$,因此不可能发生共振。要使发射 γ 射线能够产生共振吸收,只有发射 γ 射线和激发 γ 射线的能量或谱线有重叠[图 11.3(c)]。

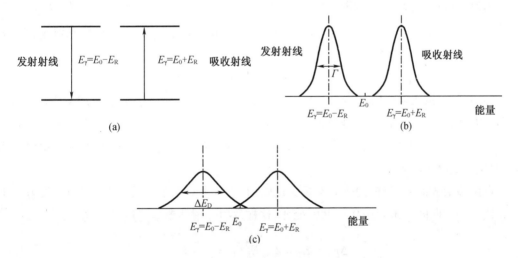

图 11.3　原子核发射和吸收 γ 射线能量和共振条件

11.1.1　γ 射线多普勒能量展宽法

为了使发射体发射的 γ 射线和样品吸收的能量有重叠而发生共振吸收,实验上首先考虑采用发射体在运动中发射 γ 射线的多普勒展宽方法。运动核发射的 γ 射线会发生多普勒位移或展宽,从而使发射和吸收的 γ 射线能谱展宽重叠[图 11.3(c)]。

图 11.4 所示是运动核发射的 γ 射线。核发射 γ 射线前后核的动能差 ΔE：

$$\Delta E = (P_f^2/2M) - (P_i^2/2M) = [(P_i - P_\gamma)^2/2M] - (P_i^2/2M) = (P_\gamma^2/2M) - (P_\gamma P_i/M)$$

$$(11.4)$$

式中　P_i、P_f——核发射 γ 射线前、后的动量；

　　P_γ——发射 γ 射线的动量，发射前后动量守恒 $P_i = P_f + P_\gamma$。

利用 $E_R = E_\gamma^2/2Mc^2$ 和 $E_i = MV_i^2/2$，式（11.4）可以改写为

$$\Delta E = E_R - (V_i/c)E_\gamma \cos \theta = E_R - E_D \qquad (11.5)$$

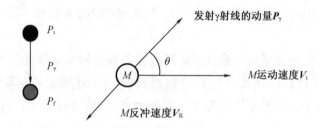

图 11.4　运动核发射的 γ 射线

如图 11.4 所示，θ 是核运动方向与发射 γ 射线方向的夹角，V_i 是核运动速度，E_D 是运动核发射 γ 射线多普勒位移。E_D 与核运动速度 V_i 和 γ 射线发射角 θ 有关：

$$E_D = (V_i/c)E_\gamma \cos \theta \qquad (11.6)$$

由发射 γ 射线前、后的能量守恒，得到 $E_0 = E_\gamma + \Delta E$。静止核发射 γ 射线的 $\Delta E = E_R$，运动核发射 γ 射线的 $\Delta E = E_R - E_D$。由 $E_0 = E_\gamma + \Delta E$ 和式（11.6），得到运动核发射 γ 射线的能量：

$$E_\gamma = E_0 - E_R + (V_i/c)E_\gamma \cos \theta \qquad (11.7)$$

$\theta = 0°$ 或在核运动方向，$E_D = (V_i/c)E_\gamma$ 是正值，发射的 γ 射线能量最大；$\theta = 180°$ 或与核运动反方向，$E_D = -(V_i/c)E_\gamma$ 是负值，发射 γ 射线能量最小。运动核发射的 γ 射线能量的多普勒位移，使 γ 射线峰变宽（图 11.3），当 $E_D > 2E_R$，使发射 γ 射线峰和吸收 γ 射线峰重叠，发生核的共振吸收。

自由核组成的系统，核的热运动是无规则的，服从麦克斯韦 – 玻尔兹曼分布，发射 γ 射线与核运动方向间夹角 θ 在 $0° \sim 360°$ 变化，这样发射 γ 射线谱线宽度是很宽的：

$$\Delta E_D = E_D = 2\sqrt{E_K E_R} = \sqrt{\frac{\overline{v^2}}{c^2}E_\gamma^2} \qquad (11.8)$$

式中，核反冲能 $E_R = E_\gamma^2/2Mc^2$，核热运动平均能量 $E_K = \frac{1}{2}M\overline{v^2}$，其中 $\overline{v^2}$ 是 γ 发射方向原子核热运动均方速度。室温时，核热运动平均能量 E_K 为 $10^{-3} - 1$ eV。核反冲能：

$$E_R = E_\gamma^2/2Mc^2 = 5.37 \times 10^{-4} \times E_\gamma^2/A(eV) \qquad (11.9)$$

ΔE_D 与 E_R 同量级或大于 E_R，E_D 和 E_R 都比核能级宽度大 $\sim 10^6$ 量级。

图 11.5 示出了核激发态能级[图 11.5(a)]、能级宽度 ΔE_e[图 11.5(b)]和测量的谱线

宽度 Γ_H[图 11.5(c)](谱线半高度处全宽度)。由测量的谱线宽度可以得到能级宽度:$\Gamma_H = \Delta E_e$。已知能级寿命或半衰期,ΔE_e 或 Γ_H 可由海森堡测不准关系得到:

$$\Delta E_e \times \Delta t \geqslant \hbar \text{ 和 } \Delta E_e = \Gamma_H = \hbar/\tau = \hbar \times (\ln 2/T_{1/2}) \tag{11.10}$$

式中 τ——能级平均寿命;

$T_{1/2}$——能级半衰期。

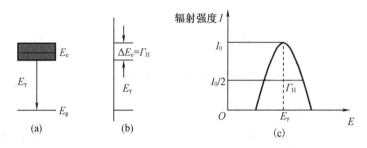

图 11.5 谱线宽度和能级宽度

图 11.6 所示是最常用穆斯堡尔源 $^{57}\text{Co}/^{57}\text{Fe}$ 的衰变纲图。^{57}Fe 第一激发态能量 E_γ 是 14.4 keV、半衰期 $t_{1/2} = 97$ ns。由式(11.10)得到该激发态能级宽度 $\Gamma_H = 4.67 \times 10^{-9}$ eV;由 $E_\gamma = 14.4$ keV 和式(11.9)得到的 $E_R = 1.95 \times 10^{-3}$ eV,于是有 $\Gamma_H/E_R = 2.4 \times 10^{-6}$ 和 $\Gamma_H/E_\gamma = 3.2 \times 10^{-13}$。穆斯堡尔谱学中通常将 Γ_H/E_γ 称为穆斯堡尔测量的能量分辨。

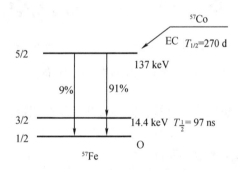

图 11.6 $^{57}\text{Co}/^{57}\text{Fe}$ 放射源能级衰变纲图

γ 射线多普勒能量展宽是可能导致共振吸收的,但是发射谱线和吸收谱线重叠区域很小[图 11.3(c)],共振吸收的概率是很低的。核的热运动能量随温度升高而增大,所以升高发射体或与吸收体温度可增加多普勒展宽,这应该更有利于核共振吸收,但是实际上温度升高核共振吸收反而减弱。所以,采用 γ 射线多普勒能量展宽方法实现共振吸收几乎是没有实用价值的。

11.1.2 穆斯堡尔效应

1958 年,穆斯堡尔在他的博士论文实验中发现了原子核无反冲的 γ 发射和共振吸收效应,这个效应就是后来以他的名字命名的穆斯堡尔效应(Mössbauer,1958)。无反冲情况下,原子核发射和吸收的 γ 射线能量都等于核激发态与基态间的能量差(图 11.7)。

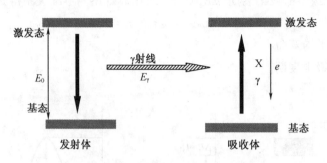

图 11.7 无反冲的 γ 射线发射和吸收

通过提高源(发射体)或/与吸收体温度,可以增大多普勒展宽 ΔE_D,从而增大共振吸收概率。但是穆斯堡尔发现,共振吸收不是随温度升高而增强,而是温度降低共振吸收概率大。低温时,一些核发射低能 γ 射线,发射和吸收过程核不发生反冲,E_R 和 ΔE_D 可以不计,发射 γ 射线和吸收 γ 射线能量 $E_\gamma \cong E_0$,共振谱线宽度也接近能级宽度 Γ_H。这种没有核反冲的 γ 射线发射和 γ 射线共振吸收的穆斯堡尔效应,与多普勒展宽实现共振吸收的本质是完全不同的。

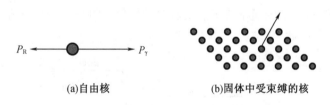

图 11.8 自由核和固体中受束缚的核

核反冲能量 E_R 与核质量成反比,质量越大,反冲或反冲能量越小。假定核是自由核[图 11.8(a)],质量很小,因而在发射或吸收 γ 射线时发生反冲。固体中的核及其运动是受到晶格其他原子约束的,不是自由核[图 11.8(b)]。

固体中的核是束缚在晶格中的,不是自由核,发射 γ 射线时的反冲不是单个原子核的反冲,而是整个晶体共同感受到的反冲。1 mg 的 Fe 有 10^{19} 原子,晶体质量比单个原子核的质量大 10^{17} 量级以上,这样反冲能量也减少 10^{17} 量级,从而反冲能 $E_R \sim 0$。这样,核发射的 γ 射线能量为 E_0,即无反冲发射,γ 射线峰半高度宽度 ΔE 也下降 8 个量级,接近 Γ_H。同样,固体中基态核吸收 γ 射线也不发生反冲。固体中核发射 γ 射线与吸收 γ 射线完全重合,发生共振吸收。但是并不是所有固体都存在无反冲发射和共振吸收的。

11.1.3 无反冲分数或穆斯堡尔分数

晶体原子、离子或分子是不停地绕某个平衡位置振动的,类似一个谐振子。爱因斯坦提出,晶体是由振动角频率 ω 的线性谐振子组成的系统,按照量子力学,谐振子能量是量化的,只能取 $\hbar\omega$ 的整数倍:

$$E = \hbar\omega \times (n + \frac{1}{2}) \tag{11.11}$$

式中　$\hbar\omega$——爱因斯坦声子能量;

n——量子数。

$E_0(n=0)$ 为零点能,能量 E_n 时,谐振子是由 n 个声子相加而成。穆斯堡尔效应中发射和吸收的 γ 射线能量都比较低,核反冲能 E_R 与 $\hbar\omega$ 几乎是同量级的。如果核反冲能 $E_R < \hbar\omega$,原子核发射 γ 射线没有能量转递给晶体,晶格振动状态不发生变化,发射的 γ 射线带走全部跃迁能 E_0。晶格没有吸收能量处于基态、没有声子发射,体系发射或吸收射线前后都是零声子态。这种无声子发射的过程称为零声子态过程或无反冲过程。如果核反冲能 $E_R > \hbar\omega$,原子核发射或吸收 γ 射线时,有大于 $\hbar\omega$ 的自由核反冲能传递给晶格,谐振子激发到高能量 E_n 态,发射一个或多个声子。这种有声子发射过程,是有反冲的发射过程。

根据核反冲能 $E_R > \hbar\omega$ 或 $E_R < \hbar\omega$,发射或吸收过程分为有反冲过程和无反冲过程。有反冲和无反冲发射系数或概率分别用 f_1 和 f_0 表示,且 $f_0 + f_1 = 1$。反冲能 E_R 是有反冲和无反冲两个过程的平均值,即 $E_R = f_0 \times E_{R_0} + f_1 \times E_{R_1}$。无反冲过程 $E_{R_0} = 0$,有反冲过程 $E_{R_1} = \hbar\omega$,平均反冲能 $E_R = f_0 \times 0 + f_1 \times \hbar\omega$,得到有和无反冲系数 f_1 和 f_0:

$$f_1 = E_R/\hbar\omega , f_0 = 1 - E_R/\hbar\omega \tag{11.12}$$

无反冲系数 f_0 与反冲能 E_R 和晶格振动动能 $\hbar\omega$ 有关。由式(11.12)可知,反冲能 E_R 大,无反冲系数 f_0 小;声子能量 $\hbar\omega$ 大,无反冲系数 f_0 大。$E_R < \hbar\omega$ 是没有声子发射的,即无反冲发射,穆斯堡尔效应就是零声子发射的共振吸收效应。

固体晶格原子振动可用简谐运动表示,谐振子振动能 $E = M\omega^2 \langle x^2 \rangle$,其中,$M$ 是核质量,$\langle x^2 \rangle$ 是谐振子均方振幅。当 $n=0$ 时,由式(11.11)得到:

$$E = \hbar\omega/2 = M\omega^2 \langle x^2 \rangle , \langle x^2 \rangle = \hbar/(2M\omega) = \hbar^2/(2M\hbar\omega) \tag{11.13}$$

反冲能 E_R:

$$E_R = \frac{E_\gamma^2}{2Mc^2} = \frac{P_\gamma^2}{2M} = \frac{\hbar^2 k^2}{2M} \tag{11.14}$$

式中　k——波矢;

P_γ——γ 射线动量,$P_\gamma = \hbar k$。将式(11.14)和(11.13)代入式(11.12)式,得到无反冲系数:

$$f_0 = 1 - k^2 \langle x^2 \rangle \tag{11.15}$$

无反冲系数 f_0 由波矢 k 和均方振幅 $\langle x^2 \rangle$ 决定,$\langle x^2 \rangle$ 与晶体束缚能 $\hbar\omega$ 和温度密切相关。f_0 随波矢 k 或 γ 射线能量 E_γ 增大而减小,所以有多个 γ 跃迁的穆斯堡尔探针核,选用能量低的 γ 跃迁的无反冲系数大;f_0 随晶体束缚能 $\hbar\omega$ 增大或随 $\langle x^2 \rangle$ 减小而增大;f_0 随温度升高或随 $\langle x^2 \rangle = \hbar(n+1/2)/M\omega$ 增大而减小,所以降低发射体或吸收体温度能够增大无反冲系数 f_0。

由晶体德拜模型,穆斯堡尔得到无反冲发射 γ 射线的概率为

$$\left. \begin{array}{l} f_0 = \mathrm{e}^{-2W(T)} \\ W(T) = \dfrac{3E_R}{k_B\theta_D} \Big[\dfrac{1}{4} + \Big(\dfrac{T}{\theta_D}\Big)^3 \displaystyle\int_0^{\theta_D/T} \dfrac{x}{\mathrm{e}^x - 1}\mathrm{d}x \Big] \end{array} \right\} \tag{11.16}$$

式中 $W(T)$——德拜-沃勒因子（Wegener，1966）；

　　　　k_B——波兹曼常数；

　　　　T——晶体温度；

　　　　θ_D——德拜温度；

　　　　$E_R = E_\gamma^2/2Mc^2$。

由式（11.15）式（11.16）可知，γ 射线能量小、晶体德拜温度高、晶体温度低，穆斯堡尔效应或无反冲系数大，共振吸收概率大。

束缚在固体晶格中的原子核激发态寿命一般在 $10^{-6} \sim 10^{-9}$ s，晶格振动周期是 $10^{-12} \sim 10^{-13}$ s，核激发态寿命比晶格振动周期长很多。这表明在核处于激发态时，晶格发生了无数次振荡，其振动平均速度在激发态期间已经为零了，多普勒展宽也没有了，即 $\Delta E_D = 0$，所以多普勒展宽方法对无反冲共振吸收是没有实质意义的。

11.2　穆斯堡尔参数

原子核的核外电子、邻近原子等周围环境变化，会导致原子核能级位移和劈裂。虽然核邻近环境变化导致的能级变化是很微小的，由于穆斯堡尔谱学有很高能量分辨率，通过穆斯堡尔谱线的同质异能移、峰位和峰位间隔、线形、线宽和面积等测量，能够非常灵敏地测定能级的微弱变化和劈裂。

穆斯堡尔参数有原子核核矩与邻近环境超精细相互作用产生的同质异能位移、电四极劈裂、磁塞曼劈裂。这些参数导致穆斯堡尔谱线峰位移动、峰位间隔变化以及谱线的线型、线宽和面积变化。实验上通过测量的穆斯堡尔谱的谱线峰位、谱线间隔、谱线线形与宽度和面积等，获得穆斯堡尔参数。

11.2.1　同质异能位移

同质异能位移又称 γ 射线能量的化学位移。同质异能位移是由穆斯堡尔探针核的电荷分布与周围邻近电子之间静电相互作用产生的，根据式（10.29），同质异能位移是由原子核电单极相互作用产生的，两个同位素或同一同位素的激发态和基态，由于核半径不同，受到静电势不同，导致两个同位素或同一同位素的激发态和基态的能级有微小的位移。

如图 11.9 所示，假定原子核半径为 R，核电荷均匀分布在半径 R 的球内，距原子核球心 r 处的电子产生的电势为 $V(r)$。当 $r > R$ 时，$V(r) = V_0(r) = -Ze^2/r$；当 $0 \leq r \leq R$ 时，$V(r) = Ze^2/r(-3/2 + r^2/2R^2)$。

体电荷的原子核和看作点电荷的原子核与电子的静电相互作用不同，它们的能量差（杨福家，2008）[400]

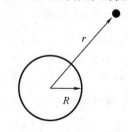

图 11.9　核电荷和核外电势的静电相互作用

280

$$\Delta E = |\varphi(0)|^2 \int_0^R [V(r) - V_0(r)] 4\pi r^2 dr = \frac{2\pi}{5} |\varphi(0)|^2 Z e^2 R^2 \tag{11.17}$$

式中 $\varphi(0)$——电子波函数;

$|\varphi(0)|^2$——电子密度,并假定核电荷分布范围内电子密度是常数。

核电荷与核外电子的作用,主要是与 S 电子的作用,式中的 $\varphi(0)$ 主要是 S 电子波函数。

能量差 ΔE 与核半径 R 有关。处于基态与激发态,核半径 R 不同,核与电子间相互作用不同。基态与激发态核与点电荷核都有能量差,而且由于半径不同,能量差不同,导致基态和激发态能级发生不同的位移。如图 11.10(a) 所示,发射体或放射源基态的能级位移是 δE_g^s,激发态的是 δE_e^s,发射 γ 射线能量从 E_0 变为 $^sE_\gamma$。同样,吸收体吸收的 γ 能量从 E_0 变为 $^aE_\gamma$,$^sE_\gamma$,$^aE_\gamma$ 的能量差约为 10^{-9} eV。

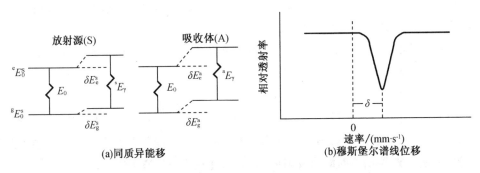

(a)同质异能移　　　　　　　　　　(b)穆斯堡尔谱线位移

图 11.10　同质异能移及其导致的穆斯堡尔谱线位移

同质异能位移 δ 是吸收体或样品激发态与基态能量差和发射体或放射源激发态与基态能量差的差值:$\delta = (\delta E_e^a - \delta E_g^a) - (\delta E_e^s - \delta E_g^s)$,式中上标 s 和 a 分别表示发射体和吸收体,下标 e 和 g 分别表示激发态和基态。这是无反冲的情况下,核半径差异导致的能量变化。由于存在同质异能位移 δ,发生共振吸收必需使发射体和吸收体做相对运动,产生多普勒能量展宽,补偿($^aE_\gamma - {}^sE_\gamma$)能量差。观察到共振吸收或发生共振吸收的条件是,发射体和吸收体相对运动速度 v 要满足

$$^sE_\gamma \pm (v/c)^sE_\gamma = {}^aE_\gamma \tag{11.18}$$

这时测量的穆斯堡尔谱是一个单线谱,谱线的峰位速度与零速度的差为同质异能位移 δ[图 11.10(b)]。

核电荷与核外电子的相互作用,主要是与 S 电子的相互作用。由于基态和激发态的核半径不同,由式(11.17)得到发射体激发态和基态与 S 电子间的相互作用能之差和吸收体激发态和基态与 S 电子间的相互作用能之差分别为 $\delta E_e^s - \delta E_g^s = K[\varphi(0)_s]_s^2 (R_e^2 - R_g^2)$ 和 $\delta E_e^a - \delta E_g^a = K[\varphi(0)_s]_a^2 (R_e^2 - R_g^2)$,则同质异能移为

$$\delta = K(R_e^2 - R_g^2)\{[\varphi(0)_s]_a^2 - [\varphi(0)_s]_s^2\} \tag{11.19}$$

式中 K——常数,$K = \frac{2}{5}\pi Z e^2$;

$[\varphi(0)_s]_s^2$、$[\varphi(0)_s]_a^2$——发射体和吸收体的 S 电子密度;

R_e^2、R_g^2——基态和激发态均方半径。

由于核半径变化很小,式(11.19)可改写为

$$\delta = K'\frac{\delta R}{R}\{[\varphi(0)_s]_a^2 - [\varphi(0)_s]_s^2\} \tag{11.20}$$

式中　K'——常数,$K' = 2KR^2$;

$\delta R = R_e - R_g$——激发态与基态核半径差;

R——核半径,$R = \dfrac{R_e + R_g}{2}$。

由式可见,对于吸收体或样品,同质异能移 δ 正比于吸收体的 S 电子密度 $[\varphi(0)_s]_a^2$。S 电子密度 $[\varphi(0)_s]_s^2$ 与穆斯堡尔探针原子的内层 S 电子和外层 p、d、f 层电子有关,外层电子对 S 电子有屏蔽作用,导致 S 电子云分布变化,改变核电荷与 S 电子的相互作用。内层 S 电子减少,S 电子密度直接变小;外层价电子减少,对 S 电子屏蔽减弱,增强核电荷与 S 电子相互作用,相当于间接增加了 S 电子密度。

穆斯堡尔探针原子的热运动会产生二级多普勒位移,也会引起能级位移。实验上测量的是同质异能位移 δ 与二级多普勒位移之和。一般二级多普勒位移比同质异能位移 δ 小很多,是可以可忽略的。

综上所述,相同吸收体或样品,不同载体的穆斯堡尔源发射体,它们的同质异能位移 δ 不同;同一穆斯堡尔源发射体,不同吸收体或样品的同质异能位移 δ 不同。穆斯堡尔谱学测量中,最常用的穆斯堡尔放射源或发射体是 Pd 载体的 $^{57}Co/^{57}Fe$ 放射源。

从同质异能位移的测量,可以测定原子化学键、价态、自旋态等与固体晶格电子密度和结构相关的数据。

11.2.2　电四极劈裂

自旋 $I > 1/2$ 核具有电四极矩 Q,它与核外电场(梯度)的相互作用,引起核能级的电四极劈裂:自旋为半整数核,原来简并的能级由于电四极相互作用劈裂为 $I + 1/2$ 个能级;自旋为整数核,电四极相互作用简并能级劈裂为 $I + 1$ 个能级。轴对称电场梯度的电四极相互作用引起的能级劈裂,M 次态能级能量的本征值和两个 M 次态能级的能量差或能级劈裂可由式(10.43)和式(10.44)计算获得。

图 11.6 是常用的 $^{57}Co/^{57}Fe$ 穆斯堡尔放射源能级衰变纲图。根据 $I = I_e - I_g$ 跃迁的选择规则,^{57}Fe 有 137 keV、122.6 keV 和 14.4 keV 三个 γ 能量的跃迁。低能 γ 跃迁比高能 γ 跃迁无反冲系数大,所以穆斯堡尔谱学中一般都采用 14.4 keV 的 3/2 到 1/2 的 γ 跃迁。图 11.11(a)是 ^{57}Fe $I_e = 3/2$ 到 $I_g = 1/2$ 的 14.4 keV 跃迁,由图可见 $I_g = 1/2$ 的能级不发生劈裂,$I_e = 3/2$ 的能级劈裂为 $\pm 3/2$ 和 $\pm 1/2$ 两个能级。$^{57}Co/^{57}Fe$ 穆斯堡尔实验测量,可以测量到的两条穆斯堡尔谱线的谱,相应于激发态 $\pm 3/2$ 和 $\pm 1/2$ 到基态 $\pm 1/2$ 的跃迁,两条谱线间隔是激发态 3/2 的劈裂的两个能级 $\pm 3/2$ 和 $\pm 1/2$ 的间距 ΔE_Q[图 11.11(b)]。

非轴对称电场梯度 ΔE_Q 与不对称系数 η 有关:

$$\Delta E_Q = \frac{eV_{zz}Q}{2I(2I-1)}[3M^2 - I(I+1)]\left(1 + \frac{\eta^2}{3}\right) \tag{11.21}$$

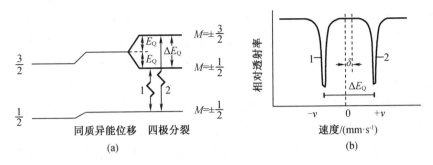

图 11.11　核能级电四极劈裂和穆斯堡尔谱

11.2.3　磁塞曼劈裂

原子核磁矩 μ 与核外磁场 $\boldsymbol{B}$ 的超精细相互作用,产生核能级塞曼劈裂,导致原子核 M 简并的能级劈裂为 $(2I+1)$ 能级。M 次态能级的能量本征值和相邻能级的能级间距可由式 (10.6) 和式 (10.7) 计算。^{57}Fe 的 14.4 keV 的 γ 跃迁的基态和激发态的自旋和 g - 因子分别为 $I_e=3/2,g_e=-0.103$ 和 $I_g=1/2,g_g=0.18$。基态和激发态 g - 因子值不同,能级塞曼劈裂的间距不同。由 (10.6) 可知,$I_g=1/2$ 的 g_g 值是正的,劈裂的 $M=1/2$ 能级比 $M=-1/2$ 能级低;$I_e=3/2$ 的 g_e 值是负的,劈裂的 $M=3/2$ 能级最高、$M=-3/2$ 能级最低。图 11.12 所示为 ^{57}Fe 的 14.4 keV g 跃迁基态和激发态的塞曼劈裂的能级图。

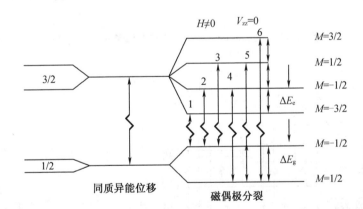

图 11.12　^{57}Fe 的 14.4 keV g 跃迁基态和激发态的塞曼劈裂

由于塞曼劈裂和相邻 M 间劈裂是等间隔的,如图 11.13(a) 所示,实验上可以测量到六条谱线对称分布的穆斯堡尔谱,这是穆斯堡尔谱中常称的穆斯堡尔六指谱[图 11.13(b)]。

11.2.4　磁和电联合超精细相互作用

本节的磁和电联合超精细相互作用,是假设磁超精细相互作用起主导作用,电相互作用比磁相互作用小很多,作为微扰处理,它只引起能级的移动。图 11.4(a) 所示是自旋为

3/2 和 1/2 的激发态和基态,基态自旋、g - 因子和四极矩分别为 $I_g = 1/2$, $g_g = 0.18$, $Q = 0$; 激发态为 $I_e = 3/2$, $g_e = -0.103$, $Q = 0.082\ b$。图 11.14(b) 所示是同质异能位移的能级,图 11.14(c) 与图 11.13 相同都是由核外磁场作用引起的激发态和基态能级的塞曼劈裂,图 11.14(d) 所示是电四极相互作用使塞曼劈裂的能级发生移动。图 11.15(e) 所示是同质异能位移的穆斯堡尔谱。图 11.14(f) 所示是只有核外磁场作用引起的塞曼劈裂,^{57}Fe 的 14.4 keV 跃迁测量的金属 Fe 的穆斯堡尔谱是一个对称的六指谱,相邻谱线间隔都相等[即图 11.14(h) 中的 f]。图 11.14(g) 所示是磁和电超精细相互作用的 ^{57}Fe 穆谱,电超精细相互作用引起塞曼劈裂的能级发生上下移动[图 11.14(d)]所示,使对称的穆斯堡尔六指谱[图 11.14(h) 中的 f]变为不对称的、相邻谱线间隔不等的六指谱[图 11.14(g) 和图 14(h) 中的 g],从图 11.14(h) 中的 f 和 g 谱,可以清晰地看到谱线间隔和谱线峰位的变化。

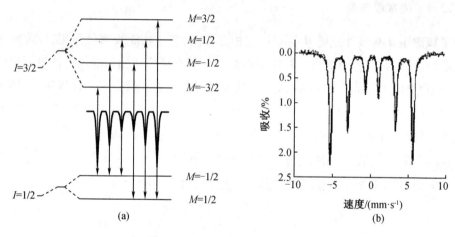

图 11.13　^{57}Fe 的 14.4 keV g 跃迁的穆斯堡尔六指谱

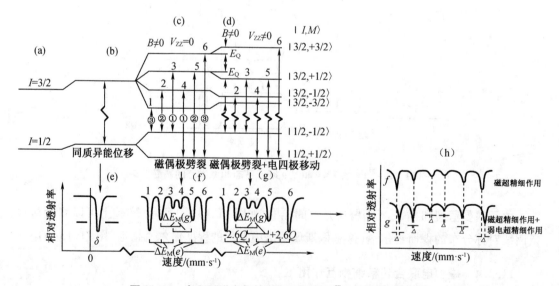

图 11.14　电和磁联合超精细相互作用下 ^{57}Fe 的穆斯堡尔谱

11.2.5　穆斯堡尔谱线线型、线宽、面积

同质异能位移、电四极劈裂和磁塞曼劈裂导致穆斯堡尔谱线峰位移动、谱线劈裂,因而从实验测量的穆斯堡尔谱的谱线峰位、峰分裂间隔等可以得到有关超精细相互作用参数。除了峰位和峰间隔,穆斯堡尔谱线的线型、线宽和面积也是描述穆斯堡尔谱的重要参数,能够提供更多的物理信息。

1. 谱线线型

图 11.5 无反冲核发射的 γ 能谱可用下式表示:

$$I(E)\,\mathrm{d}E = I_0 \frac{\Gamma_\mathrm{H}^2/4}{(E - E_\gamma)^2 + \Gamma_\mathrm{H}^2/4} \tag{11.22}$$

式中　E——γ 射线能量(E_γ);

　　　E_γ——共振能(激发态与基态能量差);

　　　Γ_H——核能级宽度;

　　　I_0——共振强度。

实验测量的穆斯堡尔谱线的线型通常是劳伦兹型的(图 11.11),常用劳伦兹线型拟合实验测量的穆斯堡尔谱线。

2. 谱线线宽

穆斯堡尔谱线宽度可由海森堡测不准关系[式(11.10)]计算。发射体或吸收体厚度等会使谱线宽度变宽,实验测量的穆斯堡尔谱线宽度远大于核能级宽度 Γ_H:$\Gamma_\mathrm{exp} > \Gamma_\mathrm{H}$。

实验测量的谱线半宽度 $\Gamma_\mathrm{exp} = \Gamma_\mathrm{s} + \Gamma_\mathrm{a} + \alpha\Gamma_\mathrm{H}X$,其中,$\Gamma_\mathrm{s}$ 和 Γ_a 是发射线和吸收线的固有宽度,α 是一个系数,X 是吸收体有效厚度。吸收体有效厚度 $X = n_0 f_\mathrm{a}\sigma_0$,其中,$n_0$ 是每平方厘米穆斯堡尔探针核数(面密度),f_a 是吸收体无反冲分数,σ_0 是共振截面。铁的共振截面 $\sigma_0 = 2.35 \times 10^{-18}\ \mathrm{cm}^2$,厚度 $X = 0$。

3. 谱线面积

穆斯堡尔谱线的峰面积 $A = (1/2)\pi f_\mathrm{a} f_\mathrm{s}\sigma_0\Gamma_\mathrm{exp}G(X)n_0$,其中,$f_\mathrm{s}$ 和 f_a 分别是发射体和吸收体无反冲系数,$G(X)$ 是饱和修正因子,$X = 0$,$G(X) = 1$,$G(X)$ 随厚度 X 增加而减小。穆斯堡尔谱线的峰面积正比于穆斯堡尔探针核数,探针核处于吸收体不同位置时,可以测量到不同峰位的穆斯堡尔谱线,各个谱线峰面积比等于不同位置穆斯堡尔探针核数或面密度比:$A_2/A_1 = n_{0,2}/n_{0,1}$。

11.2.6　穆斯堡尔测量能量分辨率

如图 11.5 所示,穆斯堡尔谱学的能量分辨率定义为核能级宽度 Γ_H 与穆斯堡尔探测的 γ 跃迁能量 E_γ 之比:$\Gamma_\mathrm{H}/E_\gamma$。穆斯堡尔谱学能量分辨率很高,可达 10^{-13}。穆斯堡尔谱学能够测量 10^{-9} eV 的能量变化。

11.3　穆斯堡尔谱学实验测量方法

发射 γ 射线的原子核和吸收 γ 射线的原子核都束缚在晶体材料的晶格位置，有一定概率发生无核反冲的 γ 共振吸收。为了增强 γ 共振吸收，发射体与吸收体之间有一定速度 v 的相对运动，产生多普勒位移。通过测量 γ 射线计数随相对速度变化，可测量穆斯堡尔谱（例如图 11.13）。

穆斯堡尔谱实验测量通常有透射几何法和散射几何法两种测量方法。

11.3.1　透射几何法

1. 测量原理

透射几何法也称吸收法，这是穆斯堡尔谱学中常用的测量方法，图 11.15 所示是透射几何法测量原理示意图，发射体（源）（S）和探测器（D）位于吸收体或样品（A）两侧。

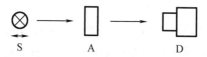

S　　　　A　　　　D

图 11.15　透射几何法测量原理示意图

如图 11.16 所示，透射几何测量法中发射源和吸收体运动有三种相对运动方式：（1）发射体（源）运动、吸收体静止；（2）吸收体运动、发射体（源）静止；（3）发射体（源）和吸收体都运动。

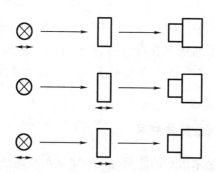

图 11.16　透射几何法中发射体（源）和吸收体的相对运动方式

穆斯堡尔谱学测量中一般都是发射体（源）运动，吸收体或样品静止不动，这样吸收体可以处在不同的外界环境中，如高温、低温、高压等环境。透射几何法是记录发射体发射的 γ 射线穿过吸收体后的 γ 射线。发生共振吸收时，穿过吸收体的 γ 射线最少，探测器计数最小;没有发生共振吸收时,探测器计数最大。利用透射几何法进行测量的穆斯堡尔谱仪称为穆斯堡尔透射谱仪或吸收谱仪。

2. 实验测量

如图 11.17 所示,当源－吸收体相对静止时,即 $v=0$,源发射的 γ 射线的能量与吸收体吸收的 γ 射线能量完全重叠(图中 1 为了显示两个峰,两峰没有完全重叠),吸收体吸收的 γ 射线最多,探测器记录的 γ 射线数量最小。无吸收体时,探测器记录的 γ 射线计数为 N_0,即源发射的 γ 射线计数;有吸收体时,共振吸收的 γ 射线计数为 n,探测器记录的 γ 射线计数为 N_0-n。吸收体吸收 γ 射线激发到激发态,激发态退激到基态时,在 4π 方向上发射 γ 射线计数为 n,立体角为 $\mathrm{d}\Omega$ 的探测器记录的是 $n\varepsilon\mathrm{d}\Omega/4\pi$,$\varepsilon$ 是探测效率。探测器记录总光子数 $N=N_0-n+n\varepsilon\mathrm{d}\Omega/4\pi$。当源和吸收体有一个小的相对运动速度 v 时,谱线重叠减少(图中 2),共振吸收光子数为 $n'(<n)$,探测器计数为 $N'=N_0-n'+n'\varepsilon\mathrm{d}\Omega/4\pi$。显然 $N'>N$;随着相对运动速度增大,探测器记录的 γ 计数随之增大,当 v 大到一定值时发射谱和吸收谱之间不存在重叠(图中 3),记数为 N_0,v 继续再增大,计数保持 N_0 不变。速度反向变化时,计数随反向速度增大而增大,计数变化与正向变化是对称的。

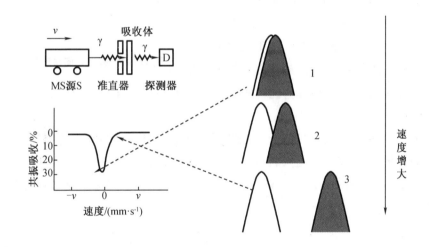

图 11.17　透射几何测量的实验安排和穆斯堡尔谱

穆斯堡尔谱实验测量的是 γ 射线计数随相对速度的变化。图 11.18 所示是发射体发射的 γ 射线在吸收体中的共振吸收份额和探测器计数随速度的变化。

如果有磁塞曼或/与电四极劈裂发生,相应各个分裂能级都有一个速度值,在这个速度值出现吸收峰或透射率最小的计数峰谷(图 11.13),出现多条穆斯堡尔谱线,例如穆斯堡尔六指谱。穆斯堡尔测量时,速度变化范围一般是每秒零到正负几个毫米。

透射几何测量法装置比较简单,不需要采用强 γ 射线源,探测器计数就很大,一般穆斯堡尔谱学测量都采用透射几何测量法。材料或固体表面分析、很薄或很厚样品分析、共振能量高无反冲系数小的测量等情况,需用或必须用散射几何法测量。

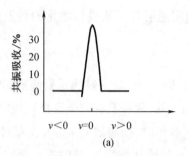
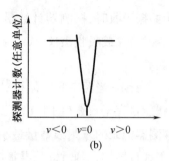

图 11.18 共振吸收和探测器计数随速度的变化

11.3.2 散射几何法

1. 测量原理

图 11.19 所示是散射几何法测量原理示意图。散射几何测量法中发射体或源和吸收体或样品在探测器的同侧,探测吸收体共振吸收后激发态退激到基态时发射的 γ 射线或内转换电子或 X 射线等。发生共振吸收时,退激发射的 γ 射线,内转换电子、X 射线计数最大,探测器计数也最大[图 11.20(c)]。

散射几何法适合表面研究,最常用的是内转换

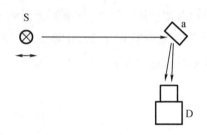

图 11.19 散射几何法测量原理示意图

电子探测器,穆斯堡尔谱仪也称为内转换电子谱仪(CEMS)(王广厚,1985)。

2. 实验测量

表面分析、很薄或很厚样品分析、共振能量高无反冲系数小的测量等情况,采用散射几何法可以提高测量的信噪比,使探测到的共振效应比透射几何法明显。图 11.20 所示是散射几何法测量实验装置[图 11.20(a)]、共振吸收[图 11.20(b)]和探测器计数随速度的变化[图 11.20(c)]。

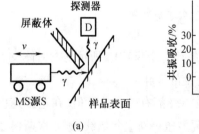
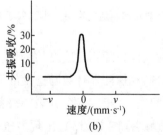
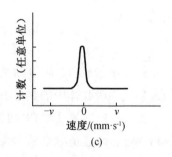

图 11.20 散射几何法测量实验装置与共振吸收及探测器计数随速度变化

散射几何法记录吸收体共振吸收后激发态退激到基态时发射的 γ 射线或内转换电子或 X 射线。吸收体吸收 n 个 γ 光子,由激发态退激到基态时,在 4π 方向上发射 n 个 γ 射线,探测器记录到 $n\varepsilon \mathrm{d}\Omega/4\pi$ 的 γ 射线。源与吸收体相对速度 $v = 0$ 时,吸收光子数 n 最大

[图 11.20(b)],探测器记录的计数最大[图 11.20(c)];相对速度(正向或反向)增大,吸收光子数 n 减少,探测器计数减少。

11.4 穆斯堡尔源和穆斯堡尔谱仪

图 11.21 所示是穆斯堡尔谱仪测量原理示意图。图 11.21(a)画出了谱仪放射源或发射体、源驱动系统、吸收体或样品、射线探测器等主要部分。图 11.21(b)是探测器系统、驱动系统等的电子学仪器、同步控制、数据记录和处理系统等。

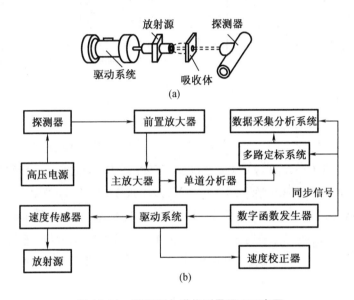

图 11.21 穆斯堡尔谱仪测量原理示意图

11.4.1 穆斯堡尔源

现在已经有 40 多种元素、70 多个穆斯堡尔探针核或同位素,100 多个 γ 跃迁可用于穆斯堡尔测量。表 11.1 列出了穆斯堡尔元素周期表中可用于穆斯堡尔测量的元素及其同位素和相应的 γ 跃迁。常用的穆斯堡尔源有 $^{57}Co/^{57}Fe$、$^{67}Ga/^{67}Zn$、$^{151}Sm(^{151}Gd)/^{151}Eu$、$^{119m}Sn/^{119}Sn$ 等。

穆斯堡尔发射体或源需要满足一定要求:穆斯堡尔测量的 γ 跃迁必须从激发态跃迁到基态,这是由于激发或吸收一般是从基态到激发态;德拜 - 沃勒因子大,穆斯堡尔效应大;穆斯堡尔能级寿命不能太短,否则谱线宽、能量分辨率差;母核寿命长、化学性能稳定、冶金性能好、易于产生和制备。通过降低发射体的温度,选择能量低的 γ 跃迁,采用德拜 - 沃勒因子大、原子质量大的发射体,可以获得较强的穆斯堡尔效应。

表 11.1　穆斯堡尔元素同期表中可用于穆斯堡尔测量的元素及其同位素和相应的 γ 跃迁

I A																	VIIIA
H	II A											III A	IV A	V A	VI A	VII A	He
Li	Be											B	C	N	O	F	Ne
Na	Mg	III B	IV B	V B	VI B	VII B		VIII B			I B	II B	Al	Si	P	S	Cl	Ar
K1 钾 1	Ca	Sc	Ti	V	Cr	Mn	Fe2 铁 1	Co	Ni1 镍 1	Cu	Zn1 锌 1	Ga1 镓 1	Ge2 锗 1	As	Se	Br	Kr1 氪 1
Rb	Sr	Y	Zr	Nb	Mo	Tc1 锝 1	Ru2 钌 2	Rh	Pd	Ag	Cd	In	Sn1 锡 1	Sb1 锑 1	Te1 碲 2	I2 碘 2	Xe2 氙 2
Cs1 铯 1	Ba1 钡 1	La	Hf4 铪 4	Ta2 钽 1	W7 钨 4	Re1 铼 1	Os6 锇 2	Ir4 铱 2	Pl2 铂 1	Au1 金 1	Hg1 汞 1	Tl	Pb	Bi	Po	At	Rn
Fr	Ra	Ac															

标注说明：Fe2 铁 1 —— 右上角"2"为已观察到的穆斯堡尔跃迁数；左下角"1"为穆斯堡尔效应观察到的同位素数。

Ce	Pr1 镨 1	Nd2 钕 1	Pm1 钷 1	Sm6 钐 6	Eu4 铕 2	Gd9 钆 6	Tb1 铽 1	Dy6 镝 6	Ho1 钬 1	Er5 铒 5	Tm1 铥 1	Yn6 镱 5	Lu1 镥 1
Thl 钍 1	Pal 镤 1	U3 铀 3	Np 镎 1	Pu 钚 1	Am1 镅 1	Cm	Bk	Cf	Es	Fm	Md	No	Lr

1. ^{57}Co/^{57}Fe 源

^{57}Co/^{57}Fe 的衰变纲图和相关核参数见图 11.22（Stevens et al.，1977；Vajda et al.，1981）。母核^{57}Co 由加速器^{56}Fe(d,n)^{57}Co、^{56}Fe(p,γ)^{57}Co、^{56}Fe(^{3}He,d)^{57}Co、^{54}Fe(α,p)^{57}Co、^{55}Mn(α,2nγ)^{57}Co、^{48}Ti(^{12}C,p2nγ)^{57}Co 等核反应产生。^{57}Co 通过轨道电子俘获（EC）衰变到^{57}Fe，分支比是 99.8%，^{57}Co 半衰期 $T_{1/2}=270$ 天，所以^{57}Co/^{57}Fe 源的使用寿命比较长。^{57}Fe 发射 137 keV 和 122.6～14.4 keV 级联 γ 射线跃迁到基态，^{57}Fe 的 14.4 keV 能级半衰期较长，为 $T_{1/2}=98$ ns，所以能量分辨率较好；14.4 keV γ 射线能量低、德拜－沃勒因子大，是一个穆斯堡尔效应最强的 γ 跃迁，并有可能在室温观察到穆斯堡尔共振吸收效应。

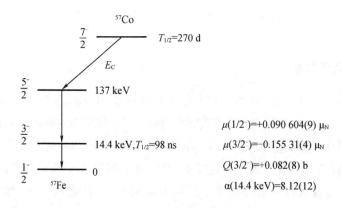

图 11.22　^{57}Co/^{57}Fe 的衰变纲图和相关核参数

2. ^{67}Ga/^{67}Zn 源

母核^{67}Ga 是由加速器^{64}Zn(α,pγ)^{67}Ga、^{66}Zn(p,γ)^{67}Ga、^{66}Zn(d,n)^{67}Ga、^{67}Zn(p,n)^{67}Ga 等核反应产生的。^{67}Ga/^{67}Zn 的衰变纲图和相关核参数如图 11.23 所示（Stevens et al.，1977；

Lederer et al.,1978））。^{67}Ga 的半衰期是 78.3 h。^{67}Zn 的 93.3 keV 能级的寿命为 9.3 μs,因此是穆斯堡尔源中具有最好能量分辨率的源,可以用于高精度穆斯堡尔谱学测量;共振线宽度很小(相应的多普勒速度 $\beta = 0.13$ μm·s^{-1}),因此对穆斯堡尔谱仪的稳定性和放射源与吸收体的制备有很高的要求。

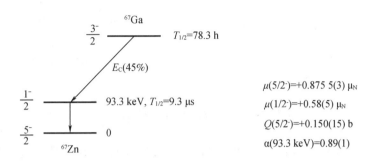

图 11.23　^{67}Ga/^{67}Zn 的衰变纲图和相关核参数

3. ^{151}Sm/^{151}Eu 和 ^{151}Gd/^{151}Eu

^{151}Sm/^{151}Eu 和 ^{151}Gd/^{151}Eu 源的衰变纲图和相关核参数如图 11.24 所示,^{151}Sm/ 和 ^{151}Gd 都衰变到 ^{151}Eu (Stevens et al.,1977)。母核 ^{151}Sm 是在反应堆中通过 ^{150}Sm(n,γ)^{151}Sm 的热中子俘获反应产生的,母核 ^{151}Gd 可由加速器的 ^{149}Sm(α,2nγ)^{151}Sm、^{150}Sm(α,3nγ)^{151}Sm、^{152}Gd(d,t)^{151}Sm、^{152}Gd(^{3}He,α)^{151}Sm 等核反应产生。母核 ^{151}Sm 和 ^{151}Gd 寿命都比较长,尤其是 ^{151}Sm 的半衰期为 90 年。

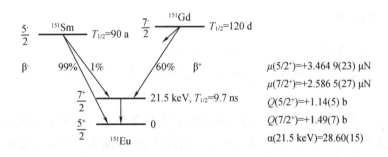

图 11.24　^{151}Sm/^{151}Eu 和 ^{151}Gd/^{151}Eu 源衰变纲图和相关核参数

4. ^{119m}Sn 源

^{119m}Sn 源与绝大多数穆斯堡尔源不同,母核与子核是同一种核素,所以这种源称为同质异能态源。图 11.25 所示是 ^{119m}Sn 的衰变纲图和相关核参数(Stevens et al.,1977)。^{119m}Sn 是在反应堆上通过 ^{118}Sn(n,γ)^{119m}Sn 的热中子俘获反应产生的。母核是半衰期为 245 天的 ^{119m}Sn 同质异能态,衰变到半衰期 18 ns 的激发态,该激发态释放 23.9 keV 的 γ 射线跃迁到 ^{119}Sn 基态,穆斯堡尔谱学测量采用这个跃迁。23.9 keV 能级的四极矩很小,不适用于电四极相互作用测量,在有核外电场环境中做磁超精细相互作用研究,采用 ^{119m}Sn 源,电超精

细相互作用的干扰基本可以不计。

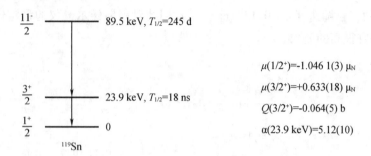

$\frac{11^-}{2}$ 89.5 keV, $T_{1/2}$=245 d

$\mu(1/2^+)$=-1.046 1(3) μ_N

$\frac{3^+}{2}$ 23.9 keV, $T_{1/2}$=18 ns

$\mu(3/2^+)$=+0.633(18) μ_N

$\frac{1^+}{2}$ 0

$Q(3/2^+)$=-0.064(5) b

α(23.9 keV)=5.12(10)

^{119}Sn

图 11.25 ^{119m}Sn 衰变纲图和相关核参数

穆斯堡尔谱学测量中最常用的源是 ^{57}Co$/^{57}$Fe,用作穆斯堡尔测量的跃迁是发射的 14.4 keV 射线;其次是 ^{119m}Sn 源,用作穆斯堡尔测量的跃迁是发射的 23.9 keV 射线。

5. 穆斯堡尔源的制备

为了获得较强的穆斯堡尔效应,穆斯堡尔探针核素要同位素丰度高、内转换系数小、释放 γ 射线线能量适中(5 ~ 160 keV)。穆斯堡尔源的母核半衰期要长,这样源的使用寿命长。

穆斯堡尔源制备过程中,常采用扩散或注入法将穆斯堡尔探针核引入载体,使穆斯堡尔核处于紧束缚状态。穆斯堡尔源载体的化学性能要稳定、无磁性、不产生 X 射线和康普顿散射等干扰。

^{57}Co$/^{57}$Fe 穆斯堡尔源的载体有 Cr、Cu、Pd、不锈钢等,其中 Pd 载体最好,它的穆斯堡尔谱线线宽小。

11.4.2 吸收体

穆斯堡尔谱学测量中,样品是以吸收体形式出现的。样品主要采用固体样品,液体样品需要冷冻成固体。固体样品晶格结构可以是多晶样品和单晶样品,样品形式可以是箔状或粉末状的。

测量样品厚度选择需要综合考虑样品厚度对穆斯堡尔谱线线形和线宽的影响、测量的计数率和统计要求等。样品太厚穆斯堡尔谱线线太宽,样品太薄计数率太低,样品厚度选取需要综合考虑。Fe 样品穆斯堡尔测量中,样品天然 Fe 的面密度一般 5 ~ 10 mg·cm^{-2}。

11.4.3 穆斯堡尔谱仪

穆斯堡尔谱仪一般包括穆斯堡尔 γ 源、源运动驱动系统、样品温度和压力及磁场控制系统、γ 射线探测器和数据记录系统等（夏元复 等,1984;薛缪栋 等,1978）。图 11.21 所示为穆斯堡尔谱仪测量原理示意图,图 11.26 所示为穆斯堡尔谱仪测量框图。穆斯堡尔 γ 源固定在驱动系统上,使源和样品作相对运动;吸收体是待研样品,一般是固定的,以便于样品温度、压力和外加磁场等可以根据实验需要施加和改变;入射和出射 γ 射线经过准直器很好地准直。

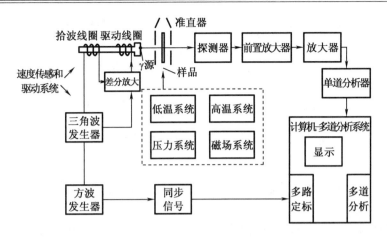

图 11.26 穆斯堡尔谱仪测量框图

驱动系统是穆斯堡尔谱仪的关键部件,用于驱动源运动,使源对样品做相对运动,测量计数随相对速度 v 的变化,获得穆斯堡尔谱,即计数 – 速度谱(图 11.13)。根据源的运动方式,有等速驱动器和等加速驱动器。等速驱动器使发射源相对吸收体做等速运动,连续改变等速运动的速度,测量 γ 射线计数随速度的变化,这种谱仪称为等速穆斯堡尔谱仪。等加速驱动器使源相对吸收体做速度增量为常数的等加速运动,测量 γ 射线计数随速度增量的变化。

驱动系统包括速度传感和驱动系统,由驱动装置和驱动电路构成。驱动装置可以是机械驱动装置和电磁驱动装置。机械驱动装置是纯粹的机械运动,如旋转的圆板或凸轮;电磁驱动装置最简单的是扬声器线圈,现在一般都用电磁驱动器。图 11.26 中的驱动系统是由驱动线圈和检波线圈构成的电磁驱动器,当电流流过驱动线圈时,驱动线圈产生感应磁场,驱动铝连杆运动,固定在连杆上的 γ 发射源随着一起运动;检波线圈串联绕在铝连杆上,由于铝连杆的运动,检波线圈中产生与速度成正比的感应电动势,产生的感应电动势信号与三角波发生器信号比较,经差分放大器反馈到驱动器,使源运动速度与时间成正比变化。三角波发生器信号也同时输出到方波发生器,方波发生器产生一个同步信号控制计算机 – 多道系统,使三角波发生器和多道分析器的多路定标电路同步,即道数与发射体运动速度关联,多路定标系统记录的道数就是样品运动速度,道数增加就是速度线性增加(图 11.27),这种谱仪称为速度扫描谱仪。图 11.27 给出了速度与多路定标器道数同步及测量的无吸收体和有吸收体的穆斯堡尔谱。图(a)是从多路定标器引出的方波,图(b)是方波积分后的三角波。图(c)是多道分析器的多路定标的道数,每道相当于一个相等的速度增量或减量,每道停留或计数时间都相等。图(d)是没有吸收体的计数谱,图(e)是有吸收体的计数谱。有吸收体时,各种速度成分的吸收不同,通过记录各种不同驱动速度的 γ 计数来得到穆斯堡尔谱。

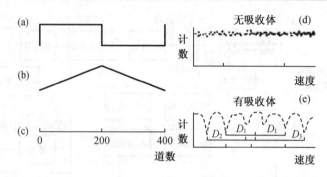

图 11.27　速度与多路定标器道数同步及测量的穆斯堡尔谱

γ 射线探测器可采用 NaI(Tl)闪烁探测器、^{3}He 正比计数器、HPGe 探测器等。由于 γ 射线能量的多普勒位移[式(11.6)]与角度有关,对探测器尺度大小(半径 R_D)有一定的限制。假定探测器和吸收体间距离为 L,R_D/L 大,谱线展宽和位移就大(余弦效应),为克服余弦效应,应使 $R_D/L < 0.05$。如果源弱,这个条件可以适当放宽。

图 11.28 所示是一个实验室穆斯堡尔谱仪。图(a)是源－样品－探测器系统,图(b)是电子学仪器,图(c)是计算机－多道分析器数据获取和处理系统。为了增强共振吸收效应,即提高无反冲系数,且有些穆斯堡尔源只在低温时才有共振吸收效应,穆斯堡尔谱测量一般都是在 77 K 的液氮温度测量。有些穆斯堡尔源只在低温时才有共振吸收效应。穆斯堡尔谱仪都配有低温装置,例如液氮冷源、液氦冷源和闭循环氮和闭循环氦致冷器等,通过与样品紧密接触的冷指冷却样品。材料的微观结构、力学性能、磁性能等与温度、压力、外磁场等密切有关,穆斯堡尔谱仪除了有高低温度可变温度系统,还有可变压力系统、磁场系统等。

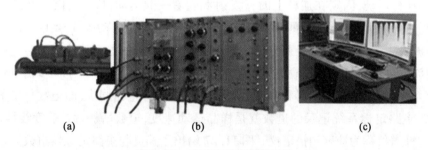

图 11.28　实验室穆斯堡尔谱仪

实验测量的穆斯堡尔谱需要经过拟合等数据处理和分析过程,才能得到精确的谱线位置、宽度、面积等数据。现在已经有许多穆斯堡尔谱计算机处理程序(夏元复 等,1984;李士 等,1981;蔡延璜 等,1980),例如国内外最通用的穆斯堡尔谱解谱软件是 MossWinn 计算机处理程序。

11.4.4　在线穆斯堡尔谱学

离子注入穆斯堡尔谱学开始于 1965 年(Ruby et al.,1965;Hafemeister et al.,1965;张

桂林,1985;夏元复 等,1991)。在线或在束穆斯堡尔谱学(On – line Mössbauer spectroscopy 或 In – beam Mössbauer spectroscopy)是基于加速器在线同位素分离器(isotope separator on – line,ISOL)注入、核反应反冲注入、库仑激发反冲注入的加速器在线或在束的穆斯堡尔测量技术。在线同位素分离器是一种把加速器或反应堆中产生的核反应产物直接传送到同位素分离器中进行质量分离产生特定放射性核束(Weyer et al. ,2000),丹麦哥本哈根和瑞典发展的斯堪的纳维亚型同位素分离器是一 种非常适合为穆斯堡尔谱学的同位素分离器 (Drentje,1968)。核反应反冲注入和库仑激发反冲注入本质相同,前者是采用核反应产生穆斯堡尔探针核并反冲注入分析样品中,后者是采用高能重离子轰击穆斯堡尔探针核素靶,例如^{57}Fe 靶,将探针核素激发到激发态并反冲注入分析样品中(Siegbahn,1965)。为了减少束流在样品中产生的辐照损伤,将核反应靶或库仑激发靶和样品分离(Sprouse et al. ,1968)。

采用上述三种离子注入方法,可以将短寿命穆斯堡尔探针核直接注入分析样品材料中,进行在束或在线穆斯堡尔谱测量。国际上目前开展离子注入在线穆斯堡尔谱学研究工作较多的有丹麦 Aarhus 大学、荷兰 Groningen 大学、比利时 Leuven 大学、波兰 Krakow 大学、美国 Stanford 大学、英国 Hawell 研究所、日本理化研究所(RIKEN)和日本放射性医学综合研究所 (NIRS)、瑞士欧洲核子研究所(CERN)、德国 GSI 所(Menningen et al. ,1987)、德国 HMI 所(Laubach et al. ,1989)等,中国也建立了在线穆斯堡尔谱测量装置 (张鸿冰 等,1996)。

图 11.29(a)是^{57}Fe 束流库仑激发在束穆斯堡尔测量装置示意图。重离子加速器产生的能量 200 MeV^{57}Fe 束流脉冲轰击 Ta 靶,库仑激发后处于激发态的^{57*}Fe 散射注入到样品。^{57}Fe 库仑激发到高激发态,然后通过 E_2 跃迁从高激发态以 ~90% 的强度退激到^{57}Fe 的 14.4 keV 激发态,在束穆斯堡尔也是测量这个 γ 跃迁进行的。采用脉冲束流,束流脉冲宽度 1~2 ns,脉冲周期 100~300 ns,束流强度 2×10^{11} s^{-1};采用 5 mg·cm^{-2}厚 Ta 旋转靶,使束流轰击靶的靶的温度不至于过高。由于^{57}Fe 束流太昂贵,一般采用其他粒子,例如 Ar 轰击^{57}Fe 靶的库仑激发方式[图 11.29(b)]。85~110 MeV 的^{40}Ar 轰击^{57}Fe 薄靶,将^{57}Fe 库仑激发并反冲出靶,注入到样品。脉冲束流条件和^{57}Fe 束流库仑激发相仿。^{57}Fe 靶厚度 3 mg·cm^{-2},用液氮冷却,为了增加靶导热性,在靶的背向束流一面蒸镀 0.3 mg·cm^{-2}厚的 Ag 层。核反应反冲注入装置与库仑激发相仿,加速器入射束是引起核反应的粒子束流,靶是核反应靶,入射束轰击核反应靶,产生的穆斯堡尔探针核反冲注入到样品。

Draper(1964)、Weyer(1968)、Weyer(1981)、Weyer 等(2000)采用位于靶室外的探测效率很高的平行板雪崩计数器(parallel – plate avalanche counter,PPAC),测量注入样品中的^{57}Fe 放射源的穆斯堡尔谱。平行板雪崩计数器的阴极采用^{57}Fe 增丰的不锈钢(^{57}Fe 丰度为 90% 的 $Fe_{62}Cr_{20}Ni_{18}$)片,作为吸收体和探测器阴极;工作气体是正庚烷[$CH_3(CH_2)_5CH_3$]气体,气压 500 Pa。平行板雪崩计数器安装在穆斯堡尔驱动装置上,驱动吸收体运动,进行穆斯堡尔谱测量。

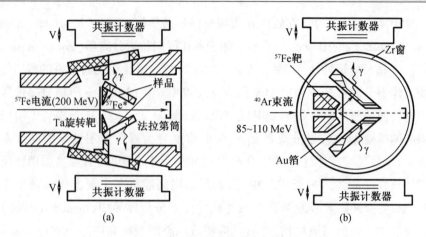

图 11.29　库伦激发在线穆斯堡尔测量装置示意图

图 11.30 是^{57}Fe 库仑激发注入纯度 99.99% 铜样品、在样品温度 77 K 测量的穆斯堡尔谱（张鸿冰 等,1996）。实验测量的穆斯堡尔谱是一个单峰谱,谱线化学位移 -0.307 mm·s^{-1},峰宽度 0.65 mm·s^{-1}。实验结果表明, 77 K 库仑激发注入 Cu 中^{57}Fe 只占一种晶格位。

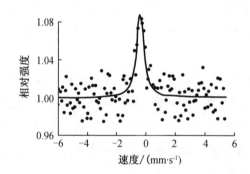

图 11.30　77 K 测量的^{57}Fe 注入 Cu 的穆斯堡尔谱

离子注入穆斯堡尔谱学是材料尤其是半导体材料微观结构和损伤与缺陷、化学位移、超精细场等研究的一种强有力的方法（张桂林,1985）。

11.5　穆斯堡尔谱学应用

穆斯堡尔谱学的应用范围很广（夏元复 等,1984;Gonser,1975）。在物理领域,穆斯堡尔谱学可以用于基础和应用研究,例如核态寿命测量,原子核核矩测量和原子核结构研究,原子核理论模型检验等。在材料科学和固体物理领域中,穆斯堡尔谱学可以用于原子运动、固体结构和相变、固体缺陷和辐射损伤、材料磁性、超导电性、晶体动力学、表面和界面等研究。在化学领域,穆斯堡尔谱学可以用于核周围邻近化学环境研究,电子密度、化学键测量等。在生物学领域,穆斯堡尔谱学可以用于蛋白质分子和催化酶等研究。在地质学、冶金学、矿物学、考古等领域,穆斯堡尔谱学都有重要应用。

11.5.1　材料结构相分析

穆斯堡尔探针核处于不同配位环境或结构相,穆斯堡尔谱线的能级位移和劈裂不同。穆斯堡尔谱学能够很好地用于材料结构相研究。

采用穆斯堡尔谱学方法研究了不同条件煅烧的 $FeTiO_3$ 铁钛矿的相结构。图 11.31 是不同真空度煅烧的 $FeTiO_3$ 铁钛矿样品的穆斯堡尔谱。图 11.31(a)是低真空、1 200 ℃煅烧的 $FeTiO_3$ 的穆斯堡尔谱,可以看到 $FeTiO_3$ 存在两个结构相,分别对应穆斯堡尔谱线Ⅰ和Ⅱ,谱线Ⅰ是强相,这是 $FeTiO_3$ 中 ^{2+}Fe 价态形成的结构相,谱线Ⅱ是弱相,它是低真空煅烧产生的高氧组份的 Fe_2TiO_5 结构相。图 11.31(b)所示是铁钛矿样品 $Fe_{0.9}Mg_{0.1}TiO_3$ 的穆斯堡尔谱,$Fe_{0.9}Mg_{0.1}TiO_3$ 有两个结构相,分别对应穆斯堡尔谱线Ⅰ和Ⅱ,谱线Ⅱ是弱相。图 11.31(c)是 10^{-6} Pa 高真空、1 200 ℃煅烧的 $FeTiO_3$ 穆斯堡尔谱,$FeTiO_3$ 变成单相结构,对应穆斯堡尔谱线Ⅰ,穆斯堡尔谱线Ⅱ消失。

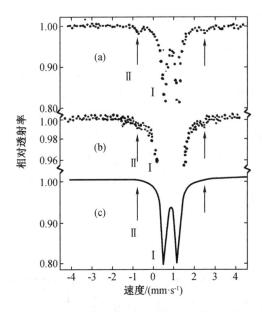

图 11.31　不同真空煅烧的 $FeTiO_3$ 铁钛矿样品穆斯堡尔谱

11.5.2　核邻近化学环境研究

穆斯堡尔谱学可以精确测量同质异能位移或化学位移,得到核处电子密度、化合物价态、材料化学键等信息。核邻近电子密度不同,化学位移不同,电子密度与原子价电子组态密切相关。不同价态化合物的化学位移不同,例如不同价态铁化合物,二价铁化合物的化学位移比三价铁化合物大。从测量的化学位移可以灵敏地获得化合物价态等数据。

SnI_4、$SnBr_4$、$SnCl_4$、SnF_4 是 Sn 的四种四价化合物。由于 F、Cl、Br、I 负电性不同,导致化合物中 Sn 的化学移不同(Clausen et al.,1970;Davies et al,1970)。图 11.32 是测量的四种

Sn 四价化合物的化学位移与化合物另一成分 F、Cl、Br、I 的电负性关系。F、Cl、Br、I 负电性强弱程度依次是 F、Cl、Br、I,F 的负电性最强。负电性强,吸引电子多,从而 Sn 处电子密度减小,相应的化学位移减小。实验测量的 Sn 的四种四价化合物中,Sn 的化学位移大小依次是 SnI_4、$SnBr_4$、$SnCl_4$、SnF_4,SnI_4 的化学位移最大。

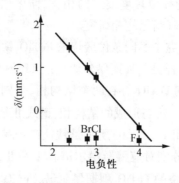

图 11.32 四种 Sn 的四价化合物的化学位移

11.5.3 矿石、陨石分析

大多数矿物质都含 Fe,^{57}Fe – 穆斯堡尔谱学是矿物学研究中一种不可或缺的分析手段,例如,采用穆斯堡尔谱学方法测量 Fe 在陨石中的相分布、价态等,可以获得太阳系形成和演化、生命起源、矿物演变过程等信息。

图 11.33 所示是夏克定等(1979)对 1976 年降落的吉林陨石所做的穆斯堡尔测量。图 11.33(a)是测量的陨石铁镍金属相的穆斯堡尔谱,图 11.33(b)是作为比较的 α – Fe 的穆斯堡尔谱。陨石铁镍金属相和 α – Fe 的穆斯堡尔谱都是六指谱,谱线峰位基本相同,但是陨石的谱线强度比与标准 α – Fe 的比不同。由测量谱得到,陨石铁镍金属中铁产生的平均内磁场是 Fe 产生的内磁场的 1.02 倍。参考平均内磁场与镍含量关系数据,得到降落在吉林的陨石铁镍相中 Ni 含量为 6~6.5at%。

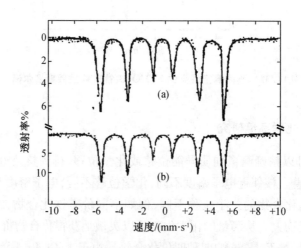

图 11.33 吉林陨石铁镍金属相和 α – Fe 相的穆斯堡尔谱

11.5.4　晶格位置研究

同一晶体结构处于不同晶位的穆斯堡尔探针核受到邻近环境产生的核外电磁的作用不同,穆斯堡尔谱线也会有相应的变化,从测量的穆斯堡尔谱线,可以确定探针核晶格位置及晶位占有率。材料可以通过掺入其它元素提高性能,穆斯堡尔谱学测量,可以确定掺入元素晶格位置等。

$Nd_{17}Fe_{75}B_8$ 是一种永磁材料,通过掺入 Co 来提高居里温度和减小矫顽力。Ping 等(1988)采用穆斯堡尔谱学方法测量了掺 Co 的 $Nd_{17}(Fe_{1-x}Co_x)_{75}B_8$ 永磁材料 Co 原子的晶格占位和占位率。图 11.34(a)是测量的穆斯堡尔谱随掺入 Co 浓度 X 的变化,由图可见 $X=0$ 和 0.3 穆斯堡尔谱差别很大。拟合得到超精细相互作用磁场随 Co 浓度增加而减小,从 $X=0$ 的 29.6 T 减小到 $X=0.3$ 的 28.1 T。Nd–Fe–B 永磁材料主相是 $Nd_2Fe_{14}B$ 四方相,Fe 有 k_1、k_2、j_1、j_2、e、c 六个不等效晶位。图 11.34(b)是拟合得到的 Fe 在 k_1、k_2、j_1、j_2、e、c 晶位相对概率随掺入 Co 浓度 X 的变化。由此可以推算出 Co 的晶格占位率,图 11.34(c)是 Co 在六个晶格位的占位率随 Co 浓度的变化,如图所示,Co 优先占有 k_2、j_2 晶位。Co 和 Fe 处于不同的晶格位会对永磁材料居里温度和磁各向异性有很大影响。Co 优先占有 k_2、j_2 晶位,能够提高永磁材料的居里温度和减小矫顽力和磁各向异性。

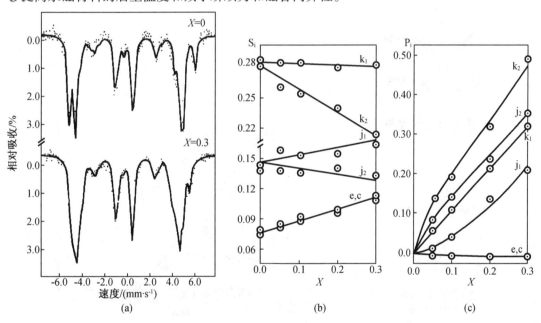

图 11.34　不同 Co 含量的永磁材料 $Nd_{17}(Fe_{1-x}Co_x)_{75}B_8$ 穆谱与 Co 的晶格占位

11.5.5　扩散研究

热扩散过程中原子热运动引起位置涨落,使穆斯堡尔谱线宽度增大。测量穆斯堡尔谱线宽度,可以研究材料和固体中的扩散现象。

Knauer 等(1968)采用穆斯堡尔谱学方法测量了 Fe 在 Cu 和 Au 中的扩散。测量 Fe 在

Au 中扩散时,采用 Au 为载体的 ^{57}Fe 源,吸收体样品是 $Na_4Fe(CN)_6 \cdot 10H_2O$,改变放射源的温度。测量 Fe 在 Cu 中扩散时,有两种测量方法,一种是 Cu 为载体的 ^{57}Fe 源,吸收体样品是 $Na_4Fe(CN)_6 \cdot 10H_2O$,改变放射源的温度(图 11.35(b)中空心圆);另一种是源的温度不变,采用 Cu 中掺入 1%^{57}Fe 的作为吸收体,改变吸收体温度(图 11.35(b)中实心圆)。图 11.35(a)所示是改变 ^{57}Fe 掺入 Cu 吸收体温度实验测量的不同温度的穆斯堡尔谱,图 11.35(b)所示是 Fe 在 Cu 和 Au 中穆斯堡尔线宽度 $\Delta\Gamma$ 随温度 T 倒数 $1/T$ 的变化。

由实验测量的不同温度的谱线宽度 $\Delta\Gamma(T)$,可以获得不同温度扩散系数 $D(T)$:
$$\Delta\Gamma(T) = \frac{12\hbar}{a_0^2 f_c} D(T)(1 - a_g),$$ 其中 a_0 是扩散原子跳跃距离,a_g 是几何因子,随机跳跃的 $f_c = 1$,非随机跳跃的 $f_c < 1$。

利用阿尔亨纽斯公式:$D(T) = D_0 \exp(-Q_a/k_\beta T)$,由 $\ln D(T) = \ln D_0 - Q/k_\beta T$ 对应图的直线斜率得到扩散激活能 Q_a。

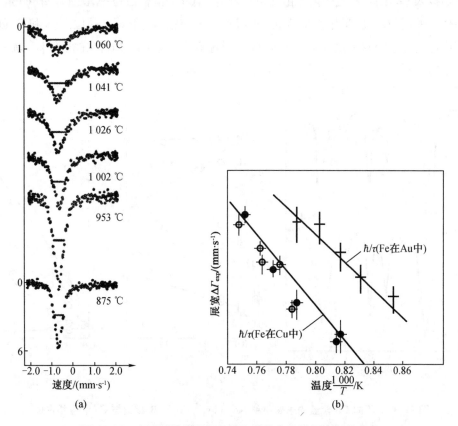

图 11.35 实验测量穆斯堡尔谱和谱线宽度随温度倒数变化

11.5.6 材料磁性研究

穆斯堡尔谱学是用于材料微观磁性研究的一种重要手段,例如,磁性材料居里温度测量等。

Preston 等(1962)采用穆斯堡尔谱学方法研究了磁性材料铁的内磁场并测量了它的居里温度,测量的温度范围是 4 ~ 1 300 K。图 11.36(a)是在不同温度下测量的铁的穆斯堡尔谱。由测量的穆斯堡尔谱,可以得到超精细磁场(Fe 的内磁场)强度,图 11.36(b)是归一化的超精细磁场强度随温度的变化。由超精细磁场强度随温度的变化,得到居里温度 $T_0 =$ 1 043 K。

从实验测量的超精细磁场,可以计算材料的宏观磁化强度,获得磁化强度随温度的变化情况。此外,从测量的超精细磁场,如果已知探针核受到的磁场强度,可以得到原子磁矩和原子核核结构等。

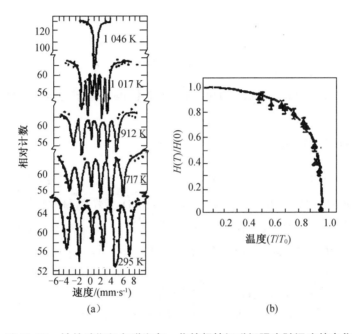

图 11.36　铁的穆斯堡尔谱和归一化的超精细磁场强度随温度的变化

11.5.7　铁族合金超精细磁场随合金元素浓度变化研究

Boyle 等(1962)采用穆斯堡尔谱学方法测量了铁族合金 Fe - Co 和 Fe - Ni 合金中[57]Fe 核上超精细磁场(内磁场)。图 11.37 所示是实验测量的 Fe - Co、Fe - Ni 合金中[57]Fe 核上的核的超精细磁场 B 随合金元素相对浓度变化。纵坐标是测量的合金超精细磁场 B 对纯 Fe 超精细磁场的归一值,横坐标是合金元素相对浓度。图中横坐标 Fe - Co 段表示 FeCo 合金中 Fe 的浓度从"Fe"处 100% 减少到"Co"处的 0,而 Co 的浓度从 0 增加到 100%;横坐标 Fe - Ni 段表示 FeNi 合金中 Fe 浓度从"Fe"处 100% 减少到"Ni"处的 0,而 Ni 的浓度从 0 增加到 100%。图中也画出了作为 Cu - Ni 合金杂质的[57]Fe 核上的超精细磁场,同样横坐标 Ni - Cu 段表示 CuNi 合金中 Ni 浓度从"Ni"处 100% 减少到"Cu"处的 0,而 Cu 的浓度从 0 增加到 100%。实验结果表明,超精细磁场与合金元素成分相对浓度有关,随相对浓度缓慢变化,但是在 100% 到 0 的相对浓度变化范围超精细磁场的变化不是很大。

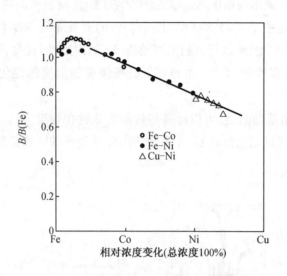

图 11.37　Fe – Co、Fe – Ni 中^{57}Fe 核处超精细场随合金元素浓度变化

11.5.8　磁性材料织构研究

穆斯堡尔谱学可以很好地用于测量材料的织构。以磁性材料 α – Fe_2O_3 微粒织构测量为例（Kundig,1966）,图 11.38(a)是不同尺度 α – Fe_2O_3 微粒测量的穆斯堡尔谱,随着颗粒尺度增大,穆斯堡尔谱逐步接近 Fe 的标准六指谱,表明 α – Fe_2O_3 逐步发生超顺磁到铁磁性的相变,颗粒大于 40 nm 时, α – Fe_2O_3 是铁磁性相的。图 11.38(b)中的 D12 和 D440 是 ~ 13.5 nm 尺度的 D 样品在 12 K 和 440 K 温度测量的穆斯堡尔谱。由图可见,超顺磁相的成分随温度增加而增加,500 K 时,100% 是超顺磁相的。同一尺度微粒样品的穆斯堡尔谱温度变化测量表明,温度降到一定温度后也发生铁磁性相变。不同尺度颗粒的相变温度不同,从相变温度可以估算微粒尺度。从上例可以看到,材料织构以及温度对材料的性能有很大的影响。

11.5.9　材料缺陷研究

材料缺陷研究是穆斯堡尔谱学一个重要的应用方面。Ozawa 等（1977）、Ozawa 等（1979）采用穆斯堡尔谱学研究了 Sn 在 Fe 晶界偏析产生的缺陷。

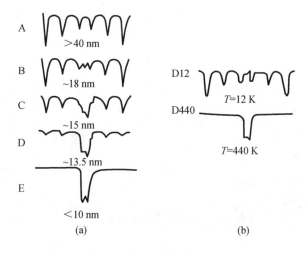

图 11.38 α−Fe₂O₃ 微粒的穆斯堡尔谱

实验样品是电解铁片，^{119m}Sn 穆斯堡尔源通过高温扩散引入到样品。图 11.39(a) 是 700 ℃扩散的 ^{119}Sn 穆斯堡尔谱，谱是谱线宽度较宽的稍有不对称的六指谱，说明铁基体中扩散的 ^{119m}Sn 受到不同的超精细场的作用。图 11.39(b) 是 400 ℃扩散的 ^{119m}Sn 穆斯堡尔谱，除六指谱，在速度为 0 mm/s(很弱但看得见)和 1.7 mm/s 出现两个峰，这是扩散偏析到晶界的 ^{119m}Sn 的穆斯堡尔谱线。图 11.39(c) 是 400 ℃扩散样品表面除去 15 m 厚的薄层后的穆斯堡尔谱。根据扩散温度和时间，^{119m}Sn 扩散深度小于 0.1 m，表面除去 15 m 厚薄层的样品应该没有 ^{119m}Sn 了，但是实验还是观察到 ^{119m}Sn 峰(六指谱消失)，这是扩散偏析到样品内部晶界的 ^{119m}Sn 产生的，证实了晶界扩散偏析现象。

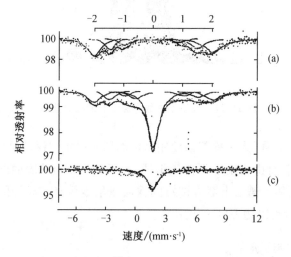

图 11.39 不同温度 ^{119m}Sn 扩散到铁中的穆斯堡尔谱

11.5.10 空间科学应用

2003 年 6 月 10 日美国国家航空航天局发射了"勇气号"(Spirit)火星探测器，2004 年 1

月3日着陆火星表面。图11.40是"勇气号"火星探测器,其携带的仪器有相机、α粒子-X荧光分析仪、显微镜、微型穆斯堡尔谱仪(MIMOS Ⅱ)等。

图11.40　"勇气号"火星探测器和携带的微型穆斯堡尔谱仪

图11.41是火星子午线平原岩石的穆斯堡尔谱。由图可见,在子午线平原的岩石样品中有黄钾铁钒[$(K,Na,X^{+1})Fe_3(SO_4)(OH)_6$]的铁矿物。图中黑色的两个峰是含水的黄钾铁钒相,该图表明在火星上有水动力过程。此外,除了两个浅灰色的Fe^{3+}相,还探测到Fe^{2+}的硅酸盐相和磁性相。

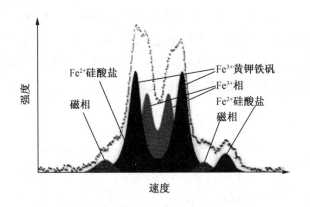

图11.41　火星子午线平原岩石的穆斯堡尔谱

2004年6月"勇气号"火星探测器使用携带的穆斯堡尔谱仪,对火星南半球赤道附近的古谢夫环形山(据信,是由史前陨石撞击形成,直径约170 km)表面的矿物进行了分析,图11.42是测量的穆斯堡尔谱。土壤橄榄石的穆斯堡尔谱线对应成分的分析,证实了古谢夫环形山表面的风化过程以物理风化作用为主。

11.5.11　基础物理研究

1. 重力场光的红移效应研究

庞德和里布卡(Pound和Rebka)采用穆斯堡尔谱学验证了爱因斯坦理论预言的光在重力场中的红移效应(Pound et al.,1959;Pound et al.,1960)。

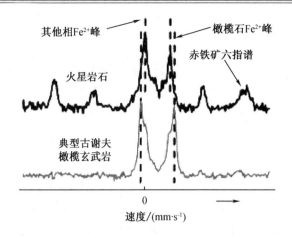

图 11.42　火星古谢夫环形山表面穆斯堡尔谱

如果发射体和吸收体处在不同高度,它们受到的重力场作用不同,会发生红移效应。红移效应导致发射体发射的 γ 射线相对吸收体有一个频率位移 $\Delta\nu = \nu' - \nu$,其中 ν 是没有重力场作用的频率,ν' 是有重力场作用的频率。实验中,庞德和里布卡将 γ 射线源(发射体)放置在哈佛大学杰弗逊实验室塔顶,源上下移动对样品作相对运动。塔顶距离地面 22.6 m,样品和探测器安放在地面[图 11.43(a)]。发射体水平高度比吸收体高 h 时,由 $(\nu' - \nu)/\nu = g \times h/c^2 = 1.09 \times 10^{16} \times h$,可以计算 $\Delta\nu/\nu$,其中 g 是重力加速度。当 $h = 22.6$ m 时,$\Delta\nu/\nu = 2.45 \times 10^{15}$。

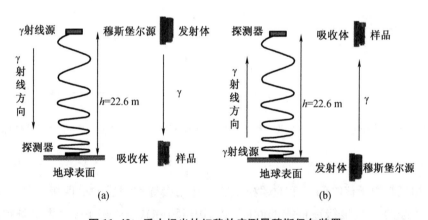

图 11.43　重力场光的红移效应测量穆斯堡尔装置

庞德和里布卡穆斯堡尔实验测量的 $\Delta\nu/\nu$ 与计算的 $\Delta\nu/\nu$ 值的比为 1.05 ± 0.10。他们将整个实验装置反过来(图 11.43(b)),即将样品放在塔顶,γ 射线源放在地面又做了测量。两个相反方向的测量 $\Delta\nu/\nu$ 的差异很小。五年后,庞德等将实验精度提高到 1%(Pound et al.,1965),以更好的精度验证了重力场光的红移效应。这是在地面条件首次直接和高精度验证了引力红移。

2. 核态寿命和核矩测量

穆斯堡尔谱学可以用于原子核核态寿命或能级宽度、磁矩和电四极矩测量,进行原子核结构研究。穆斯堡尔谱学早期的主要应用是原子核核矩测量和核结构研究。

（1）激发态寿命测量

从实验测量的穆斯堡尔谱线的宽度得到核态能级宽度，再利用测不准关系求得核态寿命或半衰期。穆斯堡尔效应谱线宽度与源和吸收体厚度密切相关，源和吸收体越薄，谱线宽度越小。为了获得与核态宽度对应的谱线宽度，进行了几个不同源和吸收体厚度的测量，然后外推到零厚度源和吸收体的穆斯堡尔谱线宽度，然后通过测不准关系 $\Gamma = \hbar/\tau$ 求得核态寿命。

Seteiner 等（1969）采用穆斯堡尔谱学方法测量了 ^{191}Ir 的 129.43 keV 第一激发态寿命（Steiner et al.，1969）。测量采用 ^{190}Os 浓缩度为 95% 的金属靶，中子活化产生 ^{191}Os 穆斯堡尔源，它的半衰期是 15.4 d，通过 β^- 衰变到 ^{191}Ir 的 129.43 keV 第一激发态，图 11.44 是 ^{191}Os 的衰变纲图。天然 Ir 金属作为吸收体，对 129.43 keV 做穆斯堡尔测量。图 11.45 是测量的宽度 Γ 随吸收体厚度 t 的变化，外推到零厚度的 Γ，由其得到平均寿命 $\tau = 129(2)$ ps。

穆斯堡尔谱测量，可以用于 $10^{-6} \sim 10^{-12}$ s 或微秒到皮秒范围核态寿命的测量。

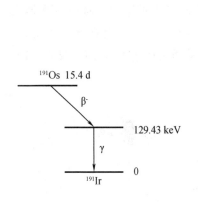

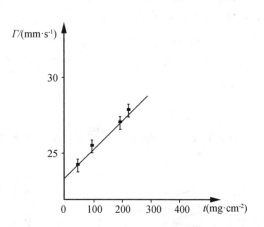

图 11.44 ^{191}Os/^{191}Ir 衰变纲图　　**图 11.45** 129.43 keV 穆斯堡尔谱线宽度随 Ir 吸收体厚度变化

（2）原子核电四极矩测量

核外电场与原子核电四极矩的超精细相互作用会导致谱线的电四极劈裂。实验测量穆斯堡尔谱线两个 M 能级或谱线的间隔[式（10.45）和式（10.47）]，如果电场梯度 V_{zz} 已知，就可以用式（10.44）计算得到核的电四极矩。Artman 等（1968）采用穆斯堡尔方法测量了 ^{57}Fe $I = 3/2$、14.4 keV 第一激发态的电四极矩，从实验测量的 ^{57}Fe 在 $\alpha - Fe_2O_3$ 中的电四极相互作用穆斯堡尔谱，得到 $\pm 3/2$ 和 $\pm 1/2$ 谱线间隔 $e^2qQ = eQV_{zz} = +0.880 \pm 0.024$ mm · s^{-1}，$\alpha - Fe_2O_3$ 中电场梯度 EFG 是轴对称的，计算的电场梯度 $V_{zz} = 4.910 \times 10^{17}$ V · cm^{-2}，得到 ^{57}Fe 第一激发态的电四极矩 $Q = +0.283 \pm 0.035$ b。

（3）原子核 g - 因子或核磁矩测量

核受到核外磁场作用发生等间隔的磁塞曼劈裂。测量的穆斯堡尔谱线分裂的间隔，已知核外磁场，由式（10.7）、式（9.3）与式（9.4）得到 g - 因子和磁矩 μ。

图 11.46 是室温测量的金属铁穆斯堡尔六指谱（夏元复 等,1984）。图的横坐标是道数,根据道数与速度的转换关系,可以得到相应各个道数对应的速度。图中 $x_0 = 195.0$ 道是同质异能位移,相应六指谱谱线的道数如图所示。测量得到^{57}Fe 第一激发态的 g – 因子为 $g = -0.1033$,磁矩 μ 为 $\mu = -0.1550 \mu_N$。

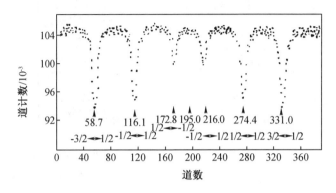

图 11.46　室温金属铁测量的穆斯堡尔谱

3. 考古学应用

穆斯堡尔谱学在考古学中有重要的应用（李士 等,1990）。例如秦始皇兵马俑样品的穆斯堡尔谱学测量,从实验测量结果,可以导出几种陶俑的烧制温度,并根据 Fe^{2+} 和 Fe^{3+} 的强度比确定秦俑主要是在还原气氛中烧制成的;河南龙山文化时期的古陶片测量,得到四种古陶片样品的顺磁成分 Fe^{3+} 和 Fe^{2+} 都随年代增加而增加,铁磁成分随年代增加而减小,由此推算出古陶片最高煅烧温度为 700 ~ 800 ℃,测量结果还表明我国陶器烧结技术比古埃及早一千年;汉代青铜镜残片的^{119}Sn 的穆斯堡尔谱分析,结果证实了铜镜表面是 Sn(IV) 氧化物,内部为 Cu – Sn – Pb 合金,得到了表层到内层结构演化的数据。

11.5.12　在线或在束穆斯堡尔谱学应用示例

已经开展了很多在线或在束穆斯堡尔测量应用研究（张桂林,1985）,以 Si 中 Fe 的扩散为例。库仑激发将 10^{15} cm^{-3} 低浓度的^{57}Fe 注入高纯 n 型 Si 中,在 300 ~ 800 K 测量穆斯堡尔谱（Schwalbach et al. , 1990）。图 11.47 是实验测量的不同温度的穆斯堡尔谱。实验也测量了 20 ~ 300 K 的穆斯堡尔谱,谱形几乎不随温度变化,300 K 以上变化较大。测量的谱都用一个单线谱加一组双线谱拟合,单线谱归于没有四极劈裂的处于间隙位的 Fe 原子,双线谱归于电四极劈裂的谱线。双线谱的谱线线宽与温度无关,单线谱的线宽是随温度变化的,这是由扩散引起的。

与 11.5.5 相同,由谱线宽度 $\Delta\Gamma$ 可以得到扩散系数 D。图 11.48 是由单线谱宽度 $\Delta\Gamma$ 得到 Fe 在 Si 中的扩散系数的温度变化。图中空心方块数据来自文献（Schwalbach et al. , 1990）,空心圆来自文献（Weber,1983）。同样由扩散系数的温度变化得到扩散激活能 $Q_a = 0.47 \pm 0.07$ eV。

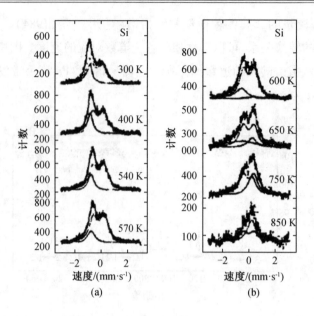

图 11.47　不同温度测量的低浓度 57Fe 注入 Si 中的穆斯堡尔谱

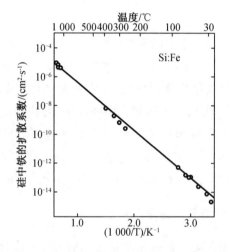

图 11.48　Fe 在 Si 中扩散系数的温度变化

第12章 扰动角关联和扰动角分布谱学

穆斯堡尔谱学是探测原子核能级位移和劈裂。扰动角关联(perturbed angular correration,PAC)和扰动角分布(perturbed angular distribution,PAD)谱学是通过探针核发射的 γ 射线角关联或角分布的时间变化或核自旋进动测量,获得探针核与核外电磁场的超精细相互作用参数。

1950 年美国布雷迪和多伊奇(E. L. Brady 和 M. Deutsh)首先提出(Brady,1950),并测量了外磁场作用下的 γ-γ 角关联函数,开始了 γ-γ 级联中间态的磁矩。1952 年美国弗劳恩菲尔德(Frauenfelder)等,首次采用扰动角关联方法测量了 ^{111}Cd 的 247 keV、半衰期 84 ns 激发态(级联中间态)的磁矩。20 世纪 60 到 70 年代扰动角关联和角分布主要用于原子核核矩测量,测定了 300 多个核素的电磁矩;20 世纪 70 年代开始广泛用于固体物理、材料科学、生物学、医学、化学、磁学等领域;现在又开始用于极端条件下,如高自旋态和不稳定核素等的核矩测量和核结构研究。

本章先介绍传统的(未受到扰动的)γ-γ 角关联或角分布及其测量,然后介绍受到超精细相互作用扰动的角关联或角分布及其测量,最后介绍它们的应用。扰动角分布和扰动角关联测量原理相同,扰动角关联是用加速器或反应堆产生一定寿命的放射性母核,母核衰变的子核作为扰动角关联探针核。母核衰变到子核激发态,该激发态经过一定寿命的中间态,以 γ-γ 级联方式跃迁到基态。在中间态寿命期间受到核外电磁场作用,角关联受到扰动或发生变化。扰动角关联测量中,量子化方向是激发态跃迁到 γ-γ 级联中间态发射的 γ 射线方向。在扰动角分布测量中,由加速器核反应直接产生相当于 γ-γ 级联中间态的激发态,加速器在束测量它发射的 γ 射线角分布,量子化方向是核反应入射束方向,在激发态寿命期间受到核外电磁场作用,角分布受到扰动或发生变化。近几年发展了加速器在线扰动角关联方法,在加速器上通过核反应产生寿命极短的母核,母核衰变到子核激发态,通过 γ-γ 级联方式跃迁到基态。由于母核寿命极短,从而使加速器在线扰动角关联测量成为可能(见本章 12.4.4)。

12.1　γ-γ 级联跃迁和角关联

12.1.1　γ-γ 角关联

1. γ-γ 级联跃迁

γ-γ 级联跃迁是放射性原子核级联发射两个 γ 射线的过程。原子核从一个能量较高的激发态跃迁到中间激发态,再从这个中间激发态跃迁到下一个能量较低的激发态或基态级联发射 γ_1 和 γ_2 两个 γ 射线(图 12.1)。

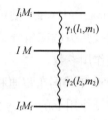

图中 I_i 和 M_i 是高能激发态,常称初态的自旋和磁量子数;I 和 M 是中间激发态的自旋和磁量子数;I_f 和 M_f 是低能激发态或基态,常称末态的自旋和磁量子数。从初

图 12.1　γ-γ 级联跃迁示意图

态跃迁到中间态发射的 γ 射线为 γ_1,从中间态退激到末态发射的 γ 射线为 γ_2,l_1 和 m_1 是 γ_1 的角动量和磁量子数、l_2 和 m_2 是 γ_2 的角动量和磁量子数。从初态 - 中间态 - 末态级联发射的 $\gamma_1 - \gamma_2$ 称为 γ-γ 级联跃迁或级联发射,这个级联跃迁中,中间态的寿命 $\tau = 0$,γ_2 是紧随 γ_1 发射的,γ_2 相对 γ_1 发射的角分布称为 γ-γ 角关联。γ-γ 角关联取决于级联跃迁初态、中间态和末态的自旋(I_i、I 和 I_f)和发射 γ 射线的角动量(l_1 和 l_2)。

图 12.1 是发射两个 γ 射线的级联发射,现代高自旋 γ 谱学中,级联发射不止两个 γ 射线,而是一连串 γ 射线,图 12.2 是 ^{82}Sr 高自旋转动带的级联 γ 射线(Lederer et al.,1978)。这是一个 E_2 级联发射,从自旋 $I = 16$(或更高)起,每隔 2 个角动量单位,即 $\Delta I = 2$,发射一条级联 γ 射线。

2. γ-γ 角关联测量

图 12.1 中的 $\gamma_1 - \gamma_2$ 级联跃迁的初态 $|I_i, M_i\rangle$,发射 γ_1 射线跃迁到中间态 $|I, M\rangle$,中间态发射 γ_2 射线退激到达末态 $|I_f, M_f\rangle$,γ_2 射线的发射相对 γ_1 射线有一定的角分布,这就是通常称为的 γ-γ 角关联。图 12.3(a)是 $\gamma_1 - \gamma_2$ 角关联及其测量示意图。γ-γ 角关联测量

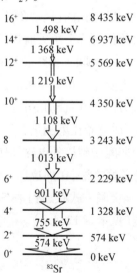

图 12.2　^{82}Sr 高自旋转动带的 γ 级联跃迁

一般采用两个 γ 射线探测器,一个固定位置的探测器 1 记录 γ_1,另一个角度可以绕源转动的探测器 2 记录 γ_2,改变探测器 2 的角度测量 γ_2 相对 γ_1 发射的角分布或 $\gamma_1 - \gamma_2$ 角关联,实验测量中 γ_1 探测方向是量子化方向,即级联 γ 源和 γ_1 射线探测器的连线方向。为了选出同

一级联事件的 γ_1 和 γ_2，两个探测器输出经符合电路符合，然后由计数器记录。图 12.3（b）是实验测量的 γ_1 和 γ_2 的符合计数率随 γ_1 和 γ_2 间夹角 θ 的变化或角关联曲线。

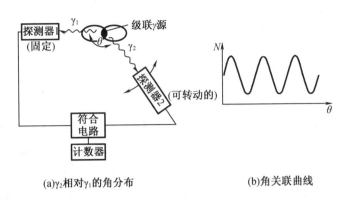

(a)γ_2相对γ_1的角分布　　　　(b)角关联曲线

图 12.3　$\gamma-\gamma$ 角关联测量示意图和角关联曲线

12.1.2　$\gamma-\gamma$ 角关联函数

下面简单讨论 $\gamma-\gamma$ 角关联函数（Schatz et al.，1996；Frauenfelder et al.，1960）。假设初态 (I_i,M_i) 的 M 次态是均匀布居的，$M_i=I_i，I_i-1，\cdots，-I_i+1 - I_i$ 的各个 M_i 次态的分布概率都是 $1/(2I_i+1)$。如果中间态的 M 次态的分布是均匀分布的，那么发射 γ_2 射线的角分布是各向同性的。γ_2 射线的发射相对 γ_1 射线的角分布是各向异性的，(I,M) 中间态的各个 M 次态分布必须是不均匀分布的。

(I,M) 中间态的 M 次态的分布或布居率为

$$P(M) = \sum_{M_i} G(M_i \to M) F_{l_1 m_1}(\theta_1) \quad (12.1)$$

式中　$F_{l_1 m_1}(\theta_1)$——角动量 l_1 和磁量子数 $m_1=M_i-M$ 的 γ_1 射线相对 Z 轴方向发射的角分布函数，即与 Z 轴夹角为 θ_1 方向发射 γ_1 射线的概率（图 12.4）；

图 12.4　γ_1 发射的空间几何示意图

　　　　$G(M_i \to M)$——初态 $|I_i,M_i\rangle$ 到中间态 $|I,M\rangle$ 的总跃迁概率。

利用 Wigner - Eckart 定理（Wigner，1959）（Schatz et al.，1996）[267]，总跃迁概率可以表示为

$$G(M_i \to M) = |\langle I,M|\mu_{l_1 m_1}|I_i,M_i\rangle|^2 = |\langle I_i,M_i|\mu_{l_1 m_1}|I,M\rangle|^2$$
$$= \begin{pmatrix} I_i & I_1 & I \\ -M_i & m_1 & M \end{pmatrix} \langle I\|\mu_{l_1}\|I_i\rangle^2 \quad (12.2)$$

式中　$\mu_{l_1 m_1}$——角动量 l_1 和磁量子数 m_1 多极辐射的多极算符；

　　　　$\langle I\|\mu_{l_1}\|I_i\rangle$——与磁量子数无关的约化矩阵元，可知它对所有 $|I_i,M_i\rangle$ 和 $|I,M\rangle$ 间的跃迁都是相同的，所以 $|I_i,M_i\rangle$ 和 $|I,M\rangle$ 间相对跃迁概率是 $3-j$ 符号的平

方(Rotenberg et al. ,1959):

$$G(M_i \rightarrow M) \propto \begin{pmatrix} I_i & I_1 & I \\ -M_i & m_1 & M \end{pmatrix}^2 \tag{12.3}$$

由图 12.4 可知,假定选择 Z 轴方向为记录 γ_1 探测器 1 的方向,即 γ_1 出射方向 $\theta_1 = 0$,则中间态 M 次态布居率:

$$P(M) \propto \sum_{M_i} \begin{pmatrix} I_i & l_1 & I \\ -M_i & \pm 1 & M \end{pmatrix}^2 F_{l_1 \pm 1}(0) \tag{12.4}$$

由于选择 γ_1 发射方向为 Z 轴方向,m_1 只能取 ± 1,即只有 $m_1 = \pm 1$ 的 γ 射线在 Z 轴方向发射(图 9.15,偶极辐射 γ 射线角分布)。以 γ_1 方向为 Z 轴方向或量子化方向时,只有 $m_1 = \pm 1$ 的跃迁,表明 $|I,M\rangle$ 中间态的磁次态布居不是均匀的,也就是 $P(M) \neq P(M')$。由于 $P(M) = P(-M)$,所以中间态不是极化的而是顺排的。顺排态和极化态发射 γ 射线的角分布都是各向异性的,所以中间态发射的 γ_2 射线的角分布是各向异性的。

实验测量中,通过探测 γ_1 选出顺排的中间态,γ_1 和 γ_2 的符合测量选出同一级联 γ 射线。γ_2 是相对 γ_1 方向发射的,γ_2 与 γ_1 或 Z 方向夹角 θ,则 γ_2 相对 γ_1 方向发射的 $\gamma_1 - \gamma_2$ 角关联函数 $W(\theta)$ 为

$$W(\theta) \propto \sum_{M, M_f} P(M) G(M \rightarrow M_f) F_{l_2 m_2}(\theta) \tag{12.5}$$

式中 $P(M)$——非均匀分布的中间态布居率[式(12.1)];

$G(M \rightarrow M_f)$——$|I,M\rangle$ 到 $|I_f, M_{fi}\rangle$ 总跃迁概率;

$F_{l_2 m_2}(\theta)$——角动量 l_2、磁量子数 $m_2 = M - M_f$ 的 γ_2 射线相对 γ_1 射线发射的角分布函数。将式(12.4)代入式(12.5),并对 $G(M \rightarrow M_f)$ 应用 Wigner - Eckart 定理,得到 $\gamma_1 - \gamma_2$ 角关联函数 $W(\theta)$(参见(12.17)式):

$$W(\theta) \propto \sum_{M_i, M, M_f} \begin{pmatrix} I_i & I_1 & I \\ -M_i & m_1 & M \end{pmatrix}^2 F_{l_1 \pm 1}(0) \begin{pmatrix} I & I_2 & I_f \\ -M & m_2 & M_f \end{pmatrix}^2 F_{l_2 m_2}(\theta) \tag{12.6}$$

以 0 - 1 - 0 级联跃迁和 4 - 2 - 0 级联跃迁的角关联函数计算为例,说明利用式(12.6)进行角关联函数简单、精确的计算。

1. 0 - 1 - 0 级联跃迁角关联函数计算

如图 12.5 所示,0 - 1 - 0 级联跃迁是初态 $I_i = 0$,中间态 $I = 1$,末态 $I_f = 0$ 的级联跃迁。初态和终态 $I = 0$,只有一个 $M = 0$ 的磁次能级,中间态 $I = 1$,可以有 $M = -1, 0, +1$ 的三个 M 磁次态。γ_1 发射方向为 Z 轴方向,初态 $|I_i, M_i\rangle$ 到中间态 $|I,M\rangle$ 的跃迁,只有 $\Delta m = \pm 1$ 的跃迁,$\Delta m = 0$ 是不允许的,即不会发生从 $M_i = 0$ 到 $M = 0$ 的跃迁,所以 $I = 1$ 的中间态 $M = 0$ 次态布居率为零。因为中间态是顺排的,$P(M) = P(-M)$,所以 $M = \pm 1$ 的布居率都是 $1/2$(图 12.5),γ_2 相对 γ_1 发射的角分布是各向异性的。将 I 和 M 代入到式(12.6),得到 0 - 1 - 0 级联跃迁角关联函数:

$$W(\theta) \propto \begin{pmatrix} 0 & 1 & 1 \\ 0 & 1 & -1 \end{pmatrix}^2 F_{11}(0) \begin{pmatrix} 1 & 1 & 0 \\ 1 & -1 & 0 \end{pmatrix}^2 F_{1-1}(\theta) +$$

$$\begin{pmatrix} 0 & 1 & 1 \\ 0 & -1 & 1 \end{pmatrix}^2 F_{1-1}(0) \begin{pmatrix} 1 & 1 & 0 \\ -1 & 1 & 0 \end{pmatrix}^2 F_{11}(\theta) \tag{12.7}$$

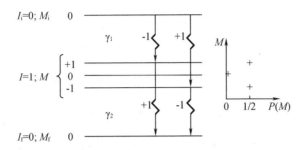

图 12.5　$0-1-0$ $\gamma-\gamma$ 级联发射能级和中间态 M 磁次态布居率

式（12.7）中的 $3-j$ 符号，通过列列交换可以变换为相同的 $3-j$ 符号（Schatz et al.，1996）[263]。由于 $3-j$ 符号都是平方项出现，所以没有列列交换后 $3-j$ 符号值是正或负的问题。式中 $3-j$ 符号可以看作常数处理。$W(\theta)$ 主要由 $F_{1\pm1}(\theta)$ 决定，由于 $F_{11}(0) = F_{1-1}(0) = 1/2$，$W(\theta)$ 主要由 $F_{1\pm1}(\theta)$ 决定，由式（9.30）和表 9.2，得到角 $0-1-0$ 跃迁关联函数：

$$W(\theta) \propto F_{1\pm1}(\theta) \propto 1 + \cos^2\theta \tag{12.8}$$

2. $4-2-0$ 级联跃迁角关联函数计算

图 12.6（a）是 ^{60}Co 衰变纲图，由图可见 $4-2-0$ 级联跃迁是最常用的 ^{60}Co γ 放射源的 1.33 MeV 和 1.17 MeV 两个 γ 射线的级联跃迁。^{60}Co 由 β^- 衰变到 Ni 的 4^+ 激发态，然后相继发射级联 γ_1 和 γ_2 跃迁到基态，级联中间态是 2^+ 态，基态是 0^+ 态。^{60}Co/^{60}Ni 的 $\gamma-\gamma$ 级联跃迁可以作为很典型的 $\gamma-\gamma$ 级联跃迁，它的角关联函数计算可以作为典型的范例。^{60}Ni 的两个激发态 4^+ 和 2^+ 态和基态 0^+ 态的 γ 级联跃迁是 E_2 级联跃迁，采用式（12.6）可以精确计算它的角关联函数。

同样选取 Z 轴为 γ_1 发射方向或量子化方向，图 12.6（b）画出了所有 ^{60}Ni 磁次能级间可能的 γ 跃迁。4^+-2^+ 的 γ_1 跃迁只有 $\Delta m = \pm1$ 的跃迁；2^+-0^+ 的 γ_2 跃迁不受 $\Delta m = \pm1$ 的限制，可以在相对 γ_1 的所有 $\theta \neq 0$ 的角方向发射。

采用式（12.4）计算 2^+ 中间态布居率 $P(M)$。由于 $F_{11}(0) = F_{1-1}(0) = 1/2$，利用文献（Rotenberg et al.，1959）给出的 $3-j$ 符号值，得到：

$$\left. \begin{aligned} P(\pm2) &\propto \begin{pmatrix} 4 & 2 & 2 \\ \mp3 & \pm1 & \pm2 \end{pmatrix}^2 + \begin{pmatrix} 4 & 2 & 2 \\ \mp1 & \mp1 & \pm2 \end{pmatrix}^2 = \frac{1}{18} + \frac{1}{126} = \frac{4}{63} \\ P(\pm1) &\propto \begin{pmatrix} 4 & 2 & 2 \\ \mp2 & \pm1 & \mp2 \end{pmatrix}^2 + \begin{pmatrix} 4 & 2 & 2 \\ 0 & \mp1 & \pm2 \end{pmatrix}^2 = \frac{4}{63} + \frac{8}{315} = \frac{4}{45} \\ P(0) &\propto \begin{pmatrix} 4 & 2 & 2 \\ -1 & +1 & 0 \end{pmatrix}^2 + \begin{pmatrix} 4 & 2 & 2 \\ +1 & -1 & 0 \end{pmatrix}^2 = \frac{3}{63} + \frac{3}{63} = \frac{2}{21} \end{aligned} \right\} \tag{12.9}$$

图 12.6（c）是中间态的布居率 $P(M)$，由式和图可见，$P(M) = P(-M)$ 和 $P(M) \neq P(M')$，所以 ^{60}Ni 的 $I=2$ 的中间态是顺排的。采用式（12.6）计算角关联函数 $W(\theta)$，需要知

道 M 到 M_f 跃迁的 $3-j$ 符号。当 $M = m_2$ 时，所有 M 的 $3-j$ 符号都是 $\begin{pmatrix} 2 & 2 & 0 \\ -M & m_2 & 0 \end{pmatrix}^2 = \frac{1}{5}$。

代入式中得到角关联函数 $W(\theta)$：

$$W(\theta) \propto 2 \times \frac{1}{5} P(\pm 2) F_{2\pm 2}(\theta) + 2 \times \frac{1}{5} P(\pm 1) F_{2\pm 1}(\theta) + \frac{1}{5} P(0) F_{20}(\theta) \quad (12.10)$$

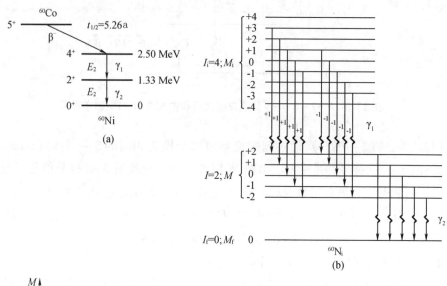

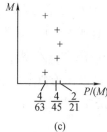

图 12.6 ^{60}Ni 的 4 – 2 – 0 级联 γ 跃迁

将式(12.9)给出的 $P(M)$ 值代入并略去公共因子，得到角关联函数 $W(\theta)$：

$$W(\theta) \propto 2 \times \frac{2}{63} \times \frac{1}{4}(1 - \cos^4\theta) + 2 \times \frac{4}{45} \times \frac{1}{4}(1 - 3\cos^2\theta + \cos^4\theta) + \frac{2}{21} \times \frac{3}{2}(1 - \cos^2\theta)\cos^2\theta$$

$$(12.11)$$

同类项合并并归一化后，得到 ^{60}Co/^{60}Ni 的 γ – γ 级联角关联函数：

$$W(\theta) \propto 1 + \frac{1}{8}\cos^2\theta + \frac{1}{24}\cos^4\theta \quad (12.12)$$

上面的角关联函数计算中，从物理角度有两点需要改进。首先，计算中需要用采跃迁幅度代替跃迁概率。单一角动量 l 的 γ 跃迁可以采用跃迁概率，多个角动量 γ 跃迁，采用跃迁概率就会丢失相干项，即使对于纯多极跃迁，核外扰动也会产生相干项，所以必须采用跃迁幅度。其次，不限定 Z 轴为 γ_1 出射方向。选择 Z 轴为 γ_1 出射方向，很难在计算中引入核外电磁场扰动。

12.1.3　普适 γ - γ 角关联函数

前述 γ - γ 角关联函数理论是比较简单的理论,局限于以级联 γ 放射源和 γ₁ 探测器方向连线或 γ₁ 出射方向为 Z 轴或量子化方向、没有相干的 γ 跃迁等一些特定条件。精确描述 γ - γ 角关联函数,需要发展普适 γ - γ 角关联函数理论(Schatz et al. ,1996)。

建立普适 γ - γ 角关联函数理论,首先要采用普适坐标系(Steffen et al. ,1964)。坐标系中不是以 γ₁ 发射方向为 Z 轴,而是随意选择,能够等同地描述 γ₁ 和 γ₂ 的发射。图 12.7 是用于普适 γ - γ 角关联函数理论的普适坐标系,Z 轴不是 γ₁ 发射方向。图中 k_1 和 k_2 是 γ₁ 和 γ₂ 的波矢或发射方向,k_1 和 k_2 与 Z 轴夹角分别为 θ_1 和 θ_2,γ₁ 和 γ₂ 探测器间的夹角为 θ,γ₁ 和 γ₂ 探测方向在 X - Y 平面的投影与 X 轴的夹角分别为 φ_1 和 φ_2。普适 γ - γ 角关联函数理论中,不用跃迁概率,而是采用跃迁幅度,使计算包含相干项。图 12.8 给出了初态 - 中间态 - 末态 γ 级联跃迁和 γ₁ 与 γ₂ 的跃迁矩阵元或跃迁幅度。

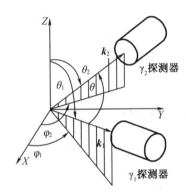

图 12.7　普适坐标系

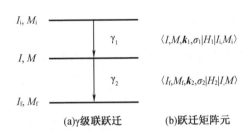

(a)γ级联跃迁　　　　(b)跃迁矩阵元

图 12.8　初态 - 中间态 - 末态 γ 级联跃迁和跃迁矩阵元

初态到中间态和中间态到末态 γ 级联跃迁的跃迁矩阵元分别为

$$\langle I,M,k_1,\sigma_1 \mid H_1 \mid I_i,M_i \rangle \text{ 和 } \langle I_f,M_f,k_2,\sigma_2 \mid H_2 \mid I,M \rangle \tag{12.13}$$

式中　k_1 和 σ_1、k_2 和 σ_2 ——分别为 γ₁ 和 γ₂ 的波矢和极化度;

　　　H_1 和 H_2——分别是 γ₁、γ₂ 发射的相互作用哈密顿算符。

式(12.13)的跃迁矩阵元或跃迁幅度的精确计算是很繁复的,这里仅介绍计算的主要过程。将式(12.13)跃迁矩阵元简写为

$$\langle M \mid H_1 \mid M_i \rangle \text{ 及 } \langle M_f \mid H_2 \mid M \rangle \tag{12.14}$$

则 M_i 到 M_f 的 γ 级联跃迁角关联函数为

$$W(M_i \rightarrow M_f) = \left| \sum_M \langle M_f \mid H_2 \mid M \rangle \langle M \mid H_1 \mid M_i \rangle \right|^2 \tag{12.15}$$

因为中间态 M 是不能直接观测到的,跃迁幅度(不是跃迁概率)需对中间态的 M 次态求和,求和过程就会出现相干项。至少在原则上,初末态 M 次能级和极化是能够直接观测的,所以跃迁概率(不是跃迁幅度)须对初态和末态 M 次态及 γ 射线极化求和。这样角关联函数(Biedenharn et al. ,1953)为

$$W(k_1, k_2) = \sum_{M_i, M_f, \sigma_1, \sigma_2} \left| \sum_M \langle M_f | H_2 | M \rangle \langle M | H_1 | M_i \rangle \right|^2 \tag{12.16}$$

矩阵元计算和求和后,得到角关联函数(Frauenfelder et al.,1965):

$$W(k_1, k_2) = W(\theta) = \sum_{k_{even}}^{k_{max}} A_k(1) A_k(2) P_k(\cos \theta) \tag{12.17}$$

式中,系数 $A_k(1)$ 只与 γ_1 跃迁相关,$A_k(2)$ 只与 γ_2 跃迁相关,$A_k(1)$ 和 $A_k(2)$ 值都有表可查[例如(Ferguson,1965)];k 是大于零的偶数求和指数,取值范围为

$$0 \leqslant k \leqslant (2I, l_1 + l_1', l_2 + l_2') \text{的最小值} \tag{12.18}$$

式中 I——中间态自旋;

$l_{1,2}$ 和 $l_{1,2}'$——跃迁多极性。

上面都是通过 γ_1 的探测,获得顺排或各向异性布居的中间态 $|I, M\rangle$,但这不是唯一的方法,例如还可以由低温核定向(第 15 章)等方法得到。因此,最好是采用密度矩阵方法,这时角关联函数为

$$W(k_1, k_2) = W(\theta) = \sum_{k_{偶数}}^{k_{max}} \rho_k(I) A_k(2) P_k(\cos \theta) \tag{12.19}$$

式中,$\rho_k(I)$ 是统计张量:

$$\rho_k(I) = \sqrt{(2k+1)(2I+1)} \sum_M (-)^{I-M} \begin{pmatrix} I & I & k \\ M & -M & 0 \end{pmatrix} P(M) \tag{12.20}$$

式中,$P(M)$ 是 M 次态布居率。若 $P(M)$ 是由 γ_1 探测确定的,则 $\rho_k(I) = A_k(1)$。

12.2   扰动 γ-γ 角关联

上节讨论的 γ-γ 级联跃迁中,中间态寿命是零或可忽略,核外电磁场对它没有任何作用;或者中间态虽有一定寿命,但没有核外电磁场。这样 γ-γ 级联角关联不受任何扰动,所有的量都是不随时间变化的。

如果 γ-γ 级联的中间态有一定寿命 τ_N(图 12.9),同时还有核外电磁场。这样中间态在其寿命期间受到超精细相互作用,发射 γ_2 之前,它的磁次能级发生重新布居。γ_2 射线是由超精细相互作用后重新布居的中间态发射的。超精细相互作用使时间无关中间态变为时间相关中间态:

$$|M_a\rangle \rightarrow \Lambda(t) |M_b\rangle = \sum_{M_b} |M_b\rangle \langle M_b | \Lambda(t) | M_a \rangle \tag{12.21}$$

式中 $|M_a\rangle$——时间无关的最初产生的中间态;

$|M_b\rangle = \Lambda(t) |M_a\rangle$——由 $|M_a\rangle$ 演化的、受到超精细相互作用的时间相关(或受到扰动)的中间态;

$\Lambda(t)$——时间演化算符,作用在核态上使其变为时间相关态。物理上,时间演化 $\Lambda(t)$ 真实地反映了核态受到的扰动。

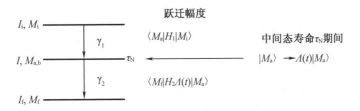

图 12.9　寿命 τ_N 中间态的 $\gamma - \gamma$ 级联

从时间无关角关联函数式(12.16)出发,将核外电磁场的超精细相互作用的扰动引入角关联函数。扰动导致中间态磁次能级重新布居或时间变化,为此用时间相关的中间态 $\Lambda(t)|M>$ 替代时间无关或未受扰动的中间态 $|M\rangle$,即将式(12.16)改变为时间相关的角关联函数(Steffen et al.,1964):

$$W(k_1,k_2,t) = \sum_{M_i,M_f,\sigma_1,\sigma_2} \left| \sum_{M_a} \langle M_f | H_2\Lambda(t) |M_a\rangle\langle M_a | H_1 |M_i\rangle \right|^2 \quad (12.22)$$

式(12.21)代入式(12.22),并将平方改写为对 M、M' 双重求和,得到:

$$W(k_1,k_2,t) = \sum_{\substack{M_i,M_f,\sigma_1,\sigma_2 \\ M_a,M'_a,M_b,M'_b}} \langle M_f | H_2 |M_b\rangle\langle M_b | \Lambda(t) |M_a\rangle\langle M_a | H_1 |M_i\rangle \times$$

$$\langle M_f | H_2 |M'_b\rangle^*\langle M'_b | \Lambda(t) |M'_a\rangle^*\langle M'_a | H_1 |M_i\rangle^* \quad (12.23)$$

式中,M_a、$M_a{}'$、M_b、$M_b{}'$ 是中间态磁量子数 M。

式中的 $\langle M_a | \Lambda(t) |M_b\rangle\langle M_a{}' | \Lambda(t) |M_b{}'\rangle$ 是时间相关的,反映了中间态受到扰动而导致的时间变化。经过繁复计算,得到时间相关或扰动 $\gamma - \gamma$ 角关联函数(Steffen et al.,1964; Frauenfelder et al.,1965):

$$W(k_1,k_2,t) = \sum_{k_1,k_2,N_1,N_2} A_{k_1}(1)A_{k_2}(2) G_{k_1 k_2}^{N_1 N_2} \frac{1}{\sqrt{(2k_1 + 1)(2k_2 + 1)}} \times$$

$$Y_{k_1}^{N_1*}(\theta_1,\varphi_1) Y_{k_2}^{N_2}(\theta_2,\varphi_2) \quad (12.24)$$

式中 $\dfrac{1}{\sqrt{(2k_1 + 1)(2k_2 + 1)}} Y_{k_1}^{N_1*}(\theta_1,\varphi_1) Y_{k_2}^{N_2}(\theta_2,\varphi_2)$——勒让德(Legendre)多项式 $P_k(\cos\theta)$;

$G_{k_1 k_2}^{N_1 N_2}(t)$——扰动因子,描述中间态受到的超精细相互作用的扰动:

$$G_{k_1 k_2}^{N_1 N_2}(t) = \sum_{M_a M_b} (-)^{2I+M_a+M_b} \sqrt{(2k_1 + 1)(2k_2 + 1)} \begin{pmatrix} I & I & k_1 \\ M'_a & -M_a & N_1 \end{pmatrix} \cdot$$

$$\begin{pmatrix} I & I & k_2 \\ M'_b & -M_b & N_2 \end{pmatrix} \langle M_b | \Lambda(t) |M_a\rangle\langle M'_b | \Lambda(t) |M'_a\rangle^* \quad (12.25)$$

其中,$k_i = 0,2,\cdots$,取 $2I$ 和 $(l_i + l_i')$ $(i = 1,2)$ 中的最小值,N_i 满足 $|N_i| \leqslant k_i$。

如果中间态没有受到扰动,式(12.24)和式(12.25)还原到无扰动的式(12.17),此时,

$$\langle M_b | \Lambda(t) |M_a\rangle = \delta_{M_a,M_b}$$

$$\langle M'_b | \Lambda(t) |M'_a\rangle = \delta_{M'_a,M'_b} \quad (12.26)$$

式中,δ 是克罗内克(Kronecker)δ 函数。由式(12.26)可知,$N_1 = N_2 \equiv N$,这样得到扰动因

子为

$$G_{k_1 k_2}^{N_1 N_2}(t) = \sum_{M_a} \sqrt{(2k_1 + 1)(2k_2 + 1)} \begin{pmatrix} I & I & k_1 \\ M'_a & -M_a & N \end{pmatrix} \begin{pmatrix} I & I & k_2 \\ M'_a & -M_a & N \end{pmatrix} = \delta_{k_1, k_2}$$

(12.27)

因而,对于没有超精细相互作用扰动的情况,有

$$G_{k_1 k_2}^{N_1 N_2}(t) = \delta_{k_1, k_2} \delta_{N_1, N_2}$$

(12.28)

利用球谐函数加法定理,得到

$$W(k_1, k_2) = \sum_{k, N} A_k(1) A_k(2) \frac{1}{2k + 1} Y_k^{N*}(\theta_1, \varphi_1) Y_k^N(\theta_2, \varphi_2)$$

$$= \sum_k A_k(1) A_k(2) P_k(\cos \theta)$$

(12.29)

式中,θ 是 γ_1 波矢 k_1 和 γ_2 波矢 k_2 间夹角。这样,式(12.29)就是(12.17)式的无扰动角关联函数。

12.3　静态轴对称超精细相互作用扰动因子

利用式(12.24)和式(12.25)可以进行扰动角关联函数的数值计算,但实际计算是比较繁复的,所以从实际应用角度出发,先推导实验上经常遇到的、相对比较简单的超精细相互作用产生的扰动角关联的分析表达式。实验上,最常遇到的超精细相互作用是静态轴对称超精细相互作用,它的扰动角关联分析表达式较简单清晰。本节主要讨论静态轴对称超精细相互作用的扰动角关联的分析表达式(Steffen et al.,1964)。

外加均匀磁场的磁超精细相互作用是最典型的静态轴对称相互作用。磁性材料产生的内磁场的超精细相互作用是轴对称的,但是磁场方向是空间变化的,扰动角关联计算需要对所有磁场方向求平均。内磁场超精细相互作用的扰动角关联函数和非轴对称电场梯度超精细相互作用的扰动角关联函数,本节暂不讨论。

选择静态轴对称超精细相互作用的对称轴方向为坐标系 Z 轴方向(图12.7),这时时间演化算符矩阵元为

$$\langle M_b | \Lambda(t) | M_a \rangle = \langle M_b | \exp\left(-\frac{i}{\hbar} Ht\right) | M_a \rangle = \exp\left[-\frac{i}{\hbar} E(M) t\right] \delta_{M, M_a} \delta_{M, M_b}$$

$$\langle M'_b | \Lambda(t) | M'_a \rangle = \langle M'_b | \exp\left(-\frac{i}{\hbar} Ht\right) | M'_a \rangle = \exp\left[-\frac{i}{\hbar} E(M) t\right] \delta_{M, M'_a} \delta_{M, M'_b}$$

(12.30)

其中,$M_a = M_b \equiv M$。

由于普适角关联函数对坐标系的设定没有特定要求,选择 Z 轴方向为超精细相互作用的对称轴方向,这样可以利用超精细相互作用的对称性,将式(12.30)简化。从式(12.30)可见,在这个坐标系中,M 态不发生重新布居,即 M 态布居是不随时间变化的,只有相位变化(式中的 e 指数)。将式(12.30)代入式(12.25),得到静态轴对称超精细相互作用扰动

因子：

$$G_{k_1,k_2}^{NN}(t) = \sum_M \sqrt{(2k_1+1)(2k_2+1)} \begin{pmatrix} I & I & k_1 \\ M' & -M & N \end{pmatrix} \begin{pmatrix} I & I & k_2 \\ M' & -M & N \end{pmatrix} \times$$

$$\exp\left\{-\frac{i}{\hbar}[E(M) - E(M')]\right\} \tag{12.31}$$

由上式可见，扰动因子只与两个 M 次态能量差有关。通过扰动因子的测量，可以得到相邻两个 M 次态间的能量差，从而获得引起扰动的超精细相互作用参数。

12.3.1　磁超精细相互作用

1. 外加磁场中 γ - γ 角关联

外加磁场产生最典型的静态轴对称的磁超精细相互作用，定义外加磁场方向为坐标系的 Z 轴方向。式(12.31)是静态轴对称的磁超精细相互作用导致的角关联扰动的扰动因子。磁超精细相互作用导致能级发生塞曼劈裂，两个相邻导致 M 次态能级的能量差：

$$E_{磁}(M) - E_{磁}(M') = -(M - M')g\mu_N B_z = N\hbar\omega_L \tag{12.32}$$

式中　$N = M - M'$；

$\omega_L = -(g\mu_N B_z)/\hbar$——拉莫尔进动频率。

将式(12.32)代入式(12.31)，得到扰动因子：

$$G_{k_1 k_1}^{NN}(t) = \sqrt{(2k_1+1)(2k_2+1)} \exp(-iN\omega_L t) \times \sum_M \begin{pmatrix} I & I & k_1 \\ M' & -M & N \end{pmatrix} \begin{pmatrix} I & I & k_2 \\ M' & -M & N \end{pmatrix} \tag{12.33a}$$

利用 3j 符号的正交性和对 M 求和，得到式(12.33a)中的求和项：

$$\sum_M \begin{pmatrix} I & I & k_1 \\ M' & -M & N \end{pmatrix} \begin{pmatrix} I & I & k_2 \\ M' & -M & N \end{pmatrix} = \frac{1}{\sqrt{(2k_1+1)(2k_2+1)}} \delta k_1 k_2 \tag{12.33b}$$

$k_1 = k_2 = k$，式(12.33a)的磁超精细相互作用的扰动因子为

$$G_{kk}^{NN}(t) = \exp(-iN\omega_L t) \tag{12.34a}$$

式中 N 和 k 是求和指数，其中，k 取值为 $0 \leqslant k \leqslant 2I, l_1 + l_1', l_2 + l_2'$ 中的最小值，N 满足 $|N| \leqslant k$，尤其是 $|N| \leqslant 2I$，这里 I 是中间态自旋。由式(12.34a)可知，角关联或核自旋以基频 ω_L 及倍频 $N\omega_L$ 绕外磁场方向进动(图 12.11)。$k = 2$ 和角分布系数 $A2 \gg A4$ 时，扰动因子为

$$G_{22} \approx \cos(2\omega_L t) \tag{12.34b}$$

γ_1 和 γ_2 探测器位于与磁场方向垂直的 X - Y 平面时，$\theta_1 = \theta_2 = 90°$，$\theta = \varphi_1 - \varphi_2$，将式(12.34a)代入式(12.24a)得到角关联函数：

$$W_\perp(\theta, t, B_z) = \sum_{k偶数}^{k_{max}} A_k(1)A_k(2)P_k[\cos(\theta - \omega_L t)] \tag{12.35}$$

式中，P_k 是勒让德多项式。

为了方便，采用余弦函数替代勒让德多项式，则上式改变为

$$W_\perp(\theta, t, B_z) = \sum_{k偶数}^{k_{max}} b_k[\cos(\theta - \omega_L t)] \tag{12.36}$$

对于 $k_{max}=4$，并且 $A_{kk}=A_k(1)A_k(2)$，式（12.36）的系数 b 为

$$b_0 = 1 + \frac{1}{4}A_{22} + \frac{9}{64}A_{44}$$

$$b_2 = \frac{3}{4}A_{22} + \frac{5}{16}A_{44}$$

$$b_4 = \frac{35}{64}A_{44} \tag{12.37}$$

对于 $k_{max}=2$ 的纯偶极跃迁和 $\theta = \varphi_1 - \varphi_2 = 180°$，扰动角关联函数为

$$W_\perp(\theta=180°,t,B_z) = b_0 + b_2\cos(2\omega_L t) \tag{12.38}$$

所以符合计数率的时间变化是受到 $2\omega_L$ 频率的调制的。

2. 符合计数时间谱测量

γ_1 和 γ_2 射线的符合计数时间谱是测量由于角关联绕外磁场方向进动引起的符合计数的时间变化，从而测定扰动因子或拉莫尔进动频率。

符合计数时间谱测量中，γ_1 探测器和 γ_2 探测器都是固定的，以 γ_1 探测器为量子化方法，图12.10是符合计数时间谱实验测量原理和测量谱的示意图。探测器1和探测器2的快时间信号输入到恒比定时甄别器（CFD），一般探测器1的恒比定时甄别器输出作为时间－幅度变换器（TAC）的起始信号，探测器2的输出作为时间－幅度变换器的停止信号，计算机－多道分析器记录符合计数时间谱。有关电子学仪器参见（Schatz et al.，1996）[1983]、（Leo，1987）。图12.10（a）是无扰动的 γ－γ 级联符合计数时间谱的测量，这时中间态没有受到扰动，角分布不发生进动，符合计数时间谱是以中间态寿命 $e^{-\lambda t}$ 的时间衰变谱。图12.10（b）是有扰动的 γ－γ 级联符合计数时间谱的测量，测量方法与无扰动的相同。这时中间态受到外加磁场 B 的磁超精细相互作用扰动，角分布或自旋绕外磁场进动，符合时间谱除指数衰减外，由式（12.38）可见时间谱还受到 $2\omega_L$ 拉莫尔进动频率的调制（图12.10（b）时间谱中的实线）。由图12.10（b）可见，自旋以角频率 ω_L 角分布进动 $360°$ 时，当角分布1转到探测器2方向时，探测器记录的计数最大，角分布2进动到探测器2方向时，探测器计数最小，同样角分布3进动到探测器2方向时最大，角分布4进动到探测器2方向时最小，测量的符合时间谱是受到 $2\omega_L$ 频率调制的。

12.3.2 电四极超精细相互作用

这里电四极超精细相互作用也局限于静态轴对称电四极相互作用。电四极相互作用导致核能级的电四极劈裂，将相邻两个 M 次能级差式（10.44）代入式（12.31），得到电四极相互作用扰动因子：

$$G_{k_1k_2}^{NN}(t) = \sqrt{(2k_1+1)(2k_2+1)}\sum_M \begin{pmatrix} I & I & k_1 \\ M' & -M & N \end{pmatrix}\begin{pmatrix} I & I & k_2 \\ M' & -M & N \end{pmatrix} \times$$

$$\exp(-3i|M^2 - M'^2|\omega_Q t) \tag{12.39}$$

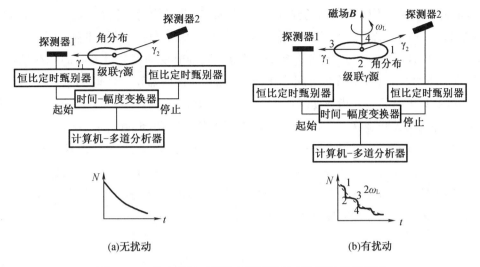

(a)无扰动　　　　　　　　　　　(b)有扰动

图 12.10　符合计数时间谱实验测量原理和测量谱示意图

与上节处理相同,式(12.39)的扰动因子改写为

$$G_{k_1k_2}^{NN}(t) = \sum_n S_{nN}^{k_1k_2}\cos(n\omega_Q^0 t) \tag{12.40}$$

式中　ω_Q^0——实验测量的四极相互作用跃迁频率;

$\hbar\omega_Q^0$——最小的两个 M 能级间的能量差。ω_Q 是电四极相互作用基频[式(10.45)],

跃迁频率 ω_Q^0 与 ω_Q 的关系见式(10.46)。式(12.40)中的系数 $S_{nN}^{k_1k_2}$ 为

$$S_{nN}^{k_1k_2} = \sqrt{(2k_1+1)(2k_2+1)}\sum_{M,M'}\begin{pmatrix} I & I & k_1 \\ M' & -M & N \end{pmatrix}\begin{pmatrix} I & I & k_2 \\ M' & -M & N \end{pmatrix} \tag{12.41}$$

只对满足式(10.46)的 M 与 M' 求和。角关联或核自旋以频率 $\omega_Q^0,2\omega_Q^0,\cdots,n_{\max}\omega_Q^0$ 进动,
各频率权重为 $S_{nN}^{k_1k_2}$。多晶样品中的电场梯度方向是统计分布的,其中,角关联只与波矢 k_1
和 k_2 间夹角 θ 有关,经过复杂的计算(Frauenfelder et al.,1965),得到角关联函数为

$$\begin{cases} W(\theta,t) = \displaystyle\sum_{k\text{偶数}}^{k_{\max}} A_{kk}G_{kk}(t)P_k(\cos\theta) \\ G_{kk}(t) = \displaystyle\sum_{n=0}^{n_{\max}} S_{kn}\cos(n\omega_Q^0 t) \end{cases} \tag{12.42}$$

多晶体样品中静态轴对称电场梯度的扰动因子 $G_{kk}(t)$ 与 N 无关,且 $k_1=k_2\equiv k$,系数
S_{kn} 为

$$S_{kn} = \sum_{M,M'}\begin{pmatrix} I & I & k \\ M' & -M & M-M' \end{pmatrix}^2 \tag{12.43}$$

系数 $S_{nN}^{k_1k_2}$ 和 S_{kn} 都是有表可查的。

多晶样品中的电场梯度方向是各向均匀统计分布的,所以即使电四极相互作用对所有
电场梯度方向求平均后,也应该是观察不到角关联的时间相关的扰动或进动的。但是实验
上是测量到了多晶样品中的电四矩相互作用产生的扰动或 $\gamma_1-\gamma_2$ 角关联(γ_2 相对 γ_1 发射角
分布)的进动。图 12.11(a)示出的是多晶样品中各个方向均匀统计分布的电场梯度,

$\gamma_1 - \gamma_2$角关联绕各个不同方向电场梯度(箭头方向)进动平均后应该是零。如图 12.11(b)和图 12.11(c)所示,电场梯度可以分解为与$\gamma_1 - \gamma_2$角关联对称轴平行和垂直两个分量。在图 12.11(b)中,电场梯度与对称轴平行,这时角关联绕电场梯度分量方向的转动是环绕自己的转动,是观察不到角关联的时间变化或进动的,即探测器记录的时间谱是没有角关联函数调制的,只随时间呈 e 指数变化(称为硬芯值);在图 2.11(c)中,电场梯度垂直于角关联对称轴方向,角关联绕这个方向转动可以观察到角关联调制的时间变化,即探测器记录的计数谱随时间的变化是受四极相互作用频率调制的时间变化。尽管电场梯度的方向是所有方向统计分布的,角关联绕垂直于角关联对称轴方向(图 12.11(c))的进动是始终存在,是平均不掉的。这样,所有电场梯度方向平均后,多晶样品仍可观测时间相关的扰动或进动,其频率只与电场梯度幅度有关,而与电场梯度方向无关。

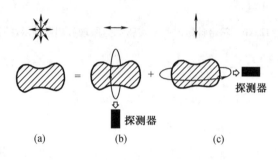

图 12.11　多晶材料电场梯度的分解

12.4　扰动角关联和扰动角分布实验测量技术

图 12.12 所示是扰动角关联谱仪和测量示意图。扰动角关联谱仪一般包括扰动角关联放射源、记录 γ 辐射的探测器和电子学系统、数据获取和处理系统等。此外,还有对样品施加高温和低温、压力、外加磁场等系统。

扰动角关联和角分布谱学是测量探针核发射的 γ 射线角关联或角分布的时间变化或绕外电磁场的进动(核自旋进动),所以探针核发射的 γ 射线角关联或角分布必须是各向异性的,否则探测器测量不到角关联或角分布的时间变化或自旋进动。因而,发射 γ 射线的中间态必须是极化或顺排的,即它的 M 次态布居或产生概率不是均匀分布的,这样,发射的 γ 射线角关联或角分布是各向异性的。

图 12.13 画出了非定向核、极化核和顺排核的磁量子数 M 的分布。非定向核的 M 磁次态分布是各向同性的,各个 M 次态的分布概率都是 $1/(2I+1)$;极化核的 M 次态的分布不是均匀分布的, $+M$ 与 $-M$ 的分布不同;顺排核的 M 次态的分布也是不均匀分布的,但 $+M$ 与 $-M$ 的分布相同。

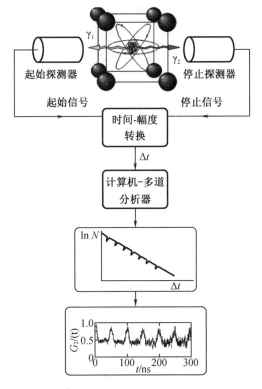

图 12.12　扰动角关联谱仪和测量示意图

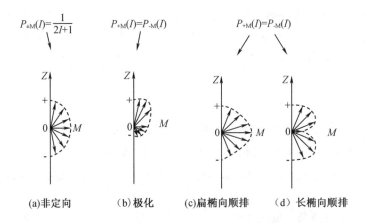

图 12.13　极化与顺排核的 M 次态布局

扰动角关联测量中,通过 γ_1 测量选出顺排的中间态,在扰动角分布测量中,加速器重离子核反应直接产生顺排的相当于级联跃迁中间态的激发态。

扰动角关联测量的放射源是母核－子核体系放射源。母核是用加速器或反应堆产生的有一定寿命的放射性核,母核衰变到子核的激发态;子核从激发态通过 $\gamma-\gamma$ 级联跃迁到基态,子核是扰动角关联测量的探针核(图 12.9)。子核 $\gamma-\gamma$ 级联跃迁中间态具有一定寿命 τ_N,受到核外电磁场作用的扰动,导致发射的 $\gamma-\gamma$ 级联角关联受到扰动而绕核外电磁场进动或时间变化。扰动角关联测量中,量子化方向是激发态跃迁到中间态发射的 γ_1 射线方向;在扰动角分布测量中,探针核相当于中间态的激发态是直接由加速器重离子核反应产生的激发态,量子化方向是核反应入射束方向,实验上是加速器在束或在线测量这个核态相对量子化方向发射的 γ 射线的角分布。

扰动角关联和扰动角分布测量,需要将探针核或放射源引入样品。扰动角分布测量,处于激发态的扰动角分布探针核直接由核反应在样品中产生或核反应反冲注入样品,扰动角分布测量是加速器在线或在束测量。扰动角关联测量,通过热扩散法、核反应在样品中直接产生或核反应反冲注入法、放射性核束注入法、离子注入法、探针核与样品做成合金样品的合金法等引入样品,然后对样品进行扰动角关联测量,即通常的离线测量。新发展的在线扰动角关联测量,极短寿命母核通过核反应在样品中直接产生或核反应反冲方法注入到样品,进行加速器在线测量。

12.4.1　扰动角关联放射源

如图 12.9 所示,用于扰动角关联测量的放射源需要满足:(1)扰动角关联测量的级联跃迁中间态和扰动角分布测量的同质异能态有一定寿命。寿命一般为 ns 到 μs,寿命下限取决于扰动角关联和角分布谱仪的时间分辨率,谱仪时间分辨率越好,中间态寿命可以越短;寿命上限原则上没有限制,但寿命太长,由于真符合与偶然符合计数率之比 $\propto 1/\tau_N$,使测量信噪比变差;(2)中间态有较大的核矩,例如对电四极相互作用测量的电四极矩 $Q \geqslant$ 0.1 b,对磁相互作用测量的核磁偶极矩 $\mu \geqslant 1\ \mu_N$;(3)级联发射的 γ_1 和 γ_2 射线的能量易于探测,γ-γ 级联发射 γ 射线各向异性并且异性系数越大越好;(4)母核要易于产生和制备、物理和化学性质好,特别是要有适当的寿命,母核寿命一般最好是几天到几周。母核寿命长,源可以使用的时间长,但实验测量时的计数率会较低、测量时间较长;母核寿命太短,源可使用的时间短。

如图 12.14 所示,现在有四十多个放射性同位素或核素可以用作扰动角关联测量的放射源或探针核。图中黑色边框的宽度越宽,表示该探针核元素在扰动角关联测量中使用频度越高。实验测量中,最常用的扰动角关联放射源或探针核有 ^{111}In/[111]Cd、[181]Hf/[181]Ta 和 [100]Pd/[100]Rh 等,其中 [111]In、[181]Hf、[100]Pd 是母核,[111]Cd、[181]Ta、[100]Rh 是衰变子核,即扰动角关联测量的探针核。

1. [111]In/[111]Cd 扰动角关联放射源

[111]In/[111]Cd 是最常用的扰动角关联放射源。图 12.15 是 ^{111}In/[111]Cd 衰变纲图。图中列出了中间态的核矩(磁偶极矩 μ 和电四极矩 Q)(Lederer et al. ,1978;Vianden,1983)和 γ-γ 各向异性系数(A_{22},A_{44})(Steffen,1956;Raman et al. ,1971)、母核寿命、中间态半衰期、级联 γ 射线能量等核参数。

母核 [111]In 在加速器上通过 [110]Cd(d,n)[111]In、[111]Cd(p,n)[111]In、[109]Ag(α,2n)[111]In 等核反应产生。用化学分离方法将反应产生的 [111]In 从靶材料中分离出来,制成无载体放射源。一般商品源是 HCl 稀溶液中的 [111]InCl。例如,将含 [111]InCl 的 HCl 溶液涂在样品表面,通过热扩散将 ^{111}In/[111]Cd 引入样品。

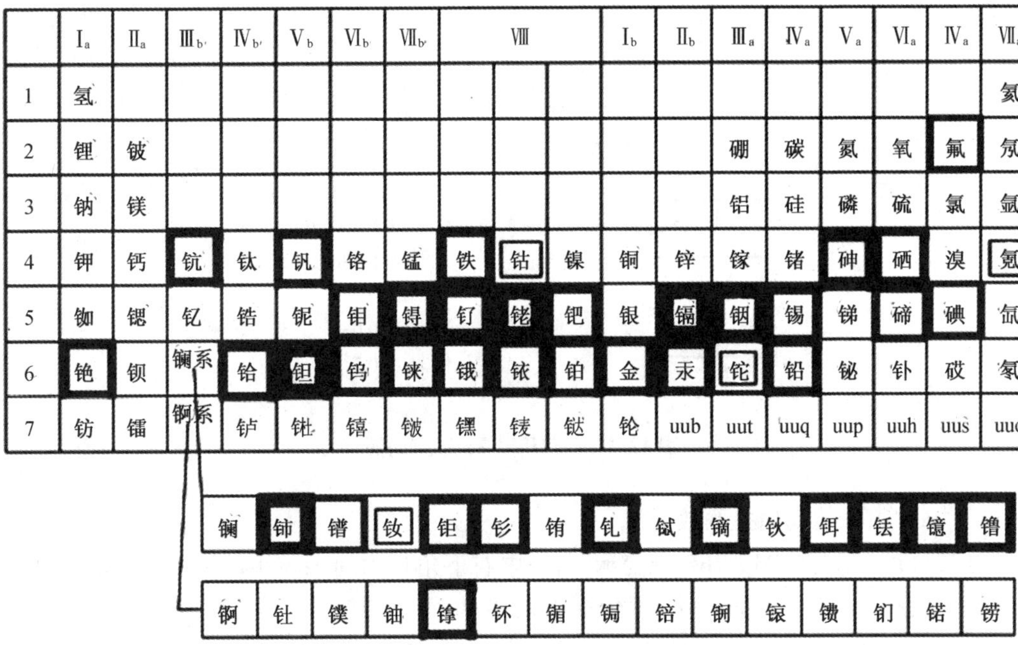

	Ia	IIa	IIIb	IVb	Vb	VIb	VIIb	VIII			Ib	IIb	IIIa	IVa	Va	VIa	IVa	VIIa
1	氢																	氦
2	锂	铍											硼	碳	氮	氧	氟	氖
3	钠	镁											铝	硅	磷	硫	氯	氩
4	钾	钙	钪	钛	钒	铬	锰	铁	钴	镍	铜	锌	镓	锗	砷	硒	溴	氪
5	铷	锶	钇	锆	铌	钼	锝	钌	铑	钯	银	镉	铟	锡	锑	碲	碘	氙
6	铯	钡	镧系	铪	钽	钨	铼	锇	铱	铂	金	汞	铊	铅	铋	钋	砹	氡
7	钫	镭	锕系	铲	𨧀	𨭎	𨨏	𨭆	𨭌	鐽	錀	uub	uut	uuq	uup	uuh	uus	uuo

镧系：镧　铈　镨　钕　钷　钐　铕　钆　铽　镝　钬　铒　铥　镱　镥

锕系：锕　钍　镤　铀　镎　钚　镅　锔　锫　锎　锿　镄　钔　锘　铹

图 12.14　扰动角关联测量探测核元素

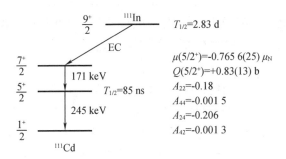

图 12.15　^{111}In/^{111}Cd 衰变纲图

如上所述,可以通过多种方法将探针核或放射源^{111}In引入待研样品或材料,例如,核反应产生的^{111}In反冲注入、加速器产生的^{111}In放射性核束注入、^{111}In离子注入器注入、^{111}In与样品做成合金、^{111}In热扩散等方法。

2. ^{181}Hf/^{181}Ta 扰动角关联放射源

图 12.16 所示是^{181}Hf/^{181}Ta衰变纲图与中间态核矩(Lederer et al.,1978;Butz et al.,1983)和 γ-γ 各向异性系数(Ellis,1973)等核参数。

^{181}Hf是在反应堆上通过^{180}Hf(n,γ)^{181}Hf热中子俘获反应产生。这个核反应的截面高达 14 b,即使很少量的^{180}Hf,很短时间的辐照就能产生很强的^{181}Hf放射源。^{181}Hf产生容易,但将其从靶材料 Hf 中化学分离出来比较困难,需要采用质谱分离方法才能分离。含^{180}Hf的样品,可以直接通过热中子辐照在样品中产生^{181}Hf/^{181}Ta。高注量热中子长时间照射,例如 ~1 个月,可以提高样品中^{181}Hf的比放射性活度(放射性与非放射性比)。放射性^{181}Hf一般采用合金法引入待研样品,由于 Hf 与氧的亲和性很强,合金熔化必须在超高真空($P\leqslant$

10^{-7}Pa)下进行。

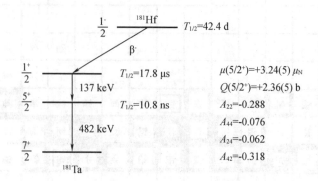

图 12.16 ^{181}Hf/^{181}Ta 衰变纲图

3. ^{100}Pd/^{100}Rh 扰动角关联放射源

图 12.17 所示是 ^{100}Pd/^{100}Rh 衰变纲图,图中右下角是中间态核矩(Lederer et al.,1978;Vianden,1983)和 γ-γ 各向异性系数(Kocher,1974)等核参数。

^{100}Pd 是在加速器上通过核反应产生,例如 ^{103}Rh(d,5n)^{100}Pd 核反应,核反应入射 d 的能量 $E_d \geqslant 50$ MeV。贵金属反应性很弱,从靶材料 Rh 中化学分离出 ^{100}Pd 很困难。因此,常用核反应反冲法将 ^{100}Pd 反冲注入样品或在含 Rh 样品中直接由核反应产生,也可以采用离子注入法将 ^{100}Pd 注入样品。在离子注入法中,采用离子光学将非放射性的 Rh 从 ^{100}Pd 中分离掉,而且利用 Pd 的分压比 Rh 的大在离子源中容易蒸发的优点,可以获得有实用价值的 ^{100}Pd 离子注入束。

与 ^{111}In/^{111}Cd 和 ^{181}Hf/^{181}Ta 相比,^{100}Pd/^{100}Rh 的 γ_1 和 γ_2 的能量低而且比较接近,NaI 或 BaF$_2$ 等闪烁探测器等不能将 84 keV 和 75 keV 两个 γ 射线分开。HPGe 探测器可以将它们分开,但是由于时间分辨较差,扰动角关联测量一般不采 HPGe 探测器。此外,中间态自旋较高,$I=2$,非轴对称($\eta \neq 0$)四极相互作用的角关联谱很复杂,有 10 个不同频率的跃迁。

由于能量接近,闪烁探测器不能将 84 keV 的起始 γ 射线 γ_1 和 75 keV 的停止 γ 射线 γ_2 分开,在起始(或停止)信号中有 γ_2,停止(或起始)信号中有 γ_1,因此,采用 NaI 或 BaF$_2$ 探测器测量的符合时间谱是相对 $t=0$ 对称的两个时间谱(图 12.18)。经过适当处理后,可以将它们相加成一个谱,从而提高测量效率。

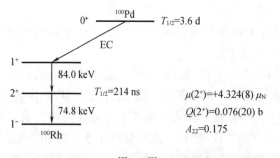

图 12.17 ^{100}Pd/^{100}Rh 衰变纲图

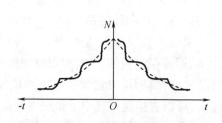

图 12.18 ^{100}Pd/^{100}Rh 测量的 PAC 谱

12.4.2　扰动角关联实验测量

$\gamma_1 - \gamma_2$ 角关联时间变化是由扰动因子决定的。扰动角关联通过测量角关联时间变化，得到扰动因子，从而获得引起扰动的磁或与电超精细相互作用的参数。

扰动角关联和角分布测量现在都采用时间微分方法，即时间微分扰动角关联（time defferential perturbed angular correlation，TDPAC）和时间微分扰动角分布（time defferential perturbed angular distribution，TDPAD），通过测量相对量子化方向的角关联或角分布进动或自旋进动，得到扰动因子。实验上，扰动角关联是测量 γ_1 和 γ_2 的符合计数时间谱，扰动角分布是测量加速束流脉冲为时间零点的激发态发射 γ 射线的时间谱。

1. 扰动角关联谱仪

图 12.19 所示是时间微分扰动角关联测量原理示意图。最早的扰动角关联谱仪是两个固定的 γ 射线闪烁探测器的谱仪（图 12.19（a）），一个闪烁探测器（探测器 1）记录 γ_1，确定量子化方向和选出顺排的中间态，一个闪烁探测器（探测器 2）记录 γ_2，测量符合计数的时间变化，即符合计数时间谱（见 12.3.1 节和图 12.10）。测量的符合计数时间谱的时间调制由核矩与核外电磁场的超精细相互作用决定，由测量的符合计数时间谱，可以得到扰动因子或超精细相互作用的拉莫尔进动频率或电四极相互作用频率等参数。具有两个探测器的扰动角关联谱仪，一次只能记录一个符合时间谱，为了提高测量效率，发展了具有三个闪烁探测器的扰动角关联谱仪［图 12.19（b）］。其中一个闪烁探测器（探测器 1）记录 γ_1，另外两个对称放置的闪烁探测器（探测器 2 和探测器 3）记录 γ_2，三个闪烁探测器的扰动角关联谱仪同时记录两个符合时间谱。以磁超精细相互作用为例，图中外加磁场 $\boldsymbol{B}$ 垂直于 k_1、k_2、k_3 的探测器平面，三个探测器谱仪得到的两个符合计数时间谱，一个是图 12.19（c）中的"（up）上"符合时间谱 $N_{up}(t)$，另一个是"down（下）"符合时间谱 $N_{down}(t)$。由于记录 γ_2 的两个探测器是对称放置的，$N_{up}(t)$ 和 $N_{down}(t)$ 两个符合计数随时间变化的相位相反。将 $N_{up}(t)$ 和 $N_{down}(t)$ 谱相减的差除以 $N_{up}(t)$ 和 $N_{down}(t)$ 谱相加和，得到图 12.19（d）所示的自旋转动函数 $R(t)$。对于磁超精细相互作用测量，两个探测器谱仪的测量为了获得"上（up）"和"down（下）谱，需要改变磁场方向或转动探测器 2 到对称位置。

为了提高测量效率和精度，现在一般都采用同一平面四个互为 90° 的闪烁探测器构成的时间微分扰动角关联谱仪［图 12.20（a）］。图 12.20（b）所示是四个探测器扰动角关联测量原理示意图，图 12.20（c）所示是四个 BaF_2 闪烁探测器扰动角关联谱仪。每个闪烁探测器输出两个信号，一个是光电倍增管阳极输出的快时间信号，一个是光电倍加管打拿极输出的慢能量信号（图 9.22）。在同时记录 4 个符合计数时间谱的测量中，两个探测器记录 γ_1，两个探测器记录 γ_2［图 12.20（a）］。快时间信号通过恒比定时甄别器输出一个快定时脉冲信号，分别经过混合器或相加器后送到时间 – 幅度变换器。两个 γ_1 探测器的混合器（或相加器）的输出信号作为时间 – 幅度变换器起始信号（或停止信号），另外两个 γ_2 探测器的混合器的输出信号作为时间 – 幅度变换器停止信号（或起始信号）。能量信号经主放大器（main amplifier）放大后输入到单道分析器，γ_1 探测器选出 γ_1 能量信号，γ_2 探测器选出 γ_2 能量信号，送到符合电路。两个 γ_1 探测器的能量信号分别与两个 γ_2 探测器的能量信号做二重符合,符合电路输出信号与延迟的时间 – 幅度变换器输出信号时间对齐或同步。时间 – 幅度变换器输出到计算机 – 多道数据获取和处理系统,该系统由模/数变换器(analog digital covertor, ADC)、多道分析器(multi – channel analyzer, MCA)和计算机构成。时间 – 幅度变换器的信号作为的分析信号,符合电路输出作为多道分析器开门信号,选取不同存储区(memory)存储各个符合计数时间谱[图 12.20(b)](Leo,1987)。这种用慢能量信号作为快时间信号门信号的技术称为快慢符合技术。在计算机 – 多道数据获取和处理系统中,可以实时显示自旋转动函数 $R(t)$,并可以做在线和离线的自旋转动函数 $R(t)$ 的拟合。

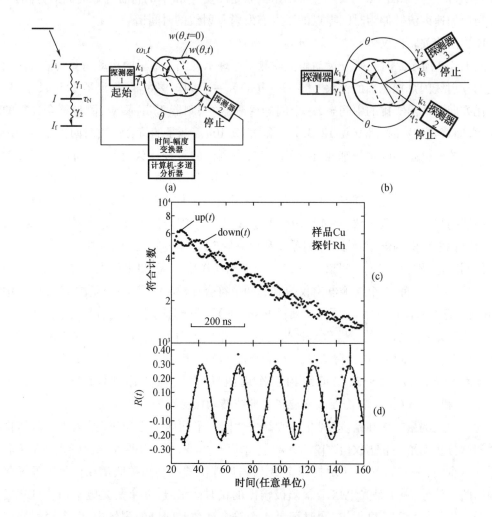

图 12.19   时间微分扰动角关联测量原理示意图

图 12.21 所示是四探测器扰动角关联谱仪测量的电子学线路方框图。该谱仪可以同时记录 4 个或 8 个符合计数时间谱。

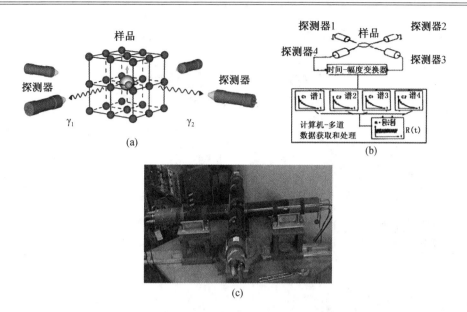

图 12.20　四探测器扰动角关联测量原理和谱仪

图 12.21(a)所示是谱仪同时记录 4 个符合计数时间谱的电子学线路方块图。谱仪四个闪烁探测器的光电倍增管阳极输出快时间信号分别送到 4 个恒比定时器,记录 γ_1 的探测器 1 和探测器 2 的恒比定时器输出和记录 γ_2 的探测器 3 和探测器 4 的恒比定时器输出,分别经过两个混合器混合后送到时间 – 幅度变换器。探测器 1 和探测器 2 混合输出用作时间 – 幅度变换器起始信号,探测器 3 和探测器 4 的混合输出作时间 – 幅度变换器的停止信号,时间 – 幅度变换器输出经微秒延迟后送到计算机 – 多道系统作为分析信号。恒比定时甄别器可以通过上下阈的设置,对探测器 1 和探测器 2 选出 γ_1 信号,对探测器 3 和探测器 4 选出 γ_2 信号,这时时间 – 幅度变换器的输出是含 4 个符合计数时间谱的混合谱。一般在实验测量中恒比定时甄别器不设置上阈,只设置一个减少本底的低能下阈,4 个探测器的 γ_1 和 γ_2 快信号都能通过恒比定时器,这样时间 – 幅度变换器的实际输出是含 8 个符合计数时间谱的混合谱。采用快(时间信号) – 慢(能量信号)符合技术,从时间 – 幅度变换器选出相应的符合计数时间谱,并存在多道分析器的不同存储区。四个闪烁探测器输出的 4 个能量信号经过主放大器放大后,输入单道分析器,探测器 1 和探测器 2 的单道分析器设置上下阈选出 γ_1 能量信号、探测器 3 和探测器 4 的单道分析器设置上下阈选出 γ_2 能量的信号。4 个单道分析器的输出,输入四个符合电路单元,分别做探测器 1 和探测器 3、探测器 1 和探测器 4、探测器 2 和探测器 4、探测器 2 和探测器 3 的符合,4 个符合信号输入到计算机模/数变换器 – 多道分析器系统,作为多道分析器开门信号,从时间 – 幅度变换器输出的混合符合计数时间谱中,选出 1 和 4 探测器对的 90°符合计数时间谱、2 和 3 探测器对的 90°符合计数时间谱、1 和 3 探测器对的 180°符合计数时间谱、2 和 4 探测器对的 180°符合计数时间谱,并将它们分别记录在多道分析器的四个存储区域[图 12.21(b)]。

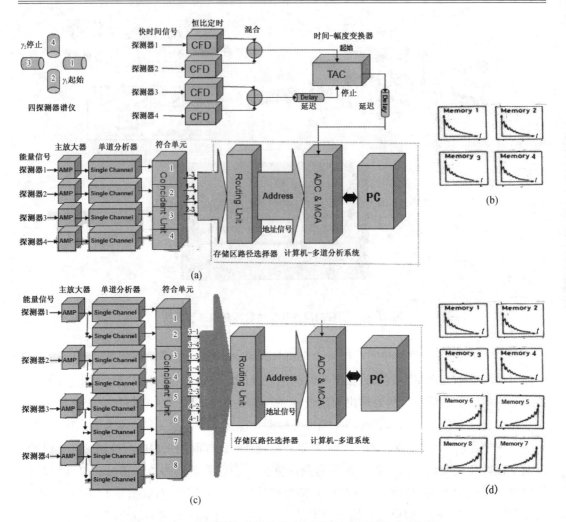

图 12.21　四探测器扰动角关联谱仪测量的电子学线路方框图

实际上 γ_1 和 γ_2 射线都入射到每个探测器,并被记录。在记录 4 个符合计数时间谱的电子学中,每个探测器的能量信号经过主放大器后,只送入一个单道分析器[图 12.21(a)],选出 γ_1 或 γ_2。每个探测器的能量信号经过主放大器后,如果送入两个单道分析器[图12.21(c)],四个探测器扰动角关联谱仪可以同时记录 8 个符合计数时间谱时。与上面记录 4 个符合计数时间谱相同,时间 – 幅度变换器的输出是 8 个符合计数时间谱的混合谱,4 个是 γ_1 为起始信号,4 个是 γ_2 为起始信号的。为了将时间 – 幅度变换器输出的混合谱中 8 个符合计数时间谱分开,需要增加符合开门信号,每个探测器都需要输出 γ_1 和 γ_2 能量信号。同时记录 8 个符合计数时间谱的慢能量符合电路如图 12.21(c)所示。每个主放大器的输出输入两个单道分析器,其中一个单道分析器设置上下阈选出 γ_1 能量信号,另一个选出 γ_2 能量信号。8 个单道分析器的输出输入到 8 个符合单元,分别做探测器 1 和探测器 3、探测器 1 和探测器 4、探测器 2 和探测器 4、探测器 2 和探测器 3、探测器 3 和探测器 1、探测器 3 和探测器 2、探测器 4 和探测器 2、探测器 4 和探测器 1 的符合,8 个符合信号输入计算机 – 多道分析器系统,作为开门信号,从时 – 幅变换器输出的混合符合计数时间谱中,选出 1 和4探测器对、2 和 3 探测器对、3 和 2 探测器对、4 和 1 探测器对的 4 个 90° 符合计数时间谱，1 和 3 探测器对、2 和 4 探测器对、3 和 1 探测器对、4 和 2 探测器对的 4 个 180° 符合计数时间谱，并将它们分别记录在多道分析器的 8 个存储区域 [图 12.21(d)]。由于 8 个符合计数时间谱中有 4 个是 γ_1 作为时间 - 幅度变换器的起始信号的，4 个是 γ_2 作为时间 - 幅度变换器的起始信号的，因此它们随时间展开的方向是相反的 [图 12.21(d)]。

为了进一步提高探测效率，实现很低放射性活度和很短寿命探针等的测量，现在已经发展了 6 探测器扰动角关联谱仪，这种谱仪分别在垂直于 4 探测器平面的上方和下方增加一个探测器。图 12.22 所示是六探测器扰动角关联谱仪框图。六探测器扰动角关联谱仪可以同时记录 30 个符合时间谱，探测效率比四探测器谱仪的高 4.8 倍。中国原子能科学研究院建立了具有 6 个 BaF_2 闪烁探测器的扰动角关联谱仪（Yi Zuo et al.，2010）。

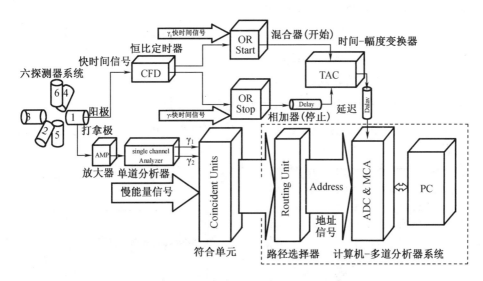

图 12.22　六探测器扰动角关联谱仪框图

随着探测器数量的增加，采用常规的电子学仪器测量系统，电子学插件需要增加很多，谱仪系统将会非常庞大。为此发展了数字化扰动角关联谱仪，除了探测器系统，其他电子学仪器的功能均由数字化软件替代，这样硬件电子学仪器就很简单，而且测量精度更高。中国原子能科学研究院建立了国际上首台数字化六探头扰动角关联谱仪（Zuo et al.，2010）。

扰动角关联谱仪探测器的闪烁晶体大都采用 BaF_2 晶体，所以扰动角关联谱仪的时间分辨可以小于 180 ps。由于 BaF_2 晶体能量分辨率较差，一般为 7% ~ 8%，为了提高能量分辨率，现在发展了 $LaBr_3$ 晶体。$LaBr_3$ 晶体闪烁探测器的能量分辨率可以达到 2%，而时间分辨率与 BaF_2 晶体相同。$LaBr_3$ 晶体的密度（5.2 g·cm^{-3}），高于 BaF_2 晶体（4.88 g·cm^{-3}），$LaBr_3$ 晶体的闪烁探测器的探测效率比 BaF_2 晶体高。中国原子能科学研究院也建立了具有四个和六个 $LaBr_3$ 晶体的闪烁探测器的扰动角关联谱仪。

2. 扰动因子测量

第 i 个探测器计数率 $N_i = \varepsilon_i \Omega_i N$，其中 N 是源的放射性活度或强度，ε_i 是探测器探测效

率,$\Omega_i = \dfrac{\Omega_{itr}}{4\pi}$($\Omega_{itr}$是探测器对源的立体角)。则起始探测器 i 和停止探测器 j 同一 $\gamma_1 - \gamma_2$ 级联衰变真符合计数率为

$$N_{ij} = N_i \varepsilon_j \Omega_j = \varepsilon_i \varepsilon_j \Omega_i \Omega_j N \tag{12.44}$$

不是同一 $\gamma_1 - \gamma_2$ 级联衰变的 γ_1 和 γ_2 之间的偶然符合计数率 N'_{ij},即本底:

$$N_{ij}(偶然) = N_i N_j \tau = \varepsilon_i \varepsilon_j \Omega_i \Omega_j N^2 \tau \tag{12.45}$$

式中,τ 是多道分析器记录时间窗。真符合计数率与偶然符合计数率比:

$$N_{ij}/N_{ij}(偶然) = 1/N\tau \tag{12.46}$$

多道分析器记录时间窗 τ 一般是几倍核寿命 τ_N,假定记录时间窗为 $\tau = 1~\mu s$,则源活度需低于 $10^6/s$,真计数率与偶然符合计数率比才能大于 1。

实验测量的 γ_1 和 γ_2 级联符合时间谱为

$$N_{ij}(\theta,t) = N_0 \exp(-t/\tau_N) W(\theta,t) + B \tag{12.47}$$

式中 B——偶然符合本底[式(12.45)];

$W(\theta,t)$——扰动角关联函数;

$\exp(-t/\tau_N)$——以中间态寿命 τ_N 倒数为衰变常数的 e 指数衰变。

图 12.23(a)是实验测量的 ^{111}Cd 在金属 Cd 中 $N(90°,t)$ 和 $N(180°,t)$ 符合时间谱。

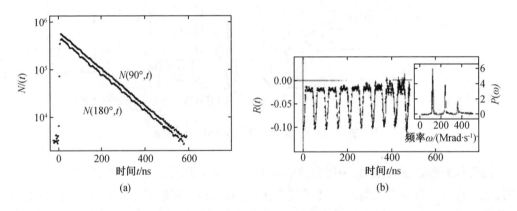

(a)   (b)

图 12.23 实验测量的 ^{111}Cd 在 Cd 中符合时间谱谱和自旋转动函数 $R(t)$

为了增强扰动导致的符合计数时间谱的调制效应,去掉符合计数时间谱 e 指数成分、消除探测器效率、探测系统几何不确定性等,精确测定扰动因子,数据处理时将实验测量的符合计数时间谱形成自旋转动函数或 $R(t)$ 函数(Arends et al.,1980)。一个平面内相互为 90°角排列的四探测器扰动角关联谱仪(图 12.20)测量中,记录的 90°符合计数时间谱用 $N(90°,t)$ 表示,记录的 180°符合计数时间谱用 $N(180°,t)$ 表示,则自旋转动函数 $R(t)$ 定义为 180°符合计数时间谱与 90°符合计数时间谱的差与和之比。同时记录 4 个符合时间谱:2 个 $N(90°,t)$ 谱,即探测器 1 – 探测器 4 和探测器 2 – 探测器 3 记录的符合计数时间谱;2 个 $N(180°,t)$ 谱,即探测器 1 – 探测器 3 和探测器 2 – 探测器 4 记录的符合时间谱。同时记录 8 个符合时间谱:4 个 $N(90°,t)$ 谱,即探测器 1 – 探测器 4、探测器 2 – 探测器 3、探测器 3 –

探测器 2、探测器 4 - 探测器 1 记录的符合计数时间谱;4 个 $N(180°,t)$ 谱,即探测器 1 - 探测器 3、探测器 2 - 探测器 4、探测器 3 - 探测器 1、探测器 4 和探测器 2 记录的符合时间谱。记录 4 个和 8 个符合计数时间谱的自旋转动函数 $R(t)$ 为

$$R(t) = \frac{\sqrt{N_{13}(180°,t)N_{24}(180°,t)} - \sqrt{N_{14}(90°,t)N_{23}(90°,t)}}{\sqrt{N_{13}(180°,t)N_{24}(180°,t)} + \sqrt{N_{14}(90°,t)N_{23}(90°,t)}} \tag{12.48}$$

$$R(t) = \frac{\sqrt{N_{13}(180°,t)N_{24}(180°,t)}\sqrt{N_{31}(180°,t)N_{42}(180°,t)} - \sqrt{N_{14}(90°,t)N_{23}(90°,t)}\sqrt{N_{32}(90°,t)N_{41}(90°,t)}}{\sqrt{N_{13}(180°,t)N_{24}(180°,t)}\sqrt{N_{31}(180°,t)N_{42}(180°,t)} + \sqrt{N_{14}(90°,t)N_{23}(90°,t)}\sqrt{N_{32}(90°,t)N_{41}(90°,t)}} \tag{12.49}$$

式(12.48)是记录 4 个符合时间谱的 $R(t)$ 函数,式(12.49)是记录 8 个符合时间谱的 $R(t)$ 函数。式中的符合计数时间谱都是扣除本底的。图 12.19(d)和图 12.23(b)分别是磁超精细相互作用和电超精细相互作用的符合计数时间谱和自旋转动函数 $R(t)$ 谱,$R(t)$ 谱中点代表实验测量谱,实线代表拟合谱。图 12.23(b)的右上角插图是谱的傅里叶频谱。

各向异性系数 $A_2 \gg A_4$,可以略去 $k > 2$ 的项,这时角关联函数为

$$W(\theta,t) = 1 + A_{22}G_{22}(t)P_2(\cos\theta) + \cdots \tag{12.50}$$

式中,$|A_{22}| \leqslant 1$。利用式(12.50)的角关联函数解析表达式,形成 90°角关联函数和 180°角关联函数的差与和之比,得到 $R(t)$ 函数的解析式:

$$R(t) \approx A_{22}G_{22}(t) \tag{12.51}$$

用式(12.51)和式(12.34)的磁超精细相互作用的扰动因子或式(12.40)的电超精细相互作用的扰动因子,分别拟合实验测量的 $R(t)$ 得到扰动因子,从而获得频率等的超精细相互作用参数。

式(12.48)和式(12.49)中探测器效率和立体角等同时出现在分子分母中,相互抵消;所以,在四探测器的扰动角关联测量中,样品位置几何等不需非常精确的,也不需要知道探测器效率等,使实验测量更方便,很大程度上提高了测量精度。

12.4.3 扰动角分布实验测量

扰动角分布与扰动角关联测量原理相同,不同的是扰动角关联测量采用母核和具有一定寿命中间态的 $\gamma - \gamma$ 级联发射的子核的放射性源,扰动角分布测量采用加速器通过核反应直接产生相当于角关联中间态的同质异能激发态[图 12.24(a)]。与扰动角关联相仿,同质异能激发态的寿命一般也在 ns 到 μs 的范围,有合适的磁矩或电四极矩。

如图 12.24 所示,核反应带入的角动量使同质异能态自旋顺排[图 12.24(b)]。重离子核反应传递的角动量 L 垂直于束流方向(Z 方向),择优布居最低 M 的磁次能级,自旋为整数时在 $M = 0$ 方向顺排,自旋为半整数时在 $M = 1/2$ 方向顺排[图 12.24(c)]。量子化方向是引起核反应的入射束流方向。发射的 γ 射线(相当级联跃迁的 γ_2)是各向异性的,在核外场作用下角分布绕量子化方向进动。

扰动角分布测量一般采用时间微分扰动角分布方法(time differential perturbed angular distribution,TDPAD)。如图 12.25(a)所示,扰动角分布测量采用脉冲束流,脉冲束流期间产

生同质异能激发态。同质异能激发态产生的时刻定义为 $t=0$ 时刻,这个时刻可以由核反应同时产生的伴随粒子信号或加速器束流脉冲信号确定或给出。在两个脉冲束流间间隔做扰动角分布测量。一般脉冲束宽度是几个 ns,脉冲周期或两个束流脉冲间隔几倍于同质异能激发态寿命,一般3~4倍。束流方向为量子化方向,扰动角分布测量只需要用两个闪烁体探测器记录同质异能激发态发射的 γ 射线[图 12.25(b)]。图 12.25(c)所示是中国原子能科学研究院 HI-3 串列加速器上建立的 BaF_2 闪烁探测器时间微分扰动角分布谱仪(Zhu et al.,1994)。扰动角分布测量时,伴随粒子信号或加速器束流脉冲信号作为时间-幅度变换器的起始信号(或停止信号),闪烁探测器输出快时间信号作为时间-幅度变换器的停止信号(或起始信号),闪烁探测器输出慢能量信放大后由定时单道分析器选出探测的 γ 射线,采用快-慢符合方法,从时间-幅度变换器输出的混合符合计数时间谱中,选出两个探测器符合计数时间谱并将它们分别记录在计算机-多道分析器的两个存储区域。实验测量详细的电子学线路参见相关文献(Zhu et al.,1994)。

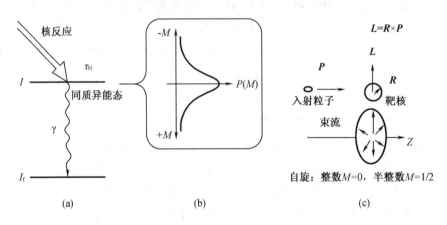

图 12.24　核反应产生的同质异能态

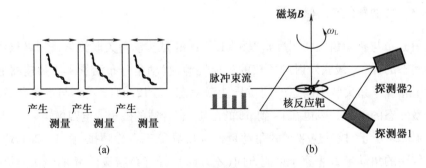

图 12.25　扰动角分布测量示意图

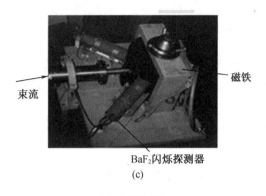

磁铁

束流

BaF_2闪烁探测器

(c)

图 12.25（续）

^{43}Sc 自旋 19/2$^-$、能量 3.123 2 MeV、半衰期 0.45 μs 态[图 12.26(a)]的 g – 因子或磁矩测量为示例（Zhu et al.，1994）。

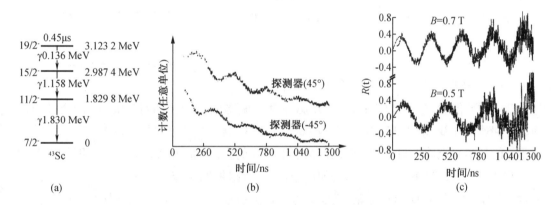

图 12.26　^{43}Sc 激发态衰变纲图、测量的符合时间谱和自旋转动函数 $R(t)$

^{43}Sc 0.45 μs 同质异能激发态在串列加速器上,由^{27}Al(^{19}F,2np)^{43}Sc 反应产生,入射^{19}F 离子能量 50.06 MeV,脉冲束宽度 2 ns,脉冲束重复周期 2 μs。图 12.26(a)所示是激发态退激到基态发射 0.136 MeV、1.158 MeV 和 1.830 MeV 三个 γ 射线(E_2跃迁)的衰变纲图。与束流方向或量子化方向 ±45° 的两个 NaI(Tl)探测器记录 γ 射线[图 12.25(b)],实验对 1.158 MeV 和 1.830 MeV 两个 γ 射线在外加磁场强度 0.7 T 和 0.5 T 做了角分布测量。图 12.26(b)是外加磁场 0.7 T 时,对 1.158 MeV γ 射线,两个探测器记录的符合计数时间谱 $N(45°,t)$ 和 $N(-45°,t)$。符合计数时间谱扣除本底后,形成自旋转动函数 $R(t) = [N(45°,t) - N(-45°,t)]/[N(45°,t) + N(-45°,t)]$,图 12.26(c)所示是外加磁场 0.7 T 和 0.5 T,对 1.158 MeV γ 射线测量的 $R(t)$。

用 $R(t)$ 的解析式 $R(t) = [3A_{22}\cos(2\omega_L t - \varphi)]/[4 + A_{22}]$,拟合实验测量的 $R(t)$,得到拉莫尔进动频率 ω_L,外加磁场为 0.7 T 和 0.5 T 时,拉莫尔进动频率分别为 0.010 9 rad/ns 和 0.007 8 9 rad/ns。由 $\omega_L = \mu_N gB/\hbar$ 和 $\mu = gI$ 计算得到^{43}Sc(19/2$^-$、3.123 2 MeV,0.45 μs) 的 g – 因子 $g = 0.327\ 2$ 和磁矩 $\mu = 3.108\ \mu_N$。

12.4.4　加速器在线扰动角关联测量

一般扰动角关联探针核的母核的寿命都比较长,例如^{62}Zn(9.2 h)/^{62}Cu、^{187}W(23.9 h)/^{187}Re、^{140}La(1.7 d)/^{140}Ce、^{111}In(2.8 d)/^{111}Cd、^{99}Mo(2.8 d)/^{99}Tc、^{100}Pd(3.6 d)/^{100}Rh、^{181}Hf(42.4 d)/^{181}Ta。加速器在线时间微分扰动角关联测量的关键是必须要有很短寿命母核,其寿命越短越好,例如小于几十秒或更低,它的衰变子核有 γ - γ 级联跃迁,且中间态有一定寿命。

中国原子能科学研究院首先获得了^{19}O/^{19}F 在线扰动角关联测量探针核,在此基础上建立了国际上首台加速器在线扰动角关联谱仪(Zhu et al.,2002)。如图 12.27 所示,探针核母核^{19}O 的半衰期 $T_{1/2}=26.9$ s,β$^-$衰变到子核是^{19}F,^{19}F 是一个很好的扰动角关联探针核,中间态半衰期为 89 ns,两个 γ - γ 级联跃迁的 γ 射线能量分别为 1.375 MeV 和 0.197 MeV。

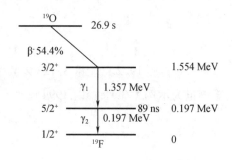

图 12.27　^{19}O/^{19}F 衰变纲图

^{19}O 是在 2 × 1.7 MV 的串列加速器上,由^{18}O(d,p)^{19}O核反应在样品中直接产生或反冲注入样品。入射 d 能量 $E_d = 3$ MeV;测量采用脉冲束,加速器脉冲束流期间产生^{19}O,两个脉冲之间进行加速器在线 γ$_1$(1.375 MeV)和 γ$_2$(0.197 MeV)扰动角关联测量。图 12.28 所示是中国原子能科学研究院2×1.7 MV 串列加速器上建立的在线扰动角关联谱仪方框图[图 12.28(a)]和谱仪[图 12.28(b)]。脉冲系统使离子源束流脉冲化,束流经过串列加速器加速器后入射到靶室,采用 Ti^{18}O$_2$核反应靶,靶厚度为 100 μ·cm^{-2},^{19}O 反冲注入到样品。四个互为90°的 BaF$_2$探测器位于靶室外,测量的电子学系统与图 12.21(a)相同,谱仪的时间分辨率为0.2 ns。

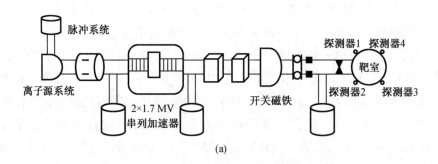

(a)

图 12.28　2 × 1.7 MV 串列加速器上的在线扰动角关联谱仪

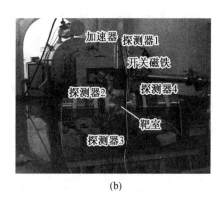

(b)

图 12.28（续）

图 12.29 所示是在线扰动角关联测量时间控制序列。脉冲束流宽度 60 s，脉冲重复周期 150 s，扰动角关联测量在脉冲束流后 10 s 开始，测量时间 80 s 直到下一个束流脉冲。脉冲束后的 10 s 是冷却时间，衰变掉短寿命的本底。测量的时间序列是由计算机自动控制的。

在线时间扰动角关联测量的数据处理与常规的扰动角关联数据处理相同。

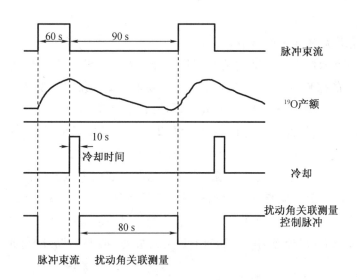

图 12.29　在线扰动角关联测量时间控制序列

12.4.5　积分扰动角关联和角分布测量

如果中间态寿命 τ_N 很短，实验测量谱仪时间分辨率 Δt 远大于中间态寿命 τ_N 或者二者相差不多时，即 $\Delta t \geqslant \tau_N$，需要采用积分扰动角关联或角分布方法（integral perturbed angular correlation and integral perturbed angular distribution IPAC 和 IPAD），测量中间态寿命 τ_N 期间的平均效应（Recknagel，1974；Schatz et al.，1996）。积分扰动角分布与积分扰动角关联测量原理相同，不同的是积分扰动角关联测量采用母核和具有一定寿命中间态的 $\gamma - \gamma$ 级联发射的子核的放射性源,积分扰动角分布测量采用加速器通过核反应直接产生相当于角关联中间态的同质异能激发态。

中间态寿命小于 0.1 ns,基本都采用积分扰动角关联或角分布方法。这时扰动因子 $G_{k1k2}^{N1N2}(t)$ 是以 $\exp(-t/\tau_N)$ 为权重函数的时间积分。这里以短寿命中间态的磁超精细相互作用测量为例,介绍积分扰动角关联或角分布测量。

磁场方向垂直于探测器平面并在 Z 方向的几何条件下,积分 $\gamma-\gamma$ 角关联函数为

$$\overline{W_\perp(\theta,B_z)} = \frac{1}{\tau_N}\int_0^\infty \exp(-t/\tau_N)W_\perp(\theta,t,B_z)\mathrm{d}t \tag{12.52}$$

式中,$W_\perp(\theta,t,B_z)$ 由式(12.36)给出,并代入式(12.52),得到

$$\overline{W_\perp(\theta,B_z)} = \frac{1}{\tau_N}\sum_k b_k\int_0^\infty \exp(-t/\tau_N)\cos[k(\theta-\omega_L t)]\mathrm{d}t = \sum_k b_k\frac{\cos[k(\theta-\omega_L t)]}{\sqrt{1+(k\tau_N\omega_L)^2}} \tag{12.53}$$

其中

$$k\tau_N\omega_L = \tan(k\Delta\theta) \tag{12.54}$$

当 $\tau_N \ll 2\pi/\omega_L$ 时,则 $k\tau_N\omega_L \ll 1$,积分角关联函数为

$$\overline{W_\perp(\theta,B_z)} = \sum_k b_k\cos[k(\theta-\tau_N\omega_L)] \tag{12.55}$$

式(12.55)与式(12.36)形式上看似相仿,但本质有很大差异,式(12.55)的角关联是偏转了 $\Delta\theta = \tau_N\omega_L$ 角度后的角关联函数。

图 12.30(a)所示是积分扰动角关联测量原理示意图。测量中采用两个探测器,记录 $\gamma-\gamma$ 级联发射 γ_1 的探测器 1 是固定的,记录 γ_2 的探测器 2 是绕级联源转动的,γ_1 和 γ_2 间的夹角是 θ。由角关联函数可知,积分扰动角关联曲线是 90° 对称的,所以只要在探测器 2 相对 γ_1 方向转动角 θ 从 90° 到 180° 进行测量。图 12.30(b)是实验测量的 ^{192}Pt 在铁中的角关联曲线(Katayama et al.,1975)。测量是对 ^{192}Pt 的 604~307 keV $\gamma-\gamma$ 级联进行的,级联中间态半衰期 43.7 ps,图中空心圆点是磁场垂直于探测器平面向上测量的角关联曲线,实心圆点是向下测量的角关联曲线,虚线是没加磁场的角关联曲线。磁场向上和向下转动的 $\Delta\theta = \tau_N\omega_L$ 绝对值相同、方向相反,导致测量的角关联曲线相对不加磁场的有($\pm\Delta\theta$)的移动,采用角关联函数 $W(\theta,\pm B)$ 拟合磁场向上和向下角关联曲线,可以得到转动角或进动角 $\Delta\theta$。

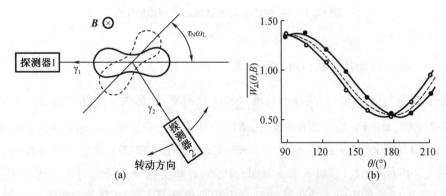

图 12.30 积分扰动角关联测量原理示意图和测量的角关联曲线

转动角 $\Delta\theta$ 与 g – 因子、核态寿命 τ_{N}、磁场 B 的关系为

$$\Delta\theta = \tau_{\mathrm{N}}\omega_{\mathrm{L}} = -\tau_{\mathrm{N}}g\frac{\mu_{\mathrm{N}}}{\hbar}B \qquad (12.56)$$

$\Delta\theta$ 是由实验测量的,已知磁场 B 和核态寿命 τ_{N}(或瞬态场离子注入扰动角分布测量中的离子穿越时间),由上式可以得到作用在原子核上磁场 B。瞬态场离子注入扰动角分布测量中,式中 τ_{N} 需要改为离子通过铁磁材料受到瞬态场作用的穿越时间。

12.4.6　离子注入扰动角分布测量

加速器在束离子注入扰动角分布测量,根据铁磁材料中产生的磁场,可以分为静态场或内磁场离子注入扰动角分布和瞬态场注入扰动角分布两种测量方法。

1. 瞬态场离子注入扰动角分布方法

(1) 瞬态场

快速运动离子通过很薄的铁磁性材料,例如 Fe、Co、Ni、Gd 时,受到一个很强的瞬态磁场作用。瞬态磁场产生机理有一种定性解释是,电子极化从铁磁性材料,例如 Fe,转移到快速通过离子的 S 轨道电子产生的(Dybdal et al.,1979;Speidel,1985)。

瞬态磁场强度实验上一般是通过测量受到瞬态场作用的短寿命核态发射 γ 射线的角分布转动或进动角 $\Delta\theta$ 测定的[式(12.56)],例如 Speidel (1985)测量了 ^{16}O 离子通过 Fe 和 Gd 箔受到的瞬态磁场 B_{TMF}。实验测量采用 ^{16}O$(\alpha,\alpha')^{16}$O* 核反应产生的 $E = 6.13$ MeV 的 ^{16}O* 激发态,该激发态寿命 $\tau_{\mathrm{N}} = 26.6$ ps、自旋 $I = 3^{-}$。图 12.31 所示是测量的不同能量或速度 V(图中 V 以玻尔速度 V_0 为单位,$V_0 = c/137$)的 ^{16}O 探针核在 Fe 和 Gd 箔受到的瞬态磁场 B_{TMF}。由图可见,Fe 中产生的瞬态磁场 B_{TMF} ~ 400 T,并且与离子速度几乎无关;Gd 中的产生的瞬态磁场,离子速度较低时 B_{TMF} ~ 400 T,离子速度高于 $6V_0$ 时 B_{TMF} ~ 1 000 T。

瞬态磁场强度可以高达几千 T,在核物理应用中,可以用于皮秒和亚皮秒寿命核态的核矩测量

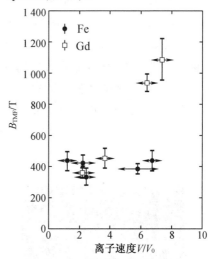

图 12.31　^{16}O 离子通过 Fe 和 Gd 箔受到的瞬态磁场 B_{MTF} 随离子速度变化

[例如(Zhu et al.,1996)]。在原子核核态的核矩测量中,时间微分扰动角分布方法适用于纳秒到微秒寿命核态的测量,亚皮秒到皮秒寿命核态测量需要采用瞬态磁场和离子注入积分扰动角分布方法结合的瞬态场离子注入扰动角分布方法。皮秒量级寿命核态,由于寿命太短,即使采用瞬态场也不能测定半个或一个周期的自旋进动谱,只能测量其寿命期间发生的很小很小的进动角或角分布转动角 $\Delta\theta$。皮秒量级寿命核态的进动角一般仅有几度,例如,对于 $g = 0.3$、寿命 $\tau = 1$ ps 的核态,在磁场强度 $B = 1\ 400$ T 时,拉莫尔进动角 $\Delta\theta$ 约为 $1.1°$。

由式(12.56)可知,如果核态的 g – 因子已知,可以测量瞬态磁场(B_{TMF})的场强,进行材料的强磁性研究。

(2)瞬态场离子注入扰动角分布测量

中国原子能科学研究院在 HI – 13 串列加速器上,建立了瞬态场离子注入扰动角分布谱仪(Zhu et al. ,1996)。这里以该谱仪为例介绍瞬态场离子注入扰动角分布测量方法。

图 12.32(a)所示是瞬态场离子注入扰动角分布谱仪,图 12.32(b)所示是谱仪平面示意图。瞬态场离子注入扰动角分布谱仪主要包括四个部分:靶和靶室、极化磁场、探测器系统、数据获取和处理系统。HI – 13 串列加速器上谱仪的靶室是铜或石英玻璃的 T 型靶室,位于极化磁场磁铁上下磁极的中心平面。靶是多层靶结构[图 12.32(c)],面对束流的是核反应靶层(例如,0.4 mg·cm^{-2}厚99.8% 浓缩的^{58}Ni 靶层),第二层是铁磁材料层(例如,1.575 mg·cm^{-2}厚 Fe 层),第三层是阻止层和衰变层(例如,12 mg·cm^{-2}厚无缺陷非磁性的 Cu 层),三层靶后面是捕获器(例如,800 mg·cm^{-2}厚 Ta 捕获器)。层与层之间不能有间隙,靶层和阻止层采用真空蒸发喷涂在铁磁材料层薄片两面。核反应层产生高速待研反冲核,反冲核通过极化的铁磁性材料层并受到 B_{TMF} 作用,然后进入和停止在立方结构无缺陷阻止层并衰变。生成核,即极化或顺排的反冲核是由重离子熔合蒸发反应产生和布居。极化磁场由电磁铁产生,极化磁场方向与束流方向和探测器平面垂直, 为提高测量精度,测量时极化磁场方向每100～200 s 上下翻转一次(磁场垂直探测器平面向上↑和向下↓),两个磁场方向进动角度相同,但方向向反(图 12.30)。磁场向上↑方向时发射的射线角分布为 $W = (\theta + \Delta\theta)$,磁场向下↓方向时发射的射线角分布为 $W = (\theta - \Delta\theta)$,$\theta$ 处无外磁场时角分布为 $W(\theta)$(图 12.30)。磁场向下和向上两个方向的计数率为

$$N^{\uparrow} = W(\theta + \Delta\theta) \text{ 和 } N^{\downarrow} = W(\theta - \Delta\theta) \tag{12.57}$$

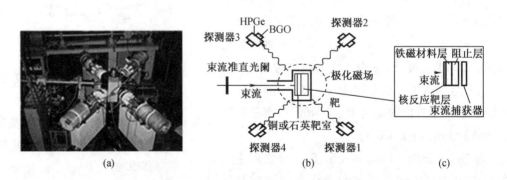

(a)   (b)   (c)

图 12.32　瞬态场离子注入扰动角分布谱仪及其平面示意图

图 12.32 所示,谱仪 γ 射线探测系统由 4 个带 BGO 反康 HPGe 探测器构成, 放置在处于水平面、与束流方向平行的探测器平面。4 个探测器分为前后两组,探测器与束流方向角度为 $\pm\theta$ 和180°$\pm\theta$。在 θ 角度,γ 射线角分布对数导数 $S(\theta)$[式(12.58)]最大,这是 θ 选取的原则,θ 一般在 60°左右。采用多重符合选择多参数事件法记录两重 γ – γ 符合以上的事件,以降低本底。实验测量过程中,磁场方向是周期性向上(↑)和向下(↓)翻转,数据记录的每个事件有 5 个参数,一个标记磁场方向,4 个标记各个 HPGe 测量的 γ 射线。

记录的事件反演得到磁场向上的 4 个探测器记录的能谱和磁场向下的 4 个探测器记录的能谱。由记录的 8 个能谱,可以得到所有级联跃迁的平均进动或转动角 $\Delta\theta$:

$$
\left.
\begin{aligned}
&\Delta\theta = \varepsilon / S(\theta) \\
&S(\theta) = [1/W(\theta)][\mathrm{d}W(\theta)/\mathrm{d}\theta] \\
&\varepsilon = (\rho - 1)/(\rho + 1) \\
&\rho = \rho_{12}/\rho_{34} \\
&\rho_{12} = \frac{N_1^\uparrow N_2^\downarrow}{N_1^\downarrow N_2^\uparrow} \\
&\rho_{34} = \frac{N_4^\uparrow N_3^\downarrow}{N_4^\downarrow N_3^\uparrow}
\end{aligned}
\right\}
\tag{12.58}
$$

式中　ρ——双比函数;

　　　ρ_{12}——探测器 1 – 2 的比例函数;

　　　ρ_{34}——探测器 3 – 4 的比例函数;

　　　$N_i^\uparrow$ 和 $N_i^\downarrow$——i 个探测器磁场向上和磁场向下时的某一跃迁能量的 γ 射线峰计数,

　　　　　4 个探测器的 $N_i^\uparrow$ 和 $N_i^\downarrow$ 是从实验测量的 8 个能谱得到。

　　　$\Delta\theta$、g – 因子和核外瞬态磁场的关系为

$$
\Delta\theta = -g \frac{\mu_\mathrm{N}}{\hbar} \int_{t_\mathrm{in}}^{t_\mathrm{out}} B_\mathrm{TMF}[v(t)] \, \mathrm{d}t
\tag{12.59}
$$

式中　$\Delta\theta$——实验测量的进动角或转动角;

　　　g——核态 g – 因子;

　　　μ_N——核磁子;

　　　$B_\mathrm{TMF}[v(t)]$——与离子速度 $v(t)$ 相关的瞬态场。

　　反冲核通过铁磁薄片材料过程中,不同时刻或深度的速度不同,离子受到的瞬态场不同。因而,上式积分需要对离子进入铁磁材料时刻 t_in(可视作零时刻)到离开时刻 t_out 的穿越时间进行。式(12.5)是核态寿命比 τ 穿越时间大很多的情况,如果大得不多,例如几倍,积分项中需要增加 $\mathrm{e}^{-t/\tau}$ 因子,以考虑核衰变。

　　在 g – 因子或磁矩测量时,瞬态磁场强度 B_TMF 一般采用经验公式计算,例如常用的 Shu 公式(Shu et al.,1980):

$$
B_\mathrm{TMF} = (96.7 \pm 1.6) \left(\frac{v}{v_0} \right)^{0.4 \pm 0.18} z^{1.1 \pm 0.2} \mu_\mathrm{B} N_\mathrm{p}
\tag{12.60}
$$

式中　v——离子运动速度;

　　　v_0——玻尔速度;

　　　B——玻尔磁子;

　　　N_P——单位体积内的极化电子数,对于 Fe,取每原子有 2.2 个极化电子。

　　实验测量的能谱涵盖了所有探测到的级联 γ 跃迁能量(图 12.2)的 γ 射线峰,对各个峰做同样的处理,可以得到相应各个自旋态的 g – 因子。

2. 静态场离子注入扰动角分布测量

由上节知道,瞬态场是离子高速通过 Fe、Co、Ni、Gd 等铁磁性材料时受到的磁场。静态磁场或内磁场 B_{IMF} 与瞬态场 B_{TMF} 不同,它是铁磁性材料受到外磁场的极化而产生的磁场。为了使静态磁场方向垂直于探测器平面,极化磁场方向应与探测平面垂直,改变极化磁场方向使静态磁场方向是垂直向上或向下。

静态场离子注入扰动角分布测量与瞬态场场离子注入扰动角分布测量基本相同,不同之处是,在瞬态场场离子注入扰动角分布测量中探针离子必须高速通过铁磁材料,而在静态场离子注入扰动角分布测量中探针离子停止在铁磁材料中,受到静态磁场的作用。

图 12.33(a)所示是静态场离子注入扰动角分布测量原理示意图。靶系统是两层靶结构,核反应靶真空蒸发喷涂或电镀或溅射在厚铁磁材料上,通常是 Fe 底衬上的浓缩同位素靶层,加速器入射束流轰击核反应靶,产生反冲探针核,反冲核反冲出靶进入铁磁薄片,停止在薄片中并在静态场作用下自旋或退激发射的 γ 射线角分布绕磁场方向进动。极化磁场一般采用电磁铁,靶室位于电磁铁两个磁极头间的中心处,极化磁场方向垂直于入射束和探测器平面,测量中极化磁场方向在垂直于测量平面向上和向下周期性变化。图12.33(b)是测量装置示意图,入射束和探测器平面位于磁极头间隙的中心平面,与入射束呈 $+\theta$ 和 $-\theta$ 两个角度安置探测激发态退激发射 γ 射线的两个探测器,在 $\pm\theta$ 角度处,无磁场扰动角分布的对数导数最大。静态场离子注入扰动角分布方法适用于寿命大于 5 ns 的核态的测量。数据处理与瞬态场离子注入扰动角分布相仿,只是用探测器 1 和探测器 2 的比例函数 $\rho_1 = N_1^{\uparrow}/N_1^{\downarrow}$ 和 $\rho_2 = N_2^{\uparrow}/N_2^{\downarrow}$,替代式(12.58)中的 ρ_{12} 和 ρ_{34},这里 $N_1^{\uparrow}$、$N_1^{\downarrow}$、$N_2^{\uparrow}$、$N_2^{\downarrow}$ 分别是探测器 1 和探测器 2 磁场垂直于探测器平面向上和向下的计数。

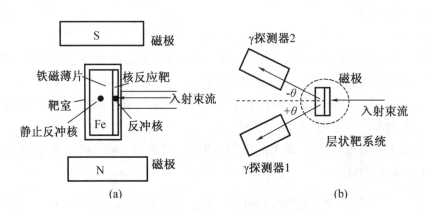

(a)   (b)

图 12.33 静态场离子注入扰动角分布测量原理和装置示意图

在静态磁场或内磁场 B_{IMF} 测量时,即使对于同一探针核的激发态,用积分扰动角关联测量的内磁场 B_{IMF},也要比离子注入扰动角分布测量的 B_{IMF} 小。在离子注入扰动角分布测量时,探针核反冲注入到铁磁性材料,例如 Fe 中,从运动到停止,积分扰动角关联测量探针核始终是静止的,这种方法测量的扰动角分布只受到一个静态内磁场 B_{IMF} 作用,而积分扰动角关联测量的扰动角分布除受到静态内磁场 B_{IMF} 作用外,还受到一个瞬态磁场 B_{TMF} 的作用,测量的进动角是由 B_{IMF} 和 B_{TMF} 两个磁场作用之和产生的:

$$\Delta\theta = \Delta\theta(B_{IMF}) + \Delta\theta(B_{TMF}) = -g\frac{\mu_N}{\hbar}(B_{IMF}\tau_N + B_{TMF}\tau_1) \tag{12.61}$$

式中,τ_1 是瞬态磁场有效作用时间,与反冲探针核在铁磁介质中慢化时间有关。

12.5 扰动角关联和扰动角分布应用

扰动角关联和扰动角分布方法是直接测量作用在探针核(或杂质原子)上的超精细相互作用,具有灵敏度高、选择性和准确性好等优点,是一种在很多方面都没有其他方法可以替代的原子尺度物质微观结构和电子结构的研究方法。扰动角关联和扰动角分布方法可以用于凝聚态物质的各种性质研究,例如,材料结构和结构相变、结构有序度及有序 – 无序转变、材料磁性、材料表面和界面、材料缺陷和辐照损伤等;在核科学领域应用,发挥了其他方法没有的优点,可以用于如极端条件下核矩测量和核结构研究;在生物医学领域,可以用于生物动力学、药物结构、大分子构型、疾病治疗和诊断等研究。

12.5.1 材料缺陷和辐照损伤研究

不同晶格结构材料中的电场梯度不同,如图 12.34 所示,立方晶格结构材料中,电荷是对称分布的,没有电场梯度(EFG $=0$);正方和三斜晶格结构材料中,电荷是非对称分布的,产生电场梯度(EFG $\neq 0$)。超精细相互作用与材料微观结构密切相关,立方晶格结构材料中,探针核不受到电场梯度作用或超精细相互作用;非立方晶格结构材料中,探针核受到电场梯度作用或超精细相互作用。

(a)立方晶格(EFG=0)   (b)正方晶格(四角形)(EFG≠0)   (c)三斜晶格(EFG≠0)

图 12.34 不同晶格结构材料中的电场梯度

材料中出现缺陷,电荷分布发生变化。如图 12.35 所示,立方晶格结构材料中,空位等缺陷的出现,破坏了电荷对称性,产生电场梯度(EFG $\neq 0$);非立方晶格结构材料中,缺陷出现使电场梯度发生变化,不同缺陷产生的电场梯度变化不同。例如,立方晶格结构材料受到射线或粒子的辐照,产生辐照损伤,在材料中产生缺陷,扰动角关联探针受到电场梯度作用,不同缺陷产生的电场梯度不同;非立方晶格结构材料的辐照损伤,导致电场梯度变化,不同缺陷引起的电场梯度变化不同。

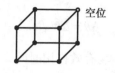

(a)立方晶格材料(EFG=0)　　　　　　(b)立方晶格材料+缺陷(EFG≠0)

图 12.35　缺陷导致立方晶格结构材料电场梯度变化

扰动角关联和角分布测量可以用来鉴别缺陷类型和测定它们的浓度（朱升云,1985）。不同结构的材料,其中电场梯度或电四极超精细相互作用不同,利用电场梯度或电四极超精细相互作用测量,可以进行材料微观结构研究。缺陷的出现会引起作用在探针核上电场梯度或电四极超精细相互作用的变化,缺陷种类和浓度不同引起不同程度的电四极相互作用变化;多种缺陷的存在导致探针核受到多种电四极超精细相互作用。因此通过电四极超精细相互作用测量,可以鉴别和测量缺陷种类和浓度。扰动角关联和角分布测量方法已经广泛用于材料缺陷和辐照损伤研究。

1. ^{178}W 辐照 Si 产生的辐照损伤和缺陷研究

Zhu 等(1995)采用扰动角关联方法研究了重离子^{178}W 辐照 N – 型 Si 产生的辐照损伤。1 mm 厚的 Si 片在束流方向覆盖 0.1 mm 厚 Ta,回旋加速器产生并经过降能后的 50 MeV 质子轰击^{181}Ta 靶,由核反应^{181}Ta(p,4n)^{178}W 产生^{178}W 并反冲注入 Si 样品,在 Si 中产生辐照损伤和缺陷。^{178}W 是不稳定的,半衰期为 21.5 d,通过电子俘获衰变到^{178}Ta;^{178}Ta 也是不稳定的,半衰期仅为 9 min,通过电子俘获衰变到超精细相互作用探针核^{178}Hf。^{178}W 辐照在 Si 中产生辐照损伤,同时可以通过产生的^{178}Hf 的扰动角关联测量,检测辐照产生的辐射损伤或缺陷。

实验测量中,在室温进行^{178}W 的反冲注入,反冲注量为 5×10^{11} cm^{-2}。辐照后在室温 ~800 ℃,对^{178}Hf 的 1.350 ~0.093 MeV 的级联跃迁(中间态寿命 2.4 ns),做扰动角关联测量。实验测量的 $R(t)$ 用下面的解析式拟合:

$$R(t) = 0.5A_2 \sum_{n=0}^{4} (S_{2n} + \alpha S_{4n})(f_0 + \sum_i f_i \cos{(n\omega_{0i}t)} \exp{(-n\delta_{0i}t)} \quad (12.62)$$

式中　A_2 和 A_4——各向异性系数;

$\alpha = A_4/A_2$;

f_0——未受扰动探针核成分;

f_i——受 i 种缺陷扰动成分,且 $f_0 + \sum f_i = 1$;

ω_{0i}——i 种缺陷产生的四极相互作用频率;

δ_{0i}——频率分布宽度。

实验测量的 $R(t)$ 采用式(12.62)拟合,拟合得到的^{178}W 辐照在 Si 中产生的缺陷相对成分随退火温度变化如图 12.36 所示。由图可见,^{178}W 辐照在 Si 中产生的单空位和双空位缺陷,400 ℃退火后 Si 产生四空位。单空位在 Si 中不能单独存在,只能以与氧的复合体形式存在,单空位 – 氧复合体称为单空位型缺陷;双空位可以单独存在,还可以与氧形成双空位-氧复合体,双空位和双空位-氧复合体称为双空位型缺陷。400 ℃退火温度开始,由于缺陷热运动,相互复合形成四空位缺陷。四空位缺陷可以单独存在,也会与氧形成四空位-氧复合体,四空位和四空位-氧复合体缺陷称为四空位型缺陷。由图 12.36 所示的单空位型、双空位型和四空位型缺陷相对成分 f_1、f_2 和 f_4 随退火温度变化可见,单空位型缺陷在 400 ℃退火,双空位型缺陷在 500 ℃退火。退火温度 600 ℃附近,形成的四空位型缺陷成分最大,700 ℃四空位型缺陷退火,Si 中辐照产生的缺陷也都退火了。

在室温 ~400 ℃、室温 ~500 ℃和 400 ~700 ℃三个温度区域,可分别观察到辐照产生的单空位型缺陷和双位型缺陷和热运动产生的四空位型缺陷。空位与空位-

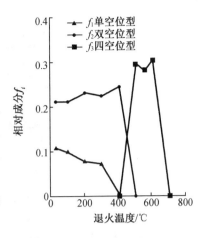

图 12.36　^{178}W 辐照在 Si 中产生的缺陷相对成分随退火温度变化

氧复合体的四极相互作用频率是相同的,实验测得单空位型、双空位型和四空位型缺陷相应的电四极相互作用频率分别为 $\omega_{01} = 2\,002$ MHz、$\omega_{02} = 594$ MHz 和 $\omega_{03} = 142$ MHz,随着缺陷的增大,电四极相互作用频率变小。

2. 金属原子缺陷研究

Metzner 等(1984)采用扰动角关联方法研究了立方晶格结构 Cu 中产生的缺陷。实验测量中,Cu 样品覆盖薄 Nb 箔,放射性原子 ^{111}Sn 由核反应 ^{93}Nb(^{22}Ne,4n)^{111}Sn 产生并反冲注入 Cu 样品。然后将 Cu 样品热退火,使 ^{111}Sn 原子迁移到周围没有缺陷的晶格替代位置,如图 12.37(a)所示。

^{111}Sn 半衰期为 35 min,其衰变过程为 ^{111}Sn $\xrightarrow{35\ min}$ ^{111}In $\xrightarrow{2.8\ d}$ ^{111}Cd。约 61% 的 ^{111}Sn 原子通过电子俘获衰变到探针原子 ^{111}In 基态,并放出一个单能中微子。发射中微子,In 原子反冲,反冲能 $E_R = Q^2/2Mc^2$,此处,$Q = 2.436$ MeV 是 K 电子俘获 Q 值,M 为 ^{111}In 质量,计算得到 $E_R = 28.7$ eV。Cu 原子位移阈能是 19 eV,In 原子反冲能使一个铜原子发生移位,产生空位-填隙子 Frenkel 对,In 原子反冲能不能使 2 个 Cu 原子发生位移。^{111}In 衰变到 ^{111}Cd,^{111}In 的反冲能太小,不会引起 Cu 原子位移。39% 的 ^{111}Sn 是 β^+ 衰变的,它的最大反冲能量为 17 eV,不会导致 Cu 原子位移。

反冲注入的 ^{111}Sn 衰变使一个 Cu 原子位移,所以 Cu 中产生一个 Frenkel 缺陷对,如图 12.37(b)所示,接连的 ⟨110⟩ 密排方向级联碰撞在原来 ^{111}Sn 位置产生一个空位,^{111}In 是它的最邻近的原子;同时一定距离外产生一个间隙子,它与邻近 Cu 原子形成哑铃组态结构 [图 12.37(b)右上角]。^{111}Sn 发射中微子的衰变后,^{111}In 有两个可能的晶格位,一个是邻近空位的晶格替代位,一个是处于完好晶体的替代位。

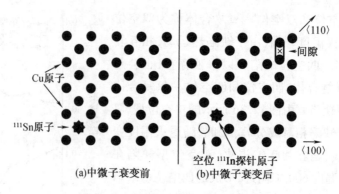

图 12.37 ^{111}Sn 中微子衰变前后的晶格

对^{111}Sn 原子衰变的^{111}In/^{111}Cd 进行扰动角关联测量,图 12.38 所示是实验测量的 $R(t)$ 谱。实验测量的 $R(t)$ 是没有随时间阻尼的,拟合实验测量的 $R(t)$ 谱,可以得到处于完好晶格位的^{111}In 探针份额和处于邻近有空位并受到空位扰动产生的四极作用的份额。

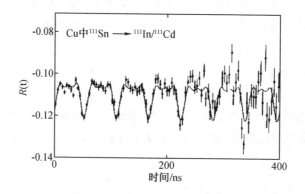

图 12.38 铜中^{111}Sn 中微子衰变后测量的^{111}Cd 的 $R(t)$ 谱

在 4.2 ~ 300 K 温度内进行退火,每个温度退火 10 min,退化后冷却到 4 K 进行扰动角关联测量。由测量的 $R(t)$ 谱的拟合得到受到邻近空位扰动的^{111}In 探针核的份额,图 12.39 是受到近邻空位扰动的^{111}In 的份额随退火温度的变化。由图可以看到,空位退火首先在 30 ~ 40 K,称为第一退火阶段,这个阶段间隙原子运动并与空位复合,空位数快速减少,受到空位扰动的份额快速减少。间隙原子除了与空位复合,还可能被表面、晶粒界面和其他缺陷捕获,所以^{111}Sn 衰变过程中产生的间隙原于没有垫补全部空位,还有一部分空位存在。剩余空位在 250 ~ 300 K 退火,称为即第三阶退火段,此时空位运动而复合,从而全部退火。在 300 K 或更高的温度退火,测量的自旋转动谱是完全没有扰动的自旋转动谱。这个例子,很好地描述了缺陷的退火过程。

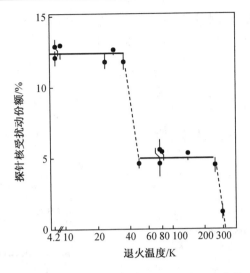

图 12.39　^{111}In 近邻空位份额随退火温度变化

12.5.2　材料结构和相变研究

$Pd_{0.8}Si_{0.2}$ 和 $Pd_{0.75}Si_{0.20}Ag_{0.05}$ 是两种实用的电子工程材料,它们成分仅差 5% 的 Ag,然而实用上发现两种材料的性质有很大差别,而且随温度变化完全不同。为了了解差异的原因,Zhu 等(1988)对 $Pd_{0.8}Si_{0.2}$ 和 $Pd_{0.75}Si_{0.20}Ag_{0.05}$ 做了扰动角关联测量和研究。

采用核反应冲和合金法制备实验样品。首先将覆盖 10 μm 厚 Ag 箔的 0.1 mm 厚 Pd 片在回旋加速器用 26 MeV 的 α 粒子轰击面对加速器的 Ag 箔中,由 $^{109}Ag(\alpha,2n)^{111}$In 反应产生 ^{111}In 并反冲注入 Pd 中;然后将含有放射性 ^{111}In 的 Pd 与 Si 在高真空下采用合金法制成 $Pd_{0.8}Si_{0.2}$ 合金,将轰击过的 Ag 箔与 Pd 和 Si 在高真空下采用合金法制成 $Pd_{0.75}Si_{0.20}Ag_{0.05}$ 合金。制成的两个样品中都含探针核 ^{111}In/^{111}Cd。

室温至 870 K 内,对 ^{111}Cd 的 172～247 keV 级联做扰动角关联测量。图 12.40 所示是 $Pd_{0.8}Si_{0.2}$ 和 $Pd_{0.75}Si_{0.20}Ag_{0.05}$ 是两种化合物不同温度测量的自旋转动函数 $R(t)$。采用

$$R(t) = A_2 \sum_i f_i \sum_{n=0}^{3} S_{2n} \cos(n\omega_{0i}t) \exp(-n\delta_{0i}t) \tag{12.63}$$

拟合实验测量的 $R(t)$,式中各个量的含义见式(12.62)。

图 12.40(a)是 $Pd_{0.8}Si_{0.2}$ 合金不同温度实验测量的 $R(t)$ 谱,采用式(12.63)拟合,必须采用两个四极相互作用频率才能很好地拟合。拟合得到,两个频率不随温度变化,它们的相对成分或份额 f_1 和 f_2 随温度变化很大。探测到两个四极相互作用频率表明 $Pd_{0.8}Si_{0.2}$ 中有两种不同的晶格结构或电场梯度。由拟合得到的四极相互作用频率和 ^{111}Cd 中间态的电四极矩 $Q=0.77$ b,导出两种晶格结构的电场梯度分别为 $V_{zz}(1) = 3.47 \times 10^{17}$ V·cm^{-2} 和 $V_{zz}(2) = 2.29 \times 10^{17}$ V·cm^{-2}。$Pd_{0.8}Si_{0.2}$ 合金存在 PdSi 和 Pd_2Si 两种硅化物(Hensen et al.,1958),拟合得到的两个四极相互作用频率或电场梯度与这两种硅化物相对应。测量的两个频率不随温度变化,说明这两种硅化物始终存在,两个频率的相对成分温度变化,说明这两种硅化物的相对成分 f_1 和 f_2 是随温度变化的。图 12.41(a)所示是实验测量的 f_1 和 f_2 随温度的变化

情况,由图可见 f_1 和 f_2 随温度剧烈变化的。实验结果表明在室温至 870 K 内这两种硅化物共存,但它们的相对成分随温度变化,在 520 K 发生明显相变。

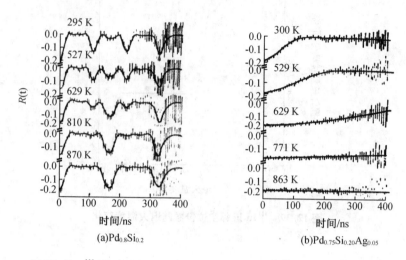

(a)Pd$_{0.8}$Si$_{0.2}$ (b)Pd$_{0.75}$Si$_{0.20}$Ag$_{0.05}$

图 12.40　^{111}Cd 在 Pd$_{0.8}$Si$_{0.2}$ 和 Pd$_{0.75}$Si$_{0.20}$Ag$_{0.05}$ 中 $R(t)$ 随温度的变化

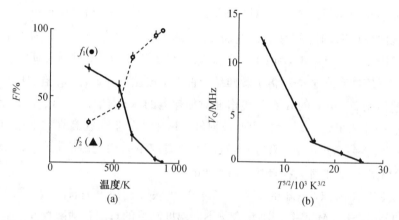

图 12.41　^{111}Cd 在 Pd$_{0.80}$Si$_{0.20}$ 中两种晶格结构成分和 Ps$_{0.75}$Si$_{0.20}$Ag$_{0.05}$ 四极相互作用常数 ν_Q 的温度变化

图 12.40(b)所示是 Pd$_{0.8}$Si$_{0.2}$Ag$_{0.55}$ 合金实验测量的 $R(t)$ 谱,采用一个四极相互作用频率就能很好地拟合,且频率是随温度变化的,图 12.41(b)所示是拟合得到的四极相互作用频率导出的耦合常数 ν_Q 随温度变化。ν_Q 随温度变化遵循 $^{3/2}T$ 规律,低于 630 K,ν_Q 随温度变化的直线的斜率是 $5.43 \times 10^{-5}\,\text{K}^{-3/2}$,高于 630 K,斜率是 $3.70 \times 10^{-5}\,\text{K}^{-3/2}$,说明在 630 K 附近发生相变。

由实验测量的电四极相互作用及其温度变化可知,Pd$_{0.8}$Si$_{0.2}$Ag$_{0.55}$ 和 Pd$_{0.8}$Si$_{0.2}$ 的结构完全不同,且它们都随温度变化。实验结果对于 Pd$_{0.8}$Si$_{0.2}$ 和 Pd$_{0.75}$Si$_{0.20}$Ag$_{0.05}$ 两种材料的宏观性质相差很大,且随温度变化不同给出了很好的微观机理解释。

12.5.3　材料有序度和有序－无序转变研究

In$_{0.95}$Ga$_{0.005}$Ag$_{0.045}$ 是一种重要的晶体管发射极材料,但是实际应用中发现用它做的电子器件性能随温度变化很大。为了解其变化机理, Zhu 等（1986）在 77 ~ 430 K 内对 $In_{0.95}Ga_{0.005}Ag_{0.045}$ 进行了扰动角关联测量。

实验测量采用 $^{111}In/^{111}Cd$ 探针核。回旋加速器上采用 26 MeV α 粒子轰击 2 μm 厚的 Ag 箔, 由 $^{109}Ag(\alpha,2n)^{111}In$ 反应产生 ^{111}In。将含有放射性 ^{111}In 的 Ag 与 In 和 Ga 在高真空下采用合金法制成 $In_{0.95}Ga_{0.005}Ag_{0.045}$ 合金。

图 12.43 所示是在 77 K、298 K、373 K 和 422 K 测量的 ^{111}Cd 在 $In_{0.95}Ga_{0.005}Ag_{0.045}$ 合金中的自旋转动函数 $R(t)$。实验测量的 $R(t)$, 用下面的解析式拟合:

$$R(t) = A_2 \sum_{n=0}^{n=3} S_{2n} \exp(-n\omega_0 \delta t) \cos(n\omega_0 t)$$

$$(12.64)$$

得到电场梯度或四极相互作用频率的分布宽度 δ。图 12.43 所示是 $In_{0.95}Ga_{0.005}Ag_{0.045}$ 电场梯度分布相对宽度 δ 随温度变化。

材料晶格结构是有序的, 则作用在探针核上的电四极相互作用或电场梯度是单值的, 晶格结构无序会导致电场梯度有一定涨落, 使电场梯度有一定的分布, 其相对宽度为 δ, 材料晶格结构无序度越大相对分布宽度 δ 越大。由图 12.43 可见, 在 300 K 附近该合金材料结构由有序转变成无序, 随温度升高无序度增大。

通过高于室温无序度随温度升高增大的实验结果, 可以很好地解释和了解 $In_{0.95}Ga_{0.005}Ag_{0.045}$ 合金材料做的电子元件随温度升高性能变坏的微观机理。

12.5.4　非晶态材料研究

Zhu 等（1989）采用扰动角关联方法研

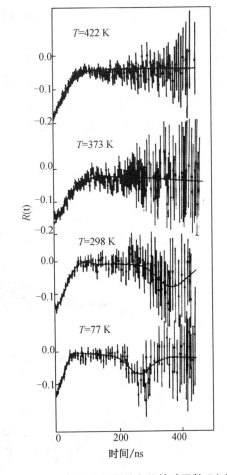

图 12.42　不同温度测量的自旋转动函数 $R(t)$

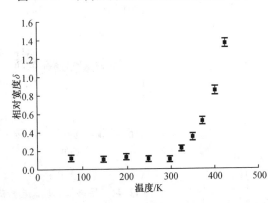

图 12.43　$In_{0.95}Ga_{0.005}Ag_{0.045}$ 电场分布宽度的温度变化

究了 $Pd_{0.8}Si_{0.2}$ 和 $Pd_{0.75}Si_{0.20}Ag_{0.05}$ 两种非晶态材料微观结构。

实验测量采用 $^{111}In/^{111}Cd$ 作探针核。含探针核的 $Pd_{0.8}Si_{0.2}$ 和 $Pd_{0.75}Si_{0.20}Ag_{0.05}$ 的合金样品的制备与 12.5.2 节相同。两种合金非晶态样品采用淬冷法制备, 先将合金熔化, 熔化后迅速淬冷到室温, 制成含有探针核 $^{111}In/^{111}Cd$ 的 $Pd_{0.8}Si_{0.2}$ 和 $Pd_{0.75}Si_{0.20}Ag_{0.05}$ 非晶态样品。

$Pd_{0.8}Si_{0.2}$ 和 $Pd_{0.75}Si_{0.20}Ag_{0.05}$ 非晶态到晶态的转变温度分别为 748 K 和 754 K,即温度高于转变温度,非晶态转变为晶态。实验对晶态和非晶态都做了扰动角关联测量。

图 12.44(a)所示是实验测量的晶态与非晶态的自旋转动函数 $R(t)$,图 12.44(b)所示是相应的傅里叶频谱。图中点是实验测量的 $R(t)$,直线是 $R(t)$ 的拟合曲线。图中 (a_1) (b_1) 和 (a_2) (b_2) 是 $Pd_{0.8}Si_{0.2}$ 非晶态与晶态的自旋转动函数 $R(t)$ 和傅里叶频谱,(a_3) (b_3) 和 (a_4) (b_4) 是 $Pd_{0.75}Si_{0.20}Ag_{0.05}$ 非晶态与晶态的自旋转动函数 $R(t)$ 和傅里叶频谱。非晶态频谱是"馒头"形分布,晶态频谱是有特定频率的频谱。温度高于转变温度非晶态转变为晶态,观察到两种合金与 12.5.2 节一致的频谱,非晶态由于结构无序频谱呈现"馒头"形频谱,实验结果有力地支持了非晶态晶格结构的长程有序、短程无序的随机理论模型。

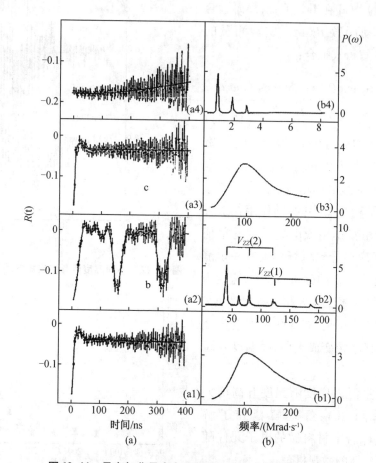

图 12.44　晶态与非晶态自旋转动函数 $R(t)$ 和傅里叶频谱

12.5.5　材料磁性研究

扰动角关联和角分布通过磁性材料内磁场产生的超精细相互作用测量,测量结果可有效地用于原子尺度的材料磁性研究。

Karlsson 等(1993)在 2～300 K 用 ^{140}Ce 作探针,测量了单晶 La 中的顺磁增强因子和局域磁化率的温度变化。

探针核是在反应堆上通过中子俘获反应^{139}La$(n, \gamma)^{140}$La$/^{140}$Ce 产生。样品直径为 2 mm、质量 25.7 mg,辐照中子注量率 0.945 × 10^{23} cm$^{-2} \cdot$ s^{-1},辐照 10 min,样品放射性强度 ~30 μC。^{140}La 由 β^{-} 衰变到^{140}Ce,半衰期为 1.678 d。测量时外加磁场方向与 La 单晶 C 轴方向平行,采用具有 4 个 NaI 探测器的扰动角关联谱仪对^{140}Ce 的中间态寿命为 5 ns 的 329 ~ 487 keV级联 γ 做扰动角关联测量。

图 12.45 所示是在温度 12 K 和 164 K、外加磁场 B_{ext} = 2.91 T 条件下测量的自旋转动函数 $R(t)$ 谱,由拟合得到拉莫尔进动频率 ω_L。根据实验测量的 ω_L,由 $\hbar \omega_L = g \times \mu_N \times \beta \times B_{ext}$ 得到顺磁增强因子 β。

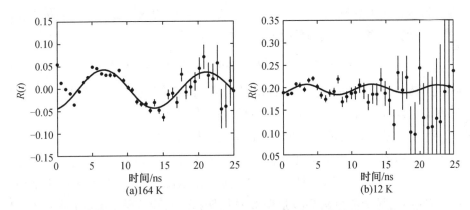

图 12.45　164 K 和 12 K 温度下测量的 La 单晶的自旋转动函数 $R(t)$

顺磁增强因子定义为 $\beta = (B_{hfi} + B_{ext})/B_{ext} = 1 + \chi$,其中 B_{hfi} 是材料产生的超精细磁场或内磁场,χ 是磁化率。实验测量的拉莫尔进动频率 ω_L 相应的磁场是 $B_{hfi} + B_{ext}$,外加磁场 B_{ext} 计算的拉莫尔进动频率是 ω_{L0},则 $\beta = \omega_L/\omega_{L0}$。从测量的 β 可以得到 B_{hfi}。图 12.46 所示是测量的顺磁增强因子随温度变化,由图可见,顺磁增强因子或磁化率在温度高于 50 K 时服从 T^{-1} 定律(虚线),温度 30 K 时达到极大值,温度低于 30 K 顺磁增强因子迅速下降到 1,磁化率下降到 0。

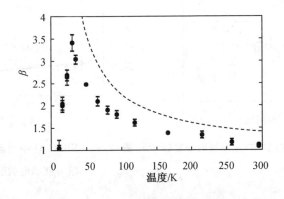

图 12.46　^{140}Ce 在单晶 La 中测量的顺磁增强因子随温度变化

12.5.6　高温超导研究

正电子湮没研究发现 YBaCuO 高温超导在超导转变温度时发生电荷转移(Li et al.,1989),但机理不清。Zhu 等(1993)采用扰动角关联研究了转变温度 90 K 的高温超导 YBaCuO,以了解微观结构和电荷转移的机理。

实验测量采用 $^{99}Mo/^{99}Tc$ 为探针核。^{99}Mo 是在反应堆上由 $^{98}Mo(n,\gamma)$ 中子俘获反应产生,化学分离后的无载体 $^{99}Mo/^{99}Tc$ 涂在 YBaCuO 高温超导样品表面,在 825 K 的氧流动环境中扩散到样品中,扩散时间 6 h。^{99}Mo 的半衰期 66.02 h,β^- 衰变到 ^{99}Tc 子核。子核发射 741 ~ 181 keV $\gamma - \gamma$ 级联,中间态自旋 $I = 5/2$,寿命为 5.2 ns,在 77 ~ 296K 温度内对这个级联 γ 发射进行扰动角关联测量。图 12.47 所示是在 77 K、90 K 和 296 K 测量的自旋转动函数 $R(t)$ 谱。采用下式拟合实验测量的 $R(t)$:

$$R(t) = A_2 \sum_{n=0} S_n(\eta) \exp(-n\omega_0 \delta t) \cos(n\omega_0 t) \qquad (12.65)$$

式中,η 是电场梯度不对称系数。由拟合得到电四极相互作用频率、不对称系数等参数。已知级联中间态电四极矩,由式(10.45)可以计算电场梯度 V_{zz}。

图 12.48 所示是实验测量的 YBaCuO 高温超导材料中电场梯度 V_{zz} 和其不对称系数 η 随温度的变化。由图可见,在高温超导转变温度 90 K 处,V_{zz} 和 η 都发生突变,在转变温度处 η 急剧变小,表明在超导跃迁温度,Cu - O - Cu 结构由二维结构转变为一维结构。一维的 Cu - O - Cu 结构易于电荷从 CuO 层向 CuO 链转移。实验结果很清晰地揭示了超导转变温度时发生电荷转移的微观机理。

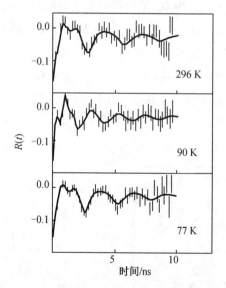

图 12.47　YBaCuO 高温超导样品测量的自旋转动函数 $R(t)$

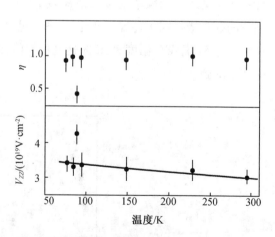

图 12.48　YBaCuO 中电场梯度 V_{zz} 和不对称系数 η 随温度的变化

12.5.7　表面原子吸附研究

晶体结构对称性,立方结构中晶体内部替代位探针核不受到电场梯度的作用(图12.34)。然而在晶体表面或近表面不再是立方对称,探针核会受到电场梯度作用。扰动角关联分析是原子尺度的,空间分辨率可以实现单原子层的分析,是表面和界面研究的一种重要手段。Frink 等(1990)采用扰动角关联方法,研究了 ^{111}In 原子在 Ag 单晶表面的吸附现象。

超高真空下制备 Ag(100)单晶表面,用俄歇电子能谱(AES)和低能电子散射(LEED)等方法进行表面质量、纯度、单晶度检测。图 12.49 所示是制备的(100)表面沿〈001〉方向切割的单原子层厚度的台阶。

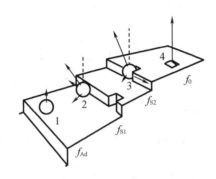

图 12.49　Ag(100)表面沿〈001〉方向原子层尺度台阶示意图

在 77 K 温度,将 ~10^{11} 个 ^{111}In 原子沉积在表面(图 12.49,位置 1),表面 Ag 原子密度 $10^{15} \cdot cm^{-2}$。由于表面晶格结构的非对称性,沉积在表面的探针核会受到电场梯度作用。样品温度升高,^{111}In 探针核会迁移到 Ag(100)表面不同位置(图 12.49,位置 2-4),受到不同电场梯度作用。样品在 77~400 K 温度内退火,每个温度点退火 15 min,退火后都在 77 K进行扰动角关联测量。

图 12.50(a)所示是台阶状 Ag(100)表面不同温度退火后测量的 $R(t)$ 谱(圆点)及按式(12.40)拟合的拟合曲线(直线),图 12.50(b)所示是 $R(t)$ 谱的傅里叶频谱分析。

实验中测定的不同表面位置探针核的份额用 f_{Ad}(图 12.49 位置 1)、f_{S1}(图 12.49 位置2)、f_{S2}(图12.49 位置3)和 f_0 表示(图 12.49 位置4)。处于位置 1 和 4 的探针核受到轴对称电场梯度作用,其对称轴垂直于表面。处于位置 2 和 3 的探针核受到非轴对称电场梯度作用,其一个主轴方向沿〈001〉台阶方向。

图 12.51 所示是探针处于 Ag(100)单晶表面不同位置的份额或百分比随退火温度变化。随着退火温度升高,探针依次分布在不同晶格位置。由实验测量的各个位置电场梯度成分随退火温度升高,^{111}In 原子迁移到各个台阶处。77 K 温度沉积时,大部分 ^{111}In 吸附在位置 1 的平坦表面(份额 f_{Ad})和小部分吸附在位置 2 的第一个台阶(份额 f_{S1});退火温度升高,大部分 ^{111}In 原子从平坦表面迁移到位置 2 的第一台阶,份额 f_{S1} 增大;退火温度再升高,^{111}In 原子迁移到位置 3 的第二台阶的份额 f_{S2} 增大;再升高温退火温度,通过空位扩

散，^{111}In 原子扩散到最顶层的原子层表面位置 4，份额 f_0 随退火温度升高而增大。实验结果给出了细致的阶梯状表面 ^{111}In 原子吸附过程。

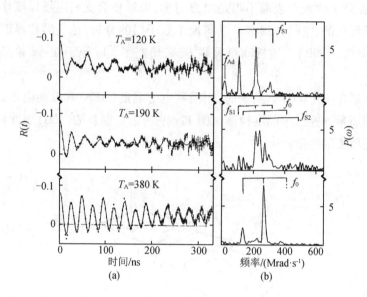

图 12.50　Ag(100) 台阶状表面不同温度退火测量的 $R(t)$ 谱和傅里叶频谱

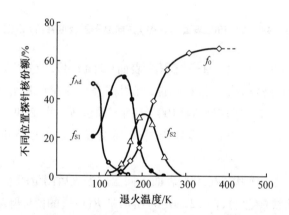

图 12.51　探针核处于不同台阶状 Ag(100) 表面位置的份额或百分比随退火温度变化

12.5.8　铁磁材料内磁场测量

扰动角关联和角分布方法是一种精确的磁性材料产生的内磁场测量方法。处于磁场 **B** 中的原子核做拉莫尔进动，已知原子核 g-因子，根据测量的拉莫尔进动频率，由式(10.11) 可以计算磁场强度 B。Raghavan 等(1978)采用扰动角分布方法测量了 Ni 和 Fe 铁磁性材料内磁场强度 B。

测量采用 ^{67}Ge 为探针核，图 12.52 所示是 ^{67}Ge 同质异能态产生和衰变纲图。在串列加速器上采用 53 MeV 的 ^{16}O，通过 ^{54}Fe(^{16}O, 2pn)^{67}Ge 核反应产生 ^{67}Ge 探针核同质异能态并反冲注入 Ni 或 Fe 中，^{67}Ge 探针核同质异能态的能量 754 keV，自旋 $I = 9/2$，半衰期 $T_{1/2}$ = 101 ns。测量采用脉冲束流（图 12.25），脉冲束流重复周期是 1 μs。

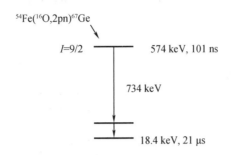

^{54}Fe(^{16}O,2pn)^{67}Ge

I=9/2　　574 keV, 101 ns

734 keV

18.4 keV, 21 μs

图 12.52　^{67}Ge 同质异能态产生和衰变纲图

图 12.53 所示是 300 K 测量的^{67}Ge 探针核在 Ni 和 Fe 中的 $R(t)$ 谱，采用式（12.34b）拟合实验测量 $R(t)$，得到拉莫尔进动频率 ω_L。由 ω_L 计算 Ni 和 Fe 中产生的内磁场 B。实验得到 Ni 的内磁场是 3.64 T 和 Fe 的内磁场是 6 T。

图 12.54 所示是理论计算（实芯圆点和直线）和实验测量（空心三角形）的 Cu、Zn、Ga、Ge、As、Se、Br 和 Kr 探针核在 Fe 中受到的内磁场 B_{IMF} 或超精细磁场 B_{hf}（Kanamori, et al., 1981）。由图可见，实验测量的内磁场与理论计算符合较好，尤其是质量相对较小的探针核。

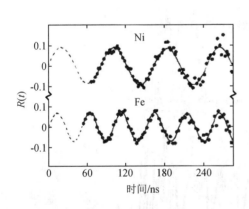

图 12.53　300 K 测量的^{67}Ge 在 Ni 和 Fe 中 $R(t)$ 谱

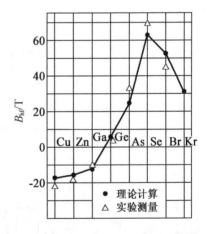

图 12.54　Fe 中不同探针核受到的内磁场

与图 12.31 比较可见，Fe、Co、Ni、Gd 等铁磁性材料中，产生的瞬态磁场比静态磁场或内磁场要高一个到几个数量级。

12.5.9　材料电场梯度测量

材料产生的电场梯度测量有实用意义和和理论价值，扰动角关联能够精确地测量材料中产生的电场梯度。以离线和在线扰动角关联测量 Cd 的电场梯度为例，介绍材料晶格产生的电场梯度测量。Cd 晶格结构是六角密排,室温时 $c/a=1.89$,每个原子有 12 个近邻原子[图 12.55(a)]6 个来自自身平面,3 个来自上面的平面,3 个来自下面的平面。六角密排晶系中放射性核邻近环境如图 12.55(b)所示。Cd 六角密排晶格结构中产生的电场梯度是轴对称的($\eta=0$)。

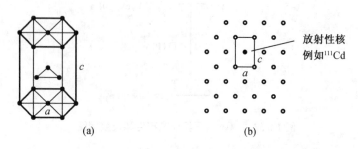

放射性核
例如 ^{111}Cd

(a)   (b)

图 12.55   Cd 六角密排结构及其中放射性探针核邻近环境

1. 扰动角关联测量

扰动角关联测量采用 ^{111}In/^{111}Cd 探针核。厚度为 0.3 mm 的 Cd 片覆盖 10 μm 厚的 Ag 箔,在回旋加速器上用 26 MeV 的 α 轰击 Ag 箔,由 ^{109}Ag$(\alpha,2n)^{111}$In 反应产生 ^{111}In 并反冲注入 Cd(Zhu et al.,1990)。^{111}Cd 在 Cd 中受到邻近原子和电子产生的电场梯度作用,实验测量的 $\theta=90°$ 和 $\theta=180°$ 符合计数时间谱 $N(\theta,t)$ 和自旋转动函数 $R(t)$ 谱与图 12.23 谱非常相似,图 12.56 所示是不同温度测量的 ^{111}Cd 在 Cd 中的自旋转动函数 $R(t)$。

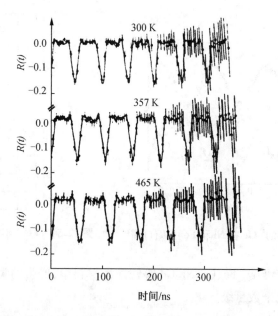

图 12.56   不同温度测量的 ^{111}Cd 在 Cd 中的自旋转动函数 $R(t)$

^{111}Cd 级联中间态自旋 $I=5/2$,有三个四极相互作用频率,频率比为 1:2:3。$R(t)$ 傅里叶频谱分析得到的三个频率作为拟合初始值,用式(12.42)拟合 $R(t)$,得到精确的四极相

互作用频率。拟合中系数 S_{2n} 查表得到，$I = 5/2$ 的各个系数为 $S_{20} = 0.20, S_{21} = 0.37, S_{22} = 0.29, S_{23} = 0.14$。从拟合得到的室温测量的电四极相互作用频率，得到四极耦合常数 $\nu_Q = 10\omega_Q^0/3\pi = 124.14(5)\,\mathrm{MHz}$(Zhu et al.，1990)。根据实验测量的四极耦合常数和 ^{111}Cd 中间态的电四极矩 Q，由式(10.45)和式(10.47)计算得到电场梯度值 $V_{ZZ} = 6.18(75) \times 10^{21}\,\mathrm{V \cdot m^{-2}}(\eta = 0)$。

2. 加速器在线扰动角关联测量

加速器在线扰动角关联方法测量中 Zhu 等(2002)用 ^{19}O/^{19}F 探针测量了 Cd 中的电场梯度。^{19}O 由 ^{18}O(d,p)^{19}O 核反应产生并反冲注入 Cd 样品。入射 d 能量 3 MeV，束流脉冲束宽度 60 s，脉冲重复周期 150 s。加速器脉冲期间产生 ^{19}O/^{19}F，脉冲后冷却 10 s，采用图 12.28 所示的具有四个 BaF$_2$ 探测器的扰动角关联谱仪进行在线扰动角关联测量。图 12.57 所示是实验测量的 ^{19}O/^{19}F 在 Cd 中四极相互作用的 $R(t)$ 谱。

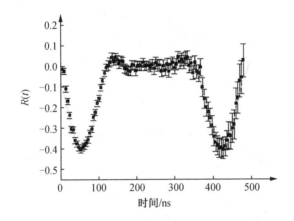

图 12.57 探针核 ^{19}O/^{19}F 在 Cd 中测量的四极相互作用 $R(t)$ 谱

实验测量的四极相互作用频率和四极偶合常数为 $\omega_Q^0 = 17.12\,\mathrm{Mrad/s}$，$\nu_Q = eQV_{ZZ}/h = 18.16\,\mathrm{MHz}$，利用已知的 ^{19}F(89 ns, $5/2^+$)中间态四极矩值 $Q = 0.11\mathrm{b}$，由式(10.45)和式(10.47)计算得到 Cd 中的电场梯度 $V_{ZZ} = 6.8(\pm1.4) \times 10^{21}\,\mathrm{V \cdot m^{-2}}$。这与 ^{111}In/^{111}Cd 作探针的扰动角关联测量结果一致。

12.5.10 核矩测量和核结构研究

如前所述，扰动角关联和扰动角分布方法既可用于应用研究，也可以用于基础研究。20 世纪 50 到 70 年代，该方法主要用于原子核核矩测量(Brady et al.，1950；Aeppli et al.，1965；Karlson et al.，1964)，其后重点在应用研究，随着加速器和核物理发展，又开始用于基础研究。例如当前核物理前沿研究的极端条件下原子核的核矩测量和核结构研究(Zhu et al.，1996；Yuan et al.，2007；Yuan et al.，2010)。时间微分扰动角关联和角分布方法用于微秒到纳秒寿命原子核激发态核矩测量，瞬态场离子注入扰动角分布方法用于皮秒到亚皮秒寿命原子核激发态核矩测量，后者几乎也是材料几千特斯拉超高磁场的磁性测量和研究的唯一方法。本节介绍通过原子核磁矩或 g – 因子测量研究高自旋核准粒子顺排与磁转动的两个实例。

1. 高自旋态核 g - 因子测量和 $A = 80$ 区准粒子顺排

原子核是由质子和中子组成的,质子或/与中子准粒子拆对顺排(quasi - particle alignmemnt,QPA)是高自旋极端条件下一种新的核结构现象。图 12.58 是粒子拆对顺排示意图,成对粒子自旋方向相反,两个顺排粒子自旋方向相同。

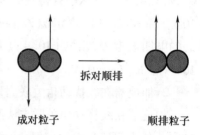

成对粒子   顺排粒子

图 12.58　粒子拆对顺排示意图

Yuan 等(2010)和朱升云 等(2020)在中国原子能科学研究院 HI - 13 串列加速器上,用重离子熔合反应产生和布居了 $A = 80$ 区 ^{83}Y、^{82}Sr、^{85}Nb、^{84}Zr、^{85}Zr、^{86}Zr、^{82}Rb 的转动带,用瞬态磁场离子注入扰动角分布方法(见 12.4.6 节)测量了各个转动带态的 g - 因子。

高自旋态核的 g - 因子取决于质子和中子准粒子顺排,而准粒子顺排又与自旋、中子数和质子数密切相关。质子顺排使 g - 因子增大,中子顺排使 g - 因子减小。图 12.59 所示是实验测量(图中方形点)和用推转壳模型、转子模型计算的 g - 因子(图中直线)随自旋、中子和质子数变化。如图所示,质子先顺排中子后顺排,g - 因子随自旋呈正峰型变化;中子先顺排质子后顺排,g - 因子随自旋呈负峰型变化。$Z = 40$ 的 ^{84}Zr、^{85}Zr 和 $Z = 39$ 的 ^{83}Y 是质子先顺排中子后顺排[图(a)(b)(e)],$Z = 40$ 的 ^{86}Zr 和 $Z = 41$ 的 ^{85}Nb 是中子先顺排质子后顺排[图(c)(f)],$Z = 44$ 和 $N = 38$ 的 ^{82}Sr 只有质子顺排[图(d)]。

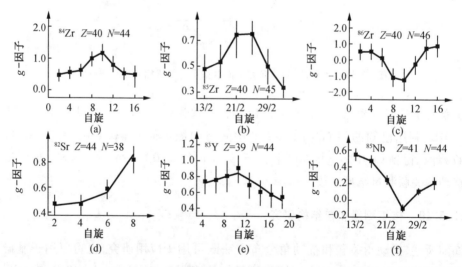

图 12.59　^{83}Y、^{82}Sr、^{85}Nb、^{84}Zr、^{85}Zr、^{86}Zr、^{82}Rb 的正宇称转动带 g - 因子随自旋、质子和中子数变化

实验结果首次获得了系统的 $A = 80$ 区核转动带 g - 因子随自旋、质子数和中子数变化,由此清晰地观察到了中子和质子拆对顺排与中子和质子拆对顺排的竞争现象。

2. 磁转动带 g - 因子测量和磁转动机理

磁转动是一种新的磁偶极(M1)跃迁的核转动模式。磁转动带头的中子和质子角动量互相垂直,随着自旋增加中子和质子角动量都向总角动量靠拢,像剪刀逐渐闭合(图12.60)。

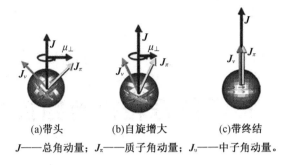

(a)带头　　　　(b)自旋增大　　　　(c)带终结

J——总角动量；J_π——质子角动量；J_υ——中子角动量。

图 12.60　磁转动机理示意图

Yuan 等(2007,2009)在 HI-13 串列加速器上,由重离子核反应产生和布居了带头 17/2⁻ 的 ^{85}Zr 磁转动带和带头 11⁻ 的 ^{82}Rb 磁转动带,采用瞬态场离子注入扰动角分布方法测定了磁转动带态的 g-因子。由测量的 g-因子,采用半经典独立粒子耦合模型,计算了中子与质子角动量间的夹角 θ(剪刀角)。图 12.61 所示是实验测量和计算的 ^{85}Zr 和 ^{82}Rb 磁转动带 g-因子和计算的中子与总角动量间的夹角 θ_υ、质子与总角动量间的夹角 θ_π、中子和质子角动量间的夹角 θ。由图可见,剪刀角随自旋增大减小,中子和质子角动量向总角动量逐步顺排靠拢,像一对剪刀片慢慢闭合。通过高自旋磁转动带态 g-因子测量,给出了清晰的磁转动剪刀带模型的物理图像。

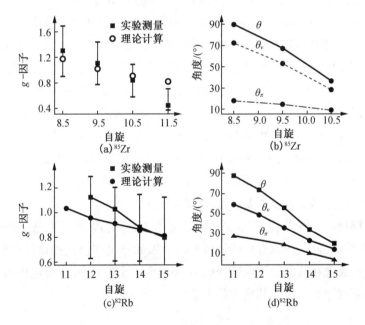

图 12.61　实验测量的 ^{85}Zr 和 ^{82}Rb 磁转动带 g-因子和计算的剪刀角 θ

第13章 核磁共振和核电四极共振谱学

核磁共振和核电四极共振是处于磁场或/与电场中的原子核能级发生劈裂,外加一个特定频率射频电场导致劈裂次能级间共振激发,射频电场停止后,共振激发的高能级态向低能级态退激,发射电磁波信号。

1944 年美国拉比(I. I. Rabi)发明原子核磁性共振测量方法,获得 1944 年诺贝尔物理学奖。1945 年美国布洛赫(F. Bloch)和珀塞尔(E. M. Purcell)同时独立地观察到凝聚态物质中核磁共振现象和发展了精密核磁共振测量方法,共同获得了 1952 年诺贝尔物理学奖。1950 年美国普鲁克特(W. Proctor)和中国虞福春发现了核磁共振化学位移和自旋耦合劈裂。1951 年德国德梅尔特(H. G. Dehmelt)和克吕格尔(H. Kruger)在固体中首次观察到 Cl 核电四极共振信号。1953 年第一台商品化高分辨核磁共振谱仪问世。1959 年美国康纳(D. Connor)等采用核磁共振技术测量了放射性核^{8}Li 的 g - 因子和磁矩。1965 年瑞士恩斯特(R. Ernst)发展了傅里叶变换核磁共振和二维核磁共振,获得了 1991 年诺贝尔化学奖。1966 年日本杉本(K. Sugimoto)等发展了 β - 放射性核的核磁共振和核电四极共振方法。1987 年美国开始采用核电四极共振方法进行毒品、隐匿爆炸物检测和地雷探测。1993 年日本南园忠则(T. Minamisono)等发展了同时施加多个射频的新核电四极共振方法。2002 年瑞士维特里希(K. Wuthrich)发明了 核磁共振技术测定溶液中生物大分子三维结构的方法,他与美国芬恩(J. Fenn)、日本田中耕一(K. Tanaka)共同获得了 2002 年诺贝尔化学奖,以表彰他们在生物大分子识别和结构分析中的贡献。2003 年英国曼斯菲尔德(P. Mansfield)和美国劳特布尔(P. Lauterbur)因他们在核磁共振成像(MRI)技术中的突破性成就,获得了 2003 年诺贝尔医学奖。核磁共振发现到核磁共振成像的近 80 年的发展中,核磁共振研究领域在物理、化学、医学领域获得多次诺贝尔奖。

现在,在材料科学、医学、生物学、药物学、遗传学、核物理、分子物理、物理化学、有机化学、石油分析和石油勘探、国家安全等领域核磁共振和核电四极共振谱学得到了广泛应用,尤其是核磁共振成像在核医学领域已经成为一种不可或缺的手段,核电四极共振也可能成为国家安全等领域中的一种极其重要的方法。

13.1　核磁共振分析原理

13.1.1　原子核基本性质

原子核有质量和电荷,常用 $_Z^AX_N$ 表示原子核,其中,X 表示某种元素的原子核,Z 是核的原子序数或质子数,Ze 是原子核电荷,N 是核的中子数,A = Z + N 是原子核质量数。原子核还有自旋 I,像陀螺一样绕自身某个对称轴转动(图 13.1),不同原子核的自旋运动不同。如表 13.1 所列,原子核自旋与原子核质量和电荷密切相关。自旋 $I \neq 0$ 的核都可以用作核磁共振谱学测量,自旋 $I \geqslant 1$ 的核都可以用作核电四极共振谱学测量。

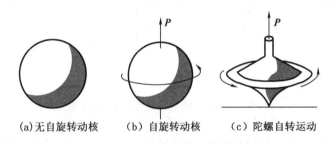

(a)无自旋转动核　　(b)自旋转动核　　(c)陀螺自转运动

图 13.1　自旋转动的原子核

表 13.1　原子核自旋与原子核质量和电荷关系

质量数	原子序数	中子数	核类型	自旋量子数	例核
偶数	偶数	偶数	偶－偶核	0	^{12}C、^{16}O、^{32}S 等
偶数	奇数	奇数	奇－奇核	$1,2,3,\cdots$(整数)	^2H、^{14}N、^6Li 等
奇数	奇数或偶数	偶数或奇数	奇－偶核	$1/2,3/2,5/2,\cdots$(半整数)	^1H、^{13}C、^{15}N 等

原子核自旋角动量 **I** 是一个矢量,其方向就是核旋转轴方向(图 13.1)。量子力学中原子核自旋角动量 $|I| = \hbar\sqrt{I(I+1)}$,式中 $I = 0,1,2,3,\cdots$ 为整数值,或 $I = 1/2,3/2,5/2,\cdots$ 为半整数值,自旋角动量不是连续的而是量子化的。角动量单位是 $\hbar$。自旋角动量在转动轴方向的最大投影值为 $I\hbar$。图 13.2 所示是核自旋角动量空间量子化示意图。

量子力学中,自旋为 I 的原子核磁矩为

$$\mu = \mu_N g \sqrt{I(I+1)} \tag{13.1}$$

通常磁矩定义为原子核磁矩在量子化方向,即磁场方向投影的最大值:

$$\mu = \mu_N g I = \gamma \hbar I \tag{13.2}$$

式中　μ_N——核磁子;

h——普朗克常量,$\hbar = h/2\pi$;

g——原子核 g-因子;

γ——回磁比;

$\gamma = \mu/p$ 或 $\gamma = g\mu_N/\hbar$。

实际计算中常用的 μ_N 和 $\hbar$ 值分别为:$\mu_N = 5.05 \times 10^{-24}$ erg/G $= 3.152\ 451\ 5 \times 10^{-18}$ MeV/G 和 $\hbar = 1.054\ 588 \times 10^{-27}$ erg·s $= 6.582\ 173 \times 10^{-22}$ MeV·s。

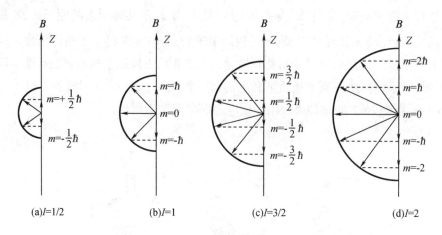

图 13.2　核自旋角动量空间量子化示意图

原子核还有电四极矩。核电荷球形分布的原子核没有电四极矩,非球形分布的原子核才有电四极矩,式(9.8)给出了经典力学原子核电四极矩。电四极矩是描述原子核电荷分布或核形状,如图 9.10 所示,$Q < 0$ 核电荷分布是铁饼形(扁椭球)分布,$Q > 0$ 核电荷分布是雪茄形(长椭球)分布,$Q = 0$ 核电荷分布是球形分布。原子核电四极矩对核磁共振有较大影响,可引起共振谱线的分裂。如果核电四极矩与核外电场的相互作用远大于核磁矩与核外磁场的相互作用,就不是核磁共振,而是核电四极共振了。

13.1.2　核磁共振

1.磁场和电场中的原子核

处于磁场和电场中的原子核(图 10.1),除了自旋运动外,发生能级劈裂和绕外场方向进动(图 10.2 和图 10.3)。外加相应两个劈裂能级能量差的特定频率的射频电场,使劈裂能级间发生共振激发,处于低能级的核激发到高能级;射频电场停止后,共振激发的高能级态的核向低能级态退激并发射电磁波信号;记录退激发射的电磁波信号,获得核磁和核电四极共振谱,这就是核磁共振和核电四极共振方法的基本原理。图 13.3(a)所示是处于磁场中的核能级发生劈裂,外加一个特定频率射频电场,核从低能级态激发到高能级态,核从自旋轴平行于磁场方向的平衡态(低能级)转动到偏离磁场方向 θ 角的非平衡态(高能级)[图 13.3(b)];射频电场停止后,核从非平衡态回到平衡态,从高能级到低能级跃迁发射电磁波[图 13.3(a)]。

外加磁场 $\boldsymbol{B}$ 方向为 Z 轴方向,则磁量子数 M 是原子核自旋在 z 轴方向的分量或投影值,M 有 $M = -I, \cdots, +I$ 的 $2I + 1$ 个值。磁场与原子核磁矩的相互作用导致原子核能级塞曼劈裂,自旋 I 的简并能级,劈裂为 $2I + 1$ 个能级。自旋为 I 的原子核在磁场 $\boldsymbol{B}$ 中,其核磁矩或自旋有 $2I + 1$ 的不同取向。图 13.4 所示是核自旋角动量空间量子化方向和磁场方向的投影与能级塞曼劈裂的对应关系。各个能级的能量本征值为 $E_M = -\mu_N gMB$ [式 (10.6)]。相邻两个 M 的能量差 $\Delta E = |\mu_N gB|$ [式 (10.7)],所有相邻能级的跃迁能量或能级间隔都相同,核磁共振只有单一的跃迁频率或一个共振谱线。

图 13.3 外磁场中原子核的核磁共振

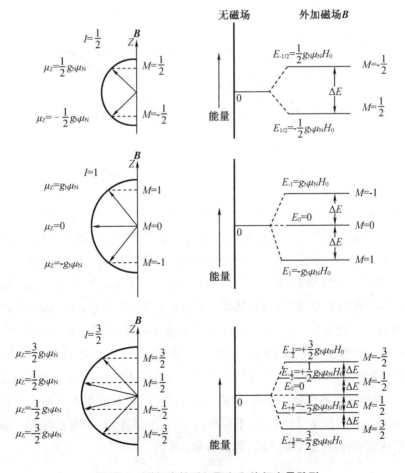

图 13.4 磁场中核磁矩取向和能级塞曼劈裂

轴对称电场梯度方向为 Z 轴方向。原子核电四极矩与核外电场的电四极相互作用产生能级的电四极劈裂,M 简并的能级发生劈裂,由于能级的能量本征值 E_Q 与磁量子数 M^2 有关,电四极劈裂的 $+M$ 态和 $-M$ 态仍然是简并的,而且相邻能级跃迁能量或能级间隔是不相同的。式(10.43)是电四极相互作用的 M 次态能量本征值,式(10.44)是磁量子数 M 和 M' 的能量差或能量间隔值。对电四极相互作用的,由于 $+M$ 和 $-M$ 的简并,当 I 为整数时,M 有 $I+1$ 个值;当 I 为半整数时,M 有 $I+1/2$ 个值(图 10.8 和图 10.9)。

2. 核磁共振条件

核磁共振是 1945 年由美国布洛赫(F. Bloch)和珀塞尔(E. M. Purcell)首先提出的(Purcell, et al. ,1946;Bloch et al. ,1946)。

图 13.5(a)是核磁共振原理示意图,图 13.5(b)是坐标系和外加磁场 $\boldsymbol{B}$ 和高频磁场 B_1 的合成磁场或有效磁场 $\boldsymbol{B}_{\text{eff}}$。磁场 $\boldsymbol{B}$ 是 Z 轴方向外加的静态轴对称磁场,样品位于磁场 $\boldsymbol{B}$ 中,受到这个磁场 $\boldsymbol{B}$ 的作用,原子核能级发生塞曼劈裂。RF 线圈在样品上加一个频率为 ν (角频率 $\omega=2\pi\nu$)的 RF 射频,RF 射频产生时间相关射频场 $\boldsymbol{B}_1$[图 13.5(b)],它的方向与 Z 轴垂直,在 $X-Y$ 平面的转动磁场:$B_{1X}=B_1\cos(\omega t)$,$B_{1Y}=B_1\sin(\omega t)$,$B_{1Z}=0$。作用在样品上的磁场是 $B_X=B_1\cos(\omega t)$,$B_Y=B_1\sin(\omega t)$,$B_Z=B$。

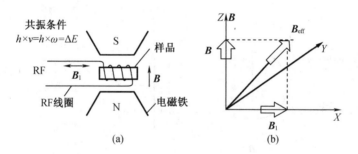

图 13.5　核磁共振原理示意图和坐标系与有效磁场

外加射频电场,射频场能量 $h\nu$ 或 $\hbar\omega$ 等于磁场中劈裂的两个相邻能级的能量差 ΔE,发生共振激发。而能级的能量差又与磁场密切相关。磁场中相邻 M 能级劈裂的能级间隔 ΔE 都相同,由式(10.7)可知,间隔 ΔE 正比于磁场强度 B,磁场强度越大 ΔE 越大。图 13.6(a)所示是磁场中相邻 M 能级劈裂间隔 ΔE 随磁场 B 变化。外加磁场 $B=0$ 时,不发生能级劈裂;$B\neq0$,例如 $B=B_1$ 时发生能级劈裂,劈裂间距 ΔE_1;图中 $B=B_2>B_1$,B_2 磁场产生的劈裂 ΔE_2 大于 B_1 磁场产生的 ΔE_1。图 13.6(b)所示是自旋 $I=1$ 的能级在磁场中的能级劈裂,由图可见,相邻 M 能级劈裂的间隔 ΔE 相同,$M=-1$ 和 $M=0$ 与 $M=0$ 和 $M=+1$ 的间隔都是 ΔE,ΔE 随磁场 B 的增大而增大。外磁场 B 大,能级间隔 ΔE 大,射频场共振角频率 ω 高。间距 ΔE 越大,核磁共振测量精度越高,核磁共振成像与生物和材料科学研究中都采用强场核磁共振。此外,ΔE 与核本身也有关,不同核的 $\gamma=\mu_N g/\hbar$ 不同,相同磁场下的 ΔE 不同,原子核 $g-$ 因子或磁矩 μ 大[式(10.7)],能级劈裂 ΔE 大。

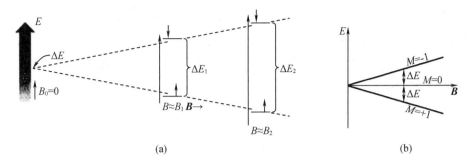

图 13.6　磁场中核能级劈裂间隔随磁场变化

对于一个特定的共振核,实现共振激发有两种途径。一种是在外加磁场 **B** 固定的条件下,改变外加射频场的频率 ν,使 $h\nu$ 或 $\hbar\omega$ 等于 ΔE;另一种是在外加射频场频率 ν 固定的条件下,改变外加磁场 **B**,使 $h\nu$ 或 $\hbar\omega$ 等于 ΔE(Purcell et al.,1946;Bloch et al.,1946):

$$\left.\begin{array}{l} h \times \nu = \hbar \times \omega = \Delta E \\ \Delta E = |\mu_N \times g \times B| = |\gamma \times \hbar \times B| \\ \omega = 2\pi \times \nu = |B \times \mu_N \times g/\hbar| = |B \times \gamma| \end{array}\right\} \tag{13.3}$$

改变射频场频率或外加磁场 **B**(实验上通常采用改变射频场频率方式),式(13.4)满足时,原子核吸收射频场能量发生共振激发[图 13.3(a)],低能级核激发高能级,即共振吸收。例如对于 ^1H,它的 $\gamma = 26\ 753$ rad/s·G,在外加 $B = 10\ 000$ G 磁场时,外加射频场频率 $\nu = |\gamma \times B/2\pi| = 42.577$ MHz 时发生共振跃迁。

许多原子核组成的核系统,热平衡时分布在各个能级的原子核数目遵从玻尔兹曼分布:

$$N_i = N\exp(-E_i/kT) \tag{13.4}$$

式中　E_i——第 i 个能级的能量;

　　　N_i——i 能级的原子核数目;

　　　N——系统总原子核数;

　　　k——玻尔兹曼常数($k = 1.3805 \times 10^{-16}$ erg 或 $k^{-1} = 8.617 \times 10^{-11}$ MeV·K^{-1});

　　　T——绝对温度,K。图 13.7 所示是能级原子核数目的玻尔兹曼分布图,处于低能级的原子核数大于处于高能级的原子核数。

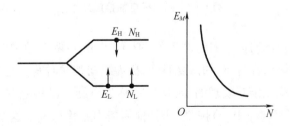

图 13.7　能级原子核数的玻尔兹曼分布

由式(13.5)可以计算两个相邻的高能级原子核数 N_H 与低能级原子核数 N_L:

$$N_H = N\exp(-E_H/kT) \text{ 和 } N_L = N\exp(-E_L/kT)$$

高能级核数目与低能级核数比为

$$N_H/N_L = \exp((E_L - E_H)/kT) = \exp(-\Delta E/kT) = \exp(-g\mu_N B/kT) \qquad (13.5)$$

$\Delta E \ll kT$ 时,式(13.5)级数展开,得到 $N_H/N_L = \exp(-\Delta E/kT) \approx 1 - \Delta E/kT$。高能级核数目 $N_H = N_L - N_L\Delta E/kT$,低能级与高能级的核数目差为

$$N_L - N_H = N_L\Delta E/kT \qquad (13.6)$$

$N_L - N_H$ 原子核数目差是很小的。例如,对于 H 核,在 $B = 1.4$T 外磁场中,100 万个 H 核,低能级比高能级的核数目仅多 10 个左右。

虽然核数目的差异小,但核磁共振能够发生就依靠这一微小的核数目差。激发的同时,高能级的核会退回到低能级[图 13.3(a)],使核磁共振持续进行。

13.1.3 弛豫过程

图 13.8 画出了平衡态磁化强度 M_0[图 13.8(a)]、非平衡态磁化强度 M[图 13.8(b)]和弛豫过程。由图 13.8(a)可见,无 RF 射频场作用的平衡状态,原子核系统磁化强度纵向(Z 轴方向)分量 $M_Z = M_0$,X 和 Y 平面的横向分量 $M_\perp = 0$。原子核系统受到 RF 射频场作用时,核系统磁化强度偏离平衡位置[图 13.8(b)],这时纵向分量 $M_Z \neq M_0$ 和 $M_Z < M_0$,横向分量 $M_\perp \neq 0$,即产生了一个横向分量。当外界 RF 射频场作用停止后,非平衡状态是不能维持的,系统自动地向平衡状态恢复。从非平衡态到平衡状态的恢复过程称为弛豫过程。

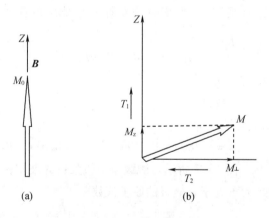

图 13.8　磁化强度的弛豫过程

弛豫过程需要一定的时间,由图 13.8 可见,有 T_1 和 T_2 两个弛豫时间(Bloch,1946)。T_1 是核系统磁化强度纵向分量 M_Z 的恢复时间,称为纵向弛豫时间。这个弛豫过程是通过核自旋系统与周围介质交换能量实现的,因此 T_1 也称为自旋－晶格弛豫时间。T_2 是核系统磁化强度横向分量 $M_\perp$($M_{\perp X}$ 和 $M_{\perp Y}$)恢复时间,称为横向弛豫时间。这个弛豫过程通过核自旋系统内部交换能量实现,因此 T_2 也称为自旋－自旋弛豫时间。

弛豫时间 T_1 和 T_2 是核磁共振测量非常重要的两个参数,用于确定射频脉冲周期和测量时间。实验测量时,选取激发 RF 射频脉冲的周期为 T_1,T_2 是脉冲后自由衰减信号的有效持

续时间或测量时间。T_1 值大,射频脉冲周期长;T_2 值小,信号持续时间短,测量时间短,但 T_2 较大有利于实验测量。图 13.9 画出了弛豫时间 T_1 和 T_2 与核磁共振测量脉冲周期和自由衰减或测量时间的关系。

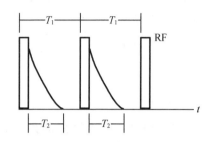

图 13.9　弛豫时间与核磁共振测量脉冲周期和自由衰减时间

13.2　核磁共振参数

第 13.1 节讨论中,认为原子核是孤立的,原子核之间没有相互作用,原子核只在磁场作用下或在电场中受到一个外加的 RF 射频场作用而发生共振吸收。实际上,如图 10.1(a)所示,原子核还会受到核原子本身电子、核周围原子的电子、邻近和较远核电荷产生的磁场和电场的作用,导致共振谱线的位置或峰位、线形和宽度、共振谱结构等变化。这些变化与物质微观晶格和电子结构、缺陷等密切相关,通过这些变化的测量可以获得材料晶格结构和电子结构原子尺度的微观信息。

核磁共振测量和研究中,从共振谱的谱线峰位和位移、谱线线宽、四极劈裂、自旋 - 自旋耦合、弛豫时间等参数的分析,获得材料有关的信息。

13.2.1　共振谱线位移

孤立核在外加磁场 $\boldsymbol{B}$ 中的核磁共振频率为 $\omega_B = \mu_N \times g \times B/\hbar$。固体材料中的核受到外加磁场作用的同时,还受到原子核核外电子、周围原子的电子和核产生的磁场 ΔB 的作用,ΔB 产生的核磁共振频率是 $\omega_{\Delta B} = \mu_N \times g \times \Delta B/\hbar$。核磁共振频率是原子核受到的磁场 $\boldsymbol{B}$ 和 $\Delta \boldsymbol{B}$ 二个磁场作用之和:

$$\omega = \omega_B + \omega_{\Delta B} = \mu_N \times g \times (B + \Delta B)/\hbar \tag{13.7}$$

不同材料或同一材料不同结构中,原子核核外环境产生的磁场 ΔB 不同,产生不同的共振谱线位移。根据材料不同,有三种共振谱线线移:抗磁性材料的化学位移,它一般都很小;非磁性金属材料的奈特位移,它比化学位移大一个量级;磁性材料的磁位移,它的位移在三种位移中是最大的,可达几百兆赫兹。

1. 化学位移

化学位移是核磁共振谱学中最早发现的一种共振谱线位移。抗磁性材料中,核外电子对核会产生一种屏蔽作用,在外磁场中这种屏蔽会产生一个方向与外磁场相反的对抗磁场,使原子核实际受到的磁场变小。这种核外电子对核的磁屏蔽引起的谱线位移称为化学位移。不同化合物和同种化合物中不同化学环境或结构的同种核,它们受到的对抗磁场不同,产生化学位移不同,因此共振频率不同。

化学位移定义为

$$\delta = \frac{\nu_m - \nu_s}{\nu_s} \times 10^6 \qquad (13.8)$$

式中 ν_m 是实验测量的共振频率,ν_s 是只有外磁场作用时的共振频率(ω_B)。化学位移的单位为以 ppm 为量纲,例如,甲基中的化学位移 $\delta = 1.19$ppm,苯基中的化学位移 $\delta = 7.07$ppm。

原子核不同,化学位移不同,例如,在 $C_6^1 H_6$、$C_6^{13} C_6$、$C_6^{19} F_6$ 中 ^1H、^{13}C、^{19}F 的化学位移分别是 7.3ppm、127ppm、165ppm(Shaw,1976)。一般,^1H 核的化学位移 < 20ppm,^{13}C 核 < 300ppm,^{19}F 核 < 700ppm。

同一种原子核在不同化合物中,化学位移不同;同一种原子核在同一种化合物不同的化学环境或结构中,化学位移也不同。图 13.10(a)所示是孤立 H 原子或质子在乙醇中的共振谱线。乙醇中有 OH、CH_2、CH_3 三种不同结构的化学环境,H 受到磁屏蔽不同,谱线位置或核磁共振频率不同,相应这三个化学结构环境,可以探测到三条共振谱线[图13.10(b)]。与三个环境的质子数对应,三条谱线的面积之比为 1:2:3。由图可见,非孤立 H 原子的共振谱线明显变宽。

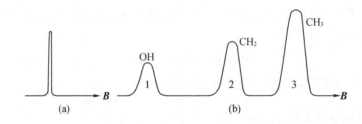

图 13.10　乙醇中质子的化学位移

固体样品中由于偶极－偶极相互作用较强,核磁共振谱线较宽,化学位移小于谱线宽度,而湮没在核磁共振谱线中,因此,固体中一般观察不到化学位移,特别是轻核,必需用非常高分辨率的核磁共振才可能测量到化学位移。

通过化学位移的测量,可以研究核外电子云分布、材料化学结构和结构动力学等。

2. 奈特位移

奈特(W. Knight)1949 年发现在 Cu 等金属中,核磁共振频率比相同核在非金属中核磁共振频率高,这种原子在金属和非金属中的核磁共振频率差或相对位移命名为奈特位移(Knight,1949)。在非磁性金属与顺磁性金属中,由于导电电子的极化或磁化,在核上产生一个局域磁场,使核磁共振频率向高频方向位移。由于电子结构不同,金属与金属间化合物的奈特位移不同,例如 ^{195}Pt 在 PtAl$_2$、PtGa$_2$ 和 PtIn$_2$ 中的奈特位移是正的,而在 Pt 中的奈特位移是负的。

奈特位移用 K 表示:

$$K = \frac{\nu_m - \nu_s}{\nu_s} \tag{13.9}$$

奈特位移的单位是% 。奈特位移可以高达百分之几,一般是 0.1% 量级,例如 Li、Al、Cu、Pd、Pb 中的奈特位移分别是 0.0261%、0.162%、0.237% 、-3.0% 和 1.47% 。

简单金属,例如碱金属中的奈特位移,主要是 S 电子($\langle \mid \varphi_s(0) \mid^2 \rangle_F$)产生的超精细场贡献:

$$K = \frac{8\pi}{3} \langle \mid \varphi_s(0) \mid^2 \rangle_F \Omega \cdot X_s \tag{13.10}$$

式中　$\langle \mid \varphi_s(0) \mid^2 \rangle_F$——S 电子在费米面或费米能级的平均几率或电子密度;

　　　Ω——原子体积;

　　　X_s——单位体积 S 电子的磁化率。

测量奈特位移,可以研究传导电子磁化、金属电子结构、传导电子费米分布和费米能级态密度、材料相变和扩散等。

3. 磁位移

在磁性材料中,核同时还受到一个内磁场 $\boldsymbol{B}_{IMF}$ 的作用,使共振频率发生位移,磁性材料中产生的 $\boldsymbol{B}_{IMF}$ 导致的位移称为磁位移。

不同磁性材料或在同一磁性材料不同晶格位置,同种核受到不同的 $\boldsymbol{B}_{IMF}$ 作用,引起谱线不同的位移。磁性材料的 $\boldsymbol{B}_{IMF}$ 很强,稀土金属可以达到 100 ~ 1 000 T, 过渡元素金属 10 ~ 100 T,合金和金属间化合物 1 ~ 10 T。磁位移是很大的[图 13.14(c)]。

测量磁位移,可以了解磁性材料磁结构、磁有序、磁化动力学、磁超精细相互作用等。

13.2.2　谱线宽度和线形

实验测量的共振谱线的线宽和线形,与原子核受到的磁场有关。原子核有磁矩,磁矩是一个磁偶极子,材料中核与核之间的磁偶极 - 磁偶极相互作用,一个核会在另一个核处产生局域磁场。材料是一个由大量原子核组成的系统,每个原子核受到周围许多原子核产生的 10^{-4} T 量级的局域磁场作用,由于与周围核距离不同、磁偶极子相对取向不同,原子核受到的周围核产生的局域磁场有一定涨落,导致核磁共振谱线宽度变宽。

液体中分子热运动是随机和各向同性的。液体样品核磁共振测量,样品一般都是快速转动的,局域磁场的差异被平均了,共振谱线不会变宽。

固体中样品结构变化和分子热运动等会导致共振谱线加宽。由于谱线加宽,核磁共振谱线有一定形状或线型。固体核磁共振谱线的线型一般是高斯型的,液体核磁共振谱线的线形一般是洛伦兹线型。

线宽和线形反映物质微观结构的微小变化和内部原子、分子运动状态等。通过线宽和线形的测量,可以研究固体分子运动、结构和结构相变、晶格振动等。

13.2.3 自旋－自旋耦合劈裂

分子内部原子核的磁相互作用或待分析核与其邻近原子核的磁相互作用,会引起谱线劈裂。这种核与核间的磁相互作用称作自旋－自旋耦合,它导致的谱线劈裂称为自旋－自旋耦合谱线劈裂。自旋－自旋耦合谱线劈裂与化学位移不同,它不是直接产生的,而是通过电子壳层传递产生的。分子中的原子核先在电子壳层感应出一个磁矩,该磁矩将核与周围原子核磁相互作用再转递到待分析原子核,这样改变了它的共振条件,导致谱线劈裂为多条谱线。图 13.11 所示是自旋－自旋耦合使 CH_2 和 CH_3 的谱线分别劈裂为 4 条和 3 条线。CH_2 4 条谱线强度比为 $1:3:3:1$,CH_3 3 条谱线强度比为 $1:2:1$。

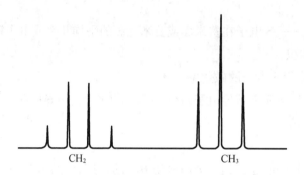

图 13.11　自旋－自旋耦合引起的谱线劈裂

自旋－自旋耦合引起的谱线劈裂有几个特点:劈裂谱线间隔是等间隔的;间隔与外加磁场无关;谱线强度是对称分布的。依据这些特点,可以判断谱线劈裂是否为自旋－自旋耦合引起的谱线劈裂。

13.2.4 电四极相互作用劈裂

自旋 $I \geq 1$ 且具有电四极矩的原子核,它会与核外电场梯度发生电四极相互作用。当电四极相互作用强度小于或接近核与核间磁偶极－磁偶极磁相互作用强度时,会引起共振谱线变宽;当电四极相互作用强度比磁偶极－磁偶极磁相互作用大,但仍然小于原子核磁矩 μ 与外加磁场 B 相互作用时,即核与外加磁场相互作用是主要相互作用时,电四极相互作用会导致核磁共振谱线电四极劈裂。电四极劈裂使原来等间隔的 $2I+1$ 个磁能级发生上下移动(图 13.12),导致能级间隔不再是等间隔了,单一的核磁共振谱线劈裂为 $2I$ 条谱线。

图 13.12 所示,自旋 $I=5/2$ 的核磁共振谱线在有电四极相互作用时,劈裂为 5 条谱线。图中核磁共振频率由外加磁场 B 确定:$\nu_R = \omega_R/2\pi = \mu_N \times g \times B/h$。电四极相互作用引起劈裂谱线间的间隔或裂距 $\Delta = \Delta E = h\nu_Q(3\cos^2\theta - 1)/2$,其中,$\theta$ 是电场梯度对称轴与外磁场间的夹角,ν_Q 是电四极相互作用频率。电四极相互作用使 $I=5/2$ 核的核磁共振谱线劈裂为 5 条谱线的频率为

$$\nu_{M \to M-1} = \nu_R + (1/2 - M)(\nu_R/2)(3\cos^2\theta - 1) \tag{13.11}$$

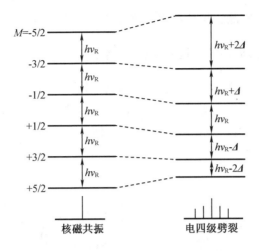

图 13.12　磁场中 $I=5/2$ 核谱线的电四极劈裂

自旋为半整数时,中心共振频率也就是核与外加磁场相互作用频率 ν_R 不变,以 ν_R 为中心两边对称地排列 $I-1/2$ 个谱线(图 13.13),谱线的强度为

$$I_{M \to M-1} = I(I+1) - M(M-1) \tag{13.12}$$

由图 13.13 可见,$I=5/2$ 核的中心谱线的两边各有两条谱线,5 条谱线的强度比为 $5:8:9:8:5$。测量电四极劈裂裂距 ΔE,可以得到电场梯度 V_{zz} 和不对称参数 η。

上面是电四极相互作用的强度比磁相互作用弱很多的情况,它只引起谱线移动,使原来等间隔的一条核磁共振谱线劈裂为几条谱

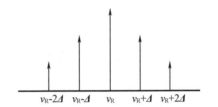

图 13.13　自旋半整数核电四极相互作用产生的谱线劈裂

线。核自旋 $I=5/2$ 的纯电四极相互作用引起的能级劈裂的能量本征值见式(10.43)和图 10.7。

材料相变和形变等会改变材料的晶格排列,从而改变电场梯度,缺陷的产生也会改变电场梯度,因此测量电四极劈裂,可以测定核处的电场梯度及其不对称系数,研究物质的结构及其相变、晶体结构对称性、缺陷和损伤等。

13.2.5　弛豫时间

弛豫过程是非平衡态恢复到平衡态过程。如前所述,纵向弛豫是自旋－晶格间弛豫,自旋体系与周围环境交换能量,将体系能量转移到晶格使其热运动,自旋体系能量降低,恢复到平衡态。这个弛豫过程是核磁化强度纵向分量恢复过程,这个恢复过程的时间称为纵向弛豫时间,用 T_1 表示。横向弛豫是自旋－自旋间弛豫,自旋体系内部交换能量,体系总能量不变,能量从一个核转移到另一个核,从而达到平衡态。这个弛豫过程是核磁化强度横向分量恢复过程,这个恢复过程的时间称为横向弛豫时间,用 T_2 表示。

非黏性液体中,$T_1 \approx T_2$;固体中,由于原子热运动受到很大限制 T_1 较大,核间能量转移较快 T_2 较小,固体材料中 $T_2 \ll T_1$。

弛豫时间是表征物质相互作用的一个重要参数。测量弛豫时间,可以研究物质结构相

变和物质原子和分子运动,测定扩散系数,研究物质电子结构等。

13.2.6 固体核磁共振参数引起共振谱线变化

图 13.14 简要地画出了固体中核磁共振参数引起的共振谱线变化。固体的共振谱线线宽比较大,化学位移和自旋-自旋耦合劈裂都湮没在其中[图 13.14(a)]。图 13.14(b)所示是固体中电四极相互作用导致的共振谱线劈裂,图 13.14(c)所示是铁磁性材料中谱线产生很大的磁位移,图 13.14(d)所示是非磁性金属产生的奈特位移使共振频率比非金属大。

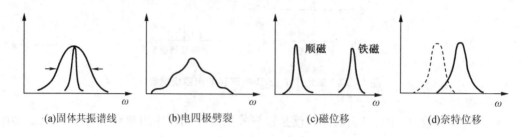

图 13.14　固体中核磁共振参数引起的谱线变化

13.3　核电四极共振

原子核有电四极矩,它与所在位置的电场梯度相互作用,引起核能级电四极劈裂(图 10.7 和图 10.8),劈裂后能级的本征值取决于磁量子数 M^2[式(10.43)],所以与磁场中的塞曼劈裂不同,$+M$ 和 $-M$ 能级仍然是简并的。与核磁共振相仿,当外加一个 RF 射频电场,其能量 $h\nu$ 等于式(10.44)给出的 M 和 M' 两个劈裂次能级差式,发生电四极共振吸收,即核电四极共振。

核电四极相互作用的电场梯度是材料本身产生的,强度通常是 10^{21} V·m^{-2} 量级,这样强度等级的电场梯度任何外加电场是达不到。材料产生的电场梯度由材料晶体结构、化学结构、电子结构等决定。核电四极共振都利用材料本身产生的电场梯度,所以核电四极共振频率与产生电场梯度的材料、共振核的核性质等有关,核不同,电四极矩 Q 不同,核电四极共振频率不同;材料不同,产生的电场梯度不同,核电四极共振频率不同。同一共振核在不同材料中的核电四极共振频率不同,实验测得的核四极共振频率是材料的"指纹",可以用于材料的精准鉴别。迄今有 30 多种核电四极共振探针核或共振核,对一万多种物质进行了核电四极共振测量,共振频率都是不同的,即每一种物质都有自己的特征核电四极共振频率,从测量的共振频率可以进行材料"指纹"或 DNA 式的鉴定。

立方结构材料中,由于电荷分布是对称的,不存在电场(梯度),缺陷破坏了电荷分布的对称性,材料中产生电场,不同缺陷产生的电场不同;非立方结构材料,由于电荷分布不对称性存在电场,缺陷的出现,使原来的电场发生变化,不同缺陷引起的电场变化不同。核电四极共振可以从原子尺度进行材料缺陷和辐照损伤测量。

此外,由实验测量的电四极共振频率和已知的电场梯度,可以测定原子核的电四极矩,从而进行核物理的核结构研究。

核电四极共振在核物理、材料科学、生物医学等已经得到广泛应用。放射性核束物理是当前前沿领域,β – 放射性核的核磁共振和核电四极共振又成为放射性核的核矩测量和核结构研究的其他方法很难替代的重要方法。核电四极共振测量不需要外加磁场,装置可以做成手提式或移动式的,适于现场实时测量,例如用于现场隐藏或携带爆炸物、毒品检测和地雷探测等。

核电四极共振测量方法与核磁共振测量方法相仿。核磁共振测量需要外加磁场,而核电四极共振测量就利用样品材料本身产生的电场。原则上核磁共振和核电四极共振都可以用于隐藏或携带爆炸物、毒品检测和地雷探测,但是核磁共振的磁场系统过于庞大,一般不能做成移动式或手提式,所以这些应用场合都采用核电四极共振。

13.4　核磁共振实验测量技术

13.4.1　核磁共振探针核

自旋 $I \geq 1/2$ 的稳定核和不稳定核都可以进行核磁共振测量,所以核磁共振是一种通用的测量方法。表 13.2 列出了部分核磁共振测量的探针核及其核参数 (Lederer et al., 1978),表中给出的核磁共振频率是磁场强度 10 000 G 时的共振频率。

表 13.2　部分核磁共振测量的探针核及其参数

探针核	自然丰度/%	自旋 I	磁矩 μ/μ_N	四极矩 Q/b	核磁共振频率/MHz
^{1}H	99.985	1/2	+2.793	0	42.576
^{2}H	0.014 8	1	+0.857	+0.002 88	6.532
^{7}Li	92.5	3/2	+3.256	−0.4	16.545
^{13}C	1.11	1/2	+0.702	0	10.701
^{14}N	99.635	1	0.405	0.016	3.087
^{19}F	100	1/2	+2.629	0	40.076
^{27}Al	100	5/2	+3.642	+0.15	11.104
^{31}P	100	1/2	+1.132	0	17.256
^{35}Cl	75.77	3/2	+0.882	−0.082	4.177
^{37}Cl	24.47	3/2	0.683	−0.062	3.720
^{43}Ca	0.145	7/2	−1.315	0	2.865

表 13.2(续)

探针核	自然丰度/%	自旋 I	磁矩 μ/μ_N	四极矩 Q/b	核磁共振频率/MHz
^{53}Cr	9.56	3/2	−0.474	0.03	2.400
^{57}Fe	2.19	1/2	−0.090	0	1.376
^{61}Ni	1.19	3/2	−0.749	0.13	3.805
^{63}Cu	69.2	3/2	+2.223	−0.21	11.296
^{65}Cu	30.91	3/2	2.378 9	−0.15	12.089
^{69}Ga	60.4	3/2	2.016	0.178	10.220
^{71}Ga	39.6	3/2	2.555	0.112	12.984
^{73}Ge	7.6	9/2	−0.879	−0.173	14.999
^{97}Mo	9.46	5/2	−0.923	1.1	2.832
^{105}Pd	22.2	5/2	−0.642	+0.8	1.957
^{127}I	100	5/2	+2.813	−0.79	8.576
^{183}W	14.4	1/2	0.116	0	17.716
^{195}Pt	33.8	1/2	+0.609	0	9.283
^{207}Pb	22.1	1/2	+0.593	0	9.040

13.4.2 核磁共振实验测量

图 13.15 所示是核磁共振测量原理和装置示意图。核磁共振测量装置或谱仪主要由射频产生器、样品室、磁场系统、计算机控制系统和核磁共振记录仪等组成[图中(a)(c)]。样品室[图中(b)]位于磁场中,样品室中的被测样品位于谐振线圈和接收线圈中,样品中温度和压力等可以改变。射频产生器提供的射频信号激励谐振线圈对样品施加射频信号,共振激发后退激发射的射频信号被接收线圈接收,接收信号经过功率放大后由记录仪记录。射频产生器激励和共振信号的记录等都是计算机控制的。图中(d)是采用电桥法检测核磁共振信号示意图。

激励谐振线圈电磁性能用品质因数 Q 表征。Q 是没有发生共振时的线圈电感 L 和角频率 ω 乘积与线圈阻抗 R 之比:$Q=(\omega L)/R$;当发生共振时,样品原子核吸收了射频场的能量,使谐振线圈阻抗增大,从而降低了线圈的 Q。回路的射频振荡幅度与 Q 成正比,共振时 Q 值下降,射频振荡幅度也随之下降。由于磁化强度的 v 分量(磁化强度与射频场相位差 90°的分量)是描述原子核系统对射频场能量吸收的量,从记录的振荡幅度变化就可以获得吸收分量 v 的核磁共振信号(王金山,1982)。磁化强度 u 分量(磁化强度与射频场相位相同的分量)是描述色散的量,u 与 v 分量的相位差 90°,因此发生共振时,谐振回路的感抗或容抗变化,从而改变谐振回路的固有频率和谐振回路受迫振荡的相位(此时激励振荡源的频率和相位不变),记录谐振回路的频率和相位变化,就可获得核磁共振色散分量 u 的核磁共振信号(王金山,1982)。共振信号的幅度是 v 和 u 分量幅度平方和的根号。

1. 核磁共振信号的检测

核磁共振信号检测有感应法、电桥法和自差法等三种（王金山,1982）。

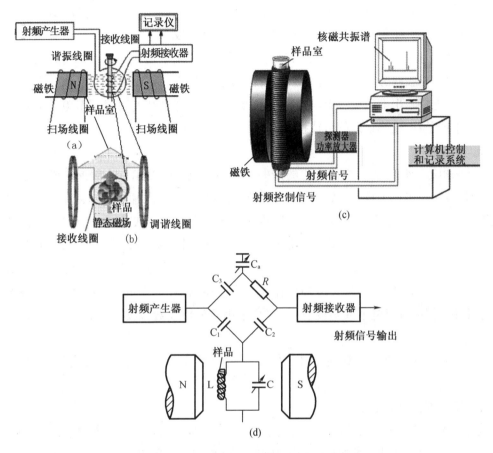

图 13.15　核磁共振测量原理和装置示意图

(1)感应法

感应法也称为交叉线圈法或布洛赫法。该方法采用两个线圈,即图 13.5(a)中的将射频场能量加到样品的谐振线圈和图 13.15(b)中的接收核磁共振信号的接收线圈。谐振线圈的轴方向是 X 方向,接收线圈的轴方向是 Y 方向,外加磁场 B 的方向是 Z 方向[图 13.15(b)],这样它们都相互垂直。在 Z 方向加磁场 B,核矩绕磁场进动,磁化强度沿 Z 方向,横向分量 $M_\perp = 0$,Y 轴方向的接收线圈没有信号。X 方向的谐振线圈加一个射频场,如果谐振线圈和接收线圈严格垂直,在非共振频率时,射频场在 Y 方向的分量为 0,接收线圈也没有信号。当外加射频场的频率满足共振条件时,原子核从低能级跃迁到高能级,原子核自旋系统从平衡态偏离到非平衡态位置(图 13.8),磁化强度也偏离 Z 方向的平衡态位置,产生横向分量($M_\perp \neq 0$)。横向磁场在 XY 平面以共振频率绕 Z 轴进动,接收线圈两端产生一个频率是进动频率的感应电动势。将该电动势放大和检波,产生幅度正比于磁化强度横向分量的核磁共振信号。实验上一般用幅度检波器记录吸收信号 v,用相敏检波器记录色散信号 u。

(2)电桥法

电桥法(也称平衡法),具有一个高频电桥。高频电桥有珀塞尔电桥［Purcell, et al., 1946］、安德森电桥等。如图 13.15(d)所示,常用的安德森电桥是由三个电容(C_1、C_2、C_3)、一个电阻(R)、一个可变电容(C_a)和一个 LC 谐振回路构成。电桥输入端与射频振荡器相接,输出端与接收机相接。没有发生共振时,电桥调到完全平衡状态;发生共振时,磁化强度偏离平衡位置,吸收分量改变线圈的 Q 值,色散分量改变了线圈的固有频率,从而破坏了电桥的平衡,电桥输出端产生一个与共振信号成正比的电压变化。通过调节电桥的相位平衡或幅度平衡条件,选择色散信号或接收信号。

(3)自差法

自差法也称为负载法。这种方法的谐振线圈和接收线圈共用一个线圈。没有发生核磁共振时,线圈输出一个具有一定电平和频率的高频振荡信号;发生核磁共振,磁化强度出现横向分量 $M_\perp$,色散分量改变了振荡回路固有频率,因而也改变了输出高频振荡信号的频率,检测输出频率的变化可以得到色散信号;吸收分量改变线圈品质因数 Q,从而改变了线圈输出电平或幅度,检测输出幅度的变化,可以得到吸收信号。核磁共振测量一般都探测吸收信号。自差法中常用鲁宾逊振荡器作为自差振荡器,发生核磁共振时,样品核磁共振信号使振荡器的输出电平或幅度发生变化,采用幅度检波器检波,可以获得核磁共振吸收信号。

上述各种方法都有优点和缺点,但自差法因结构简单、使用方便、灵敏度较高,被普遍采用。

2. 核磁共振谱仪的工作模式

核磁共振谱仪的工作模式有很多种,例如连续波(CW)模式、脉冲波模式、预极化模式、分时接收模式、自旋回波模式等(王金山,1982)。这里仅介绍连续波模式、脉冲波模式和自旋回波模式。

核磁共振谱仪现在一般都采用单线圈或珀塞尔方法(Purcell et al.,1946),但无论是单线圈还是采用双线圈或布洛赫法(Bloch et al.,1946),两种方法都是以核自旋系统的磁化强度在外加磁场中的进动,在线圈上产生一个可以探测的幅度变化为基础的。

核磁共振实验测量主要有两种测量模式,一种是连续波模式,另一种是脉冲波或脉冲傅里叶变换(PFT)模式。前者作用在样品的射频场较弱,$B_1 \sim 10^{-7}$ T;后者射频场较强,$B_1 \sim 10^{-3}$ T,射频脉冲停止后,在接收线圈接收磁化强度自由进动和弛豫产生的信号。现在核磁共振谱学测量基本都采用脉冲傅里叶变换法。

(1)连续波核磁共振测量

如图 13.16 所示,连续波模式核磁共振测量法中,RF 射频场连续不断地加到样品上,观察共振现象。根据式(13.6)的共振条件 $\omega = g \times \mu_N \times B/\hbar$,有两种途径实现共振,一种是磁场扫描法,固定高频场频率 ω,连续改变磁场强度 $\boldsymbol{B}$,达到共振条件(扫场法)。另一种法是射频场扫描法,固定磁场 B,改变射频频率 ω,达到共振条件(扫频法)。

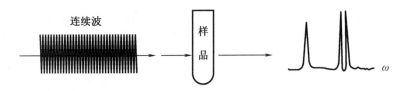

图 13.16 连续波测量方法示意图

图 13.17 所示是连续波核磁共振实验装置示意图,测量基本过程如前所述。连续波法测量中一个频率或一个磁场强度相当于一个窗口,改变频率或磁场,相当于移动窗口寻找和观察共振,通过扫描发生器扫描磁场场强或扫描射频频率,使记录系统与磁场或射频同步,获得共振谱。

(2)脉冲模式核磁共振测量 – 脉冲傅里叶变换测量

连续波模式核磁共振测量方法的缺点是测量效率低、获得信息少,优点是谱仪造价低、容易操作。为提高测量效率,发展了脉冲模式核磁共振测量。脉冲模式中最通常用的是脉冲傅里叶变换核磁共振法(pulse Fourier transform – NMR,PFT – NMR)(Farrar 1971;Schatz et al.,1996);王金山,1982;Ernst et al.,1966)。脉冲傅里叶变换核磁共振方法是将脉冲射频场加到样品,射频脉冲停止后可测量共振退激的自由感应衰减信号(free induction decay,FID)。

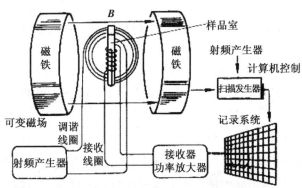

图 13.17 连续波核磁共振实验装置示意图

图 13.18 所示是脉冲傅里叶变换核磁共振测量原理示意图。未加射频脉冲,只有外加磁场作用时,磁化强度 M 与外加磁场方向(Z 方向)一致,系统处于平衡态。施加射频场 B_1,使磁化强度偏离 Z 方向。脉冲模式核磁共振测量中,施加一个周期为 T、宽度为 t_p 的射频脉冲。如果施加的射频满足共振条件,即所加射频场的频率等于拉莫尔进动频率,这时起主要作用的射频磁场是射频脉冲产生的 X 方向的磁场 B_1,磁化强度 M 跟不上这么快速的变化,仍围绕 B_1 在 ZY 平面进动。脉冲宽度 t_p 期间,磁化强度绕 X 轴进动角或转动角 $\alpha = \omega_L t_p = \gamma B_1 t_p$,因而改变射频脉冲宽度 t_p 可以改变进动角。实验测量一般选择脉冲宽度,使

$\alpha = 90°$（该施加的脉冲称为90°脉冲）[图 13.18（c）]，这个脉冲作用下，磁化强度从 Z 轴转到 Y 轴。脉冲停止后，磁化强度将在 XY 平面作自由进动，通过 T_1 和 T_2 表征的纵向和横向弛豫过程恢复到 Z 方向的平衡态，这个过程称为自由感应衰减（free induction decay，FID）过程。射频脉冲后在接收线圈感应出一个自由衰减信号，并被记录系统记录，经过傅里叶频谱分析后得到共振谱。自由感应衰减是一个时间域函数，经过傅里叶频谱分析后，得到核磁共振频谱或核磁共振频率，这是频率域函数。傅里叶变换将时间域函数转换到频率域函数。

采用90°脉冲激发，探测的自由感应衰减信号最大。然而化学位移等会导致作用在核上的静态磁场有涨落，磁场不同虽然脉冲宽度相同，进动角不同，有的大于90°，有的小于90°。为了选出90°进动角和获得最大的自由感应衰减信号，$|(\omega_L - \omega)| \ll \gamma B_1$，从而脉冲宽度 $t_p \ll 1/(4\Delta)$，这里 ω 是实际进动频率，Δ 是围绕 ω 的能够测量到全幅度自由感应衰减的频率范围。

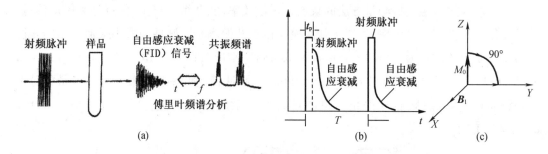

图 13.18　脉冲傅里叶变换核磁共振测量原理示意图

连续波模式和脉冲模式的差别在，连续波模式通过改变射频频率（或外加磁场）逐个探测共振谱线，是在频率空间进行的测量；在脉冲模式，不同进动频率同时探测，是在时间空间进行的测量。

周期为 T，宽度为 t_p 的窄射频脉冲[图 13.19（a）]加到样品上，相当于许多种频率的射频同时加到样品中待分析核，脉冲后的自由感应衰减是所有激发频率产生的自由感应衰减谱叠加的总衰减谱，经过傅里叶频谱分析后得到核磁共振频谱。由图 13.19（b）可见，这个外加的窄射频脉冲的频谱是许多连续频谱的叠加，各个频率间相差 $\Delta f = 1/T$，但各个频率分量的幅度是不均匀的，频率 f_0 的成分最大，在 f_0 的两边幅度逐步减小，当 $f = 1/t_p$ 时幅度为零，大于或小于 $1/t_p$ 的幅度是负的。选取足够小的脉冲宽度 t_p，可以获得一个在 f_0 附近 $(f_0 - f_1) - (f_0 + f_1)$ 频率范围幅度均匀分布的频谱。脉冲宽度 t_p 还要满足90°脉冲的要求。

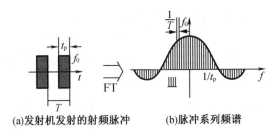

(a)发射机发射的射频脉冲　　　(b)脉冲系列频谱

图 13.19　脉冲法中外加单个窄脉冲的频谱

与连续波谱仪相比,脉冲变换傅里叶核磁共振波谱仪需要有脉冲程序控制器和数据采集处理系统,脉冲程序控制器控制设备发射机发射的射频脉冲,产生一定周期为 T 和宽度为 t_p ($1\sim50$ μs)的脉冲,激发样品脉冲终止后启动接收系统,采集自由感应衰减信号;激发核通过弛豫过程返回平衡态后再启动发射机发射下一个射频激发脉冲。脉冲变换傅里叶核磁共振波谱仪测量,需要进行多次采样,数据处理时,将每次激发后的自由感应衰减谱相加,得到总谱。傅里叶变换将时域信号转为频域函数,得到共振谱和共振频率。多次采样,能够提高测量灵敏度和信噪比,n 次累加,信噪比提高 $n^{1/2}$ 倍。脉冲变换傅里叶核磁共振波谱仪灵敏度很高,测试时间短,可以用于低丰度核核磁共振测量、弛豫和反应动态等过程研究。

(3)脉冲模式核磁共振测量 – 自旋回波测量

核磁共振自旋回波法是 1950 年由美国的哈恩(E. L. Hahn)提出(Hahn,1950),为了纪念他,自旋回波也称为哈恩回波。图 13.20 所示是自旋回波核磁共振测量原理示意图。如果样品受到的核外磁场 B 不是单一的,而是有涨落的,磁场不均匀导致核磁共振频率分散或进动频率围绕 $\omega_L = \gamma B$ 有一定涨落,不仅使共振谱线加宽,而且使自旋进动相位失相,为了消除磁场不均匀的影响或使失相自旋进动聚相,Farrar 等(1971)发展了自旋回波核磁共振测量方法。

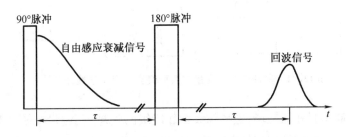

图 13.20　自旋回波核磁共振测量的原理示意图

核磁共振自旋回波方法是在 90°射频脉冲后的一定时刻,加一个 180°射频脉冲。施加 90°射频脉冲后,磁化强度从 Z 轴转到 Y 轴方向。作用在探针核的磁场是外加磁场和局域磁场之和,化学位移等产生的局域磁场的不均匀性,使作用在核上的磁场有涨落,这样进动频率或共振频率也有涨落,随时间核自旋进动散相,磁化强度不是都在 Y 方向。为了消除核自旋进动的散相现象,90°脉冲后的 τ 时刻,再加一个 180°脉冲,使进动频率快的变慢,进动频率慢的变快,随时间自旋进动相位重新聚相,磁化强度又都在 Y 方向。在 180°脉冲后的 τ 时刻,所有自旋进动相位同相,信号强度增大,这时产生的脉冲信号称为自旋回波信号。τ 是进动散相时间,180°脉冲后同样需要时间 τ 完成聚相。假定 180°脉冲的宽度可以忽略,自旋回波信号出现在 90°脉冲后的 2τ 时间。自旋回波信号的幅度与磁场不均匀性无关,只与原子核系统的自旋 – 自旋弛豫过程有关。测量回波幅度与时间的关系,可以测定横向弛豫时间 T_2。

核磁共振自旋回波方法可以用于自旋 – 自旋弛豫、核的自扩散等过程的研究。

13.4.3 核磁共振实验测量电子学线路

图 13.21 所示是脉冲傅里叶变换法实验装置和电子学线路方块图。由图可见,核磁共振测量谐振线圈和接收线圈不是两个分离的线圈,而是一个线圈,采用二极管控制对样品施加射频场和接收器接收射频信号。RF 射频信号源产生的脉冲经过计算机控制的门电路,变成脉冲信号输入功率放大器放大,这时二极管 1 是导通的,二极管 2 是不导通的,射频信号通过二极管 1 施加到样品,不会输入接收器。射频脉冲信号结束时,二极管 1 变为不导通状态,二极管 2 导通,接收信号通过二极管 2 进入接收器和探测器,通过计算机处理后在显示器上显示核磁共振频谱。

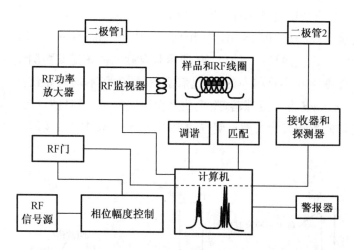

图 13.21　脉冲傅里叶变换法实验装置和电子学线路方块图

核磁共振测量需要外加磁场,磁场越大相邻能级间隔越大,测量灵敏度和精度越高,磁场越大可以测量的核磁共振频率越高。采用高磁场进行测量的核磁共振谱仪称为强磁场、高频、高分辨核磁共振谱仪。电磁铁一般只能产生小于 3 T 的场强,采用电磁铁的核磁共振谱仪可以测量的射频频率小于 130 MHz;超导磁铁可以产生 14 T 或更高的磁场,核磁共振谱仪可以测量射频频率 600 MHz 或更高频率。

脉冲傅里叶变换法等价于同时有无数个频率不同的信号发射和接收,不像连续波法中用一个移动的窗口改变来观察共振。脉冲傅里叶变换核磁共振谱仪功能多、灵敏度和精确度高、用途广泛,但是价格高。

13.5　β–放射性核的核磁共振和核电四极共振

以上介绍的都是稳定核的核磁共振或核电四极共振。随着加速器放射性核束技术发展和放射性核束物理问世,利用放射性核的核磁共振与核电四极共振得以发展。远离 β–稳定线的放射性核大部分是 β–放射性核,主要介绍 β–放射性核的核磁共振和核电四极共振,分别称为β–核磁共振(β–NMR)和β–核电四极共振(β–NQR)。

β–核磁共振和 β–核电四极共振是当今核物理热点前沿课题"不稳定核结构和性质研究"领域中一种不可少的方法(Minamisono et al. ,1992; Matsuta et al. ,2010),已经发挥了重要作用,观察和证实了许多新物理现象;凝聚态物理研究中,其以高灵敏度等特点,获得了其他方法难以得到的实验数据和结果。β–核磁共振和 β–核电四极共振已经发展为核物理、粒子物理、凝聚态物理和材料科学中的一种重要的实验方法。

1959 年美国阿贡国家实验室康纳(D. Connor)等采用极化中子俘获反应和核磁共振技术测量了放射性核^{8}Li 的磁矩和 g–因子 (Connor, 1959)。1966 年日本大阪大学杉本(K. Sugimoto)等发展了 β–放射性核的核磁共振方法(Sugomoto et al. ,1966)。1993 年日本大阪大学南园忠则(T. Minamisono)等发展了同时施加多个频率射频的新核电四极共振技术(NNQR)(Minamisono et al. ,1993),大大地提高了核电四极共振测量的效率和灵敏度,例如自旋 $I=2$ 的探针核的探测效率可以提高 100 多倍。

β–核磁共振和 β–核电四极共振突出的优点是探测灵敏度高或共振效应大,常规稳定核的核磁共振和核电四极共振测量需要 10^{18} 探针原子,β–核磁共振和 β–核电四极共振探测 β–放射性的共振测量,只需要 10^9 探针原子,探测效率提高了 10^9 倍。

低能和高能加速器上能够产生越来越多的 β–放射性核,中子和质子滴线附近的不稳定核大部分是 β–放射性核。这些不稳定核的性质和结构都是不知道的,通过采用 β–核磁共振和 β–核电四极共振方法测量它们的核矩,可以研究和了解它们的核结构和性质,验证不稳定核的理论模型。

13.6.1　β–核磁共振和 β–核电四极共振原理

β–核磁共振和 β–核电四极共振通过测量放射性核发射的 β–射线角分布的各向异性,来测定核磁共振和核电四极共振的频率。

极化的 β–放射性核发射的 β–射线角分布是各向异性的,非极化核发射的 β–射线角分布是各向同性的。加速器产生极化的 β–放射性核,外加射频场发生共振,使核的极化破坏,极化核变为非极化核。共振前 β–放射性核是极化的,发射的 β–射线角分布是各向异性的,共振后 β–放射性核不是极化的,发射的 β–射线角分布是各向同性的。

图 13.22 所示是极化和非极化 β–放射性核发射的 β–射线角分布示意图。图 13.22

(a)所示是极化核发射的β-射线,它的角分布是各向异性的,图13.22(b)所示是非极化核发射的β-射线,它的角分布是各向同性的。采用与极化方向平行的上探测器和极化方向反平行的下探测器测量β-射线角分布,发生共振前核是极化的[图13.22(a)],加射频场发生共振后,极化被破坏变为非极化核[图13.22(b)]。角分布各向异性转变为各向同性的射频频率,可由实验精确测得,这个频率就是共振频率。

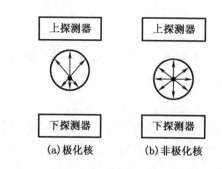

图13.22 极化和非极化的β-放射性核发射的β-射线角分布

13.6.2 β-核磁共振和β-核电四极共振实验测量

根据β-放射性核产生的加速器,β-核磁共振和β-核电四极共振测量分为高能加速器和低能加速器β-核磁共振和β-核电四极共振测量,两者除了极化β-放射性核的产生不同,测量方法和装置基本相同,这里主要介绍低能加速器β-核磁共振和β-核电四极共振测量。

β-核磁共振和β-核电四极共振实验测量主要包括四个过程:极化β-放射性核的产生、β-放射性核注入材料或样品并在衰变前保持极化、衰变β-射线角分布测量和外加RF射频场发生共振使极化破坏(或反转)等。

1. 极化β-放射性核的产生

产生极化β-放射性核的方法主要有弹核碎裂和低能核反应两种。图13.23所示是弹核碎裂法产生极化β-放射性核和β-共振谱仪示意图。图13.23(a)所示是弹核碎裂过程示意图,高能重离子加速器产生的每个核子几十到几百MeV能量的高能入射粒子,轰击重靶,与靶碰撞并使其发生碎裂。由图13.23(a)可见,选择碎裂核出射角度和动量,可以获得极化的β-放射性核(Matsuta et al.,1995,1996;Okuno et al.,1994;Matsuta et al.,1998)。采用这种方法已经获得了^{8}B、^{9}C、^{12}N、^{13}O、^{20,21}F、^{23}Mg、^{28}P、^{37}K、^{39}Ca、^{43}Ti等极化β-放射性核。β-放射性核通过准直光阑准直后入射位于β-核磁或核电共振谱仪的样品,可进行β-核磁或核电共振测量[图13.23(b)]。如果β-放射性核能量过高,可以采用能量调节器或减能器降低能量。

利用低能加速器核反应也可以产生极化的β-放射性核(Sugomoto et al.,1966),通过核反应入射粒子能量和反冲核反冲角度选择,可以获得极化度高达近20%的极化β-放射性核。图13.24画出了^{11}B(d,p)^{12}B反应产生的^{12}B放射性核的极化度随入射d粒子能量和^{12}B反冲角的变化(Tanaka et al.,1976)。

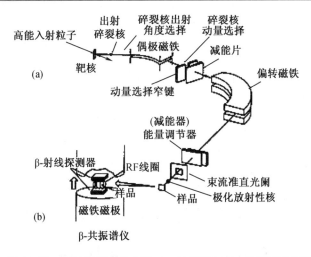

图 13.23　弹核碎裂产生极化 β - 放射核和 β - 共振谱仪示意图

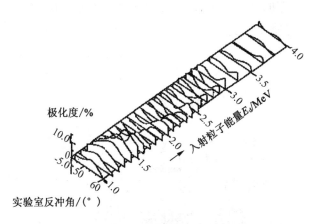

图 13.24　低能核反应产生 β - 放射性核极化度随入射粒子能量和反冲角变化

日本大阪大学在 5 MV 静电加速器上,利用低能核反应开发了许多核磁共振和核电四极共振测量的 β - 放射性探针核(Matsuta et al.,1998),表 13.3 列出了其开发的部分 β - 放射性探针核及其参数。

表 13.3　低能加速器产生的部分 β - 放射性探针核及其参数

探针核素	自旋和宇称	半衰期	产生核反应	磁矩(μ_N)/电四极矩(mb)
^{8}Li	2^+	0.84 s	^{7}Li(d,p)^{8}Li	$\mu = 1.653\ 35/Q = 32.7$
^{8}B	2^+	0.76 s	^{6}Li(^{3}He,n)^{8}B	$\mu = 1.035\ 5/Q = 68.3$
^{12}B	1^+	20 ms	^{11}B(d,p)^{12}B	$\mu = 1.003\ 06/Q = 13.21$
^{12}N	1^+	11 ms	^{10}B(^{3}He,n)^{12}N	$\mu = 0.457\ 3/Q = 10.3$
^{15}O	$1/2^+$	122 s	^{14}N(d,n)^{15}O	$\mu = 0.719\ 51$
^{17}F	$5/2^+$	66 s	^{16}O(d,n)^{17}F	$\mu = 4.721\ 30/Q = 100$
^{23}Mg	$3/2^+$	11 s	^{24}Mg(d,n)^{23}Mg	$\mu = 0.536\ 4$

表 13.3(续)

探针核素	自旋和宇称	半衰期	产生核反应	磁矩(μ_N)/电四极矩(mb)
^{25}Al	$5/2^+$	4.8 s	^{28}Si(p,α)^{25}Al	$\mu = 3.6455$
^{27}Si	$5/2^+$	4.1 s	^{27}Al(p,n)^{27}Si	$\mu = 0.8554$
^{28}Al	3^+	134 s	^{7}Al(d,p)^{28}Al	$\mu = 2.791$
^{29}P	$1/2^+$	4.2 s	^{28}Si(d,n)^{29}P	$\mu = 1.2349$
^{31}S	$1/2^+$	2.6 s	^{31}P(p,n)^{31}S	$\mu = 0.48793$
^{39}Ca	$3/2^+$	0.6 s	^{39}K(p,n)^{39}Ca	$\mu = 1.02168$
^{41}Sc	$7/2^+$	0.54 s	^{40}Ca(d,n)^{41}Sc	$\mu = 0.54305/Q = 166$

图 13.25 所示是低能核反应产生 β – 放射性核及其核磁共振和核电四极共振谱仪示意图。核反应入射粒子以一定的角度入射到水冷核反应靶,产生的 β – 放射性核以一定反冲角反冲到样品(或反冲核捕获器),这样入射到样品的核是极化核,极化方向如图所示。为了保持核在衰变前的极化度,在与极化方向平行的方向加强磁场 $\boldsymbol{B}$。样品位于 RF 线圈中,加到样品的 RF 射频场的方向与极化方向垂直。样品衰变的 β – 射线由与极化方向平行和反平行方向放置的两个塑料闪烁体望远镜探测系统探测。

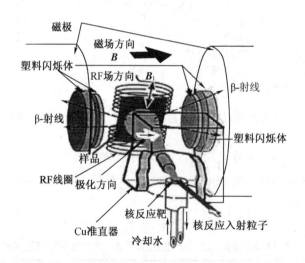

图 13.25　低能核反应产生 β–放射性核及其核磁共振和 β–核电四极共振谱仪示意图

2. 衰变前极化度保持

核反应产生的极化 β – 放射性核在达到稳定电荷态前,电子壳层不成对的电子和空穴会产生很强的超精细相互作用,使核的极化破坏和消失。为了使衰变前的 β – 放射性核保持极化,在平行于极化方向加一个很强的磁场 $\boldsymbol{B}$(图 13.25),使核自旋和原子自旋分离,使 β – 衰变前核的极化度保持在核反应产生时的极化度。

3. 极化破坏

在样品上加一个垂直于外加磁场($\boldsymbol{B}$)方向的射频磁场 $\boldsymbol{B}_1$,当频率满足共振条件时,核极化受到破坏,发射的 β - 射线角分布变成各向同性。不满足共振条件或远离共振频率射频场,核极化不变,发射的 β - 射线的角分布是各向异性的。还可以通过采用绝热快速演变(adiabatic fast passage, AFP)方法,使极化方向反转或按需要改变极化态的布居等。极化方向反转,角分布各向异性方向也发生反转。

4. β - 射线角分布测量

β - 放射性核极化度和共振频率是通过测量 β - 射线角分布的对称性变化来测定的。图 13.26 所示是 β - 射线角分布测量装置分解图和装置图。实验测量是在极化方向(上)和与极化相反方向(下)各安置一个 β - 射线望远镜探测器系统(上探测器和下探测器),记录发射的 β - 射线,由上和下探测器计数率之比就可以测定发射的 β - 射线角分布。

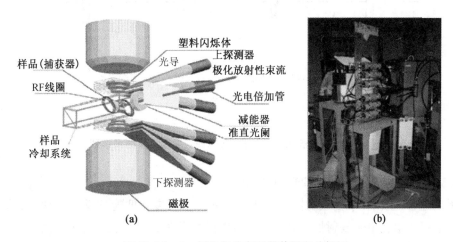

图 13.26　β - 射线角分布测量装置和分解图

5. β - 核磁共振和 β - 核电四极共振测量技术

(1)角分布测量时序

图 13.27 所示是 β - 核磁共振和 β - 核电四极共振测量时间序列。低能核反应产生 β - 放射性核的 β - 核磁共振和 β - 核电四极共振测量中,采用脉冲束流。加速器束脉冲期间产生 β - 放射性核,产生的放射性核数目随时间呈 e 指数增加,加速器脉冲停止后放射性核数目随时间呈 e 指数减少,直到下一个脉冲束[图 13.27(a)],在两个束流脉冲间做 β - 放射性核的角分布测量。如图 13.27(b)所示,加速器脉冲停止后不加 RF 射频场或加一个远离共振频率的 RF 射频脉冲,不发生共振,β - 放射性核的极化没有受到破坏,射频脉冲后测量时间测量的是极化 β - 放射性核角分布;束流脉冲后,加一个共振频率的 RF 射频脉冲,β - 放射性核的极化被破坏,其后测量的是非极化 β - 放射性核的角分布。

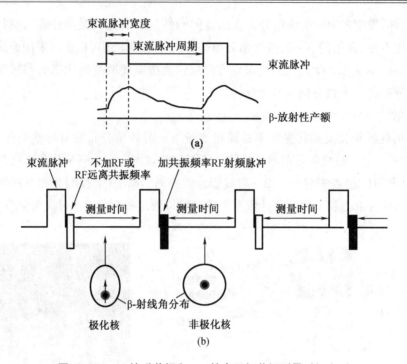

图 13.27　β－核磁共振和 β－核电四极共振测量时间序列

（2）β－核磁共振和 β－核电四极共振谱仪

如上所述,产生极化 β－放射性核方法主要有弹核碎裂和低能核反应两种。高能加速器弹核碎裂产生极化 β－放射性核和 β－共振谱仪示意图如图 13.23 所示。图 13.28 所示是中国原子能科学研究院 2×1.7 MV 串列加速器和建立的低能核反应 β－核磁共振和 β－核电四极共振谱仪方块示意图,加速器低能端增建了束流偏转器,用于产生脉冲束流。

图 13.29 所示是周冬梅等(2004)建立的 β－核磁共振和 β－核电四极共振(β－NMR 和 β－NQR)谱仪。从图中能够看到谱仪的 β－射线探测器和磁铁系统。水冷核反应靶、Cu 准直器、样品和射频线圈等都安置在真空靶室中。磁铁的磁极直径 18 cm,磁极间隙 0 ～ 12 cm 可调, 在间隙 10 cm 时最大场强是 0.70 T。实验中通过靶室外磁场监测点的磁场测量得到样品处的磁场强度。外加磁场方向垂直于入射束流与 β－放射性核反冲方向构成的平面,与 β－放射性核极化方向平行,并与外加 RF 射频磁场 B_1 垂直(图 13.25)。

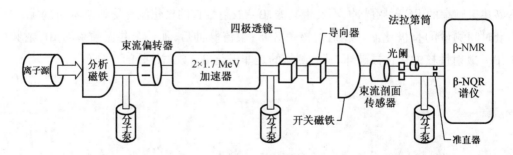

图 13.28　2×1.7 MV 串列加速器和 β－NMR 及 β－NQR 谱仪方块示意图

图 13.29　β-核磁共振和 β-核电四极共振验谱仪

图 13.27 中的 β-核磁共振和 β-核电四极共振测量流程中的加速器束流脉冲、射频脉冲、探测和数据获取等时间序列均由位于测量室的计算机控制系统控制,控制系统方框图如图 13.30 所示。入射束流以一定的能量掠角入射到水冷靶上,产生 β-放射性核,束流脉冲由束流控制系统控制。外加磁场 **B** 中,β-放射性核以一定角度通过 Cu 准直体反冲注入到待研样品(图 13.25),β-射线角分布测量和数据获取系统由 β-探测控制系统控制。RF 射频脉冲由高频控制系统控制,当射频频率 ω 满足共振条件时,发生共振,核的自旋极化被完全破坏。

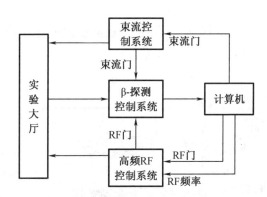

图 13.30　β-核磁共振和 β-核电四极共振测量控制系统

射频(RF)控制系统如图 13.31 所示。20 + f MHz 载波信号由计算机控制的频率合成器(Freq·synthe)产生,计算机同时输出一个信号触发锯齿波产生器(Ramp G)和电压控制的振荡器(VCO),衰减 10 倍的振荡器输出与 18 MHz 标准信号混合,经高带通滤波器(BPF)输出一个 20 ± (Δf/10) MHz 频率调制射频信号。20 + f MHz 载波信号与 20 ± (Δf/10) MHz 射频信号混合后,通过低带通滤波器(LPF)输出一个 f ± (Δf/10) MHz 调频信号。频率 f 由计算机控制,调制宽度由锯齿波幅度调节。f ± (Δf/10) MHz 频率调制的射频(RF)脉冲由射频门(RF 门)信号导通后,经前置放大器(Preamplifier)和主功率放大器(Amplifier)放大后输入到共振线圈回路。由于频率改变需要一定时间,所有射频门触发信号延迟约 300 μs。改变射频门宽度,可改变射频脉冲宽度。

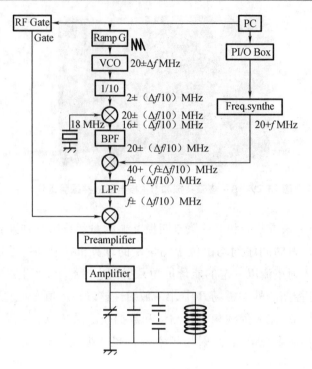

图13.31 β-核磁共振和β-核电四极共振测量射频控制系统

图13.32所示是β-核磁共振和β-核电四极共振谱仪的β-射线望远镜探测器系统（a）和电子学系统放块图（b）。

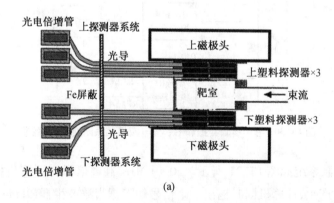

(a)

图13.32 β-核磁共振和β-核电四极共振测量β-射线望远镜探测器系统和电子学方块图

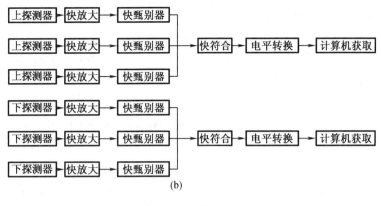

图 13.32（续）

如图 13.32 所示，与极化平行和反平行方向各有一个由塑料闪烁体探测器构成的望远镜系统（分别称为上探测器和下探测器），用于测量发射的 β 粒子角分布。每个望远镜都由三个塑料闪烁体探测器构成，在第二和第三个塑料闪烁体间放置一定厚度的 Al 衰减片，通过面向样品的前两个探测器符合、三个探测器的符合、前两个与第三个探测器的反符合等，可以很好地排除各种可能的本底。为了消除磁场影响，塑料闪烁体和光电倍增管之间采用了长光导，使光电倍增管位于磁场外。发射的 β 粒子通过 Al 窗入射到探测器系统记录。由图13.32可知，每个望远镜系统的三个探测器的输出经过快放大和快甄别器后，输入到快符合电路，快符合电路的输出由计算机数据获取系统记录。根据上、下望远镜计数之比，可测量 β - 角分布并确定共振频率。

13.6　核磁共振和核电共振的应用

核磁共振和核电共振、β - 核磁共振和 β - 核电四极共振的应用非常广泛。本节主要介绍它们在材料科学中的部分应用。各种形态材料中，只要含有一定丰度又有核矩的核素，都可以进行核磁和核电共振谱学研究。核磁共振广泛用于材料科学研究，它非常适合于轻元素有机物等研究，例如软组织，核医学的核磁共振成像就是利用核磁共振的这一优点。核电四极共振主要介绍其在爆炸物、毒品检测中的应用。对于 β - 核磁共振和 β - 核电四极共振，介绍几个核物理基础和材料科学应用示例。

13.6.1　核磁共振在材料科学的应用

1. 材料晶格完美度研究

核磁共振是一种研究晶格、晶格缺陷和杂质、应力等的重要方法，是材料晶格完美度研究不可或缺的方法。

图 13.33 所示是不同条件下测量的 Ge - Al 合金样品的核磁共振谱（李恒德,1986）。

图中 13.33(a)是无样品核磁共振谱,从中没有观察到核磁共振谱线;图 13.33(b)是纯 Al 的核磁共振谱,在 Ge 共振频率范围内,没有观察到共振谱线;图 13.33(c)是完美晶格[73]Ge 晶体核磁共振谱,共振频率为 3.125 MHz;图 13.33(d)是 0.001% Ge–Al 合金的[73]Ge 核磁共振谱,共振频率为 3.177 MHz,合金中的 Ge 共振频率比完美晶体中的小,而且谱线较宽;图 13.33(e)是Ge–Al 合金样品压缩到原厚度的 70% 后测量的[73]Ge 核磁共振谱,由于压缩后完美晶格受到严重破坏产生许多缺陷,磁相互作用完全被电四极相互作用湮没,没有测量到核磁共振谱线;图 13.33(f)是压缩样品经过 550 ℃ 退火后测得的[73]Ge 的核磁共振谱,样品中压缩产生的缺陷退火和 Ge–Al 晶格重晶化,这时测量的核磁共振峰谱线宽度比压缩前窄很多,表明550 ℃退火将 Ge–Al 合金的所有缺陷都退火和晶格重晶化,其结构更完美了,谱线变窄。

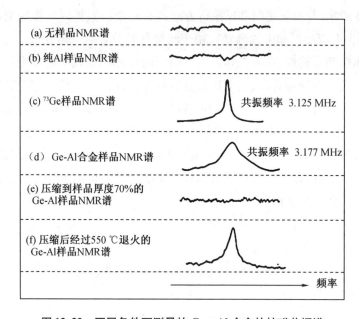

图 13.33　不同条件下测量的 Ge–Al 合金的核磁共振谱

2. 超导材料自旋磁化率测量

材料自旋磁化率与电子结构密切相关。奈特位移对电子结构非常灵敏,从奈特位移测量可以获得自旋磁化率。核磁共振方法可以精确测量奈特位移,从而可以很好地测量材料自旋磁化率。Zhou 等(2017)采用[17]O 核磁共振方法研究和测量了 $YBa_2Cu_3O_y$ 超导材料自旋磁化率 χ_{spin}。实验在 2 K 或 3 K 低温测量了四种不同氧含量或空位掺杂的 $YBa_2Cu_3O_y$ 超导材料 CuO_2 平面[17]O 的奈特位移和自旋磁化率 χ_{spin}。

实验测量的奈特位移 K 由三部分贡献:$K = K_{spin} + K_{orb} + K_{dia}$,其中 K_{spin} 是自旋奈特位移,K_{orb} 是轨道奈特位移,K_{dia} 是抗磁屏蔽产生的位移。一般 K_{dia} 可以忽略,K_{orb} 由文献或实验测量得到,所以从测量的奈特位移 K,可以得到自旋奈特位移 K_{spin}。自旋奈特位移和自旋磁化率的关系为 $K_{spin} = (A/g\mu_B)\chi_{spin} \propto \chi_{spin}$,这里 A 是超精细相互作用耦合常数,g 是 g–因子,μ_B 是玻尔磁子。图 13.34(a)所示是测量的 $YBa_2Cu_3O_{6:56}$ 自旋奈特位移 K_{spin} 的随磁场变化情况。由图可见，K_{spin} 先随磁场增大而增大，随后在磁场 20 T 附近达到饱和，达到饱和后自旋奈特位移不随磁场增加而变化，图中阴影区是饱和过渡区。达到饱和后自旋奈特位移不随磁场增大而变化，四种样品测量的饱和转变磁场为 20~40 T。超导状态时自旋奈特位移或自旋磁化率应该是随磁场增大而增大，不会出现饱和，饱和的出现表明所加的磁场达到表征超导体能够忍受磁场能力的上临界磁场 $\boldsymbol{B}_{c2}$。饱和现象说明在 $YBa_2Cu_3O_y$ 超导体 CuO 面上出现长程有序的电荷密度波，图 13.34(a) 中的箭头是出现电荷密度波的起点磁场强度，电荷密度波大大降低了超导体的上临界磁场 $\boldsymbol{B}_{c2}$ 和超导体的磁场忍受性能。图 13.34(b) 是 K_{spin} 随温度的变化，图中实心圆点是外加磁场 28.5 T[高于(上)临界磁场 $\boldsymbol{B}_{c2}$]，空心圆点是外加磁场 12.0 T(低于 $\boldsymbol{B}_{c2}$)，随温度升高，自旋奈特位移或自旋磁化率增大。

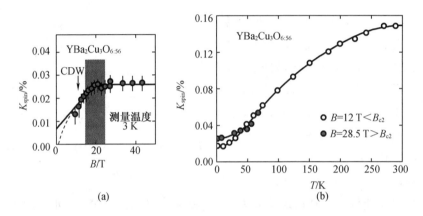

图 13.34　$YBa_2Cu_3O_{6:56}$ 自旋奈特位移 K_{spin} 随磁场和温度变化

3. 材料分子结构研究

通过 H、C 等核磁共振测量，能够很好地测量轻元素化合物分子结构，乙基苯的分子结构研究是一个较典型的例子。乙基苯中 H 处于甲基($-CH_3$)、次甲基($-CH_2-$)和苯基(C_6H_5-)三个化学结构环境中，H 在这三个环境中的核磁共振频率不同。图 13.35 所示是实验测量的核磁共振谱，可以清楚地看到相应于 H 处于这三个化学结构环境的核磁共振谱线，核磁共振谱线峰位分别位于 δ 等于 1.22ppm、2.63ppm、7.18ppm。图中峰

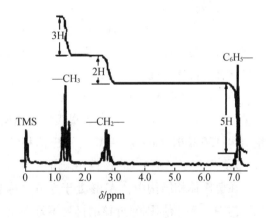

图 13.35　乙基苯核磁共振谱

位 $\delta=0$ 的共振谱线是用 12 个 H 处于完全相同化学环境的单共振峰标准样品四甲基硅烷(TMS)测量的核磁共振谱线。从三个化学结构环境测量的共振谱线结构，可以判断三个化学结构环境的共振谱线是自旋－自旋耦合引起的谱线劈裂。图中，谱线上方是三个峰的积分曲线，由此获得三个化学结构峰面积，峰面积正比于产生共振的 H 数，三个峰面积的比为 3:2:5，与 CH_3、CH_2 和 C_6H_5 三个化学结构环境的 H 原子数比一致。

4. 高分子化合物运动窄化研究

核磁共振测量的谱线宽度与弛豫时间密切相关。在高分子化合物材料中，随着温度升高，高分子运动逐渐加快，使弛豫时间增大，谱线宽度变窄。测量共振谱线宽度随温度变化，可以研究高分子材料中各种类型分子的运动。分子的快速运动导致共振谱线变窄，随温度升高，分子运动速度加快，共振谱线宽度变窄，这就是运动窄化现象。通过共振谱线宽度测量，可以非常好地研究高分子化合物的运动窄化现象，这是核磁共振的一个重要应用方面。

采用核磁共振方法在 $-200 \sim 100$ ℃温度范围，研究了聚异丁烯 ^{1}H 的运动窄化现象（李恒德，1986）。图 13.36 所示是聚异丁烯 ^{1}H 共振谱线宽度 δ_H（谱线半高度处全宽度）随温度变化，图中内插图是 $26 \sim 46$ ℃温度范围放大图。不同温度聚异丁烯分子运动状态不同，分子团和链在不同温度开始运动：由图可见 -190 ℃时 CH_3 甲基团开始旋转运动、温度升高到 -30 ℃时主链开始运动、温度继续升高到 $30 \sim 40$ ℃时主链发生快速运动，导致共振谱线宽度 δ_H 变窄。对某一特定

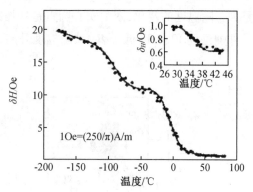

图13.36 聚异丁烯中 ^{1}H 共振谱线宽度 δ_H 随温度变化

分子团或链，温度升高其中 H 的运动加快，使 δ_H 随温度升高而变窄；不同分子团或链运动，δ_H 随温度升高变窄程度不同。从这个实验结果可以看到，核磁共振是研究高分子材料中各种类型分子的运动有效方法。

5. 材料相变研究

材料相变前后，电子结构发生变化，核磁共振频率发生变化，所以核磁共振方法是一种很好的研究材料相变的方法。Rubini 等（1992）采用核磁共振方法研究了 Cu – Zn – Al 形状记忆合金马氏体相变。

130 K、150 K、和 170 K 三个温度下，对 Cu – Zn – Al 合金进行了 ^{27}Al 和 ^{63}Cu 的核磁共振测量。170 K 时，Cu – Zn – Al 是奥氏体相结构；150 K 时，Cu – Zn – Al 是奥氏体和马氏体双相结构；130 K 时，Cu – Zn – Al 是马氏体相结构。图 13.37 所示分别是不同温度下测量的 Cu – Zn – Al 的 ^{27}Al 和 ^{63}Cu 核磁共振谱。

在奥氏体相结构中，^{27}Al 核处于立方对称晶格位，核磁共振谱是一个单峰谱；在马氏体相结构中，^{27}Al 核周围邻近核的排列不是完全对称有序的，这使共振谱线变宽。从马氏体相到奥氏体相，可以清楚地看到共振频率向低频方向移动。

在奥氏体相结构中，^{63}Cu 核磁共振是双峰，是电场梯度接近零的两个晶位上的 ^{63}Cu 共振峰，峰 2 是近邻全部是对称分布 Cu 的 ^{63}Cu 的共振峰，峰 1 是部分近邻的 Cu 被电荷小很多的 Al 替代，它们仍是对称分布的 ^{63}Cu 共振峰。在 130 K 马氏体相时，Cu 和 Al 分布对称性受到破坏，产生较强的四极相互作用，导致峰 1 消失，由于周围核的不对称排列使峰 2 谱线变宽。

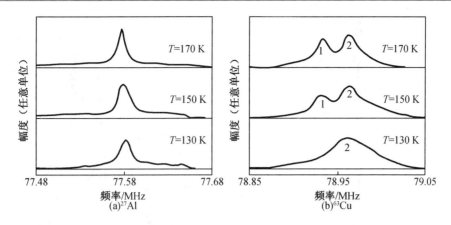

图 13.37　不同温度下测量的 Cu – Zn – Al 合金的^{27}Al 和^{63}Cu 核磁共振谱

6. 纳米晶研究

纳米晶或超微粒子有许多新性质,例如量子尺度效应、表面效应、磁有序颗粒小尺度效应等,核磁共振是纳米晶研究的一种有效的方法。Erata 等(1992)采用核磁共振方法研究了惰性气体冷凝法制备的钒(Ⅴ)纳米晶。

图 13.38 是不同尺寸钒纳米颗粒在 110 K 温度下测量的核磁共振谱。由图中可以看出:所有尺寸颗粒的核磁共振谱的主峰频率或峰位、强度不随颗粒尺度(d)变化;在低频或低磁方向(主峰左边)都有一个小共振峰,它与颗粒尺度密切相关,强度随颗粒尺度增大而减小,晶粒尺度 19 nm 时,该峰消失。从强度随晶粒尺度变化,可以判断这个小峰是晶粒表面钒的共振峰,随着晶粒尺度增大表面效应减弱,峰的强度也随之减弱,$d = $ 19nm 时小峰或表面峰完全消失。

7. 合金制备中材料结构变化测量

机械球磨法是一种常用的晶态和非晶态合金制备方法。球磨时间不同,合金的结构不同,采用核磁共振方法可以监测制备过程中的合金材料结构变化。

Li 等(1992)采用核磁共振方法测量了合金制备中不同球磨时间的 $Cu_{59}Zr_{41}$ 混合粉末结构演变。图 13.39 所示是测量的不同球磨时间的 $Cu_{59}Zr_{41}$ 混合粉末中的^{63}Cu 核磁共振谱,横坐标是奈特位移。

测量过程中发现:未经球磨的 $Cu_{59}Zr_{41}$ 混合粉末中,^{63}Cu 的共振谱线与纯 Cu 的^{63}Cu 谱线完全相同;随着球磨时间增加,相应纯 Cu 的^{63}Cu 核磁共振峰($\sim 2\ 500 \times 10^{-6}$)强度显著减小,在 $1\ 490 \times 10^{-6}$ 处出现一个较宽的新核磁共振峰,其强度随球磨时间增大而增大。核磁共振谱中出现双峰,表明有两种局域磁场作用在^{63}Cu 上,宽峰是非晶相^{63}Cu 共振峰,它的奈特位移比纯 Cu 的小很多。由图可见随球磨时间增加,非晶的成分增大,经过 100 h 的球磨,$Cu_{59}Zr_{41}$ 混合粉末几乎都处于非晶态。

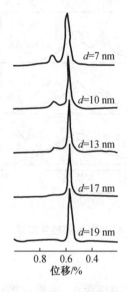

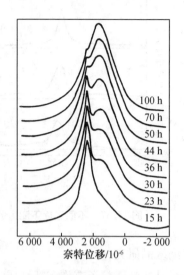

图 13.38　110 K 温度下测量的不同尺度钒纳米颗粒核磁共振谱　**图 13.39　不同球磨时间的球磨 $Cu_{59}Zr_{41}$ 混合粉末的核磁共振谱**

13.6.2　磁共振成像

磁共振成像是一种生物核磁共振成像技术（Azim et al. ,2011；Fischer,2014）。磁共振成像技术 1973 年开始用于医学临床检测,图 13.40(a)是一台医用磁共振成像谱仪。核医学磁共振成像主要利用 ^1H 核磁共振成像,人体组织含有大量 ^1H,将它们置于静态磁场中,并施加特定频率射频脉冲, ^1H 受到激发发生磁共振吸收现象,射频脉冲停止后 ^1H 在弛豫过程中退回到基态或低能级并发射电磁信号或共振信号。磁共振成像谱仪通过对共振信号接收和检测、空间编码和图像重建等过程,获得人体组织 3D - 核磁共振像并在屏幕上显示 [图 13.40(b)]。磁共振成像仪主要由磁场系统、磁场梯度系统、射频系统、计算机系统和图像重建系统等组成。根据磁场强度可以分为 <0.5 T 的低场、0.5～1 T 的中场、1.0～3.0 T 的高场和 3.0～10 T 或更高的超高场磁共振成像系统,磁场越高分辨率越好。

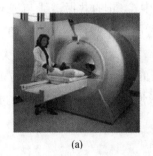  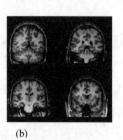

(a)　　　　　　　　　　　　　　　(b)

图 13.40　磁共振共振成像仪和屏幕显示

医学临床检测中,基于正常和病变生物组织的核磁共振谱线不同来进行疾病诊断。磁共振成像可以直接得到人体有关组织横断面、矢状面、冠状面和各种斜面的体层图像。医生根据正常和病变生物组织的核磁共振图像不同诊断疾病。磁共振成像优点是不会出现一般 CT 检测中的伪影,不需要注射造影剂等。

磁共振成像已应用于全身各组织的成像诊断,对脑内外血肿、脑肿瘤、颅内动脉瘤、动静脉血管畸形、脑缺血、椎管内肿瘤、脊髓空洞症、脊髓积水、腰间盘突出、原发性肝癌等疾病的诊断很有效,尤其是颅脑、脊髓、心脏大血管、关节骨骼、软组织及盆腔等疾病的诊断效果更明显。对于心血管疾病,不但可以观察各腔室、大血管及瓣膜的解剖变化,而且可做心室分析,可做多个切面图,空间分辨率高,可以显示出心脏及病变全貌。磁共振成像也可用于肌肉骨骼系统疾病诊断,例如关节病、软组织病变、骨病等诊断,尤其是运动创伤的肌肉损伤、跟腱断裂、膝关节挫伤和积液的的诊断。磁共振成像优于 X 射线成像、二维超声、核素及 CT,现在已经是一种医疗诊断中不可或缺的诊断手段。

13.6.3　核电四极共振的应用

核电四极共振应用比较广泛,本节以安全检测应用为例进行介绍。随着反恐和反走私需要的增加,核安全检测技术在维护国家安全和保卫人民生命和财产安全中发挥了越来越重要的作用,尤其是利用核电四极共振进行爆炸物、地雷和毒品的检测。

核电四极共振利用了原子核的四极矩与核外电场的相互作用机理。由于不同晶格结构的材料产生的电场(梯度)不同,同一种探测核在不同结构材料中的核电四极共振作用的频率不同。因此,核电四极共振是一种能够排除行李和包裹中非违禁物干扰或本底的爆炸物、毒品和地雷的准确、可靠的 DNA 式检测技术。核电四极共振不需要庞大的外加磁场系统,谱仪设备小巧灵活,可以任意移动和做成手提式的。

核电四极共振的应用中,^{14}N 核电四极共振是一种最常用的,尤其是应用在隐藏或携带爆炸物和毒品检测、地雷探测等方面。^{14}N 的同位素丰度 99.634%,自旋 $I = 1$,$Q = 0.016b$,图 13.41 是 ^{14}N 电场中能级劈裂、共振激发和退激示意图,图中 RF 是输入的相应两个能级差、满足共振条件的施加的 RF 射频场,用于产生能级间的激发。ν 是非平衡态

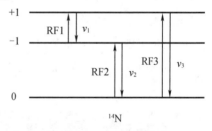

图 13.41　^{14}N 能级分裂和 NQR 信号 ν

回复到平衡态弛豫过程发射的电磁波频率,对应三个能级的频率分别是 $\nu_3 = (e^2 qQ/4h) \times (3 + \eta)$,$\nu_2 = (e^2 qQ/4h) \times (3 - \eta)$,$\nu_1 = (e^2 qQ/2h) \times \eta$,三者的关系为 $\nu_3 = \nu_1 + \nu_2$。所有爆炸物都含有 ^{14}N,它的电四极矩与核外电场梯度相互作用,不同爆炸物中的电场梯度不同,不同爆炸物的 ^{14}N 核电共振频率不同。从 ^{14}N 的核电四极相互作用或电四极共振频率可以对爆炸物做 DNA 式的鉴定。行李包裹中,还有许多其他含 N 物品,由于其他物质中 ^{14}N 核电共振频率与爆炸物不同,从频率可以唯一地区分爆炸物和其他物质。图 13.42 是 ^{14}N(^{37}Cl 和 ^{35}Cl)在爆炸物、毒品和行李其他物品中的核电四极共振频率。

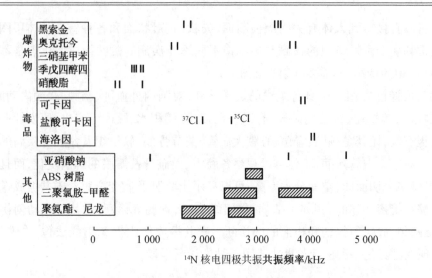

图13.42 $^{14}N(^{37}Cl$ 和$^{35}Cl)$ 在炸药、毒品和行李其他物品的核电四极共振频率

图13.43所示是中国原子能科学研究院和有关单位合作研发的可移动,通道式核电四极共振爆炸物检测仪。图13.44所示是该爆炸物检测仪工作原理示意图。将行李或包裹放到检测仪转送带,转送到检测仪器中心区域或核磁共振射频线圈中心区域,施加频率调谐到某种爆炸物共振频率的RF射频场[图13.44(a)];如果行李和包裹中有爆炸物,受到这个RF射频场作用,爆炸物原子发生共振激发,偏离原来的平衡位置[图13.44(b)];一定时间后停止RF射频场,爆炸物原子回复到原来的平衡位置,这个弛豫过程中发射特征频率ν的射频信号[图13.44(c)];接收器接收到这个射频信号,进行快速分析和处理[图13.44(d)];检测仪即刻做出判断,确定行李或包裹中有无爆炸物,如果没有爆炸物,绿灯亮行李通过检测仪,如果有爆炸物,红灯亮并发出报警信号。行李或包裹中的爆炸物,无论分散安放还是集中安放,其量超过检测仪最小检测量就能被检测到。由于是根据共振频率进行DNA式的检测,行李或包裹中的其他物品对检测没有影响。

图13.43 通道式核电四极共振爆炸物检测仪

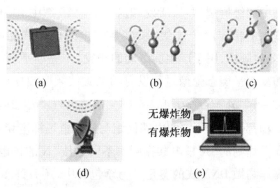

图13.44 核电四极共振爆炸物检测仪工作原理

通道式核电四极共振爆炸物检测仪中,核磁共振射频线圈一般是矩形通道式的。将核

电四极共振检测仪的射频线圈做成平面形,就可以用于地雷探测和人体携带毒品的检测。平面形线圈的便携式核电四极共振检测仪,将线圈对人体或地面进行扫描,就可以检测是否携带毒品或是否有地雷。

13.6.4　β - 核磁共振和核电共振的应用

本节介绍几个 β - 核磁共振和核电共振在核物理、放射性核束物理、材料科学和固体物理等领域的应用实例。

1. β - 放射性核 ^{12}B 的寿命和磁矩测量

周冬梅等 (2004) 采用 β - 核磁共振方法测量了 β - 放射性核 ^{12}B 的寿命和磁矩。^{12}B(I^{π} = 1^{+}) 由 ^{11}B(d,p) ^{12}B 反应产生。靶是真空均匀喷镀在 0.5 mm 厚 Ta 片上的天然 B(硼) 靶,^{11}B 的丰度为 80.1%,靶厚 250 μg/cm^{2}。入射 d(氘) 束能量 1.5 MeV,与靶面呈 5° 入射到靶,产生的 ^{12}B 核在 32° ~48° 方向通过 Cu 准直体反冲到无缺陷的 10 μm 厚 Cu 样品中。产生的 ^{12}B 极化度 11.4%,垂直于反应平面加 B = 2.17 kG 磁场,使反冲核 ^{12}B 在飞行过程中保持极化。垂直于外加磁场加一射频脉冲,调频宽度为 20 kHz。实验采用脉冲束流,d 脉冲束流宽度 25 ms,脉冲周期 80 ms。紧接脉冲束流是 3 ms 宽度的 RF 射频脉冲,然后是 52 ms 计数时间。时间序列如图 13.27 所示。

图 13.45 所示是实验测量 ^{12}B 的 β - 射线计数随时间变化的时间谱,由拟合得到 ^{12}B(I^{π} = 1^{+}) 的半衰期为 $T_{1/2}$ = (20.18 ±0.72) ms。

图 13.46 所示是室温和外磁场 B = 2.17 KG 下测量的 ^{12}B 在 Cu 中的核磁共振谱。纵坐标是上、下探测器计数比 U/D,横坐标是 RF 射频场频率。通过高斯拟合,得到共振频率为 (1.654 4 ±0.004 1) MHz。由共振频率计算得到精确的 ^{12}B(I^{π} = 1^{+}) 态的磁矩 μ = 1.000 9 ± 0.002 8 μ_{N} 和 g - 因子 g = 1.000 9 ±0.002 8。

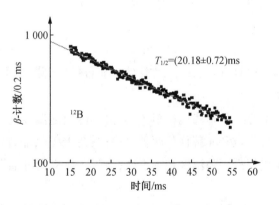
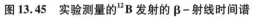

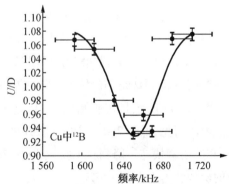

图 13.45　实验测量的 ^{12}B 发射的 β - 射线时间谱　　**图 13.46　^{12}B 在 Cu 中的核磁共振谱**

2. 不稳定核 ^{29}P 和 ^{28}P 核矩测量和核结构研究

远离稳定线不稳定核具有许多新的核结构现象,例如新幻数、晕结构等。^{29}P 和 ^{28}P 理论预言有质子晕结构。由于核反应截面对质子晕不够灵敏,得到的结果分歧较大。Zhou 等

（2007，2009）采用 β – NMR 方法测量了 ^{29}P 和 ^{28}P 磁矩，并研究了它们的质子晕结构。

^{29}P 的磁矩测量是利用中国原子能科学研究院 2×1.7 MV 串列加速器进行的。^{28}P 的磁矩测量是在日本放射线医学综合研究所（NIRS）利用重离子加速器（HIMAC）进行。测量时每核子 100 MeV 能量的 ^{28}Si 轰击 Be，由电荷交换反应产生 ^{28}P，并通过出射角和动量选择，获得了极化度仅为 0.5% 的 ^{28}P 极化束，测量了 ^{28}P 的磁矩。

实验测量的 g – 因子和磁矩分别为：$g(^{29}P) = 2.4702(15)$ 和 $|\mu(^{29}P)| = 1.235(5)\mu_N$；$g(^{28}P) = 0.1028(21)$ 和 $|\mu(^{28}P)| = 0.309(7)\mu_N$。由实验测量的 g – 因子或磁矩，计算了中子、质子及总物质密度分布。图 13.47 所示是 ^{29}P 和 ^{28}P 的中子、质子及总物质的密度分布。由图可见，^{29}P 和 ^{28}P 的质子密度分布有很长的尾巴，证实了 ^{29}P 和 ^{28}P 的质子晕结构。

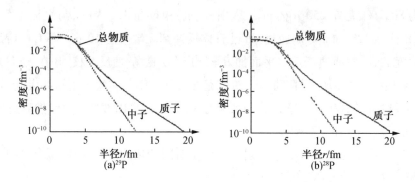

图 13.47　^{29}P 和 ^{28}P 的中子、质子及总物质的密度分布

3. 注入 B 在 Si 中的晶格占位研究

Izumikawa 等（2001）在 100 ~ 800 K 温度内，采用 ^{12}B 的 β – 核电四极共振方法研究了注入到 Si 的 ^{12}B 晶格占位的温度变化。^{12}B 的核反应产生和反冲注入到 Si 的方法与 13.6.4 相同，外加磁场 6 T，反冲角 40° ±2.5°，^{12}B 极化度 ~10%，束流脉冲宽度 25 ms，RF 射频脉冲宽度 15 ms，注入 ^{12}B 浓度是 $3 \times 10^{14}/cm^3$。

图 13.48 所示是 250 K 下测量的核电四极共振谱，在 0 kHz 和 270 kHz 可以看到两条共振谱线，谱线电四极劈裂间隔是 270 kHz。270 kHz 谱线相应于 ^{12}B 处于非替代（间隙）位 B_{ns} 的共振谱线，0 kHz 是替代位 B_s 产生的谱线。

图 13.49 所示是实验测量的 ^{12}B 处于替代位和非替代（间隙）位相对份额随温度的变化。由图可见，低于 260 K，注入的 ^{12}B 处于替代位和非替代位两种晶格位；在 260 K，非替代位 ^{12}B 的份额快速下降到 0；100 ~ 450 K，替代位份额随温度基本不变；高于 450 K，处于替代位的份额快速上升到 100%。

图 13.49 所示的份额随温度变化，可以用原子热跳跃和替代位 B_s 与间隙位 Si 结合的 B_s – Si 对的分解模型很好的解释。原子热跳跃引起电场梯度涨落，导致自旋 – 晶格快速弛豫，使 260 K 非替代位 ^{12}B 份额快速下降；替代位 B_s – Si 对分解使温度高于 450 K 处于替代位份额上升到 100%。

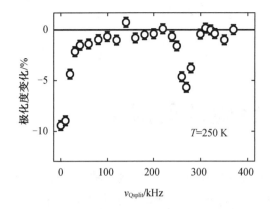

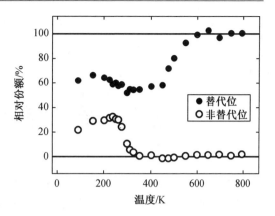

图 13.48　250 K 实验测量的 β – 核电四极共振谱

图 13.49　替代位和非替代位相对份额的温度变化

第14章 缪子自旋转动谱学

1933 年,德国孔泽(P. Kunderze)在云雾室宇宙线径迹照片中观察到一种未知特性粒子径迹(图 14.1)。1936 年,美国尼德迈尔(S. Neddermeyer)等在他们的宇宙线研究中,将这种未知粒子鉴别为缪子(μ, muon)。1937 年美国斯居利特(J. C. Street)等进一步确认了这种未知粒子的径迹是缪子。日本仁科芳雄(Y. Nishina)等经过 10 年的研究,确认缪子与物质相互作用是弱相互作用,它不是携带核力的汤川(Yukawa)粒子。

缪子发现后不久,缪子自旋转动(Muon spin rotation,μSR)谱学得以发展和建立,其通过测量缪子在磁场中的拉莫尔进动[图 14.2(a)],从原子尺度研究材料微观结构,尤其是材料磁性。缪子磁矩大,没有电四极矩,缪于自旋转动测量好似一个磁强计,能够灵敏地测量极微弱磁场,用它可以测量低到 0.1 G 的磁场。

缪子自旋转动谱学中,主要采用带正电的正缪子(μ⁺)作探针[图 14.2(a)],也用正缪子捕获一个电子形成的正缪子素 μ⁺e⁻作探针[图 14.2(b)],进行材料微观结构和磁性等研究。

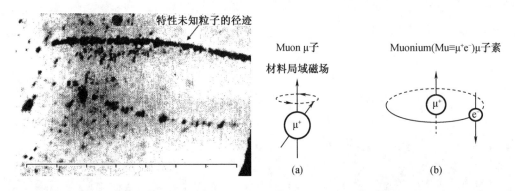

图 14.1　云雾室观察到的未知特性粒子的径迹　　图 14.2　利用正缪子或缪子素研究材料结构与磁性

缪子自旋转动谱学有缪子自旋转动、缪子弛豫、缪子共振、缪子能级交叉共振(μLCR)等四种实验测量方法。本章主要介绍缪子自旋转动方法及其应用。

14.1　缪　　子

14.1.1　缪子的基本性质

缪子是属于轻子族的轻粒子(轻子,lepton)。如表 14.1 所示,电子、陶子(τ,Tao)和缪子等基本粒子都属于轻子族,以此划分为三类轻粒子。轻子没有强相互作用,只有弱相互作用;轻子都有正负电荷态,它们互为粒子和反粒子。

表 14.1　轻子族

	轻子	夸克
电子族	电中微子,反电中微子,正电子,电子	上夸克,下夸克
缪子族	缪中微子,反缪中微子,正缪子,负缪子	奇异夸克,粲夸克(魅夸克)
陶子族	陶中微子,反陶中微子,陶子,负陶子	顶夸克,底夸克

缪子有正电荷和负电荷两种电荷态。正电荷态缪子称为正缪子,负电荷态缪子为负缪子(μ^-),它们彼此互为反粒子,而它们在固体中表现出完全不同的行为。正缪子好似一个质子(H^+),在固体中受到原子核排斥,通常位于晶格间隙位置;负缪子好似一个很重的大质量电子,在固体中受正电荷原子核吸引,捕获在玻尔轨道。缪子质量比电子大很多,负缪子的玻尔轨道比电子玻尔轨道小很多,更靠近原子核。

固体物理和材料科学研究中,正缪子的用途比负缪子大,一般都用正缪子做探针进行材料研究。本章主要介绍正缪子自旋转动谱学(μ^+SR)。

14.1.2　缪子的产生和衰变

除了宇宙缪子,缪子的产生需要高能加速器,图 14.3 所示是缪子产生示意图。能量大于等于 600 MeV 高能质子轰击碳、铍等轻元素靶及核,例如质子的相互作用产生 π^+ 介子,π^+ 介子寿命很短仅为 $\tau = 26$ ns,它很快衰变到正缪子和中微子 ν_μ。正缪子产生过程分为 π^+ 介子产生和衰变两个过程:

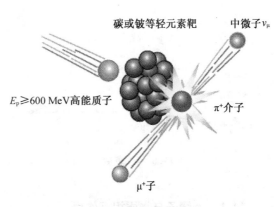

图 14.3　缪子产生示意图

$$\left. \begin{aligned} & p + p \longrightarrow p + n + \pi^+ \\ & \pi^+ \xrightarrow{\ 26\ \text{ns}\ } \mu^+ + \nu_\mu \end{aligned} \right\} \qquad (14.1)$$

图 14.4 所示是 π⁺ 介子衰变示意图。π⁺ 介子自旋为 0，衰变产生的 μ⁺ 与 ν_μ 的自旋都是 1/2，但方向相反。中微子是无质量的粒子，其螺旋量子数为 -1。π⁺ 介子衰变产生的正缪子是 100 % 极化的，这在正缪子自旋转动测量中是十分重要的。

如图 14.5 所示，根据角动量守恒，μ⁺ 自旋方向 S_μ 与其发射方向或角动量 P_μ 方向相反，ν_μ 的自旋方向 S_ν 与其发射方向或角动量 P_ν 方向也相反。

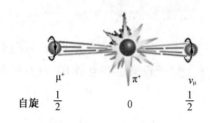

自旋　$\frac{1}{2}$　　　0　　　$\frac{1}{2}$

图 14.4　π⁺ 衰变图

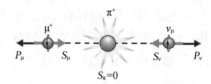

图 14.5　正缪子自旋方向与发射方向

π⁺ 静止坐标系中，π⁺ 发射的 μ⁺ 能量是 4.12 MeV、寿命是 2.2 μs。图 14.6 所示是 μ⁺ 的衰变图，μ⁺ 衰变为正电子 e⁺ 和中微子 ν_e 和反中微子 $\bar{\nu}_\mu$：

$$\mu^+ \rightarrow e^+ + \nu_e + \bar{\nu}_\mu \tag{14.2}$$

由图可见，μ⁺ 衰变是各向异性的，e⁺ 的发射方向都在 μ⁺ 自旋方向。因此，测量正电子发射方向可以确定 μ⁺ 的自旋方向。正缪子自旋转动测量是通过探测正电子进行的。

图 14.7 所示是 μ⁺ 衰变发射的正电子动量分布。由动量可以得到正电子能量 $E = Pc$（c 为光速）。μ⁺ 衰变发射的正电子能谱是连续能谱，正电子最大能量是 52.83 MeV，平均能量是 36 MeV。μ⁺ 衰变发射的正电子能量较高，实验上是很易测量的。发射的正电子在铝中的射程可以达到 5 cm。

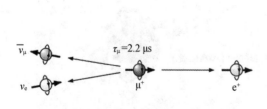

图 14.6　μ⁺ 衰变

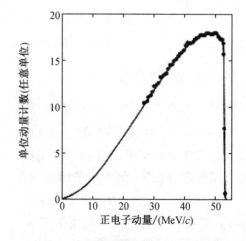

图 14.7　正缪子衰变发射的正电子动量谱

14.1.3　缪子与物质相互作用

表 14.2 列出了缪子在材料或固体物理研究中一些有用的特性参数。

表 14.2　正缪子部分物理参数

电荷	1(a.u)
自旋	1/2
质量	105.659 MeV/c^2(0.113m_p,206.769m_e)
回磁比 γ	8.516 1 × 10^8 rad·s^{-1}·T^{-1}($\gamma/2\pi$ = 135.538 7 MHz/T)
磁矩 μ_μ	3.180μ_p(质子磁矩 μ_p = 2.793 μ_N)
g - 因子	(g-2) = 2.332 × 10^{-4}(Lee Roberts,2010)
能量(表面 μ 子)	4.12 MeV
物质中射程(表面 μ 子)	~ 180 mg/cm^2
衰变	$\mu^+ \rightarrow e^+ + \nu_e + \bar{\nu}_\mu$
平均寿命 $\tau = T_{1/2}/\ln 2$	2.197 μs
静止坐标系极化度	100%
发射电子的角分布	1 + 0.33cos θ
特性	轻质子

　　注入到物质的缪子是一种有其独特优点的物质微观结构研究探针。缪子在晶格或分子中主要处于晶格间隙位[图 14.8(a)],可以近似看作是一个自由探针。正缪子捕获一个电子形成的缪子素(图 14.8),它可以处于分子原子替代位,例如替代水(H_2O)中氢原子(HMuO)[图 14.8(b)];与分子形成复合体,例如图 14.8(c)所示的缪子素与 C_{60} 形成复合体 $C_{60}Mu$。

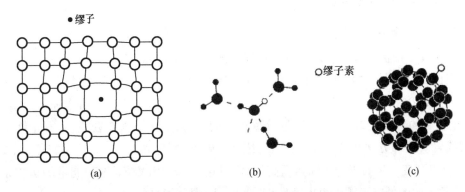

图 14.8　间隙位缪子和分子原子替代位和与分子形成复合体的缪子素

　　如上所述,缪子可以单独存在,也可以捕获一个电子的缪子素存在(图 14.2),缪子素半径和电离能与氢原子相同,但质量是氢原子的 1/9。缪子与物质相互作用可以分为缪子与物质相互作用和缪子素与物质相互作用。

　　由实验测量的缪子自旋转动,可以得到材料局域磁场或超精细磁场等信息和数据。缪子的磁矩是质子的 3 倍,其自旋为 1/2,没有电四极矩,缪子是十分灵敏和精确地研究材料磁性和测量磁场强度的核探针。

14.2 荷能正缪子束流产生

14.2.1 低能正缪子束流产生

高能质子轰击靶,在靶表面产生低能正缪子束流,这种方法产生的缪子束流也称为"Arizona"正缪子束流。这是为了纪念美国 Arizona 大学皮法(A. Pifer)等最先采用静止 π 介子发射正缪子方法产生正缪子束的开创性工作(Pifer et al.,1976)。

图 14.9 是表面低能正缪子束流产生原理示意图。$E_p \geq 600$ MeV 高能质子束轰击几厘米长的铍靶,产生 π 介子,部分 π 介子停留在铍靶近表面;近表面 π 介子衰变发射的正缪子穿出铍靶形成束流。表面产生的正缪子是 100% 极化的,能量是单能的但较低,动量为 29.8 MeV/c,相应能量为 4.12 MeV,在物质中射程 ~180 mg·cm^{-2}。靶内部产生的正缪子,由于能量低,不能穿出靶。表面引出的正缪子束流,通过束流管道、四极聚束透镜和偏转磁铁等组成的几米长束流传输系统到达实验终端。正缪子束流强度能够达到 $10^6 \sim 10^7$ s^{-1}。由于能量低,束流传输系统最好是无窗或采用非常薄的窗。表面正缪子束一般只能用于薄样品分析或样品表面分析。

由于俘获截面大,绝大部分负缪子被 Be 产生靶俘获,只能引出极微弱的负缪子束流,所以表面产生正缪子束流方法不适用于负缪子束流的产生。

14.2.2 高能正缪子束流产生

为了提高正缪子束流和能量,Nagamine(1992)和 Cook 等(2017)发展了 π 介子飞行中衰变产生正缪子束流的方法。这种方法首先将产生的,如动量 220 MeV/c 高能 π 介子从产生靶中引出,输送到长约 8 m、场强是几 T 的螺旋管,大部分 π 介子在飞过螺旋管时衰变产生正缪子。π 介子和正缪子都在超导螺旋管中做螺旋形路径运动,由于 π 介子寿命是 26 ns,正缪子的寿命是 2.197 μs,通过较短距离的飞行,π 介子全部衰变,只有正缪子束流离开螺线管。这种方法可以得到较强的正缪子束流,同时由于 π 介子动能很大,如 220 MeV/c,所以衰变产生的正缪子动量很高,如可以达到 120 MeV/c。这种能量的正缪子射程很大,比起上面的低能正缪子束更容易传输和注入到样品材料。

图 14.10 所示是 π 介子飞行中衰变的运动学示意图,画出了静止坐标系 S 和实验室坐标系 L 中 π 介子和缪子速度矢量。由图可见,π 介子飞行中衰变产生的正缪子的发射不是都在 π 介子束流方向,有一部分正缪子的发射方向与 π 介子束流方向有一定角度,因此产生的正缪子束流不是 100% 极化的。

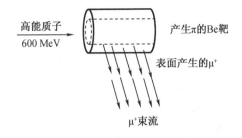

图 14.9　表面正缪子束流产生示意图　　　图 14.10　π介子飞行中衰变的运动学示意图

14.2.3　慢正缪子束流产生

薄膜、表面和多层膜界面等研究需要能量范围在 eV ~ keV 的超低能或低能慢正缪子束流。慢正缪子束流产生有多种方法,其中用得最多的是慢化法(图 14.11)(Sonier,2002)。慢化法中,常用的正缪子慢化体是冷凝范德瓦斯气体,例如 Ar 或 N_2,产生的慢正缪子束流仍然保持很高的极化度。为了获得单能慢正缪子束流,Morenzoni 等(2000)发展和建立了能量在 0.5 ~ 30 keV 可调的单能慢正缪子束流线,这种能量的慢正缪子在材料中相应的射程是亚纳米 ~ 几百纳米。慢化法产生慢正缪子束流的缺点是慢化后的正缪子束流强度降低了好几个数量级。虽然束流强度较低,但利用单能慢正缪子的自旋转动方法仍然是进行材料和固体物理,尤其是表面、界面和薄膜研究的一种重要的手段。

图 14.11　慢正缪子束产生示意图

14.2.4　连续和脉冲缪子束流

根据缪子束流的时间结构,产生缪子的装置可以分为连续缪子束流源(continous source,CS)和脉冲缪子束流源(pulsed source,PS)。连续缪子束流源采用几乎连续的质子束流轰击靶产生的,连续缪子束流是没有时间结构的(Morenzoni,2012;Marshall,1992;Hillier et al.,2014;Miyake et al.,2014)。连续缪子束流实验的探测系统时间性能要求较低,除了对时间性能有一定要求的高磁场和快弛豫过程的测量。脉冲缪子束流源采用脉冲质子束流轰击靶产生,脉冲质子束流的时间结构就是脉冲缪子束流的时间结构(Eaton,1992;Miyake et al.,2014)。一般脉冲束宽度远小于缪子寿命,脉冲重复周期是 5 倍以上的缪子寿命。

14.2.5　现有高能粒子加速器缪子源

缪子实验测量需要有缪子源。实验室缪子源都是采用大型高能粒子加速器产生,高能质子加速器实验室几乎都建立了"介子工厂"或缪子源。如图 14.12 所示,现在已经建立缪子源和开展缪子实验的研究机构有英国卢瑟福实验室(RAL)、瑞士保罗谢勒研究所(PSI)、俄罗斯列宁格勒核物理所(LNPI)、俄罗斯杜布纳研究所(DUBNA)、日本高能物理所(KEK)、日本质子加速器研究中心(J‑PARC)、日本大阪大学核物理研究中心(RCNP)、加拿大粒子及核物理国立实验室(TRIUMF)、美国布鲁克海文实验室(BNL)、美国洛斯阿拉莫斯实验室(LANL)、美国费米国家加速器实验室(FNAL)等。中国散列中子源(CSNS)上,也正在建立缪子源。

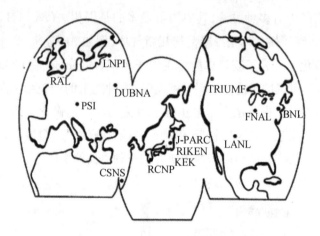

图 14.12　国际现有主要高能粒子加速器缪子源

14.3　正缪子自旋转动

14.3.1　磁场中正缪子自旋转动

正缪子衰变发射一个正电子和两个中微子,正电子发射方向是正缪子自旋方向。图 14.13(a)所示是正缪子衰变各向异性和各向异性系数 A 的变化,A 与正电子能量密切相关,正电子能量 53 MeV(衰变发射正电子能量)时 $A=1$,正电子能谱平均能量的 $A\approx1/3$(图中虚线圆),26 MeV 时 $A=0.25$(实验测量一般采用值)。图 14.13(b)所示是极坐标中正缪子衰变发射正电子的角分布,图中正缪子自旋方向已经相对初始自旋方向(虚线箭头方向,它与 μ^{+} 发射动量 P_{μ} 方向相反)转动了 $\alpha=\omega_{L}t$ 角度。正电子发射方向是正缪子自旋方向,磁场中正缪子自旋进动,导致正电子发射概率也做同样的进动,这样发射正电子角分布:

$$W(\varphi,t)=1+A\cos(\varphi-\omega_{L}t) \tag{14.3}$$

式中　φ——$t=0$ 时极化方向和探测方向间夹角(初始相位);

　　　ω_L——拉莫尔进动频率。

由图 14.13(b)和式(14.3)可知,固定在某一角度的探测器记录的计数随时间的变化受到拉莫尔进动频率 ω_L 调制。

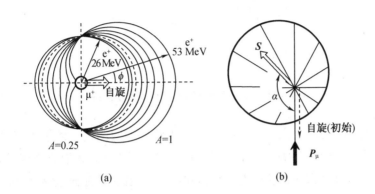

(a)　　　　　　　　　　(b)

图 14.13　正缪子衰变各向异性因子和正缪子发射正电子角分布

如图 14.13(b)所示,正缪子自旋的初始方向与动量方向相反。磁场中正缪子自旋绕磁场拉莫尔进动,时间 t 转动角度 $\alpha=\omega_L t$。图 14.14 画出了磁场方向 B 垂直和倾斜于初始极化方向 P 的正缪子自旋进动。

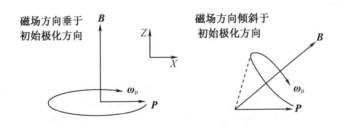

图 14.14　缪子自旋绕外磁场的进动

14.3.2　正缪子自旋进动测量

正缪子自旋转动测量是通过探测它发射的正电子进行的。图 14.15 所示是正缪子自旋转动测量原理示意图。如图所示,正缪子通过准直器,入射到缪子探测器 M,产生一个信号;正缪子通过探测器 M 后,入射到待分析样品,损失能量停止在样品中并衰变,发射的正电子被 E_1 和 E_2 两个正电子探测器组成的望远镜探测器记录。缪子探测器 M 的输出信号作为时间-幅度变换器(TAC)的起始信号,E_1 和 E_2 望远镜的符合输出作为时间-幅度变换器的停止信号(与扰动角关联和扰动角分布测量相仿)。

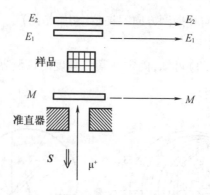

图 14.15　正缪子自旋转动测量原理示意图

正缪子自旋转动测量中,采用脉冲束流,两个束流脉冲间测量正缪子衰变时间谱,如果正缪子没有受到外磁场作用,测量的时间谱是一个以正缪子寿命指数衰变的时间谱[图 14.16(a),虚线];如果受到外磁场作用,测量的时间谱是受拉莫尔进动频率 ω_L 调制的时间谱[见 12.3.1 和式(14.3)]。正缪子极化度接近 100%,原则上只需要一个 $E_1 - E_2$ 望远镜探测器,它记录的时间谱调制幅度较大,可以直接拟合得到精确的拉莫尔进动频率 ω_L。实验测量上一般采用位相差相反的两个望远镜探测器,例如在图 14.15 中样品和缪子探测器之间加一个望远镜探测器。图 14.16(a)所示是探测器记录的有、无外磁场作用时间谱,两个探测器记录的时间谱位相相反。与扰动角关联或角分布相同,可以形成两个探测器计数差与计数和之比的自旋转动谱 $R(t)$[图 14.16(b)],拟合 $R(t)$ 可以得到拉莫尔进动频率等超精细相互作用参数。

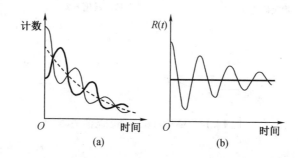

图 14.16　μ^+ 自旋转动的时间谱和自旋转动函数 $R(t)$ 谱

图 14.17 所示是采用两个正电子望远镜探测器的正缪子自旋转动测量电子学原理方块示意图。如图 14.15 所示,探测器 M 是缪子探测器,正电子探测器是由两个正电子探测器构成的望远镜探测器,第一个望远镜的两个探测器是 E_{11} 和 E_{21},第二个望远镜的两个探测器是 E_{12} 和 E_{22},探测器 M 和望远镜探测器都是高时间分辨的塑料闪烁探测器,为使光电倍增管不受磁场影响,探测器塑料闪烁体都通过长光导和光电倍增管连接。

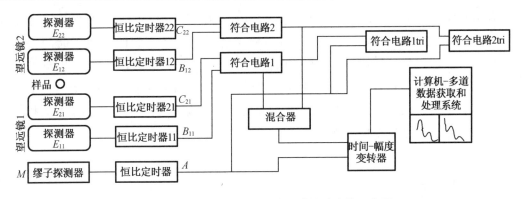

图 14.17 μ^+ 自旋转动测量电子学线路方块示意图

缪子自旋转动谱测量中,探测器 M 的信号通过恒比定时器产生信号 A,这个信号输入到时间－幅度变换器,作为起始信号。正电子望远镜探测器 1 的 E_{11}－E_{21} 两个探测器的信号通过恒比定时器 11 和 21 产生 B_{11} 和 C_{21},输入到符合电路 1;正电子望远镜探测器 2 的 E_{12}－E_{22} 两个探测器的信号通过恒比定时器 12 和 22 产生 B_{12} 和 C_{22},输入到符合电路 2;符合电路 1 和符合电路 2 的符合输出信号输入混合器,混合器的输出信号输入到时间－幅度变换器,作为停止信号,时间－幅度变换器的输出是两个望远镜探测器的混合时间谱。符合电路 1 的输出 B 和探测器 M 输出信号 A 输入到符合电路 1tri,符合电路 2 的输出 C 和探测器 M 输出信号 A 输入到符合电路 2tri;缪子通过缪子探测器 M 后停止在样品中衰变发射正电子,符合电路 1tri 和符合电路 2tri 的输出分别对应于望远镜探测器 1 和 2 记录的正电子信号。符合电路 1tri 和 2tri 的输出作为计算机－多道系统触发或门信号,触发两个存储区,将混合时间谱中的两个谱分别记录到两个存储区,得到两个望远镜探测器记录的符合时间谱。

缪子自旋转动测量采用脉冲正缪子束流,束流脉冲期间正缪子穿过正缪子探测器入射到样品,在两个脉冲束流之间记录正缪子在样品中衰变的正电子的时间谱,记录时间一般为 4~5 倍正缪子寿命,也就是两个束流脉冲间隔 4~5 倍正缪子寿命,例如 8 μs(4 倍正缪子寿命)。

14.3.3 横向和纵向磁场正缪子自旋进动测量

正缪子自旋进动测量可以依据研究对象,选用不同外加磁场方向,例如,加与自旋极化方向垂直的横向磁场(transverse magnetic field,TF)或与自旋极化方向平行的纵向磁场(longotudianal magnetic field,LF)。加横向磁场的测量称为横向自旋进动测量,加纵向磁场的测量称为纵向自旋进动测量。有些情况也可以进行不加磁场的零磁场(zero magneticfield,ZF)自旋转动测量(Sonier,2002)。

1. 横向磁场正缪子自旋转动测量

图 14.18 所示是横向磁场缪子自旋转动(TF－μSR)测量装置示意图。自旋极化的正缪子束流通过缪子探测器,入射到样品并在其中衰变发射正电子,正电子探测器探测衰变发射的正电子。缪子自旋绕外加磁场进动,进动频率正比于外加磁场强度。缪子探测器输

出信号作为时钟或时间－幅度变换器的起始信号,正电子探测器输出信号作为时钟或时间－幅度变换器的停止信号,由多道－计算机系统记录进动调制的正电子时间谱。图14.18(a)所示是采用一个正电子探测器的横向磁场正缪子自旋转动测量装置,图14.18(b)是采用两个正电子探测器的横向磁场正缪子自旋转动测量装置,其中一个与缪子束流同向(D_F),一个与缪子束流反向(D_B)。横向磁场缪子自旋转动测量,主要用于Ⅱ类超导体涡流磁场分布、金属奈特位移等测量。

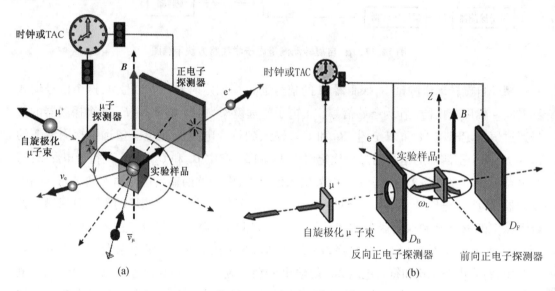

图 14.18　横向磁场正缪子自旋转动测量装置示意图

2. 纵向磁场正缪子自旋转动测量

纵向磁场缪子自旋转动(LF－μSR)测量装置如图14.19所示。自旋极化的缪子束流通过缪子探测器,入射到样品并衰变发射正电子,正电子由前向和反向两个正电子探测器探测。缪子自旋绕外加磁场进动,进动频率正比于外加磁场强度。由于外加磁场平行于极化方向,因此自旋绕极化方向进动。同样,缪子探测器的输出信号作为时钟或时间－幅度变换器的起始信号,正电子探测器的输出信号作为时钟或时间－幅度变换器的终止信号,由多道－计算机系统记录进动调制的正电子时间谱。前向探测器和反向探测器记录的时间谱的位相相反(图14.16)。

3. 零磁场正缪子自旋转动测量

零磁场正缪子自旋转动测量(ZF－μ⁺SR)是不加外磁场的测量。零磁场正缪子自旋转动测量装置与纵向磁场正缪子自旋转动测量装置相同,即不加外磁场的纵向磁场正缪子自旋转动测量。零磁场正缪子自旋转动可以测量有序磁矩材料中产生的微弱的内磁场和稳定或时间随机涨落的磁场等。

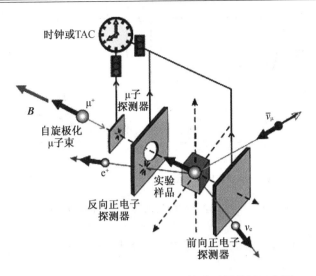

图 14.19　纵向磁场正缪子自旋转动测量装置示意图

图 14.20 所示是高能加速器实验终端建立的正缪子自旋转动测量装置(Sonier,2002)。它由含有 3 对相互正交的亥姆霍茨线圈、低温系统、一系列探测器系统等构成,既可以用于横向磁场正缪子自旋转动测量,又可以用于纵向磁场正缪子自旋转动测量和零磁场正缪子自旋转动测量。

图 14.20　高能加速器实验终端建立的正缪子自旋转动测量装置

正电子望远镜探测器记录的正电子计数随时间 t 变化的时间谱为

$$N(t) = N_0\exp(-t/\tau_\mu)[1 + P(t)A\cos(\varphi - \omega_L t)] + B \qquad (14.4)$$

式中　τ_μ——缪子寿命($\tau_\mu = 2.2\ \mu s$);

　　　$P(t)$——时间相关极化度;

　　　B——偶然符合本底。

图 14.21 所示是实验测量的正缪子自旋转动时间谱和它的傅里叶转换得到的频谱。由图可见,测量的计数率的时间谱是一个受到频率 ω_L 调制的指数衰变时间谱。这与扰动角关联测量的时间谱相同,由于极化度大,调制震荡的幅度很大,用一个探测器测量的时间谱就能通过拟合得到频率 ω_L 等参数。

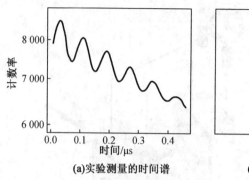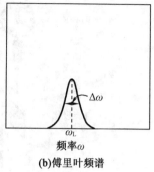

(a)实验测量的时间谱　　　**(b)傅里叶频谱**

图 14.21　正缪子自旋转动时间谱和傅里叶频谱

正缪子处于样品中不同晶格位置,受到不同磁场作用,测量的时间谱是多个进动频率 ω_{L} 的叠加谱:

$$N(t) = \sum_i N_{0i}\exp(-t/\tau_\mu)\left[1 + P_i(t)A_i\cos(\varphi_i - \omega_{\text{L}i}t)\right] + B \qquad (14.5)$$

式中　$P_i(t)$——i 位置缪子极化度随时间变化;

　　　$\omega_{\text{L}i}$——i 位置缪子进动频率;

　　　A_i——进动频率为 $\omega_{\text{L}i}$ 成分的缪子各向异性系数;

　　　φ_i——初始相位角。

该解析式拟合实验测量时间谱,可以得到 $P_i(t)$、A_i、$\omega_{\text{L}i}$、φ_i 等超精细相互作用参数。初始相位角 φ 是初始极化方向和望远镜探测器方向之间的夹角(图 14.22)。

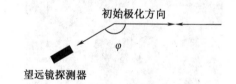

图 14.22　简化缪子自旋转动测量图和相位角

正缪子极化度很高,调制幅度比较大,通过直接拟合实验测量的时间谱就可以得到这些参数。一般还是采用两个探测器,两个探测器记录的时间谱位相相反[图 14.23(a)],与扰动角关联和扰动角分布相同,也可以形成自旋转动函数 $R(t)$[图 14.23(b)]。$R(t)$ 的解析式基本与式(14.4)和式(14.5)相仿,将 $N(t)$ 改为 $R(t)$,去掉指数项 $\exp(-t/\tau_\mu)$ 即可。

从实验测量的时间谱 $N(t)$ 或 $R(t)$ 谱,对其进行傅里叶变换可以得到频谱[图 14.21(b)]和进动频率。实际数据处理时,用傅里叶变换得到的频率作为 $N(t)$ 或 $R(t)$ 拟合的初始值,获得精确的各种超精细相互作用参数。

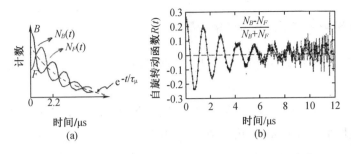

图 14.23　$YBa_2Cu_3O_7$ 高温超导测量的时间谱与自旋转动谱 $R(t)$

以正缪子在 $YBa_2Cu_3O_7$ 高温超导的自旋转动测量为例,采用两个正电子探测器的横向磁场正缪子自旋转动测量[图 14.18(b)]方法,与极化方向垂直加 100 G 的横向磁场(TF),正缪子通过缪子探测器后,入射到冷却到 60 K 的 YBaCuO 粉末样品,正缪子在样品中发生衰变,衰变发射的正电子由 D_B 和 D_F 两个正电子探测器记录。缪子探测器输出信号和正电子探测器信号分别作为时钟或时 – 幅变换器的起始和停止信号(图 14.17)。图 14.23(a)是实验测量的前向时间谱 $N_F(t)$ 和后向时间谱 $N_B(t)$。由图可见,两个时间谱的位相是相反的。图 14.23(b)所示是前、后两个探测器的计数差 $N_B(t) - N_F(t)$ 除以计数和 $N_B(t) + N_F(t)$,其结果即为自旋转动谱 $R(t)$。

14.4　缪 子 素

半导体和绝缘体材料中,正缪子可以俘获一个电子形成正缪子素(图 14.24)。缪子素相当与固体中未电离的氢。由于电子不是成对的,所以正缪子素是顺磁性的。金属材料中的电子都是导带电子,金属中不会产生缪子素。

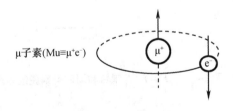

图 14.24　正缪子素

许多绝缘体和半导体中都可观察到缪子素,关于 SiO_2、Si、Ge 和金刚石等的缪子素的研究已经有很多。这里以硅和锗半导体材料中的缪子素为例进行介绍。

实验上,测量超精细相互作用,可以区分不同的缪子态。低温时,Si 和 Ge 中存在三种不同的缪子态:强超精细作用的正常缪子素,弱超精细作用的反常缪子素 (Patterson et al., 1978)和裸或抗磁性正缪子 μ^+。这里对正常缪子素进行相关阐述。

14.4.1　外磁场中缪子素自旋哈密顿量

外磁场 $\boldsymbol{B}$ 中,正常缪子素($\mu^+ e^-$)自旋哈密顿量:

$$H = (a/\hbar^2)\boldsymbol{J}\cdot\boldsymbol{S} - \gamma_\mu\boldsymbol{S}\cdot\boldsymbol{B} - \gamma_e\boldsymbol{J}\cdot\boldsymbol{B} \tag{14.6}$$

式中,右边第一项 $(a/\hbar^2)\boldsymbol{J}\cdot\boldsymbol{S}$ 是费米接触超精细相互作用能,第二项 $\gamma_\mu\boldsymbol{S}\cdot\boldsymbol{B}$ 是自旋 $\boldsymbol{S}$ 的缪子在外磁场中的塞曼能量,第三项 $\gamma_e\boldsymbol{J}\cdot\boldsymbol{B}$ 是自旋 $\boldsymbol{J}$ 的电子在外磁场中的塞曼能量。(14.6)式假设正常缪子素相互作用是各向同性的。式中 a 是超精细作用强度,它是一个自由参数:

$$a = (2/3)\mu_0 \times \gamma_\mu \times \gamma_e \times \hbar^2 \times |\varphi(0)|^2 \tag{14.7}$$

由式(14.7)可见,超精细相互作用强度 a 正比于缪子处束缚电子密度 $|\varphi(0)|^2$。

除了将 γ_μ 替换为 γ_p 以外,式(14.6)与氢 1s 基态哈密顿算符相同。从式(14.6)获得相互作用能量本征值,可以得到布雷特 – 拉比(Breit – Rabi)能级图。下面详细讨论弱磁场和强磁场两种特殊情况。

14.4.2　弱磁场中缪子素

弱磁场中,式(14.6)中 $\gamma_\mu\boldsymbol{S}\cdot\boldsymbol{B}$ 和 $\gamma_e\boldsymbol{J}\cdot\boldsymbol{B}$ 塞曼能量比费米接触超精细作用能 a 小,这个磁场区域称为塞曼区。如图 14.25(a)所示,弱磁场中缪子素的缪子自旋 $\boldsymbol{S}$ 和电子自旋 $\boldsymbol{J}$ 耦合成总角动量 $\boldsymbol{F}$:

$$\boldsymbol{F} = \boldsymbol{J} + \boldsymbol{S} \tag{14.8}$$

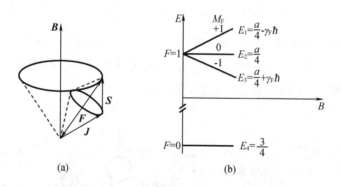

图 14.25　$F = J + S$ 耦合和弱磁场塞曼能级图

缪子自旋 $\boldsymbol{S}$ 和电子自旋 $\boldsymbol{J}$ 绕总角动量 $\boldsymbol{F}$ 快速进动,$\boldsymbol{F}$ 又绕外磁场 $\boldsymbol{B}$ 进动。F、M_F、J 和 S 都是好量子数(守恒量),M_J 和 M_S 不是好量子数(非守恒量)。将(14.8)式平方,得到超精细作用能:

$$\begin{aligned}
a/\hbar^2 \times \langle\boldsymbol{J}\cdot\boldsymbol{S}\rangle &= a/\hbar^2 \times \langle 1/2(|\boldsymbol{F}|^2 - |\boldsymbol{J}|^2 - |\boldsymbol{S}|^2)\rangle \\
&= a/2 \times [F(F+1) - J(J+1) - S(S+1)] \\
&= a/4 \times [2F(F+1) - 3]
\end{aligned} \tag{14.9}$$

式中,$J = S = 1/2$,$\langle\ \rangle$ 表示量子力学期望值或平均值。

计算塞曼能量,先用广义 Landè 公式(9.6)计算 F 的回磁比:

$$\gamma_F = 1/2(\gamma_\mu + \gamma_e) \approx \gamma_e/2 \tag{14.10}$$

由于 $|\gamma_\mu| \ll |\gamma_e|$,$\gamma_F = \gamma_e/2$。从而得到 F 的塞曼能量:

$$-\gamma_F < \mathbf{F} \cdot \mathbf{B} > = -\gamma_F B\hbar M_F \tag{14.11}$$

取 $F = 0$ 或 1 和 $|M_F| \leqslant F$,得到

$$\langle H \rangle = a/4 \times [2F(F+1) - 3] - \gamma_F B\hbar M_F \tag{14.12}$$

图 14.25(b)所示是计算得到的正常缪子素在弱磁场中的塞曼能级图,这里 γ_e 值是负的。

14.4.3　强磁场中缪子素

强磁场中,式(14.6)中的 $\gamma_\mu \mathbf{S} \cdot \mathbf{B}$ 或 $\gamma_e \mathbf{J} \cdot \mathbf{B}$ 塞曼能量大于费米接触超精细相互作用能量 a,这个磁场区域称为帕邢 – 巴克(Paschen – Back)区域。由于磁场很强会发生帕邢 – 巴克效应,即反常塞曼效应会重新表现为正常塞曼效应,能级的多重劈裂又回复到三重劈裂。强磁场中,$\mathbf{J}$ 和 $\mathbf{S}$ 不会发生耦合,各自绕外磁场进动[图 14.26(a)]。

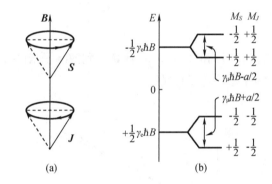

图 14.26　J 与 S 退耦合和强磁场帕邢 – 巴克能级图

强磁场时,J 和 M_J、S 和 M_S 都是好量子数。由一级微扰理论得到:

$$\langle H \rangle = (a/\hbar^2)\langle \mathbf{J_z S_z} \rangle - \gamma_\mu \langle S_z \rangle B - \gamma_e \langle J_z \rangle B$$
$$= a M_J M_S - \gamma_\mu B\hbar M_S - \gamma_e B\hbar M_J \tag{14.13}$$

其中,$M_J = \pm 1/2$,$M_S = \pm 1/2$。如图 14.26(a)所示,强磁场中缪子自旋 $\mathbf{S}$、电子自旋 $\mathbf{J}$ 独立绕外磁场进动,不发生耦合。图 14.26(b)所示是计算得到的帕邢 – 巴克能级图,这里 $|\gamma_\mu| \ll |\gamma_e|$,$\gamma_e$ 为负值。

14.4.4　普适情况

Celio 等(1983)由式(14.6)哈密顿算符普适解,得到能量本征值:

$$E_1(M_F = +1) = a/4 - \frac{1}{2}(\gamma_e + \gamma_\mu)B\hbar$$

$$E_3(M_F = -1) = a/4 + \frac{1}{2}(\gamma_e + \gamma_\mu)B\hbar \qquad (14.14)$$

$$E_{2,4}(M_F = 0) = -a/4 \pm a/2\sqrt{(1+\chi^2)}$$

式中

$$\chi = -(\gamma_e - \gamma_\mu)B\hbar/a \qquad (14.15)$$

相应四个能级的本征态为

$$\Psi_1 = |+\rangle_\mu |+\rangle_e$$

$$\Psi_3 = |-\rangle_\mu |-\rangle_e$$

$$\Psi_2 = \alpha|+\rangle_\mu |-\rangle_e + \beta|-\rangle_\mu |+\rangle_e \qquad (14.16)$$

$$\Psi_4 = \beta|+\rangle_\mu |-\rangle_e \alpha|-\rangle_\mu |+\rangle_e$$

式中

$$\alpha = \frac{1}{\sqrt{2}}\sqrt{1 - \frac{\chi}{\sqrt{1+\chi^2}}}$$

$$\beta = \frac{1}{\sqrt{2}}\sqrt{1 + \frac{\chi}{\sqrt{1+\chi^2}}} \qquad (14.17$$

图 14.27 所示是由式(14.14)和式(14.16)计算得到的缪子素的布雷特 – 拉比能级图。该能级图中的跃迁能量是可以由实验测量的。

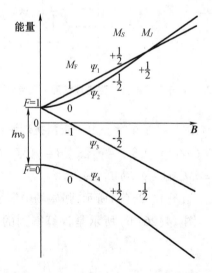

图 14.27　缪子素布雷特 – 拉比能级图

14.4.5　缪子素的正缪子自旋进动

正缪子素是正缪子和电子复合体。了解缪子素的正缪子自旋进动,首先需要计算自旋

算符 $\sigma = 2S/\hbar$ 三个分量 σ_X、σ_Y、σ_Z 的期望值。σ_i 只作用正缪子波函数,不作用电子波函数。t 时刻总波函数 $\psi(t)$ 是式(14.16)的各个本征态叠加和相应的时间演化:

$$\psi(t) = \sum_{i=1}^{4} c_i\psi_i\exp(-i\omega_i t) \tag{14.18}$$

式中,$\omega_i = E_i/\hbar$,E_i 可由式(14.14)得到。式(14.18)中四个常数 c_i 由初始极化度(例如 $\langle\sigma_X\rangle = 1$,$\langle\sigma_Y\rangle = \langle\sigma_Z\rangle = 0$)和归一化条件确定。探测器位置 X 方向极化度:

$$P(t) = \langle\psi(t)\,|\,\sigma_X\,|\,\psi(t)\rangle = \sum_{j,k=1}^{4} c_k c_j\exp[-i(\omega_j - \omega_k)]\langle\psi_k\,\Big|\,\frac{1}{2}(\sigma_+ + \sigma_-)\,\Big|\,\psi_j\rangle \tag{14.19}$$

式中,$P(t)$ 的时间变化只取决于跃迁频率:

$$\omega_{j,k} = \omega_j - \omega_k \tag{14.20}$$

从 $\langle\psi_k|(\sigma_+ + \sigma_-)|\psi_j\rangle$ 可以得到能级跃迁选择规则(注意不是能级重新布居)。在式(14.9)中,由于 σ_+ 和 σ_- 不含对角矩阵元,$j = k$ 的项消失。式(14.16)中本征态 ψ_i 可见,由于这些态的电子波函数相互正交,以及 σ_+ 和 σ_- 只作用于缪子,态 1↔态 3 和态 2↔态 4 的跃迁对 $P(t)$ 没有贡献。由于 σ 是一阶张量,态 1 和态 3 的 $\Delta M_F = 2$,态 1↔态 3 间的跃迁是禁止的。Celio 等(1983)由式(14.18)进一步处理得到:

$$P(t) = \frac{1}{2}\big[\cos^2\beta(\cos\omega_{12}t + \cos\omega_{34}t) + \sin^2\beta(\cos\omega_{14}t + \cos\omega_{23}t)\big] \tag{14.21}$$

式中

$$\tan 2\beta = (a/B\hbar)\big[1/(\gamma_\mu - \gamma_e)\big] \tag{14.22}$$

对于 $a \gg (-\gamma_e + \gamma_\mu)\hbar B$ 塞曼效应,得到 $\beta = 45°$。因此 $P(t)$ 中有四个频率,它们的振幅或强度都是 1/4。但是,实际上只能探测到 ω_{12} 和 ω_{23} 两个频率,对于正常缪子素,其他两个频率太高,实验无法探测。

图 14.28(a)所示是测量的半导体锗中缪子素时间谱。从图中可以清楚地看到两个相近频率 ω_{12} 和 ω_{23} 重叠产生的差拍,图 14.28(b)是相应的傅里叶频谱,从中可见 ν_{12} 和 ν_{23} 两条谱线。

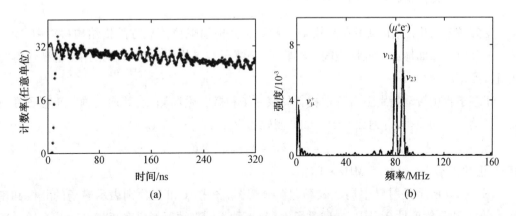

图 14.28　锗中正常缪子素时间谱和傅里叶频谱

由 ν_{12} 和 ν_{23} 谱线的劈裂间隔,可以得到超精细常数 a。对于锗,得到的频率 $\nu_0 = a/h = 2\ 360\ \text{MHz}$,这个值仅为真空值的 53%,表明在固体中超精细耦合减小了。

14.5 正缪子自旋转动谱学的应用

正缪子自旋转动谱学已经广泛用于凝聚态物理、材料科学、化学、物理基础和应用研究。其在凝聚态物理和材料科学中,用作材料内磁场测量和电子组态研究;在化学或半导体物理中,替代氢(H)或质子(p),研究 H 在化合物和半导体材料中的特性和行为。正缪子自旋转动谱学对磁性材料内磁场特别灵敏,可以测量小到 0.1 G 内磁场,可以测量 $10^4 \sim 10^{12}\text{Hz}$ 的磁涨落率(图 14.29),这填补了核磁共振和中子散射之间的空白。

正缪子可以直接注入到气体、液体、固体等任何材料,对各种材料都可以进行分析,正缪子自旋转动测量可以在不同温度、压力、电磁场等任何环境下进行,研究材料在不同外加环境的性能。

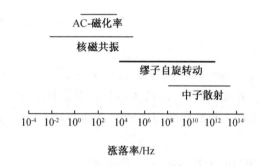

图 14.29 缪子自旋转动测量磁涨落率的频率范围

14.5.1 磁性材料内磁场测量和研究

受到核电荷排斥,正缪子在晶格中一般处于晶格间隙位。立方晶格结构材料中,间隙是一个开放的四面体或八面体空间。实验上,正缪子在晶格中位置可以采用沟道效应等方法直接测定。

正缪子自旋转动特别适合磁性材料局域磁场和微弱磁场测量,其通过测量正缪子在磁场中拉莫尔进动频率,得到正缪子处的局域磁场 B_μ:

$$\nu_\mu = \omega_\text{L}/2\pi = (\gamma/2\pi) \times B_\mu \tag{14.23}$$

其中,正缪子 $\gamma/2\pi = 135.5\ \text{MHz} \cdot \text{T}^{-1}$。

图 14.30 所示是材料中局域磁场起源分解图,图中 N 和 S 分别表示磁场的北极和南极。由图可见,铁磁性金属中,局域磁场 $\boldsymbol{B}_\text{loc}$ 是五种不同来源磁场之和(Single et al.,1984):

$$\boldsymbol{B}_\text{loc} = \boldsymbol{B}_\text{ext} + \boldsymbol{B}_\text{dem} + \boldsymbol{B}_\text{L} + \boldsymbol{B}_\text{dip} + \boldsymbol{B}_\text{Ferm} \tag{14.24}$$

式中和图 14.30 中，B_{ext} 是外加磁场，B_{dem} 是样品表面磁极产生的退化磁场，B_L 是洛伦兹（Lorentz）球或球形空洞中心的洛伦兹磁场，B_{dip} 是洛伦兹球内偶极子产生的偶极磁场，B_{Ferm} 是传导电子产生的超精细场或费米接触场。

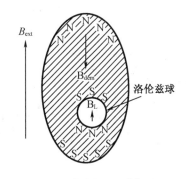

图 14.30　局域磁场 B_{loc} 分解图

球形样品的 B_{dem} 为

$$B_{dem} = -\mu_0 M/3 \qquad (14.25)$$

式中　M——样品宏观磁化强度；

　　　μ_0——真空磁化率，$\mu_0 = 1.256 \times 10^{-6}$ V·s·A^{-1}·m^{-1}；

　　　B_L——样品中假设的洛伦兹球形空洞球心处洛伦兹场：

$$B_L = \mu_0 M_s/3 \qquad (14.26)$$

式中　M_s——饱和磁化强度，它可由宏观方法测定。

　　　B_{dip}——球内原子核核矩与核外电子产生的磁偶极矩相互作用产生的磁偶极场：

$$B_{dip} = \frac{\mu_0}{4\pi} \sum_j \frac{3(\mu_j \cdot r_j) r_j - \mu_j r_j^2}{r_j^5} \qquad (14.27)$$

式中　μ_j——晶格原子偶极矩；

　　　r_j——偶极子与正缪子探针核间的距离。

费米接触场 B_{Ferm}：

$$B_{Ferm} = -(2\mu_0/3) \times \mu_e \rho_{spin}(0) \qquad (14.28)$$

式中　μ_e——电子磁矩（$\mu_e = 10\ 015\ 965\ 209\mu_B$）；

　　　$\rho_{spin}(0)$——缪子位置电子自旋密度。

磁性材料正缪子自旋转动测量，一般不加外磁场，即 $B_{ext} = 0$，样品一般经过退火，所以 $B_{dem} = 0$，因此

$$B_{loc} = B_L + B_{dip} + B_{Ferm} \qquad (14.29)$$

三项中的 B_L 和 B_{dip} 是可以计算的，因此从测量的 B_{loc} 可以得到费米接触场 B_{Ferm}。

1. 镍内磁场测量

镍的晶格结构是面心立方结构（图 14.31），四面体和八面体间隙位的偶极磁场都为 0。镍与铜都是面心立方结构，实验测量正缪子在铜中处于八面体间隙位，因此正缪子在镍中也占据八面体间隙位。由于偶极场为零，式（14.29）变为

$$B_{loc} = B_L + B_{Ferm} \qquad (14.30)$$

图 14.32 是实验测量的拉莫尔进动频率 ν_μ 及其导出的局域磁场 B_{loc} 的温度变化，虚线是 $T = 0$ K 的归一宏观磁化强度随温度变化曲线（Denison et al.，1979）。由图可见 ν_μ、B_{loc}、宏观磁化强度随温度变化都一致。外推到 $T = 0$ K，得到 $B_{loc} = +0.149$ T，已知洛伦兹场 $B_L = +0.221$ T，得到

$$B_{Ferm} = -0.072(1)(T) \qquad (14.31)$$

这个值与已知磁化强度、没有受到扰动的八面体晶格位计算结果一致。

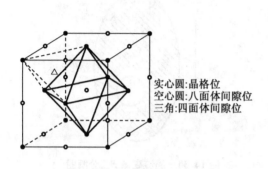

实心圆:晶格位
空心圆:八面体间隙位
三角:四面体间隙位

图14.31 面心立方晶格的晶胞

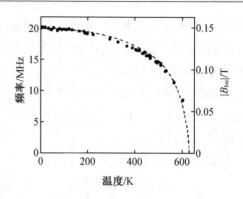

图14.32 镍中缪子拉莫尔进动频率和局域磁场温度变化

2. 铁内磁场测量

温度 T < 180 K,铁是体心立方结构的(图14.33)。这种体心立方结构,它的四面体隙位周围的四面体和八面体间隙位周围的八面体,与完美的四面体和八面体相比是畸变的,因而间隙位处有偶极磁场作用。许多实验,例如体心立方金属中氢的沟道效应测量和体心立方金属钽的介子实验都表明,入射到铁的缪子位于四面体间隙位。偶极磁场与畸变四面体正方轴和磁化方向相对取向有关,四面体间隙位的偶极磁场不是都相同的。没有外加磁场时,外斯(Weiss)磁畴中铁的磁化方向是立方体棱边方向,例如〈001〉方向,正方轴方向可以垂直或平行于棱边方向,因而,四方体间隙位偶极磁场有与棱边垂直或平行二个方向。采用式(14.27)计算四方体间隙位偶极磁场,得到两个磁场值分别为

$$B_{dip}^{\parallel} = -0.52 \text{ T} \text{ 和 } B_{dip}^{\perp} = +0.26 \text{ T} \tag{14.32}$$

式中,$B_{dip}^{\parallel}$ 和 $b_{dip}^{\perp}$ 分别是正方轴与磁化方向或棱边平行和垂直的偶极磁场。由磁场值可知,$B_{dip}^{\perp}$ 对应的间隙位份额是 $B_{dip}^{\parallel}$ 对应的间隙位的两倍。这两个间隙位能量相同,缪子统计地分布在这两个间隙位。由于 $B_{dip}^{\parallel}$ 和 $B_{dip}^{\perp}$ 不同,如果缪子没有扩散,可以测量到两个拉莫尔进动频率。但是实验只探测到一个拉莫尔进动频率,表明即使在很低温度,缪子也是快速扩散的,偶极磁场由于扩散平均了,因而铁中的 $B_{dip} = 0$。从测量的(正)缪子自旋转动频率和已知的洛伦茨场 $B_L = 0.73$ T,可以得到局域场和费米接触场,外推到 $T = 0$ K,得到

$$B_{loc} = -0.38(1) \text{ T} \text{ 和 } B_{Fermi} = -1.11 \text{ T} \tag{14.33}$$

图14.34是铁中缪子位置的 B_{Ferm} 的温度变化。由图可以看到,测量的 B_{Ferm}(图中实心圆点)温度变化与宏观磁化强度(图中直线,低温与实验值归一)温度变化基本一致(Denison,1979)。

14.5.2 正缪子扩散研究

正缪子在固体中一般处于运动状态,在晶格间隙位间做跳跃式快速扩散。固体中的正缪子可以看作轻质子,其质量是 $m_H/9$,这样扩展了氢扩散研究的同位素质量范围从 $m_H/9(\mu^+)$ 质量到 $3m_H$(氚)质量。其由于质量比氢小,低温量子效应研究中正缪子十分重要。

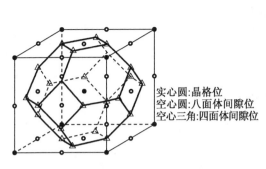

实心圆:晶格位
空心圆:八面体间隙位
空心三角:四面体间隙位

图 14.33　体心立方晶格的晶胞

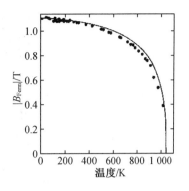

图 14.34　铁中(正)缪子位置费米接触场温度变化

研究正缪子扩散有两种方法:一种是运动窄化方法,另一种是缺陷捕获正缪子方法。

1. 运动窄化

核磁共振谱学中,高温时粒子运动使共振谱线宽度变小,即运动窄化[13.6.1]。正缪子自旋转动谱学中也观察到了运动窄化现象,傅里叶频谱线宽 $\Delta\omega$ 变小[图 14.21(b)频谱]。运动窄化导致测量的时间谱弛豫磁阻尼减小。

(1)静态正缪子

运动窄化与晶体中局域磁场的涨落或分布宽度密切相关。局域磁场的涨落是由晶体中邻近缪子的原子的核矩产生的,抗磁材料中的偶极 – 偶极相互作用是引起局域磁场涨落的主要原因。局域磁场分布是以外场 **B** 为中心的高斯分布,这样正缪子进动频率分布也是高斯分布:

$$f(\omega) = \frac{1}{\sqrt{2\pi}\,\sigma}\exp\left[-\frac{(\omega-\omega_{L,0})^2}{2\sigma^2}\right] \tag{14.34}$$

用式(14.34)作为权重函数,可以导出

$$\overline{\Delta\omega^2} = \int_{-\infty}^{+\infty}(\omega-\omega_{L,0})^2 f(\omega)\,\mathrm{d}\omega = \sigma^2 = \gamma_\mu^2\,\overline{\Delta B^2} \tag{14.35}$$

这样,实验测量的时间谱是不同频率进动的时间谱的叠加,对所有正缪子平均得到

$$\overline{\cos(\omega t)} = \frac{1}{\sqrt{2\pi}\,\sigma}\int_{-\infty}^{+\infty}\exp\left[-\frac{(\omega-\omega_{L,0})^2}{2\sigma^2}\right]\cos(\omega t)\,\mathrm{d}\omega = \exp\left(-\frac{\sigma^2 t^2}{2}\right)\cos(\omega_{L,0}t)$$

$$\tag{14.36}$$

正缪子自旋转动中心频率是 ω_L,由于局域磁场涨落,频率有一定分布宽度,从而导致时间谱幅度随时间高斯包络线阻尼衰减(图 14.35),频率分布宽度小,阻尼小。图 14.35(a)是无阻尼时间谱,图 14.35(b)和图 14.35(c)有阻尼时间谱及其频率分布宽度 $\Delta\omega$(FWHM),图 14.35(c)的 $\Delta\omega$ 大,时间谱阻尼程度大。运动窄化使谱学宽度 $\Delta\omega$ 变小,时间谱幅度阻尼变小。

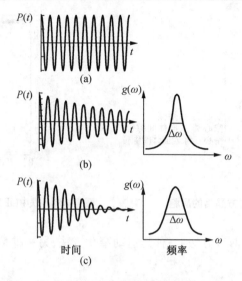

图 14.35　$R(t)$ 时间谱阻尼和进动频率分布宽度

核偶极磁场一般为 10^{-4} T 量级。由式(14.35)导出的 σ 是 0.1 μs^{-1}。一般外加磁场 B 比缪子磁矩在临近核产生的磁场大很多,这时:

$$\sigma^2 = \gamma_\mu^2 \frac{1}{3} I(I+1) \hbar^2 \gamma_1^2 \left(\frac{\mu_0}{4\pi}\right)^2 \sum_j \frac{(1-3\cos^2\theta_j)^2}{r_j^6} \tag{14.37}$$

式中　γ_μ 和 γ_1——缪子和核的回磁比;

I——核自旋;

r_j——原子 j 与缪子间距离;

θ_j——r_j 与外加磁场 B 夹角(Seeger,1978)。

式(14.37)含有的 B_{dip} 与式(14.27)的 B_{dip} 结构相仿,不同之处是这里只有晶格原子偶极矩 μ_j 的 Z 分量,由于外磁场是轴对称的且很强,其他分量可以忽略不计。σ^2 与 r_j 和 θ_j 有关,因此由 σ^2 可以确定缪子晶格位置。Camani 等(1997)用此方法测定了缪子在铜中的晶格位置处于八面体间隙位,并将近邻原子外移了 5%。

对于多晶样品,式(14.37)需对与角度相关部分做全空间平均,得到

$$\overline{(1-3\cos^2\theta_j)^2} = \frac{4}{5} \tag{14.38}$$

(2)正缪子扩散运动

正缪子在材料中扩散运动时,相当于对所有磁场方向求平均。从而减小了缪子自旋进动的阻尼。采用关联时间 τ_c 描述正缪子扩散运动。关联时间 τ_c 定义为是缪子从一个磁场的位置扩散到另一个磁场值明显不同的位置的时间。确切地描述这一过程,引入关联函数 $g(t')$:

$$g(t') = \langle B(t)B(t-t') \rangle_t \tag{14.39}$$

这里 $\langle\ \rangle_t$ 表示时间平均。τ_c 是 $g(t')$ 从初始值 $g(0)$ 减少到 $g(0)/e$ 需要的时间:

$$g(\tau_c) = g(0)/e \tag{14.40}$$

运动窄化主要发生在

$$\sigma\tau_c \leqslant 1 \tag{14.41}$$

的时间范围,这是由于极化度明显减小前磁场已经发生了变化。极化度随时间变化关系(Seeger ,1978):

$$P(t) = P(0)\exp\{-\sigma^2\tau_c^2[\exp(-t/\tau_c) - 1 + t/\tau_c]\} \qquad (14.42)$$

式中,σ 是静态正缪子极化退化率。对于静态正缪子($\tau_c \to \infty$),将 $\exp(-t/\tau_c)$ 级数展开,式(14.42)恢复到式(14.36)。

另一个极端情况是快速扩散运动的正缪子,如果

$$\sigma\tau_c \ll 1 \qquad (14.43)$$

则 $P(t)$ 影响大的时间范围是 $t \gg \tau_c$,因此式(14.42)中的 t/τ_c 项起主要作用,并由此得到"运动窄化"公式:

$$P(t) = P(0)\exp(-\lambda t) \qquad (14.44)$$
$$\lambda = \sigma^2\tau_c \qquad (14.45)$$

对于 $t \leq \tau_c$ 的很短时间,式(14.44)不能正确描述 $P(t)$ 的时间变化,这在实验上并不重要,因为观察不到这么短时间的 $P(t)$ 变化;对于 $\sigma\tau_c \approx 1$ 的中等时间范围,必须采用式(14.42)描述。

(3)铜中正缪子扩散

正缪子在 Cu 中扩散是正缪子扩散研究的一个经典例子(Grebinnik et al.,1975)。图14.36 所示是外磁场 $B = 62$ G 时,在 30 K、150 K 和 330 K 三个温度测量的正缪子在 Cu 中的自旋转动谱。由图可见,自旋转动谱的阻尼与温度密切相关,$T = 30$ K 和 150 K 测量的转动谱有明显阻尼且温度低阻尼大,$T = 330$ K 时没有阻尼。

常用弛豫率 t_e^{-1} 表征自旋转动谱阻尼程度,其中 t_e 是极化度减小到 $1/e$ 需要的时间。图14.37 是测量的弛豫率 t_e^{-1} 的温度变化(Grebinnik et al.,1975)。由图可见,$T = 100$ K 运动窄化开始出现,这时极化率减小;低于 100 K 温度范围时,$t_e - 1$ 是常量,其值对应于 σ 静态值:

$$\sigma = 0.376 \times 10^6 \text{ s}^{-1} \qquad (14.46)$$

该值与式(14.37)计算的铜中静态缪子 σ 值一致。固定 σ,用式(14.42)或简化的式(14.44)和式(14.45)式拟合图14.37 的实验曲线,可以得到关联时间 τ_c。

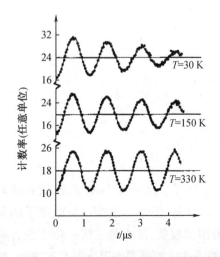

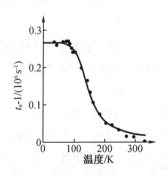

图 14.36　不同温度测量的铜缪子自旋转动谱　　**图 14.37　铜中正缪子弛豫率 t_e^{-1} 温度变化**

由关联时间可以导出扩散系数。假设缪子只在铜八面体间隙位间扩散和关联时间 τ_c 近似等于缪子在给定位置的平均滞留时间。那么,普适扩散理论给出的扩散系数 D 和关联时间 τ_c 关系为

$$D = a^2/12\tau_c \qquad (14.47)$$

式中,a 是晶格常数。上式适用于面心立方晶格结构和八面体间隙位间的扩散。

2. 缺陷捕获正缪子

(1)缺陷捕获的正缪子自旋进动

杂质或空穴等缺陷与正缪子的结合能是正的,它们能够捕获自由扩散的正缪子,形成被缺陷捕获正缪子。磁场中自由正缪子拉莫尔进动频率 ω_1 和缺陷捕获正缪子在磁场中的拉莫尔进动 ω_2 不同,图14.38是所示间隙位自由正缪子和空位捕获正缪子在磁场中的拉莫尔进动的变化。由图可见,自由正缪子进动频率 ω_1 大于缺陷捕获正缪子进动频率 ω_2,自由正缪子扩散到被缺陷捕获,拉莫尔进动频率发生突变,频率发生突变的时间是 τ_D 是自由正缪子被缺陷捕获时间。

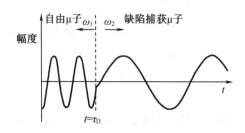

图14.38 自由和空位捕获正缪子在磁场中的拉莫尔进动频率的变化

正缪子在材料中的扩散时间与材料中的缺陷浓度有关,缺陷浓度大,扩散时间短。假定正缪子注入晶体后是是统计分布的,已知材料的缺陷浓度,则可以计算正缪子从注入晶体到被缺陷捕获的时间 τ_D。如图 14.38 所示,实验上 τ_D 可以由正缪子自旋进动频率变化测定。经过一些假设,可以导出 τ_D 和扩散系数 D 的关系为

$$D = (V_A/4r_0C_D)1/\tau_D \qquad (14.48)$$

式中　C_D——每原子缺陷浓度,缺陷/原子);

　　　r_0——捕获半径(缪子能够被缺陷捕获的距离);

　　　V_A——原子体积;

　　　τ_D——正缪子在材料中的扩散时间。

由正缪子在材料中的扩散时间 τ_D,可以得到扩散系数 D。

(2)铁中缺陷

Moslang 等(1983)利用正缪子自旋转动谱方法研究了正缪子在 Fe 中的扩散和缺陷捕获。低温电子辐照在 Fe 中产生空位型缺陷,辐照后采用电阻率方法在 4 K 温度下测量的 Fe 中产生的空位缺陷浓度 ~ 10^{-5}/atom。由于缺陷浓度较低,注入的正缪子位于没有空位缺陷区域,注入时刻作为 $t = 0$ 时刻,注入的自由正缪子在局域磁场作用下做自旋进动,在被空位缺陷捕获前的扩散过程中都以自由正缪子的拉莫尔进动频率进动。正缪子一旦被晶

格替代位的空位缺陷捕获,受到不同局域磁场作用,进动频率发生变化,缺陷捕获正缪子的进动频率变小。图 14.39 所示是电子辐照 Fe 在不同温度下测量的正缪子自旋转动谱。由图可见,进动频率在 τ_D 附近发生变化,同时也可看到不同温度的时间谱阻尼不同,温度低阻尼大。在 τ_D 之前的自由正缪子的拉莫尔进动频率是 50 MHz,缺陷捕获正缪子的拉莫尔进动频率是 30 MHz。τ_D 与温度密切相关,温度越高,扩散时间越短。由图可以清楚地看到 τ_D 随温度的变化,温度越高,扩散越快,τ_D 越小。由实验测量的 τ_D 和空位型缺陷浓度,利用式 (14.48),并假设 $r_0 = 3a$,可以计算不同温度的扩散系数 D。图 14.40 所示是正缪子在电子辐照 Fe 中的扩散系数 D 随温度倒数($1/T$)的变化。由直线斜率,可得到扩散激活能 Q_a(见 11.5.5 节)。

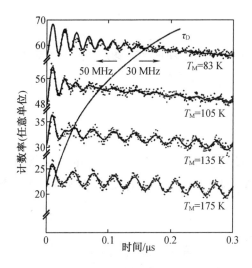

图 14.39　不同温度测量的电子辐照 Fe 的正缪子自旋转动谱

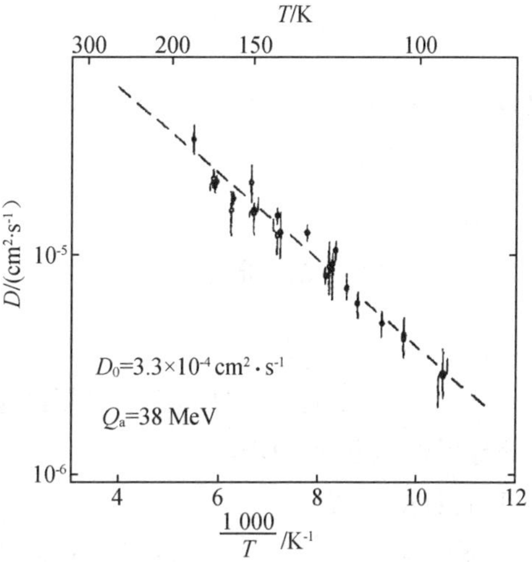

图 14.40　Fe 中缪子扩系数 D 随 $1/T$ 变化

（3）正缪子和氢同位素扩散

对数扩散系数($\ln D$)与温度倒数($1/T$)的关系曲线称为阿伦尼乌斯线(Arrhenius Line) (Seeger,1978)。图 14.41 是 μ^+ 和 H^+、D^+ 氢同位素的阿伦尼乌斯线。由图可以看到,三个氢同位素在不同温度都有一个折点,折点前是经典扩散,折点后非相干隧道效应。高温时是经典扩散为主,扩散系数随同位素质量变化较小,三条曲线都很靠近。低温发生非相干隧道效应,扩散系数随质量变化较大,μ^+ 的质量是 H 的 $1/9$,D^+ 的质量是 H 的 2 倍,由图可见,μ^+、H^+ 和 D^+ 的三条曲线分得很开,而且阿伦尼乌斯线折点随着质量增大向低温方向移动,D^+ 的折点温度最低。质量大发生非相干隧道效应的温度低,扩散系数小。

Cu、Nb、Ta 等体心立方结构金属中,实验上都观察到了氢的阿伦尼乌斯线的折点,图 14.42 是铜中正缪子和氢阿伦尼乌斯线(Seeger,1978)。由图可见,正缪子激活能(相应于阿伦尼乌斯线斜率)比氢小很多;温度升高,例如,折点温度 $T \approx 300$ K($1\,000/T \approx 3.7$)开始,正缪子与氢扩散系数相等。实验测量的温度还不够低,没有看到氢的阿伦尼乌斯线折点。

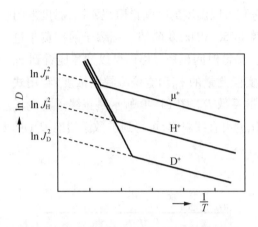 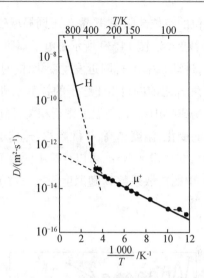

图 14.41　正缪子和氢同位素扩散系数随温　　　图 14.42　铜中氢和正缪子(圆点)的扩散系数随温
　　　　　　度倒数的变化　　　　　　　　　　　　　　　度的变化

14.5.3　材料磁性研究

由于对磁场有极高的灵敏度,正缪子自旋转动谱学是材料磁性研究中一种极其重要的方法。前面介绍了它在磁性材料内磁场测量中的应用,本节介绍自旋受抑、巨磁阻、分子磁性、超导磁性等方面的应用。

1. 自旋受抑研究

自旋受抑系统(frustrated spin systems)是几何上离子间的磁耦合受到抑制但仍然保持晶格对称性的系统。无论理论上还是实验上,自旋受抑研究都是很困难的,正缪子自旋转动可以测量 $10^4 \sim 10^{12}$ Hz 频率的磁涨落率(图 14.29),因而可以很好地用于自旋受抑系统的量子自旋涨落研究。

实验上一般通过自旋晶格弛豫率($1/T_1$)或奈特位移的测量,获得自旋涨落率。量子自旋涨落导致许多自旋受抑系统在绝对零度时还有自旋涨落。$Gd_3Ga_5O_{12}$(GGG)是一种自旋受抑反铁磁系统,Dunsiger 等(2000)采用纵向场缪子自旋转动(LF – μSR)方法测量了它的自旋涨落随温度的变化。图 14.43 实验测量的涨落率随温度的变化表明,绝对零度附近,$Gd_3Ga_5O_{12}$ 系统的 Gd 自旋涨落不为零,涨落率 $\sim 2.5 \times 10^{-3}$ THz,实验清晰地观察到该自旋受抑系统低温量子自旋涨落效应。

2. 巨磁阻研究

巨磁阻(colossal or giant magnetoresistance,CMR 或 GMR)材料的电阻在有外磁场和无外磁场作用时发生巨大的变化。即使受到一个微弱磁场作用,电阻就会发生几个量级变化。所以巨磁阻材料成为硬盘读出磁头、磁存储、传感器件等电子设备制造的重要材料。巨磁阻材料对外加磁场很敏感,受到磁场作用原始电阻和空间特性等会发生很大变化。零磁场 μ⁺ 自旋转动(ZF – μSR)测量研究巨磁阻材料特性有很大的优点,它不需要外加磁场,从而可以消除外加磁场对材料的干扰。

Heffner 等（2000）采用 ZF - μ^+SR 研究了巨磁阻材料 $La_{0.67}Ca_{0.33}MnO_3$ 的自旋动力学特性。如图 14.44（a）所示，该巨磁阻材料存在 Mn 离子自旋动力学特性完全不同的两个空间区域，一个是快弛豫空间区域，另一个是慢弛豫空间区域。图中 A_f 是快弛豫率自旋份额，A_s 是慢弛豫率自旋份额，总弛豫率 A_{rlx} 是快、慢弛豫率之和，即 $A_{rlx} = A_f + A_s$；快弛豫幅度或相对份额为 A_f/A_{rlx}，慢弛豫幅度或相对份额为 A_s/A_{rlx}；快弛豫幅度随温度升高而减小，慢弛豫幅度随温度升高而增大。图 14.44（b）所示是快弛豫率 λ_f 的温度变化，图 14.44（c）所示是慢弛豫率 λ_s 的温度变化。实验结果表明巨磁阻材料自旋动力学空间不是均匀且与温度密切相关。

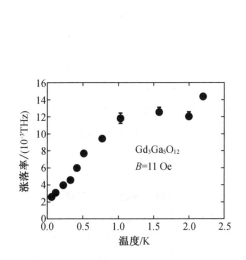

图 14.43　Gd 自旋涨落率随温度的变化

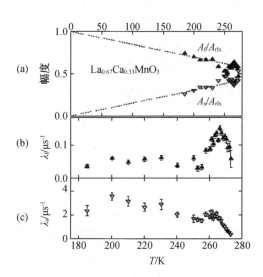

图 14.44　ZF - μ^+SR 测量的 $La_{0.67}Ca_{0.33}MnO_3$ 幅度和弛豫率温度变化

3. 分子磁性研究

分子基磁体是一种含有磁性离子的纳米尺度分子构成的新型磁性合成材料，相邻分子间磁相互作用是可控的。分子基磁体在量子计算机、光开关、催化剂、血磁过滤、磁共振成像等方面有重要的用途。

Blundell 等（2000）采用 ZF - μSR 方法研究了有机分子磁性材料 $(C_{13}H_{23}O_2NO)_2$ 的特性。图 14.45 所示是在 50～500 mK 不同温度测量的零场正缪子自旋转动谱。实验拟合不同温度测量的谱，得到拉莫尔进动频率 ν_μ、内磁场 $\boldsymbol{B}$ 和弛豫率，图 14.46 是 ν_μ、内磁场 $\boldsymbol{B}$ 和弛豫率随温度的变化。由图可见，$(C_{13}H_{23}O_2NO)_2$ 分子基磁性材料的居里温度 ~400 mK，在居里温度弛豫率发生突变。缪子自旋转动谱学能够很好地并将越来越多地用于分子磁性材料的静态和动态磁性研究。

4. 超导磁性研究

（1）超导体磁相图测量

1986 年发现高温超导体不久，正缪子自旋转动谱学成为一种有特点的高温超导电性研究手段。它首次测定了未掺杂高温超导 La_2CuO_4 静态磁有序，测定了高温超导和重费米子系统磁相图和其他方法不能探测的超导体的微弱磁性。

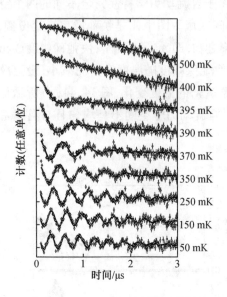

图 14.45　$(C_{13}H_{23}O_2NO)_2$ 分子基磁性材料不同温度测量的 ZF-μSR 谱

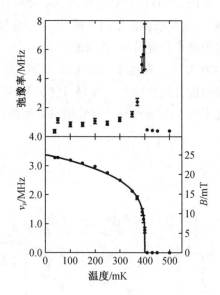

图 14.46　$(C_{13}H_{23}O_2NO)_2$ 中测量的进动频率和弛豫率的温度变化

超导体时间反演对称性(time-reversal symmetry,TRS)的破坏,在超导体中产生 0.1~1.0 G 静态内磁场,这样弱的内磁场只有正缪子自旋转动方法可以测量,且已经测量和研究了多种超导体在超导相时的微弱磁性。正缪子在微弱磁场中做拉莫尔进动,从时间谱的阻尼(例如,图 14.45),可以得到弛豫率。图 14.47 是利用正缪子自旋转动谱学测量的 Sr_2RuO_4 超导材料缪子极化方向与晶体 c 轴平行和垂直的弛豫率的温度变化(Luke et al.,1998)。测量结果表明,超导态和正常态的弛豫率有很大差异,在临界温度(T_c)发生超导跃迁,呈现超导磁性相,弛豫率开始增大。

5. 库珀对研究

缪子自旋转动可以用于超导机理研究。BCS 理论提出金属中自旋和动量相反的电子可以形成库珀对,库珀对在金属中的无损耗运动形成超导。超导态时库珀对形成会导致超导态局域静态自旋磁导率变化。

注入到富勒烯超导体的部分正缪子在 C_{60} 笼中形成缪子素。缪子素的电子与准粒子耦合,引起电子自旋反转,导致缪子素自旋-晶格弛豫率($1/T_1$)增大,产生表征库珀对超导体的 Hebel-Slichter 相干峰。图 14.48 是 Rb_3C_{60} 富勒烯超导体测量的自旋弛豫随温度的变化(Kiefl et al,1993),低于 T_c,观察到缪子 T_1 弛豫产生的 Hebel-Slichter 峰,这与 BCS 理论一致,表明该富勒烯超导体是经典的 BCS 超导体。

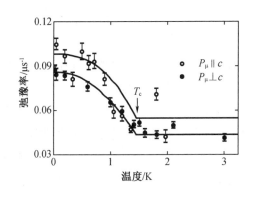

图 14.47　ZF－μ^+SR 测量的 Sr_2RuO_4 超导材料
弛豫率温度变化

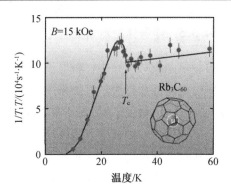

T—总自旋弛豫时间，T_1—自旋－晶格弛豫时间。

图 14.48　Rb_3C_{60} 中缪子自旋弛豫温度变化

14.5.4　离子迁移率测量

离子具有核磁矩，它的迁移会引起作用在缪子上的磁场分布宽度变化，从而使正缪子的自旋弛豫率发生变化。因此，测量正缪子自旋弛豫率变化或磁场分布宽度变化，可以测定材料离子迁移率。Kaiser 等（2000）采用零场正缪子自旋转动（ZF－μSR）方法测量了作用在缪子的局域磁场分布宽度和充电电池阴极材料 $Li_x(Mn_{1.96}Li_{0.04})O_4$（$x=1$ 和 0.2）的 Li^+ 离子迁移率。图 14.49 是测量的磁场分布宽度 Δ 随温度和 Li 浓度的变化。由于缪子是准静态的，分布宽度随温度的变化不是由缪子的扩散效应引起的。温度升高，Li 离子迁移引起运动窄化，使分布宽度变小；分布宽度还和 Li 离子浓度相关，$Li(Mn_{1.96}Li_{0.04})O_4$ 的开始迁移的温度是 230 K，$Li_{0.2}(Mn_{1.96}Li_{0.04})O_4$ 的开始迁移的温度是 300 K（略高于室温），分布宽度随温度升高快速减小，Li 离子浓度 $x=0.2$ 的下降幅度更大。测量结果表明，Li^+ 离子开始迁移的温度与 Li 浓度密切相关，通过优化 Li 浓度，可以改善充电电池性能；在温度略高于室温的电池充电比室温充电更有效。

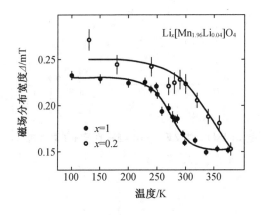

图 14.49

14.5.5　半导体材料研究

痕量氢杂质对半导体材料电子性质和晶格结构有很大影响,为此需要研究和了解氢在半导体中氢特性和行为。直接采用氢研究有一定技术难度,例如,浓度较低的痕量氢,常规核磁共振方法灵敏度不够;对于高扩散和与缺陷有高反应性的孤立氢,探测难度很大。所以迄今半导体材料中孤立氢的特性研究都是采用正缪子替代进行的,现有的实验数据几乎都是由正缪子测量得到的。正缪子素(Mu ≡ μ^+ – e^-)有 Mu^0、Mu^+、Mu^- 三种电荷态,分别对应于半导体中孤立氢的 H^0、H^+、H^- 的三种电荷态,正缪子可以很好地模拟和替代氢,进行半导体材料中氢特性和行为研究。

Chow 等(2000)采用正缪子素自旋转动方法模拟研究了重掺氢的 p 型 GaAs:Zn 中氢的特性。图 14.50 是 ZF – μSR 测量的重掺氢的 p 型 GaAs:Zn 中正电荷态缪子素弛豫率随温度和 Zn 浓度的变化,图中右上角插图是 ZF – μSR 测量的时间谱,图中心五星、空心三角、实心六边形分别是 Zn 浓度(4 ~ 5) × 10^{18} cm^{-3}、(0.8 ~ 1.1) × 10^{19} cm^{-3} 和(1.84 ~ 4.27) × 10^{19} cm^{-3} 测量结果。从图可见,温度区域可以分为 5 个,第 III 区,实验观察到正电荷缪子素快速扩散和被 Ga 替代位的 Zn 受主原子捕获形成的 Mu^+ – Zn^- 复合体;第 IV 区,温度更高 Mu^+ – Zn^- 复合体破裂分解;第 V 区, Mu^+ ↔ Mu^0 的电荷态涨落,弛豫率上升,上升幅度和速度与 Zn 浓度相关。图中第 I 区是孤立正缪子的静态弛豫率 Δ = 0.183(1) μs^{-1},第 II 区是正缪子在 GaAs 晶格中作弛豫率 e 指数减小的热扩散。实验获得的一个重要的结果是测量和观察到随温度变化发生的 Mu^+ – Zn^- 复合体的形成和破裂分解。

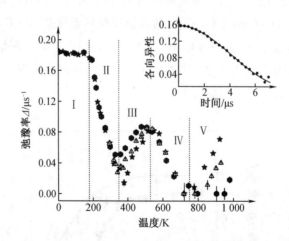

图 14.50　重掺氢的 p 型 GaAs:Zn 中 ZF – μSR 测量的正缪子素弛豫率的随温度和 Zn 浓度变化

第 15 章　低温核定向谱学

核定向是指核自旋系统的自旋方向在空间有一个优先排列方向,核自旋定向的核称为定向核。

自旋 I 的核能级在磁场中劈裂为 $(2I+1)$ 个等间隔 M 次能级,各个能级分布概率相同,能级均匀分布核的自旋没有优先方向,核不是定向、极化或顺排的;M 次能级非均匀分布的核,自旋有优先方向,核是定向的。有许多方法能够产生能级非均匀分布的定向核,例如第 12 章重离子核反应产生的同质异能态和通过级联 γ_1 选出的级联中间态的核是顺排的,第 13 章的弹核碎裂和低能核反应方法产生的 β – 放射性核是极化的。本章介绍低温核定向方法,这是一种利用极低温产生定向核的方法。

原子核自旋核和核矩被发现后不久,荷兰霍尔特(C. Gorter)与英国库蒂(N. Kurti)和西蒙(F. Simon)分别在 1934—1935 年提出了低温核定向方法。20 世纪 40 年代苏联扎沃依斯基(Y. Zavoisky)在电子顺磁共振研究中也提出了核定向。1950—1951 年,英国罗宾森(N. Robinson)、丹尼尔斯(J. Daniels)和格雷斯 (M. Grace)等采用低温核定向方法实现了核的自旋定向,获得了许多放射性定向核,并通过 γ 射线角分布各向异性测量,进行了定向核研究。1959 年苏联萨莫伊洛夫(B. Samoilov)等提出了原子核在低温和强磁场中的核定向方法(LTNO),1965 年英国卡梅隆(J. Cameron)等提出了局域磁矩定向方法(LMO),1967 年英国里德(P. Reid)等提出了离子注入或核反应反冲注入核定向方法。这些方法增加了低温定向核的数目,缩短了可以用低温核定向方法产生的定向核的寿命,尤其是采用离子注入或核反应反冲注入核定向方法实现了大量短寿命核的核定向。

低温核定向分析方法是一种重要的核分析手段,用于核矩测量和核结构研究、超精细场测量、定向核核磁共振测量、极低温度测量、材料磁性研究等。本章主要介绍低温核定向分析原理、低温核定向实验测量方法、低温核定向的部分应用。

15.1　低温核定向分析原理

低温核定向方法和核磁共振方法都是采用外加磁场 B 使热平衡原子核自旋极化的方法。与核磁共振方法不同,低温核定向方法,采用 ~ 10 mK 或更低的低温和强磁场 B,获得自旋高度极化的定向核。

低温核定向中,能级劈裂 ΔE 与热能 $k_B T$ 之比是一个很重要的参数。磁相互作用能级

劈裂 $\Delta E = E_{\mathrm{magn}}(M+1) - E_{\mathrm{magn}}(M) = |g\mu_{\mathrm{N}}B|[式(10.6)]$,如果满足

$$\Delta E/k_{\mathrm{B}}T \gg 1 \tag{15.1}$$

热平衡时,低 M 态布居率远大于高 M 态布居率,核自旋是极化的。对于电四极劈裂,由于是 M^2 简并的,即 $\pm M$ 布居率相等,核自旋是顺排的。自旋极化和顺排的核都称为定向核。图 15.1(a)是自旋 $I=3$ 的能级在磁场中的塞曼能级劈裂,图 15.1(b)是各个磁次能级的布居率 $P(M)$。

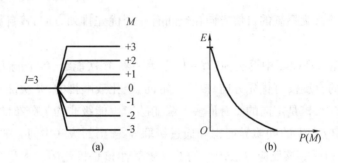

图 15.1　镍中 ^{54}Mn 基态塞曼劈裂和能级布居示意图

核定向谱学的测量同样采用放射性探针核来测量核衰变辐射各向异性,所以测量灵敏度高。因此,低温核定向谱学测量的放射性核发射的 γ 射线角分布必须是各向异性的。

最著名的核定向测量实验是"吴建雄实验",实验采用 ^{60}Co 作为放射性探针核,实验结果证明了李政道和杨振宁提出的弱相互作用中的宇称不守恒(Wu,et al.,1957)。

由式(15.1)可知,实现核定向,一是要低温,二是要强磁场。核在磁场中的能级劈裂 ΔE 正比于磁场强度[式(10.7)],核定向中采用铁磁性材料产生的强内磁场。为此需要将放射性核注入或合金方法掺入铁磁性材料中。铁磁性材料产生内磁场需要加一个 $0.1 \sim 2$ T 量级的极化场,使外斯磁畴顺排。核定向测量最常用的放射性核是 ^{54}Mn,它在镍中受到的内磁场可以达到 $B_{\mathrm{loc}} = -32.55$ T。

^{54}Mn 的基态自旋、宇称和磁矩分别是 $I_{\mathrm{g}} = 3$、宇称 $\pi = {}^+$ 和 $\mu_{\mathrm{g}} = +3.2\ \mu_{\mathrm{N}}$,它在磁场中能级劈裂和热平衡时能级占有率或布居率 $P(M)$ 如图 15.1 所示。能级布居遵循玻尔兹曼分布:

$$P(M) \propto \exp[-E_{\mathrm{magn}}(M)/k_{\mathrm{B}}T] \tag{15.2}$$

镍中 ^{54}Mn,$\Delta E/k_{\mathrm{B}}T = 1$ 时的温度 T:

$$T = \Delta E/k_{\mathrm{B}} = [B_{\mathrm{loc}} \times (\mu_{\mathrm{g}}/I_{\mathrm{g}})]/k_{\mathrm{B}} = 13.1\ \mathrm{mK} \tag{15.3}$$

温度 10 mK 时,最大 M 和最小 M 占有率比为

$$P(+3)/P(-3) = 1/2\ 592 \tag{15.4}$$

可见,在很低温时,核主要布居在最低 M 态,核在最低 M 态方向极化,而且有很高的极化度。所以,实现低温核定向,一般需要低于 10 mK 的低温。

低温核定向测量是通过测量极化放射性核衰变发射的 γ 辐射进行的,极化核发射的 γ 辐射角分布必须是各向异性的(参见第 12 章),这里 γ 射线角分布函数为

$$W(T,\theta) = \sum_{k_{even}}^{k_{max}} \rho_k(I,T) U_k A_k(2) P_k(\cos\theta) \tag{15.5}$$

式中 T——绝对温度;

$\quad\quad\theta$——γ 射线发射方向与核定向轴间的夹角;

$\quad\quad P_k(\cos\theta)$——勒让德多项式;

$\quad\quad \rho_k(I,T)$——统计张量;

$\quad\quad U_k$——"去定向"参数;

$\quad\quad A_k(2)$——各向异性系数。

统计张量 $\rho_k(I,T)$ 与式(12.20)相仿:

$$\rho_k(I,T) = \sqrt{(2k+1)(2I+1)} \sum_M (-)^{I-M} \begin{pmatrix} I & I & k \\ M & -M & 0 \end{pmatrix} P(M) \tag{15.6}$$

式中的 $P(M)$ 是初始 M 次态的占有率,$P(M)$ 随温度遵从玻尔兹曼分布[式(15.2)],所以统计张量也是温度 T 相关的。与式(12.19)不同,式(15.5)中引入"去定向"参数 U_k。这是因为核定向测量中,不探测核 β 衰变或电子俘获等中间跃迁过程,为此引入"去定向"参数 U_k 来计及未探测的中间跃迁过程。各向异性系数 $A_k(2)$ 可通过查表获得(Ferguson,1965)。

$\theta = 0°$时,^{54}Mn 衰变 γ 射线计数率(Lounasmma,1974):

$$W(T,0°) = 1 + 0.388\,87 \sum_M M^2 P(M) - 0.055\,553 \sum_M M^4 P(M) \tag{15.7}$$

由于能级分布 $P(M)$ 是温度相关的,因此计数率也是温度的函数。图 15.2 所示是 ^{54}Mn 在磁性材料 Nb 中,$W(\theta = 0°)$ 或计数率随温度 T 的变化,图中插图是 γ 射线角分布随温度 T 的变化(Marshak,1983),每个角分布标出的温度的单位都是 mK。由图可见定向核的角分布随温度变化是很大的,利用这一特点,从测量的计数率(如 $\theta = 0°$ 的计数率)可以测量 mK 量级的低温。

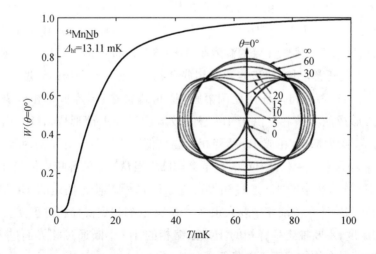

图 15.2 Nb 中 ^{54}Mn 的角分布各向异性因子 $W(\theta = 0°)$ 随温度 T 的变化

本章对低温核定向的介绍比较简单,感兴趣的可以参阅有关专著和综论文献(Stone et al. ,1986;Brewer,1990)。

15.2 低温核定向实验测量和装置

15.2.1 实验测量

核定向谱学的放射性核角分布各向异性测量的电子学和探测器比较简单。实验测量只需要一个 γ 射线探测器,例如 NaI 或 HPGe 探测器,在一个固定角度,例如 $\theta = 0°$,探测发射的 γ 射线计数。实验在核不极化的某一高温和一个核极化的低温进行测量,并用较高温测量值归一:

$$W(T,0°) = N_L/N_H \qquad (15.8)$$

式中,N_L 和 N_H 分别是低温定向和较高温不定向时测量的计数率。

实验测量的关键设备是能够获得所需低温的低温系统,该系统价格是非常昂贵的。现在一般采用 ^{3}He – ^{4}He 连续稀释制冷系统获得 mK 量级的低温。

15.2.2 ^{3}He – ^{4}He 连续稀释制冷系统

^{3}He – ^{4}He 连续稀释制冷过程中使用了氦的两种稳定同位素 ^{3}He 和 ^{4}He 的混合物作为制冷剂,^{4}He 和 ^{3}He 的超流动性温度不同(^{4}He 低于 2.172 K,^{3}He 低于 0.003 K)。极低温 ^{3}He 和 ^{4}He 混合液中,^{3}He 漂浮在上层形成 ^{3}He 浓缩相,下层是含有 ^{3}He 的富 ^{4}He 相(或 ^{3}He 稀释相)。^{3}He – ^{4}He 连续稀释制冷原理是:抽走富 ^{4}He 相中 ^{3}He,浓缩相 ^{3}He 进入下层补充,这一过程具有降低温度的吸热效应;如果浓缩相 ^{3}He 不断被稀释,^{3}He 连续不断进入富 ^{4}He 相,则该相连续不断被吸收热量而温度降低,从而获得 mK 量级的极低温度。

图 15.3 所示是 ^{3}He – ^{4}He 相图。图中纵坐标是绝对温度,横坐标 x 是 ^{3}He 在 ^{3}He – ^{4}He 混合相中的浓度:$x = n(^3He)/n(^3He) + n(^4He)$,其中 $n(^3He)$ 和 $n(^4He)$ 分别是 ^{3}He 和 ^{4}He 核数。图中三相交叉点或多临界点的温度是 0.84 K(Lounasmaa,1974)。由图可见,^{3}He 和 ^{4}He 的混合物可以是正常液体、超流体和两相混合物,取决于混合物的温度和 ^{3}He 浓度。温度高于相分离线,^{3}He 液体可以任何比例溶解在 ^{4}He 液体中;温度低于相分离线 ^{3}He 和 ^{4}He 两相自发分开,形成两个液相。由于 ^{3}He 密度较低漂浮在上部形成富 ^{3}He 相,即 ^{3}He 浓缩相,^{4}He 沉在下部形成富 ^{4}He 相或 ^{3}He 稀释相。温度低于 100 mK,热平衡时富 ^{3}He 相几乎是纯 ^{3}He,而富 ^{4}He 相含有 6.4% 的 ^{3}He(一直至 $T = 0$)。当从 ^{3}He 稀释相中抽走 ^{3}He 原子,为了保持相平衡,^{3}He 浓缩相中的 ^{3}He 通过相界面进入稀释相以补充抽走的 ^{3}He 原子,由于 ^{3}He 在稀释相中的焓和熵比在浓缩相中要大很多,^{3}He 从浓缩相到稀释相过程需要吸热,从而降低了混合相的温度,不断抽走稀释相的 ^{3}He,浓缩相的 ^{3}He 不断通过相界面进入到富 ^{4}He 相而稀释,从而冷却混合物使温度不断降低。

图 15.4 所示是 ^{3}He – ^{4}He 连续稀释制冷系统原理示意图。从气罐进入系统的 ^{3}He 气体

首先通过与温度 $T = 1.1$ K 的液相 ^{4}He – 槽接触和凝聚,然后通过热交换器冷却到尽可能低的温度,进入混合室与 ^{4}He 混合,形成 ^{3}He 浓缩相和 ^{3}He 与 ^{4}He 混合的 ^{3}He 稀释相。由于 ^{3}He 的饱和蒸气压远高于 ^{4}He 的饱和蒸气压,^{3}He – ^{4}He 混合物中的 ^{3}He 被抽走,通过渗透压差从混合室进入蒸馏室,蒸馏室温度保持在 ~0.7 K,这个温度时 ^{3}He 很容易蒸发而被抽走,而 ^{4}He 蒸发得很慢几乎不会被抽走(分馏法)。^{3}He 稀释相中的 ^{3}He 被抽走后,浓缩相中的 ^{3}He 通过相界面进入稀释相,通过连续的重复,混合物的温度可以降低到 mK 量级。这种方法可以长时间获得到约 mK 量级的低温,现在最低可以达到 2 mK。

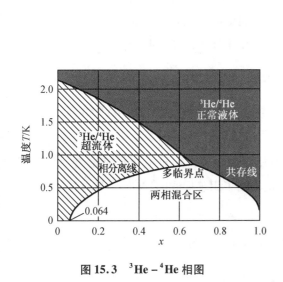

图 15.3　^{3}He – ^{4}He 相图　　　　图 15.4　^{3}He – ^{4}He 稀释制冷系统原理示意图

15.3　低温核定向测量放射性探针核

核定向谱学测量中,常用的放射性探针核有 ^{54}Mn、^{177}Lu 等。核定向谱学测量的放射性探针核的强度要适中:源强太强,导致样品吸收热辐射发热,不利于获得核定向所需的低温;源强太弱,计数低统计性差,测量时间长。核定向测量的放射性探针核源强一般为几个 μCi（1μCi $= 3.7 \times 10^4$ Bq）。采用 ^{54}Mn 探针核时,样品吸收电子俘获产生的 X 射线而发热,热吸收功率是 50 pW/μCi;采用 β 衰变探针核时,样品吸收 β 的热功率会更大。

低温核定向测量,需要将原子核引入到外加极化磁场并处于极低温度的铁磁性材料中,原子核在低温和强磁场中发生核定向（LTNO）(Samoilov et al. ,1959)。一种引入方法是放射性探针核通过扩散或合金方法引入铁样品中,样品安置在铜冷指上冷却到发生极化的低温（LMO）,外加 0.2 T 极化磁场,使核定向（Cameron et al. ,1964）。另一种方法是采用离子注入或核反应反冲注入方法,将放射性探针核直接注入已经低温冷却和极化的铁磁性材料中实现核定向(Reid et al.,1967),这种方法不仅大大增加了可用于定向核的核素数目,而且缩短了可使用的定向核的寿命,使大量短寿命核的核定向成为可能。样品达到核定向温度的方法或过程,取决于放射性探针核的寿命。半衰期 $t_{1/2}$ 大于几天、寿命相对比较长的放射性探针核,可以采用扩散或合金法将放射性探针核引入样品,并将样品放在处于室温的冷指或样品架上,然将冷指或样品架冷却到核定向温度,这个冷却过程一般需要一天多时间。寿命大于几个小时的放射性核,含有放射性探针核的样品从顶部放入低温稀释制冷机系统温度逐步降低的部位,逐步预冷降温后,放入处于低温的冷指或样品架上,样品预冷过程需要几个小时。对于寿命极短的探针核,例如半衰期几分钟的放射性探针核,采用离子注入或核反应反冲注入的方法,将探针核直接注入到已经冷却的样品。

放射性探针核寿命受到自旋和晶格弛豫时间的限制。核定向测量须在核自旋系统和晶格达到平衡后进行,所以探针核寿命必须大于达到平衡所需要的时间。

15.3.1 ^{54}Mn/^{54}Cr 放射性探针核(Lederer et al.,1978)

^{54}Mn 放射性核在加速器上可以通过多种核反应产生,例如 ^{51}V$(\alpha,n)^{54}$Mn 和 ^{54}Cr$(p,n)^{54}$Mn 核反应。核反应靶 ^{51}V 的天然同位素丰度是 99.75%,而 ^{54}Cr 天然同位素丰度是 2.365%。图 15.5 是 ^{54}Mn 衰变纲图, ^{54}Mn 的半衰期为 312 d,通过电子俘获衰变到 ^{54}Cr 2$^+$ 态,释放 0.835 MeV γ 射线退激到基态。图中也给出了用于探测的 ^{54}Mn 3$^+$ 态的磁偶极矩和电四极矩。

15.3.2 ^{177}Lu/^{177}Hf 放射性探针核(Lederer et al.,1978)

^{177}Lu 放射性核是在反应堆上,通过 ^{176}Lu$(n,\gamma)^{177}$Lu 辐射俘获反应产生, ^{176}Lu 天然同位素丰度 2.6%。图 15.6 是 ^{177}Lu 放射性核衰变纲图, ^{177}Lu 的半衰期为 6.7 d,其通过 β^- 衰变到 ^{177}Hf,其中 88% 直接衰变到 ^{177}Hf 的基态,12% 衰变到 ^{177}Hf 的 9/2$^+$ 激发态,通过发射 0.321 MeV、0.113 MeV 和 0.208 MeV 的 γ 射线退激到基态。图中也给出了用于探测的 ^{177}Lu 7/2$^+$ 态的磁偶极矩和电四极矩。

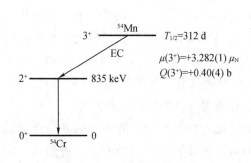

图 15.5 ^{54}Mn 衰变纲图

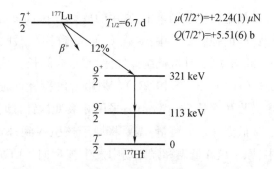

图 15.6 ^{177}Lu 衰变纲图

15.3.3 ^{176}Lu/^{176}Hf 放射性探针核(Lederer et al.,1978)

^{176}Lu 放射性核是在反应堆上,通过^{175}Lu(n,γ)^{176}Lu 辐射俘获反应产生,^{175}Lu 天然同位素丰度97.4%。测量用的是半衰期为3.635 h 的^{176}Lu 的1$^-$态,图15.7 是^{176}Lu 放射性核衰变纲图。

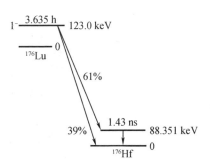

图15.7 ^{176}Lu 衰变纲图

15.4 低温核的核定向谱学应用

15.4.1 定向核的核磁共振

定向核的核磁共振(NMR/NO)是一种核磁共振(NMR)和核定向(NO)组合的测量方法,可以非常精确地测定超精细相互作用及其引起的能级劈裂等参数。

由第13 章核磁共振和核电四极共振谱学可知,极化核加一定频率的射频,可以使核极化破坏,即 M 次能级布居由非均匀布居变为均匀布居,发射 γ 射线的角关联或角分布各向异性消失。定向核的核磁共振或核电四极共振(NMR/NO 或 NQR/NO)是施加共振频率的射频场使低温核定向的放射性核极化破坏,通过放射性核角分布各向异性变化测量共振频率。定向核的核磁共振或核电四极共振的灵敏度,比常规的核磁或核电四极共振的高很多,也就是测量所需的探针核的数目可以少很多,这个特点与 β - NMR 和 β - NQR 相仿。图15.8 是铁磁性铁中^{60}Co 的 NMR/NO 共振吸收曲线(Stone et al.,1984)。

Nishimura 等(2001)采用定向核的核磁共振(NMR/NO)方法测量了^{90}Nb、^{93m}Mo、^{96}Tc 和^{101m}Rh 在 Nb 中的奈特位移。样品是经过1 073 K 退火的厚度为2 μm 纯 Nb 样品,背对束流面真空喷 Cu 且与^{3}He - ^{4}He 稀释制冷机冷头紧密接触,面对束流样品前是核反应靶。采用75MeV 的 α 粒子轰击核反应靶产生的放射性探针核反冲注入到 Nb,产生^{90}Nb、^{93m}Mo、^{96}Tc 和^{101m}Rh 探针核的核反应分别是^{98}Y(α,3n)^{90}Nb、^{93}Nb(α,p3n)^{93m}Mo、^{96}Mo(α,p3n)^{96}Tc 和^{101}Ru(α,4n)^{101m}Pd - ^{101m}Rh,其中^{96}Mo 和^{101}Ru 是浓缩靶。Nb$_3$Sn 超导螺旋管产生

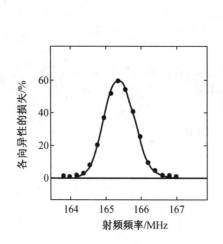

11.922 T 磁场 $\boldsymbol{B}$ 垂直样品表面，RF 射频信号通过射频线圈加到样品，探针核衰变 γ 射线探测的 Ge 探测器安置在与磁场 $\boldsymbol{B}$ 呈 180° 或 0° 方向。样品温度 10 mK，实验测量中采用 ^{54}MnNi 核定向温度计监测样品温度。作为例子，图 15.9 画出了 Nb 中 ^{90}Nb 的 2 319 keV γ - 射线和 ^{93m}Mo 的 1 477 keV γ - 射线测量的 NMR/NO 共振曲线。

图 15.8　铁中 ^{60}Co 的 NMR/NO 共振吸收曲线

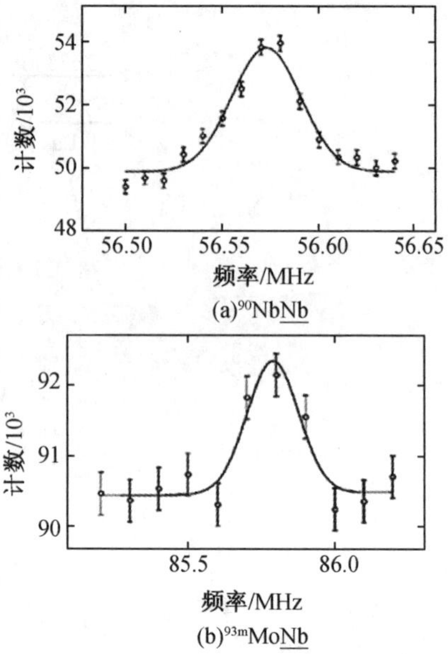

图 15.9　Nb 中 ^{90}Nb 和 ^{93m}Mo 的 NMR/NO 共振曲线

拟合实验测量的共振曲线，得到共振频率 ν。由 $h\nu = g\mu_{\text{N}}(1+K)(1-\sigma)B$ 可以得到奈特位移 K[见 13.2.1]，这里 B 是外加磁场，g 是探针核 g - 因子，σ 是抗磁修正因子。σ 可由计算得到（Feiockand et al.，1967）。表 15.1 列出了 11.992 T 外加磁场测量的 NMR/NO 共振频率 ν、探针核 g - 因子、抗磁修正因子 σ 和奈特位移 K。

表 15.1　实验测量的 ^{90}Nb、^{93m}Mo、^{96}Tc 和 ^{101m}Rh 在 Nb 中的奈特位移

探针核素	g - 因子	ν /MHz	σ/%	K/%	$(1+K)(1-\sigma)$
^{90}Nb	0.620 1	56.572	0.362 2	0.75(10)	1.003 9
^{93m}Mo	0.946 0	85.76	0.362 2	0.2(8)	0.998 0
^{96}Tc	0.727 0	66.997	0.362 2	1.8(10)	1.014 0
^{101m}Rh	1.216 0	111.010	0.455 1	0.92(27)	1.004 6

15.4.2　超精细场测量

由第 15.1 节可知，定向核发射的 γ 射线角分布各向异性与超精细相互作用密切相关，

已知核矩等核参数,通过 γ 射线角分布各向异性测量,可以测量材料中的超精细场。图 12.53中的内磁场,部分是由核定向方法测量得到的。

采用核定向谱学测量超精细场,一定条件下可以测量超精细相互作用的符号或方向。对于磁相互作用,只有探测宇称不守恒的 β 射线才可以测定相互作用符号,这是因为 $M = +I$ 或是 $M = -I$ 基态的磁相互作用不同。对于 γ 射线,磁相互作用与基态 $M = +I$ 或 $M = -I$ 无关,这样就不能测量磁相互作用符号。对于电四极相互作用,由 γ 射线探测也可以确定超精细相互作用符号或方向,这时,无论 $|M| = I$ 还是比 I 小的 $|M| = 0, 1/2$ 的基态,能级顺序反转会导致各向异性符号改变,可由各向异性的符号得到电四极相互作用符号。

Ernst 等(1979)对 ^{177}Lu 在 Lu 单晶中的纯电四极相互作用进行了核定向测量,图 15.10 是 ^{177}Lu 的 208 keV 和 113 keV 两个 γ 射线核定向测量的角分布各向异性随温度倒数 $1/T$ 变化。温度不是很低的实验点连线是一条直线,各向异性与 $1/T$ 是线性关系,斜率正比于四极相互作用频率。实验测量的 208 keV 和 113 keV 两个 γ 射线角分布各向异性如图 15.10 所示。利用式(15.5)、式(10.43)、式(10.47)最小二乘法拟合直线,获得四极相互作用频率 $\nu_Q = +294(37)$ MHz,利用 ^{177}Lu 重新归一的四极矩 $Q = 3.39(2)$ b,得到电场梯度为 $eq = +3.6(5) \times 10^{17}$ V·cm^{-2}。

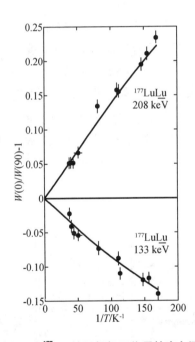

图 15.10　Lu 单晶中 ^{177}Lu 纯四极相互作用核定向测量的各向异性

15.4.3　低温自旋 – 晶格弛豫研究

核定向谱学测量中,样品温度变化,核自旋系统达到一个新热平衡布居态需要一定时间。图 15.11 是 Fe 中 ^{60}Co 在两个不同磁场测量的弛豫曲线(Klein,1977)。将处于 ^{3}He – ^{4}He 连续稀释制冷系统混合室达到核定向温度的样品,采用感应加热方法加热到 ～90 mK,

停止加热后样品在约 0.1 s 时间冷却到 ~37 mK。样品自旋体系从 ~90 mK 到 ~37 mK,需要经过一定时间后达到新平衡态,这时各向异性也达到另一个平衡值。图15.11中曲线 a 和曲线 b 分别是 $B_0 = 0.1$T 和 $B_0 = 1$T 时的弛豫曲线,曲线 a 的 $t = 0$ 时刻是温度由 92 mK 变至 37.8 mK 的时刻,曲线 b 的 $t = 0$ 时刻是温度由 90 mK 变至 36.4 mK 的时刻。自旋体系随冷却恢复到平衡态需要一定的延迟时间或弛豫时间,即 M 分布从 $t = 0$ 前的平衡态(各向异性值 I)达到一个新平衡态分布各向异性值 II 需要一定的时间,图中 $B = 0.1$T 从 I 到 II 的时间是 50 多秒,$B = 1$T 的是 100 多秒。这个温度范围中金属典型的弛豫时间是 10 ~ 100 s。抗磁性金属中顺磁性探针核,例如在铜中 ^{54}Mn,由于电子自旋放大效应,弛豫时间很短,只有几个 μs;在半导体和绝缘体中,弛豫时间都很长。

非磁性金属中核自旋弛豫过程主要是自旋与导电电子的交换散射,即 Korringa 散射(Schatz et al. ,1996)[131]。在 Korringa 散射公式推导中,假设核能级劈裂比费米边缘能级展宽小,这样高能级到低能级散射概率 $W\downarrow$ 和低能级到高能级散射概率 $W\uparrow$ 相同。在核定向低温温度范围,这个假设是不成立的,$W\downarrow$ 和 $W\uparrow$ 是不相同的,这是因为核从高能态到低能态的过程,费米能级附近的电子同时激发到未填满的能级,反之由于没有电子参与, 低能态到高能态的散射几乎不可能。在费米边缘到其下 ΔE 能量范围的电子,能够参与高能级到低能级的散射 $W\downarrow$,在这个过程中电子能够散射到高于费米边缘的自由态。能量比距费米边缘 ΔE 低的电子是不参与散射的,因为如果失掉 ΔE 能量,它们不可能散射到距费米边缘 ΔE 能量范围已经填满的能态。所以对于 $k_B T \ll \Delta E$,可以预期

$$W\downarrow \approx \Delta E \text{ 和 } W\uparrow = 0 \tag{15.9}$$

从式(15.9)的跃迁率和 Korringa 散射假设可知,低温时弛豫率是不随温度变化的常数。图 15.12 是实验测量的铁中 ^{60}Co 弛豫时间随温度倒数 $1/T$ 的变化(Brewer et al. ,1968),图中纵坐标是弛豫时间 T_1',横坐标是 $1/T$。实线是理论计算的曲线,虚线是由 Korringa 关系得到的曲线,点是实验测量的。由实验结果可以清楚地观察到,低温时弛豫时间或弛豫率是不随温度变化的。

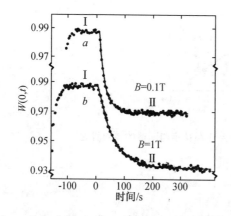

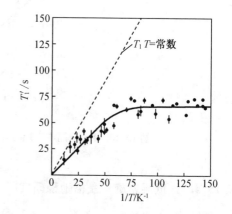

图 15.11　不同磁场 ^{60}Co 在铁中温度变化弛豫曲线　图 15.12　铁中 ^{60}Co 弛豫时间随温度倒数变化

为了避免与 Korringa 驰豫时间混淆,低温驰豫时间用 T_1' 表示。低温下不同次态能级产

生时间不同,因而 T_1' 是所有次态能级的平均值。更多的理论处理可参见相关文献(Bacon et al.,1972)。

15.4.4 核定向低温温度计

如式(15.5)和图15.2所示,通过定向核发射 γ 射线角分布测量,如果已知核矩和超精细相互作用等参数,就能得到定向核系统的温度。所以定向核系统可以用作低于1K 低温温度绝对测量的低温温度计(Brewer,1990)。低于1K 的温度是很难测量的,核定向低温温度计是这个低温温度范围温度测量的一种极其有效的方法。

图15.13是 ^{60}Co 在 HCP 结构 Co 中(^{60}CoCo(HCP))、 ^{54}Mn 在 Ni 中(^{54}MnNi)、 ^{166m}Ho 在 HCP 结构 Ho(^{166m}HoHo(HCP))中等三种已广泛采用的核定向温度计的灵敏度曲线,对 ^{166m}Ho Ho(HCP)画出了810 keV 和712 keV 两条 γ-射线测量的温度计灵敏度曲线。只有核定向温度计的灵敏度大于0.1,才能较好地用于低温温度测量(Marshak,1983)。

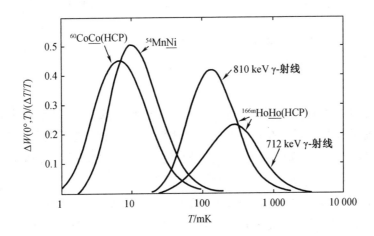

图15.13 三种核定向温度计灵敏度曲线

第16章　正电子湮没谱学

1933 年的诺贝尔物理奖获得者英国狄拉克(P. Dirac)早在 1930 年就理论上预言了正电子的存在,1932 年美国安德森(C. Anderson)在研究宇宙射线的云室照片中发现了正电子径迹,从实验上证实了正电子的存在,并因此获得了 1936 年诺贝尔物理奖。中国赵忠尧在正电子的发现中做出了先驱性工作,他在 1929 年观察到高能 γ 射线在重金属中的反常吸收和伴随 γ 射线发射,并发表了研究成果(Chao,1930)。高能 γ 射线在重金属中反常吸收是高能 γ 射线入射到重金属中产生正 – 负电子对,伴随 γ 射线发射是正 – 负电子湮没产生的γ 射线。

正电子是人类首次发现的反物质。正电子与(负)电子互为反粒子,它们质量相同、电荷相反、自旋都是 1/2、磁矩都为 1 但符号相反。在物质中,正电子特性像正缪子或质子,可以看作是氢的轻同位素。

正电子与电子湮没是质量转换为 γ 射线能量的一种核效应,发射 γ 射线的探测可以获得物质的许多微观结构信息。在正电子与电子湮没基础上发展的正电子湮没谱学,是一门将核物理和核技术应用于固体物理、材料科学、化学、生物和医学、半导体物理、金属物理、表面和界面物理、原子核物理等的不可或缺的核分析方法。

正电子湮没谱学有多种实验测量技术,其中正电子湮没寿命、湮没 γ 射线角关联、湮没γ 射线能量多普勒展宽是三种最早和最常用的实验技术;20 世纪 80 年代发展起来的慢正电子束湮没谱学技术,可用于表面、界面、薄膜、材料微观结构与辐照效应剖面分析等研究;随着高能量分辨和快时间响应 γ 射线探测器、快电子学、数字化技术的发展和应用需要,又发展了许多新技术,例如,数字化符合多普勒展宽、数字化正电子湮没寿命 – 动量关联、医用正电子湮没断层照相(PET)、数字化多探测器和双停止正电子湮没寿命等测量技术。

正电子湮没谱学特点是:(1)测量设备和样品制备比较简单,普及度高;(2)原子尺度材料微观结构和缺陷研究方法,缺陷探测灵敏度可高达 1×10^{-6};(3)对样品种类、状态等无任何限制,可对所有材料以进行测量;(4)对样品温度和压力等没有任何限制,适于原位、动态测量;(5)分析和检测是无损的。由于这些特点,正电子湮没谱学成为一种应用最广的核分析技术。

16.1　正电子湮没谱学分析原理

16.1.1　正电子慢化和质量－能量转换

正电子进入物质,与物质原子的原子核和核外电子碰撞、损失能量,能量损失或慢化后的正电子在物质中扩散,碰到电子发生湮没。湮没后正、负电子消失,释放两个 0.511 MeV 的 γ 射线,所以正电子湮没是一种质量转换为能量的核效应。

狄拉克于 1930 年理论上预言了可能存在正电子(Dirac,1930;Dirac,1931),其后安德森在 1932 年研究宇宙射线的云室照片中发现了正电子径迹,从实验上证实了正电子的存在(Anderson,1933)。根据狄拉克电子理论,自由电子能量本征值为

$$E = \pm \sqrt{(pc)^2 + (m_e c^2)^2} \tag{16.1}$$

式中　pc——电子动量;

　　$m_e c^2$——电子静止能量;

　　c——光速。

由上式可见,自由电子能量的本征态,可以是正能态(取正号),也可以是负能态(取负号)。图 16.1(a)画出了自由电子正、负能量的本征态。

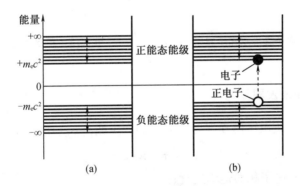

图 16.1　自由电子能量本征态

根据泡利不相容原理,填满的能级不能再接受任何电子,正、负能量本征态都是填满电子的,因此从正能级态到负能级态的跃迁是不容许的。但是能量大于 1.02 MeV γ 射线可以将电子(e⁻)从负能态激发到正能态,如图 16.1(b)所示,在负能态原来电子位置出现了一个空穴,这个空穴就是正电子(e⁺)。这个过程中产生了一个正电子和一个电子,正电子与电子的质量相同,自旋相同(1/2),电荷和磁矩绝对值相同,符号相反。这是入射 γ 射线能量转化成物质,即转化为正电子和电子两个粒子,这是能量－质量转换效应。能量转换成质量的逆过程是质量到能量的转换过程,这个过程就是正电子与电子的湮没,负能态空穴

能被正能态的电子填补,发射两个 0.511 MeV γ 射线或光子,这是能量 - 质量转换效应。

正电子和电子湮没($e^+ - e^-$)过程与物质性质和结构密切相关,因而正电子和电子湮没可以很好地用于物质性质和结构等研究（West,1973；Hautojarvi,1979；Brandt et al. ,1983）。

16.1.2 正电子湮没辐射

正电子和电子湮没发射 γ 射线或光子有三种方式。一种方式是单光子或单 γ 射线发射。单光子发射过程需要有原子核或原子内层电子吸收反冲动量,所以单光子发射的概率极小,可以忽略。第二种方式是双光子或双 γ 射线发射,如图 16.2 所示,电子(图中黑色圆点)和正电子(图中空心圆点)自旋反平行时,在相反方向发射两个 0.511MeV γ 光子或双 γ 射线,双光子发射是正电子和电子湮没的主要过程。第三种方式是三光子或三 γ 射线发射,如图 16.3 所示,当正电子和电子自旋平行时,湮没会发射三个 γ 光子或三 γ 射线,但概率远小于双光子发射。发射双光子概率与发射三光子概率之比约为 372/1(Ore et al. ,1949；Green et al. ,1964）。

上面讨论中,与电子湮没的正电子是自由正电子,不是束缚态的正电子。

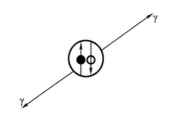

图 16.2　正电子湮没双光子发射

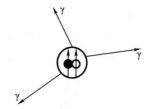

图 16.3　正电子湮没三光子发射

16.1.3 正电子湮没率

非相对论情况下,正电子湮没发射双光子的产生截面 σ_0(Dirac,1930) :

$$\sigma_0 = \pi r_0^2 \times (c/v) \qquad (16.2)$$

式中　v——正电子与电子相对运动速度;

r_0——是电子经典半径,$r_0 = 2.8 \times 10^{-15}$ m;

c——光速。

自由正电子湮没率 λ_0:

$$\lambda_0 = \sigma_0 n_e v = \pi r_0^2 n_e c \qquad (16.3)$$

式中,n_e 是单位体积电子数目(cm^{-3}),每克物质电子数目为 $6.023 \times 10^{23} \times (Z/A)$,所以 $n_e = 6.023 \times 10^{23} \times (\rho Z/A)$,$\lambda_0 = \pi r_0^2 n_e c = 4.5 \times 10^9 \times (\rho Z/A)(\mathrm{s}^{-1})$,这里 ρ 是材料密度,Z 和 A 分别是原子的原子序数和质量数。正电子湮没率 $\lambda_0 \propto n_e$,单位体积中电子数目 n_e 越大,正电子湮没率 λ_0 越大。

16.1.4 正电子湮没寿命

1. 正电子湮没寿命

图 16.4 是正电子在物质中湮没过程示意图。正电子进入物质后在很短时间,例如几个 ps 发生慢化,慢化后的正电子能量为 0.025 eV,这个能量的正电子称为慢正电子;慢正电子在物质中扩散,捕获一个电子发生正电子和电子($e^+ - e^-$)湮没,发射湮没 γ 射线。正电子进入物质到发射湮没 γ 射线的时间间隔为正电子湮没寿命。正电子湮没寿命 τ 反比于正电子湮没率 λ_0:

$$\tau = 1/\lambda_0 \tag{16.4}$$

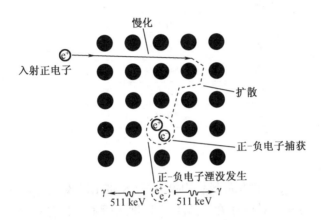

图 16.4 正电子湮没过程示意图

由式(16.4)和式(16.3)可知,单位体积中电子数 n_e 越大,正电子湮没寿命 τ 越小。自由正电子湮没寿命一般 $10^{-10} \sim 10^{-8}$s(100 ps ~ 10 ns)。

正电子湮没过程中会发生湮没率增强效应。由于正电子与电子间存在库仑引力,正电子吸引电子,周围形成一层电子云,正电子处的电子密度比金属中平均自由电子密度大,使正电子湮没率 λ_0 变大。增强效应使湮没率 γ_0 变大和寿命 τ 变短。增强效应采用增强因子 k 表示,计及增强效应后的湮没率 $\lambda = k\gamma_0$。

布兰特和莱因海默(Brandt 和 Reinheimer)提出了与实验结果较一致的正电子湮没率计算公式(Brandt et al. ,1970):

$$\lambda_B = 1.2 \frac{1}{r_s^3} \left(1 + \frac{r_s^3 + 10}{6}\right) \times 10^{10} (\text{s}^{-1}) \tag{16.5}$$

式中,λ_B 是布兰特湮没率,$r_s \sim (2 \sim 6) a_0$,a_0 是玻耳半径。增强因子 k 一般为 $4 \sim 40$。表 16.1 列出了正电子在一些金属中的湮没率,表中 λ_s 是式(16.3)计算值、λ_E 是实验测量值、λ_B 是式(16.5)计算值。由于 D 层电子贡献较大,Cu、Ag、Au 的 λ_B 与 λ_E 相差较大。

表 16.1　正电子在一些金属中的湮没率

金属	$r_s(a_0)$	λ_s/ns^{-1}	λ_E/ns^{-1}	λ_B/ns^{-1}
Al	2.07	1.35	6.13	5.61
Fe	2.12	1.26	8.55	5.36
Sn	2.22	1.10	4.72	4.92
Cd	2.59	0.69	3.86	3.84
Cu	2.67	0.63	8.20	3.68
Mg	2.66	0.64	4.31	3.70
Au	3.01	0.44	7.19	3.17
Ag	3.02	0.44	7.04	3.16
Li	3.30	0.33	3.33	2.89
Na	4.00	0.19	2.94	2.50
K	4.90	0.10	2.51	2.27
Rb	5.20	0.09	2.43	2.23
Cs	5.65	0.07	3.39	2.18

2. 正电子射程

正电子入射到固体样品慢化后发生湮没,湮没 γ 带出湮没位置处材料局域信息。湮没位置与正电子 e^+ 的能量或射程有关,也与材料密度或原子序数有关。

几百 keV 正电子,例 ^{22}Na 发射正电子能量 $E = 545$ keV,通过电离,原子激发等一系列非弹碰撞在材料中损失能量,在几个 ps 时间内慢化,能量降到 0.025 eV。有机分子材料中,正电子在慢化过程中,可能捕获一个电子,形成正电子素(见下节)。

慢化后的正电子能量约为 0.025 eV,扩散距离很小,对正电子射程几乎没有影响。正电子射程 R_e 主要由慢化过程决定。正电子在材料中的射程经验公式(Paulin,1979):

$$R_e = \frac{E^{1.43}}{17\rho}(\text{cm}) \tag{16.6}$$

式中　E——正电子初始能量,MeV;

　　　ρ——材料密度,g·cm^{-3};

　　　Z——材料原子序数。式(16.6)也可以改写为与材料原子序数有关的表达式:

$$R_e = \frac{\overline{E}^{1.19}}{2.89Z^{0.15}}(\text{cm}) \tag{16.7}$$

式中,$\overline{E}$ 为正电子的平均能量。^{22}Na 正电子源发射的正电子最大能量 $\overline{E} = 0.545$ MeV,平均能量 $\overline{E} = 0.15$ MeV。表 16.2 是 ^{22}Na 正电子源发射正电子在一些材料中的射程,由表可见,射程一般为 10 到几百 μm。实验测量中为确保正电子都湮没在样品中,样品厚度为 3 ~ 5 倍的正电子射程,一般样品厚度 >0.4 mm。

表 16.2　^{22}Na 正电子源发射的正电子在一些材料中射程

材料	$\rho/(g \cdot cm^{-3})$	Z	$R_e/\mu m$	
			式(16.6)计算值	式(16.7)计算值
金刚石	3.52	6	70.2	81.1
石墨	2.25	6	110	126.9
Na	0.97	11	255	268.8
Mg	1.74	12	142	148.3
Al	2.7	13	91.5	94.2
Si	2.42	14	102	103.9
Cr	7.14	24	34.6	32.6
Mn	7.30	25	33.8	31.6
Fe	7.86	26	31.4	29.2
Co	8.71	27	28.4	26.2
Ni	8.80	28	28.1	25.8
Cu	8.93	29	27.7	25.3
Zn	6.92	30	35.7	32.4
Ge	5.46	32	45.2	40.8
Mo	9.01	42	27.4	23.7
Ag	10.5	47	23.5	20.0
Sm	~7.75	62	31.9	26.0
W	19.3	74	12.8	10.2
Pt	21.4	78	11.5	9.1
Pb	11.3	82	21.9	17.1
聚乙烯	0.90		274	
聚苯乙烯	1.06		233	
尼龙	1.11		222	
氯化钠	2.16		114	
熔融石英	2.2		112	
硼硅酸玻璃	2.3		107	
硬铝	2.79		88.5	
不锈钢 18-8	7.91		31.2	
黄铜	~8.6		28.7	

16.1.5　正电子素

正电子素(positronium,Ps)是正电子在慢化过程中,捕获周围邻近的一个电子,形成的正电子－电子亚稳态(图 16.5)。正电子素主要在有机分子材料中形成,例如液体、绝缘体、聚合物、多孔物质、纳米等材料。金属中传导电子对正电子有屏蔽作用,不会形成正电子素。正电子素是静电力和离心力平衡时组成的一个很轻的电中性原子(图16.5),其约化质量为 $m_e/2$,围绕质量中心旋转。

根据正电子与电子自旋平行及反平行,正电子素分为单态正电子素或仲态正电子素(parapositronium,P−Ps)和三重态正电子素或正态正电子素(orthopositronium,O−Ps)。

1. 单态正电子素

如图16.6所示,构成单态正电子素的正电子和电子的自旋是反平行的,这时 $J=0$, $m=0$。单态正电子素在真空中的本征寿命 $\tau=1.25\times10^{-10}$ s(125 ps)。

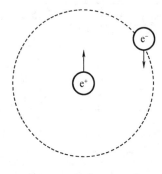

图16.5 正电子素示意图

2. 三重态正电子素

图16.7所示是三重态正电子素,它的正电子和电子的自旋是平行的,这时 $I=1$, $m=0$, $m=\pm1$。三重态正电子素本征寿命 $\tau=1.42\times10^{-7}$ s(142 ns)

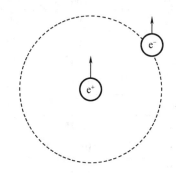

图16.6 单态正电子素   图16.7 三重态正电子素

3. 正电子素形成概率

单态正电子素形成概率比三重态正电子素小很多,三重态正电子素形成概率是单态正电子素的三倍多。若所有正电子都形成正电子素,正电子素中有75%是三重态正电子素,它与电子湮没发射三个 γ 光子;有25%是单态正电子素,它与电子湮没发射双光子。正电子素发射双光子和发射三光子比 $P_{double}/P_{striple}=0.33$。自由正电子和电子湮没发射双光子与三光子湮没之比 $P_{double-free}/P_{triple-free}=372$,这里 $P_{sdouble}$ 和 $P_{striple}$ 分别为正电子素发射双光子和三光子的概率,$P_{double-free}$ 和 $P_{triple-free}$ 分别为自由正电子发射双光子和三光子的概率。

材料中是否形成正电子素,可以根据以下几点进行判别:(1)正电子素形成时,双光子与三光子湮没比小于372, 即 $(P_{double-free}+P_{double})/(P_{triple-free}+P_{striple})<372$;(2)周围电子密度发生变化,三重态正电子素本征寿命142 ns不变;(3)三光子发射湮没中,会发射能量小于0.511 MeV光子。如果有正电子素形成,湮没光子能谱低能部分尤其是0.2~0.4 MeV部分增多(图16.8)(吴奕初 等,2017);自由正电子湮没发射的双光子的能量几乎都是单能0.511 MeV。图16.8(a)是三重态正电子素三光子衰变发射的 γ 射线能谱(实心圆点是实验测量能谱,虚线、点线和直线是理论计算能谱),图16.8(b)是高分辨率 γ 射线探测器测量的没有

正电子素形成和 100% 正电子素形成的 γ 射线能谱。由图可见,有三光子发射时,低于 0.511 MeV 能谱计数增大。

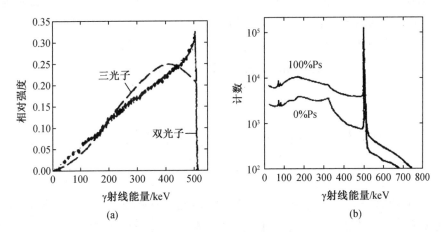

图 16.8　自由正电子和正电子素湮没发射的 γ 能谱

16.1.6　正电子湮没测量参量

正电子湮没可以测量的参量有三个:正电子湮没寿命、湮没 γ 射线能量多普勒展宽、湮没 γ 射线角关联。图 16.9 所示是正电子湮没三个可以测量参量的示意图。

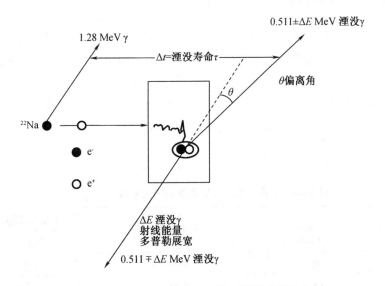

图 16.9　正电子湮没测量的参量示意图

正电子进入样品后几个皮秒内就被慢化,慢化正电子在样品中扩散,扩散过程中捕获一个电子发生正电子 - 电子($e^+ - e^-$)湮没。正电子和电子湮没过程中的能量、动量是守恒的,慢化正电子能量约为 0.025 eV,可以认为它的动量是零,材料电子能量也是零,正电子 - 电子对动量为零,这样正电子和电子湮没时,在 180° 共直线相反方向发射两个 γ 光子

或 γ 射线，γ 射线的能量 $E_0 = m_e c^2 = 0.511$ MeV。如果材料电子有一定动能，例如约几个 eV，正电子－电子对动量不为零，这时发射的两个 γ 射线相对共直线发生一个很小的偏离，偏离角 θ，运动的正电子－电子对湮没发射 γ 射线能量变成 0.511 MeV $\pm \Delta E$，ΔE 为多普勒展宽。偏离角 θ 和多普勒展宽 ΔE 与电子动量有关。正电子进入样品发射湮没 γ，测量湮没 γ，可以得到正电子湮没寿命；测量湮没 γ 谱线线形，可以得到湮没 γ 射线能量多普勒展宽；由两个 γ 光子发射相对于共直线偏离，可以测定偏离角 θ 或角关联。

16.2　正电子湮没谱学实验测量技术

由 16.1.6 可知，正电子湮没有三个实验测量参量。根据这三个参量的测量，正电子湮没谱学主要有三种基本的实验测量技术或方法。第一种是正电子湮没寿命测量方法，第二种是正电子湮没发射 γ 射线能量多普勒展宽或线形测量方法，第三种是正电子湮没 γ 射线角关联测量方法。由这三个参量的测量，可以得到材料的电子密度、电子动量密度等信息，从而获得材料微观结构，尤其是缺陷等的微观信息。

正电子湮没谱学实验测量需要有正电子放射源。源发射的正电子入射到样品，发生湮没。正电子湮没测量是通过湮没发射的两个 γ 射线测量进行的。

16.2.1　正电子湮没谱学测量正电子放射源

正电子湮没谱学测量用的正电子放射源要求正电子发射率高、发射正电子能量足够大能离开源体并入射到样品、半衰期合适。现在已经有许多用于正电子湮没谱学测量的正电子放射源（Brandt et al.，1983），例如 ^{22}Na、^{55}Co、^{57}Ni、^{58}Co、^{64}Cu、^{68}Ge、^{90}Nb 等。表 16.3 列出了一些正电子放射源及其相关参数。^{22}Na 和 ^{64}Cu 放射源是正电子湮没谱学测量中最常用的两种放射源，尤其是 ^{22}Na 正电子放射源。表中一些短寿命的正电子放射源主要是医学诊断用正电子源。

表 16.3　常用正电子放射源及其相关参数

正电子放射源	半衰期	正电子源发射强度/%	正电子最大能量/MeV
^{11}C	20 min	99	0.96
^{13}N	9.96 min	100	1.20
^{15}O	2.05 min	100	1.74
^{64}F	1.83 h	97	0.635
^{62}Zn	9.186 h	7	0.66
^{62}Cu	9.73 min	97.8	2.9
^{22}Na	2.62 a	90.6	0.545

表 16.3（续）

正电子放射源	半衰期	正电子源发射强度/%	正电子最大能量/MeV
^{44}Ti	47 a	94	1.47
^{58}Co	71.3 d	15	0.475
^{64}Cu	12.8 h	19	0.656
^{68}Ge	275 d	88	1.88

1. ^{22}Na 正电子放射源

^{22}Na 正电子放射源是正电子湮没谱学测量中使用频率最高和最重要的正电子放射源，是迄今唯一可以用于正电子湮没寿命测量的正电子放射源。

图 16.10(a) 和图 16.10(b) 所示是 ^{22}Na 正电子放射源衰变纲图和发射的正电子能谱（Lederer et al.，1978）。源的半衰期 $T_{1/2} = 2.62$ a、正电子发射强度 90%、发射正电子（β^+）的能谱是一个连续谱，最大能量 $E_{max} = 0.544$ MeV。

^{22}Na 放射源发射正电子后，衰变到 ^{22}Ne 的 2^+（3 ps）激发态，这个激发态发射能量 $E_\gamma = 1.28$ MeV γ 射线退激到基态。这个退激 γ 射线与正电子（β^+）的发射几乎同时发生的，常称为 β^+ 的伴随发射 γ 射线 [图 16.10(a)]。这个伴随发射 γ 射线是正电子（β^+）产生的时间标志，在寿命测量中，将探测到这个 γ 射线的时刻作为 $t = 0$ 时刻，用作湮没过程的起始信号。这是 ^{22}Na 正电子放射源的一个重要特点，也是 ^{22}Na 正电子放射源可以用作寿命测量的原因，迄今其他正电子放射源都没有伴随 γ 射线，所以只有 ^{22}Na 源可以用于正电子湮没的寿命测量。^{22}Na 源的半衰期长，可以使用的时间长，而且在测量时源强可认为是常数。

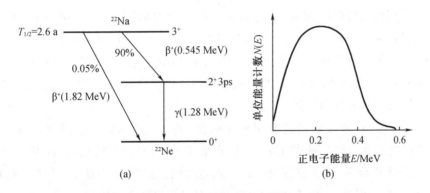

(a)　　　　　　　　　　(b)

图 16.10　^{22}Na 正电子放射源衰变纲图和发射的正电子能谱

^{22}Na 由加速器核反应产生，可以产生的核反应有：^{24}Mg(d,α)^{22}Na、^{27}Al(p,pαn)^{22}Na、^{24}Mg(p,2pn)^{22}Na、^{27}Al(d,αp2n)^{22}Na、^{25}Mg(p,α)^{22}Na、^{27}Al(^{3}H,α)^{22}Na、^{26}Mg(p,αn)^{22}Na、^{27}Al(6Li,2αpn)^{22}Na、^{23}Na(p,pn)^{22}Na、^{23}Na(d,p2n)^{22}Na 等。用 Mg 靶的核反应比 Na 和 Al 的好，核反应阈能低、产额高、易于提取和纯化获得高比度无载体 ^{22}Na。最常用的加速器产生 ^{22}Na 的核反应是 ^{24}Mg(d,α)^{22}Na。

2. ^{64}Cu 源

图 16.11 所示是 ^{64}Cu 正电子源衰变纲图（Lederer et al. , 1978）, ^{64}Cu 源寿命 $T_{1/2}$ = 12.7 h , 正电子发射强度 19% , 正电子最大能量 0. 657 MeV , 无伴随 γ 射线 , 不能用于正电子湮没寿命测量。

^{64}Cu 源主要在反应堆上由 ^{63}Cu（n, γ） ^{64}Cu 中子俘获反应产生 , ^{63}Cu 同位素丰度为 68% 。由于反应截面大 , 反应堆中子注量率高 , 可以获得居里（ 3.7×10^{10} Bq）量级以上的强 ^{64}Cu 正电子源。由于源强 , ^{64}Cu 正电子源常用于正电子湮没角关联测量 , 尤其是一维长缝角关联测量。

3. 正电子湮没测量源制备

实验测量用的 ^{22}Na 正电子源是将无载体 ^{22}NaCl 溶液滴在塑料薄膜或金属箔片或云母薄片的衬底制成（图 16.12）。

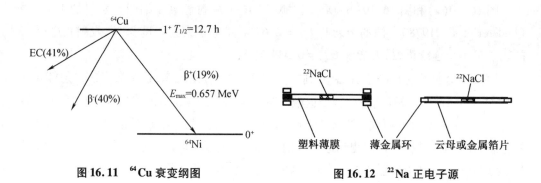

图 16.11 ^{64}Cu 衰变纲图   图 16.12 ^{22}Na 正电子源

^{22}NaCl 溶液滴在衬底上的源点尺度越小越好 , 一般 $< \phi 6$ mm 。正电子源衬底要尽量薄 , 使正电子在其中湮没尽量少 , 以减小本底。衬底材料要有一定机械强度 , 以确保使用中不会破裂。常用衬底材料有 Ni 和 Al 等金属衬底、云母片衬底、Kapton 和 Mylar 等塑料薄膜衬底。衬底材料厚度一般几个 ~ 10 μm , 靶衬太薄容易破裂 , 靶衬太厚正电子在其中湮没大。Ni、云母等靶衬材料制备的正电子源可以用于高温样品的正电子湮没测量。正电子源结构一般为夹心饼式（图 16.12）, 一片衬底滴 ^{22}NaCl 溶液 , 另一相同的衬底覆盖其上。

正电子湮没寿命测量的源强一般是 5 – 50 μCi（18. 5 – 185 $\times 10^5$ Bq）, 多普勒展宽测量放射源强度几个 μCi , 角关联测量要用很强的源 , 例如几百 mCi 到几个 Ci（ 3.7×10^9 ~ 3.7×10^{11} Bq）或更高。实验测量的源强可以根据 $A = (C_r/C_t)(1/t)$ 估计 , 这里 A 为源强度 , C_r 为允许的偶然符合率 , C_t 为真符合率 , t 为测量时间。假定 $t \sim 100$ ns , $C_r/C_t \sim 0.01$, 源强度 A 为 3 μCi（或 ~ 10^5 Bq）。实际使用的源强比估计值可能会高很多。

16.2.2   正电子湮没测量样品

正电子湮没测量样品制备比较简单 , 例如 , 将金属样品切割成一定大小的薄片 , 表面抛光即可。正电子湮没谱学测量的样品厚度要使正电子源发射的正电子均在样品中湮没 , 样品厚度一般是正电子射程的 3 ~ 4 倍。一般 , 金属样品厚度大于 0. 4 mm 。

为了保证正电子都在相同条件下湮没 , 测量时用两片相同的样品 , 形成样品 – 源 – 样品"夹心饼"结构（图 16.13）。

图 16.13　样品 – 源 – 样品"夹心饼"结构示意图

16.2.3　正电子湮没测量技术

1. 正电子湮没寿命测量

（1）正电子湮没寿命测量方法

正电子湮没寿命测量采用 ^{22}Na 正电子源，它在发射正电子同时发射 1.28 MeV 伴随 γ 射线。测量 1.28 MeV γ 射线与 0.511 MeV 湮没 γ 射线之间的时间差，就可以得到正电子湮没寿命。实验测量中，1.28 MeV γ 射线作为时间 – 幅度变换器的起始信号，0.511 MeV 湮没 γ 射线作为停止信号，测量正电子湮没寿命谱，即是湮没 γ 计数随时间的分布谱。假定正电子湮没寿命为 τ，则湮没 γ 计数时间分布是 $e^{-t/\tau}$ 指数衰减统计分布，因此，实验需要对正电子湮没事件进行大量的累计测量，一般实验测量的湮没时间谱总计数 $\geqslant 10^6$，测量时间一般 2 ~ 3 h。对测量的寿命谱进行拟合和分析，可得到正电子湮没寿命。

图 16.14 是一台正电子湮没寿命谱仪实物照。图 16.14(a) 是两个 BaF_2 闪烁晶体 γ 射线探测器，图 16.14(b) 是计算机 – 多道分析器记录系统，图 16.14(c) 是电子学仪器。正电子源与样品形成夹心饼结构（图中白色插图，位于样品支架上），源位于两片相同样品之间。测量时样品 – 源 – 样品夹心饼安置于两个 γ 射线闪烁探测器的中心。测量正电子湮没寿命的闪烁探测器的是由时间性能好的 BaF_2 闪烁体和 XP2020Q 光电倍增管构成。较早采用塑料闪烁探测器，现在时间性能和能量分辨都好的 $LaBr_3$ 闪烁探测器已经开始替代 BaF_2 闪烁探测器。光电倍增管的阳极输出一个快时间信号，打拿极输出一个慢能量信号。

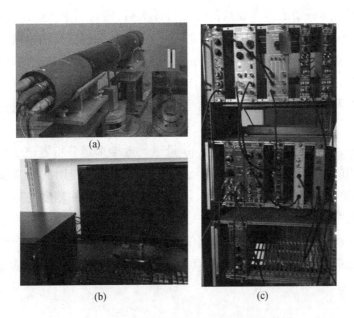

(a)

(b)　　　　　(c)

图 16.14　BaF_2 闪烁晶体正电子湮没寿命谱仪

图 16.15 所示是正电子湮没寿命测量的最基础的电子学系统原理方框图。一个闪烁探测器的光电倍增管输出经过单道幅度分析器选出 1.28 MeV γ 射线作为时间－幅度变换器的起始信号。另一个闪烁探测器的光电倍增管输出经过单道幅度分析器选出的 0.511 MeV γ 射线作为时间－幅度变换器的停止信号。多道分析器记录时间－幅度变换器输出的时间谱。在基础电子学框架上，发展了两种正电子湮没寿命测量技术，一种是快－慢符合测量技术，另一种是快－快符合测量技术，基于前者的谱仪称为快－慢符合正电子湮没寿命谱仪，后者称为快－快符合正电子湮没寿命谱仪。

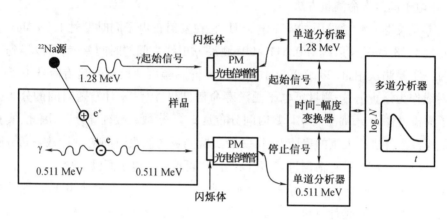

图 16.15　正电子湮没寿命测量电子学系统原理方框图

（2）快－慢符合正电子湮没寿命测量谱仪

图 16.16 所示是常用快－慢符合正电子湮没寿命测量谱仪的电子学线路方框图。快－慢符合测量中，两个光电倍增管阳极输出的快时间信号，输入到恒比定时甄别器，经适当延迟后输入到时间－幅度变换器，一个作为起始（或停止）信号，另一个作为停止（或起始）信号。两个探测器打拿极输出的慢能量信号经过放大后，输入到单道幅度分析器，一个选出 1.28 MeV γ 射线，一个选出 0.511 MeV γ 射线，两个单道分析器的输出信号输入到符合电路。时间－幅度变换器的输出一个幅度与起始和停止信号间隔成正比的脉冲信号，并输入到计算机－多道分析器作为分析信号，符合电路输出作为多道分析器门信号，只有与门信号同时到达的时间－幅度变换器的脉冲信号才被多道分析器记录，最终得到正电子湮没寿命谱。

实验测量中，通过调节延迟器的延迟（ns 量级），改变多道分析器记录时间谱的时间零点位置或时间谱的显示位置。快时间信号道的电子学仪器都是时间响应很快的电子学仪器，能量道的电子学仪器的时间响应较慢，因此门信号比时间－幅度变换器的输出脉冲晚到约 2 μs，两个探测器的快时间信号在进入时间－幅度变换器前需要进行 μs 量级的延迟，使时间－幅度变换器的输出脉冲信号与门信号在时间上对齐。快时间信号的 μs 量级的延迟一般采用长电缆延迟，以避免快信号失真。

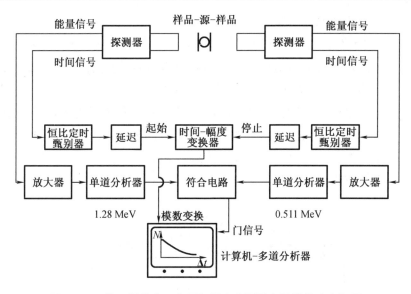

图 16.16　快 – 慢符合正电子湮没寿命测量电子学线路方框图

（3）快 – 快符合正电子湮没寿命测量谱仪

图 16.17 所示是快 – 快符合正电子湮没寿命测量谱仪的电子学线路方块图。快 – 快符合法较快 – 慢符合法的优点是承受的计数率高，因此可用较强的正电子源。快 – 快符合正电子湮没寿命谱测量只采用快时间信号，不用能量信号。一个探测器的快时间信号输入到恒比定时甄别器，调节恒比定时甄别器的上下阈能选出 1.28 MeV γ 射线，经延迟后作为时间 – 幅度变换器的起始信号（或停止信号），另一个探测器的快时间信号由恒比定时甄别器选出 0.511 MeV γ 射线，经过延迟后作为时间 – 幅度变换器的停止信号（或起始信号）。时间 – 幅度变换器的输出作为多道分析器的分析信号。两个恒比定时甄别器的输出也同时输入到快符合电路，快符合电路的输出作为时间 – 幅度变换器的门信号（也可以用于多道分析器的门信号）。在源较弱的情况，也可以不用快符合电路和门信号。同样，调节延迟器的延迟，可以改变多道分析器记录的时间谱的时间零点位置。

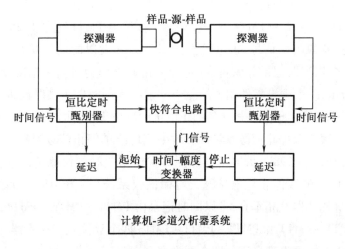

图 16.17　快 – 快符合正电子湮没寿命测量方框图

（4）数字化正电子湮没寿命谱仪

随着数字化技术发展,数字化正电子湮没寿命谱仪得以发展。图 16.18 所示是数字化正电子湮没寿命谱仪原理图,与图 6.16 相比,除了探测器系统,其他电子学器件的功能都由高带宽的模/数(AD)转换卡取代,将物理模拟量转化为数字信号,转输到计算机进行数据处理或将原始信号或每个事件的所有信息都存贮在硬盘进行后续离线处理,采用数字化恒比定时和能窗选择,极大地简化了谱仪的调试和使用,谱仪的时间分辨率和承受的计数率都好于传统的谱仪。数字化谱仪具有硬件结构非常简单经济、稳定性好、噪声低,可以灵活地进行在线和离线数据处理等优点。。

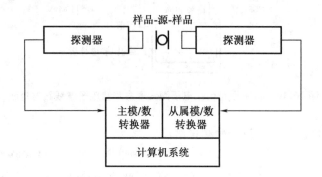

图 16.18　数字化正电子湮没寿命谱仪原理图

2. 强放射性样品正电子湮没寿命测量

材料受到中子辐照,由于中子活化材料具有很强放射性,且有很强的 0.511 MeV γ 射线本底。为进行放射性样品正电子湮没寿命测量,Saito 等(2002)发展了双停止信号正电子湮没寿命谱仪。

图 16.19 所示为由四个 LaBr$_3$ 闪烁探测器构成的双停止信号的正电子湮没寿命谱仪(朱升云 等,2020)。传统正电子湮没寿命谱仪是由两个探测器构成,一个记录 1.28 MeV γ 射线,作为时间－幅度变换器的起始信号,一个记录 0.511 MeV 湮没 γ 射线,作为时间－幅度变换器的停止信号。双停止信号正电子湮没寿命谱仪是由三个探测器构成,例如图 16.19(a)中的 PMT1、PMT2 和 PMT4 三个探测器。探测器 PMT1 记录 1.28 MeV γ 射线,作为时间－幅度变换器的起始信号,正电子湮没 180° 方向发射的两个 0.511 MeV γ 射线由 PMT2 和 PMT4 两个探测器记录并做符合,符合电路输出作为时间－幅度变换器的停止信号。如图 16.9 所示,一个湮没事件相关的三个 γ 射线都同时做了关联或符合测量,从而可以精确地选出与 1.28 MeV γ 射线相伴随的正电子的湮没事件,非常有效地抑制了放射性样品中其他 γ 射线本底。双停止信号测量探测效率比传统单停止信号测量探测效率低很多,为提高探测效率,Zhu 等(1987)借鉴了四探测器扰动角关联谱仪原理,发展和建立了四个 LaBr$_3$ 闪烁探测器构成的双停止正电子湮灭寿命谱仪系统(图 16.19)。如图 16.19(a)所示,四个 LaBr$_3$ 闪烁探测器互相垂直,可以同时记录由 PMT1 – PMT2 + PMT4、PMT3 – PM2 + PMT4、PMT2 – PMT1 + PMT3 和 PMT4 – PMT1 + PMT3 四个双停止三探测器正电子湮灭寿命谱仪产生的四个正电子湮没寿命谱。四个湮没寿命谱时间对齐后相加,可以很大程度地提

高测量效率。图 16.19(b)所示是四个探测器和样品都安放在铅屏蔽室中的谱仪的外观和电子学仪器和数据获取系统。该四探测器双停止正电子湮灭寿命谱仪系统,用于高剂量中子辐照、具有极强放射性的材料的辐照损伤的检测,不需要多年的冷却,辐照后就可以进行正电子湮没寿命测量。

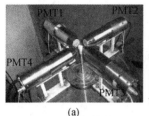 

(a)   (b)

图 16.19　四个 LaBr₃ 闪烁探测器的双停止信号正电子湮没寿命谱仪

3. 正电子湮没寿命谱仪用闪烁探测器

闪烁探测器是由闪烁晶体和光电倍增管构成。核辐射,例如 γ 射线入射到闪烁晶体,使闪烁晶体原子电离或激发,受激原子退激发出可见光或紫外光,入射到光电倍增管阴极。光电倍增管阴极发射光电子,经打拿极加速和倍增,被阳极收集。从光电倍增管阳极引出一个快时间信号,从打拿极引出能量信号。正电子湮没寿命谱仪的闪烁探测器有塑料闪烁探测器、BaF_2 晶体闪烁探测器、$LaBr_3$ 晶体闪烁探测器等。

(1)塑料闪烁探测器

塑料闪烁探测器的闪烁体是一种有机塑料闪烁体,光电倍增管一般采用 XP2020。表 16.4 列出了几种常用塑料闪烁体的性能参数。

表 16.4　几种常用塑料闪烁体的性能参数

型号	Pilot(U)	NE111	ST401
产地	英国	英国	中国
光输出(相对蒽)/%	67	55	40
闪烁光衰变寿命/ns	1.36	1.6	2.0
光电子产额(1/MeV)	—	1 340	1 369

塑料闪烁体的优点是发光时间短(1~2 ns)、时间响应快,塑料闪烁探测器有较好的时间分辨率,采用塑料闪烁探测器正电子湮灭寿命谱仪时间分辨率为 280~350 ps。塑料闪烁体的缺点是光输出产额低,塑料闪烁探测器的探测效率较低;塑料闪烁体探测 γ 射线主要基于是康普顿散射,因此塑料闪烁探测器的能量分辨率较差。图 16.20 所示是塑料闪烁探测器测量的 ^{22}Na 和 ^{60}Co 源 γ 射线能谱,由图可见,塑料闪烁探测器的能量分辨率较差。此外塑料闪烁体容易受潮,导致性能变坏。

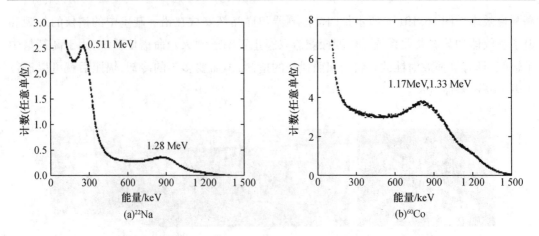

图 16.20　塑料闪烁探测器测量的 ^{22}Na 和 ^{60}Co 源 γ 射线能谱

（2）BaF$_2$晶体闪烁探测器

BaF$_2$闪烁晶体发射的光是紫外光，所以光电倍增管需有石英窗，将紫外光转变为可见光，常用光电倍增管是具有石英窗的 XP2020Q 光电倍增管（朱升云 等，1990）。BaF$_2$闪烁晶体的闪烁光有一个 600 ps 的快成分，时间响应非常快。BaF$_2$晶体闪烁探测器的能量分辨率较好（图 16.21），与 NaI 闪烁晶体相仿，其对 ^{137}Cs 的 0.662 MeV γ 射线的分辨率为 8% ~ 9%，对 ^{60}Co 的 1.33 MeV γ 射线的分辨率为 6% ~ 7%；BaF$_2$闪烁晶体密度为 4.88 g·cm^{-3}，探测效率较高，一般是 8% ~ 10%；BaF$_2$晶体闪烁体不怕潮湿。BaF$_2$闪烁探测器正电子湮没寿命谱仪的时间分辨率可以达到小于或等于 180 ps。

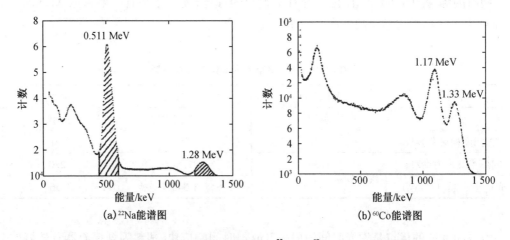

图 16.21　BaF$_2$闪烁探测器测量的 ^{22}Na 和 ^{60}Co 源 γ 射线能谱

（3）LaBr$_3$晶体闪烁探测器

与 BaF$_2$ 闪烁探测器相比，LaBr$_3$ 闪烁探测器的能量分辨率好，可以达到 ~ 2%。图 16.22所示为 LaBr$_3$ 和 NaI(Tl)闪烁探测器测量^{137}Cs 源发射的 0.661 MeV γ 射线能谱比较。LaBr$_3$闪烁晶体的发光时间衰减时间常数短（26 ns），LaBr$_3$闪烁晶体和 BaF$_2$闪烁晶体的时间响应差不多，都非常快。LaBr$_3$晶体闪烁探测器和 BaF$_2$晶体闪烁探测器的时间分辨率差不多,但是它的能量分辨率要好很多。LaBr3 晶体闪烁密度为 5.29 g·cm³,比 BaF₂晶体的高。LaBr₃晶体闪烁探测器的探测效率比 BaF₂ 晶体闪烁探测器的高。LaBr₃晶体闪烁也不怕潮湿。由于能量分辨率高、时间性能好、探测效率高,LaBr₃晶体闪烁已经逐步取代了 BaF₂闪烁晶体。

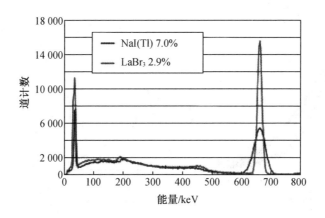

图 16.22　LaBr₃和 NaI(Tl)晶体闪烁探测器能量分辨率的比较

4. 正电子湮没寿命谱

(1)实验测量的正电子湮没寿命谱

图 16.23 所示是实验测量的正电子在 Cz 硅(Cz - Si)中湮没的寿命谱。图中空心圆是完美晶格 Cz - Si(直拉 Si)测量的正电子湮没寿命谱;采用塑性形变方法在 Cz - Si 中产生缺陷,图中空心矩形是有缺陷的 Cz - Si 测量的正电子湮没寿命谱。没有缺陷的 Cz - Si 测量的寿命谱,拟合只得到一个 $\tau_b = 218$ ps 正电子湮没寿命,这是典型的正电子在完美晶格 Si 中湮没的体寿命;塑性形变后正电子湮没寿命谱,拟合得到 τ_b、τ_2、和 τ_3 三个寿命,其中 $\tau_2 = 320$ ps 和 $\tau_3 = 520$ ps 两个湮没寿命,相应于塑性形变在硅中产生的两种尺度不同的缺陷。

图 16.24 所示是几种不同类型材料中正电子湮没寿命谱。图 16.24(a)所示是一个测量的正电子湮没寿命谱的例子,在完美无损伤的金属 Na 中,正电子都是自由的,自由正电子湮没只产生一个 $\tau_b = (338 \pm 7)$ps 单寿命(体寿命)的 $e^{-\frac{t}{\tau_b}}$指数衰减分布的正电子湮没寿命谱,图中也给出了用 ⁶⁰Co 源 1.17 ~ 1.33 MeV 两个级联 γ 射线测量的谱仪的时间分辨率谱。图 16.24(b)(c)(d)所示分别是聚四氟乙烯、NaCl 和 In 中测量的正电子湮没寿命谱。由图可见,不同类型的材料中,正电子湮没寿命相差较大。表 16.5 列出了正电子在不同元素材料中的湮没寿命(Brandt et al.,1983;滕敏康,2000)。表中第三列是室温正电子湮没平均寿命,材料中有缺陷等情况正电子湮没平均寿命变大,第四列是 $X(m)$、$X(V + P)$、$X(V)$ 和 $X(P)$ 四种情况缺陷导致的平均寿命的增量,这里 X 表示平均寿命增加量,(m)表示熔化样品,(V + P)表示样品中有空位(vacancy)和预空位(pre - existing vacancy),(V)表示样品中有空洞(void),(P)表示样品有预空位。

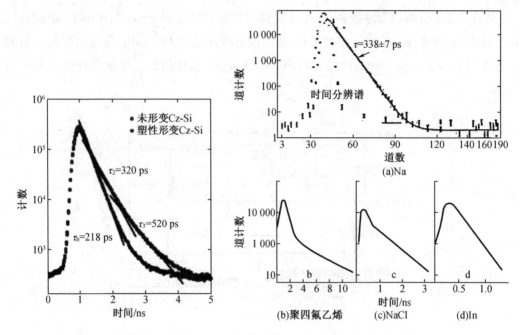

图 16.23　Cz－Si 塑性形变前后正电子湮没寿命谱

图 16.24　几种不同类型材料中正电子湮没寿命谱

表 16.5　不同元素材料中正电子湮没寿命

原子序数	元素	平均寿命 τ/ps	平均寿命增量/ps
11	Na	341	17(m)
12	Mg	230	20(V+P),11(P)
13	Al	166	73(V+P),300(V)
14	Si	228	
19	K	399	
22	Ti	148	
23	V	125	65(V+P)
26	Fe	107	41(V+P)
27	Co	119	
28	Ni	110	50(V+P)
29	Cu	122	60(V+P)
30	Zn	160	56(V+P)
31	Ga	194	75(m)
32	Ge	234	
37	Rb	416	
40	Zr	165	
41	Nb	122	73(V+P)

表 16.5(续 1)

原子序数	元素	平均寿命 τ/ps	平均寿命增量
42	Mo	121	60(V + P),340(V)
47	Ag	138	70(V + P)
48	Cd	187	80(V + P),21(P)
49	In	201	65(V + P)
50	Sn	201	7(V + P)
51	Sb	269	
55	Cs	418	
57	La	241	
58	Ce	235	
59	Pr	229	
60	Nd	234	
62	Sm	236	
63	Eu	268	
64	Gd	238	
65	Tb	238	
66	Dy	231	
67	Ho	233	
68	Er	232	
69	Tm	236	
70	Yb	257	
71	Lu	237	
73	Ta	113	80(V + P)
74	W	120	70(V + P)
78	Pt	117	
79	Au	118	80(V + P)
80	Hg	180	60(m)
82	Pb	214	54(V + P)
83	Bi	248	6(V + P)

(2)正电子湮没寿命谱的解析表达

图 16.23 和图 16.24 所示是几种实验测量的正电子湮没寿命谱。下面介绍正电子湮没寿命谱解析表达式。先考虑单一湮没寿命谱的情况。$t=0$ 时刻有 N_0 个正电子入射到样品，由于正电子在样品中湮没，$t=t$ 时刻，正电子数 $N(t) = N_0 e^{-\lambda t}$，式中，正电子湮没率 $\lambda = 1/\tau$，τ 是正电子湮没平均寿命且 $\tau = T_{1/2}/0.693$，其中 $T_{1/2}$ 是正电子湮没半衰期。t 时刻测量

到的正电子数 $I(t) = \lambda N(t) = \lambda N_0 e^{-\lambda t}$,加上偶然符合本底 B 后,测量的正电子湮没寿命谱为:

$$I(t) = I_0 e^{-\lambda t} + B \tag{16.8}$$

在直角坐标系中,正电子湮没寿命谱是一个随时间 $e^{-\lambda t}$ 指数衰减的谱[图 16.25(a)];在半对数坐标系中计数随时间变化是一条直线[图 16.25(b)],直线斜率为 $\lambda = [\ln I(t_1) - \ln I(t_2)]/(t_2 - t_1)$。

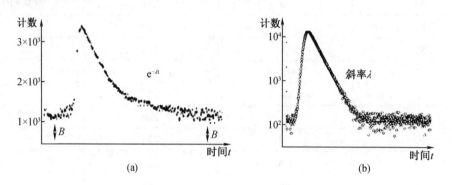

图 16.25　直角和半对数坐标正电子湮没寿命谱示意图

实验上测量的正电子寿命谱往往是几个寿命成分的叠加谱:

$$I(t) = \sum_{i=1}^{i=n} I_{0\,i} e^{-t/\tau_i} + B = \sum_{i=1}^{i=n} I_{0i} e^{-\lambda_i t} + B \tag{16.9}$$

式中,λ_i、τ_i 为第 i 个成分的正电子湮没率和湮没寿命。

图 16.26(a)所示是一个实验测量的两寿命成分正电子湮没寿命谱的分解。

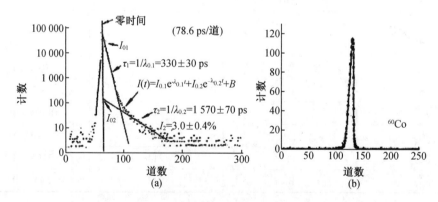

图 16.26　实验测量两寿命成分正电子湮没寿命谱

正电子湮没寿命谱仪本身有一定时间分辨[图 16.26(b)]。实验测量正电子湮没寿命谱是与谱仪时间分辨谱卷积在一起的[图 16.24(a)]。实验测得寿命谱:

$$I(t) = \sum_{i=1}^{k_0} [I_{0\,i}(t) R(t)] + B \tag{16.10}$$

式中　$I_{0i}(t)$——正电子湮没寿命第 i 个成分,当 $t>0$ 时,$I_{0i}(t) = I_{0i}\exp(-\lambda_i t) + B'$,当 $t <$

0 时, $I_{0i}(t) = B'$;

$R(t)$——谱仪时间分辨谱, 一般为高斯分布, 即 $R(t) = \sum_{p=1}^{k_g} \omega_p G_p(t)$, 其中 $G_p(t) = \dfrac{1}{\sigma_p \sqrt{2\pi}} \exp\left[-\dfrac{(t - T_0 - \Delta t_p)^2}{2\sigma_p^2} \right]$ 和 $\sum_{p=1}^{k_g} \omega_p = 1$。高斯半宽度 $\mathrm{FWHM}_p = 2\sigma_p \sqrt{(2\ln 2)}$, T_0 是由测量的谱仪时间分辨谱得到的 $t = 0$ 时刻, $T_0 + \Delta t_p$ 是拟合得到的真实 $t = 0$ 时刻。

实验测量谱用计算机程序退卷积和最小二乘法拟合, 得到各个成分的湮没率 λ_i 或寿命 τ_i, 各个寿命成分的强度 I_{0i} [式(16.8)]。由原始强度可以得到各个寿命成分的相对强度 I_i (Kirkegaard et al.,1989):

$$I_i = I_{0i}\tau_i \Big/ \sum_{k=1}^{k_0} I_{0i}\tau_i \tag{16.11}$$

两个寿命成分的正电子湮没寿命谱 $I(t) = I_{01}\mathrm{e}^{-\lambda_{01} t} + I_{02}\mathrm{e}^{-\lambda_{02} t} + B$ [图 16.26(a)]。短寿命成分衰减曲线是直线 I_{01}, 长寿命成分衰减曲线是直线 I_{02}, 寿命长的直线斜率小, 寿命短的直线斜率大。由直线斜率 (λ_i) 可以得到各个正电子湮没寿命。图中实验测量谱拟合后得到短、长寿命分别是 330 ps 和 1 570 ps, 长寿命相对成分 $I_2 = 3\%$。当两个寿命成分靠得很近, 拟合很难将它们精确分开, 可以采用平均寿命: $\tau_{\mathrm{mean}} = \tau_1 I_1 + \tau_2 I_2$, 这是一个综合描述参数。对于有 i 个寿命成分的平均寿命为 $\tau_{\mathrm{mean}} = \sum_i I_i \tau_i$。

由测量的寿命 τ 可以得到材料电子密度, 从而获得材料微观结构和缺陷等的信息。例如由测量的 τ_i 和 I_i 得到材料中存在的各种缺陷类型和相对浓度。材料缺陷的出现, 使电荷密度变小, 从而正电子湮没寿命增大。缺陷越大, 寿命越大。图 16.27 所示是正电子湮没寿命随空位团尺度变化 (Hautojarvi et al.,1977)。图中 N 是相应尺度空位团所含的空位数。由图可见, 空位团尺度越大, 正电子湮没寿命越大。因此, 从测量的寿命可以确定缺陷类型, 从寿命成分得到缺陷的相对浓度 [见 16.3.1]。

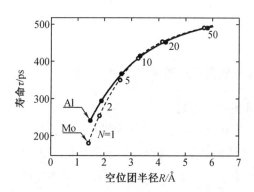

图 16.27　正电子湮没寿命随空位团尺度变化

(3)正电子湮没寿命测量的源成分修正

图 16.12 是实验测量用的正电子源结构图。由图可知, 部分正电子在入射到样品前, 先

通过源支撑塑料薄膜或金属箔片或云母薄片,在其中发生湮没,有一个(或多个)正电子湮没寿命成分,测量的正电子湮没寿命谱包含了正电子在源中湮没成分,因此在数据处理时需要扣除源中湮没成分。

实验上可以采用与源支撑材料相同的材料,测量正电子在其中的湮没寿命,或采用一个寿命已知的标准样品,例如 Si,通过解谱,获得正电子在源中的湮没寿命。正电子在源中的湮没占整个测量的寿命谱中的百分比,可以在拟合时作为一个参数拟合得到。一般源成分的湮没谱所占比例是百分之几。所以源的支撑材料在机械强度足够的条件下,要尽可能薄,以减少正电子在源中的湮没。

(4)正电子湮没寿命谱的数据处理和解谱程序

数据处理是将实验测量的寿命谱,按照式(16.9)和式(16.10),采用解谱程序拟合实验测量的正电子湮没寿命谱,解析出各个成分的寿命值及它们的相对强度或百分比等参数。现在比较广泛采用的是 PATFIT – 88 程序(Kirkegaard,et al,1989),该程序采用最小二乘法,拟合实验测量的由几个指数成分叠加并与谱仪分辨函数卷积的正电子湮没谱,得到各个成分的寿命值及它们的相对强度。这个程序能够很好地用于一个或多个分立寿命,例如对于自由态和缺陷捕获态的正电子湮没寿命谱的处理,给出各个湮没状态正电子湮没寿命平均值。但是在实际情况中有许多复杂的体系,例如高分子材料、高温超导材料、半导体材料,正电子有可能是从多个被此互相接近甚至连续分布的湮没态中湮没,这样正电子寿命是连续分布的,式(16.9)需要将求和改为积分。对正电子寿命连续分布的情况,发展了 LT(life time)程序(Kansy,1996)、CONTIN 程序(Provencher,1982;Gregory et al.,1990)和 MELT 程序(Dlubek et al.,1998)。LT 程序可以用于分析分立和连续寿命谱,该程序采用了退卷积方法和根据寿命谱给定的模型迭代逼近拟合方法。LT 程序有时候会因判据不足,解可能不是唯一的。CONTIN 程序先将寿命连续分布谱进行拉普拉斯变换并与谱仪分辨函数卷积,再通过去卷积和拉普拉斯逆变换方法得到正电子湮没的连续寿命谱。MELT 程序是基于最大熵原理,解析测量的寿命谱,获得连续分布的正电子寿命谱。MELT 程序与 CONTIN 程序相比,不需要同时测量单一寿命的标准样品,而且测量的正电子湮没时间谱的累积总计数不需要 $\geq 10^7$,一般 $\geq 10^6$ 就可以了。各种方法都有优缺点,需要根据自己的情况选用合适的拟合和解谱程序。

16.2.4 正电子湮没 γ 能量多普勒展宽或线形测量

1. 正电子湮没 γ 能量多普勒展宽

慢化正电子的能量约为 0.025 eV,可以认为慢化后的正电子动量为零。材料中电子有一定能量,例如几个 eV,这样正电子 – 电子对有一定动量,正电子 – 电子对相对探测器是运动的。湮没 γ 是运动的正电子 – 电子对发射的,湮没 γ 的能量发生多普勒展宽,两个 γ 发射方向偏离 180°(图 16.9)。

图 16.28 所示是正电子湮没前后动量变化示意图,图中动量均为矢量。P 是正电子 – 电子对动量,P_T 和 P_L 分别是湮没前正电子 – 电子对动量的横向分量和纵向分量,湮没前总动量 $P = P_T + P_L$。湮没后发射的两个 γ 光子动量分别为 P_1 和 P_2,这时总动量 $P = P_1 + P_2$。

P 在 X 方向动量分量 $P_X = -P_1 + P_2 \cos\theta$，$Z$ 方向分量 $P_Z = P_2 \sin\theta$。正电子 – 电子湮没对质心速度的水平分量 $V_L = P_L/2m_e$，即正电子 – 电子湮没对质心以速度 V_L 相对探测器运动（X 方向）。发射的两个 γ 光子能量分别为 $h(\nu + \Delta\nu)$ 和 $h(\nu - \Delta\nu)$，$\Delta\nu$ 为 γ 光子能量变化。能量或频率的变化程度取决于正电子 – 电子对相对探测器运动速度 V_L：$\Delta\nu/\nu = V_L/c$。正电子湮没 γ 能量多普勒展宽 ΔE：

$$\Delta E = \frac{V_L}{c}E = \left(\frac{P_L}{2m_e c}\right)E = \frac{P_L c}{2} \tag{16.12}$$

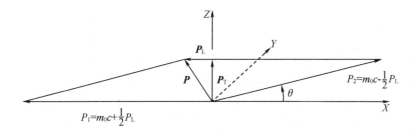

图 16.28 正电子湮没前后动量变化示意图

将 $E_L = P_L^2/2m_e$ 或 $P_L = \sqrt{2m_e E_L}$ 代入式（16.12）得到

$$\Delta E = \sqrt{\frac{E \times E_L}{2}} \tag{16.13}$$

式中 E——湮没 γ 光子能量（$E = h\nu = m_e c^2 = 0.511$ MeV）；

E_L——材料电子动能。

图 16.29（a）所示是多普勒展宽的正电子在无缺陷 GaAS 湮没发射 0.511 MeV γ 射线谱，其半高度处全宽度 FWHM = 2.6 keV，图 16.29（b）所示是采用 ^{85}Sr 514 keV 测量的探测器能量分辨率 FWHM = 1.4 keV。

由于正电子能量近似为 0，多普勒展宽 ΔE 由材料的电子动能 E_L 决定。例如，材料电子动能 $E_L = 4$ eV，由式（16.13）计算得到 $\Delta E = 1.0$ keV。

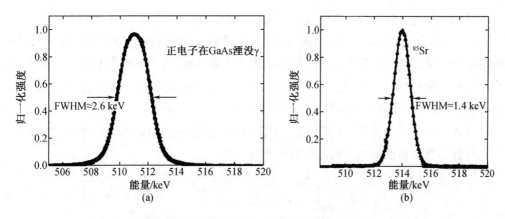

图 16.29 0.511 MeV γ 射线的多普勒展宽谱

2. 正电子湮没多普勒展宽测量

图 16.30 所示是正电子湮没发射的 0.511 MeV γ 射线多普勒展宽或发射 γ 射线的谱线的线形测量的实验装置原理示意图。正电子源强 5 ~ 50 μCi（$18.5 ~ 185 \times 10^5$ Bq），实验测量中需要根据源强适当调整源与探测器的距离，使探测器计数率不饱和。记录时间一般几分钟至几十分钟。用于 0.511 MeV 湮没 γ 射线多普勒展宽测量的 γ 射线探测器能量分辨率要好，现在都用 HPGe 探测器测量，计算机 - 多道分析器系统记录正电子 - 电子对湮没发射的 0.511 MeV γ 射线的能谱。HPGe 探测器对 0.511 MeV γ 的分辨率为 1.0 ~ 1.5 keV。

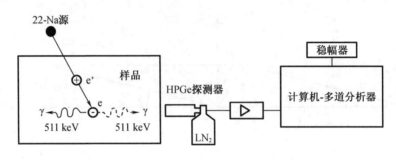

图 16.30 正电子湮没多普勒展宽测量原理示意图

HPGe 探测器的能量分辨率很高，虽然有多普勒展宽，但测量的 0.511 MeV γ 能谱仍然是近似直线的谱峰（图 9.22），很难分辨出 0.511 MeV 峰的展宽。所以测量时首先采用切割放大器放大，仅将 0.511 MeV 峰区放大，或调高计算机 - 多道分析器的下阈值切掉峰前部分，再将峰区放大，而且测量中计算机 - 多道分析器道宽需尽量小，使 0.511 MeV 峰是一个宽峰（图 16.29），否则从 HPGe 探测器测量谱观察不到谱线的展宽。

图 16.31 所示是 GaAs 塑性形变前后的多普勒展宽谱。塑性形变在 GaAs 中产生缺陷，高动量核芯电子减少，正电子与核芯电子湮没减少，多普勒展宽谱变窄，左右二翼部计数减少。图中右上角的插图是 513 ~ 516 keV 高能端翼部的放大图，可以清楚看到未形变或无缺陷的翼部强度或计数比发生形变的大，说明正电子与高动量电子湮没概率大。由图 16.31 可以看到，测量的多普勒展宽能谱的两翼是正电子与核芯高动量电子的湮没，中心（斜线）区是正电子与核较外层低动量电子的湮没。

为了提高测量的多普勒展宽能谱的峰谷比，Lynn 等（1976）和 Lynn 等（1977）发展了如图 16.32(a) 所示的符合多普勒展宽测量谱仪，采用两个 HPGe 探测器做两个 0.511 MeV γ 射线的符合测量。符合测量的多普勒展宽能谱的本底降低 $10^{-6} ~ 10^{-5}$ 量级［图 16.32(b)，二维图中心到两边相对强度减少到 10^{-5}］。因此，符合多普勒展宽能谱测量，可以用于核芯电子动量分布研究，获得元素信息，进行元素鉴别。

随着数字化技术的发展，数字化符合多普勒展宽测量谱仪得以发展和建立，图 16.33 是数字化符合多普勒谱仪框图及其测量的动量图。

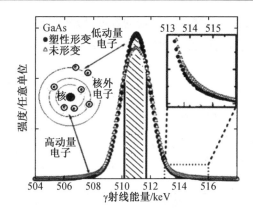

图 16.31　塑性形变前后测量的 GaAs 多普勒展宽谱

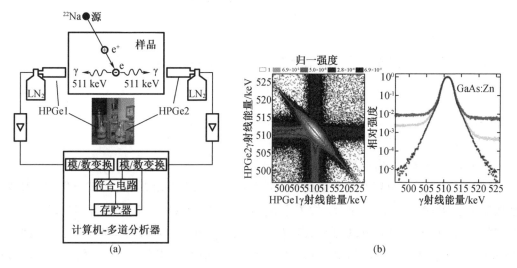

图 16.32　符合多普勒展宽能谱测量框图和符合测量的多普勒能谱

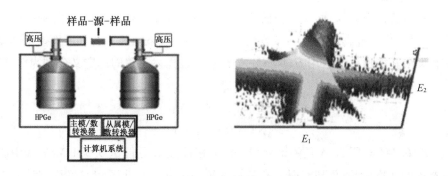

图 16.33　数字化符合多普勒谱仪框图与测量的动量分布

3. 多普勒展宽测量的数据分析

从测量的普勒展宽 ΔE，可以导出材料电子动量分布等电子结构信息。实验测量的是谱仪固有能量分辨谱 $R(E)$ 与多普勒展宽的卷积能谱 [图 16.34(a)]。由实验测量的

0.511 MeV展宽能谱得到 ΔE，需要经过一定的数据处理和分析。多普勒展宽测量的数据分析有两种方法，一种是退卷积法，另一种是多普勒展宽线形参数法。

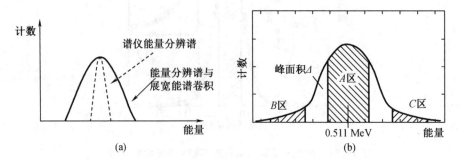

图 16.34　多普勒展宽能谱

（1）退卷积法

实验测量的能谱是谱仪固有能量分辨谱与多普勒展宽能谱的卷积：

$$F(E) = \int_0^\infty f(E')R(E - E')\mathrm{d}E' \tag{16.14}$$

式中　$F(E)$——实验测量的多普勒展宽能谱；

　　　$R(E-E)$——仪器固有能量分辨谱；

　　　$f(E')$——真实多普勒展宽谱。

$R(E-E)$实验上可以利用半衰期 373.0 d 的 β^- 衰变 ^{106}Ru 源发射的 $E_\gamma = 0.512$ MeV γ 射线或半衰期 64.8 d ε 衰变 ^{85}Sr 源发射的 $E_\gamma = 0.514$ MeV γ 射线测量（图 16.29 和图 16.35）。已知 $R(E-E)$ 和测量的卷积谱 $F(E)$，通过退卷积（O'Haver，2007），可以得到真实多普勒展宽谱 $f(E')$。能量和动量的关系为 $E = Pc$，由此，从得到的 $f(E')$ 就可以导出材料电子动量分布。

（2）多普勒展宽线形参数法

退卷积方法比较繁复，而在材料研究中往往不需要知道精确的 $f(E')$，所以退卷积方法一般不用，通常用多普勒展宽线形参数法，即用一些参数来描述多普勒展宽能谱的变化。

多普勒展宽能谱谱形常用 H、W、S 三个线形参数描述。它们的定义分别为

$$\left.\begin{array}{l} H = A/\Delta \\ W = (B + C)/\Delta \\ S = A/(B + C) \end{array}\right\} \tag{16.15}$$

式中，如图 16.34(b)所示，Δ 是能谱曲线的峰面积计数、A 是能谱 0.511 MeV 峰中心位置左右一定宽度的 A 区面积、B 和 C 是对称的峰两翼一定宽度的 B 区和 C 区面积计数。

由式可见，S 参数含有低动量价电子或传导电子的动量信息，W 参数含有高动量核芯电子的动量信息，H 参数与 S 参数相仿。如果样品出现缺陷时，例如空位，高动量核芯电子减少，正电子与高动量电子湮没减少，使谱线变窄，即 ΔE 变小，二翼计数减少。由式（16.15）可知，正电子被缺陷捕获，S 和 H 参数变大、W 参数变小。图16.35所示，左侧湮没谱是形变铜和退火铜实验测量的多普勒展宽能谱。形变铜有缺陷，多普勒展宽能谱谱线变窄；退火

后缺陷消失,谱线变宽。

谱仪的固有能量分辨率可以采用没有多普勒展宽的、能量接近 511 keV 的 ^{106}Ru($T_{1/2}$ = 367 d,E_γ = 512 keV)、^{85}Sr($T_{1/2}$ = 64 d,E_γ = 514 keV)、^{85}Kr($T_{1/2}$ = 10.8 a,E_γ = 514 keV)等源测量(滕敏康,2000),图 16.35 右侧点状曲线是用 ^{85}Sr 放射源测量的谱仪固有能量分辨率。与寿命测量相同,从测量的 S 参数等可以确定缺陷种类[见 16.3.1]。

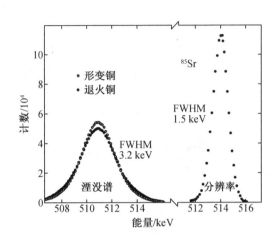

图 16.35　实验测量的形变铜和退火铜的多普勒展宽

(3)$S - W$ 曲线

由上节可知,通过 S、W 参数可以获得材料缺陷信息,由 S 或 W 参数的变化,可以知道缺陷的变化。为了更好地了解缺陷种类及缺陷邻近化学环境变化,需要同时分析 S 和 W 参数,从而引入 $S - W$ 曲线(Mantl et al.,1994;Liszkay et al.,1994;Clement et al.,1996)。$S - W$ 曲线是将测量的 S 和 W 参数做二维图得到的曲线,如果 $S - W$ 曲线是一条直线,即 S 和 W 参数分布在一条直线上,说明只有一种缺陷;如果 $S - W$ 曲线有几条直线,表示存在多种类型缺陷;缺陷被杂质捕获形成缺陷 - 杂质复合体,也可认为缺陷种类发生了变化,这时 $S - W$ 曲线出现转折点。$S - W$ 曲线只与缺陷种类有关,与缺陷浓度无关。

图 16.36 所示是采用慢正电子束流测量的加和不加偏压的金属 - 氧化物 - 硅(MOS)系统的 $S - W$ 曲线 (Nijs et al.,1997)。注入的正电子能量 0 ~ 10 keV,图中箭头方向表示注入能量增加方向,随着能量增加从 MOS 的顶层 Al 层依次入射到 SiO_2 层、Si/SiO_2 界面和 Si 基体。没有加偏压 MOS 系统 $S - W$ 曲线(空心圆)对应于正电子在 Al、SiO_2、Si/SiO_2 界面和 Si 的湮没有四个转折点(图中四个大空心圆)或四个正电子湮没态。而当 MOS 加偏压后(实心圆),只有一个相应于 Si/SiO_2 界面的转折点。加偏压引起 $S - W$ 曲线那么大的变化,可以用正电子扩散和漂移特性得到解释。最顶层 Al 层缺陷密度大,正电子扩散长度是几个 nm,很快被缺陷捕获;Si 层由于缺陷密度较小,正电子扩散长度是 ~ 200 nm。加偏压后,正电子输运主要是电场中的漂移,漂移距离远大于扩散距离。正电子在 SiO_2 层中扩散长度 10 nm,正电子漂移距离 $\geqslant$ 100 nm。加正偏压,MOS 的 Si/SiO_2 界面有一个势井,漂移和势井将正电子都集聚到 Si/SiO_2 界面,因而加偏压后只观察到一个对应界面的转折点。

16.2.5 寿命－动量关联测量

寿命－动量关联（age－momentum correlation，AMOC）测量是将寿命（age）和动量（momentum）做关联测量。这种方法早在 1976 年就被提出（Mackenzie，1976），并用于聚合物测量（Sen，1977）。仪器设备和计算机技术的发展，促进了寿命－动量关联测量技术的发展和应用（Stoll et al.，1992；叶邦角 等，2003）。正电子入射到样品，利用这种方法进行正电子湮没寿命和多普勒展宽二维关联测量。从测量的寿命－展宽二维图，得到寿命动量分布（正电子湮没寿命随电子动量变化）和多普勒展宽时间分布（多普勒展宽随寿命变化），利用关联测量的二维谱积分可以获得常规测量得到的正电子湮没寿命谱和多普勒展宽。

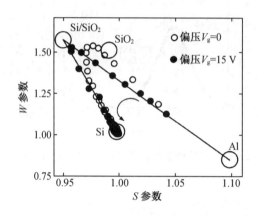

图 16.36　慢正电子测量的有无偏压的 MOS 系统 $S-W$ 曲线

图 16.37 所示是寿命－动量关联测量示意图。样品和源与正电子湮没寿命等测量一样是样品－源－样品夹心饼结构，HPGe 探测器做正电子湮没多普勒展宽测量，两个 BaF_2 晶体闪烁探测器做正电子湮没寿命测量，将寿命和动量做二维关联测量。由图可见，除正电子湮没寿命－动量关联测量外，还可以同时做常规正电子湮没寿命谱和正电子湮没多普勒展宽能谱测量。图 16.38(a) 所示是一个熔凝石英在室温下测量的寿命－动量关联二维谱，图16.38(b)(c) 所示分别是寿命－动量二维谱积分得到的正电子湮没寿命谱和多普勒展宽能谱。

16.2.6 正电子湮没 γ 角关联测量

1. 偏离角 θ

材料自由电子动能为零，正电子－电子湮没对动量为零，这时两个湮没 γ 光子是 180°反向发射的。一般自由电子都有一定能量，例如几个 eV，正电子－电子湮没对的总动量不为零，湮没发射的两个 γ 光子间的夹角不是 180°，而是 180°－θ（图 16.9），这里 θ 是偏离角，通常 $\theta < 1°$。

动量 P 的 Z 分量 $P_Z = P_2 \sin\theta$ 和 $P_2 = m_e c$（16.2.4）。由于 $\theta < 1°$，$\sin\theta \to \theta$，得到：

$$P_Z = m_e c \times \theta \text{ 和 } \theta = P_Z / m_e c \tag{16.15}$$

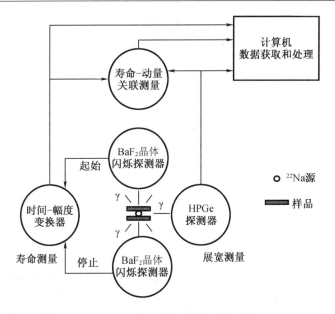

图 16.37　寿命 – 动量关联测量示意图

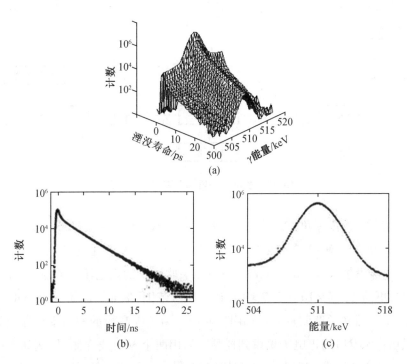

图 16.38　室温测量的熔凝石英寿命 – 动量关联谱

由式(16.15)可见,偏离角 θ 与材料电子动量成正比。某一 θ 角度方向湮没事件数目 $N(\theta)$,反映了这个方向的电子动量密度。测量 $N(\theta)$ 随 θ 的变化,可以测定材料自由电子的动量分布。

直角坐标系中(图 16.28),动量 X 方向分量 P_X 引起湮没 γ 的多普勒展宽,动量的 Z 方向和 Y 方向分量 P_Z 和 P_Y 导致两个 γ 射线 Z 方向角偏离 θ_Z 和 Y 方向角偏离 θ_Y:

$$\left.\begin{array}{l} \theta_Z = P_Z/m_e c \\ \theta_Y = P_Y/m_e c \end{array}\right\} \tag{16.16}$$

2. 角关联实验测量

实验上可以进行 Z 或/与 Y 方向的角关联测量,测定 Z 或/与 Y 方向电子动量分布。现在有两种正电子湮没发射 γ 角关联测量方法和装置:一种是一维角关联测量装置,这种装置测量 Z 方向角偏离 θ_Z 或 Y 方向角偏离 θ_Y;另一种是二维角关联测量装置,这种装置同时测量 Z 方向角偏离 θ_Z 和 Y 方向角偏离 θ_Y。

（1）一维角关联测量装置

一维角关联测量装置常称长缝型一维角关联谱仪,图 16.39 所示是长缝型一维角关联谱仪示意图。

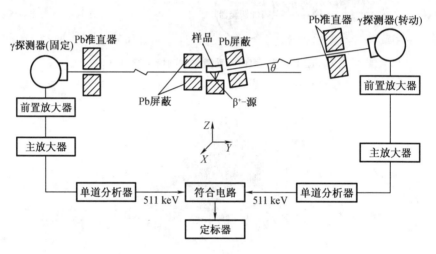

图 16.39　长缝型一维角关联谱仪示意图

用于一维角关联湮没 γ 角关联测量的正电子(e^+ 或 β^+）源有半衰期 2.6 a 的 ^{22}Na 源、半衰期 70.8 d 的 ^{58}Co 源和半衰期 12.7 h 的 ^{64}Cu 源等。^{64}Cu 在反应堆上通过 ^{63}Cu$(n,\gamma)^{64}$Cu 反应产生,很容易产生居里量级以上的 ^{64}Cu 源。一维角关联测量的正电子源的源强要求在亚居里到几个居里或更高 $(3.7\times10^9 \sim 3.7\times10^{11}$ Bq 以上）范围,例如 ^{22}Na 源 ~100 mCi,^{64}Cu 源几个到十几个 Ci,一维角关联测量一般都用 ^{64}Cu 源。为了提高源的利用率和探测效率,可以外加一个磁场将源发射的正电子聚束到样品。采用两个 γ 射线探测器（例如 NaI 探测器）记录在样品中产生的湮没 γ 光子,一个是固定的,另一个是可以转动的 γ 射线探测器,两个探测器作符合测量。谱仪的 γ 射线探测器必须记录不到源区非样品上产生的湮没发射 γ 射线,在探测器方向都加了铅屏蔽。为了获得好的角分辨率和测量小于 1° 的角偏离,γ 射线探测器到正电子源和样品组合的距离几米到 10 多米,探测器前有一个缝宽 1 mm 的 Pb 准直器（长缝）,其方向与纸面垂直（与 X 方向平行）,缝（和探测器）长逢长度尽可能长。长距离与窄缝使谱仪几何空间分辨率好于 1 mrad（0.028 6°）。探测器转动的角扫描范围几十 mrad,扫描步长 0.1 mrad,探测器角度复位精度 0.01 mrad。实验测量需几天至一周以上,所以谱仪长期稳定性要好。

依据图 16.39 中的坐标,图 16.39 所示的一维角关联装置是测量 Z 方向角偏离 θ_Z。在 YZ 平面转动 γ 射线探测器改变角度 θ_Z,测量符合计数 $N(\theta_Z)$ 随角度变化。图 16.40 所示是实验测量的一维角关联曲线 $N(\theta_Z) \sim \theta_Z$。探测器有一定张角 $\mathrm{d}\theta_Z$,$N(\theta_Z)$ 是 $\theta_Z + \mathrm{d}\theta_Z/2 \rightarrow \theta_Z - \mathrm{d}\theta_Z/2$ 内计数。$\theta_Z \rightarrow \theta_Z \pm \mathrm{d}\theta_Z/2$ 相应的 Z 方向的动量范围是 $P_Z \rightarrow P_Z \pm \mathrm{d}P_Z/2$,所以 $N(\theta_Z)$ 正比于动量空间 $P_Z \rightarrow P_Z \pm \mathrm{d}P_Z/2$ 电子态数目。由图 16.39 可得:

$$N(\theta_Z)\mathrm{d}\theta_Z = A\pi(P_F^2 - P_Z^2)\mathrm{d}P_Z \tag{16.17}$$

式中,P_F 是金属中电子费米动量($P_F = \hbar k_F$),A 为常数。费米动量 $P_F = m_e c \times \theta_F$,这是自由(传导)电子的最大动量,因而:当 $|\theta_Z| < \theta_F$ 时,$N(\theta_Z) = N(0)[1 - (\theta_Z/\theta_F)^2]$;当 $|\theta_Z| > \theta_F$ 时,$N(\theta_Z) = 0$。当 $\theta_Z = 0°$ 时,$N(\theta_Z) = N(0)$,$N(0)$ 为常数。$N(\theta_Z)$ 随角度的变化是一个倒抛物线。

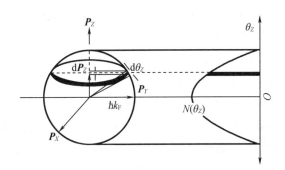

图 16.40　实验测量的一维角关联曲线

图 16.41 所示是实验测量的 Cu 和 Al 的一维角关联曲线(Hautojarvi,1979;滕敏康,2000)。(为方便,以下 θ_Z 都用 θ 表示)。角关联曲线是 $\theta = 0°$ 对称分布的(图 16.40),图中仅画出了 $\theta \geqslant 0°$ 的部分。由图可见,角关联曲线是由两条曲线叠加而成:一条是正电子与动量较小的金属自由(传导)电子湮没的倒抛物线分布曲线 $[A\pi(\theta_F - \theta)(|\theta| < \theta_F)]$,另一条是正电子与动量较高的核芯电子湮没的很宽的高斯分布曲线 $[B\exp(\theta^2/\sigma)]$。因此,角关联曲线表示为

$$N(\theta) = A\pi(\theta_F^2 - \theta^2) + B\exp\left(\frac{\theta^2}{\sigma}\right)(|\theta| < \theta_F)$$

$$N(\theta) = B\exp\left(\frac{\theta^2}{\sigma}\right)(|\theta| > \theta_F) \tag{16.18}$$

式中,A 和 B 是两个归一化常数。

两条曲线相交的拐点角度是金属自由电子费米能量相应的偏离角 θ_F。由测量的 θ_F,可以计算自由(传导)电子分布在费米面上的动量 $P_F = m_e c \theta_F$。图 16.42 所示是实验测量的一些金属的正电子湮没一维角关联曲线(Lang et al.,1955)。图中 $\theta = 0°$ 的阴影峰是谱仪的空间角分辨谱。

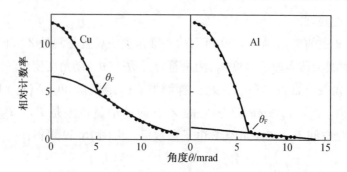

图 16.41　Cu 和 Al 实验测量的一维角关联曲线

正电子被缺陷捕获,它与高动量核芯电子湮没概率变小,高斯成分减少,倒抛物线成分相对增大,这样一维角关联曲线中心部分上升,两翼部分下降,角关联曲线宽度变窄。图 16.43 所示是 $T = 873$ K 和 $T = 100$ K 两个不同温度测量的单晶铝的一维角关联曲线。高温在 Al 中产生热致缺陷,使缺陷浓度增大,导致角关联曲线宽度变窄。图中可以明显看到,873 K 测量的角关联曲线宽度比 100 K 测量的窄。

一维长缝角关联方法可以测量材料电子动量密度分布,它的优点是空间角分辨率高,能够测量费米能量;缺点是不能测量费米拓补面,装置造价较高,窄缝准直器和样品－探测器距离大导致测量时间较长,谱仪长期稳定性必须要好。一维长缝角关联方法测量的源强已经很大,通过增加源强减少测量时间会造成防护的困难。为克服一维长缝角关联测量的这些缺点,二维角关联测量装置得以发展。

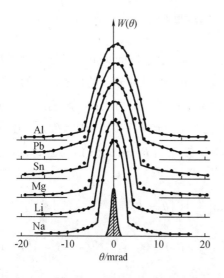

图 16.42　不同温度测量的铝单晶角关联

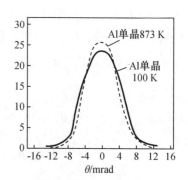

图 16.43　实验测量的一些金属正电子湮没一维角关联曲线

（2）二维角关联测量装置

图 16.44 所示是二维角关联测量装置示意图（Doyama et al. 1973；Berko,1979；West, 1981；Saehot,1982）。测量采用两个二维（2D）－阵列探测器,每个阵列探测器在 YZ 平面有

$N(Y$ 方向$)\times N(Z$ 方向$)$ 个探测器,可以同时测量 Y 和 Z 方向的角偏离 θ_Y 和 θ_Z,阵列探测器张角覆盖了整个需要测量的角度范围,测量时不需要转动探测器。

常用 2D–阵列探测器有二维位置灵敏多丝正比计数器（Jeavons,1978）、二维 NaI(Tl) 或 BGO 或 BaF_2 晶体闪烁阵列探测器、二维 HPGe 阵列探测器等。图 16.45(a) 所示是探测器的 8×8 BGO 晶体阵列单元,图 16.45(b) 所示是一个 8×8 的 BGO 晶体耦合到 8×8 光电倍增管后的阵列探测器单元,图 16.45(c) 所示为用图 16.44(b) 中单元构成的 $N\times N$ 阵列探测器,$N=8\times n$ 和 $N'=8\times n'$,n 和 n' 根据需要选取。瑞士日内瓦大学采用高密度多丝正比室,建立了二维角关联谱仪（Jeavons,1978；Saehot,1982）,现在二维角关联测量都采用二维闪烁体阵列探测器（West,1981）,医用正电子湮没断层照相也采用闪烁体阵列探测器。

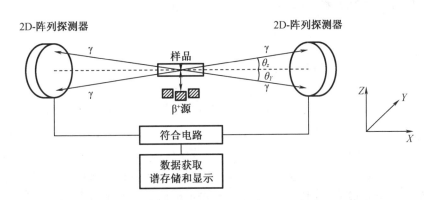

图 16.44　二维角关联测量装置示意图

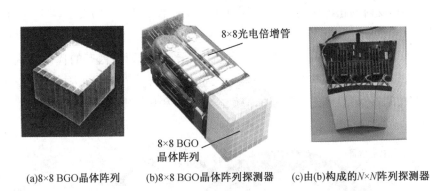

(a)8×8 BGO晶体阵列　　(b)8×8 BGO晶体阵列探测器　　(c)由(b)构成的$N\times N$阵列探测器

图 16.45　BGO 闪烁晶体阵列探测器

Tanigawa(1992) 采用二维角关联方法研究了许多半导体、复合半导体、金刚石、超导体、金属和辐照材料等的电子结构或动量密度分布等,作为例子,这里简单介绍石英和铜的二维角关联测量（Berko et al.,1977）。图 16.46(a) 是实验测量的石英的 $N(P_Z,P_Y)$ 二维角关联图或二维拓扑面（图中线交叉点是测量的符合计数率）,石英晶体六角轴 c 沿 P_X 方向。石英中会形成正电子素,图中 $P=0$ 处的尖峰是非局域正电子素湮没峰,图中几个小峰是对应倒格子位置正电子素湮没峰。一维角关联测量了铜的自由电子费米能量（图 16.41）,二维角关联可以测量费米面。图 16.46(b) 是 100 K 测量的 Cu 的 $N(P_Z,P_Y)$ 二维角关联图或二维费米面,插图是表明铜晶体取向的布里渊区。一般认为 Cu 的费米面是球形的,由图可见实验测量的费米面是偏离球形且在 P_X 方向出现一个突出的颈部。

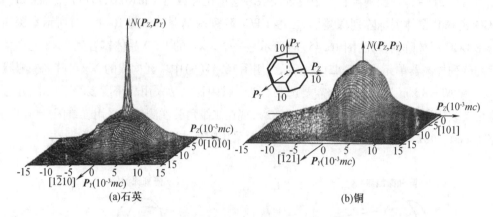

图 16.46　定向石英和铜的二维角关联轮廓图

在二维角关联测量原理及装置基础上,正电子湮没断层照相(PET)得以发展。正电子湮没断层照相原理示意图如图 16.47 所示。在 $X-Y$ 平面放置一个由许多探测器构成的探测器环(相当 PET 一环,图 16.47),待检人体组织在探测器环中心。将正电子源做成与体内元素同种或异种标记化合物,例如 ^{11}C、^{13}N、^{15}O 制备成人体内氨基酸、脂肪酸等同种有机分子标记物,^{18}F 制成与体内固有物质的结构类似的脱氧葡萄糖(FDG)异种标记物 (潘中允,2005),目前用得最多的是 ^8F 脱氧葡萄糖异种标记物。标记物注入人体后,聚集和分布在相关组织中,发射的正电子与组织中的电子发生湮没,相反方向发射两个 γ 射线。这一环探测器符合记录不同组织位置湮没发射的两个 γ 射线。正电子放射性核素标记化合物的聚集与组织代谢有关,代谢越大聚集度越高。恶性肿瘤葡萄糖等的代谢特别大,需要大量葡萄糖,所以恶性肿瘤细胞会摄取和集聚大量葡萄糖,从而发射很强的湮没 γ 射线。利用这一环形探测器,可以测定和获得标记化合物分布和集聚图像,从而进行肿瘤诊断。

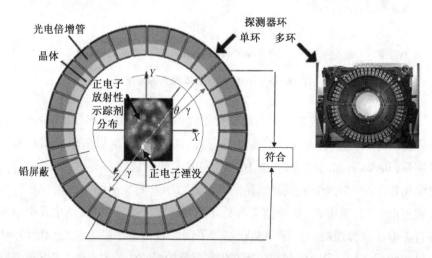

图 16.47　PET 原理示意图

正电子湮没断层照相的探测器常用 BGO 或 BaF_2 晶体闪烁探测器,近来又发展了 LSO (硅酸镥)和 GSO(硅酸钆)晶体闪烁探测器。这种探测器的晶体围成一个探测器环,医用正电子湮没断层照相探测器是由沿 Z 轴(探测器环中心轴)方向排列的多探测器环组成的(图 16.47)。探测器环的数目由正电子湮没断层照相轴向(Z 轴)视野大小和断层面数目决定,环数越多轴向视野越大、一次扫描获得断层面越多。利用图 16.45 的 8×8 阵列探测器单元根据需要可以构成 8,16,24,32 环正电子湮没断层照相仪。经过图像重建获得 2D 或 3D 图像,得到横断面、矢状面、冠状面等 PET 影像。

常用于 PET 的正电子源有[11]C(20.4 min, 0.96 MeV)、[13]N(9.97 min, 1.19 MeV)、[15]O(122.2 s, 1.70 MeV)、[18]F(109.8 min, 0.64 MeV)、[68]Ga(67.6 min, 1.89 MeV)、[82]Rb(1.27 min, 3.35 MeV),括号中是源的半衰期和正电子的能量。正电子源都是由回旋加速器通过核反应产生的,一般用于 PET 的正电子源的寿命都较短。考虑到运输与源的分离和标记化合物的制备等因素,[18]F(109.8 min,0.64 MeV)是最常用的 PET 正电子源。

16.2.7　慢正电子束技术

为了进行表面、界面和薄膜以及缺陷与损伤及微观结构的深度变化等研究,发展了慢正电子束技术和装置。

图 16.48 所示是正电子慢化过程示意图。正电子源发射快正电子,例如[22]Na 发射的 0.545 MeV 的正电子进入到负功函数的慢化体,例如 $W(110)$ 单晶薄膜,在慢化体中发生三个过程:约 13% 的入射正电子发生湮没,约 87% 的入射正电子损失能量仍以几百 keV 快正电子出射,有 ≤0.05% 的慢化为几 eV 能量的慢正电子出射。慢正电子束技术是将慢化体出射的 ≤0.05% 的几个 eV 能量的慢正电子引出和加速成可变能量的单能慢正电子束流,一般加速电压为 0~30 kV,改变加速电压,单能慢正电子束流能量在 0~30 keV 连续可变。

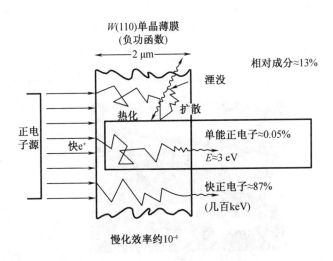

图 16.48　正电子慢化过程示意图

中国科学技术大学在 20 世纪 80 年代采用[22]Na 正电子源建立了慢正电子束流装置(韩

荣典 等,1988),图 16.49 所示是其后采用低能脉冲调制正电子束技术建立的脉冲慢正电子束流装置(周雷 等,2009),这个装置可以用于慢正电子湮没寿命测量。

图 16.49 ^{22}Na 慢正电子束流装置

中国科学院高能物理研究所在北京正负电子对撞机上建立了双源慢正电子束流装置(Wang et al.,2004;王平 等,2006),图 16.50(a)所示是装置方块图,图 16.50(b)所示是装置的实体照,该装置既可用^{22}Na 源,也可用北京正负电子对撞机负电子经过 Ta 转换器产生和慢化的正电子做源。该装置可以产生脉冲慢正电子束流,用于湮没寿命测量,时间分辨率可以达到 295 ps,信噪比 600/1,计数率约 80/s。

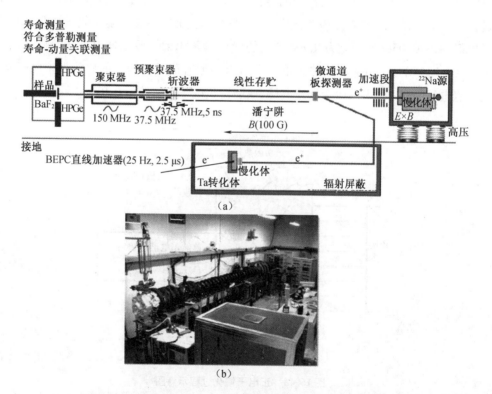

图 16.50 北京正负电子对撞机上建立的双源慢正电子束流装置

图 16.51 所示是硼(B)注入 Si 的慢正电子束测量的 S 参数随正电子能量(下 X 坐标)或正电子注入深度(上 X 坐标)和剂量变化,由图可见,正电子注入剂量大,产生的缺陷尺度大,S 参数变大。图 16.52 所示是 B 注入 FZ – Si(区熔单晶硅)的 S 参数随退火温度和深度变化,由图可见,辐照产生较大尺度空位团,随退火温度升高,产生的缺陷逐步退火,S 参数相应变小,双空位退火温度是 550 K,缺陷完全退火温度是 800 K。

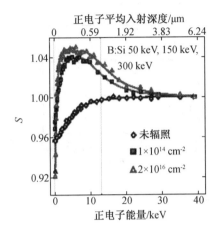

图 16.51　B 注入 Si 的慢正电子束测量的 S 参数
深度变化

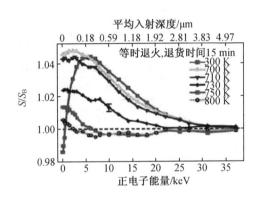

图 16.52　B 注入 FZ – Si 的 S 参数随退火
温度和深度变化

16.3　正电子湮没谱学的应用

正电子湮没谱学的应用是很广泛的,本章仅以材料科学与固体物理中几个当今感兴趣的应用以及核医学的正电子湮没断层照相为例进行了介绍。正电子湮没谱学在物理、化学、生物、医学等领域的应用以及材料科学与固体物理中更多的应用,可以参考相关文献(Brandt et al.,1983;Hautojarvi,1979;滕敏康,2000;郁伟中,2003;王少阶 等,2008)等。

正电子湮没谱学是材料科学和凝聚态物理中一种不可或缺的研究手段,特别是在原子尺度材料微观结构和缺陷研究中起到极其重要的作用。材料缺陷和损伤研究是正电子湮没谱学一个重要的应用方面,相对其他方法,它有许多优点。图 16.53 是正电子湮没谱学可探测缺陷浓度和尺度与透射电镜(TEM)、扫描电镜(STM)、原子力显微镜(AFM)、光学显微镜(OM)、X – 射线散射(XRS)、中子散射(NS)等方法的比较(Jeavons,1978)。由图可见,正电子湮没可以探测亚纳米(原子尺度) – 纳米尺度缺陷,能够探测的缺陷最小尺度的灵敏度比扫描隧道显微镜和原子力显微镜还小;探测缺陷灵敏度达到 1appm,比其他方法探测的浓度都低。透射电镜方法是一种很常用的方法,主要用于亚纳米以上尺度的缺陷检测。由图也可见,正电子湮没谱学可以探测材料表面到 10 mm 的深度,几乎覆盖了其他各种方法的深度。

医学和生命科学研究中,正电子湮没发射断层照相(PET)和 PET 与 X 射线 CT 结合的 PET/CT 是当今世界上令人瞩目的核医学诊断技术(王少阶 等,2008)。在核物理基础研究中,正电子湮没二维角关联测量方法是金属和高温超导费米面测量的一种重要和有效的方法。

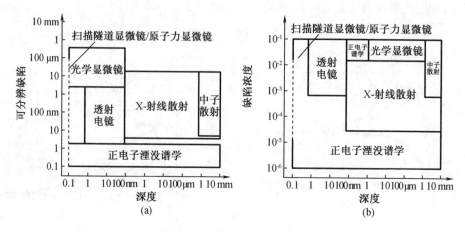

图 16.53　缺陷研究的方法比较

正电子湮没与正电子状态有关。如图 16.54 所示,正电子有两种状态,一种是自由正电子,另一种是缺陷捕获正电子。自由正电子(e^+)是处于自由状态正电子,它与材料电子发生的湮没称为自由正电子湮没[图 16.54(a)],湮没寿命一般称为材料体寿命。正电子被材料中缺陷捕获形成束缚态正电子,束缚态正电子与材料电子发生的湮没称为缺陷捕获正电子湮没[图 16.54(b)](Brandt,1967),湮没寿命称为缺陷捕获正电子湮没寿命。不同缺陷或不同尺度缺陷捕获的正电子,湮没寿命不同,所以从湮没寿命可以鉴别缺陷种类和测定缺陷尺度(图 16.27)。

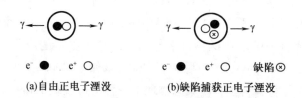

图 16.54　自由正电子和缺陷捕获正电子湮没

16.3.1　固体材料研究

1. 材料缺陷研究

正电子对材料晶格缺陷特别敏感。缺陷处核芯电子密度减少,使正电子湮没率减少或寿命变大(图 16.27);缺陷处核芯高动量电子减少,使多普勒线形变窄,S 参数变大;由于缺陷处核芯高动量电子减少,角关联峰变窄。利用正电子湮没谱学可以进行材料缺陷浓度测量和缺陷种类鉴别。完美晶格材料中,自由正电子湮没寿命 τ_f(即体寿命 τ_b)一般在 100 ~

300 ps（除碱金属），角关联曲线半宽度为 8～12 mrad，多普勒展宽为 2～3 keV。材料中单空位缺陷捕获正电子湮没寿命 τ_{1v} 为 1.1～1.3 τ_f、双空位缺陷捕获正电子湮没寿命 τ_{2v} 为 1.3－1.4τ_f、空位团缺陷捕获正电子湮没寿命 $\tau_{void} > 1.5$ τ_f。随着空位团变大，正电子湮没寿命增大，20～50 空位的空位团捕获正电子湮没寿命趋向饱和值 $\tau_{sat} \approx 500$ ps。一般 $\tau_f < \tau_{disloc} = \tau_{1v} < \tau_{2v} \leqslant \tau_{crys.\,boun} \approx \tau_{void} \leqslant \tau_{surface} < \tau_{positronium}$，其中，$\tau_{disloc}$ 是位错缺陷捕获正电子湮没寿命，$\tau_{1v}、\tau_{2v}$ 是单空位和双空位缺陷捕获正电子湮没寿命，$\tau_{crys.\,boun}$ 是晶界正电子湮没寿命，τ_{void} 是空洞捕获正电子湮没寿命，$\tau_{surface}$ 是表面正电子湮没寿命，$\tau_{positronium}$ 正电子素湮没寿命。缺陷引起 S 参数变化趋势与寿命相仿，随着空位团变大 S 参数相应增大。无缺陷材料的 S 参数为 S_f，则单空位缺陷捕获的 S 参数 S_{1v} 为 1.02～1.03 S_f，双空位缺陷捕获的 S 参数 S_{2v} 为 1.03～1.04 S_f，空位团缺陷捕获的 S 参数 $S_{void} > 1.05$ S_f。角关联谱的峰宽变化方向相反，缺陷出现使角关联谱峰宽变小，空位团越大，宽度越窄。由测量的正电子湮没寿命、多普勒展宽 S 参数和有关联可以鉴别缺陷的种类。

（1）$Pb(Zr_{0.55}Ti_{0.45})O_3$ 掺杂产生的缺陷

$Pb(Zr_{0.55}Ti_{0.45})O_3$ 是 ABO_3 钙钛矿型结构的压电陶瓷材料，掺入不同化合价的杂质离子其中会产生组分缺陷，导致机电性能变化。何元金等（1982）采用正电子湮没寿命测量方法研究了不同浓度 La 掺杂的 $Pb_{1-x}La_x(Zr_{0.55}Ti_{0.45})O_3$ 中产生的缺陷。La 离子半径大，掺入的 La 主要处于 A 位，如果部分掺入的 La 未进入 A 位，则产生 Pb 空位。

图 16.55 所示是 $Pb_{1-x}La_x(Zr_{0.55}Ti_{0.45})O_3$ 正电子湮没平均寿命 $\tau_m(= \sum I_i\tau_i)$ 随 La 掺杂量 x 的变化。由图 16.55 可见，掺杂量 $x < 0.04$，$Pb_{1-x}La_x(Zr_{0.55}Ti_{0.45})O_3$ 中 τ_m 随 x 是线性增加的；$x \geqslant 0.04$，平均寿命达到 $\tau_m = 287$ ps 的饱和值。外推到 $x = 0$，得到 $Pb(Zr_{0.55}Ti_{0.45})O_3$ 中自由正电子湮没寿命或体寿命 $\tau_b = 216$ ps。饱和后 Pb 空位捕获正电子湮没寿命是自由正电子湮没寿命的 1.32 倍。由测量寿命数据以及上面缺陷捕获正电子湮没寿命与体寿命关系，可以推测 La 掺杂在 $Pb_{1-x}La_x(Zr_{0.55}Ti_{0.45})O_3$ 中产生单空位和双空位型 Pb 缺陷；$x < 0.04$，平均寿命随 La 掺杂浓度迅速增大，表明产生的单空位和双空位缺陷成分随 La 掺杂浓度增大而增大，尤其是 $x > 0.02$ 双空位成分迅速增大；$x \geqslant 0.04$，平均寿命不随 La 掺杂浓度变化，达到饱和寿命值（约 287 ps）。由饱和寿命值可知，产生的缺陷主要是双空位缺陷，但仍有少量单空位缺陷，使平均寿命 $\tau_m \sim 287$ ps。

（2）材料形变产生的缺陷

材料形变会在材料中产生空位、空位团、位错等缺陷，形变量不同产生的缺陷不同。图 16.56 所示是 Ni_3Mn 中实验测量的正电子湮没多普勒展宽 S 参数随形变量 ε 的变化（马如章 等，1982）。由图可见，S 参数先随形变量增大而增大，说明缺陷尺度随形变量增大而增大。当形变量达到 30% 时，S 参数趋向饱和。S 参数饱和值与没有形变的 S 参数之比 ～1.5，说明形变在 Ni_3Mn 中产生较大空位团，饱和前空位团尺度随形变量增加而增大。

2. 材料相变研究

材料相变研究是正电子湮没谱学的一个重要应用方面。温度、压力和材料化学组份变化都会导致材料相变。相变引起晶格结构变化、结构有序度非均匀固溶体形成等。

（1）$(Fe_{0.1}Ni_{0.35}Co_{0.55})_{78}Si_8B_{14}$ 非晶材料结构相变

彭郁卿等（1982）在 0～700 ℃ 的，采用正电子湮没寿命测量方法研究了非晶态材料

$(Fe_{0.1}Ni_{0.35}Co_{0.55})_{78}Si_8B_{14}$ 的结构变化。

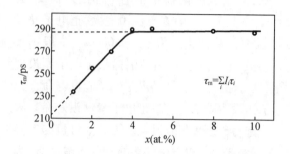

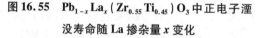

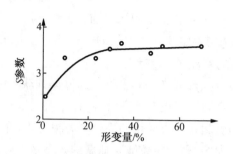

图 16.55　$Pb_{1-x}La_x(Zr_{0.55}Ti_{0.45})O_3$ 中正电子湮
没寿命随 La 掺杂量 x 变化

图 16.56　Ni_3Mn 中 S 参数随形变量 ε 变化

图 16.57 所示是 $(Fe_{0.1}Ni_{0.35}Co_{0.55})_{78}Si_8B_{14}$ 非晶态材料正电子湮没寿命随温度的变化。图中 $A \sim B$ 温度，$(Fe_{0.1}Ni_{0.35}Co_{0.55})_{78}Si_8B_{14}$ 非晶态材料没有发生到晶态的相变，随温度升高，缺陷退火，正电子湮没寿命随温度升高减小；在 B 到 C 温度范围，这里 C 是非晶态到晶态的转变温度，该范围晶格排列逐步从无序到有序过渡，原子逐步聚集成团，原子团边界电子密度较低，正电子在边界湮没寿命变大，随温度升高，正电子湮没寿命增大；在 $C \sim D$ 温度，发生非晶态到晶态的相变，这个过渡区随着温度升高，受到排斥势作用而处于不稳定状态的原子获得能量填入边界，使电子密度增大，导致正电子湮没寿命减小；在 $D \sim E$ 温度，非晶态已经变为晶态，晶态结构不随温度变化，正电子湮没寿命基本不随温度变化。

（2）铁的结构相变

铁的结构与温度密切相关。温度升高，铁从 α 相变到 γ 相和 δ 相，其结构依次发生从从体心立方（BCC）变到面心立方（FCC）和体心立方（BCC）的变化。

Shirai 等（1989）采用正电子湮没方法系统地研究了铁结构随温度的变化。图 16.58 所示是实验测量的铁中正电子湮没平均寿命 τ_m 和寿命 τ_1 随温度的变化。由图可见，在 295 K 到 α 相到 γ 相转变温度 1 184 K，τ_m 先随温度升高线性增大，在 1 070 K 到 1 184 K，寿命随温度升高或 γ 相成分的增大迅速增大，这个温度范围铁的晶格结构仍然是 BCC 结构；在 1 184 ~ 1 665 K 温度，在 1 184 K 转变温度正电子湮没寿命急速度下降，这一温度范围铁的晶格结构变为 FCC 结构，然后由于 γ 相空位捕获正电子，寿命随温度升高而增大；在 γ 相变到 δ 相的转变温度 1 665 K，正电子湮没寿命跳跃上升，高于 1 665 K 铁的晶格结构又变为 BCC 结构，正电子湮没寿命近似处于饱和。

电子辐照后，测量的正电子湮没寿命 $\tau_1^{irr} = 175$ ps；在 1 184 K 转变温度，测量的 $\tau_1 \sim$ 160 ps；在 1 665 K 转变温度，测量的 $\tau_1 \sim 144$ ps。这里 τ_1 是体寿命和单空位缺陷捕获正电子湮没寿命的权重平均值，温度升高单空位缺陷捕获正电子成分减少，使 τ_1 变小。

（3）金属固态 – 液态相变

Eckert 等（1989）采用正电子湮没方法研究了 Al 固态到液态的相变。

Al 的熔点温度 $T_m = 933$ K，实验在 300 ~ 1 258 K 测量了正电子湮没寿命和多普勒展宽随温度的变化,图 16.59 所示是测量的正电子湮没平均寿命 τ_{m} 随温度的变化。Al 中自由正电子湮没寿命或体寿命 $\tau_{\mathrm{f}} = 159\ \mathrm{ps}$,单空位捕获正电子湮没寿命 $\tau_1 = 234\ \mathrm{ps}$。由图可见,低于熔点温度,随温度升高单空位成分增大,τ_{f} 和 τ_1 的平均寿命 τ_{m} 随温度升高而增大,在熔点温度 τ_{m} 比熔点前增加 9 ps,说明液态时自由体积尺度相当于 $2 \sim 3$ 个单空位的空位团的大小,在熔点到 1 233 K,τ_{m} 保持不变,说明自由体积没有发生变化。测量的 S 参数与平均寿命 τ_{m} 随温度变化的趋势一致。

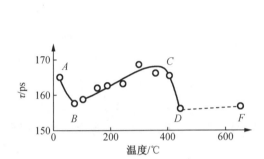

图 16.57 $(\mathrm{Fe}_{0.1}\mathrm{Ni}_{0.35}\mathrm{Co}_{0.55})_{78}\mathrm{Si}_8\mathrm{B}_{14}$ 非晶态中正电子湮没寿命随温度变化

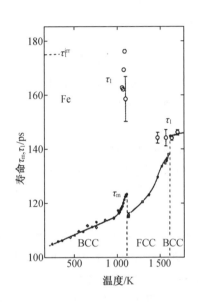

图 16.58 铁中正电子湮没平均寿命 τ_{m} 和 τ_1 随温度的变化

(4)FeCo 合金结构有序 – 无序变化

FeCo 合金结构有序 – 无序转变进行了正电子湮没角关联测量研究(Jackmanet,1983)。图 16.60 是测量的角关联参数温度变化。由图可见,在 1 008 K 附近 BCC 结构发生有序 – 无序转变,在 1 258K 附近发生无序 BCC – 无序 FCC 结构相变。从图中也可以看到,无序 BCC – 无序 FCC 结构相变时角关联参数发生突变迅速上升,而在有序 BCC – 无序 BCC 转变时角关联参数缓慢上升,但在无序 BCC 相时角关联参数随温度升高也是快速上升。图中虚线分别表示有序 BCC、无序 BCC 和无序 FCC 三个相的角关联参数随温度上升的趋势,$T_t = 1\ 125\ \mathrm{K}$ 和 1 260 K 分别是无序 BCC 和无序 FCC 相角关联参数快速上升的起始温度。

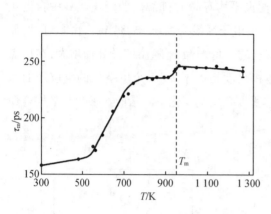

图 16.59　Al 中正电子湮没平均寿命和 S 参数
的温度变化

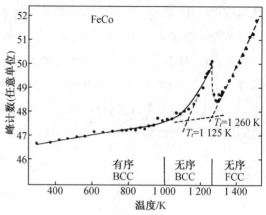

图 16.60　FeCo 合金角关联参数的温度变化

3. 材料辐照效应研究

核能系统发展中,必须了解材料辐照效应及其抗辐照性能,提高材料抗辐照性能是核能系统发展中的一个关键问题。核能系统结构材料在堆内受到中子等辐照,会产生各种空位、空位团、空洞等缺陷,导致材料微观结构发生变化,引起材料力学和物理学等宏观性能退化。在核能系统结构材料抗辐照性能越好,系统的安全性和经济性越好。在核能系统发展中,材料的辐照效应研究有重要的科学意义和应用价值,正电子湮没是核能结构材料辐照效应检测的一种重要手段。

(1)Si 中子辐照产生的缺陷

Li 等(1993)采用正电子湮没寿命测量方法研究了中子辐照在 Cz - Si(直拉硅)中产生的缺陷及其退火效应。样品的中子辐照在快堆上进行,辐照中子注量分别为 3.10 × 10^{17} cm^{-2} 和 1.45 × 10^{20} cm^{-2},辐照温度约 70 ℃。辐照后退火,退火温度间隔 100 ℃,每个温度点退火 60 min,最高退火温度 800 ℃。样品在各个温度点退火后,在室温进行正电子湮没寿命测量。

图 16.61(a)所示是测量的正电子湮没寿命 τ_1 和 τ_2 及 τ_2 的相对强度 $I_2(I_1 + I_2 = 1)$ 随退火温度的变化,图 16.61(b)所示是平均寿命随退火温度的变化,图 16.61(c)所示是根据测量的寿命值由捕获模型计算得到的单空位型、双空位型和四空位型缺陷的捕获率 K_I、K_{II}、K_{III} 随退火温度的变化。图中 τ_1 是单空位型缺陷捕获正电子湮没寿命,τ_2 是双空位型或四空位型缺陷捕获正电子湮没寿命。Cz - Si 中单空位缺陷是不能单独存在的,只能以单空位 - 氧复合体存在,单空位型缺陷只是单空位 - 氧复合体;双空位或四空位缺陷可以单独存在或与氧构成复合体,双空位型缺陷包含双空位缺陷和双空位 - 氧复合体,四空位型缺陷包含四空位缺陷和四空位 - 氧复合体。空位与空位 - 氧复合体捕获的正电子湮没寿命相同。

由图可见,$1.45 × 10^{20}$ cm^{-2} 注量中子辐照的 Cz - Si 中,退火温度低于 400 ℃,τ_2 保持恒定,其值为 345 ps。由于退火温度升高单空位缺陷迁移和合并为双空位缺陷,所以 τ_2 的强度 I_2 随温度升高而增大。退火温度从 400 ℃ 起,双空位开始合并为四空位,这时 τ_2 是双空位型和四空位型缺陷的加权平均值,随着四空位型缺陷成分增加,τ_2 增大。由于双空位型缺陷复合为四空位型缺陷随温度升高而增强，I_2 随温度升高而增加，到 600 ℃ 退火温度时，双空位都合并为四空位，τ_2 值为 430 ps，I_2 也达到最大。700 ℃ 退火温度时，大部分四空位都被退火，I_2 迅速降到 1%。退火温度达到 800 ℃ 时，所有缺陷全部被退火。

图 16.61(c) 所示是采用测量寿命值的捕获模型计算得到的单空位型、双空位型和四空位型缺陷的捕获率 K_{I}、K_{II} 和 K_{III} 随退火温度的变化。可以看到，3.10×10^{17} cm^{-2} 注量辐照的 Cz–Si，辐照产生单空位型和双空位型缺陷，它们分别在 100 ~ 300 ℃ 和 400 ~ 500 ℃ 退火；1.45×10^{20} cm^{-2} 注量辐照的 Cz–Si，除了单空位型和双空位型缺陷，还产生四空位型缺陷。在 100 ~ 400 ℃ 退火温度，单空位型缺陷减少，双空位型缺陷增多，四空位型缺陷不随温度变化。400 ~ 600 ℃ 退火温度，双空位型缺陷退火，单空位型 $[\mathrm{V(O_s)_2}]$ 和四空位型缺陷增加。600 ~ 700 ℃ 退火温度，单空位型 $[\mathrm{V(O_s)_3}]$ 和四空位型缺陷退火。800 ℃ 退火，Cz–Si 中所有缺陷都退火了。

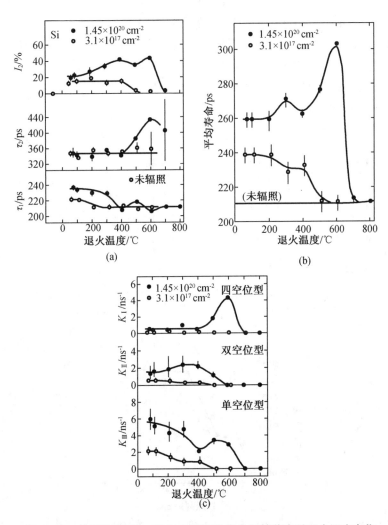

图 16.61　中子辐照 Cz–Si 正电子湮没寿命及捕获率随退火温度变化

（2）CLAM 钢辐照性能随辐照损伤剂量和温度的变化

第四代核能系统结构材料工作在 300 ~ 1 000 ℃高温,受到 100 ~ 200 dpa(displacement per atom, dpa,表示原子受到辐照离开原始位置的次数,例如 100 dpa 表示材料中每个原子离开原始位置 100 次)或更高辐照损伤剂量的中子辐照。现有反应堆中子源产生的位移损伤率都较低,达到第四代核能系统高辐照剂量或高 dpa 辐照损伤的辐照要很长很长的时间,例如,100 ~ 200 dpa 的辐照,热堆需要 10 ~ 20 a,快堆需要 3 ~ 7 a。与中子辐照相比,重离子辐照损伤产生的机理相同,但重离子辐照产生的位移损伤率比中子辐照的高 3 ~ 5 个量级,因此,采用加速器产生的重离子辐照能够在几小时到几天达到几十到几百 dpa 的辐照。基于此,重离子辐照模拟高损伤剂量中子辐照的技术得以发展。低活化马氏体不锈钢（CLAM 钢)是中国自主研发的改进型低活化马氏体钢,也是第四代核能系统结构材料的候选材料。

Zheng 等(2012)采用重离子辐照方法和正电子湮没检测法,在室温和 0 ~ 85 dpa 的辐照剂量条件下,测量了 CLAM 钢的辐照损伤随辐照剂量的变化;在 15 dpa 辐照剂量和室温到 700 ℃温度内,测量了 CLAM 钢辐照损伤随温度的变化。

图 16.62(a)和图 16.62(b)所示分别是室温辐照 CLAM 钢正电子湮没寿命和 S 参数随辐照剂量的变化。由测量的正电子湮没参数导出产生的空位团尺度,图 16.62(c)所示是辐照产生的空位团尺度随辐照剂量变化,由图可见随着辐照剂量增加空位团尺度增大,85 dpa 剂量辐照产生的空位团含有 9 个空位,直径是 0.60 nm。

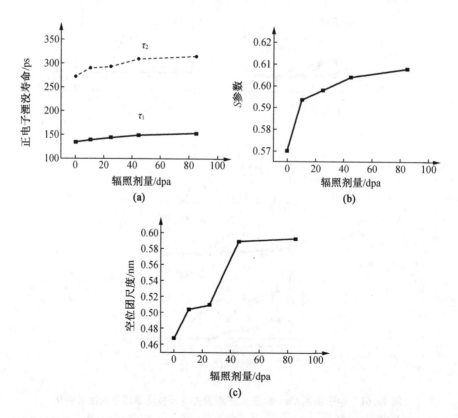

图 16.62　CLAM 钢中正电子湮没寿命和 S 参数及空位团尺度随辐照剂量变化

图 16.63(a)和图 16.63(b)给出了 15 dpa 辐照 CLAM 钢正电子湮没寿命和 S 参数随辐照温度的变化。图 16.63(c)所示是产生的空位团尺度随辐照温度变化,由图可见,在 500 ℃ 出现辐照肿胀峰,这时的空洞含有 9 个空位,平均直径是 0.59 nm。

从实验测量的辐照损伤的温度和剂量变化可以知道,与一般的马氏钢相比,中国自主研发的 CLAM 钢具有很好的抗辐照性能。

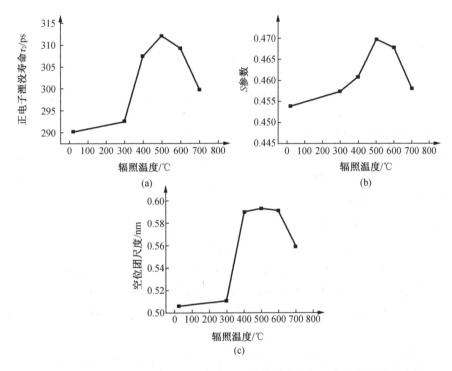

图 16.63　CLAM 钢中正电子湮没寿命和 S 参数及空位团尺度随辐照温度变化

(3)CLAM、F82H 和 T91 马氏体不锈钢辐照性能比较

重离子辐照和正电子湮没测量可以用于材料辐照性能快速检测和材料抗辐照性能筛选。黄郡英等(2007)和朱升云等(2020)在辐照剂量 10 dpa 时,进行了 CLAM 与两种国外马氏体不锈钢 F82H 和 T91 的辐照性能对比研究。

图 16.64 所示是实验测量的三种不锈钢辐照前和后的正电子湮没寿命 τ_1 和 τ_2 的变化。辐照前后三种不锈钢的正电子湮没寿命 τ_1 没有明显变化,而 τ_2 变化较大且三种不锈钢的变化不同。由图可见,CLAM 辐照前后正电子湮没寿命 τ_2 变化很小,F82H 钢辐照后的 τ_2 增大最大,T91 钢的变化比 F82H 的小。由实验测量的正电子湮没寿命可知,CLAM 钢抗辐照性能优于 F82H 和 T91,在测量的三种材料中,F82H 的抗辐照性能是较差的。

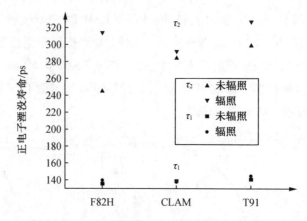

图 16.64　CLAM、F82H 和 T91 马氏体钢辐照前后正电子湮没寿命变化

（4）CLAM 钢辐照肿胀重离子与氢、氦三束辐照研究

先进核能系统结构材料在实际工况下同时受到中子产生的位移损伤与 H 和 He 的作用，三者同时作用存在协同效应，它可以抑制辐照损伤，也可增强辐照损伤。不同序列的依次位移损伤、H、He 辐照都不能模拟实际核能系统的辐照环境，为快速检测实际辐射环境中的第四代核能系统结构材料的辐照性能，国际上发展了重离子与 H 和 He 三束同时辐照技术，其中由重离子辐照模拟高剂量中子辐照产生的位移损伤。

Yuan 等（2014）、朱升云等（2017）采用中国原子能科学研究院 HI－13 串列加速器建立的重离子与 H 和 He 三束辐照装置，进行了 CLAM 钢辐照损伤的三束辐照研究。辐照在室温进行，100 keV 的 H 注量为 4.84×10^{16} cm^{-2}，200 keV 的 He 注量为 1.66×10^{16} cm^{-2}，109 MeV 的 Au 注量为 1.07×10^{14} cm^{-2}。在材料表面到 270 nm 的深度，Au、H 和 He 的路径重合。

辐照后样品中产生的辐照损伤采用可变能量慢正电子束多普勒展宽测量方法检测，S 参数越大，表示产生的空位团尺度越大。测量的多普勒展宽 S 参数随深度或正电子能量变化如图 16.65 所示。由图可见，没有辐照的 S 参数最小，依次辐照的 S 参数最大，三束同时辐照的 S 参数比依次辐照的 S 参数小、比未辐照的 S 参数大。实验结果表明，CLAM 钢在 Au 与 H 和 He 的三束同时辐照时，由于氢与氦协同作用效应，辐照损伤受到了抑制，产生的空位团的尺度比依次辐照的小。从实验测量结果可以看到三束同时辐照产生辐照损伤的协同效应。

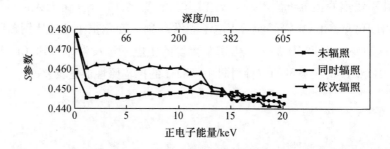

图 16.65　CLAM 钢三束同时、依次辐照以及未辐照样品的 S 参数随深度变化

4. 高温超导研究

高温超导发现后,超导机理一直是人们感兴趣的问题。高温超导体电子结构与高温超导机理密切相关。正电子湮没谱学可以提供高温超导体电子密度、电子动量分布和缺陷等信息。为了解高温超导的机理,Li 等(1989)对 $YBa_2Cu_3O_{7-x}$,Huang 等(1990)对掺 Pb 和 Nb 的 $Bi_{1.6}Pb_{0.3}Nb_{0.1}Sr_2Ca_2Cu_3O_x$ 高温超导体进行了正电子湮没研究。

$YBa_2Cu_3O_{7-x}$ 高温超导体的转变温度 $T_c = 90$ K。实验从室温到低于转变温度,测量了正电子湮没寿命和 S 参数的温度变化。实验测量的正电子湮没寿命谱用 τ_1 和 τ_2 两个寿命拟合,其中,τ_1 是短寿命,τ_2 是长寿命。短寿命成分 τ_1 在测量的温度范围不随温度变化,其值为 167 ps。图 16.66 所示是长寿命 τ_2 及其强度 I_2 和 S 参数随温度的变化。由图可见,在 89~91 K 高温超导跃迁的转变温度范围,实验测量的 τ_2、I_2 和 S 参数发生突变,表明从正常态到高温超导态时,电子结构发生变化。高温超导跃迁时,τ_2 从正常态的 300 ps 下降到超导态的 280 ps,说明高温超导态电子密度增大。高温超导态氧空位提高了费米能级,使电子密度增大。从正常态到高温超导态跃迁时,S 参数下降,说明超导态高动量电子增多。

$Bi_{1.6}Pb_{0.3}Nb_{0.1}Sr_2Ca_2Cu_3O_x$ 高温超导材料的转变温度 $T_c = 107$ K。同样采用短寿命 τ_1 和长寿命 τ_2 两个寿命成分拟合测量的正电子湮没寿命谱。图 16.67 所示是 τ_1 及其强度 I_1、τ_2 及其强度 I_2 和 S 参数的温度变化。τ_1 和 τ_2 都随温度变化,τ_1 是自由正电子湮没寿命或体寿命,τ_2 是氧空位捕获的正电子湮没寿命。由图可见,所有测量的参数都在 90 K 和 107 K 呈现突变,这两个温度分别对应于 BiSrCaCuO 的 2212 相和 2223 相的超导跃迁温度;107 K 的突变幅度较大,而 90 K 的突变幅度较小,说明 2223 相的跃迁是主相,2212 相的跃迁是很弱的;掺 Pb 和 Nb 可以稳定 2223 相,获得 107 K 高温超导。与 YBaCuO 不同,高温超导跃迁时,$Bi_{1.6}Pb_{0.3}Nb_{0.1}Sr_2Ca_2Cu_3O_x$ 高温超导体电子结构和晶格结构都发生变化。

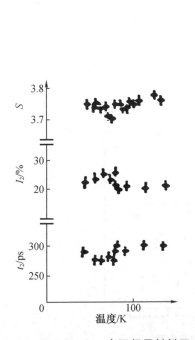

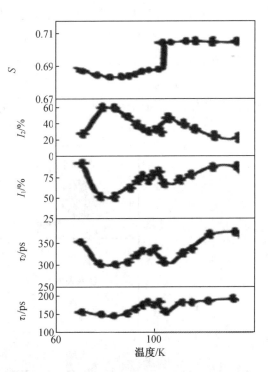

图 16.66　$YBa_2Cu_3O_{7-x}$ 高温超导材料正电子湮没寿命和 S 参数的温度变化

图 16.67　$Bi_{1.6}Pb_{0.3}Nb_{0.1}Sr_2Ca_2Cu_3O_x$ 正电子湮没寿命和 S 参数的温度变化

5. 正电子湮没在生命和医学中的应用

正电子湮没断层照相(PET)是当今世界上令人瞩目的一种核医学诊断技术,现在几乎所有大医院都利用 PET 进行医疗诊断。图 16.68(a)所示是 PET 系统的一个 γ 射线探测器环,两个相对位置为 180°探测器记录两个 γ 湮没辐射的符合计数,不同位置发生的湮没 γ 对,被不同位置的探测器对记录,所有计数都存储在计算机中。一般 PET 每环含 100 多个探测器(见 16.2.6 和图 16.47)。图 16.68(b)所示是一个临床医用 PET,一般 PET 含有16~32 个探测器环。

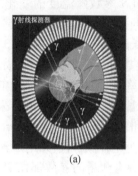
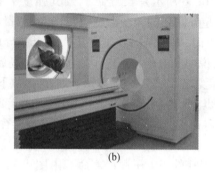

(a)　　　　　　　　　　(b)

图 16.68　PET 探测器环和临床医用 PET

图 16.69 所示是 PET 检测流程示意图。回旋加速器产生短寿命正电子湮没源,例如 ^{18}F[图 16.69(a)],经过快速分离后合成标记化合物 FDG – PET[图 16.69(b)],FDG(脱氧葡萄糖)注入或吸入到人体[图 16.69(c)],选择性地浓集于希望观察的脏器,进行 PET 测量[图 16.69(d)]。人体组织不同位置湮没发射的两个 γ 射线,被相应探测器环的两个探测器记录,由电子学线路确定每一事件或计数的位置,计算机处理后,从获取的数据,重建 3 维图像(图 16.70)。正常组织和病变组织对标记化合物的吸收不同,由三维图像可以对脏器进行动态观察、了解脏器病变以及确定病变位置。

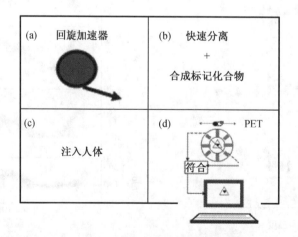

图 16.69　PET 检测流程示意图

利用 PET 除了可进行疾病诊断,还是脑功能诊断的重要手段,国外将 PET 探索脑功能列为重要研究课题。具有不同功能的器官,代谢过程不同,对标记化合物的吸收也不同,从测量的图像,可以了解体内生理及生化变化、显示脑组织器官功能、分子水平以了解脑功能和脑的活动。

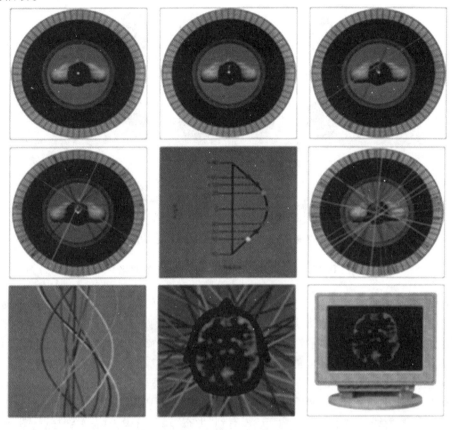

图 16.70　重建的 PET 三维图像

葡萄糖是人脑的主要能源,标记 ^{18}F 葡萄糖注入人体后,受到不同外界刺激时,大脑不同区域活动增强,这时葡萄糖代谢增加,吸收注入的 ^{18}F 葡萄糖多,该区 PET 记录的 ^{18}F 放射性大,显示屏亮度亮。PET 能显示大脑各部位葡萄糖(^{18}FDG)利用的分布变化(图 16.71)。图 16.71 的上排 1 和 2 是对照图,是大脑处于控制状态没有受到刺激的 PET 影像;3 和 4 是大脑受到语言和音乐的同时刺激后的 PET 影像,如箭头所示,双颞叶和额叶的 ^{18}F 放射性增大。中排 1 和 2 是只有语言刺激,如箭头所示,主要在右侧颞叶的 ^{18}F 放射性增大;3 和 4 是只有音乐刺激,如箭头所示,主要在左侧额叶的 ^{18}F 放射性增大。下排 1 和 2 是无思维的回忆音乐,如箭头所示,仅左侧颞叶的 ^{18}F 放射性增大;3 和 4 是有思维的回忆音乐,主要在右侧颞叶的 ^{18}F 放射性增高。可见,PET 对探测脑活动是很灵敏和直观的。

PET 是反映病变的基因、分子、代谢及功能状态的显像设备,为临床诊断提供疾病的生物代谢信息。但是 PET 的图像是功能影像,空间分辨率比 X 射线 CT 和磁共振成像(MRI)的差,很难提供精确的解剖定位数据。X 射线 CT 是计算机 X 射线断层照相,具有良好的空间分辨率,缺点是不能获得病人的器官组织功能信息。PET – CT 是将传统 X 射线 CT 与PET 组合成的一个完整的医学诊断显像系统,同时具有 PET、CT 及将 PET 图像与 CT 图像融合等功能。病人在检查时经过全身快速扫描,同时获得 CT 解剖图像和 PET 功能代谢图像,同时获得生物代谢信息和精准解剖定位,对疾病做出全面、准确的判断。PET – CT 系统中的 PET 和 CT 根据需要可以单独使用,也可以结合使用。

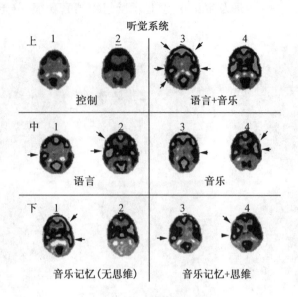

图 16.71　刺激引起大脑听觉区功能的变化

　　X 射线 CT 检查的密度或空间分辨率高、定位准确,但只有当疾病发生到"形态转变"这一阶段才能被发现,不能达到"早期诊断"的目的;PET 检查,虽然能在"代谢异常"阶段就发现病灶,但是由于缺乏周围正常组织的对照致使定位模糊。PET – CT 一次显像能同时获得 PET 与 CT 两者的全身各方向的断层图像,既发挥了两者的优势,又有效地弥补了两者地不足。文献(王少阶 等,2008)比较好地介绍了正电子在医学中的应用,这里仅以肺癌诊断为例进行相关介绍。图 16.72 所示是 X 射线 CT、PET、和 PET – CT 肺癌诊断图像的比较。图 16.72(a)是 X 射线 CT 扫描图像,病变还没有到"形态"转变阶段,没有看到亮点;图 16.72(b)是 PET 扫描图像,肺部可以看到一个清晰病变区亮点;图 16.72(c)是 PET – CT 扫描图像,可见,PET – CT 检查的肺癌的图像最清晰、诊断更有效和可靠。

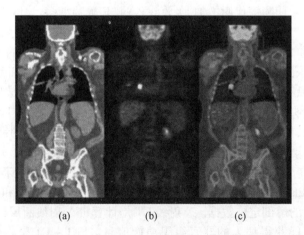

(a)　　　　　　　(b)　　　　　　　(c)

图 16.72　X – CT、PET 和 PET – CT 扫描的肺癌图像

参 考 文 献

鲍秀敏，1981. 半导体器件中含磷量的测量[J]. 核技术(1)：21-25, 10.

蔡延璜，夏克定，1980. 穆斯堡尔谱的分解和参数抽取[J]. 核技术(5)：14-36.

陈保观，马民强，龚惠莉，等，1980. 地质样品仪器中子活化试分析[J]. 物探与化探，4(3)：32-38.

承焕生，任月华，徐志伟，等，1982. 低能沟道效应及其应用[J]. 物理学进展，42(2)：159.

承焕生，徐志伟，赵国庆，等，1982. 背散射和核反应技术用于氮化硅薄膜分析[J]. 半导体学报，3(1)：62-68.

承焕生，周筑颖，徐志伟，等，1983. 用弹性反冲法分析薄膜中氢元素深度分布[J]. 原子核物理，5(3)：203-288.

丁大钊，叶春堂，赵志祥，等，2001. 中子物理学：原理、方法与应用[M]. 北京：原子能出版社出版.

丁洪林，2010. 核辐射探测器[M]. 哈尔滨：哈尔滨工程大学出版社.

复旦大学静电加速器实验室，中国科学院上海原子核研究所活化分析组，北京钢铁学院《中国冶金史》编写组，1979. 越王剑的质子 X 荧光非真空分析[J]. 复旦学报(自然科学版)(1)：73-81.

复旦大学，清华大学，北京大学，1985. 原子核物理实验方法：上册[M]. 修订本. 北京：原子能出版社.

复旦大学，清华大学，北京大学，1986. 原子核物理实验方法：下册[M]. 修订本. 北京：原子能出版社.

高正跃，赵维娟，李国霞，等，2002. 秦始皇陵兵马俑原料来源的中子活化分析[J]. 中国科学，32(10)：900-907.

国家自然科学基金委员会，1991. 核技术[M]. 北京：科学出版社.

韩荣典，郭学哲，翁惠民，等，1988. 慢正电子束产生实验[J]. 物理学报，37(9)：1517-1522.

何明，姜山，蒋崧生，等，1999. 重核离子束成分的加速器质谱分析[J]. 原子能科学技术(2)：34-38.

何明，姜山，董克君，等，2004. 加速器质谱技术在核物理与天体物理中的应用[J]. 原子核物理评论，21(3)：210-213.

何元金，李龙土，郁伟中，1982. 掺 La 的 $PbTiO_3$ 压电陶瓷中 Pb 空位的正电子湮灭研究[J]. 核技术(6)：63-76.

蒋崧生，姜山，马铁军，等，1992. ^{10}Be 断代法测定锰结核生长速率和深海沉积物沉积速率的研究[J]. 科学通报(7)：592-594.

蒋崧生，姜山，何明，等，1996. ^{79}Se 的加速器质谱方法测定研究[J]. 科学通报，41(24)：2228-2230.

金卫国，赵国庆，邵其鋆，等，1987. 平面阻塞效应测量 $E_p=1\ 565$ keV 时$^{27}AL(p, \alpha)^{24}Mg$ 共振反应寿命[J]. 物理学报，36(12)：1564-1569.

李国霞，赵维娟，李融武，等，2006. 汝官瓷和钧官瓷胎料来源的质子激发 X 射线荧光分析[J]. 中国科学 G 辑：物理学、力学、天文学，36(3)：239-247.

李民乾，陈志祥，盛康龙，等，1978. 吉林陨石的质子激发 X 射线分析[J]. 科学通报(9)：547-549.

李民乾，陈志祥，盛康龙，等，1979. 质子激发 X 荧光分析及其应用[J]. 核技术，2：3.

李明欣，刘柏宏，李远哲，等，2007. 双极性质谱检测与高灵敏度离子侦测技术研发[J]. 化学，65(2)：95-104.

李士，李哲，王启鸣，1981. 穆斯鲍尔谱的最小二乘法拟合，剥离，剥离拟合法[J]. 原子能科学技术，6：671-676, 682.

李士，徐英庭，1990. 我国穆斯堡尔谱学应用研究进展[J]. 原子能科学技术(2)：91-96.

李晓林，1993. 矿石中铱的中子活化分析[J]. 成都地质学院学报(1)：118-120.

林森浩，鲍锦荣，章家鼎，1981. 质子活化分析快速测定钽、铌中的氮[J]. 核技术(01)：38-40.

刘立坤，田伟之，王平生，等，2005. 用中子活化法分析北京地区三个采样点的大气颗粒物[J]. 同位素(Z1)：67-72.

吕英，殷爱华，周瑞英，1985. 急性白血病血液中微量元素的 PIXE 分析[J]. 核技术(6)：19-20.

马如章，王蕴玉，徐安泰，1982. 形变 Ni_3Mn 合金的磁学和正电子湮灭谱学研究[J]. 核技术(6)：30-33.

毛一仙，王启新，张士琛，等，1982. 铍中氟的 14 MeV 中子活化分析[J]. 原子能科学技术

（2）：142 – 144.

潘中允，2005. PET 诊断学[M]. 北京：人民卫生出版社.

彭郁卿，郑万辉，朱家璧，等，1982. 非晶态合金（$Fe_{0.1}Ni_{0.35}Co_{0.55}$）$_{78}SiB_{14}$ 中的正电子湮没[J]. 核技术（6）：42 – 43.

钱景华，臧德鸿，张宝全，等，1982. 用核反应 $^{16}O(d, p_1)^{17}O^*$ 测量硅表面的微量氧[J]. 核技术（04）：94 – 95.

任炽刚，承焕生，汤国魂，等，1981. 质子 X 荧光分析和质子显微镜[M]. 北京：原子能出版社.

汤家镛，张祖华，1988. 离子在固体中的阻止本领射程和沟道效应[M]. 北京：原子能出版社.

田伟之，汤锡松，方朝萌，1981. 多元素堆中子活化分析中的单比较器法[M]. 北京：原子能出版社.

滕敏康，2000. 正电子湮没谱学及其应用[M]. 北京：原子能出版社.

杨福家，赵国庆，1985. 离子束分析[M]. 上海：复旦大学出版社.

王广厚，1985. 内转换电子穆斯堡尔谱学[J]. 物理（4）：210 – 214, 205.

王金山，1982. 核磁共振波谱仪与实验技术[M]. 北京：机械工业出版社.

王珂，侯小琳，1994. 微堆中子活化法测定硒鸡蛋中硒含量[J]. 同位素（1）：47 – 49.

王平，曹兴忠，马雁云，等，2006. ^{22}Na 放射源慢正电子束流插入装置的研制[J]. 高能物理与核物理（10）：1036 – 1040.

王少阶，陈志权，王波，等，2008. 应用正电子谱学[M]. 武汉：湖北科学出版社.

王玉林，朱吉印，甄建霄，2020. 中国先进研究堆应用及未来发展[J]. 原子能科学技术，54（S1）：213 – 217.

王豫生，阎建华，郑胜男，等，1987. 沟道效应及某些应用的研究[J]. 核技术（6）：23 – 28, 61.

吴淞茂，茅云，宋玲根，等，1985. 中子活化瞬发 γ 射线元素分析技术初探[J]. 核技术（6）：27.

吴雪君，1984. 卷积和退卷积在俄歇电子谱中的应用[J]. 真空科学与技术（1）：12 – 22.

吴奕初，蒋中英，郁伟中，2017. 正电子散射物理[M]. 北京：科学出版社.

吴治华，1997. 原子核物理实验方法[M]. 3 版. 北京：原子能出版社.

夏克定，刘联璠，周慰图，等，1979. 吉林陨石的穆斯鲍尔谱分析[J]. 科学通报（01）：38 – 41.

夏元复，熊宏齐，侯明东，1991. 重离子在束穆斯堡尔谱学[J]. 核物理动态（03）：27 – 31.

夏元复，叶纯灏，张健，1984. 穆斯堡尔效应及其应用[M]. 北京：原子能出版社.

肖家祝，1981. 中子活化分析在农业上应用的现状和技术[J]. 原子能农业译丛（03）：8 – 14, 65.

薛缪栋，张桂林，刘联璠，等，1978. 多通道穆斯鲍尔谱仪[J]. 核技术（01）：14 – 22.

杨福家，2008. 原子物理学[M]. 4 版. 北京：高等教育出版社.

杨福家，赵国庆，1985. 离子束分析[M]. 上海：复旦大学出版社.

叶邦角，翁惠民，周先意，等，2003. 正电子寿命 – 动量关联技术[J]. 原子核物理评论（03）：213 – 217.

郁伟中，2003. 正电子物理及其应用[M]. 北京：科学出版社.

袁自力，1975. 用带电粒子活化分析方法分析硅中痕量碳[J]. 复旦学报（自然科学版）（03）：60 – 62.

曾宪周，姚惠英，袁爱娜，等，1986. 用质子激发 X 荧光方法分析孕妇头发中的微量元素[J]. 核科学与工程（03）：257 – 262, 8.

张大伟，王伟，沈洪涛，等，2008. 一种用于加速器质谱测量的充气磁谱飞行时间探测器[J]. 质谱学报，29（增刊）：227.

张桂林，1985. 离子注入穆斯堡尔光谱学[J]. 物理学进展（04）：535 – 563.

张鸿冰，夏元复，李世民，等，1996. 在束穆斯堡尔实验装置[J]. 核技术（02）：85 – 89.

张维成，1984. 重离子活化分析概况[J]. 核物理动态（03）：48 – 49, 22.

赵国庆，任炽刚，1989. 核分析技术[M]. 北京：原子能出版社.

赵维娟，谢建忠，高正耀，等，2002. 用中子活化分析法研究古钧瓷和古汝瓷起源关系[J]. 核技术（02）：144 – 150.

赵砚卿，吴家键，王平生，等，1985. 中子活化与缓发中子法测定岩矿中 U、Th、K[J]. 核技术（06）：9.

中国科学院上海原子核研究所活化分析组，1980. 应用质子活化分析测定半导体硅中痕量氧、氮和碳[J]. 物理（01）：40 – 42.

钟里满，耿左车，李军，等，2008. 国家清史纂修工程重大学术问题研究专项课题成果：清光绪帝死因研究工作报告[J]. 清史研究（04）：1 – 12.

周冬梅，郑永男，朱佳政，等，2004. β – NMR 和 β – NQR 谱仪的建立[J]. 高能物理与核物理（03）：294 – 298.

周雷，梁昊，熊涛，等，2009. 慢正电子寿命谱仪电子学系统原型机研制[J]. 核技术，32（09）：695 – 700.

周善铸，潘浩昌，林俊英，等，1984. 应用回旋加速器测量水中微量氚[J]. 核技术（05）：30 – 32, 73.

朱升云，1985. 扰动角关联和角分布技术在金属缺陷研究中的应用[J]. 物理（02）：92 – 97, 91.

朱升云，董明理，左涛，等，1987. 四探头时间微分扰动角关联谱仪[J]. 核技术，12.

朱升云, 李安利, 郑胜男, 等, 1990. BaF_2 闪烁探测器在扰动角关联和角分布研究中的应用[J]. 核技术, 13(12): 752 – 755.

朱升云, 郭刚, 何明, 等, 2020. HI – 13 串列加速器核物理应用研究发展现状和展望[J]. 原子能科学技术, 54(S1):1 – 16.

朱升云, 袁大庆, 2017. 先进核能系统结构材料辐照性能研究[J]. 原子核物理评论, 34(3): 302 – 309.

ABRAGAM A, 1961. The principles of nuclear magnetism[M]. Clarendon: Oxford university press.

AEPPLI H, FRAUENFELDER H, Walter M, 1951. Directional correlation of the γ – γcascad of ^{111}Cd[J]. Helvetica Physica Acta, 24(4): 339.

AHLBERG M S, 1977. Enhancement in PIXE analysis[J]. Nuclear Instruments and Methods, 142(1 – 2): 61 – 65.

ALBURGER D, 1965. Alpha – , beta – and gamma ray spectroscopy[M]. Amsterdam: North – Holland Publishing Company.

ALDER K, BOHR A, HUUS T, et al, 1956. Study of nuclear structure by electromagnetic excitation with accelerated ions[J]. Reviews of modern physics, 28(4): 432.

ALEXANDER R B, ANDERSEN J U, PRASAD K G, 1977. Measurement of compound nuclear lifetimes by the crystal blocking technique[J]. Nuclear Physics A, 279(2): 278 – 292.

AMSEL G, BERANGER G, DE GELAS B, et al, 1968. Use of the Nuclear Reaction O_{16}(d, p)O_{17} to Study Oxygen Diffusion in Solids and its Application to Zirconium[J]. Journal of applied physics, 39(5): 2246 – 2255.

AMSEL G, NADAI J P, D'ARTEMARE E, et al, 1971. Microanalysis by the direct observation of nuclear reactions using a 2 MeV Van de Graaff[J]. Nuclear instruments and methods, 92(4): 481 – 498.

AMSEL G, DAVIES J A, 1983. Precision standard reference targets for microanalysis by nuclear reactions[J]. Nuclear Instruments and Methods in Physics Research, 218(1 – 3): 177 – 182.

ANDERSON C D, 1933. The positive electron[J]. Physical review, 43(6): 491.

ANDERSEN J U, DAVIES J A, NIELSEN K O, et al, 1965. An experimental study of the orientation dependence of (p, γ) yields in monocrystalline aluminum[J]. Nuclear Instruments and Methods, 38: 210 – 215.

ANTHONY J M, THOMAS J, 1983. Accelerator based mass spectrometry of semiconductor materials[J]. Nuclear Instruments and Methods in Physics Research, 218(1 – 3): 463 – 467.

ARENDS A R, HOHENEMSER C, PLEITER F, et al, 1980. Data reduction methodology for perturbed angular correlation experiments[J]. Hyperfine Interactions, 8(1): 191 – 213.

ARTMAN J O, MUIR JR A H, WIEDERSICH H, 1968. Determination of the nuclear quadrupole moment of^{57m}Fe from α – Fe_2O_3 Data[J]. Physical review, 173:337.

ASSELINEAU J M, DUCHON J, L'HARIDON M, et al, 1982. Performance of abragg curve detector for heavy ion identification[J]. Nuclear Instruments and Methods in Physics Research, 204(1): 109 – 115.

MUHAMMED E, AZIM C, 2011. MRI Handbook[M]. Berlin: Springer.

BACON F, BARCLAY J A, BREWER W D, et al, 1972. Temperature – Independent Spin – Lattice relaxation time in metals at very low temperatures[J]. Physical Review B, 5(7): 2397.

BAMBYNEK W, CRASEMANN B, FINK R W, et al, 1972. X – ray fluorescence yields, Auger, and Coster – Kronig transition probabilities[J]. Reviews of modern physics, 44(4): 716.

BELOSHITSKY V V, KUMAKHOV M A, 1978. A theory of energy loss of channeled protons[J]. Radiation Effects, 35(4): 209 – 216.

BENEDEK G B, ARMSTRONG J, 1961. Pressure and Temperature Dependence of the Fe^{57} Nuclear Magnetic Resonance Frequency in Ferromagnetic Iron[J]. Journal of Applied Physics, 32(3): S106 – S110.

BENKA O, KROPF A, 1978. Tables for plane – wave Born – approximation calculations of K – and L – shell ionization by protons[J]. Atomic Data and Nuclear Data Tables, 22(3): 219 – 233.

BERKO S, HAGHGOOIE M, MADER J J, 1977. Momentum density measurements with a new multicounter two – dimensional angular correlation of annihilation radiation apparatus[J]. Physics Letters A, 63(3): 335 – 338.

BERTIN E P, 1978. Introduction to X – ray spectrometric analysis[M]. New York: Plenum Press.

BERKO S, 1979. Positron annihilation experiments in metals – Electronic structure and Fermi surface studies[J] Scripta Metallurgica(14):23 – 29.

BIEDENHARN L C, ROSE M E, 1953. Theory of angular correlation of nuclear radiations[J]. Reviews of Modern Physics, 25(3): 729 – 777.

BIERSACK J P, HAGGMARK L G, 1980. A Monte Carlo computer program for the transport of energetic ions in amorphous targets[J]. Nuclear instruments and methods, 174(1 – 2): 257 – 269.

BIRD J R, CAMPBELL B L, PRICE P B, 1974. Prompt nuclear analysis[J]. Atomic Energy Review, 12(2): 275 – 342.

BLOCH F, 1946. Nuclear induction[J]. Physical review, 70(7 – 8): 460 – 474.

BLUNDELL S J, HUSMANN A, JESTÄDT T, et al, 2000. Muon studies of molecular magnetism[J]. Physica B: Condensed Matter, 289: 115 – 118.

BOHR N, 1948. The penetration of atomic particles through matter[M]. Copenhagen: Munksgaard.

BONANI G, EBERHARDT P, HOFMANN H J, et al, 1990. Efficiency improvements with a new stripper design [J]. Nuclear Instruments and Methods in Physics Research Section B: Beam Interactions with Materials and Atoms, 52(3 – 4): 338 – 344.

BOS A J J, VAN DER STAP C, VALKOVIĆ V, et al, 1984. On the incorporation of trace elements into human hair measured with micro – PIXE[J]. Nuclear Instruments and Methods in Physics Research Section B: Beam Interactions with Materials and Atoms, 3(1 – 3): 654 – 659.

BOYLE A J F, HALL H E, 1962. The Mössbauer effect [J]. Reports on Progress in Physics, 25 (1): 441 – 522.

BRADY E L, DEUTSCH M, 1950. Angular correlation of successive gamma – rays[J]. Physical review, 78(5): 558 – 566.

BRANDT W, 1967. Positron Annihilation[M]. New York: Academic Press.

BRANDT W, REINHEIMER J, 1970. Theory of semiconductor response to charged particles [J]. Physical Review B, 2(8): 3104 – 3112.

BRANDT W, LAPICKI G, 1979. L – shell Coulomb ionization by heavy charged particles[J]. Physical Review A, 20(2): 465 – 480.

BRANDT W, DUPASQUIER A, 1983. Positron solid state physics[M]. Amsterdam: North – Holland Publishing Company.

BREWER W D, SHIRLEY D A, Templeton J E, 1968. Low – temperature departures from the Korringa approximation[J]. Physics Letters A, 27(2): 81 – 82.

BREWER W D, 1990. Recent developments in low – temperature nuclear orientation[J]. Reports on Progress in Physics, 53(5): 483 – 548.

BRIGHAM E O, MORROW R E, 1967. The fast Fourier transform[J] IEEE Spectrum, 4(12): 63 – 70.

BROWN W, 1972. Radiation damage and defects in semiconductors [C]. Proceedings of the International Conference on Defects in Semiconductors, UK, Reading: 416.

BØGH E, 1968. Defect studies in crystals by means of channeling [J]. Canadian Journal of Physics, 46 (6): 653 – 662.

BØTTIGER J, LESLIE J R, RUD N, 1976. Range profiles of 6 – 16 – keV hydrogen ions implanted in metal oxides[J]. Journal of Applied Physics, 47(4): 1672 – 1675.

BØTTIGER J, 1978. A review on depth profiling of hydrogen and helium isotopes within the near – surface region of solids by use of ion beams[J]. Journal of Nuclear Materials, 78(1): 161 – 181.

BURHOP E H S, 1955. Le rendement de fluorescence [J]. Journal de Physique et le Radium, 16 (7): 625 – 629.

BUTZ T, LERF A, 1983. Comment on "Mössbauer studies of the 6.2 keVγ – rays of ^{181}Ta in Ta – dichalcogenides"[J]. Physics Letters A, 97(5): 217 – 218.

CAMERON J, CAMPBELL I, COMPTON J P, et al, 1964. Nuclear polarization of Ir^{192} in iron[J]. Nuclear Physics, 59(3): 475 – 480.

CAMANI M, GYGAX F N, RÜEGG W, et al, 1977. PositiveMuons in copper: Detection of an electric – field gradient at the neighbor cu nuclei and determination of the site of localization[J]. Physical Review Letters, 39 (13): 836 – 839.

CARLEY A F, JOYNER R W, 1979. The application of deconvolution methods in electron spectroscopy: A review [J]. Journal of Electron Spectroscopy and Related Phenomena, 16(1): 1 – 23.

CELIO M, MEIER P F, 1983. Master – equation approach toMuonium depolarization in solids [J]. Physical Review B, 28(1): 39 – 49.

CHAO C Y, 1930. Scattering of hard garma – rays[J]. Phys. Rev, 36(10): 1519 – 1522.

CHOW K H, HITTI B, KIEFL R F, et al, 2001. Muonium Analog of Hydrogen Passivation: Observation of the Mu + – Zn – Reaction in GaAs[J]. Physical Review Letters, 87(21): 216403.

CHAUDHRI M, BURNS G, REEN E, et al, 1977. A method for charged – particle activation analysis and its application to fluorine determination by the^{19}F (p, αγ)^{16}O reaction[J]. Journal of Radioanalytical and Nuclear Chemistry, 37(1): 243 – 253.

CHU W K, MAYER J, NICOLET M, 1978. Backscattering spectrometry[M]. New York: Academic Press.

CLAUSEN C A, GOOD M L, 1970. Interpretation of the Moessbauer spectra of mixed – hexahalo complexes of tin (IV)[J]. Inorganic Chemistry, 9(4): 817 – 820.

CLEMENT M, DE NIJS J M M, BALK P, et al, 1996. Analysis of positron beam data by the combined use of the shape – and wing – parameters[J]. Journal of applied physics, 79(12): 9029 – 9036.

COHEN D D, 1980. A radially dependent photopeak efficiency model for Si(Li) detectors[J]. Nuclear Instruments and Methods, 178(2 – 3): 481 – 490.

COMPTON A, ALISON S, 1954. X – rays in theory and experiment[M]. New York: D. Van Nostrand Co. Inc.

CONNOR D, 1959. Measurement of the nuclear g factor of Li^8[J]. Physical Review Letters, 3: 429.

COOKSON J, FERGUSON A, PILLING A, 1972. Proton micro – beams, their production and use[J]. Journal of Radioanalytical and Nuclear Chemistry, 12(2): 39 – 52.

COOTE G E, SPARKS R J, BLATTNER P, 1982. Nuclear microprobe measurement of fluorine concentration profiles, with application in archaeology and geology[J]. Nuclear instruments and methods in physics research, 197(1): 213 – 221.

COOK S, D' ARCY R, EDMONDS A, et al, 2017. Delivering the world's most intense Muon beam[J]. Physical Review Accelerators and Beams, 20(3): 030101.

CSIKAI J, 1973. Use of small neutron generators in science and technology[M]. Hungary: Kossuth Univ.

DAVISSON C, 1965. Alpha –, beta – and gamma ray spectroscopy [M]. Amsterdam: North – Holland Publishing Company.

DAVIES A G, SMITH L, SMITH P J, 1970. Organotin chemistry: VI. The preparation and Mössbauer spectra of some butyltin (IV), dialkyltin (IV) and simple and mixed hexahalogenostannate complexes[J]. Journal of Organometallic Chemistry, 23(1): 135 – 142.

DAWSON P, 1976. Quadrupole mass spectrometry and its applications[M]. Amsterdam: Elsevier Publishing Company.

DECONNINCK G, DEMORTIER G, 1972. Quantitative analysis of aluminium by prompt nuclear reactions[J]. Journal of Radioanalytical and Nuclear Chemistry, 12(2): 189 – 208.

DECONNINCK G, 1978. Introduction to radioanlytical physics[M]. Amsterdam: Elsevier Publishing Company.

DE HOFFMANN E, STROOBANT V, 2007. Mass spectrometry: principles and applications[M]. New York: John Wiley & Sons.

DENISON A B, GRAF H, KUENDIG W, et al, 1980. PositiveMuons as probes in ferromagnetic metals[J]. Helvetica Physica Acta, 52(4): 460 – 517.

DE WAARD H, DRENTJE S A, 1966. Internal magnetic field of iodine in iron [J]. Physics Letters, 20(1): 38 – 40.

DEWALD A, 2017. The Actual AMS Capabilities at the University of Cologne[J]. Nuclear Physics News, 27(3): 20 – 23.

DIRAC P A M, 1930. On the annihilation of electrons and protons [C]. Mathematical Proceedings of the Cambridge Philosophical Society. Cambridge, Cambridge University Press, 26(3): 361 – 375.

DIRAC P A M, 1930. A theory of electrons and protons[J]. Proceedings of the Royal Society of London. Series A, Containing papers of a mathematical and physical character, 126(801): 360 – 365.

DIRAC P A M, 1931. Quantised singularities in the electromagnetic field[J]. Proceedings of the Royal Society of London. Series A, Containing Papers of a Mathematical and Physical Character, 133(821): 60 – 72.

DLUBEK G, EICHLER S, 1998. Do MELT or CONTIN programs accurately reveal the o – Ps lifetime distribution in polymers? Analysis of simulated lifetime spectra[J]. Physica Status Solidi (A), 168(2): 333 – 350.

DONAHUE D J, JULL A J T, ZABEL T H, et al, 1983. The use of accelerators for arhaeological dating[J]. Nuclear Instruments and Methods in Physics Research, 218(1 – 3): 425 – 429.

DOYAMA M, HASIGUTI R R, 1973. Studies of lattice defects by means of positron annihilation[J]. Crystal Lattice Defects, 4(3): 139 – 163.

DOYLE B L, PEERCY P S, 1979. Technique for profiling ^1H with 2.5 – MeV Van de Graaff accelerators[J]. Applied Physics Letters, 34(11): 811 – 813.

DOYLE B L, 1983. Non – vacuum Rutherford backscattering spectrometry[J]. Nuclear Instruments and Methods in Physics Research, 218(1 – 3): 29 – 32.

DRAPER J E, 1964. A new fast transmission detector of charged particles[J]. Nuclear Instruments and Methods, 30(1): 148 – 150.

DRENTJE S A, 1968. Construction and use of the Groningen isotope separator [J]. Nuclear Instruments and Methods, 59(1): 64 – 72.

DUNSIGER S R, GARDNER J S, CHAKHALIAN J A, et al, 2000. Low temperature spin dynamics of the geometrically frustrated antiferromagnetic garnet $Gd_3Ga_5O_{12}$[J]. Physical review letters, 85(16): 3504.

DYBDAL K, FORSTER J S, RUD N, 1979. Discontinuity in the Transient Magnetic Field around $Z_1 = 9$ and $Z_2 = 26$[J]. Physical Review Letters, 43(23): 1711.

EATON G H, 1992. The ISIS pulsedMuon facility[J]. Zeitschrift für Physik C Particles and Fields, 56(1): S232 – S239.

ECKERT W, SCHAEFER H, 1989. Proceeding of the 8th International Conference on Positron Annihilation[C]. Singapore, World Scientific Publishing Co. Pte. Ltd. : 407.

EISEN J, 1973. Channeling: Theory, Observation, Applications [M]. New York: Wiley.

ELLIS Y A, 1973. Nuclear data sheets for A = 181[J]. Nuclear Data Sheets, 9(1): 319 – 399.

EMELEUS V M, 1958. The technique of neutron activation analysis as applied to trace element determination in pottery and coins[J]. Archaeometry, 1: 6 – 15.

ENDER C, LI M Q, MARTIN B, et al, 1983. Demonstration of polar zinc distribution in pollen tubes of Lilium longiflorum with the Heidelberg proton microprobe[J]. Protoplasma, 116(2): 201 – 203.

ERATA T, MISHIMA K, KITA E, et al, 1992. NMR studies on the surface magnetism of vanadium ultra fine particles[J]. Journal of Magnetism and Magnetic Materials, 104: 1589 – 1590.

ERNST R R, ANDERSON W A, 1966. Application of Fourier transform spectroscopy to magnetic resonance[J]. Review of Scientific Instruments, 37(1): 93 – 102.

ERNST H, HAGN E, ZECH E, et al, 1979. Nuclear quadrupole alignment of ^{176}Lum and ^{177}Lu in a lutetium single crystal at low temperatures and systematics of electric field gradients in pure hexagonal transition metals [J]. Physical Review B, 19(9): 4460.

ESPEN P, NULLENS H, ADAMS F,1977. A method for the accurate description of the full – energy peaks in non – linear least – squares analysis of X – ray spectra[J]. Nuclear Instruments and Methods, 145(3): 579 – 582.

EVANS R D, EVANS R D, 1955. The atomic nucleus[M]. New York: McGraw – Hill Inc.

FARRAR T C, BECKER E D, 1971. Pulse and Fourier transform NMR: introduction to theory and methods [M]. New York: Academic Press

FEIOCK F D, JOHNSON W R, 1969. Atomic susceptibilities and shielding factors[J]. Physical Review, 187 (1): 39.

FERGUSON A J, 1965. Angular correlation methods in gamma – ray spectroscopy[M]. Dutch: North – Holland Publishing Company.

FINK R, WESCHE R, KLAS T, et al, 1990. Step – correlated diffusion of In atoms on Ag(100) and Ag(111) surfaces[J]. Surface Science, 225(3): 331 – 340.

FISCHER W, 2014. MRI Essentials[M]. Augsburg:MRI – Publisher.

FLUGGE S, 1958. Handbuch der Physik: Band X X X IV[M]. Berlin:Springer – Verlag.

FOTI G, MAYER J W, RIMINI E, 1977. Ion beam handbook for material analysis[M]. New York: Academic Press.

FRAUENFELDER H, STEFFEN R, 1960. Nuclear spectroscopy: Part A[M]. New York: Academic Press Inc.

FRAUENFELDER H, STEFFEN R M, 1965. Alpha – , beta – and gamma ray spectroscopy[M]. Amsterdam: North – Holland Publishing Company.

FREUND H U, 1975. Recent experimental values for K shell X – ray fluorescence yields [J]. X – Ray Spectrometry, 4(2): 90 – 91.

FRIEDLI C, LASS B D, SCHWEIKERT E A, 1979. Studies in heavy ion activation analysis[J]. Journal of Radioanalytical Chemistry, 54(1): 281 – 288.

GARCIA J D, 1970. Inner – shell ionizations by proton impact[J]. Physical Review A, 1(2): 280.

GARCIA J D, FORTNER R J, KAVANAGH T M, 1973. Inner – shell vacancy production in ion – atom collisions [J]. Reviews of Modern Physics, 45(2): 111.

GEMMELL D S, 1974. Channeling and related effects in the motion of charged particles through crystals[J]. Reviews of Modern Physics, 46(1): 129.

GIBSON W M, MILLER G L, 1965. Alpha – , beta – and gamma ray spectroscopy[M]. Amsterdam: North – Holland Publishing Company.

GIBSON W M, 1975. Blocking measurements of nuclear decay times[J]. Annual Review of Nuclear Science, 25 (1): 465 – 508.

GIBB T C, 1976. Principle of Mössbauer spectroscopy[M]. London: Chapman and Holl.

GONSER U, 1975. Mössbauer spectroscopy[M]. Berlin: Springer.

GRANT I S, PHILLIPS W R, 2008. Electromagnetism[M]. New York: John Wiley and Son.

GREEN J, LEE J C, 1964. Positronium chemistry[M]. New York: Academic Press.

GREBINNIK V G, GUREVICH I I, ZHUKOV V A, 1975. Sub – barrier diffusion of μ^+ mesons in copper[J]. Sov. Phys. (JETP), 41:777.

GREENWOOD RC, 1964. Neutron Capture γ – ray Spectroscopy[M]. New York: Plenum Press.

GREGORY R B, ZHU Y, 1990. Analysis of positron annihilation lifetime data by numerical Laplace inversion with the program CONTIN[J]. Nuclear Instruments and Methods in Physics Research Section A: Accelerators, Spectrometers, Detectors and Associated Equipment, 290(1): 172 – 182.

GRIFFITHS D J, 1962. Introduction to electrodynamics[M]. New Jersey: Prentice Hall.

GRUHN C R, BINIMI M, LEGRAIN R, et al, 1982. Bragg curve spectroscopy[J]. Nuclear Instruments and Methods in Physics Research, 196(1): 33 – 40.

HABIB S, MISKI M, 1981. Neutron activation techniques for the analysis of the soluble and particulate fractions of river water[J]. Journal of Radioanalytical and Nuclear Chemistry, 63(2): 379 – 395.

HAFEMEISTER D W, SHERA E B, 1965. Mössbauer Effect of the 29. 4keV neutron capture gamma ray of K^{40} [J]. Physical Review Letters, 14(15): 593 – 595.

HAHN E L, 1950. Spin echoes[J]. Physical review, 80(4): 580 – 601.

HAUTOJÄRVI P, HEINIÖ J, MANNINEN M, et al, 1977. The effect of microvoid size on positron annihilation characteristics and residual resistivity in metals[J]. Philosophical magazine, 35(4): 973 – 981.

HAUTOJARVI P, DUPASQUIER A, MANNINEN M J, 1979. Positrons in solids [M]. Berlin: Springer – Verlag.

HE M, JIANG S, JIANG S, et al, 2002. Measurement of the half – life of^{79} Se with PX – AMS[J]. Nuclear Instruments and Methods in Physics Research Section B: Beam Interactions with Materials and Atoms, 194(4): 393 – 398.

HE M, JIANG S, NAGASHIMA Y, et al, 2005. Measurement of the cross – section of^{14} N (^{16} O, α)^{26} Al with AMS[J]. Nuclear Instruments and Methods in Physics Research Section B: Beam Interactions with Materials and Atoms, 240(3): 612 – 616.

HE M, SHEN H, SHI G, et al, 2009. Half – life of Sm151 remeasured[J]. Physical Review C, 80(6): 1 – 4.

HEFFNER R H, SONIER J E, MACLAUGHLIN D E, et al, 2000. Observation of Two Time Scales in the Ferromagnetic Manganite $La_{1-xx}Ca_xMnO_3$, $x \approx 0.3$[J]. Physical review letters, 85(15): 3285 – 3288.

HELLBORG R, HÅKANSSON K, LINDEN M, et al, 1977. A system for channeling experiments[J]. Nuclear Instruments and Methods, 140(2): 341 – 346.

HANSEN M, ANDERKO K, SALZBERG H W, 1958. Constitution of binary alloys [J]. Journal of the Electrochemical Society, 105(12): 260c – 261c.

HILLIER A D, ADAMS D J, BAKER P J, et al, 2014. Developments at the ISISMuon source and the concomitant benefit to the user community[C]. Journal of Physics: Conference Series. IOP Publishing, 551 (1): 012067.

HUANG H C, LI D H, ZHENG S N, et al, 1990. Positron annihilation in high Tc superconductor Bi – Sr – Ca – Cu – O[J]. Modern Physics Letters B, 4(15): 993 – 997.

IAEA, 1974. Handbook on neutron activation cross sections[M]. Vienna.

IZUMIKAWA T, MATSUTA K, TANIGAKI M, et al, 2001. Behavior of boron implanted in semiconductor Si [J]. Hyperfine interactions, 136(3): 599 – 605.

PHILLIPS M, 1962. Classical electrodynamics[M]. Berlin:Springer.

JACKMAN J A, KIM S M, BUYERS W J L, 1983. Vacancy formation enthalpies in stoichiometric FeCo by positron annihilation[J]. Scripta metallurgica, 17(12): 1385 – 1390.

JAMES W, ARNOLD F, POND K, et al, 1984. Application of prompt gamma activation analysis and neutron activation analysis to the use of samarium as an intestinal marker[J]. Journal of Radioanalytical and Nuclear Chemistry, 83(2): 209 – 214.

JEAN Y C, VAN HORN J D, HUNG W S, et al, 2013. Perspective of positron annihilation spectroscopy in polymers[J]. Macromolecules, 46(18): 7133 – 7145.

JEAVONS A P, TOWNSEND D W, FORD N L, et al, 1978. A high – resolution proportional chamber positron camera and its applications[J]. IEEE Transactions on Nuclear Science, 25(1): 164 – 173.

JIANG S, YU A, CUI Y, et al, 1984. Determination of tritium using a small Van de Graaff accelerator[J]. Nuclear Instruments and Methods in Physics Research Section B: Beam Interactions with Materials and Atoms, 5(2): 226 – 229.

JOHANSSON S A E, JOHANSSON T B, 1976. Analytical application of particle induced X – ray emission[J]. Nuclear Instruments and Methods, 137(3): 473 – 516.

KAISER C T, VERHOEVEN V W J, GUBBENS P C M, et al, 2000. Li mobility in the battery cathode material

$Li_x[Mn_{1.96}Li_{0.04}]O_4$ studied by Muon – spin relaxation[J]. Physical Review B, 62(14): R9236 – R9239.

KAMKE D. Kernmodelle [M]//Einführung in die Kernphysik. [S. l.]: Vieweg + Teubner Verlag, 1979: 65 – 143.

KANAMORI J, YOSHIDA H K, TERAKURA K, 1981. Hyperfine fields and spin – lattice relaxation of impurity nuclei in ferromagnetic transition metals[J]. Hyperfine Interactions, 9(1 – 4): 363 – 378.

KANSY J, 1996. Microcomputer program for analysis of positron annihilation lifetime spectra[J]. Nuclear Instruments and Methods in Physics Research Section A: Accelerators, Spectrometers, Detectors and Associated Equipment, 374(2): 235 – 244.

KARLSON E, MATTHIAS E, et al, 1964. Perturbed angular correlations[M]. Amsterdam: North Holland Publishing Company.

KARLSSON E, LINDGREN B, PAN M, et al, 1993. Local susceptibility of Ce – impurity atoms in La – metal, as seen by TDPAC[J]. Hyperfine Interactions, 78(1): 559 – 562.

KATAYAMA I, MORINOBU S, IKEGAMI H, 1975. Nuclearg factors of the first and second 2$^+$ states in^{192,194}Pt [J]. Hyperfine Interactions, 1(1): 113 – 134.

KIEFL R F, MACFARLANE W A, CHOW K H, et al, 1993. Coherence peak and superconducting energy gap inRb_{3}C_{60} observed by Muon spin relaxation[J]. Physical review letters, 70(25): 3987 – 3990.

KIM J, 1981. Monostandard activation analysis: evaluation of the method and its accuracy[J]. Journal of Radioanalytical and Nuclear Chemistry, 63(1): 121 – 144.

KIRKEGAARD P, PEDERSEN N J, ELDRUP M M, 1989. PATFIT – 88: A Data – processing system for position annihilation spectra on mainframe and personal computers[M]. Risφ National Laboratory.

KISTNER O C, SUNYAR A W, 1960. Evidence forquadrupole interaction of Fe^{57m}, and influence of chemical binding on nuclear gamma – ray energy[J]. Physical Review Letters, 4(8): 412 – 415.

KLEIN E, 1977. An accurate and simple method of measuring nuclear spin lattice relaxation at low temperatures, applied to^{60}CoFe[J]. Hyperfine Interactions, 3(1): 389 – 396.

KLEIN O, NISHINA Y, 1929. Über diestreuung von strahlung durch freie elektronen nach der neuen relativistischen quantendynamik von dirac[J]. Zeitschrift für Physik, 52(11): 853 – 868.

KNAUER R C, MULLEN J G, 1968. Directobservation of solid – state diffusion using the Mössbauer Effect[J]. Physical Review, 174(3): 711 – 713.

KNIGHT W D, 1949. Nuclear magnetic resonance shift in metals[J]. Physical Review, 76(8): 1259 – 1261.

KNOLL G F, 1979. Radiation Detection and Measurement[M]. New York:John Wiley and Sons Inc.

KOCHER D C, 1974. Nuclear data sheets for A = 100[J]. Nuclear Data Sheets, 11(3): 279 – 325.

KOPFERMANN H, 1956. Kernmomente[M]. [S.l.]: Akademische Verlagsgesellschaft.

KOSTA L, DERMELJ M, SLUNEČKO J, 1974. High energy photon activation[J]. Pure and Applied Chemistry, 37(1 – 2): 249 – 281.

KRAFT G, 1981. Analysis of non – metals in metals[J]. International conference on the analysis of non – metals in metals, 13: 560.

KUBIK P W, KORSCHINEK G, NOLTE E, 1984. Accelerator mass spectrometry with completely stripped^{36}Cl ions at the Munich postaccelerator[J]. Nuclear Instruments and Methods in Physics Research Section B: Beam Interactions with Materials and Atoms, 1(1): 51 – 59.

KUENDIG W, BÖMMEL H, CONSTABARIS G, et al, 1966. Some properties of supported small $α$ – Fe$_2$O$_3$ particles determined with the Mössbauer Effect[J]. Physical Review, 142(2): 327 – 333.

KUTSCHERA W, 1984. Rare particles[J]. Nuclear Instruments and Methods in Physics Research Section B: Beam Interactions with Materials and Atoms, B5: 420 – 425.

KUTSCHERA W, AHMAD I I, ARMATO S G, et al, 1985. Spontaneous C^{14} emission from Ra^{223}[J]. Physical Review C, 32(6): 2036 – 2042.

LANG G, DEBENEDETTI S, SMOLUCHOWSKI R, 1955. Measurement of electron momentum by positron annihilation[J]. Physical Review, 99(2): 596 – 598.

LASS B, ROCHE N, SANNI A, et al, 1982. Heavy ion activation analysis[J]. Journal of Radioanalytical Chemistry, 70(1 – 2): 251 – 272.

LAUBACH S, SCHWALBACH P, HARTICK M, et al, 1989. Time – differential Mössbauer spectroscopy of ^{57}Fe in silicon after Coulomb excitation by pulsed heavy ion beams[J]. Zeitschrift für Physik B Condensed Matter, 75(2): 173 – 178.

L'ECUYER J, BRASSARD C, Cardinal C, et al, 1978. The use of ^{6}Li and ^{35}Cl ion beams in surface analysis [J]. Nuclear Instruments and Methods, 149(1 – 3): 271 – 277.

LEDERER C, SHIRLEY V, 1978. Table of Isotope[M]. 7th ed. New York:John Wiley and Sons Inc.

ROBERTS B L, 2010. Status of the FermilabMuon（g - 2）experiment［J］. Chinese Physics C, 34 (6): 741 -744.

LEGGE G J F, 1982. Proton and nuclear microprobe developments［J］. Nuclear Instruments and Methods in Physics Research, 197(1): 243 -253.

WILLIAM R L, 1987. Techniques for nuclear and particle physics experiments［M］. Berlin: Springer.

LI A L, ZHENG S N, HUANG H C, et al, 1989. Temperature dependence of positron annihilation Parameters ［J］. Chinese Physics Letter, 6: 549 -552.

LI A, HUANG H, LI D, et al, 1993. A positron lifetime study of defects in neutron - irradiated Si［J］. Japanese journal of applied physics, 32(3R): 1033 -1038.

LI B, XIAO K, 1992. ^{63}Cu nuclear magnetic resonance spectra of $Cu_{59}Zr_{41}$ powders during amorphization［J］. Journal of applied physics, 71(8): 3917 -3921.

LI C, HE M, JIANG S, et al, 2010. An isobar separation method with Q3D magnetic spectrometer for AMS［J］. Nuclear Instruments and Methods in Physics Research Section A: Accelerators, Spectrometers, Detectors and Associated Equipment, 622(3): 536 -541.

LINDHARD J, 1965. Influence of crystal lattice on motion of energetic charged particles［J］. Kongel. Dan. Vidensk. Selsk. , Mat. Fys. Medd. , 34(14): 64.

LISZKAY L, CORBEL C, BAROUX L, et al, 1994. Positron trapping at divacancies in thin polycrystalline CdTe films deposited on glass［J］. Applied physics letters, 64(11): 1380 -1382.

LITHERLAND A E, 1980. Ultrasensitive mass spectrometry with accelerators［J］. Annual Review of Nuclear and Particle Science, 30(1): 437 -473.

LITHERLAND A, 1984. Accelerator mass spectrometry［J］. Nuclear Instruments and Methods in Physics, B5: 100 -108.

LOUNASMAA O V, 1974. Experimental principles and methods below^{1}K［M］. London: Academic Press.

LUKE G M, FUDAMOTO Y, KOJIMA K M, et al, 1998. Time - reversal symmetry - breaking superconductivity in Sr_2RuO_4［J］. Nature, 394(6693): 558 -561.

LYNN K G, GOLAND A N, 1976. Observation of high momentum tails of positron - annihilation lineshapes［J］. Solid State Communication, 18(11 -12): 1549 -1552.

LYNN K G, MACDONALD J R, BOIE R A, et al, 1977. Positron annihilation momentum profiles in aluminum: Core contribution and the independent - particle model［J］. Physical Review Letters, 38(5): 241 -244.

MACKENZIE I K, MCKEE B T A, 1976. A two - parameter measurement of the correlation of positron age with the momentum of the annihilating positron - electron pair［J］. Applied physics, 10(3): 245 -249.

MALAGUTI F, UGUZZONI A, VERONDINI E, 1979. Lifetime of the 937 - and 885 - keV resonances in the ^{27}Al（p, γ）reaction［J］. Physical Review C, 19(5): 1606 -1614.

MANTL S, TRIFTSHÄUSER W, 1978. Defect annealing studies on metals by positron annihilation and electrical resistivity measurements［J］. 17(4): 1645 -1652.

MARMIER P, SHELDON E, 1969. Physics of nuclei and particles［M］. New York: Academic Press.

MARSHAK H, 1983. Nuclear orientation thermometry［J］. Journal of Research of the National Bureau of Standards, 88(3): 175 -217.

MARSHALL G M, 1992. Muon beams and facilities at TRIUMF［J］. Zeitschrift für Physik C Particles and Fields, 56: 226 -231.

MATTHIAS E, SCHNEIDER W, STEFFEN R M, 1962. Nuclear level splitting caused by a combined electric quadrupole and magnetic dipole interaction［J］. Physical Review, 125(1): 261 -268.

MATSUTA K, FUKUDA M, TANIGAKI M, et al, 1995. Magnetic moment of proton drip - line nucleus^{9}C［J］. Nuclear Physics A, 588(1): c153 -c156.

MATSUTA K, MINAMISONO T, TANIGAKI M, et al, 1996. Magnetic moments of proton drip - line nuclei^{13}O and ^{9}C［J］. Hyperfine Interactions, 97(1): 519 -526.

MATSUTA K, MINAMISONO T, NOJIRI Y, et al, 1998. Creation of spin polarization in unstable nuclei and correlation - type experiments［J］. Nuclear Instruments and Methods in Physics Research Section A: Accelerators, Spectrometers, Detectors and Associated Equipment, 402(2 -3): 229 -235.

MATSUTA K, MIHARA M, FUKUDA M, et al, 2010. Nuclear structure and fundamental symmetry studied through nuclear moments［J］. Nuclear Physics A, 834(1 -4): 424c -427c.

MAYER J, RIMINI E, 1997. Ion beam handbook for material analysis［M］. New York: Academic Press.

MAYER - KUCKUK T, 1984. Kernphysik［M］. 4th ed. Stuttgart: Teubner Studinbuchr.

MCGINLEY J, ŽIKOVSKY Ý L, SCHWEIKERT E, 1977. Hydrogen and deuterium analysis by heavy ion activation［J］. Journal of Radioanalytical and Nuclear Chemistry, 37(1): 275 -283.

MCGINLEY J, STOCK G, SCHWEIKERT E, et al, 1978. Nuclear and atomic activation with heavy ion beams [J]. Journal of Radioanalytical and Nuclear Chemistry, 43(2): 559 – 573.

MCMASTER W, 1970. Compilation of X – ray cross sections: UCRL – 50174(Sec. 2)(Rev. 1)[R]. Livermore: Lawrence Radiation Lab.

MENNINGEN M, SIELEMANN R, VOGL G, et al, 1987. Interstitial implantation of iron into aluminum[J]. Europhysics Letters, 3(8): 927 – 933.

METAG V, HABS D, SPECHT H J, et al, 1980. Spectroscopic properties of fission isomers [J]. Physics Reports, 65(1): 1 – 41.

METZNER H, SIELEMANN R, BUTT R, et al, 1984. Single frenkel – pair production by neutrino recoil[J]. Physical review letters, 53(3): 290 – 293.

MIDDLETON R, 1984. A review of ion sources for accelerator mass spectrometry[J]. Nuclear Instruments and Methods in Physics Research Section B: Beam Interactions with Materials and Atoms, 5(2): 193 – 199.

MIDDLETON R, KLEIN J, FINK D, 1990. Tritium measurements with a tandem accelerator [J]. Nuclear Instruments and Methods in Physics Research Section B: Beam Interactions with Materials and Atoms, 47(4): 409 – 414.

MINAMISONO T, OHTSUBO T, MINAMI I, et al, 1992. Proton halo of ^{8}B disclosed by its giant quadrupole moment[J]. Physical review letters, 69(14): 2058 – 2061.

MINAMISONO T, OHTSUBO T, FUKUDA S, et al, 1993. New nuclear quadrupole resonance technique in β – NMR[J]. Hyperfine Interactions, 80(1): 1315 – 1319.

MIYAKE Y, SHIMOMURA K, KAWAMURA N, et al, 2014. Current status of the J – PARCMuon facility, MUSE[J]. Journal of Physics, Conference Series. IOP Publishing, 551(1), article number 012061: 1 – 7.

MNGHABGHAB S, GRABER D, 1981. Neutron cross sections[M]. New York: Academic Press.

MÖLLER W, HUFSCHMIDT M, KAMKE D, 1977. Large depth profile measurements of D, ^{3}He, and ^{6}Li by deuteron induced nuclear reactions[J]. Nuclear Instruments and Methods, 140(1): 157 – 165.

MORENZONI E, GLÜCKLER H, PROKSCHA T, et al, 2000. Low – energy μSR at PSI: present and future [J]. Physica B: Condensed Matter, 289: 653 – 657.

MORENZONI E, 2012. Introduction to Muon spin rotation/relaxation [EB/OL]. [2012 – 05]. http://people. web. psi. ch/ morenzoni. pdf.

MÖSSBAUER R, 1958. Kernresonanzfluoreszenz von gammastrahlung in ^{191}Ir[J]. Z. Physik, 151: 124 – 143.

MÖSLANG A, GRAF H, BALZER G, et al, 1983. Muon trapping at monovacancies in iron[J]. Physical Review B, 27(5): 2674 – 2681.

NAGAMINE K, 1992. Muon science research with pulsed Muons at UT – MSL/KEK[M]//The Future of Muon Physics. Berlin: Springer: 215 – 222.

NEILER J, BELL P, 1965. Alpha – , beta – and gamma ray spectroscopy[M]. Amsterdam: North – Holland Publishing Company.

NIJS J, CLEMENT M, SCHUT H, et al, 1997. Positron annihilation as a tool for the study of defects in MOS system[J]. Micro – electronic Engineering, 36(1 – 4): 35 – 42.

NISHIMURA K, OHYA S, KAWAMURA Y, et al, 2001. Knight Shift of ^{90}Nb, ^{93m}Mo, ^{96}Tc, and ^{101m}Rh in Nb using Brute – Force NMRON[J]. Hyperfine Interactions, 136(3): 567 – 572.

O'HAVER T, 2007. Introduction to signal processing – deconvolution[R]. University of Maryland at College Park. Retrieved.

OHTSUKI Y, ŌMURA T, TANAKA H, et al, 1978. Dechanneling theory for axial and planar conditions[J]. Nuclear Instruments and Methods, 149(1 – 3): 361 – 364.

OKUUO H, ASAHI K, SATO H, et al, 1994. Systematic behavior of ejectile spin polarization in the projectile fragmentation reaction[J]. Physics Letters B, 335(1): 29 – 34.

ORE A, POWELL J, 1949, Three photon annihilation of an electron – positron pair[J]. Physical Review 75 (11): 1696 – 1699.

OZAWA T, ISHIDA Y, 1977. Mössbauer effect of ^{119m}Sn segregated at the grain boundary of iron[J]. Scripta Metallurgica, 11(10): 835 – 838.

PATTERSON B, KUNDIG W, 1978. Anomalous muonium in silicon[J]. Phys. Rev. Lett. ,40:1347.

PATTERSON B, HINTERMANN A, KÜNDIG W, et al, 1978. AnomalousMuonium in silicon[J]. Physical Review Letters, 40(20): 1347 – 1350.

PAULIN R, 1979. Proc. 5th International Conference on Positron Annihilation [M]. Senda: Japan Institute of Metals.

ZIEGLER J, 1975. New use of ion accelerators[M]. New York: Plenum Press.

PIFER A, BOWEN T, KENDALL K, 1976. A high stopping density μ^+ beam[J]. Nuclear Instruments and Methods, 135(1): 39 – 46.

PING J Y, LI Z W, XU Y F, et al, 1988. The Mössbauer study of Nd – Fe – Co – B permanent magnetic alloys [J]. Hyperfine Interactions, 41(1): 603 – 606.

POUND R, REBKA G, 1959. Resonant absorption of the 14.4 – keV γ ray from 0.10 – μs Fe^{57}[J]. Physical Review Letters, 3(12): 554 – 556.

POUND R, REBKA G, 1959. Gravitational red – shift in nuclear resonance[J]. Physical Review Letters, 3(9): 439 – 441.

POUND R, REBKA G, 1960. Apparent weight of photons[J]. Physical Review Letters, 4(7): 337 – 341.

POUND R, SNIDER J, 1965. Effect of gravity on gamma radiation[J]. Physical Review, 140(3B): B788 – B804.

PRESTON R, HANNA S S, HEBERLE J, 1962. Mössbauer effect in metallic iron[J]. Physical Review, 128 (5): 2207 – 2218.

PROVENCHER S, 1982. CONTIN: A general purpose constrained regularization program for inverting noisy linear algebraic and integral equations [J]. Computer Physics Communication, 27:229 – 242.

PURCELL E M, TORREY H C, Pound R V, 1946. Resonance absorption by nuclear magnetic moments in a solid [J]. Phys. Rev. , 69:37 – 38.

PURSER K, LITHERLAND A, GOVE H, 1979. Ultra – sensitive particle identification systems based upon electrostatic accelerators[J]. Nuclear Instruments and Methods, 162(1 – 3): 637 – 656.

RAGHAVAN P, SENBA M, RAGHAVAN R, 1978. Hyperfine magnetic fields at ^{67}Ge in Fe, Co and Ni[J]. Hyperfine Interactions, 4(1 – 2): 330 – 337.

RAISBECK G, YIOU F, 1984. Production of long – lived cosmogenic nuclei and their applications[J]. Nuclear Instruments and Methods in Physics Research Section B: Beam Interactions with Materials and Atoms, 5(2): 91 – 99.

RAMAN S, KIM H, 1971. Nuclear data sheets for A = 111[J]. Nuclear Data Sheets, 6(1): 39 – 74.

RANDA Z, KREISINGER F, 1983. Tables of nuclear constants for gamma activation analysis[J]. Journal of Radioanalytical and Nuclear Chemistry, 77(2): 279 – 495.

RECKNAGEL E, 1974. Nuclear spectroscopy and reactions: Part C[M]. New York: Academic Press Inc.

REID P, SOTT M, STONE N, et al, 1967. The comparability of hyperfine coupling fields in alloys prepared by ion implantation and by meting or diffusion[J]. Physics Letters A, 25(5): 396 – 398.

RICCI E, HAHN R, 1965. Theory and experiment in rapid, sensitive helium – 3 activation analysis [J]. Analytical Chemistry, 37(6): 742 – 748.

ROBINSON J, 1974. CRC Handbook of Spectroscopy[M]. Cleveland: CRC Press.

ROSE H, JONES G, 1984. A new kind of natural radioactivity[J]. Nature, 307(5948): 245 – 247.

ROTENBERG M, BIVINS R, 1959. The 3 – j and 6 – j symbols[M]. Cambridge: MIT Press.

RUBINI S, DIMITROPOULOS C, ALDROVANDI S, et al, 1992. Electronic structure and the martensitic transformation in β – phase Ni – Al alloys: ^{27}Al NMR and specific – heat measurements[J]. Physical Review B, 46(17): 10563 – 10572.

RUBY S L, HOLLAND R E, 1965. Mössbauer Effect in K^{40} Using an Accelerator[J]. Physical Review Letters, 14(15): 591 – 593.

RUCKLIDGE J, EVENSEN N, GORTONM P, 1981. Rare isotope detection with tandem accelerators [J]. Nuclear Instruments and Methods in Physics Research, 191(1 – 3): 1 – 9.

SAEHOT R, 1982. Program and collected abstracts: Proc. 6th Inter. Conf. on Positron Annihilation, Arlington, Texas, April 3 – 7, 1982[C]. Amsterdam: North – Holland Publishing Company.

SAITO H, NAGASHIMA Y, KURIHARA T, et al, 2002. A new positron lifetime spectrometer using a fast digital oscilloscope and BaF_2 scintillators [J]. Nuclear Instruments and Methods in Physics Research Section A: Accelerators, Spectrometers, Detectors and Associated Equipment, 487(3): 612 – 617.

SAMOILOV B N, SKLYAREVSKII V V, STEPANOV E P, 1959. Polarization of ^{198}Au nuclei in a solution of gold in iron[J]. J. Exptl. Theor. Phys. , 36: 644.

SANNI A, ROCHÉ N, DOWELL H, et al, 1984. On the determination of carbon and oxygen impurities in silicon by ^{3}He activation analysis[J]. Journal of radioanalytical and nuclear chemistry, 81(1): 125 – 129.

SATO T, KATO T, 1979. Determination of trace elements in various organs of rats by thermal neutron activation analysis[J]. Journal of Radioanalytical and Nuclear Chemistry, 53(1 – 2): 181 – 190.

SCHWALBACH P, LAUBACH S, HARTICK M, et al, 1990. Diffusion and isomer shift of interstitial iron in silicon observed via in – beam Mössbauer spectroscopy[J]. Physical review letters, 64(11): 1274 – 1277.

SCHATZ G, WEIDINGER A, 1996. Nuclearcondensed matter physics – nuclear methods and applications[M].

Chichester: John Willy and Sons.

SCOFIELD J H, 1974. Hartree – Fock values of L X – ray emission rates[J]. Physical Review A, 10(5): 1507 – 1510.

SEEGER A, 1978. Topics in Applied Physics[M]. Berlin: Springer.

SEN P, MACKENZIE I, 1977. Dual – parameter time and energy spectrometry in positron annihilation[J]. Nuclear Instruments and Methods, 141(2): 293 – 298.

SEYMOUR M,1966. Introduction to Mass spectrometry and its applications[J]. Journal of the American Chemical Society,88(9):2081 – 2082.

SHAW D, 1976. Foururer transform NMR spectroscopy[M]. Amsterdam: Elsevier.

SHANI G, HACCOUN A, KUSHELEVSKY A, 1983. Aerosol and air pollution study by neutron activation analysis[J]. Journal of Radioanalytical and Nuclear Chemistry, 76(1): 249 – 256.

SHIRAI Y, 1989. Positron annihilation: Proceeding of the 8th International Conference on Positron Annihilation, Gent, Belgium, August 29 – Spetember 3,1988 [C]. Singapore, World Scientific Publishing Co. Pte. Ltd.

SHU N, MELNIK D, BRENNAN J, et al, 1980. Velocity dependence of the dynamic magnetic field acting on swift O and Sm ions[J]. Physical Review C, 21(5): 1828 – 1837.

SIGLE W, CARSTANJEN H, FLIK G, et al, 1984. Investigation of positive pions in crystals by the lattice steering of their decayMuons[J]. Nuclear Instruments and Methods in Physics Research Section B: Beam Interactions with Materials and Atoms, 2(1 – 3): 1 – 8.

DE SOETE D, GIJBELS R, HOSTE J, 1972. Neutronactivation analysis[M]. England: John Wiley and Sons.

VISSER A D. Muon Spin/Rotation/relaxation/Resonance [EB/OL]. [2002]. http://www. science. uva. nl/ research/ cmp/docs/ deVisser/colleges/Nanoprobes/devisser – musr – lecture. pdf.

SPEIDEL K H, 1985. In – beam measurements of magnetic moments of excited nuclear states[J]. Hyperfine Interactions, 22(1): 305 – 316.

SPROUSE G, KALVIUS G, 1968. Mössbauer Effect Methodology[M]. New York: Plenum Press.

STATHAM P J, 1976. Escape peaks and internal fluorescence for a Si (Li) detector and general geometry[J]. Journal of Physics E: Scientific Instruments, 9(11): 1023 – 1023.

STEFFEN R M, 1956. Influence of thetime – dependent quadrupole interaction on the directional correlation of the Cd^{111} gamma rays[J]. Physical Review, 103(1): 116 – 125.

STEFFEN R, FRAUENFELDER H, 1964. Perturbed angular correlations [M]. Amsterdam: North Holland Publishing Company.

STEINER P, GERDAU E, HAUTSCH W, et al, 1969. Determination of the mean life of some excited nuclear states by Mössbauer experiments[J]. Zeitschrift für Physik A Hadrons and nuclei, 221(3): 281 – 290.

STEVENS J G, STEVENS V E, 1977. Mössbauer effect data index[M]. NewYork: Plenum.

STEPHENS W, KLEIN J, ZURMÜHLE R, 1980. Search for naturally occurring superheavy element Z = 110, A = 294[J]. Physical Review C, 21(4): 1664 – 1666.

STOLLER C, BONANI G, HIMMEL R, et al, 1983. Charge state distributions of 1 to 7 MeV C and Be ions stripped in thin foils[J]. IEEE Trans. Nucl. Sci. ;(United States), 30(2): 1074 – 1075.

STONE N J, HAMILTON W D, 1981. Low temperature nuclear orientation – on line at the nuclear structure facility, Daresbury, UK[J]. Hyperfine Interactions, 10(1): 1219 – 1225.

POSTMA H, STONE N J, 1986. Low Temperature Nuclear Orientation[M]. Delft:Univ. of Technology.

STOLL H, WESOLOWSKI P, KOCH M, et al, 1992. $\beta^+ \gamma E$ Age – Momentum – Correlation Measurements with an MeV Positron Beam[J]. Materials Science Forum. Trans Tech Publications Ltd, 105/110: 1989 – 1992.

SWITKOWSKI Z E, STOKSTAD R G, WIELAND R M, 1977. ^{14}N fusion with ^{13}C and ^{16}O at sub – barrier energies[J]. Nuclear Physics A, 279(3): 502 – 516.

OSAMURA K, MURAKAMI Y, TOMIIE Y, 1966. Crystal Structures of α – and β – indium selenide, $In_2 Se_3$ [J]. Journal of the Physical Society of Japan, 21(9): 1848 – 1848.

TANAKA M, OCHI S, MINAMISONO T, et al, 1976. Magnetic substate populations of product nuclei in the ^{11}B (d, p)^{12}B reaction[J]. Nuclear Physics A, 263(1): 1 – 11.

TANIGAWA S, 1992. Electronic Structure in Semiconductors Studied by Two Dimensional Angular Correlation of Positron Annihilation Radiations[J]. Materials Science Forum. Trans Tech Publications Ltd, 105/110: 493 – 500.

TILBURY RS, 1966. Activation analysis with charged particles[M]. New York: Union Carbide Corp.

TSOULFANIDIS N, 1983. Measurement and detection of radiation [M]. Washington: Hemispuere Publishing Corporation.

TURKEVICH A L, FRANZGROTE E J, PATTERSON J H, 1967. Chemical analysis of the Moon at the Surveyor V landing site[J]. Science, 158(3801): 635 – 637.

VAJDA S, SPROUSE G D, RAFAILOVICH M H, et al, 1981. Quadrupole Moment of^{57}Fe^m[J]. Physical Review Letters, 47(17): 1230.

VANDECASTEELE C, STRIJCKMANS K, 1980. Standardization in charged particle activation analysis[J]. Journal of Radioanalytical and Nuclear Chemistry, 57(1): 121 – 136.

VIANDEN R, 1983. Electric field gradients in metals[J]. Hyperfine Interactions, 15/16(1): 1081 – 1120.

WANG B Y, CAO X Z, YU R S, et al, 2004. The slow positron beam based on Beijing electron – positron collider[J]. Materials Science Forum. Trans Tech Publications Ltd, 445: 513 – 515.

WANG X G, JIANG S, HE M, et al, 2013. Determination of cross sections for the^{238}U(n, 3n)^{236}U reaction induced by 14 – MeV neutrons with accelerator mass spectrometry[J]. Physical Review C, 87(1): 1 – 9.

WEBER E R, 1983. Transition metals in silicon[J]. Applied Physics A, 30(1): 1 – 22.

WEGENER H, 1966. Der Mössbauer – effekt und seine anwendungen in physik und chemie[M]. 2nd ed. Mannheim: BI Hochschultaschenbuch.

WEST R N, 1973. Positron studies of condensed matter[J]. Advances in Physics, 22(3): 263 – 383.

WEST R N, MAYERS J, WALTERS P A, 1981. A high – efficiency two – dimensional angular correlation spectrometer for positron studies[J]. Journal of Physics E: Scientific Instruments, 14(4): 478 – 488.

WEYER G, 1968. Mössbauer effect methodology[M]. New York: Plenum Press.

WEYER G, 1981. Mössbauer resonance – scattering techniques for emission spectroscopy on gamma radiation from short – lived radioactive isotopes[J]. Nuclear Instruments and Methods in Physics Research, 186(1 – 2): 201 – 209.

WEYER G, 2000. Mössbauer spectroscopy at ISOLDE[J]. Hyperfine Interactions, 129(1): 371 – 390.

WIGNER E, 1959. Group Theory[M]. New York: Academic Press Inc.

WOLICKI E A, 1975. New uses of ion accelerators[M]. New York: Plenum Press.

WU C S, AMBLER E, HAYWARD R W, et al, 1957. Experimental test of parity conservation in beta decay [J]. Physical review, 105(4): 1413 – 1415.

YUAN D Q, ZHENG Y N, ZHOU D M, et al, 2007. g – Factors of magnetic – rotational states in ^{85}Zr[J]. Hyperfine Interactions, 180(1): 49 – 54.

YUAN D Q, ZHENG Y N, ZUO Y, et al, 2009. Study of magnetic – rotation in^{82}Rb by g – factor measurements [J]. Chinese Physics C, 33(S1): 188 – 190.

YUAN D Q, FAN P, ZHENG Y N, et al, 2010. Study of dependence of quasi – particle alignment on proton and neutron numbers in A = 80 region through g – factor measurements[J]. Hyperfine Interactions, 198 (1):129 – 132.

YUAN D Q, ZHENG Y N, ZUO Y, et al, 2014. Synergistic effect of triple ion beams on radiation damage in CLAM steel[J]. Chinese Physics Letters, 31(4), article number 046101: 1 – 3.

YU N, ZHOU Z, ZHOU W, et al, 1987. Ti Silicide formation using as ion beam mixing[J]. Nuclear Instruments and Methods in Physics Research Section B: Beam Interactions with Materials and Atoms, 19: 746 – 748.

ZABEL T H, JULL A J T, DONAHUE D J, 1984. Detection of^{10}Be with a 2 MV tandem accelerator mass spectrometer[J]. Nuclear Instruments and Methods in Physics Research Section B: Beam Interactions with Materials and Atoms, 4(3): 393 – 395.

ZHENG Y N, HUANG Q Y, PENG L, et al, 2012. Variation of radiation damage with irradiation temperature and dose in CLAM steel[J]. Plasma Science and Technology, 14(7): 629 – 631.

ZHOU D M, ZHENG Y N, MATSUTA K, et al, 2007. Magnetic moment of proton halo nucleus^{28}P[J]. Hyperfine Interactions, 180(1): 37 – 42.

ZHOU D M, ZHENG Y N, ZHANG X Z, et al, 2009. Structure of β – emitting nuclei^{29}P[J]. Chinese Physics C, 33(S1): 218 – 220.

ZHOU R, HIRATA M, WU T, et al, 2017. Spin susceptibility of charge – ordered YBa$_2$Cu$_3$O$_y$ across the upper critical field[J]. Proceedings of the National Academy of Sciences, 114(50): 13148 – 13153.

ZHU S Y, DONG M L, SHENG W Q, 1986. Quadrupole interaction in In$_{0.95}$Ag$_{0.045}$Ga$_{0.005}$ alloy[J]. Hyperfine Interactions, 30(4): 283 – 289.

ZHU S Y, ZUO T, DONG M L, 1988. Structural phase transitions in Pd$_{0.8}$Si$_{0.2}$ and Pd$_{0.75}$Si$_{0.20}$Ag$_{0.05}$ alloys observed by pac[J]. Hyperfine Interactions, 39(1): 17 – 22.

ZHU S Y, 1988. Application of ion beams in materials science: proceedings of the 12th International Symposium of Hosei University, Tokyo, Japan, September 2 – 4, 1987[C]. Tokyo: Hosei University Press: 41 – 48.

ZHU S Y, ZUO T, 1990. TDPAC study of amorphous alloys Pd$_{0.8}$Si$_{0.2}$ and Pd$_{0.75}$Si$_{0.20}$Ag$_{0.05}$[J]. Hyperfine Interact, 52(4): 379 – 382.

ZHU S Y, ZUO T, DONG M L, 1988. Temperature dependence of quadrupole interaction of^{111}Cd in Cd[J]. Chinese Journal of Nuclear Physics, 10(4): 356 – 360.

ZHU S Y, LI A L, ZHENG S N, et al, 1993. High Tc superconductivity in $YBa_2Cu_3O_{7-xx}$ studied by PAC and PAS[J]. Hyperfine Interactions, 79(1): 857−861.

ZHU S Y, GOU Z H, ZHENG S N, et al, 1994. BaF_2 Time differential perturbed angular distribution spectrometer[J]. Nuclear Science and Techniques, 5(3): 134−134.

ZHU S Y, GOU Z H, LI A L, et al, 1994. Measurement of the g factor of the 3.1232 MeV 19/2 − level in ^{43}Sc by perturbed angular distribution method[J]. Chinese Journal of Nuclear Physics, 16(3): 239−242.

ZHU S Y, LI A L, LI D H, et al, 1995. Positron Annihilation and Perturbed Angular Correlation Studies of Defects in Neutron and Heavy Ion Irradiated Si[J]. Materials Science Forum, Trans Tech Publications Ltd, 175: 609−612.

ZHU S Y, LUO Q, GOU Z H, 1996. TMF−IMPAD spectrometer[J]. Chinese Journal of Nuclear Physics, 18(3): 171−175.

ZHU S Y, LUO Q, LI G S, et al, 2000. Rotational State g−Factors in ^{84}Zr[J]. Chinese Physics Letters, 17(8): 560−561.

ZHU S Y, ZHU J Z, T MINAMISONO K M, et al. Development of on−line perturbed angular correlation[J]. Chinese physics letters, 2002, 19(7): 915−916.

ZIEGLER J F, 1972. Determination of lattice disorder profiles in crystals by nuclear backscattering[J]. Journal of Applied Physics, 43(7): 2973−2981.

ZIEGLER J F, 1975. New uses of ion accelerators[M]. New York: Plenum Press.

ZIEGLER J F, ZIEGLER M D, BIERSACK J P, 2010. SRIM:The stopping and range of ions in matter (2010) [J]. Nuclear Instruments and Methods in Physics Research Section B: Beam Interactions with Materials and Atoms, 268(11−12): 1818−1823.

ŽIKOVSK Ý L, GALINIER J L, 1981. Calculation of primary nuclear interferences occurring in neutron activation analysis with a SLOWPOKE reactor[J]. Journal of Radioanalytical Chemistry, 67(1): 193−203.

ZUO Y, YUAN D Q, ZHENG Y N, et al, 2010. A New Data Acquisition System for TDPAC[J]. Nuclear Physics A, 834(1−4): 767c−769c.